内容提要

本书是为配合武汉大学出版社出版的《物理化学》(第二版)教材而编写的。全书包括化学热力学、相平衡、统计热力学、化学动力学、电化学、界面化学及胶体化学等学科内容，共分为17章习题。每一章均分为本章基本内容与习题解答两部分。“基本内容”部分对各章节的基本概念、重要原理和主要公式作了概括与总结，以方便学习者全面了解与掌握各章节的内容。“习题解答”部分除了给出习题的解答外，对于有代表性及较难的习题的解题方法及所涉及的基本原理、解题思路与方法作了较详细的分析，以帮助初学者尽快熟悉与掌握物理化学习题的解题方法。全书采用以SI单位为基础的《中华人民共和国法定计量单位》和国家标准所规定的符号。本书最后附有武汉大学历届硕士研究生物理化学入学试题及其参考答案。

本书可供各高等院校物理化学课程教师和化学类专业学生及自学者参考与使用。

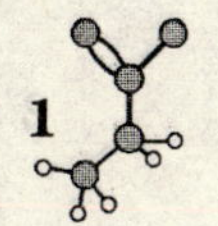

前 言

物理化学是以物理学的原理和实验技术为基础，研究化学系统的性质与行为，发现并建立化学系统的特殊规律的学科。物理化学是一门理论性较强的学科，初学者往往感到抽象难懂。学习物理化学课程，除了掌握其基本内容外，读者还应该特别重视在学习物理化学中提出问题、分析问题和解决问题的方法，培养独立思考和解决问题的能力。

多做习题是学习物理化学课程的一个很重要的手段。在独立解答习题的过程中，可以加深对物理化学基本概念与重要公式的理解。相对于化学学科其他基础课程，物理化学课程中的计算公式无疑比较多、比较复杂，这些公式是热力学函数间关系的最简洁方法。热力学的一些重要公式反映了客观世界中十分重要的普遍规律。学习、掌握物理化学公式的难点在于必须弄清每一个公式的适用范围与使用条件，若将热力学公式当作绝对真理而无限制地推广到尚未被证实其是否适用的场合中去，则往往会导致严重的错误。做习题正是学习如何正确运用物理化学公式，弄清其适用范围与使用条件的重要手段。

通过学习物理化学课程，培养学生独立分析问题、解决问题的能力，比单纯地死记硬背一大堆概念、公式更加重要，而多做习题正是培养学生分析与解决实际问题能力的重要步骤，也是加深初学者对基本概念和公式的理解的重要手段。初学者应尽量做到独立解题，在解习题时，最好脱离教材自行解题，尽可能不参阅习题解答。通过解题可以考查自己对物理化学课程内容了解与掌握的程度，还可以加深对课程内容的理解和记忆。本教材选用的习题中许多是非常经典的习题，一个好的物理化学习题往往是前人对某个课题多年探索和研究的结晶，一些习题就是从生产实践中总结出来的，这些习题得之不易。通过做习题，可以培养独立思考和解决问题的能力。

本书是在第一版的基础上，按照国家教育部高等学校化学与化工学科教学指导委员会颁布的“化学专业和应用化学专业化学教育基本内容”的要求，结合武汉大学物理化学教研组多年执教物理化学课程的实践，从所积累的教学资料与解题素材中精选而成。所选习题涵盖面广、难度适中，适应不同层次读者，特别是自学者的需要。本书最后还附有武汉大学化学学院历届硕士研究生物理化学入学试题及答案。本习题详解与武汉大学出版的《物理化学》(第二版)相配套。

本书的编写得到武汉大学物理化学教研组的全力支持与帮助。本书热力学、统计热力学、相平衡部分由汪存信、刘欲文、王志勇、李学丰、张恒负责编写；动力学部分由汪存信、张恒、王志勇负责编写；电化学部分由张恒、刘欲文负责编写；表面与胶体部分由刘义、张恒负责编写。武汉大学出版社黄汉平编辑为本书的出版做了大量工作，付出了辛勤的劳动。在此，一并表示衷心的感谢。

本书可供各高等院校物理化学课程教师、化学及相关专业学生和自学者参考与使用。

限于编者水平，欠妥之处敬请指正。

编 者

2010 年 10 月于珞珈山

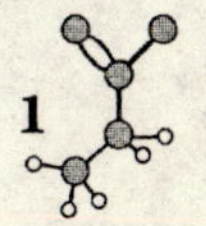

目 录

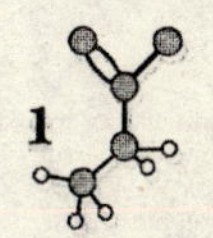

第 1 章　热力学第一定律

一、基 本 内 容

1. 定义与基本概念

(1)系统与环境

被划定的研究对象称为系统，系统以外与体系密切相关的部分叫环境。系统和环境的界面可以是容器的壁，也可以是假想界面。

系统可以分为三类：

敞开系统：系统与环境间既有物质交换又有能量交换。

封闭系统：系统与环境间只有能量交换而无物质交换。

隔离系统(或孤立系统)：系统与环境间既无物质交换又无能量交换。

(2)状态与状态函数

状态是表征系统的一切宏观性质(温度、压力、体积、密度、内能等)的综合表现。这些宏观性质叫状态性质或状态函数。状态函数是系统状态的单值函数，当系统的状态一定时，每个状态函数的值一定，它的变化值只决定于体系的始态和终态，而与变化的途径无关。

(3)可逆过程

凡能循原过程的逆过程使系统与环境同时复原的过程叫可逆过程。大多数无摩擦阻力的准静态过程就是可逆过程，可逆过程中系统的状态无限接近平衡态，所以使过程进行的推动力无限小，变化的速度无限缓慢。

(4)功与热

由于温度不同，在系统和环境之间传递的能量称为热量，热量的符号用 Q 表示，规定系统吸热为正值，放热为负值。在被传递的能量中，除了热量形式之外，其他各种形式的能量度都叫做功。功有多种形式，通常讨论的是体积功。

体积功：　　　　　$\delta W = -p_{外}\,\mathrm{d}V$

功与过程有关，可逆过程中系统做最大功，规定系统对环境做功，W 为负值，反之环境对系统做功，W 为正值。

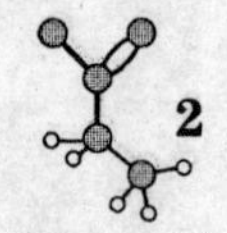

热和功是过程量，系统处在定态时没有功和热。

2. 热力学第一定律

热力学第一定律：自然界的能量具有不同形式，并可以相互转化；自然界能量的总量是恒定的，既不会产生，也不会消灭。

封闭系统热力学第一定律的数学表达式为：

$$\mathrm{d}U = \delta Q + \delta W \qquad \text{或} \qquad \Delta U = Q + W$$

上式中的 W 应是体积功与非体积功的总和。

3. 焓

焓是系统的性质，是状态函数，用符号 H 表示。

定义：
$$H = U + pV$$

4. 热容

系统的热容可定义为在不发生相变化和化学变化时一定量均匀物质温度升高 1 度所需之热量，用符号 C 表示。

$$C = \lim_{\Delta T \to 0} \frac{\delta Q}{\Delta T} = \frac{\delta Q}{\mathrm{d}T}$$

热容除以物质的量得摩尔热容 C_m，单位是 $\mathrm{J \cdot K^{-1} \cdot mol^{-1}}$。由于热量 Q 是过程量，所以热容也因过程不同而不同。

等压热容
$$C_p = \frac{\delta Q_p}{\mathrm{d}T} = \left(\frac{\partial H}{\partial T}\right)_p$$

等容热容
$$C_V = \frac{\delta Q_V}{\mathrm{d}T} = \left(\frac{\partial U}{\partial T}\right)_V$$

任意系统的等压热容与等容热容之差为

$$C_P - C_V = \left[p + \left(\frac{\partial U}{\partial V}\right)_T\right]\left(\frac{\partial V}{\partial T}\right)_P$$

理想气体的等压热容与等容热容之差为

$$C_P - C_V = nR$$

5. 热化学

(1)热化学方程式

表示化学反应与热效应关系的方程称热化学方程式，是表示一个按计算关系已完成了的反应，即反应进度 ξ 为 1 mol 的反应。

(2)化学反应的热效应

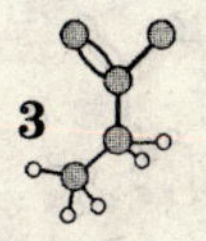

当系统发生化学变化后，使反应产物的温度回到反应前始态的温度，系统放出或吸收的热量，叫该反应的热效应或反应热。

等压热效应 $\Delta_r H = Q_P$

等容热效应 $\Delta_r U = Q_V$

当反应系统中有气体，且可当作理想气体时

$$\Delta_r H = \Delta_r U + \Delta nRT$$

Δn 是指产物中气体总摩尔数与反应物中气体总摩尔数之差。对液相或固相反应有：

$$\Delta_r H \approx \Delta_r U$$

当反应物和生成物都处于标准态，且反应进度为1摩尔时，此时等压热效应称为标准摩尔反应焓，以符号"$\Delta_r H_m^{\ominus}$"表示，其单位是 $J \cdot mol^{-1}$。

标准状态的规定如下：

纯固体的标准状态：压力为1 $p^{\ominus}$下的纯固体。

纯液体的标准状态：压力为1 $p^{\ominus}$下的纯液体。

气体的标准状态：压力为1 $p^{\ominus}$下的纯理想气体。

$1\ p^{\ominus} = 100\ 000$ Pa 叫标准压力

(3)标准摩尔反应焓的计算

①根据化合物的标准摩尔生成焓数据计算

在温度 T 及标准压力下，由稳定单质生成1摩尔化合物的热效应叫做该化合物的标准生成焓，用符号"$\Delta_f H_m^{\ominus}$"表示。

则标准摩尔反应焓

$$\Delta_r H_m^{\ominus}(T) = \left(\sum_j \nu_j \Delta_f H_m^{\ominus}\right)_{产物} - \left(\sum_i \nu_i \Delta_f H_m^{\ominus}\right)_{反应物}$$

②由物质的标准摩尔燃烧焓计算

在温度 T 及标准压力下，1 mol 化合物被氧完全氧化时的反应热称为该物质的标准燃烧焓，用符号"$\Delta_c H_m^{\ominus}$"表示。

则 $$\Delta_r H_m^{\ominus}(T) = \left(\sum_i \nu_i \Delta_c H_m^{\ominus}\right)_{反应物} - \left(\sum_j \nu_i \Delta_c H_m^{\ominus}\right)_{产物}$$

③由键焓计算

$$\Delta_r H_m^{\ominus}(T) = \left(\sum_i \varepsilon\right)_{反应物} - \left(\sum_i \varepsilon\right)_{产物}$$

(4)反应热与温度的关系

$$\Delta_r H_m(T_2) = \Delta_r H_m(T_1) + \int_{T_1}^{T_2} \Delta_r C_{p,m} \mathrm{d}T$$

6. 有关 Q、W、ΔU、ΔH 在各种过程中的计算公式

(1)简单状态变化(只是 p、V、T 的变化，非体积功 $W_f = 0$)

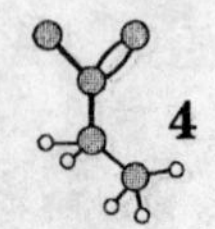

① 等容过程　因为 $dV = 0$，所以 $W = 0$，$Q_V = \int_{T_1}^{T_2} C_V dT$，$\Delta U = Q_V$，$\Delta H = \int_{T_1}^{T_2} C_p dT$。

②等压过程　因为 $dp = 0$，所以 $W = -p_{外}\Delta V = -p_1\Delta V = -p_2\Delta V$，$Q_p = \int_{T_1}^{T_2} C_p dT = \Delta H$，$\Delta U = \int_{T_1}^{T_2} C_V dT$。

③等温可逆过程

对理想气体则有：$\Delta U = 0$，$\Delta H = 0$，$Q = nRT\ln\frac{V_2}{V_1} = nRT\ln\frac{p_1}{p_2}$。

④自由膨胀过程

对理想气体，因为 $dT = 0$，所以 $\Delta U = 0$，$\Delta H = 0$，$Q = W = 0$。

⑤绝热过程

$Q = 0$，$\Delta U = \int_{T_1}^{T_2} C_V dT$，$\Delta H = \int_{T_1}^{T_2} C_p dT$，$W = \Delta U$ 或 $W = \frac{p_2V_2 - p_1V_1}{\gamma - 1}$　$\gamma = \frac{C_p}{C_V}$

(2)相变化过程(等温等压)

体系由 α 相变到 β 相，体系的相变热亦即系统的焓变，即 $Q_p = \Delta H_{\alpha\to\beta}$，

$$W = p_{外}(V_\beta - V_\alpha) = p_{体}(V_\beta - V_\alpha)$$

若 β 为气相，可看成理想气体，α 为液相或固体，则 $V_\beta \gg V_\alpha$，

$$W = pV_\beta = nRT,\ \Delta U = Q_p + W。$$

(3)化学变化(等温等压)

$$\Delta_r H_m = \sum_B \nu_B \Delta_f H_m(B) = -\sum_B \nu_B \Delta_c H_m(B)$$

$$\nu_B = (\text{反应产物系数之和}) - (\text{反应物系数之和})$$

$\Delta_r U_m = \Delta_r H_m - \sum_B \nu_B RT$（$v_B$ 应指反应体系中气态物质的系数的加和之差）。

二、习 题 解 答

1. 设有一电炉丝浸入水中(见图 1.1)，接上电源，通以电流一段时间。分别以下列几种情况作为系统，试问 ΔU、Q、W 为正、为负，还是为零？

(1)以水和电阻丝为系统；

(2)以水为系统；

(3)以电阻丝为系统；

(4)以电池为系统；

(5)以电池、电阻丝为系统；

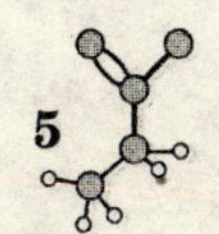

(6) 以电池、电阻丝、水为系统。

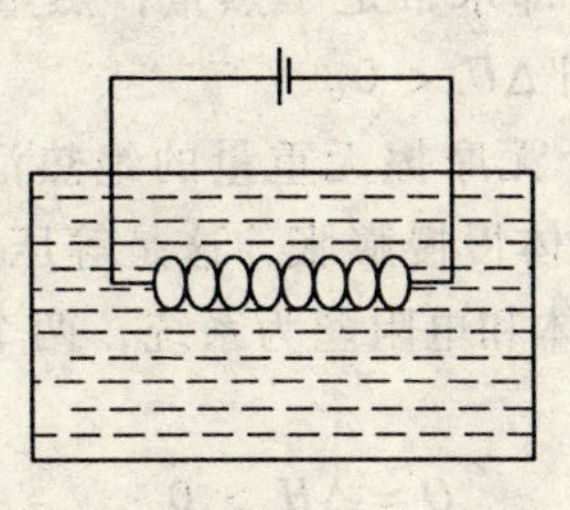

图 1.1

解:

	(1)	(2)	(3)	(4)	(5)	(6)
W	+	0	+	−	0	0
Q	0	+	−	0	−	0
ΔU	+	+	+	−	−	0

2. 设有一装置图如图 1.2 所示，一边是水，另一边是浓硫酸，中间以薄膜分开，两边的温度均为 T_1。若：

(1) 当将薄膜弄破以后温度由 T_1 升到 T_2，如果以水和浓硫酸为系统，问此系统的 ΔU 是正、负，还是零?

(2) 如果在薄膜破了以后，设法通入冷水使浓硫酸和水的温度仍为 T_1，仍以原来的水和浓硫酸为系统，问 ΔU 是正、负，还是零?

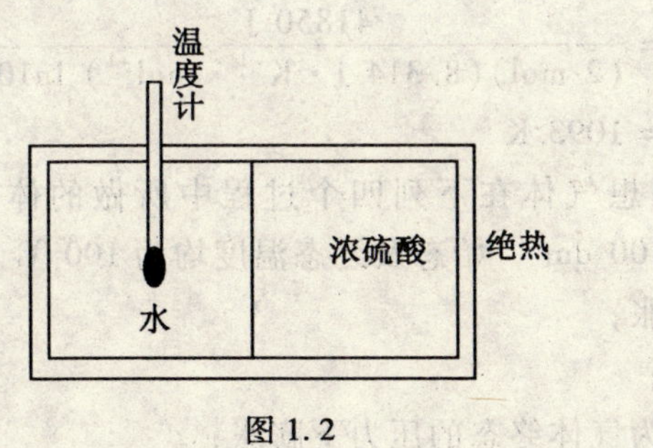

图 1.2

解: (1) 当将薄膜弄破以后温度由 T_1 升到 T_2，因水和浓硫酸为系统，虽然系统的温度升高了，但无热量传给环境，所以 $Q=0$，又 $W=0$，根据第一定律 $\Delta U=Q+$

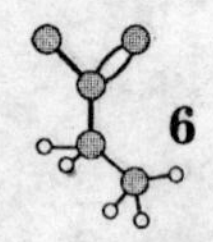

W，则 $\Delta U = 0$。

(2)当通过冷却水时，冷却水带走了热量，热量传给了环境，则 $Q < 0$，又 $W = 0$，因为 $\Delta U = Q + W$，则 $\Delta U < 0$。

3. 一个绝热圆筒上有一个无摩擦无重量的绝热活塞，其内有理想气体，圆筒内壁绕有电炉丝。当通电时气体慢慢膨胀，这是等压过程。请分别讨论：(1)选理想气体为系统；(2)选理想气体和电阻丝为系统，两个过程的 Q 和系统的 ΔH 是大于零、等于零还是小于零？

解：(1) $$Q = \Delta H > 0;$$

(2) $$Q = 0,\quad \Delta H = W_{电功} > 0$$

4. 理想气体等温可逆膨胀，系统从 V_1 膨胀到 $10V_1$，对外做了 41.85 kJ 的功，系统的起始压力为 202.65 kPa。

(1)求 V_1。

(2)若气体的量为 2 mol，试求系统的温度。

解：(1) $$W = -nRT\ln\left(\frac{V_2}{V_1}\right)$$

$$p_1V_1 = nRT_1 = nRT = \frac{W}{\ln\left(\frac{V_2}{V_1}\right)}$$

$$V_1 = \frac{W}{p_1\ln\left(\frac{V_2}{V_1}\right)} = \frac{-41850\ \mathrm{J}}{(2.0265\times10^5\ \mathrm{Pa})\ \ln 0.1}$$

$$= 8.97\times10^{-2}\ \mathrm{m^3}$$

(2) $$T = -\frac{W}{nR\ln\left(\frac{V_2}{V_1}\right)}$$

$$= \frac{41850\ \mathrm{J}}{(2\ \mathrm{mol})(8.314\ \mathrm{J\cdot K^{-1}\cdot mol^{-1}})\ \ln 10}$$

$$= 1093\ \mathrm{K}$$

5. 计算 1 mol 理想气体在下列四个过程中所做的体积功。已知始态体积为 25 $\mathrm{dm^3}$，终态体积为 100 $\mathrm{dm^3}$，始态及终态温度均为 100 ℃。

(1)等温可逆膨胀；

(2)向真空膨胀；

(3)在外压恒定为气体终态的压力下膨胀；

(4)先在外压恒定为气体等于 50 $\mathrm{dm^3}$ 时气体的平衡压力下膨胀，当膨胀到 50 $\mathrm{dm^3}$(此时温度仍为 100 ℃)以后，再在外压等于 100 $\mathrm{dm^3}$ 时气体的平衡压力下膨胀。

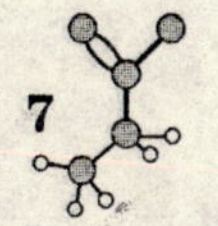

试比较这四个过程的功。比较的结果说明什么?

解:(1)温等可逆膨胀

$$W_1 = nRT\ln\frac{V_2}{V_1} = 1\text{mol} \times 8.314\text{J}\cdot\text{K}^{-1}\cdot\text{mol}^{-1} \times 373\text{K} \times \ln\frac{100\ \text{dm}^3}{25\ \text{dm}^3}$$

$$= 4299\ \text{J}$$

(2)向真空膨胀

$$W_2 = p_{外}(V_2 - V_1) = 0(V_2 - V_1) = 0$$

(3)恒外压膨胀

$$W_3 = p_{外}(V_2 - V_1) = p_2(V_2 - V_1)$$

$$= \frac{nRT}{V_2}(V_2 - V_1)$$

$$= \frac{1\text{mol} \times 8.314\text{J}\cdot\text{K}^{-1}\cdot\text{mol}^{-1} \times 373\text{K}}{0.1\ \text{dm}^3}(0.1\ \text{dm}^3 - 0.025\ \text{dm}^3)$$

$$= 2326\ \text{J}$$

(4)二步恒外压膨胀

$$W_4 = p_{外}(V_2 - V_1) + p_{外}(V_3 - V_2)$$

$$= \frac{nRT}{V_2}(V_2 - V_1) + \frac{nRT}{V_3}(V_3 - V_2)$$

$$= nRT\left(1 - \frac{V_1}{V_2} + 1 - \frac{V_2}{V_3}\right) = nRT\left(2 - \frac{25\ \text{dm}^3}{50\ \text{dm}^3} - \frac{50\ \text{dm}^3}{100\ \text{dm}^3}\right)$$

$$= nRT = 1\text{mol} \times 8.314\text{J}\cdot\text{K}^{-1}\cdot\text{mol}^{-1} \times 373\text{K} = 3101\ \text{J}$$

由于 $W_1 > W_2 > W_3 > W_4$,说明膨胀次数越多,即系统与环境的压力差越小,做的功越大。

6. 假定某气体服从于范德华方程式,将 1 mol 此气体在 101325 Pa 及 423 K 时等温压缩到体积等于 10 dm^3,求最少需做多少功?

范氏方程为 $\left(p + \frac{a}{V_m^2}\right)(V_m - b) = RT$,其中 $a = 0.417\ \text{Pa}\cdot\text{m}^6\cdot\text{mol}^{-2}$,$b = 3.71 \times 10^{-5}\ \text{m}^3\cdot\text{mol}^{-1}$。

解:首先计算此气体初态的体积 V_1,根据范氏方程:

$$\left(p + \frac{a}{V_m^2}\right)(V_m - b) = RT$$

代入题给数据,可得下列方程:

$$V_m^3 - 3.472 \times 10^{-2}V_m^2 + 4.17 \times 10^{-6}V_m - 1.547 \times 10^{-10} = 0,$$

解此方程得: $V_m = 0.0346\ \text{m}^3$

即 $V_m = V_1$。

$$W=-\int_{V_1}^{V_2}\left(\frac{nRT}{V-nb}-\frac{an^2}{V_2}\right)\mathrm{d}V$$

$$=-nRT\ln\frac{V_2-nb}{V_1-nb}-an^2\left(\frac{1}{V_2}-\frac{1}{V_1}\right)$$

$$=-1\mathrm{mol}\times 8.314\mathrm{J}\cdot\mathrm{mol^{-1}}\cdot\mathrm{K^{-1}}\times 423\mathrm{K}\times\ln\frac{0.01\ \mathrm{dm^3}-(1\mathrm{mol}\times 3.71\times 10^{-5}\mathrm{m^3}\cdot\mathrm{mol^{-1}})}{0.03469\ \mathrm{dm^3}-(1\mathrm{mol}\times 3.71\times 10^{-5}\mathrm{m^3}\cdot\mathrm{mol^{-1}})}$$

$$-0.417\ \mathrm{Pa}\cdot\mathrm{m^6}\cdot\mathrm{mol^{-2}}\times(1\mathrm{mol})^2\times\left(\frac{1}{0.01\ \mathrm{dm^3}}-\frac{1}{0.0346\ \mathrm{dm^3}}\right)$$

$$=4345\ \mathrm{J}$$

7. 在 291 K 和 101325 Pa 压力下，1 molZn(s) 溶于足量稀盐酸中，置换出 1 mol H_2(g) 并放出热 152 kJ。若以 Zn 和盐酸为体系，求该反应所做的功及体系内能的变化。

解：Zn(s) + 2HCl(aq) = ZnCl(aq) + H_2(g)

$$W=-p\Delta V=-p(V_2-V_1)\approx -pV(\mathrm{H_2})=-nRT$$

$$=-1\ \mathrm{mol}\times 8.314\ \mathrm{J}\cdot\mathrm{mol^{-1}}\cdot\mathrm{K^{-1}}\times 291\ \mathrm{K}$$

$$=-2419\ \mathrm{J}$$

$$\Delta_r U_m=\frac{Q+W}{\xi}=(-152-2.42)\ \mathrm{kJ}\cdot\mathrm{mol^{-1}}=-154.4\ \mathrm{kJ}\cdot\mathrm{mol^{-1}}$$

8. 有 273.2 K、压力为 5×101325 Pa 的 N_2 气 2 dm^3，在外压为 101325 Pa 下等温膨胀，直到 N_2气的压力也等于 101325 Pa 时为止。求过程中的 W、ΔU 、ΔH 和 Q。假定气体是理想气体。

解：
$$V_2=\frac{p_1V_1}{p_2}=\frac{(5\times 101325\ \mathrm{Pa})\times 0.002\ \mathrm{m^3}}{101325\ \mathrm{Pa}}=0.01\ \mathrm{m^3}$$

$$W=-p(V_2-V_1)=-101325\ \mathrm{Pa}\times(0.01\ \mathrm{m^3}-2\times 10^{-3}\ \mathrm{m^3})=-810.5\ \mathrm{J}$$

$$\Delta U=\Delta H=0\qquad Q=-W=810.6\ \mathrm{J}$$

9. 将 373 K 及 50663 Pa 的水蒸气 100 dm^3恒温可逆压缩到 101325 Pa，再继续在 101325 Pa 下部分液化到体积为 10 dm^3为止（此时气液平衡共存）。试计算此过程的 Q、W、ΔU 和 ΔH。假定凝结水的体积忽略不计，水蒸气可视作理想气体。已知水的汽化热为 2259 kJ · kg^{-1}。

解：

$T_1=373$ K $V_1=100\ \mathrm{dm^3}$ $p_1=50663$ Pa	等温可逆过程 → Q_1、W_1、ΔU_1、ΔH_1	$T_2=373$ K $V_2=?$ $p_2=10132$ Pa	可逆相变化 → Q_2、W_2、ΔU_2、ΔH_2	$T_3=373$ K $V_3=10\ \mathrm{dm^3}$ $p_3=10132$ Pa

(1)等温可逆压缩过程

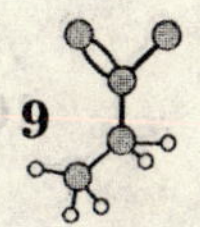

$$n=\frac{p_1V_1}{T_1}=\frac{50663\text{Pa}\times100\times10^{-3}\text{m}^3}{8.314\text{J}\cdot\text{mol}^{-1}\cdot\text{K}^{-1}\times373\text{ K}}=1.634\text{ mol}$$

$$V_2=\frac{p_1V_1}{p_2}=\frac{50663\text{Pa}\times100\times10^{-3}\text{m}^3}{101325\text{ Pa}}=50\times10^{-3}\text{ m}^3$$

因为是理想气体等温过程，故 $\Delta U_1=0$，$\Delta H_1=0$。因为 $\Delta U=Q+W=0$，则：

$$Q_1=-W_1=\int_{V_1}^{V_2}\frac{nRT}{V}\text{d}V=nRT\ln\frac{V_2}{V_1}$$

$$=(1.634\text{ mol})(8.314\text{ J}\cdot\text{mol}^{-1}\cdot\text{K}^{-1})(373\text{ K})\ln\frac{1}{2}$$

$$=-3512\text{ J}$$

$$W_1=3512\text{ J}$$

(2)可逆相变过程

$$H_2O(\text{g},\ 373\text{ K},\ 101325\text{ Pa})\rightarrow H_2O(\text{l},\ 373\text{ K},\ 101325\text{ Pa})$$

水蒸气液化的物质量

$$n=\frac{p(V_2-V_3)}{RT}=\frac{101325\text{Pa}\times(50\times10^{-3}\text{m}^3-10\times10^{-3}\text{m}^3)}{8.314\text{J}\cdot\text{mol}^{-1}\cdot\text{K}^{-1}\times373\text{K}}=1.307\text{ mol}$$

水的摩尔质量是 $0.018\text{ kg}\cdot\text{mol}^{-1}$

$$Q_2=\Delta H_2=0.018\text{kg}\cdot\text{mol}^{-1}\times1.307\text{mol}\times2259\text{J}\cdot\text{kg}^{-1}=-53145\text{ J}$$

$$W_2=-p(V_l-V_g)=pV_g=nRT=1.307\text{mol}\times8.314\text{J}\cdot\text{mol}^{-1}\cdot\text{K}^{-1}\times373\text{K}=4053\text{ J}$$

$$\Delta U_2=Q+W=-53145\text{ J}+4053\text{ J}=-49092\text{ J}$$

$$\Delta U=\Delta U_1+\Delta U_2=-49092\text{ J}$$

$$\Delta H=\Delta H_1+\Delta H_2=-53145\text{ J}$$

$$Q=Q_1+Q_2=-3512\text{ J}+(-53145\text{ J})=-56657\text{ J}$$

$$W=W_1+W_2=3512\text{ J}+4053\text{ J}=7565\text{ J}$$

10. (1)将 1×10^{-3} kg，373 K，101325 Pa 的水经下列三种不同过程汽化为 373 K、101325 Pa 的水蒸气，求不同过程的 Q、W、ΔH 、ΔU 的值，并比较其结果。

(a) 373 K、101325 Pa 下进行等温等压汽化。

(b) 在恒外压 0.5×101325 Pa 下，恒温汽化为水蒸气，然后再可逆加压成 373 K、101325 Pa 的水蒸气。

(c) 将该状态的水突然放入恒温 373 K 的真空箱中，控制容积使终态压力为 101325 Pa。

(2) 将上述终态的水蒸气等温可逆压缩至体积为 $1.0\times10^{-3}\text{ m}^3$，求该过程的 Q、W、ΔU 、ΔH。已知水的汽化热为 $2259\text{ kJ}\cdot\text{kg}^{-1}$。水和水蒸气的密度分别为 $1000\text{ kg}\cdot\text{m}^{-3}$ 、$0.6\text{ kg}\cdot\text{m}^{-3}$。

解：(1)三种不同过程图示如下

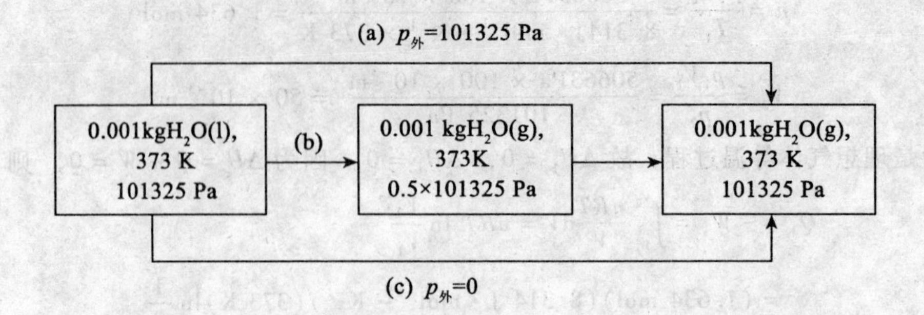

(a)相变化过程

$$\Delta H = Q_p = (2259\ \mathrm{kJ \cdot kg^{-1}})(10^{-3}\ \mathrm{kg}) = 2259\ \mathrm{J}$$

$$W = -p(V_g - V_l)$$

$$\approx -nRT = -\frac{1 \times 10^{-3}\mathrm{kg}}{18 \times 10^{-3}\mathrm{kg \cdot mol^{-1}}} \times 8.314\mathrm{J \cdot mol^{-1} \cdot K^{-1}} \times 373\mathrm{K}$$

$$= -172.3\ \mathrm{J}$$

$$\Delta U = Q + W = 2087\ \mathrm{J}$$

(b) 先恒外压($p_{外} = 0.5 \times 101325\ \mathrm{Pa}$)汽化，后等温可逆压缩：

$$W_a = -p(V_g - V_l) \approx -nRT = -172.3\ \mathrm{J}$$

$$W_b = nRT \ln \frac{p_2}{p_1}$$

$$= \left(\frac{1}{18}\mathrm{mol}\right)(8.314\ \mathrm{J \cdot mol^{-1} \cdot K^{-1}})(373\ \mathrm{K}) \ln \frac{101325\ \mathrm{Pa}}{0.5 \times 101325\ \mathrm{Pa}}$$

$$= 119.4\ \mathrm{J}$$

$$W = W_a + W_b = -172.3\ \mathrm{J} + 119.4\ \mathrm{J} = -52.9\ \mathrm{J}$$

因为始末态同(a)过程： $\Delta U = 2087\ \mathrm{J}$ $\quad \Delta H = 2259\ \mathrm{J}$

$$Q = \Delta U - W = 2087\ \mathrm{J} + 52.9\ \mathrm{J} = 2140\ \mathrm{J}$$

(c) 向真空蒸发

$$W = -p\Delta V = 0 \cdot \Delta V = 0$$

$$\Delta H = 2259\ \mathrm{J} \quad \Delta U = 2087\ \mathrm{J}$$

$$Q = \Delta U - W = 2087\ \mathrm{J}$$

(2) 此可逆压缩过程是一等压过程，系统一直处于两相平衡状态，首先求凝结下来的水的量。此过程的始态是题(1)的终态，始态的体积为：

$$V_1 = \frac{nRT}{p} = \frac{\frac{1}{18}\mathrm{mol} \times 8.314\ \mathrm{J \cdot mol^{-1} \cdot K^{-1}} \times 373\mathrm{K}}{101325\mathrm{Pa}}$$

$$= 1.700 \times 10^{-3}\ \mathrm{m^3}$$

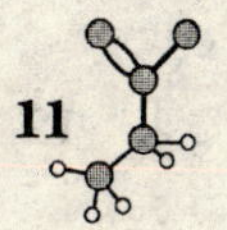

凝结出的水的量 G 为：

$$G=(1.70\times10^{-3}-1.0\times10^{-3})\,\text{m}^3\times0.6\text{kg}\cdot\text{m}^{-3}=0.00042\text{ kg}$$

此过程是等压过程，故有：

$$\Delta H=Q_p=-2259\text{kJ}\cdot\text{kg}^{-1}\times0.00042\text{ kg}=-949\text{ J}$$

$$W=p(V_1-V_2)=(101325\text{ Pa})[(1.7-1.0)\times10^{-3}\text{ m}^3]=71\text{ J}$$

$$\Delta U=Q+W=-949\text{ J}+71\text{ J}=-878\text{ J}$$

11. 在 101325 Pa 压力下，0.1 kg、268 K 过冷水，经振动后会破坏过冷而结冰，最后平衡时，温度升到 273 K，求过程的 Q、W、ΔU 及 ΔH，并计算析出的冰量。已知冰的熔解热 $\Delta_{\text{fus}}U_{\text{m}}=6030\text{J}\cdot\text{mol}^{-1}$，在此温度范围内 $C_{p,\text{m}}(H_2O)=76.7\text{ J}\cdot\text{mol}^{-1}\cdot\text{K}^{-1}$。

解：过冷水迅速结冰过程可看做绝热过程。设 0.1 kg 水中若有 x kg 的水凝结成冰，那么尚有(0.1−x) kg 水在此过程中由 268 K 升到 273 K，而 x kg 的冰最后也为 273 K。

将此过程分解成下列步骤

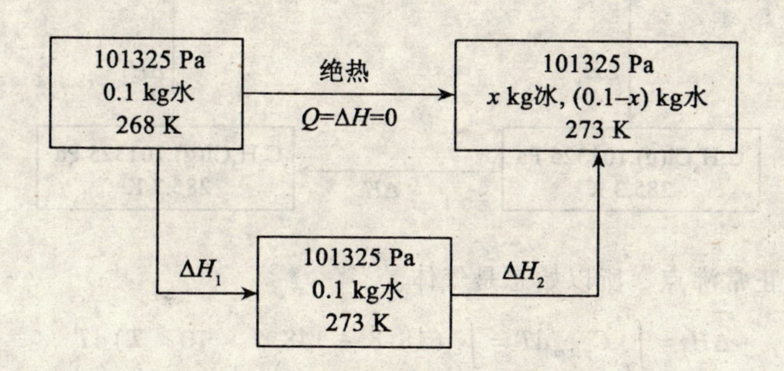

根据状态函数的性质，$\Delta H_1+\Delta H_2=0$，所以 $\Delta H_1=-\Delta H_2$，由此可求凝结成冰的量。

$$\Delta H_1=nC_{p,\text{m}}(T_2-T_1)=\frac{0.1}{0.018}\times76.7\times(273-268)=2130\text{ J。}$$

$$\Delta H_2=\frac{x}{0.018\text{ g}\cdot\text{mol}^{-1}}(-6030\text{ mol}^{-1})=-33500x\text{ J}\cdot\text{kg}^{-1}$$

列方程： $2130\text{ J}=335000x\text{ J}\cdot\text{kg}^{-1}$

解方程，得： $x=6.4\times10^{-3}\text{ kg}$

结冰过程的体积功：

$W=-p\Delta V$，因为 $\Delta V\approx0$，所以 $W=0$，$\Delta U=Q+W=0$。

12. 在 273.16 K 和 101325 Pa 时，1 mol 的冰化为水，计算熔化过程中的功。已知在该情况下冰和水的密度分别为 917 kg · m^{-3} 和 1×10^3 kg · m^{-3}。

解：$W=-p(V_{水}-V_{冰})=p\left(\dfrac{W_{冰}}{\rho_{水}}-\dfrac{W_{水}}{\rho_{水}}\right)$

$$= (101325\ \text{Pa})(18.02 \times 10^{-3}\ \text{kg})\left(\frac{1}{917\ \text{kg} \cdot \text{m}^{-3}} - \frac{1}{1000\ \text{kg} \cdot \text{m}^{-3}}\right)$$

$$= 0.165\ \text{J}$$

13. 计算 1 kg 氯乙烷（C_2H_5Cl）在 101325 Pa 压力下，由 304 K 冷却至 268 K 所放的热量。已知 C_2H_5Cl 在 101325 Pa 下的沸点（正常沸点）为 285.3 K，在此温度下的气化热为 24.9 kJ · mol^{-1}，$C_2H_5Cl(g)$ 与 $C_2H_5Cl(l)$ 的 $C_{p,m}$ 分别为 $(18.8 + 148.5 \times 10^{-3}\ T/\text{K})\ \text{J} \cdot \text{mol}^{-1} \cdot \text{K}^{-1}$ 及 $(87.5 + 0.042\ T/\text{K})\ \text{J} \cdot \text{mol}^{-1} \cdot \text{K}^{-1}$。

解：题给 C_2H_5Cl 物质的量

$$n = 1\ \text{kg}/0.0645\ \text{kg} \cdot \text{mol}^{-1} = 15.5\ \text{mol}$$

为简便起见，先以 1 mol 物质为基准进行计算。利用状态函数变化的特点，将过程分成如下步骤：

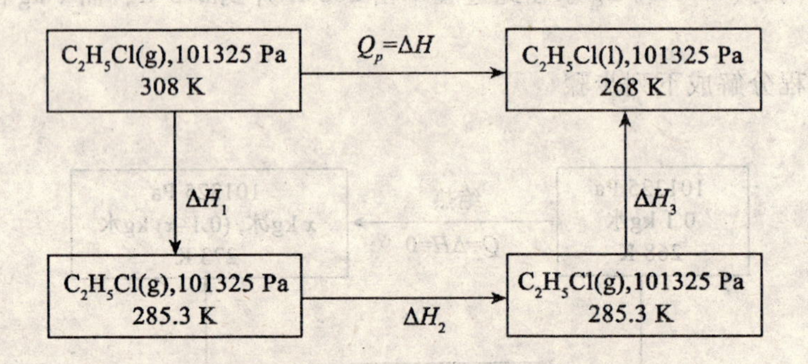

308 K 超过了正常沸点，所以始态是气体。

$$\Delta H_1 = \int_{T_1}^{T_2} C_{p,m} \mathrm{d}T = \int_{T_1}^{T_2} (18.8 + 148.5 \times 10^{-3}\ T)\mathrm{d}T$$

$$= \left[18.8T + \frac{148.5 \times 10^{-3}}{2} \times T^2\right]_{308}^{285.3}$$

$$= -1427(\text{J} \cdot \text{mol}^{-1})$$

$$\Delta H_2 = -24.9\ \text{kJ} \cdot \text{mol}^{-1} \qquad (\text{由气态变液态为放热过程})$$

$$\Delta H_3 = \int_{T_2}^{T_3} (87.5 + 0.042\ T)\mathrm{d}T$$

$$= \left[87.5\ T + \frac{0.042}{2} \times T^2\right]_{285.3}^{268}$$

$$= -1715\ \text{J} \cdot \text{mol}^{-1}$$

$$\Delta H = \Delta H_1 + \Delta H_2 + \Delta H_3 = (-1427 - 24900 - 1715)\ \text{J} \cdot \text{mol}^{-1}$$

$$= -28.04\ \text{kJ} \cdot \text{mol}^{-1}$$

1kg C_2H_5Cl 为 15.5 mol，所需移出的总热量：

$$Q = -15.5\ \text{mol} \times 28.04\ \text{kJ} \cdot \text{mol}^{-1} = -434.6\ \text{kJ}$$

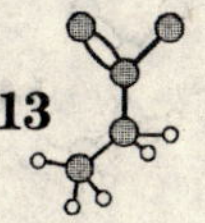

14. 10 dm^3氧气由 273 K、1 MPa 经过(1)绝热可逆膨胀；(2)对抗恒定外压 $P_{外}=0.1$ MPa 做绝热不可逆膨胀，使气体最后压力均为 0.1 MPa。求两种情况下所做的功(设氧为理想气体，氧的 $C_{p,m}=29.36\ J\cdot mol^{-1}$)

解:

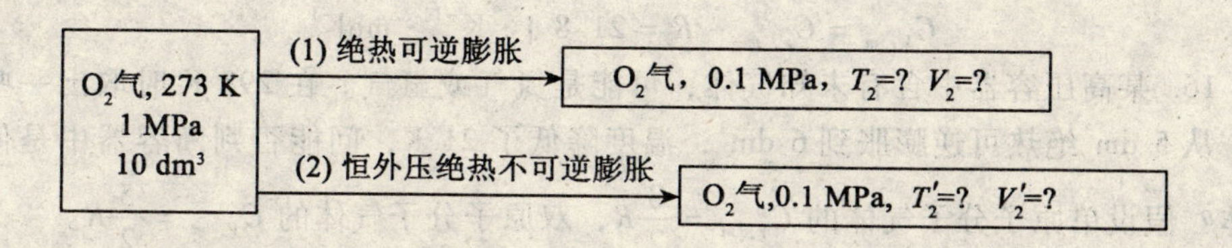

(1) 绝热可逆膨胀：$Q=0$

先求 T_2，根据绝热过程方程式

$$p_1^{1-\gamma}T_1^{\gamma}=p_2^{1-\gamma}T_2^{\gamma}\ \gamma=\frac{C_p}{C_V}=\frac{29.36\text{J}\cdot\text{K}^{-1}\cdot\text{mol}^{-1}}{29.36\text{J}\cdot\text{K}^{-1}\cdot\text{mol}^{-1}-8.314\text{J}\cdot\text{mol}^{-1}\cdot\text{K}^{-1}}=1.395$$

$$T_2=T_1\left(\frac{p_1}{p_2}\right)^{\frac{1-\gamma}{\gamma}}=273\text{K}\cdot(10)^{-0.2832}$$

解出 $T_2=142.2$ K

$$n=\frac{1\ \text{MPa}\times10\times10^{-3}\ \text{m}^3}{8.314\ \text{J}\cdot\text{mol}^{-1}\cdot\text{K}^{-1}\times273\ \text{K}}=4.406\ \text{mol}$$

$$W=\Delta U=C_V(T_2-T_1)=4.406\ \text{mol}\times21.05\ \text{J}\cdot\text{mol}^{-1}\cdot\text{K}^{-1}(142.2-273)\ \text{K}$$
$$=-12131\ \text{J}$$

(2)恒外压绝热不可逆过程

因为是绝热不可逆过程，不能用绝热过程方程式求 T_2'。根据如下关系计算 T_2'：

$$W=-p_{外}(V_2'-V_1)=-p_2(V_2'-V_1)=\Delta U=-nC_{V,m}(T_1-T_2')$$

$$p_2\left(\frac{nRT_2'}{p_2}-\frac{nRT_1}{p_1}\right)=nC_{V,m}(T_1-T_2')$$

解方程得：$T_2'=203.5$ K

$$W=\Delta U=nC_{V,m}(T'_2-T_1)$$
$$=4.406\text{mol}\times21.05\text{J}\cdot\text{K}^{-1}\cdot\text{mol}^{-1}\times(203.5-273)\text{K}=-6446(\text{J})$$

15. 298 时 $5\times10^{-3}\text{m}^3$的理想气体绝热可逆膨胀到 $6\times10^{-3}\text{m}^3$，这时温度为278 K，试求该气体的 $C_{V,m}$和 $C_{p,m}$。

解：根据绝热可逆过程方程：$T_1V_1^{\gamma-1}=T_2V_2^{\gamma-1}$

$$\frac{T_2}{T_1}=\frac{V_1^{\gamma-1}}{V_2^{\gamma-1}}\quad 故：\ln\left(\frac{T_2}{T_1}\right)=(\gamma-1)\ln\left(\frac{V_1}{V_2}\right)$$

解得： $\gamma=1.381$

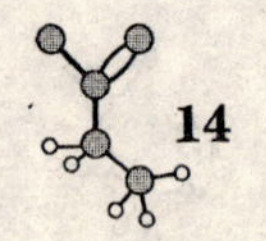

$$\frac{C_{p,m}}{C_{V,m}}=\gamma \qquad C_{p,m}=\gamma C_{V,m}=\gamma(C_{p,m}-R)=\gamma C_{p,m}-R\gamma$$

$$\gamma C_{p,m}-C_{p,m}=R\gamma$$

$$C_{p,m}=\frac{R\gamma}{\gamma-1}=\frac{8.314\text{J}\cdot\text{mol}^{-1}\cdot\text{K}^{-1}\times 1.381}{1.381-1}=30.1(\text{J}\cdot\text{K}^{-1}\cdot\text{mol}^{-1})$$

$$C_{V,m}=C_{p,m}-R=21.8\ \text{J}\cdot\text{K}^{-1}\cdot\text{mol}^{-1}$$

16. 某高压容器中含有未知气体，可能是氮气或氩气。在 298 K 时取出一些样品，从 5 dm^3绝热可逆膨胀到 6 dm^3，温度降低了 21 K，问能否判断容器中是何种气体？假设单原子分子气体的 $C_{V,m}=\frac{3}{2}R$，双原子分子气体的 $C_{V,m}=\frac{5}{2}R$。

解：

$$\frac{T_2}{T_1}=\frac{V_1^{\gamma-1}}{V_2^{\gamma-1}} \qquad \ln\frac{T_2}{T_1}=(\gamma-1)\ln\frac{V_1}{V_2}$$

$$\ln\frac{277}{298}=(\gamma-1)\ln\frac{5}{6} \qquad \text{故有：}-0.0731=(\gamma-1)(-0.1823)$$

$$\gamma=\frac{0.0731}{0.1823}+1=1.40$$

$$\gamma=\frac{C_{p,m}}{C_{V,m}}=\frac{C_{V,m}+R}{C_{V,m}}=1+\frac{R}{C_{V,m}}$$

$$C_{V,m}=\frac{R}{\gamma-1}=R\cdot\frac{1}{1.4-1}=2.5R$$

故此气体为双原子分子，即为 N_2。

17. 将 H_2O 看做刚体非线型分子，用经典理论来估计其气体的 $C_{p,m}$值是多少？如果升高温度，将所有振动项的贡献都考虑进去，这时 $C_{p,m}$值是多少？

解：经典理论将分子视为刚体，且不考虑分子的振动能对热容的贡献。每个分子的平动自由度为 3，非线性分子的转动自由度为 3。每个平动自由度和每个转动自由度对能量的贡献为 $\frac{1}{2}kT$，每个分子的能量为：

$$\varepsilon=\varepsilon_t+\varepsilon_v=3\times\frac{1}{2}kT+3\times\frac{1}{2}kT=3kT$$

1 摩尔水分子的内能为：$E_m=L\cdot\varepsilon=L\cdot 3kT=3RT$

$$C_{V,m}=\left(\frac{\partial E_m}{\partial T}\right)_v=\left[\frac{\partial(3RT)}{\partial T}\right]_v=3R$$

$$C_{p,m}=C_{V,m}+R=4R=4\times 8.314\ \text{J}\cdot\text{K}^{-1}\cdot\text{mol}^{-1}$$
$$=33.26\ \text{J}\cdot\text{K}^{-1}\cdot\text{mol}^{-1}$$

如果升高温度，振动运动将充分展开，振动运动的每个平方项对内能的贡献均为经典值，即$\frac{1}{2}kT$，每个振动自由度对能量的贡献为 kT。水分子的振动自由度为

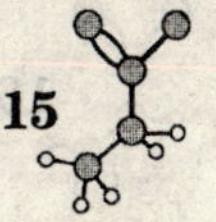

$(3n-6)$，所以在高温时，一个水分子的能量为：

$$\varepsilon = \varepsilon_t + \varepsilon_r + \varepsilon_v = 3 \times \frac{1}{2}kT + 3 \times \frac{1}{2}kT + (3 \times 3 - 6)kT = 6kT$$

1 摩尔 H_2O 的能量 $E_m = L \cdot \varepsilon = 6RT$

$$C_{V,m} = \left(\frac{\partial E_m}{\partial T}\right)_v = 6R$$

$$C_{p,m} = C_{v,m} + R = 7R = 58.20\ \mathrm{J \cdot K^{-1} \cdot mol^{-1}}$$

18. 1mol 单原子理想气体，沿着 $\frac{p}{V} = k$（常数）的可逆途径变到终态，试计算沿该途径变化时气体的热容。

解：根据热容的定义：$C = \frac{\delta Q}{\mathrm{d}T}$

$$\mathrm{d}U = \delta Q + \delta W$$

对理想气体，一切变化过程的 $\mathrm{d}U = C_V\mathrm{d}T$，当非体积功为零时，有：

$$C_V\mathrm{d}T = \delta Q - p\mathrm{d}V$$

$$\frac{\delta Q}{\mathrm{d}T} = C_V + p\frac{\mathrm{d}V}{\mathrm{d}T} \tag{1}$$

在理想气体变化过程中遵守下列两个方程：

$$pV = nRT \tag{2}$$

$$pV^{-1} = k \quad \text{（题给条件）} \tag{3}$$

(2)式除以(3)式得：　$V^2 = \frac{nRT}{k}$

微分上式得

$$2V\mathrm{d}V = \frac{nR}{k}\mathrm{d}T$$

$$\frac{\mathrm{d}V}{\mathrm{d}T} = \frac{nR}{2Vk} \tag{4}$$

将(4)式代入(1)式得

$$C = \frac{\delta Q}{\mathrm{d}T} = C_V + Vk \times \frac{nR}{2Vk} = C_V + \frac{nR}{2}$$

$$= \frac{3}{2}nR + \frac{1}{2}nR = 2nR$$

沿此路径的热容为：$C_m = 2R$

19. 在 p-V 图 1.3 中，$A \to B$ 是等温可逆过程，$A \to C$ 是绝热可逆过程，若从 A 点出发：

(1)经绝热不可逆过程同样到达 V_2，则终点在 C 点之上还是在 C 点之下？见图 1.3(a)所示。

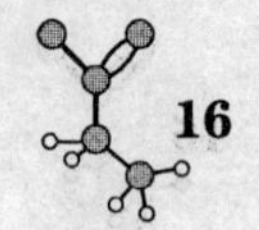

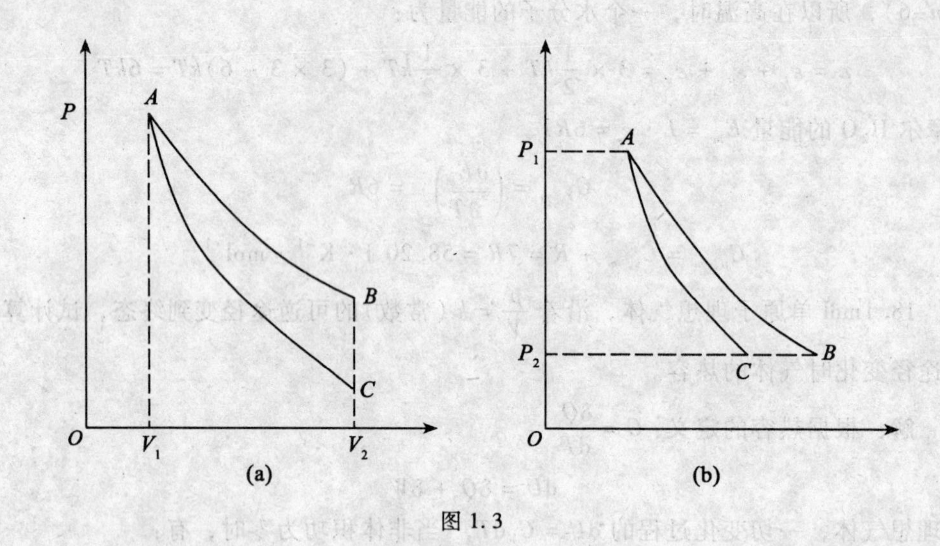

图 1.3

(2)经绝热不可逆过程同样到达 p_2，则终点 D 在 C 点之左还是在 C 点之右？为什么？见图 1.3(b)所示。

解：(1)从同一始态 A 点出发，$A \to B$ 是等温可逆过程，则 $T_A = T_B$。绝热过程中系统对外做功，消耗系统本身的内能，故系统的温度必定下降，所以 T_C 和 T_D 均低于 T_B。

对于从相同始态出发的绝热过程，若均膨胀到具有相同体积的末态，绝热可逆过程对外所做的功最大。对于理想气体绝热过程，有：

$$\Delta U = W = C_V \Delta T$$

$A \to D$ 是绝热不可逆过程，故有：

$$|W_{AC}| > |W_{AD}| \qquad \text{所以} \qquad |\Delta U_{AC}| > |\Delta U_{AD}|$$

$$|\Delta T_{AC}| > |\Delta T_{AD}| \qquad T_C < T_D$$

故 C 点温度比 D 点低，D 点在 C 点之上。

(2)对于从相同始态出发的绝热过程，若均膨胀到具有相同压力的末态，绝热可逆过程对外所做的功最大。对于理想气体绝热过程，有：

$$|W_{AC}| > |W_{AD}| \qquad \text{所以} \qquad |\Delta U_{AC}| > |\Delta U_{AD}|$$

$$|\Delta T_{AC}| > |\Delta T_{AD}| \qquad T_C < T_D$$

故 C 点温度比 D 点低，D 点在 C 点之右。

20. 如图 1.4 所示，1 mol 单原子分子理想气体经环程 A、B、C 三步，从态 1 经态 2、态 3 又回到态 1，假设均为可逆过程。已知气体的 $C_{V,m} = \frac{3}{2}R$。试计算各状态的压力 p，并填充表 1.1。

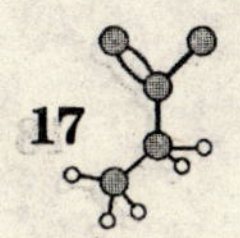

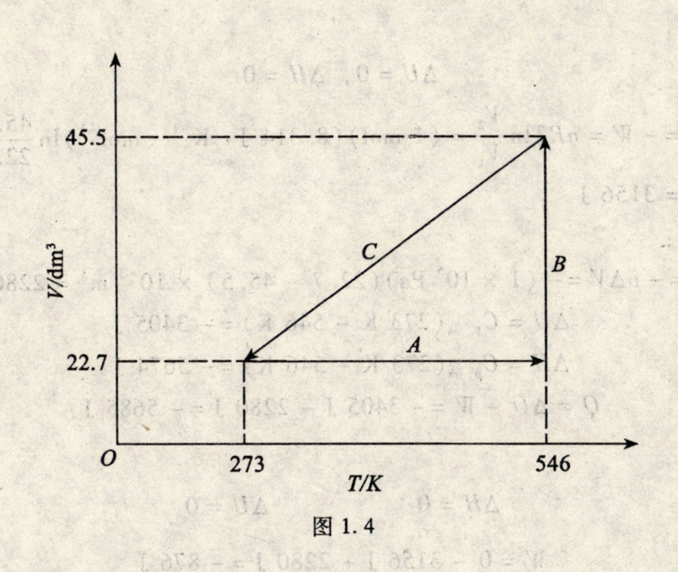

图 1.4

表 1.1

过 程	过程名称	Q/kJ	W/kJ	ΔU/kJ	ΔH/kJ
A	等容过程	3405	0	3405	5674
B	等温过程	3156	−3156	0	0
C	等压过程	−5685	2280	−3405	−5674
	循环过程	876	−876	0	0

解： $p_1 = \dfrac{nRT_1}{V_1} = \dfrac{1\text{mol} \times 8.314 \text{ J} \cdot \text{mol}^{-1} \cdot \text{K}^{-1} \times 272\text{K}}{22.7 \times 10^{-3}\text{m}^3} = 1 \times 10^5 \text{ Pa}$

$$p_2 = \frac{nRT_2}{V_2} = \frac{1 \text{ mol} \times 8.314\text{J} \cdot \text{mol}^{-1} \cdot \text{K}^{-1} \times 564\text{K}}{22.7 \times 10^{-3}\text{m}^3} = 2 \times 10^5 \text{ Pa}$$

$$p_3 = \frac{nRT_3}{V_3} = \frac{1\text{mol} \times 8.314\text{J} \cdot \text{mol}^{-1} \cdot \text{K}^{-1} \times 564\text{K}}{45.5 \times 10^{-3}\text{m}^3} = 1 \times 10^5 \text{ Pa}$$

A 是等容过程：

$$W = -p\Delta V = 0$$

$$\Delta U = C_{V,m}(T_2 - T_1)$$
$$= 12.471 \text{ J} \cdot \text{K}^{-1} \cdot \text{mol}^{-1}(546 \text{ K} - 273 \text{ K}) = 3405 \text{ J}$$
$$\Delta H = C_{p,m}(T_2 - T_1)$$
$$= 20.785 \text{ J} \cdot \text{K}^{-1} \cdot \text{mol}^{-1}(546 \text{ K} - 273 \text{ K}) = 5674 \text{ J}$$

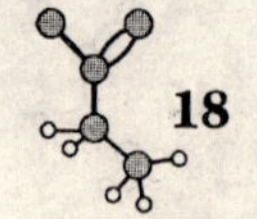

$$Q = \Delta U - W = 3405\ \mathrm{J}$$

B 是等温过程：

$$\Delta U = 0,\ \Delta H = 0$$

$$Q = -W = nRT\ln\frac{V_2}{V_1} = (1\ \mathrm{mol})(8.314\ \mathrm{J \cdot K^{-1} \cdot mol^{-1}})\ln\frac{45.5}{22.7}$$
$$= 3156\ \mathrm{J}$$

C 是等压过程：

$$W = -p\Delta V = -(1 \times 10^5\ \mathrm{Pa})(22.7 - 45.5) \times 10^{-3}\ \mathrm{m^3} = 2280\ \mathrm{J}$$
$$\Delta U = C_{V,m}(273\ \mathrm{K} - 546\ \mathrm{K}) = -3405\ \mathrm{J}$$
$$\Delta H = C_{p,m}(273\ \mathrm{K} - 546\ \mathrm{K}) = -5674\ \mathrm{J}$$
$$Q = \Delta U - W = -3405\ \mathrm{J} - 2280\ \mathrm{J} = -5685\ \mathrm{J}$$

循环过程：

$$\Delta H = 0 \qquad \Delta U = 0$$

$$W = 0 - 3156\ \mathrm{J} + 2280\ \mathrm{J} = -876\ \mathrm{J}$$
$$Q = 3405\ \mathrm{J} + 3156\ \mathrm{J} - 5685\ \mathrm{J} = 876\ \mathrm{J}$$

21. 1 mol 双原子分子理想气体由 0.1 MPa、300 K 压缩到 0.3 MPa、300 K。压缩按下列两种不同情况进行：(1)恒压冷却，然后恒容加热；(2)恒容加热，然后恒压冷却。试计算并比较两种不同过程的 W、Q、ΔU 及 ΔH。气体的 $C_{p,m} = \frac{7}{2}R$。

解：将这两种情况表示于 p-V 图上(图 1.5)。

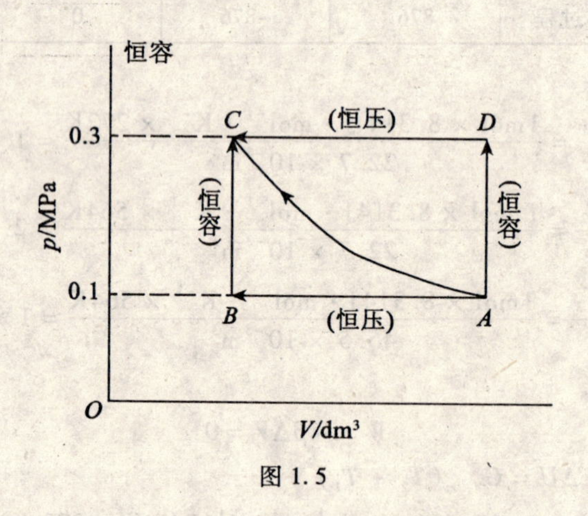

图 1.5

设 A 为始态，C 为终态。

(1)由状态 A 经 B 到状态 C。

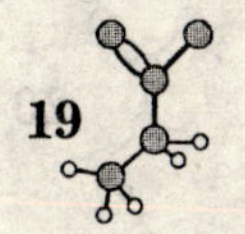

(2)由状态 A 经 D 到状态 C。

题给条件：$T_A = T_C = 300\text{K}$，$p_B = p_A = 0.1\text{MPa}$，$V_B = V_C$，$V_A = V_D$

$$C_{V,m} = C_{p,m} - R = \left(\frac{7}{2} - 1\right) R = \frac{5}{2} R$$

由 $pV = nRT$ 求得：

$$\frac{V_A}{V_B} = \frac{V_A}{V_C} = \frac{RT_A}{p_A} \div \frac{RT_C}{p_C} = \frac{p_C}{p_A} = 3$$

$$\frac{T_A}{T_B} = \frac{p_A V_A}{R} \div \frac{p_B V_B}{R} = \frac{p_A V_A}{p_B V_B} = \frac{p_A}{p_B} \cdot \frac{V_A}{V_B} = \frac{p_A}{p_B} \cdot \frac{V_A}{V_C} = 1 \cdot 3 = 3 \qquad T_B = 100\text{K}$$

$$\frac{T_D}{T_A} = \frac{p_D V_D}{R} \div \frac{p_A V_A}{R} = \frac{p_D V_D}{p_A V_A} = \frac{p_D}{p_A} \cdot \frac{V_D}{V_A} = 3 \cdot 1 = 3 \qquad T_D = 900\text{K}$$

(1)由状态 A 经 B 到状态 C：

由状态 A→状态 B 的等压过程：

$$W_{AB} = -p_B(V_B - V_A) = -(p_B V_B - p_A V_A) = p_A V_A - p_B V_B = RT_A - RT_B$$
$$= nR(T_A - T_B) = 1\text{mol} \cdot 8.314\text{J} \cdot \text{mol}^{-1} \cdot \text{K}^{-1} \times (300\text{K} - 100\text{K}) = 1663\ \text{J}$$

$$\Delta U_{AB} = nC_{V,m}(T_B - T_A)$$
$$= 1\text{mol} \times \frac{5}{2} \times 8.314\text{J} \cdot \text{mol}^{-1} \cdot \text{K}^{-1} \times (100 - 300)\text{K} = -4157\ \text{J}$$

$$\Delta H_{AB} = nC_{p,m}(T_B - T_A) = 1\text{mol} \times \frac{7}{2} R \times (100 - 300) = -5820\ \text{J}$$

$$Q_{AB} = \Delta H_{AB} = -5820\ \text{J}\ (\text{因}\quad \text{等压过程})$$

由状态 B→状态 C 的等容过程：

$$W_{BC} = 0 \qquad (\text{因}\quad \text{等容过程})$$

$$\Delta U_{BC} = nC_{V,m}(T_C - T_B) = 1\text{mol} \times \frac{5}{2} R \times (300 - 100)\text{K} = 4157\ \text{J}$$

$$\Delta H_{BC} = nC_{p,m}(T_c - T_B) = 5820\ \text{J}$$

$$Q_{BC} = \Delta U_{BC} - W_{BC} = 4157\ \text{J}$$

过程(1)：

$$W_{(1)} = W_{AB} + W_{BC} = 1663\ \text{J} + 0 = 1663\ \text{J}$$
$$Q_{(1)} = Q_{AB} + Q_{BC} = -5820\ \text{J} + 4157\ \text{J} = -1663\ \text{J}$$
$$\Delta U_{(1)} = \Delta U_1 + \Delta U_2 = -4157\ \text{J} + 4157\ \text{J} = 0$$
$$\Delta H_{(1)} = \Delta H_1 + \Delta H_2 = -5820\ \text{J} + 5820\ \text{J} = 0$$

(2)由状态 A 经 D 到状态 C：

由状态 A→状态 D 的恒容过程：

$$W_{AD} = 0 \qquad (\text{因}\quad \text{等容过程})$$

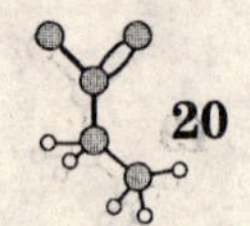

$$\Delta U_{AD} = nC_{V,m}(T_D - T_A) = 1 \times \frac{5}{2} \times 8.314\text{J} \cdot \text{mol}^{-1} \cdot \text{K}^{-1} \times (900 - 300)\text{K} = 12471 \text{ J}$$

$$\Delta H_{AD} = nC_{p,m}(T_D - T_A) = 17460 \text{ J}$$

$$Q_{AD} = \Delta U_{AD} = 12472 \text{ J} \qquad (\text{因} \quad \text{等容过程})$$

由状态 D→状态 C 的等压过程：

$$\Delta H_{DC} = nC_{p,m}(T_C - T_D) = 1\text{mol} \times \frac{7}{2}R \times (300 - 900)\text{K} = -17460 \text{ J}$$

$$\Delta U_{DC} = nC_{V,m}(T_C - T_D) = -12471 \text{ J}$$

$$Q_{DC} = \Delta H_{DC} = -17460 \text{ J} \qquad (\text{因} \quad \text{等压过程})$$

$$W_{DC} = \Delta U_{DC} - Q_{DC} = -12471 \text{ J} - (-17460 \text{ J}) = 4989 \text{ J}$$

过程(2)：

$$W_{(2)} = W_{AD} + W_{DC} = 0 + 4989\text{J} = 4989 \text{ J}$$

$$Q_{(2)} = Q_{AD} + Q_{DC} = 12471 \text{ J} - 17460\text{J} = -4989 \text{ J}$$

$$\Delta U_{(2)} = Q_{(2)} + W_{(2)} = -4989 \text{ J} + 4989 \text{ J} = 0$$

$$\Delta H_{(2)} = \Delta H_{AD} + \Delta H_{DC} = 17460 \text{ J} - 17460 \text{ J} = 0$$

计算结果表明：从同一始态出发，经不同途径达到同一终态，ΔU 和 ΔH 都一样；但 W、Q 则不同，与过程有关。

22. 判断下列过程中 Q、W、ΔU 、ΔH 各量是正、零还是负值；

(1)理想气体自由膨胀；

(2)理想气体节流膨胀；

(3)理想气体绝热、反抗恒外压膨胀

(4)理想气体恒温可逆膨胀；

(5)1 mol 实际气体恒容升温；

(6) $H_2O(l, p^{\ominus}, 273 \text{ K}) \rightarrow H_2O(s, p^{\ominus}, 273 \text{ K})$

(7) 在绝热恒容器中，$H_2(g)$与 $Cl_2(g)$生成 $HCl(g)$理想气体反应。

解：(1)理想气体自由膨胀：

$$p_{外} = 0, \quad W = 0 \qquad \Delta U = \Delta H = 0 \quad Q = 0,$$

(2)理想气体节流膨胀：

$$\Delta T = 0 \qquad \Delta U = \Delta H = 0 \qquad \text{绝热过程 } Q = 0 \quad \text{所以} \quad W = 0$$

(3)理想气体绝热恒外压膨胀：

绝热膨胀过程，故有：$Q = 0 \quad W = -p\Delta V < 0$

$$\Delta U = Q + W = W < 0 \qquad \Delta T < 0 \qquad \text{系统温度下降}$$

$$\Delta H = nC_{p,m}\Delta T < 0$$

(4)理想气体恒温可逆膨胀：

恒温过程：　　$\Delta U = 0 \qquad \Delta H = 0$

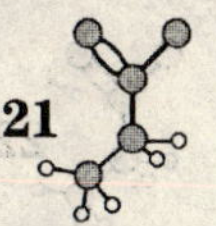

膨胀过程：　$W = nRT\ln\dfrac{V_1}{V_2} < 0$　　$Q = \Delta U - W = -nRT\ln\dfrac{V_1}{V_2} > 0$

(5)1 mol 实际气体恒容升温：

恒容过程：　$W = 0$　　$\Delta U = nC_{V,m}\Delta T > 0$　　$Q = \Delta U - W = \Delta U > 0$

$$\Delta H = nC_{p,m}\Delta T > 0$$

(6) $H_2O(l, 1p^\ominus, 273\ K) \rightarrow H_2O(s, 1p^\ominus, 273\ K)$

$W = -p_{外}\Delta V = -p_{外}(V_s - V_l)$　　对于水：　$V_s > V_l$　　故 $W < 0$

水凝固放出热量：　$Q<0, \Delta H = Q_p < 0$　　$\Delta U = Q - W < 0$　　$(|Q| >> |W|)$

(7)在绝热恒容器中，$H_2(g)$与 $Cl_2(g)$生成 $HCl(g)$（理想气体反应）

因与外界隔绝是孤立体系，$Q=0$，$W=0$，$V_1 = V_2$　　$\Delta U = 0$

因为此反应为放热反应，反应热使系统的温度升高，对于恒容系统，其末态压力必大于始态压力：

$$p_2 > p_1$$

$$\Delta H = H_2 - H_1 = U_2 + p_2V_2 - U_1 - p_1V_1 = V(p_2 - p_1) > 0$$

23. 空气的焦耳-汤姆逊系数在一定温度和压力区间可用下式表示：

$$\mu_{J\text{-}T}/(K\cdot kPa^{-1}) = -1.95\times10^{-3} + \frac{1.36}{T} - \frac{0.0311p/Pa}{T^2}$$

计算 333 K 时，从 1013250 Pa 膨胀到 101325 Pa，温度降低几度？

解：$\mu_{J\text{-}T} = \dfrac{dT}{dp}$　　$dT = \mu_{J\text{-}T}dp$

$$\Delta T = \int_{p_1}^{p_2}\left(-1.95\times10^{-3} + \frac{1.36}{T} - \frac{0.0311p}{T^2}\right)dp$$

$$= (-1.95\times10^{-3})(p_2 - p_1) + \frac{1.36}{T}(p_2 - p_1) - \frac{0.0311}{2T^2}(p_2^2 - p_1^2)$$

将 $T = 333$ K，$p_1 = 1013250$ Pa，$p_2 = 101325$ Pa 代入上式得：

$\Delta T = (1.78 - 3.73 + 0.14)\ K = -1.81\ K$，温度降低 1.81 K。

24. 已知某气体的状态方程及摩尔恒压热容为：$pV_m = RT + \alpha p$，$C_{p,m} = a + bT + cT^2$，其中 α、a、b、c 均为常数。若该气体在绝热节流膨胀中状态由 T_1、p_1变化到 T_2、p_2，求终态的压力 p_2，其中 T_1、p_1、T_2为已知。

解：由于是节流膨胀，故

$$\Delta H = \Delta U + \Delta(pV) = 0$$

故：　$\Delta U = -\Delta(pV) = (RT_1 + \alpha p_1) - (RT_2 + \alpha p_2)$　　(1)

因 $U = H - pV$　　故　$\left(\dfrac{\partial U}{\partial T}\right)_p = \left(\dfrac{\partial H}{\partial T}\right)_p - p\left(\dfrac{\partial V}{\partial T}\right)_p = C_p - p\left(\dfrac{\partial V}{\partial T}\right)_p$

$$\left(\frac{\partial U}{\partial T}\right)_p = C_p - p\frac{R}{p} = C_p - R$$

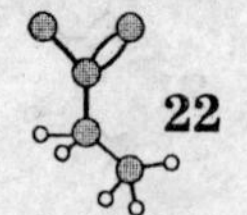

$$\Delta U=\int_{T_1}^{T_2}C_p\mathrm{d}T-\int_{T_1}^{T_2}p\left(\frac{\partial V}{\partial T}\right)\mathrm{d}T=\int_{T_1}^{T_2}(a+bT+cT^2)\mathrm{d}T-\int_{T_1}^{T_2}p\left(\frac{R}{p}\right)\mathrm{d}T$$

$$=a(T_2-T_1)+\left(\frac{b}{2}\right)(T_2^2-T_1^2)+\left(\frac{c}{3}\right)(T_2^3-T_1^3)-RT_2+RT_1 \qquad (2)$$

将(2)式代入(1)式，有：

$$a(T_2-T_1)+\left(\frac{b}{2}\right)(T_2^2-T_1^2)+\left(\frac{c}{3}\right)(T_2^3-T_1^3)-RT_2+RT_1=RT_1+\alpha p_1-RT_2-\alpha p_2$$

整理后得：

$$p_2=p_1-\frac{a}{\alpha}(T_2-T_1)-\left(\frac{b}{2\alpha}\right)(T_2^2-T_1^2)-\left(\frac{c}{3\alpha}\right)(T_2^3-T_1^3)$$

25. 1 mol N_2在 300 K，101325 Pa 下被等温压缩到500×101325 Pa，计算其 ΔH 的值。已知气体常数 $a_0=0.136\ \mathrm{m^6\cdot Pa\cdot mol^{-2}}$，$b_0=0.039\times10^{-3}\ \mathrm{m^3mol^{-1}}$，焦耳-汤姆逊系数 $\mu_{\text{J-T}}=\left(\frac{2a_0}{RT}-b_0\right)\div C_{p,m}$，$C_{p,m}=\frac{7}{2}R$

解：因为 $\mu_{\text{J-T}}=-\frac{1}{C_p}\left(\frac{\partial H}{\partial p}\right)$ 又知 $\mu_{\text{J-T}}=\left(\frac{2a_0}{RT}-b_0\right)\div C_{p,m}$

所以 $\left(\frac{\partial H}{\partial p}\right)_T=-C_{p,m}\cdot\mu_{\text{J-T}}=-C_{p,m}\cdot\left(\frac{2a_0}{RT}-b_0\right)\cdot\frac{1}{C_{p,m}}=-\left(\frac{2a_0}{RT}-b_0\right)$

$\int_{H_1}^{H_2}\mathrm{d}H=\int_{p_1}^{p_2}\left(b_0-\frac{2a_0}{RT}\right)\mathrm{d}p$，积分得：

$$\Delta H=\left(b_0-\frac{2a_0}{RT}\right)(p_2-p_1)$$

$$=\left(0.039\times10^{-3}\mathrm{m^3\cdot mol^{-1}}-\frac{2\times0.136\mathrm{m^6\cdot Pa\cdot mol^{-2}}}{8.314\mathrm{J\cdot mol^{-1}\cdot K^{-1}}\times300\mathrm{K}}\right)\times(500-1)\times 101325\mathrm{Pa}$$

$$=-3542\ \mathrm{J\cdot mol^{-1}}$$

26. 5 mol 理想气体（$C_{p,m}=\frac{7}{2}R$），始态为0.1 MPa，410 $\mathrm{dm^3}$，经 pT=常数的可逆过程压缩到 $p_2=0.2$ MPa。试计算终态的温度及该过程的 ΔU、ΔH、W、Q。

解：由题给条件求出始态的温度：

$$T_1=\frac{p_1V_1}{nR}=\frac{0.1\times10^6\mathrm{Pa}\times410\times10^{-3}\mathrm{m^3}}{5\mathrm{mol}\times8.314\mathrm{J\cdot mol^{-1}\cdot K^{-1}}}=986\ \mathrm{K}$$

根据条件 pT=常数可以得到系统末态的温度：

$$T_2=\frac{T_1P_1}{p_2}=(986\ \mathrm{K})\left(\frac{0.1\ \mathrm{MPa}}{0.2\ \mathrm{MPa}}\right)=493\ \mathrm{K}(\text{终态温度})$$

$$\Delta U=nC_{V,m}(T_2-T_1)=n(C_{p,m}-R)(T_2-T_1)$$

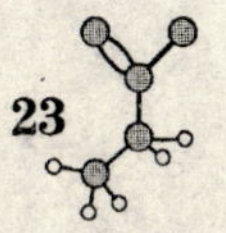

$$= (5\ \text{mol})\left(\frac{5}{2}\times 8.314\ \text{J}\cdot\text{mol}^{-1}\cdot\text{K}^{-1}\right)\times(493\ \text{K}-986\ \text{K})$$

$$=-51235\ \text{J}$$

$$\Delta H = nC_{p,m}(T_2-T_1)$$

$$=(5\ \text{mol})\times\left(\frac{7}{2}\times 8.314\ \text{J}\cdot\text{mol}^{-1}\cdot\text{K}^{-1}\right)\times(493\ \text{K}-986\ \text{K})$$

$$=-71729\ \text{J}$$

设：$pT=K$，K 为常数。故有：$p=\dfrac{K}{T}$。$V=\dfrac{nRT}{p}=\dfrac{nRT^2}{K}$，对体积求微分：

$\mathrm{d}V=\dfrac{2nRT}{K}\mathrm{d}T$，代入体积功计算公式中积分：

$$W=-\int_{V_1}^{V_2}p\mathrm{d}V=-\int_{T_1}^{T_2}\frac{K}{T}\cdot\frac{2nRT}{K}\mathrm{d}T=-\int_{T_1}^{T_2}2nR\mathrm{d}T=-2nR(T_2-T_1)$$

$$=-2\times 5\ \text{mol}\times 8.314\ \text{J}\cdot\text{K}^{-1}\cdot\text{mol}^{-1}\times(493\ \text{K}-986\ \text{K})=40988\ \text{J}$$

$$Q=\Delta U-W=-51235\ \text{J}-(40988\ \text{J})=-92223\ \text{J}$$

27. 一个热力学隔离体系，如图 1.6 所示。设活塞绝热，且与容器间没有摩擦力，活塞两边室内含有理想气体各为 20 dm^3，温度为 298.2 K，压力为 101325 Pa。逐步加热汽缸左边气体直到右边的压力为 2×101325 Pa；已知 $C_{V,m}=2.5R$，气体为双原子理想气体。试计算此过程中：

(1)汽缸右边的压缩气体做的功和末态温度；

(2)左边气体所吸收的热量。

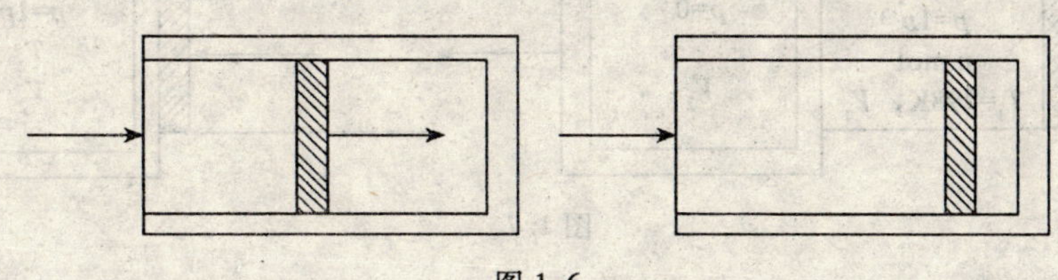

图 1.6

解：双原子理想气体的 $\gamma=1.4$。

(1)这是个绝热可逆压缩过程

根据绝热过程方式：$p^{1-\gamma}T^{\gamma}=K$，K 为常数，故有：

$$P_1^{1-\gamma}T_1^{\gamma}=P_2^{1-\gamma}T_2^{\gamma}\qquad \left(\frac{T_2}{T_1}\right)^{\gamma}=\left(\frac{P_1}{P_2}\right)^{1-\gamma}=\left(\frac{101325\text{Pa}}{2\times 101325\text{Pa}}\right)^{-0.4}=1.32$$

$$\left(\frac{T_2}{298.2\text{K}}\right)^{1.4}=1.32\qquad \frac{T_2}{298.2\text{K}}=1.219$$

解得：$T_2=363.5$ K，右边气体末态温度为 363.5K。

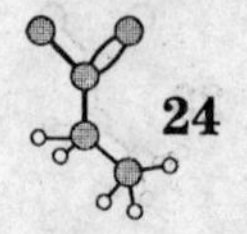

$$n_{右}=\left(\frac{p_1V_1}{RT_1}\right)_{右}=\frac{(101325\ \text{Pa})(0.02\ \text{m}^3)}{(8.314\ \text{J}\cdot\text{mol}^{-1}\cdot\text{K}^{-1})(298.2\ \text{K})}=0.8173\ \text{mol}$$

$$W_{右}=\Delta U=nC_{V,\ m}(T_2-T_1)$$

$$=(0.8173\ \text{mol})\times 2.5R\times(363.5\ \text{K}-298.2\ \text{K})=1109\ \text{J}$$

此过程中，右边气体所做的功为 1109 J。

(2)左边气体吸收的热量为：

$$T_{2,\ 左}=\left(\frac{p_2V_2}{nR}\right)_{左}=\frac{2\times 101325\text{Pa}\times[0.02+(0.02-0.01219)]\text{m}^3}{0.8173\text{mol}\times 8.314\text{J}\cdot\text{mol}^1\cdot\text{K}^{-1}}=829.3\ \text{K}$$

上式中 0.0129 m^3是终态时右边的体积，根据公式 $(p_1V_1^{\gamma})_{右}=(p_2V_2^{\gamma})_{右}$计算而得到的。左方气体吸收的热量一部分用来升高左室温度，另一部分用来推动活塞向右移动。以左室理想气体为系统：

$$\Delta U_{左}=nC_{V,\ m}(T_2-T_1)$$

$$=(0.8173\ \text{mol})(2.5R)(829.3\ \text{K}-298.2\ \text{K})=9022\ \text{J}$$

$$W_{左}=-W_{右}=-1109\ \text{J}$$

$$Q_{左}=\Delta U_{左}-W_{左}=9022\ \text{J}+1109\ \text{J}=10131\ \text{J}$$

28. 一个绝热容器原处于真空状态，用针在容器上刺一微孔，使 298 K、$1p^{\ominus}$的空气缓缓进入，直至压力达平衡，求此时容器内空气的温度(设空气为理想气体)。始态、终态如图 1.7 所示。

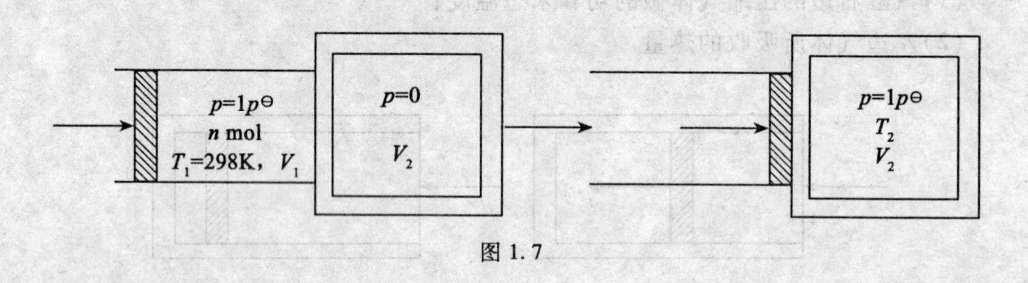

图 1.7

解：设终态时绝热容器内所含的空气为系统，始态与环境间有一设想的界面，始、终态见图 1.7。在绝热箱上刺一小孔后，n 摩尔空气进入箱内，在此过程中环境对系统做功为 p_1V_1，系统对绝热真空箱做功为零，故系统做净功即为 p_1V_1。此过程是一绝热过程，故有：

$$Q=0$$

$$\Delta U=W=p_1V_1=nRT_1$$

又理想气体任何过程 $\Delta U=C_V(T_2-T_1)$

因此 $nRT_1=C_V(T_2-T_1)$

$$nRT_1+C_VT_1=C_VT_2$$

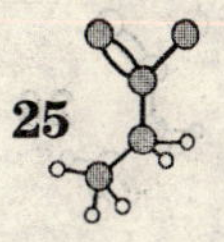

$$T_2 = \frac{nRT_1 + C_V T_1}{C_V} = \frac{(C_V + nR)}{C_V} \times T_1 = \frac{C_P}{C_V} \times T_1 = \gamma T_1$$

设空气为双原子理想气体：$\gamma = \frac{7}{5}$

$$T_2 = \frac{7}{5} \times 298.2\ \mathrm{K} = 417.5\ \mathrm{K}$$

29. 有一礼堂容积为 1000 m^3，气压力为 101325 Pa，室温为 293 K，在一次大会结束后，室温升高了 5 K，问与会者们对礼堂内空气贡献了多少热量？

解：若选取礼堂内温度为 293 K 时的空气为系统，室内的压力已知维持在 101325Pa，则随着温度升高，室内空气不断向外排出，实际上这是一个敞开系统。现选取 293K 下，礼堂内实际存在的空气为系统。在压力和体积维持恒定时，室内空气的量随着温度升高逐渐变少，有：

$$n = \left(\frac{pV}{R}\right)\frac{1}{T}$$

等压过程中的热量计算：

$$Q_p = \int_{T_1}^{T_2} nC_{p,\,m}\mathrm{d}T = \int_{T_1}^{T_2}\left(\frac{pV}{R}C_{p,\,m}\right)\frac{1}{T}\mathrm{d}T = \frac{pV}{R}C_{p,\,m}\ln\frac{T_2}{T_1}$$

设空气为双原子分子，故：　　$C_{p,\,m} = \frac{7}{2}R$

$$Q_p = \frac{pV}{R} \times \frac{7}{2}R\ln\frac{T_2}{T_1} = 101325\mathrm{Pa} \times 1000\mathrm{m}^3 \times \frac{7}{2} \times \ln\frac{(293+5)\mathrm{K}}{293\mathrm{K}}$$
$$= 6000.8\ \mathrm{kJ}$$

30. 在 298 K 时，有一定量的单原子理想气体，$C_{V,\,m} = \frac{3}{2}R$，从始态 20×101325 Pa 及 20 dm^{3}经下列不同过程膨胀到终态压力为 101325 Pa，求 ΔU、ΔH、Q 及 W。

(1)等温可逆膨胀；

(2)绝热可逆膨胀；

(3)以 $\delta = 1.3$ 的多方可逆膨胀过程。

解：(1)等温可逆过程：

理想气体等温过程：$\Delta U = 0$，$\Delta H = 0$

$$n = \frac{p_1V_1}{RT_1} = \frac{(20 \times 101325\ \mathrm{Pa})(0.020\ \mathrm{m}^3)}{(8.314\ \mathrm{J\cdot mol^{-1}\cdot K^{-1}})(298\ \mathrm{K})} = 16.36\ \mathrm{mol}$$

$$W = nRT\ln\frac{p_2}{p_1} = 16.36\mathrm{mol} \times 8.314\mathrm{J\cdot mol^{-1}\cdot K^{-1}} \times 298\mathrm{K} \times \ln\frac{101325\mathrm{Pa}}{20 \times 101325\mathrm{Pa}}$$
$$= -121426\ \mathrm{J}$$

$$Q = -W = 121426\ \mathrm{J}$$

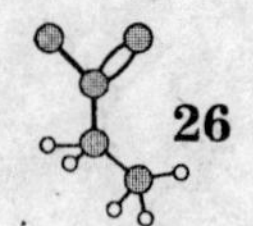

(2)绝热可逆过程：

$$Q = 0 \quad 单原子分子：\gamma = 1.667$$

$$p_1^{1-\gamma}T_1^{\gamma} = p_2^{1-\gamma}T_2^{\gamma} \qquad T_1 = \left(\frac{20 \times 101325\text{Pa}}{101325\text{Pa}}\right)^{\frac{1-1.667}{1.667}} \times 298\text{K} = 89.9\ \text{K}$$

$$\Delta U = nC_{V,\ m}(T_2 - T_1) = n\frac{3}{2}R(T_2 - T_1)$$

$$= 16.36\text{mol} \times \frac{3}{2} \times 8.314\text{J} \cdot \text{mol}^{-1} \cdot \text{K}^{-1} \times (89.9 - 298)\text{K} = -42458\ \text{J}$$

$$W = \Delta U = -42458\ \text{J}$$

$$\Delta H = nC_{p,\ m}(T_2 - T_1) = -70762\ \text{J}$$

(3)多方可逆过程：有过程方程式

pV^{δ} = 常数，或表达为：$p^{1-\delta}T^{\delta}$ = 常数

$$T_2 = \left(\frac{P_1}{P_2}\right)^{\frac{1-\delta}{\delta}} T_1 = \left(\frac{20 \times 101325\text{Pa}}{101325\text{Pa}}\right)^{-0.2308} \times 298\text{K} = 149.3\ \text{K}$$

$$\Delta U = nC_{V,\ m}(T_2 - T_1) = n\frac{3}{2}R(T_2 - T_1)$$

$$= 16.36\text{mol} \times \frac{3}{2} \times 8.314\text{J} \cdot \text{mol}^{-1} \cdot \text{K}^{-1} \times (149.3 - 298)\text{K} = -30339\ \text{J}$$

$$\Delta H = C_p(T_2 - T_1) = -50564\ \text{J}$$

$$W = \frac{nR}{(\delta-1)}(T_2-T_1) = \frac{1}{1.3-1} \times 16.36\text{mol} \times 8.314\text{J} \cdot \text{mol}^{-1} \cdot \text{K}^{-1} \times (149.3-298)\text{K}$$

$$= -67419\ \text{J}$$

$$Q = \Delta U + W = -30339\ \text{J} - 67419\ \text{J} = -97758\ \text{J}$$

31. 1 mol 单原子理想气体从始态 298 K 及压力为 202650 Pa 经下列途径使其体积加倍，试计算每种途径的终态压力及各过程的 Q、W 和 ΔU 的值，作出 p-V 示意图；把 ΔU 的值按大小次序排列。

(1)等温可逆膨胀；

(2)绝热可逆膨胀；

(3)沿着 $p/\text{Pa} = 10132.5V_m/(\text{dm}^3\ \text{mol}^{-1}) + b$ 的途径可逆变化。

解：始态： $n = 1\ \text{mol} \quad p_1 = 202650\ \text{Pa} \quad T_1 = 298\ \text{K}$

$$V_1 = \frac{nRT_1}{p_1} = 12.24\ \text{dm}^3 \qquad V_2 = 2V_1 = 24.48\ \text{dm}^3$$

(1)等温可逆过程：

$$p_2 = \frac{p_1V_1}{V_2} = \frac{p_1}{2} = 101325\ \text{Pa}$$

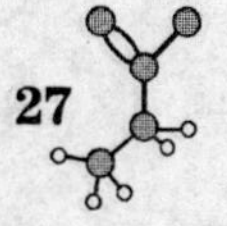

$$\Delta U = 0 \quad Q = -W = nRT\ln\frac{V_2}{V_1} = 1\text{mol} \times 8.314\text{J}\cdot\text{mol}^{-1}\cdot\text{K}^{-1} \times \ln 2 = 1718\ \text{J}$$

(2)绝热可逆过程：单原子理想气体：$\gamma = 1.667$

$$Q = 0\ (\text{绝热过程})$$

$$T_1V_1^{\gamma-1} = T_2V_1^{\gamma-1} \qquad \text{解得：} \qquad T_2 = 187.7\ \text{K}$$

$$\Delta U = C_V(T_2 - T_1) = -1376\ \text{J}$$

$$W = \Delta U = -1376\ \text{J}$$

(3)沿着 $p/\text{Pa} = 10132.5V_m/(\text{dm}^3\cdot\text{mol}^{-1}) + b$ 的途径：

由始态条件，有：

$$202650 = 10132.5 \times 12.24 + b$$

$$b = 78628$$

$$p_2 = 10132.5 \times 24.48 + 78628 = 326672\ \text{Pa}$$

$$T_2 = \frac{p_2V_2}{nR} = 961.8\ \text{K}$$

$$\Delta U = C_{V,m}(T_2 - T_1) = \frac{3}{2} \times 8.314\text{J}\cdot\text{K}^{-1}\cdot\text{mol}^{-1} \times (961.8\text{K} - 298.2\text{K})$$

$$= 8276\ \text{J}\cdot\text{mol}^{-1}$$

$$W = -\int_{V_1}^{V_2} p\text{d}V = -\int_{V_1}^{V_2}(10132.5V_m + b)\text{d}V$$

$$= -\left[\frac{1}{2} \times 10132.5\text{Pa} \times (V_2^2 - V_1^2) + b\text{Pa}(V_2 - V_1)\right]$$

$$= -\left[\frac{1}{2} \times 10132.5\text{Pa} \times [(24.48)^2 - (12.24)^2] \times 10^{-3}\text{m}^3 + 78628\text{Pa} \times (23.48 - 12.24) \times 10^{-3}\text{m}^3\right]$$

$$= -3239\ \text{J}$$

$$Q = \Delta U - W = 8276\ \text{J} - (-3239\ \text{J}) = 11515\ \text{J}$$

三个过程的 p-V 图示意于图 1.8。

在 p-V 图中，由于终态体积相同，p 大 T 也大，从图中得：

$$p_{(3)} > p_{(1)} > p_{(2)} \qquad \text{则：} T_{(3)} > T_{(1)} > T_{(2)}$$

理想气体的内能是温度的函数，则：　　$\Delta U_{(3)} > \Delta U_{(1)} > \Delta U_{(2)}$

32. 证明

(1)　　$$\left(\frac{\partial U}{\partial T}\right)_p = C_p - p\left(\frac{\partial V}{\partial T}\right)_p$$

(2)　　$$\left(\frac{\partial U}{\partial V}\right)_p = C_p\left(\frac{\partial T}{\partial V}\right)_p - p$$

证明：(1)　　$$U = H - pV$$

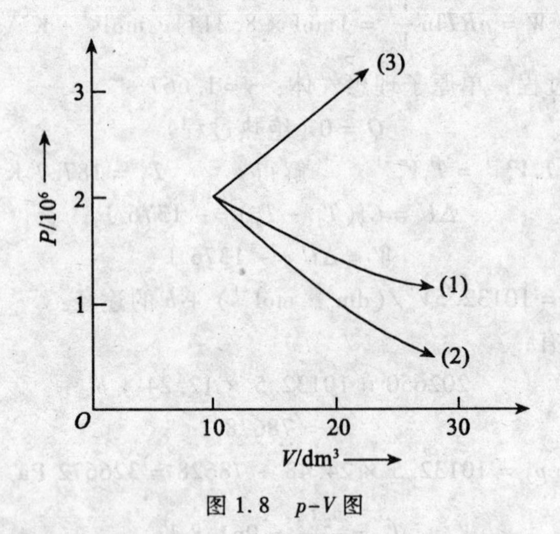

图 1.8 $p-V$ 图

$$\left(\frac{\partial U}{\partial T}\right)_p = \left(\frac{\partial H}{\partial T}\right)_p - p\left(\frac{\partial V}{\partial T}\right)_p = C_p - p\left(\frac{\partial V}{\partial T}\right)_p$$

(2)

$$U = H - pV$$

$$\left(\frac{\partial U}{\partial V}\right)_p = \left(\frac{\partial H}{\partial V}\right)_p - p = \left(\frac{\partial H}{\partial T}\right)_p\left(\frac{\partial T}{\partial V}\right)_p - p = C_p\left(\frac{\partial T}{\partial V}\right)_p - p$$

33. 双原子分子理想气体沿热容 $C_m = R$ 的途径可逆加热，请推导此过程的过程方程式。

解：根据热容的定义：$C = \frac{\delta Q}{\mathrm{d}T}$　　$\delta Q = C\mathrm{d}T = nR\mathrm{d}T$

对于可逆过程：

$$p_{外} \approx p_{内}$$

$$\delta W = -p_{外}\mathrm{d}V = -p_{内}\mathrm{d}V = -\frac{nRT}{V}\mathrm{d}V$$

对理想气体，任何过程均有 $\mathrm{d}U = C_V\mathrm{d}T$

$$\mathrm{d}U = \delta Q + \delta W$$

$$C_V\mathrm{d}T = \delta Q - \frac{nRT}{V}\mathrm{d}V = nR\mathrm{d}T - \frac{nRT}{V}\mathrm{d}V$$

$$\frac{nR}{V}\mathrm{d}V = nR\frac{1}{T}\mathrm{d}T - C_V\frac{1}{T}\mathrm{d}T$$

积分：

$$\int\frac{nR}{V}\mathrm{d}V = \int\frac{nR - C_V}{T}\mathrm{d}T$$

$$nR\ln V + 常数 = (nR - C_V)\ln T + 常数$$

$$V^{nR}T^{C_V - nR} = 常数$$

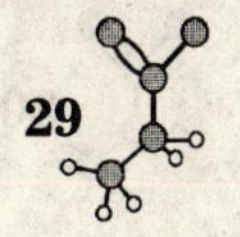

$$VT^{\left(\frac{C_{V,m}}{R}-1\right)} = 常数 \quad C_{V,m} = \frac{5}{2}R$$

解得：
$$VT^{3/2} = 常数$$
即：
$$T^{5/2}p^{-1} = 常数$$
$$pV^{5/3} = 常数$$

以上三式均为此过程的过程方程式。

34. 若5 mol H_2气与4 molCl_2气混合，最后生成2 mol HCl气。若反应式写为：

$$H_2(g) + Cl_2(g) \rightarrow 2HCl(g)$$

请计算反应进度。

解：

	$H_2(g)$ +	$Cl_2(g)$ =	$2HCl(g)$
	n_{H_2}/mol	n_{Cl_2}/mol	n_{HCl}/mol
当 $t=0$：	5	4	0
当 $t=t$：	4	3	2

反应进度：$\xi = \dfrac{(4-5)\ \text{mol}}{-1} = \dfrac{(3-4)\ \text{mol}}{-1} = \dfrac{(2-0)\ \text{mol}}{2} = 1\ \text{mol}$

35. 0.500 g正庚烷放在弹形量热计中，燃烧后温度升高2.94 K。若量热计本身及其附件的热容量为8.177 kJ · K^{-1}，计算298 K时正庚烷的燃烧焓（量热计的平均温度为298 K）。

解：此反应在氧弹中进行，反应过程中系统的体积是恒定的，故此反应过程是恒容过程。恒容过程的热效应等于系统内能的变化而不等于焓变，故此题先求反应过程内能的变化，然后再求反应的焓变。

0.500 g正庚烷燃烧后放出的恒容热效应：$Q_V = 8177\text{J} \cdot \text{K}^{-1} \times (-2.94\ \text{K}) = -24040\ \text{J}$

1 mol正庚烷燃烧后放出的等容热效应为

$$\Delta_C U_m = \frac{Q_V}{W/M} = -\frac{24040\text{J}}{0.500\text{g}/100.2\ \text{gmol}^{-1}} = -4818000\ \text{J} \cdot \text{mol}^{-1}$$

正庚烷燃烧反应为：　$C_7H_{16}(l) + 11O_2(g) = 7CO_2(g) + 8H_2O(l)$

正庚烷的燃烧焓为

$$\Delta_C H_m^{\ominus}(C_7H_{16},\ 1,\ 298\ \text{K}) = \Delta_C U_m + \Delta(pV) \approx \Delta_C U_m + \Delta(pV)_{\text{gas}}$$
$$= \Delta_C U_m + \sum_{i,\ \text{gas}} \nu_i (RT)$$
$$= -4818000\ \text{J} \cdot \text{mol}^{-1} + (7-11) \times (8.314\ \text{J} \cdot \text{K}^{-1} \cdot \text{mol}^{-1}) \times (298\ \text{K})$$
$$= -4828000\ \text{J} \cdot \text{mol}^{-1}$$

正庚烷的燃烧焓为−4824 kJ ·mol^{-1}。

36. 利用生成热数据求下列各反应的反应热 $\Delta_r H_m(298\ \text{K})$

(1) $Cl_2(g) + 2KI(s) \rightarrow 2KCl(s) + I_2(s)$

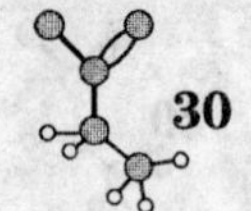

(2) $CO(g)+H_2O(g) \rightarrow CO_2(g)+H_2(g)$

(3) $SO_2(g)+\frac{1}{2}O_2(g)+H_2O(l) \rightarrow H_2SO_4(l)$

解：稳定单质的生成焓等于零。

(1) $\Delta_r H_m(298\ K) = 2\Delta_f H_m^{\ominus}[KCl(s)] + 0 - 2\Delta_f H_m^{\ominus}[KI(s)] - 0$

$= -2 \times 435900\ J \cdot mol^{-1} - 2(327600\ J \cdot mol^{-1}) = -216600\ J \cdot mol^{-1}$

(2) $\Delta_r H_m(298\ K) = 2\Delta_f H_m^{\ominus}[CO_2(g)] + 0 - \Delta_f H_m^{\ominus}[CO(g)] - \Delta_f H_m^{\ominus}[H_2O(g)]$

$= -393500\ J \cdot mol^{-1} - (-110500\ J \cdot mol^{-1}) - (-241800\ J \cdot mol^{-1})$

$= -41200\ J \cdot mol^{-1}$

(3) $\Delta_r H_m(298\ K) = 2\Delta_f H_m^{\ominus}[H_2SO_4(l)] - \Delta_f H_m^{\ominus}[H_2O(l)] - \Delta_f H_m^{\ominus}[SO_2(g)]$

$= -800800\ J \cdot mol^{-1} - (285800\ J \cdot mol^{-1}) - (-296900\ J \cdot mol^{-1})$

$= -21800\ J \cdot mol^{-1}$

37. 估算 $CH_4(g)$ 的标准生成热。已知生成反应为：C(石墨) + $2H_2(g) \rightarrow CH_4(g)$，C—H 键的键焓为 $416000\ J \cdot mol^{-1}$，$\Delta_{at}H_m^{\ominus}(C,\ g) = 716700\ J \cdot mol^{-1}$，$\Delta_{at}H_m^{\ominus}(H,\ g) = 217950\ J \cdot mol^{-1}$。

解：键焓是指拆散气态化合物中某一种类键时生成气态原子所需能量的平均值。原子化焓是指由稳定单质变为气态原子的反应焓变，用符号 $\Delta_{at}H_m^{\ominus}$ 表示。

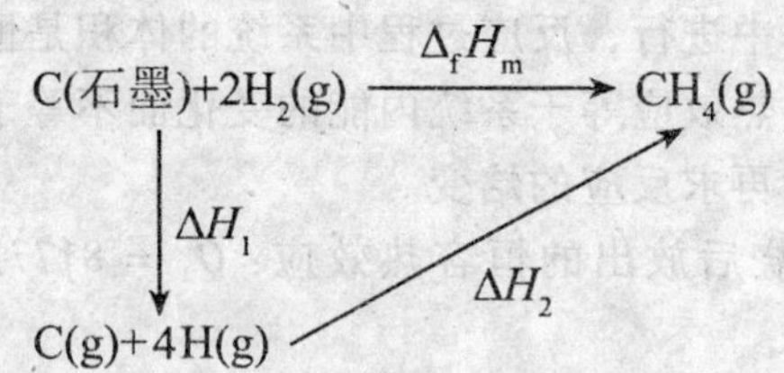

$$\Delta_f H_m = \Delta H_1 + \Delta H_2$$

$$= \Delta_{at}H_m^{\ominus}(C,\ g) + 4\Delta_{at}H_m^{\ominus}(H,\ g) + (-4\varepsilon_{C-H})$$

$$= 716700\ J \cdot mol^{-1} + 4 \times 217980\ J \cdot mol^{-1} - 4 \times 416000\ J \cdot mol^{-1}$$

$$= -75380\ J \cdot mol^{-1}$$

38. 已知固体葡萄糖的升华热 $\Delta_{sub}H_m^{\ominus}$ 为 $800\ kJ \cdot kg^{-1}$；水的蒸发热 $\Delta_{vap}H_m^{\ominus}$ 为 $43990\ kJ \cdot kg^{-1}$，已知葡萄糖的结构式为：

```
  H   H   OH  H   H   H
  |   |   |   |   |   |
O=C — C — C — C — C — C —OH
      |   |   |   |   |
      OH  H   OH  OH  H
```

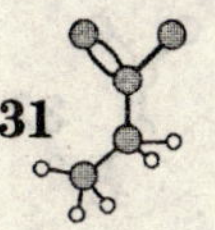

已知下列键焓 $\Delta H_m^{\ominus}(298.15\ K)$ 的数据：

键的类型	C—C	C—H	C—O	O—H	O═O	C═O
$\Delta H_m^{\ominus}(298.15\ K)/kJ \cdot mol^{-1}$	348	413	351	463	498	732

求固体葡萄糖 $C_6H_{12}O_6$ 的燃烧焓。

解：设计如下热力学过程求葡萄糖燃烧热：

$$
\begin{array}{ccc}
C_6H_{12}O_6(s) + 6O_2(g) & \xrightarrow{\Delta_r H_m^{\ominus}} & 6CO_2(g) + 6H_2O(l) \\
\downarrow \Delta H_1 & & \uparrow \Delta H_3 \\
C_6H_{12}O_6(g) + 6O_2(g) & \xrightarrow{\Delta H_2} & 6CO_2(g) + 6H_2O(g)
\end{array}
$$

葡萄糖的摩尔质量为 $0.180\ kg \cdot mol^{-1}$

$\Delta H_1 = \Delta_{sub} H_m^{\ominus} \times M = (800\ kJ \cdot kg^{-1})(0.180\ kg \cdot mol^{-1}) = 144\ kJ \cdot mol^{-1}$

$\Delta H_2 = \sum_B \varepsilon_{反应物} - \sum_B \varepsilon_{生成物}$

$= (5\varepsilon_{C-C} + 7\varepsilon_{C-H} + 5\varepsilon_{C-O} + \varepsilon_{C=O} + 5\varepsilon_{C-H} + 6\varepsilon_{O=O}) - (6\times 2\varepsilon_{C=O} + 6\times 2\varepsilon_{O-H})$

$= 5\varepsilon_{C-C} + 7\varepsilon_{C-H} + 5\varepsilon_{C-O} + 6\varepsilon_{O=O} - 11\varepsilon_{C=O} - 7\varepsilon_{O-H}$

$= 5\times 348\ kJ \cdot mol^{-1} + 7\times 413\ kJ \cdot mol^{-1} + 5\times 351\ kJ \cdot mol^{-1} + 6\times 498\ kJ \cdot mol^{-1} - 11\times 732\ kJ \cdot mol^{-1} - 7\times 463\ kJ \cdot mol^{-1}$

$= -1919\ kJ \cdot mol^{-1}$

$\Delta H_3 = -n\Delta_{vap} H_m^{\ominus}(H_2O) = -6\times 43.99\ kJ \cdot mol^{-1} = -264\ kJ \cdot mol^{-1}$

$\Delta_r H_m = \Delta H_1 + \Delta H_2 + \Delta H_3 = 144\ kJ \cdot mol^{-1} + (-1919\ kJ \cdot mol^{-1}) + (-264\ kJ \cdot mol^{-1})$

$= -2039\ kJ \cdot mol^{-1}$

39. 已知在 298 K 及 101325 Pa 下，石墨升华为碳原子的升华热，估计为 $711.1\ kJ \cdot mol^{-1}$，$H_2 = 2H(g)$ 的离解热为 $431.7\ kJ \cdot mol^{-1}$。CH_4 的生成焓为 $-74.78\ kJ \cdot mol^{-1}$。根据上述数据计算 $C(g) + 4H(g) = CH_4(g)$ 的 $\Delta_r H_m$。这个数值的 1/4 称为 C—H 键的键焓。

解：(1) $C(s) = C(g)$　　$\Delta_r H_m(1) = 711.1\ kJ \cdot mol^{-1}$

(2) $H_2(g) = 2H(g)$　　$\Delta_r H_m(2) = 431.7\ kJ \cdot mol^{-1}$

(3) $C(s) + 2H_2(g) \rightarrow CH_4(g)$　　$\Delta_r H_m(3) = -74.78\ kJ \cdot mol^{-1}$

(3)−(1)−(2)×2，即得：

$$C(g) + 4H(g) = CH_4(g)$$

$\Delta_r H_m = \Delta_r H_m(3) - \Delta_r H_m(1) - 2\Delta_r H_m(2)$

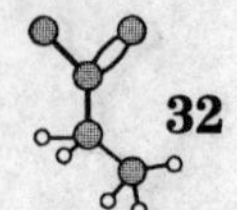

$=-74.78\ \text{kJ}\cdot\text{mol}^{-1}-711.1\text{kJ}\cdot\text{mol}^{-1}-2\times431.7\ \text{kJ}\cdot\text{mol}^{-1}$

$=-1649\ \text{kJ}\cdot\text{mol}^{-1}$

40. 石墨及 $H_2(g)$ 在 298 K 的标准燃烧热分别为 $-393.51\ \text{kJ}\cdot\text{mol}^{-1}$ 及 $-285.84\ \text{kJ}\cdot\text{mol}^{-1}$，又知 298 K 时反应 $H_2O(g)\rightarrow HO_2(l)$ 的 $\Delta_r H_m^\ominus(298\ \text{K})=-44\ \text{kJ}\cdot\text{mol}^{-1}$。求下列反应的 $\Delta_r H_m^\ominus(298\ \text{K})$：

$$C(\text{石墨})+2H_2O(g)\rightarrow 2H_2(g)+CO_2(g)$$

解：石墨燃烧、氢气燃烧和水蒸气凝结过程的反应式分别如下：

$$C(\text{石墨})+O_2\rightarrow CO_2(g) \qquad \Delta H_1=-393.51\ \text{kJ}\cdot\text{mol}^{-1} \qquad (1)$$

$$H_2(g)+\frac{1}{2}O_2\rightarrow H_2O(l) \qquad \Delta H_2=-285.84\ \text{kJ}\cdot\text{mol}^{-1} \qquad (2)$$

$$H_2O(g)\rightarrow H_2O(l) \qquad \Delta H_3=-44\ \text{kJ}\cdot\text{mol}^{-1} \qquad (3)$$

(1)+2×(3)−2×(2)，即得：

$$C(\text{石墨})+2H_2O(g)\rightarrow 2H_2(g)+CO_2(g)$$

上式即为题给反应，故有：

$$\Delta_r H_m^\ominus(298\text{K})=\Delta H_1+2\times\Delta H_3-2\times\Delta H_2$$

$$=-393.51\ \text{kJ}\cdot\text{mol}^{-1}+2\times(-44\ \text{kJ}\cdot\text{mol}^{-1})-2\times(-285.84\ \text{kJ}\cdot\text{mol}^{-1})$$

$$=90.17\ \text{kJ}\cdot\text{mol}^{-1}$$

41. 反应 $H_2(g)+\frac{1}{2}O_2(g)=H_2O(l)$，在 298.2 K 时反应热为 $-285.84\ \text{kJ}\cdot\text{mol}^{-1}$。试计算在 800 K 时此反应的热效应 $\Delta_r H_m^\ominus(800\ \text{K})$。已知 $H_2O(l)$ 在 373.2 K、$1p^\ominus$ 时的蒸发热为 $40.65\ \text{kJ}\cdot\text{mol}^{-1}$；

$C_{p,m}(H_2)=29.07\ \text{J}\cdot\text{K}^{-1}\cdot\text{mol}^{-1}-(8.36\times10^{-4}\ \text{J}\cdot\text{K}^{-2}\cdot\text{mol}^{-1})T$

$C_{p,m}(O_2)=36.16\ \text{J}\cdot\text{K}^{-1}\cdot\text{mol}^{-1}+(8.45\times10^{-4}\ \text{J}\cdot\text{K}^{-2}\cdot\text{mol}^{-1})T$

$C_{p,m}(H_2O,\ l)=75.26\ \text{J}\cdot\text{K}^{-1}\cdot\text{mol}^{-1}$

$C_{p,m}(H_2O,\ g)=30.00\ \text{J}\cdot\text{K}^{-1}\cdot\text{mol}^{-1}+(10.7\times10^{-3}\ \text{J}\cdot\text{K}^{-2}\cdot\text{mol}^{-1})T$

解：设计如下过程：

$$\Delta H_1=\int_{800\ \text{K}}^{298.2\ \text{K}}\left[C_{p,m}(H_2)+\frac{1}{2}C_{p,m}(O_2)\right]\text{d}T$$

$$=\int_{800\ \text{K}}^{298.2\ \text{K}}\left[\left(29.07+\frac{1}{2}\times36.16\right)\text{J}\cdot\text{K}^{-1}\cdot\text{mol}^{-1}+\left(-8.36+\frac{1}{2}\times8.45\right)\times 10^{-4}\ \text{J}\cdot\text{K}^{-2}\cdot\text{mol}^{-1})T\right]\text{d}T$$

$$=\int_{800\ \text{K}}^{298.2\ \text{K}}\left[47.15\text{J}\cdot\text{K}^{-1}\cdot\text{mol}^{-1}-4.135\times10^{-4}\ \text{J}\cdot\text{K}^{-2}\cdot\text{mol}^{-1})T\right]\text{d}T$$

$$=47.15\text{J}\cdot\text{K}^{-1}\cdot\text{mol}^{-1}\times(298.2-800)\text{K}-\left(\frac{1}{2}\times4.135\times10^{-4}\right)\text{J}\cdot\text{K}^{-2}\cdot$$

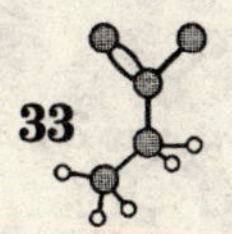

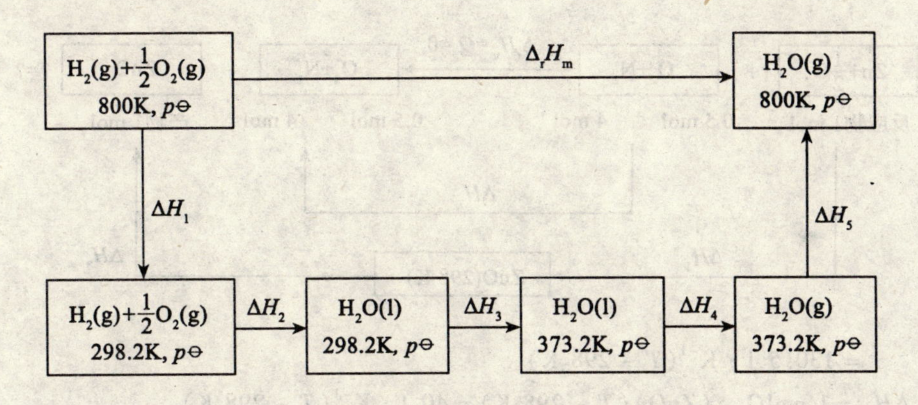

$$\text{mol}^{-1} \times [(298.2\ \text{K})^2 - (800\ \text{K})^2]$$

$$= -23550\ \text{J} \cdot \text{mol}^{-1} = -23.55\ \text{kJ} \cdot \text{mol}^{-1}$$

$$\Delta H_2 = -285.84\ \text{kJ} \cdot \text{mol}^{-1}$$

$$\Delta H_3 = \int_{298.2\ \text{K}}^{373.3\ \text{K}} [C_{p,\,m}(H_2O,\ l)]\,dT = \int_{298.2\ \text{K}}^{373.2\ \text{K}} [75.26\ \text{J} \cdot \text{K}^{-1} \cdot \text{mol}^{-1}]\,dT$$

$$= 5.64\ \text{kJ} \cdot \text{mol}^{-1}$$

$$\Delta H_4 = 40.65\ \text{kJ} \cdot \text{mol}^{-1}$$

$$\Delta H_5 = \int_{373.2\ \text{K}}^{800\ \text{K}} [C_{p,\,m}(H_2O,\ g)]\,dT$$

$$= \int_{373.2\ \text{K}}^{800\ \text{K}} \left(30\ \text{J} \cdot \text{K}^{-1} \cdot \text{mol}^{-1} + (10.7 \times 10^{-3}\ \text{J} \cdot \text{K}^{-2} \cdot \text{mol}^{-1})T\right)dT$$

$$= 15.52\ \text{kJ} \cdot \text{mol}^{-1}$$

$$\Delta_r H_m = \Delta H_1 + \Delta H_2 + \Delta H_3 + \Delta H_4 + \Delta H_5$$

$$= -247.58\ \text{kJ} \cdot \text{mol}^{-1}$$

42. 金属锌遇到空气时会立即被氧化而放热。若在 298 K 常压下 1 mol 的金属粉末中通入 5 mol 空气(其中氧的摩尔百分数为 20%),求反应后系统所能达到的最高温度。为简单起见,氧与氮的恒压摩尔热容取 $C_{p,\,m} = 29\ \text{J} \cdot \text{mol}^{-1} \cdot \text{K}^{-1}$, ZnO 的 $C_{p,\,m} = 40\ \text{J} \cdot \text{mol}^{-1} \cdot \text{K}^{-1}$。

已知 $\Delta_f H_m^\ominus(\text{ZnO},\ 298\ \text{K}) = -349\ \text{kJ} \cdot \text{mol}^{-1}$

解: 假设氧化过程的反应热全部用来加热体系的反应产物及剩余的反应物和不参加反应的物质如氮气。设计如下过程进行计算:

$$\Delta_r H_m = \Delta H_1 + \Delta H_2 + \Delta H_3$$

$$\Delta H_1 = 1\text{mol} \cdot \Delta_f H_m^\ominus(\text{ZnO},\ 298\ \text{K}) = -349\ \text{kJ}$$

$$\Delta H_2 = [0.5\ \text{mol} \times C_{p,\,m}(O_2) + 4\ \text{mol} \times C_{p,\,m}(N_2)](T - 298\ \text{K})$$

$$= (4.5\ \text{mol})(29\ \text{J} \cdot \text{mol}^{-1} \cdot \text{K}^{-1})(T - 298\ \text{K})$$

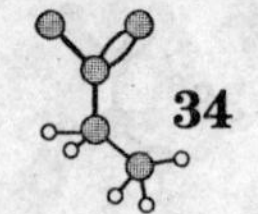

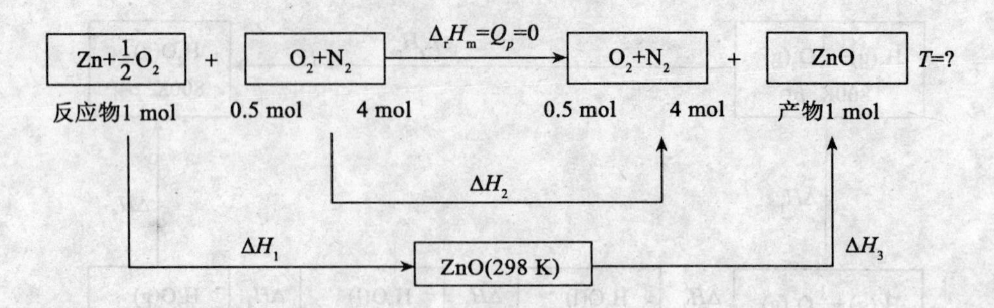

$= 130.5\ \mathrm{J \cdot K^{-1}}(T - 298\ \mathrm{K})$

$\Delta H_3 = 1\ \mathrm{mol} C_{p,\mathrm{m}}(\mathrm{ZnO})(T - 298\ \mathrm{K}) = 40\ \mathrm{J \cdot K^{-1}}(T - 298\ \mathrm{K})$

$\Delta_r H_m = -349000\ \mathrm{J} + 170.5\ \mathrm{J \cdot K^{-1}}(T - 298\ \mathrm{K}) = 0$

解此方程得 $T = 2345\ \mathrm{K}$

43. 根据实验测定 1 mol H_2SO_4溶于 n_1 mol 水中时，溶解热 $\Delta_{sol}H$ 可用下式表示：

$$\Delta_{sol}H = -\frac{an_1}{b + n_1}$$

式中 $a = 7.473 \times 10^4$ J；$b = 1.798$ mol。求四种热效应：

(1)积分溶解热，用 1 mol H_2SO_4溶于 10 mol 水中；

(2)积分稀释热，在上述溶液中再加 10 mol 水；

(3)微分稀释热，溶液组成为 1 mol H_2SO_4、10 mol 水；

(4)微分溶解热，溶液组成为 1 mol H_2SO_4、10 mol 水。

解：(1)积分溶解热为：

$$\Delta_{sol}H = -\frac{an_1}{b + n_1} = \left[-\frac{7.473 \times 10^4\ \mathrm{J} \times 10\mathrm{mol}}{1.798\mathrm{mol} + 10\mathrm{mol}}\right]$$

$$= -6.334 \times 10^4\ \mathrm{J}$$

(2) $\Delta_{dil}H = \left[-\frac{7.473 \times 10^4\ \mathrm{J} \times 20\mathrm{mol}}{1.798\mathrm{mol} + 20\mathrm{mol}}\right] - \left[-\frac{7.473 \times 10^4\ \mathrm{J} \times 10\mathrm{mol}}{1.798\mathrm{mol} + 10\mathrm{mol}}\right] = -5226\ \mathrm{J}$

(3) $\mathrm{d}_{dil}H = \left[\frac{\partial(\Delta_{sol}H)}{\partial n_1}\right]_{n_1 = 10\ \mathrm{mol}} = \frac{\partial}{\partial n_1}\left(-\frac{an_1}{b + n_1}\right) = -\frac{ab}{(b + n_1)^2}$

$$= -\frac{7.473 \times 10^4\ \mathrm{J} \times 1.798\mathrm{mol}}{(1.798\mathrm{mol} + 10\mathrm{mol})^2} = -965.3\ \mathrm{J \cdot mol^{-1}}$$

(4)溶剂和溶质在混合前的焓值： $H = n_1 H_m(1) + n_2 H_m(2)$

溶剂和溶质在混合后的焓值： $H' = n_1 H_{1,m} + n_2 H_{2,m}$

溶解过程的热效应就是溶质和溶剂混合过程的热效应

$$\Delta_{mix}H = H' - H = n_1[H_{1,m} - H_m(1)] + n_2[H_{2,m} - H_m(2)]$$

$$= n_1 d_{dil}H + n_2 d_{sol}H$$

$$\Delta_{sol}H = \frac{\Delta_{mix}H}{n_2} = \frac{n_1}{n_2}d_{dil}H + d_{sol}H$$

$$d_{sol}H = \Delta_{sol}H - \frac{n_1}{n_2}d_{dil}H = \left[-63340 - \frac{10}{1}(-965.3)\right]\ \mathrm{J \cdot mol^{-1}}$$

$$= -53688\ \mathrm{J \cdot mol^{-1}}$$

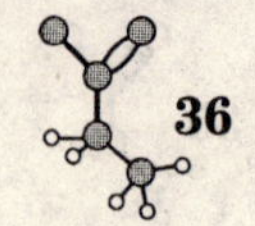

第2章　热力学第二定律

一、基本内容

1. 卡诺定理

所有工作在两个一定温度之间的热机，其效率都不能超过可逆机，即 $\eta_1 \leqslant \eta_R$ η_1 代表任意热机的效率，η_R 代表可逆热机的效率。

$$\eta_1 = \frac{W}{Q_2} = \frac{Q_1 + Q_2}{Q_2} \qquad \eta_R = \frac{T_2 - T_1}{T_2}$$

2. 热力学第二定律

克劳修斯(Clausius)表述："不可能使热从低温物体传给高温物体，而不引起其他变化。"

开尔文(Kelven)表述："不可能从单一热源取出热使之完全变成功，而不发生其他变化。"

3. 熵函数

熵是系统的状态函数，当系统状态发生一个微小变化时，系统熵的改变量定义为：

$$\mathrm{d}S = \frac{\delta Q_{\mathrm{rev}}}{T}$$

式中：dS 表示系统熵函数的改变量，下标 rev 表示可逆过程，熵定义式的物理含义是：系统的熵变等于可逆过程的热温熵。若系统经历一宏观过程，系统的熵变等于上式的积分：

$$\Delta S = \int_{T_1}^{T_2} \frac{\delta Q_{\mathrm{rev}}}{T}$$

由热力学第二定律及熵函数定义式，可以推得以下不等式：

$$\mathrm{d}S \geqslant \frac{\delta Q}{T}$$

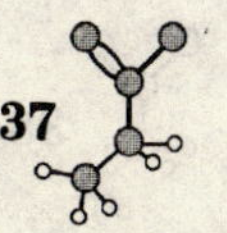

上式称为 Clausius 不等式。式中的 Q 表示实际过程中系统从温度为 T 的环境中吸收的热量，$\frac{\delta Q}{T}$ 称为实际过程的热温熵。若系统经历的是可逆过程，则取等号；若是不可逆过程，则取大于号。

对于绝热系统，$\delta Q=0$，Clausius 不等式变为：

$$dS \geqslant 0$$

上式中：不等号表示不可逆过程，等号表示可逆过程。

此式的物理含义是：绝热系统的熵永不减少，在绝热可逆过程中熵为常数；经绝热不可逆过程后熵必增加，这称为熵增原理。熵增原理是热力学第二定律的另一种表达形式。

熵变的计算公式

一般过程：
$$dS=\frac{\delta Q_R}{T}$$

等压变温过程：
$$dS=\int_{T_1}^{T_2}\frac{nC_{p,m}dT}{T}$$

等容变温过程：
$$dS=\int_{T_1}^{T_2}\frac{nC_{V,m}dT}{T}$$

4. 亥姆霍兹自由能和吉布斯自由能

亥姆霍兹自由能的定义为：

$$F=U-TS$$

在等温条件下

$$(\Delta F)_T \leqslant W$$

式中：W 表示系统对环境做的功，在等温可逆过程中，一个封闭系统对外能做的最大功，等于其亥姆霍兹自由能的减少。

吉布斯自由能的定义为：

$$G=H-TS$$

在等温等压条件下

$$(\Delta G)_{T,P} \leqslant W_f$$

式中：W_f表示系统对环境做的非体积功。在等温等压可逆过程中，一个封闭系统所能做的最大非体积功等于其自由能的减少。

5. 热力学判据

(1)熵判据： $(dS)_{U,V} \geqslant 0$

(2)亥姆霍兹自由能判据： $(dF)_{T,V,W_f=0} \leqslant 0$

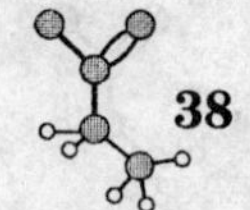

(3)吉布斯自由能判据：　$(\mathrm{d}G)_{T,\,P,\,W_f} \leqslant 0$

6. 热力学函数基本公式

(1)热力学基本关系式

$$\mathrm{d}U = T\mathrm{d}S - p\mathrm{d}V$$

$$\mathrm{d}H = T\mathrm{d}S + V\mathrm{d}p$$

$$\mathrm{d}F = - S\mathrm{d}T - p\mathrm{d}V$$

$$\mathrm{d}U = - S\mathrm{d}T + V\mathrm{d}p$$

上述公式的使用条件是：组成不变，只有体积功的封闭系统；对可逆相变化及可逆的化学变化，此公式仍适用。

(2)对应系数关系式

$$\left(\frac{\partial U}{\partial V}\right)_S = \left(\frac{\partial F}{\partial V}\right)_T = - p$$

$$\left(\frac{\partial U}{\partial S}\right)_V = \left(\frac{\partial H}{\partial S}\right)_p = T$$

$$\left(\frac{\partial H}{\partial p}\right)_S = \left(\frac{\partial G}{\partial p}\right)_T = V$$

$$\left(\frac{\partial G}{\partial T}\right)_p = \left(\frac{\partial F}{\partial T}\right)_V = - S$$

(3)麦克斯韦关系式

由热力学基本方程出发，根据二元函数二阶偏微商的关系，可以得出：

$$\left(\frac{\partial S}{\partial V}\right)_T = \left(\frac{\partial p}{\partial T}\right)_V$$

$$\left(\frac{\partial S}{\partial p}\right)_T = \left(\frac{\partial V}{\partial T}\right)_p$$

$$\left(\frac{\partial T}{\partial V}\right)_S = - \left(\frac{\partial p}{\partial S}\right)_V$$

$$\left(\frac{\partial T}{\partial p}\right)_S = \left(\frac{\partial V}{\partial S}\right)_p$$

(4)组成变化的多组分封闭系统在不做非体积功时的热力学基本公式

$$\mathrm{d}U = T\mathrm{d}S - p\mathrm{d}V + \sum_B \mu_B \mathrm{d}n_B$$

$$\mathrm{d}H = T\mathrm{d}S + V\mathrm{d}p + \sum_B \mu_B \mathrm{d}n_B$$

$$\mathrm{d}F = - S\mathrm{d}T - p\mathrm{d}V + \sum_B \mu_B \mathrm{d}n_B$$

$$\mathrm{d}G = - S\mathrm{d}T + V\mathrm{d}p + \sum_B \mu_B \mathrm{d}n_B$$

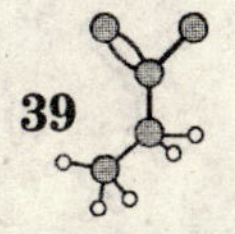

(5)吉布斯自由能与温度的关系

$$\left[\frac{\partial(\Delta G/T)}{\partial T}\right]_p=-\frac{\Delta H}{T^2}$$

7. 热力学第三定律

热力学第三定律表述为：

对于只涉及处于内部平衡态之纯物质的等温过程，其熵变随温度同趋于零。

热力学第三定律也常被表述为：

绝对零度不可能通过有限次过程达到。

普朗克于1912年进一步提出，在绝对零度时，任何纯物质的熵均等于零，其数学表达式为：

$$\lim_{T\to 0\mathrm{K}} S=0$$

上式可视为热力学第三定律的数学表达式。

物质的规定熵：热力学第三定律定义在温度趋于绝对零度时，处于内部运动平衡的纯物质的规定熵为零。物质在任意温度及标准压力下的熵为：

$$S_{\mathrm{m}}^{\ominus}(T)=\int_{0K}^{T}C_{p,m}\frac{\mathrm{d}T}{T}$$

$S_{\mathrm{m}}^{\ominus}$ 称为物质的标准摩尔规定熵。在积分过程中，若包含物质的相变化，需将相变过程的熵变计算进去。

规定焓 $H_{\mathrm{m}}^{\ominus}$ ：物质规定焓的定义等同于物质的生成焓：

$$H_{\mathrm{m}}^{\ominus}(298.15\mathrm{K})=\Delta_f H_{\mathrm{m}}^{\ominus}(298.15\mathrm{K})$$

在标准状态下，最稳定单质的规定焓为零。

规定吉布斯自由能 $G_{\mathrm{m}}^{\ominus}$ ：

$$G_{\mathrm{m}}^{\ominus}(T)=H_{\mathrm{m}}^{\ominus}(T)-TS_{\mathrm{m}}^{\ominus}(T)$$

8. 一些基本过程的 ΔS、ΔG、ΔF 的计算公式

(1)理想气体等温可逆过程

$$\Delta S=\frac{Q_R}{T}=\frac{nRT}{T}\ln\frac{V_2}{V_1}=nR\ln\frac{V_2}{V_1}=nR\ln\frac{p_1}{p_2}$$

$$\Delta G=\Delta H-T\Delta S=\int_{p_1}^{p_2}V\mathrm{d}p=nRT\ln\frac{V_1}{V_2}=nRT\ln\frac{p_2}{p_1}$$

$$\Delta F=\Delta U-T\Delta S=-\int_{p_1}^{p_2}p\mathrm{d}V=nRT\ln\frac{V_1}{V_2}$$

(2)任意物质等压过程

$$\Delta S=\int_{T_1}^{T_2}\frac{C_p}{T}\mathrm{d}T$$

$$\Delta G=\Delta H-\Delta(TS)=\Delta H-(T_2S_2-T_1S_1)$$
$$\Delta F=\Delta U-\Delta(TS)=\Delta U-(T_2S_2-T_1S_1)$$

(3)任意物质等容过程

$$\Delta S=\int_{T_1}^{T_2}\frac{C_V}{T}\mathrm{d}T$$
$$\Delta G=\Delta H-\Delta(TS)=\Delta H-(T_2S_2-T_1S_1)$$
$$\Delta F=\Delta U-(T_2S_2-T_1S_1)$$

(4)理想气体绝热可逆过程

$$\Delta S=\Delta H-S\Delta T$$
$$\Delta G=\Delta H-S\Delta T$$
$$\Delta F=\Delta U-S\Delta T$$

(5)理想气体从 p_1，V_1，T_1 状态变化到 p_2，V_2，T_2 状态

$$\Delta S=nR\ln\frac{p_1}{p_2}+C_p\ln\frac{T_2}{T_1}$$
$$=nR\ln\frac{V_2}{V_1}+C_V\ln\frac{T_2}{T_1}$$

(6)相变化

平衡相变：在相平衡时的温度、压力下进行的可逆相变化平衡相变

$$\Delta S=\frac{n\Delta H_{\mathrm{m}}(\text{相变焓})}{T}$$
$$\Delta G=0$$

非平衡相变：在非平衡温度、压力下的相变，是不可逆的相变过程，需设计可逆过程。

(7)化学变化

$$\Delta_{\mathrm{r}}S_{\mathrm{m}}=\sum_B v_BS_{\mathrm{m}}(B)$$
$$\Delta_{\mathrm{r}}G_{\mathrm{m}}=\Delta_{\mathrm{r}}H_{\mathrm{m}}-T\Delta_{\mathrm{r}}S_{\mathrm{m}}=-RT\ln K^{\ominus}+RT\ln Q$$

二、习题解答

1. 已知每克汽油燃烧热为 46861 J，若用汽油作为蒸汽机的燃料，蒸气机的高温热库为 378 K，冷凝器为 303 K。试计算此蒸汽机的最大效率以及每克汽油燃烧时最多能做多少功?

解：蒸汽机的最大效率为：

$$\eta=\frac{W}{Q_2}=\frac{Q_1+Q_2}{Q_2}=\frac{T_2-T_1}{T_2}=\frac{378\text{K}-303\text{K}}{378\text{K}}=\frac{75\text{K}}{378\text{K}}=0.1984$$

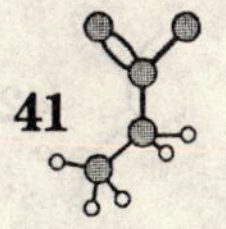

每克汽油最多可能做的功为：

$$W = \eta Q_2 = 0.1984 \times 46861\ \mathrm{J \cdot g^{-1}} = 9298\ \mathrm{J \cdot g^{-1}}$$

2. 有一制冷机（冰箱），其冷冻部分必须保持在 253 K，而周围的环境温度为 298 K，估计周围环境传入制冷机的热为 $10^4\ \mathrm{J \cdot min^{-1}}$，而该机的效率为可逆制冷机的 50%，试求开动这一制冷机所需之功率。

解：卡诺热机的逆转即为制冷机，可逆制冷机的致冷效率 β 可表示为：

$$\beta = \left|\frac{Q_1}{W}\right| = \frac{T_1}{T_2 - T_1}$$

其中 W 为环境对制冷机所做的功，Q_1 为制冷机从低温热源取出的热。可逆制冷机的效率为：

$$\beta = \frac{253\mathrm{K}}{298\mathrm{K} - 253\mathrm{K}} = 5.62$$

若每分钟由低温热源取出 10^4 J 热量，可逆制冷机所需的功为：

$$W = Q_1/\beta = (10^4/5.62)\ \mathrm{J \cdot min^{-1}} = 1780\ \mathrm{J \cdot min^{-1}}$$

实际的制冷机的效率只有可逆制冷机的 50%，故实际制冷机所需功率为：

$$\left(1780\mathrm{J \cdot min^{-1}} \times \frac{1}{60}\mathrm{min \cdot sec^{-1}}\right) \div 50\% = 59.3\ \mathrm{W}$$

3. 实验室中某一大恒温槽（例如油浴）的温度为 400K，室温为 300K。因恒温槽绝热不良而有 4000J 的热传给空气，计算并说明这一过程是否为可逆？

解：求系统的熵变时必须设计一可逆过程，沿此可逆过程求熵的变化。此题可以设想在恒温槽（400K）与环境（300K）间排列无穷多的热源，相邻热源间的温度差无穷小，即为 $\mathrm{d}T$。恒温槽首先将 4000J 的热量传递给第一个热源（温度为 400K－$\mathrm{d}T$），然后再传递给第二个热源，如此一直传递下去，直到 4000J 的热量传递给环境为止。在求此过程的熵变时，注意除了恒温槽和环境有热量的变化外，其余附加的热源，因为一进一出而没有热量的变化，这些热源的熵变均为零，故过程的总熵变只需计算系统的熵变与环境的熵变。

$$\Delta S_{体} = \frac{Q_R}{T_{体}} = \frac{-4000\ \mathrm{J}}{400\ \mathrm{K}} = -10\ \mathrm{J \cdot K^{-1}}$$

$$\Delta S_{环} = -\frac{Q}{T_{环}} = \frac{4000\ \mathrm{J}}{300\ \mathrm{K}} = 13.33\ \mathrm{J \cdot K^{-1}}$$

$$\Delta S_{隔离} = \Delta S_{体} + \Delta S_{环} = 3.33\ \mathrm{J \cdot K^{-1}} > 1$$

该过程为不可逆过程。

4. 在 300K 及 $1p^{\ominus}$ 下，将各为 1 mol 的气态 N_2、H_2、O_2 相混合。计算在同温同压下混合气体的 ΔS（假设每种气体从 $1p^{\ominus}$ 膨胀到混合气压的分压力，气体为理想气体）。

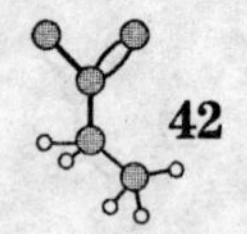

解： $\Delta S_{N_2} = nR\ln\frac{p_1}{p_2} = (1\text{mol})\ (8.314\ J\cdot K^{-1}\cdot mol^{-1})\ln\frac{1}{1/3} = 9.134\ J\cdot K^{-1}$

$$\Delta S_{H_2} = nR\ln\frac{p_1}{p_2} = 9.134\ J\cdot K^{-1}$$

$$\Delta S_{O_2} = nR\ln\frac{p_1}{p_2} = 9.134\ J\cdot K^{-1}$$

$$\Delta S = \Delta S_{N_2} + \Delta S_{H_2} + \Delta S_{O_2} = 3\times 9.134\ J\cdot K^{-1} = 27.40\ J\cdot K^{-1}$$

5. 今有 2 mol 某理想气体，其 $C_{V,m}=20.79\ J\cdot K^{-1}\cdot mol^{-1}$，由 323 K，100 dm^3 加热膨胀到 423 K，150 dm^3，求此过程的 ΔS。

解： 设计一可逆过程从系统的始态到达末态：

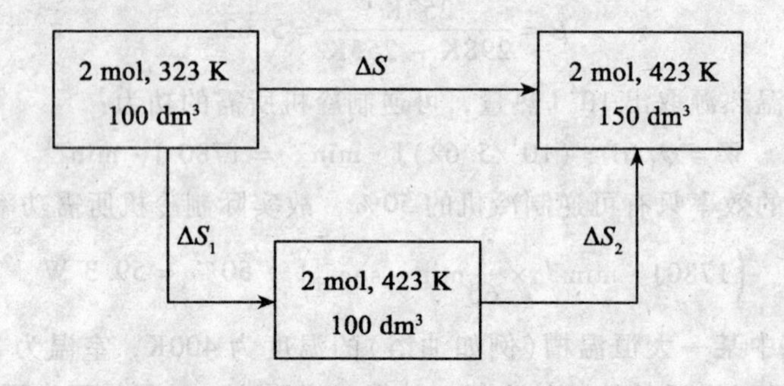

$$\Delta S_1 = nC_{V,m}\ln\frac{T_2}{T_1} = 2\text{mol}\times 20.79\text{J}\cdot K^{-1}\cdot mol^{-1}\times\ln\frac{423\text{K}}{323\text{K}} = 11.2\ J\cdot K^{-1}$$

$$\Delta S_2 = nR\ln\frac{V_2}{V_1} = 2\text{mol}\times 8.314\text{J}\cdot mol^{1}\cdot K^{-1}\times\ln\frac{150\ dm^3}{100\ dm^3} = 6.74\ J\cdot K^{-1}$$

$$\Delta S = \Delta S_1 + \Delta S_2 = 17.94\ J\cdot K^{-1}$$

6. 有一绝热系统如图 2.1 所示，中间隔板为导热壁，右边容积为左边容积的 2 倍，已知气体的热容均为 $C_{V,m} = 28.03\ J\cdot K^{-1}\cdot mol^{-1}$，试求：

(1)不抽掉隔板达平衡后的 ΔS。

(2)抽去隔板达平衡后的 ΔS。

解： (1)不抽掉隔板最后达热平衡，平衡后的温度为 T，设左边为室 1，右边为室 2：

$$n_{O_2}C_{V,m}(T-T_1) = n_{N_2}C_{V,m}(T_2-T_1)$$

$$1\times(T-283) = 2\times(298-T)$$

解得： $T = 293\ K$

$$\Delta S = n_{O_2}C_{V,m}\frac{T}{T_1} + n_{N_2}C_{V,m}\frac{T}{T_2}$$

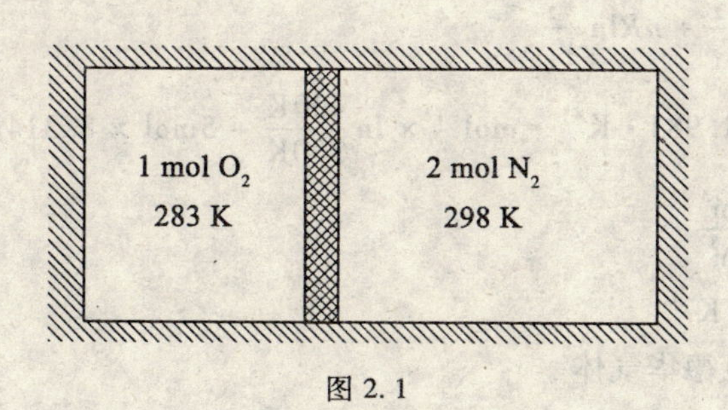

图 2.1

$$= 1\text{mol} \times 28.03\text{J} \cdot \text{K}^{-1} \cdot \text{mol}^{-1} \times \ln\frac{293\text{K}}{283\text{K}} + 2\text{mol} \times 28.03\text{J} \cdot \text{K}^{-1} \cdot \text{mol}^{-1} \times \ln\frac{293\text{K}}{298\text{K}}$$

$$= 0.0248 \text{ J} \cdot \text{K}^{-1}$$

(2)抽去隔板后的熵变由两部分组成，一部分为上述热熵变化，另一部分为等温混合熵变。

$$\Delta S_1 = 0.0248 \text{ J} \cdot \text{K}^{-1}$$

$$\Delta S_2 = n_{O_2} R\ln\frac{3V}{V} + n_{N_2} R\ln\frac{3V}{2V}$$

$$= 1\text{mol} \times 8.314\text{J} \cdot \text{mol}^{-1} \cdot \text{K}^{-1} \times \ln 3 + 2\text{mol} \times 8.314\text{J} \cdot \text{mol}^{-1} \cdot \text{K}^{-1} \times \ln\frac{3}{2}$$

$$= 15.88 \text{ J} \cdot \text{K}^{-1}$$

$$\Delta S = \Delta S_1 + \Delta S_2 = 15.90 \text{ J} \cdot \text{K}^{-1}$$

7. 有5 mol 氧从300 K加热升温到400 K，体积从1.2 dm^3变到16.5 dm^3。试按下述不同情况计算 ΔS。(1)氧是理想气体；(2)氧是范德华气体。已知氧的 $C_{V,\text{m}} = 21.98 \text{ J} \cdot \text{K}^{-1} \cdot \text{mol}^{-1}$；范德华常数 $a = 0.137 \text{ Pa} \cdot \text{m}^6 \cdot \text{mol}^{-2}$；$b = 0.03183 \times 10^{-3} \text{ m}^3 \cdot \text{mol}^{-1}$。范德华方程为 $\left(p + \frac{a}{V_m^2}\right)(V_m - b) = RT$。

解：以 T，V 为独立变量，故有：$S = f(T, V)$

$$\mathrm{d}S = C_V \frac{\mathrm{d}T}{T} + \left(\frac{\partial p}{\partial T}\right)_V \mathrm{d}V, \qquad \text{因} \left(\frac{\partial S}{\partial V}\right)_T = \left(\frac{\partial p}{\partial T}\right)_V$$

$$\Delta S = nC_{V,\text{m}} \ln\frac{T_2}{T_1} + \int_{V_1}^{V_1} \left(\frac{\partial p}{\partial T}\right)_V \mathrm{d}V$$

(1)把氧看成理想气体

$$\text{因 } pV = nRT \qquad \text{故} \qquad \left(\frac{\partial p}{\partial T}\right)_V = \frac{nR}{V}$$

$$\Delta S = nC_{V,m}\ln\frac{T_2}{T_1} + nR\ln\frac{V_2}{V_1}$$

$$= 5\text{mol} \times 21.98\text{J}\cdot\text{K}^{-1}\cdot\text{mol}^{-1} \times \ln\frac{400\text{K}}{300\text{K}} + 5\text{mol} \times 8.314\text{J}\cdot\text{K}^{-1}\cdot\text{mol}^{-1} \times \ln\frac{16.5\ \text{dm}^3}{1.2\ \text{dm}^3}$$

$$= 140.6\ \text{J}\cdot\text{K}^{-1}$$

(2)把氧看成范德华气体

由 $\left(p + \frac{a}{V_m^2}\right)(V_m - b) = RT$ 得：$\left(\frac{\partial p}{\partial T}\right)_V = \frac{R}{V_m - b}$

$$\Delta S = n\left[C_{V,m}\ln\frac{T_2}{T_1} + \int_{V_1}^{V_2}\frac{R}{V_m - b}\mathrm{d}V_m\right]$$

$$\Delta S = n\left[C_{V,m}\ln\frac{T_2}{T_1} + R\ln\left[\frac{(V_2 - nb)}{(V_1 - nb)}\right]\right]$$

$$= 5\text{mol} \times 21.98\ \text{J}\cdot\text{K}^{-1}\cdot\text{mol}^{-1} \times \ln\frac{400\text{K}}{300\text{K}} + 5\text{mol} \times 8.314\text{J}\cdot\text{mol}^{-1}\cdot\text{K}^{-1} \times \ln\frac{16.5 \times 10^{-3}\text{m}^3 - 5 \times 0.03183 \times 10^{-3}\text{m}^3\cdot\text{mol}^{-1}}{1.2 \times 10^{-3}\text{m}^3 - 5 \times 0.03183 \times 10^{-3}\text{m}^3\cdot\text{mol}^{-1}}$$

$$= 146.1\ \text{J}\cdot\text{K}^{-1}$$

8. 试求标准压力下 268 K 的过冷液体苯变为固体苯的 ΔS，判断此凝固过程是否可能发生。已知苯的正常凝固点为 278 K，在凝固点时熔化热 $\Delta_{\text{fus}}H_{\text{m}}^{\ominus} = 9940\ \text{J}\cdot\text{mol}^{-1}$，液体苯和固体苯的热容为：

$C_{p,m}(\text{l}) = 127\ \text{J}\cdot\text{K}^{-1}\cdot\text{mol}^{-1}$，$C_{p,m}(\text{s}) = 123\ \text{J}\cdot\text{K}^{-1}\cdot\text{mol}^{-1}$。

解：此凝固过程是一不可逆过程，设计如下可逆过程，从相同始态到达末态：

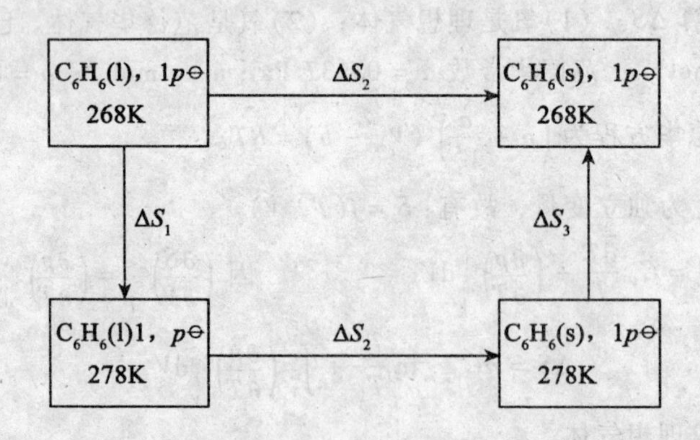

为方便起见，取 1 mol C_6H_6 作为系统，则有：

$$\Delta S_{系统} = \Delta S_1 + \Delta S_2 + \Delta S_3$$

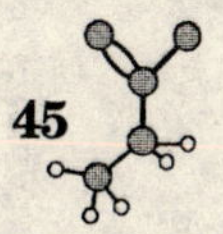

$$= C_{p,m}(\mathrm{l})\ln\frac{T_2}{T_1} - \frac{\Delta_{\mathrm{fus}}H_{\mathrm{m}}^{\ominus}}{T_{\mathrm{fus}}} + C_{p,m}(\mathrm{s})\frac{T_1}{T_2}$$

$$= 127\mathrm{J\cdot K^{-1}\cdot mol^{-1}} \times \ln\frac{278\mathrm{K}}{268\mathrm{K}} - \frac{9940\mathrm{J\cdot mol^{-1}}}{278\mathrm{K}} + 123\mathrm{J\cdot K^{-1}\cdot mol^{-1}} \times \ln\frac{268\mathrm{K}}{278\mathrm{K}}$$

$$= -35.61\ \mathrm{J\cdot K^{-1}\cdot mol^{-1}}$$

$$\Delta S_{环} = \frac{Q_{实}}{T} \qquad Q_{实} = -\Delta_{\mathrm{fus}}H^{\ominus}(268\ \mathrm{K})$$

求实际凝固过程的焓变：

$$\Delta_{\mathrm{fus}}H_{\mathrm{m}}^{\ominus}(268\ \mathrm{K}) = \Delta_{\mathrm{fus}}H_{\mathrm{m}}^{\ominus}(278\ \mathrm{K}) + \int_{278}^{268}\Delta C_p \mathrm{d}T$$

$$= -9940\mathrm{J\cdot mol^{-1}} + (123-127)\mathrm{J\cdot K^{-1}\cdot mol^{-1}} \times (268-278)\mathrm{K}$$

$$= -9900\ \mathrm{J\cdot mol^{-1}}$$

$$\Delta S_{环} = \frac{Q_{实}}{T} = -\left(\frac{-9900\mathrm{J\cdot mol^{-1}}}{268\mathrm{K}}\right) = 36.94\ \mathrm{J\cdot K^{-1}\cdot mol^{-1}}$$

$$\Delta S = \Delta S_{体} + \Delta S_{环} = -35.62 + 36.94 = 1.32\ \mathrm{J\cdot K^{-1}\cdot mol^{-1}} > 0$$

此实际凝固过程的总熵变大于零，故此过程是一自发的不可逆过程。

9. 在标准压力下，有 1 mol、273 K 的冰变为 373 K 的水蒸气，求此过程的 ΔS。已知冰的熔化热 $\Delta_{\mathrm{fus}}H_{\mathrm{m}}^{\ominus} = 334.7\ \mathrm{J\cdot g^{-1}}$，水的汽化热 $\Delta_{\mathrm{vap}}H^{\ominus} = 2259\ \mathrm{J\cdot g^{-1}}$，水的 $C_{p,m} = 75.312\ \mathrm{J\cdot K^{-1}\cdot mol^{-1}}$。

解：设计可逆过程如下：

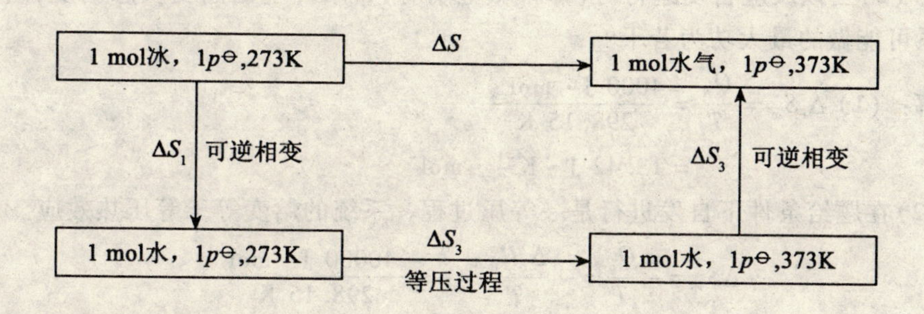

$$\Delta S = \Delta S_1 + \Delta S_2 + \Delta S_3$$

$$= \frac{\Delta_{\mathrm{fus}}H_{\mathrm{m}}^{\ominus}}{T_{\mathrm{fus}}} + C_{p,m}\ln\frac{T_{\mathrm{vap}}}{T_{\mathrm{fus}}} + \frac{\Delta_{\mathrm{vap}}H_{\mathrm{m}}^{\ominus}}{T_{\mathrm{vap}}}$$

$$= \frac{18\mathrm{g\cdot mol^{-1}} \times 334.7\mathrm{J\cdot g^{-1}}}{273\mathrm{K}} + 75.312\mathrm{J\cdot K^{-1}\cdot mol^{-1}}\ln\frac{373\mathrm{K}}{273\mathrm{K}} +$$

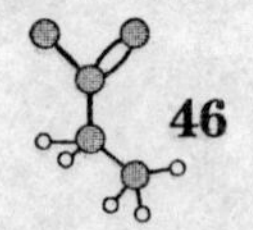

$$\frac{18\text{g}\cdot\text{mol}^{-1}\times 2259\text{J}\cdot\text{g}^{-1}}{373\text{K}}$$

$$= 154.6\ \text{J}\cdot\text{K}^{-1}\cdot\text{mol}^{-1}$$

10. 系统经绝热不可逆过程由 A 态变到 B 态。请论证不可能用一个绝热可逆过程使系统从 B 态回到 A 态(图 2.2)。

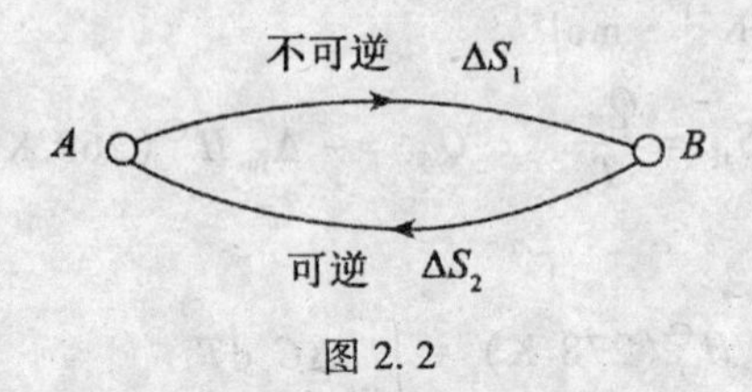

图 2.2

解：系统经绝热不可逆过程由 A 态变到 B 态，据熵增加原理可知

$$\Delta S_1 = S_B - S_A > 0$$

即
$$S_B > S_A$$

假设用一个绝热可逆过程使系统能够从 B 态回到 A 态，据热力学第二定律，得：

$$\Delta S_2 = S_A - S_B = 0$$

即
$$S_B = S_A$$

此结果与 $S_B > S_A$ 矛盾，故所作假设不真，因此题中结论得证。

11. 某一化学反应若在等温等压下(298.15 K，$1p^{\ominus}$)进行，每摩尔反应放热 40000 J，若使该反应通过可逆电池来完成，则吸热 4000 J。(1)计算该反应的 $\Delta_r S_m$；(2)当该反应自发进行时(即不做电功时)，求环境的熵变及总熵变；(3)计算体系可能做的最大功为若干？

解：(1) $\Delta_r S_m = \dfrac{Q_R}{T} = \dfrac{4000\ \text{J}\cdot\text{mol}^{-1}}{298.15\ \text{K}}$

$$= 13.42\ \text{J}\cdot\text{K}^{-1}\cdot\text{mol}^{-1}$$

(2)在题给条件下自发进行是一等压过程，系统的焓变等于等压热效应。

$$\Delta S_{环} = -\frac{Q_p}{T} = -\frac{\Delta_r H_m}{T} = -\frac{-40000\ \text{J}\cdot\text{mol}^{-1}}{298.15\ \text{K}}$$

$$= 134.2\ \text{J}\cdot\text{K}^{-1}\cdot\text{mol}^{-1}$$

$$\Delta_{隔} S = \Delta S_{体} + \Delta S_{环} = 147.6\ \text{J}\cdot\text{K}^{-1}\cdot\text{mol}^{-1}$$

(3)
$$\Delta G = \Delta H - T\Delta S = \Delta H - Q_R = -40000\ \text{J} - 4000\ \text{J}$$

$$= -44000\ \text{J}$$

$$W_{f,\max} = \Delta G = -44000\ \text{J}$$

12. 在 298.15 K 和 $1p^{\ominus}$ 时，反应 $H_2(g) + HgO(s) = Hg(l) + H_2O(l)$ 的

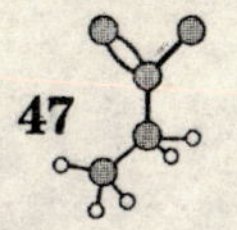

$\Delta_r H_m^\ominus = 195.8\ J\cdot mol^{-1}$。若使该反应通过可逆电池来完成，此电池的电动势为 0.9265 V，试求上述反应的 $\Delta_r S_m^\ominus$ 和 $\Delta_r G_m^\ominus$。

解：恒温恒压可逆过程中，体系自由能的减少等于所做的最大非膨胀功。

$$\Delta_r G_m = W_{f,\ max}$$

$$\Delta_r G_m^\ominus = W_{f,\ max} = -2EF$$
$$= -2\times 0.9265\ V\times 96500\ C\cdot mol^{-1}$$
$$= -178.8\ kJ\cdot mol^{-1}$$

$$\Delta_r S_m^\ominus = \frac{\Delta_r H_m^\ominus - \Delta_r G_m^\ominus}{T} = \frac{195.8\ J\cdot mol^{-1} - (-178800\ J\cdot mol^{-1})}{298.15K}$$
$$= 600.3\ J\cdot K^{-1}\cdot mol^{-1}$$

13. 在 298.15K 及 $1\,p^\ominus$ 下，一摩尔过冷水蒸气变为同温同压下的水，求此过程的 ΔG。已知 298.15 K 时水的蒸气压为 3167 Pa。

解：设计如下可逆过程：

$$\begin{array}{ccc} H_2O(298.15K,\ 1p^\ominus,\ g) & \xrightarrow{\Delta G} & H_2O(298.15K,\ 1p^\ominus,\ l) \\ \downarrow \Delta G_1 & & \uparrow \Delta G_3 \\ H_2O(298.15K,\ 3167\ Pa,\ g) & \xrightarrow{\Delta G_2} & H_2O(298.15\ K,\ 3167\ Pa,\ l) \end{array}$$

$$\Delta G_m = \Delta G_1 + \Delta G_2 + \Delta G_3$$
$$= \int_{p_1}^{p_2} V_g \mathrm{d}p + 0 + \int_{p_1}^{p_2} V_l \mathrm{d}p = \int_{p_1}^{p_2}(V_g - V_l)\mathrm{d}p \approx \int_{p_1}^{p_2} V_g \mathrm{d}p = nRT\ln\frac{p_2}{p_1}$$
$$= 1mol\times 8.314J\cdot mol^{-1}\cdot K^{-1}\times 298.15K\times \ln\frac{3167Pa}{101325Pa} = -8590\ J$$

14. 反应 $2SO_3(g) = 2SO_2(g) + O_2(g)$ 在 298 K 和 101325 Pa 时 $\Delta_r G_m = 1.4000\times 10^5\ J\cdot mol^{-1}$，已知反应的 $\Delta_r H_m^\ominus = 1.9656\times 10^5\ J\cdot mol^{-1}$，且不随温度而变化，求反应在 873 K 进行时的 $\Delta_r G_m^\ominus(873K)$。

解：有公式：
$$\left[\frac{\partial(\Delta G/T)}{\partial T}\right]_p = -\frac{\Delta H}{T_2}$$

故
$$\left(\frac{\Delta G}{T}\right)_{T_2} - \left(\frac{\Delta G}{T}\right)_{T_1} = \int_{T_1}^{T_2} -\left(\frac{\Delta H}{T^2}\right)\mathrm{d}T = \Delta H\left(\frac{1}{T_2} - \frac{1}{T_1}\right)$$

$$\Delta_r G_m^\ominus(873\ K) = 873K\times\left(\frac{140000J}{298K} + 196550\times\frac{298K - 873K}{873K\times 298K}\right)$$
$$= 30885\ J\cdot mol^{-1}$$、

15. 在 298.15 K 的等温情况下，两个瓶子中间有旋塞连通。开始时，一个瓶中放 0.2 mol 氧气，压力为 0.2×101325 Pa，另一个瓶中放 0.8 mol 氮气，压力为 0.8×101325 Pa，打开旋塞后，两气互相混合。计算：

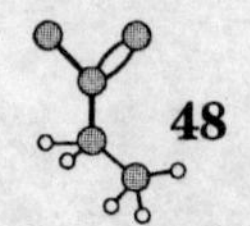

(1)终了时瓶中的压力；

(2)混合过程中的 Q，W，ΔU，ΔS，ΔG；

(3)如设等温下可逆地使气体回到原状，计算过程中的 Q 和 W。

解：(1) $V_{O_2}=\dfrac{n_{O_2}RT}{p_{O_2}}=\dfrac{0.2\text{mol}\times 8.314\ \text{J}\cdot\text{mol}^{-1}\cdot\text{K}^{-1}\times 298.15\ \text{K}}{0.2\times 101325\text{Pa}}=0.02447\ \text{m}^3$

$$V_{N_2}=\frac{n_{N_2}RT}{p_{N_2}}=\frac{0.8\ \text{mol}\times 8.314\ \text{J}\cdot\text{mol}^{-1}\cdot\text{K}^{-1}\times 298.15\ \text{K}}{0.8\times 101325\text{Pa}}=0.02447\ \text{m}^3$$

$$p_{终}=\frac{n_{总}RT}{V_{总}}=\frac{1\ \text{mol}\times 8.314\ \text{J}\cdot\text{mol}^{-1}\cdot\text{K}^{-1}\times 298.15\ \text{K}}{2\times 0.02447\text{m}^3}$$

$$=50663\ \text{Pa}$$

(2)以两个球内气体为系统，混合过程没有对外做功，$W=0$，等温过程，$\Delta U=0$，$Q=0$。

$$\Delta_{mix}S=\Delta S_{O_2}+\Delta S_{N_2}=n_{O_2}R\ln\frac{V_{总}}{V_{O_2}}+n_{N_2}R\ln\frac{V_{总}}{V_{N_2}}$$

$$=[0.2\text{mol}\times\ln 2+0.8\text{mol}\times\ln 2]\times 8.314\text{J}\cdot\text{mol}^{-1}\cdot\text{K}^{-1}$$

$$=5.763\ \text{J}\cdot\text{K}^{-1}$$

$$\Delta_{min}G=\Delta_{min}H-T\Delta_{mix}S=0-T\Delta_{mix}S$$

$$=-298.15\ \text{K}\times 5.763\ \text{J}\cdot\text{K}^{-1}=-1718\ \text{J}$$

(3)等温可逆分离使气体各回原态

$$Q_R=-T\Delta_{mix}S=-298.15\ \text{K}\times 5.763\ \text{J}\cdot\text{K}^{-1}=-1718\ \text{J}$$

$$\Delta U=0\qquad W=-Q_R=1718\ \text{J}$$

16. 2 mol 苯和 3 mol 甲苯在 298K、101325Pa 条件下混合，设系统为理想液体混合物，求该过程的 Q、W、ΔU、ΔH、ΔS、ΔG 和 ΔF。

解：因为是理想溶液，故有：

$$Q=0\qquad W=0\qquad \Delta_{mix}U=0\qquad \Delta_{mix}H=0$$

$$\Delta_{mix}S=-R(n_1\ln x_1+n_2\ln x_2)$$

$$=-8.314\text{J}\cdot\text{mol}^{-1}\cdot\text{K}^{-1}\times(2\text{mol}\times\ln 0.4+3\text{mol}\times\ln 0.6)$$

$$=27.98\ \text{J}\cdot\text{K}^{-1}$$

$$\Delta_{mix}G=RT(n_1\ln x_1+n_2\ln x_2)$$

$$=8.314\text{J}\cdot\text{mol}^{-1}\cdot\text{K}^{-1}\times 298\text{K}\times(2\text{mol}\times\ln 0.4+3\text{mol}\times\ln 0.6)$$

$$=-8337\ \text{J}$$

$$\Delta_{mix}F=\Delta_{mix}G=-8337\ \text{J}$$

17. 在 10 克沸水中加入 1 克 273 K 的冰。求该过程的 Q，W，ΔU，ΔH，ΔS 的

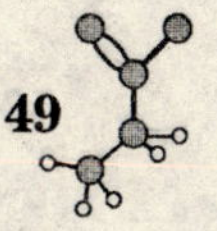

值各为多少？已知冰的熔化热为 6025 $J \cdot mol^{-1}$，水的热容 $C_{p,m} = 75.31\ J \cdot K^{-1} \cdot mol^{-1}$。

解：取水的摩尔质量为 18 $g \cdot mol^{-1}$，以 10 克水和 1 克冰为系统，设热量不传递到环境，设终态温度为 T。

$$n_{冰}\Delta_{fus}H_m^{\ominus} + n_{冰}C_{p,m}(T - 273\ K) = n_{水}C_{p,m}(373\ K - T)$$

$$\frac{1}{18}mol \times 6025\ J \cdot mol^{-1} + \frac{1}{18}mol \times 75.31\ J \cdot K^{-1} \cdot mol^{-1} \times (T - 273K)$$

$$= \frac{10}{18}\ mol \times 75.31\ J \cdot K^{-1} \cdot mol^{-1} \times (373\ K - T)$$

解方程得 $T = 356.8\ K$

$$Q = 0 \quad W = p\Delta V = 0（忽略冰和水的体积的差别）$$

$$\Delta U = Q + W = 0 \qquad \Delta H = \Delta U + p\Delta V = 0$$

$$\Delta S = \Delta S_1 + \Delta S_2 + \Delta S_3$$

$$= \frac{n_{冰}\Delta_{fus}H_m^{\ominus}}{T_f} + \int_{T_f}^{T}\frac{n_{冰}C_{p,m}}{T}dT + \int_{T_b}^{T}\frac{n_{水}C_{p,m}}{T}dT$$

$$= \frac{\frac{1}{18}mol \times 6025\ J \cdot mol^{-1}}{273\ K} + 75.31 J \cdot mol^{-1} \times \left(\frac{1}{18}mol \times \ln\frac{356.8K}{273K} + \frac{10}{18}mol \times \ln\frac{356.8K}{373K}\right)$$

$$= 0.4884\ J \cdot K^{-1}$$

18. 1 mol 理想气体始态为 300 K，$10 \times p^{\ominus}$压力。求以下各过程的 Q，W，ΔU，ΔH，ΔS，ΔG，ΔF。

(1) 300K 温度下，恒温可逆膨胀到 $1p^{\ominus}$；

(2) 恒外压膨胀，外压是 $1 \times p^{\ominus}$，末态压力为 $1p^{\ominus}$；

(3) 真空膨胀到 $1p^{\ominus}$。

解：

始态	过程	终态
1 mol 理想气体 $T_1 = 300$ K $p_1 = 10 \times p^{\ominus}$	(1) 等温可逆膨胀 (2) 恒外压膨胀 (3) 真空膨胀	1 mol 理想气体 $T_2 = 300$ K $p_2 = 1 \times p^{\ominus}$

(1) 等温可逆过程

因　　$\Delta T = 0$　　故　$\Delta U = 0$　　$\Delta H = 0$

$$W = nRT\ln\frac{V_1}{V_2} = nRT\ln\frac{p_2}{p_1} = 1mol \times 8.314 J \cdot mol^{-1} \cdot K^{-1} \times 300K \times \ln\frac{1p^{\ominus}}{10p^{\ominus}}$$

$$= -5743\ J$$

$$Q = -W = 5743\ \mathrm{J}$$

$$\Delta S = \frac{Q_r}{T} = \frac{5743\ \mathrm{J}}{300\ \mathrm{K}} = 19.14\ \mathrm{J \cdot K^{-1}}$$

$$\Delta G = \Delta H - T\Delta S = 0 - 300\ \mathrm{K} \times 19.14\ \mathrm{J \cdot K^{-1}} = -5743\ \mathrm{J}$$

$$\Delta F = \Delta U - T\Delta S = 0 - 300\ \mathrm{K} \times 19.14\ \mathrm{J \cdot K^{-1}} = -5743\ \mathrm{J}$$

(2)恒外压过程：其始末态与过程(1)相同，故状态函数的改变值同过程(1)：

$$\Delta U = 0 \qquad \Delta H = 0 \qquad \Delta S = 9.14\ \mathrm{J \cdot K^{-1}}$$

$$\Delta G = \Delta F = -5743\ \mathrm{J}$$

$$V_1 = \frac{nRT_1}{p_1} = \frac{1\mathrm{mol} \times 8.314\mathrm{J \cdot mol^{-1} \cdot K^{-1}} \times 300\mathrm{K}}{10 \times 101325\mathrm{Pa}} = 2.4616 \times 10^{-3}\ \mathrm{m^3}$$

$$V_2 = \frac{nRT_2}{p_2} = \frac{1\mathrm{mol} \times 8.314\mathrm{J \cdot mol^{-1} \cdot K^{-1}} \times 300\mathrm{K}}{1 \times 101325\mathrm{Pa}} = 24.616 \times 10^{-3}\ \mathrm{m^3}$$

$$W = -p_{外}(V_2 - V_1) = -(101325\ \mathrm{Pa})(24.616 \times 10^{-3} - 2.4616 \times 10^{-3})\ \mathrm{m^3}$$
$$= -2245\ \mathrm{J}$$

$$Q = -W = 2245\ \mathrm{J}$$

(3) ΔU，ΔH，ΔS，ΔG，ΔF 的数值同上。

$$W = p_{外}(V_2 - V_1) = 0(V_2 - V_1) = 0$$

$$Q = W = 0$$

19. 一个系统经过等压可逆过程从始态 3 $\mathrm{dm^3}$，400 K，101325 Pa 等压可逆膨胀到 700 K，4 $\mathrm{dm^3}$，101325 Pa。始态系统的熵是 125.52 $\mathrm{J \cdot K^{-1}}$，计算 Q、W、ΔU、ΔH、ΔS 和 ΔG。($C_p = 83.68\ \mathrm{J \cdot K^{-1}}$)

解：因是等压过程，$p_{外} = p_1 = p_2$

$$W = -p_{外}(V_2 - V_1) = -(101325\ \mathrm{Pa})(4 \times 10^{-3} - 3 \times 10^{-3})\mathrm{m^3} = -101.325\ \mathrm{J}$$

$$\Delta H = Q_p = \int_{T_1}^{T_2} C_p \mathrm{d}T = 83.68\mathrm{J \cdot K^{-1}} \times (700 - 400)\mathrm{K} = 25104\ \mathrm{J}$$

$$\Delta U = Q_p + W = 25104\ \mathrm{J} - 101.3\ \mathrm{J} = 25003\ \mathrm{J}$$

$$\Delta S = \int_{T_1}^{T_2} C_p \frac{\mathrm{d}T}{T} = 83.68\mathrm{J \cdot K^{-1}} \times \ln\frac{700\mathrm{K}}{400\mathrm{K}} = 46.83\ \mathrm{J \cdot K^{-1}}$$

$$S_2 = S_1 + \Delta S = 125.52\ \mathrm{J \cdot K^{-1}} + 46.83\ \mathrm{J \cdot K^{-1}} = 172.34\ \mathrm{J \cdot K^{-1}}$$

$$\Delta G = \Delta H - (T_2S_2 - T_1S_1) = 25104\ \mathrm{J} - (700\ \mathrm{K} \times 172.34\ \mathrm{J \cdot K^{-1}} - 400\ \mathrm{K} \times 125.52\ \mathrm{J \cdot K^{-1}})$$
$$= -45326\ \mathrm{J}$$

20. 在温度为 298 K 的恒温浴中，1 mol 理想气体发生不可逆膨胀。过程中系统对环境做功 3.5 kJ，到达终态时体积为始态的 10 倍。求此过程的 Q，W 及气体的 ΔU，ΔH，ΔS，ΔG，ΔF。

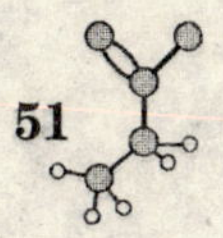

解：因为是恒温过程，故理想气体的内能不变，故有：

$$\Delta U = \Delta H = 0 \qquad W = -3500\ \text{J} \qquad Q = -W = 3500\ \text{J}$$

$$\Delta S = \frac{Q_r}{T} = nR\ln\frac{V_2}{V_1} = nR\ln 10 = 1\text{mol} \times 8.314\text{J}\cdot\text{mol}^{-1}\cdot\text{K}^{-1} \times \ln 10 = 19.14\ \text{J}\cdot\text{K}^{-1}$$

$$\Delta G = \Delta F = -T\Delta S = -298\ \text{K} \times 19.14\ \text{J}\cdot\text{K}^{-1} = -5703\ \text{J}$$

21. 在中等压力下，气体的物态方程可以写作 $pV(1-\beta p) = nRT$。式中系数 β 与气体的本性和温度有关。若在 273.2 K 时，将 0.5mol O_2 由 1013250 Pa 的压力减到 101325 Pa，试求此过程的 ΔG。已知氧的 $\beta = -9.277 \times 10^{-9}\text{Pa}^{-1}$

解：纯物质的吉布斯自由能全微分式为：

$$\text{d}G = -S\text{d}T + V\text{d}p$$

此过程是恒温过程，故有：

$$\text{d}G = V\text{d}p \qquad (\text{因} \quad \text{d}T = 0)$$

由氧气的状态方程，有：

$$V = \frac{nRT}{p(1-\beta p)} = nRT\left(\frac{1}{p} + \frac{\beta}{1-\beta p}\right)$$

$$\Delta G = \int_{p_1}^{p_2} V\text{d}p = nRT\int_{p_1}^{p_2}\frac{1}{p(1-\beta p)}\text{d}p = nRT\left(\int_{p_1}^{p_2}\frac{\text{d}p}{p} + \int_{p_1}^{p_2}\frac{\beta}{1-\beta p}\text{d}p\right)$$

$$= nRT\left(\ln\frac{p_2}{p_1} - \ln\frac{1-\beta p_2}{1-\beta p_1}\right)$$

$$= 0.5\text{mol} \times 8.314\text{J}\cdot\text{mol}^{-1}\cdot\text{K}^{-1} \times 273.2\text{K} \times$$

$$\left[\ln\frac{1}{10} - \ln\frac{1-(-9.277 \times 10^{-9} \times 101325)}{1-(-9.277 \times 10^{-9} \times 1013250)}\right]$$

$$= -2605\ \text{J}$$

22. 利用维利方程 $pV_m = RT + bp$ ($b = 2.67 \times 10^{-5}\ \text{m}^3\cdot\text{mol}^{-1}$)，求解以下问题：

(1) 1 mol H_2 在 298 K、$10p^{\ominus}$ 下，反抗恒外压 ($1p^{\ominus}$) 等温膨胀，求所做的功。

(2) 如果 H_2 为理想气体，上述过程所做的功是多少？试与 (1) 比较，并解释原因。

(3) 计算过程 (1) 的 ΔU，ΔH，ΔS，ΔG，ΔF。

(4) 求该气体的 $C_p - C_V$ 的值。

(5) 该气体在焦耳实验中温度如何变化？

(6) 该气体在焦耳-汤姆实验中温度如何变化？

解：(1) 注意此过程是一等温过程，有：

$$W_1 = p_{\text{外}}\Delta V = p_2\left[\frac{n(RT+bp_2)}{p_2} - \frac{n(RT+bp_1)}{p_1}\right]$$

$$= \frac{p_1p_2nRT + p_1p_2nbp_2 - p_2p_2nRT - p_2p_2nbp_1}{p_1p_2} = \frac{nRT(p_1-p_2)}{p_1}$$

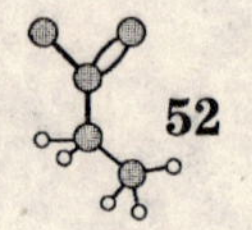

$$= \frac{9}{10}nRT = \frac{9}{10} \times 1\text{mol} \times 8.314\text{J} \cdot \text{K}^{-1} \cdot \text{mol}^{-1} \times 298\text{K}) = 2230 \text{ J}$$

(2) $W_2 = p_{外} \Delta V = p_2\left(\frac{nRT}{p_2} - \frac{nRT}{p_1}\right) = nRT\left(1 - \frac{p_2}{p_1}\right)$

$$= \frac{9}{10}nRT = 2230 \text{ J}$$

计算结果得：$W_1 = W_2$，二者相等。这是由于 $W = p_{外} \Delta V$，将维利方程 $pV_m = RT + bp$ 改写成 $p(V_m - b) = RT$，式中只有体积校正项，没有压力校正项，在 ΔV 算中，校正项可以消去，其结果与理想气体的 ΔV 完全相同，所以等外压过程的膨胀功完全相同。

(3)纯物质等温过程内能的改变为：

$$\left(\frac{\partial U}{\partial V}\right)_T = T\left(\frac{\partial p}{\partial T}\right)_V - p = T\left[\frac{\partial}{\partial T}\left(\frac{RT}{V_m - b}\right)\right]_V - p$$

$$= T\frac{R}{V_m - b} - p = p - p = 0$$

$$\Delta U = 0$$

$$\Delta H = \Delta U + \Delta(pV) = n(RT + bp_2) - n(RT + bp_1) = nb(p_2 - p_1)$$

$$= 1\text{mol} \times 2.67 \times 10^{-5} \text{ m}^3 \cdot \text{mol}^{-1} \times (1013250 \text{ Pa} - 101325 \text{ Pa})$$

$$= -24.35 \text{ J}$$

$$\left(\frac{\partial S}{\partial p}\right)_T = -\left(\frac{\partial V}{\partial T}\right)_p = -\left[\frac{\partial}{\partial T}\left(\frac{nRT + nbp}{p}\right)\right]_p = -\frac{nR}{p}$$

$$\Delta S = -\int_{p_1}^{p_2} \frac{nR}{p}\text{d}p = nR\ln\frac{p_1}{p_2} = 1\text{mol} \times 8.314\text{J} \cdot \text{mol}^{-1} \cdot \text{K}^{-1} \times \ln 10$$

$$= 19.14 \text{ J} \cdot \text{K}^{-1}$$

$$\Delta G = \Delta H - T\Delta S = -24.34\text{J} - 298\text{K} \times 19.14\text{J} \cdot \text{K}^{-1} = -5728 \text{ J}$$

$$\Delta F = \Delta U - T\Delta S = 0 - (298\text{K} \times 19.14\text{J} \cdot \text{K}^{-1}) = -5704 \text{ J}$$

(4)
$$C_p - C_V = \left[p + \left(\frac{\partial U}{\partial V}\right)_T\right]\left(\frac{\partial V}{\partial T}\right)_p$$

$$= (p + 0)\left[\frac{\partial}{\partial T}\left(\frac{nRT + nbp}{p}\right)\right]_p$$

$$= p\frac{nR}{p} = nR = 1\text{mol} \times 8.314\text{J} \cdot \text{K}^{-1} \cdot \text{mol}^{-1}$$

$$= 8.314 \text{ J} \cdot \text{K}^{-1}$$

(5)焦耳系数为 $\left(\frac{\partial T}{\partial p}\right)_U$，根据欧拉关系式：

$$\left(\frac{\partial T}{\partial p}\right)_U \left(\frac{\partial U}{\partial T}\right)_p \left(\frac{\partial p}{\partial U}\right)_T = -1$$

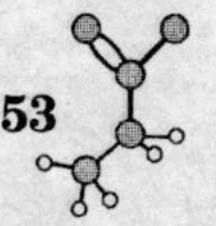

$$\left(\frac{\partial T}{\partial p}\right)_U = -\left(\frac{\partial T}{\partial U}\right)_p\left(\frac{\partial U}{\partial p}\right)_T$$

$$dU = TdS - pdV$$

恒温下对内能求压力的偏微商：

$$\left(\frac{\partial U}{\partial p}\right)_T = T\left(\frac{\partial S}{\partial p}\right)_T - p\left(\frac{\partial V}{\partial p}\right)_T = -T\left(\frac{\partial V}{\partial T}\right)_p - p\left(\frac{\partial V}{\partial p}\right)_T$$

$$= -T\left[\frac{\partial}{\partial T}\left(\frac{nRT}{p} + nb\right)\right]_p - p\left[\frac{\partial}{\partial p}\left(\frac{nRT}{p} + nb\right)\right]_T$$

$$= -\frac{nRT}{p} + \frac{nRT}{p} = 0$$

则：　$\left(\frac{\partial T}{\partial p}\right)_U = -\left(\frac{\partial T}{\partial U}\right)_p \times 0 = 0$　　该气体在焦耳实验中温度不变。

(6)　$$\mu_{J-T} = \left(\frac{\partial T}{\partial p}\right)_H = -\frac{(\partial H/\partial p)_T}{(\partial H/\partial T)_p} = -\frac{[\partial(U + pV)/\partial p]_T}{C_p}$$

$$= -\frac{(\partial U/\partial p)_T + [\partial(nRT + nbp)/\partial p]_T}{C_p}$$

$$= -\frac{0 + nb}{C_p} < 0$$

该气体在焦耳-汤姆实验中温度随压力的降低而升高。

23. 将 298.2 K、1mol 氧从 $1p^{\ominus}$ 绝热可逆压缩到 $6p^{\ominus}$，试求：Q、W、ΔU、ΔH、ΔF、ΔG、ΔS 和 $\Delta S_{总}$。已知 $S_m^{\ominus}(O_2, 298\ K) = 205.03\ J\cdot K^{-1}\cdot mol^{-1}$。设氧气可以视为理想气体。

解：绝热可逆过程，故有：$Q = 0$　　$\Delta S_{体} = 0$　　$\Delta S_{孤立} = 0$

由理想气体绝热可逆过程方程式：

$$p_1^{1-\gamma}T_1^{\gamma} = p_2^{1-\gamma}T_2^{\gamma} \qquad \gamma = C_p/C_V = 1.4$$

$$\left(\frac{T_2}{T_1}\right)^{\gamma} = \left(\frac{1p^{\ominus}}{6p^{\ominus}}\right)^{1-\gamma} = \left(\frac{1}{6}\right)^{1-1.4} = 6^{0.4}$$

$$\frac{T_2}{T_1} = 6^{0.4/1.4} = 1.669$$

$$T_2 = T_1 \times 1.669 = 298.2K \times 1.669 = 497.5\ K$$

$$\Delta U = C_V(T_2 - T_1) = n\frac{5}{2}R(497.5\ K - 298.2\ K)$$

$$= 4142\ J$$

$$W = \Delta U = 4142\ J$$

$$\Delta H = C_p(T_1 - T_2) = n\frac{7}{2}R(497.5\ K - 298.2\ K)$$

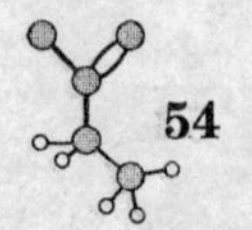

$$= 5799\ \text{J}$$

$$\Delta F = \Delta U - \Delta(TS) = \Delta U - S\Delta T$$

$$= 4142\ \text{J} - (205.03\ \text{J}\cdot\text{K}^{-1} \times 199.3\ \text{K})$$

$$= -36720\ \text{J}$$

$$\Delta G = \Delta H - \Delta(TS) = 5799\ \text{J} - 40862\ \text{J} = -35063\ \text{J}$$

24. 取 273.2K、$3p^{\ominus}$ 的氧气 10 升，反抗恒外压 $1p^{\ominus}$，进行绝热不可逆膨胀，求该过程的 Q、W、ΔU、ΔH、ΔS、ΔG、ΔF。已知 O_2 在 298.2 K 时的规定熵为 205 $\text{J}\cdot\text{K}\cdot\text{mol}^{-1}$。

解：先求 T_2：

$$W = \Delta U = nC_{V,m}(T_2 - T_1) = nC_{V,m}(T_2 - T_1)$$

另外：
$$W = -p_{外}(V_2 - V_1) = -p_2\left(\frac{nRT_2}{p_2} - \frac{nRT_1}{p_1}\right)$$

两种求算功的结果必然相等：

$$nC_{V,m}(T_2 - T_1) = -p_2\left(\frac{nRT_2}{p_2} - \frac{nRT_1}{p_1}\right)$$

双原子分子的等容热容为 $C_{V,m} = \frac{5}{2}R$，代入上式：

$$\frac{5}{2}R(T_2 - T_1) = -R\left(T_2 - \frac{p_2T_1}{p_1}\right)$$

$$\frac{5}{2}T_2 - \frac{5}{2}T_1 = -T_2 + \frac{T_1}{3} \qquad \frac{7}{2}T_2 = \frac{17}{6}T_1$$

解方程得：
$$T_2 = 221.2\ \text{K}$$

氧气的摩尔数为：

$$n = \frac{p_1V_1}{RT_1} = \frac{3 \times 101325\text{Pa} \times 10 \times 10^{-3}\text{m}^3}{8.314\text{J}\cdot\text{mol}^{-1}\cdot\text{K}^{-1} \times 273.2\text{K}} = 1.338\ \text{mol}$$

$$\Delta U = nC_{V,m}(T_2 - T_1) = 1.338\text{mol} \times \frac{5}{2} \times 8.314\text{J}\cdot\text{mol}^{-1}\cdot\text{K}^{-1} \times (221.2 - 273.2)\text{K}$$

$$= -1446\ \text{J}$$

$$\Delta H = nC_{p,m}(T_2 - T_1) = 1.34\text{mol} \times 3.5 \times 8.314\text{J}\cdot\text{mol}^{-1}\cdot\text{K}^{-1} \times (221.2 - 273.2)\text{K}$$

$$= -2025\ \text{J}$$

$$\Delta S = nR\ln\frac{p_1}{p_2} + nC_{p,m}\ln\frac{T_2}{T_1}$$

$$= 1.338\text{mol} \times 8.314\text{J}\cdot\text{mol}^{-1}\cdot\text{K}^{-1} \times \ln 3 + 1.338\text{mol} \times \frac{7}{2} \times 8.314\text{J}\cdot\text{mol}^{-1}\cdot$$

$$\text{K}^{-1} \times \ln\frac{221.2\text{K}}{273.2\text{K}}$$

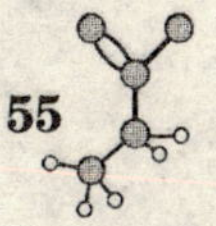

$= 4.00\ \text{J} \cdot \text{K}^{-1}$

为了计算 1.34 mol 的氧气在 273.2 K, $3p^{\ominus}$ 的熵值 S_1，先计算 $\Delta S_m'$

$$\Delta S_m' = R\ln\frac{p_1}{p_2} + C_{p,m}\ln\frac{298.2\ \text{K}}{273.2\ \text{K}}$$

$$= 8.314\text{J}\cdot\text{K}^{-1}\cdot\text{mol}^{-1} \times \ln\frac{3p^{\ominus}}{1p^{\ominus}} + \left(\frac{7}{2}\times 8.314\text{J}\cdot\text{K}^{-1}\cdot\text{mol}^{-1}\right)\ln\frac{298.2\text{K}}{273.2\text{K}}$$

$$= 11.68\ \text{J}\cdot\text{K}^{-1}\cdot\text{mol}^{-1}$$

$$S_1 = nS_m^{\ominus}(\text{O}_2,\ 298\ \text{K}) - n\Delta S_m' = n[S_m^{\ominus}(\text{O}_2,\ 298\ \text{K}) - \Delta S_m']$$

$$= 1.338\ \text{mol} \times (205\ \text{J}\cdot\text{K}^{-1}\cdot\text{mol}^{-1} - 11.68\ \text{J}\cdot\text{K}^{-1}\cdot\text{mol}^{-1})$$

$$= 258.7\ \text{J}\cdot\text{K}^{-1}$$

$$S_2 = S_1 + \Delta S = 258.7\ \text{J}\cdot\text{K}^{-1} + 4.00\ \text{J}\cdot\text{K}^{-1} = 262.7\ \text{J}\cdot\text{K}^{-1}$$

$$\Delta G = \Delta H - (T_2S_2 - T_1S_1)$$

$$= -2025\ \text{J} - (221.2\ \text{K}\times 262.7\ \text{J}\cdot\text{K}^{-1} - 273.2\ \text{K}\times 258.7\ \text{J}\cdot\text{K}^{-1})$$

$$= 10543\ \text{J}$$

$$\Delta F = \Delta U - (T_2S_2 - T_1S_1)$$

$$= -1446\ \text{J} - (221.2\ \text{K}\times 262.7\ \text{J}\cdot\text{K}^{-1} - 273.2\ \text{K}\times 258.7\ \text{J}\cdot\text{K}^{-1})$$

$$= 11122\ \text{J}$$

25. 1mol 单原子分子理想气体进行不可逆绝热过程达到末态：273K，$1p^{\ominus}$。此过程的 $\Delta S = 20.9\ \text{J}\cdot\text{K}^{-1}\cdot\text{mol}^{-1}$，$W = -1255$ J。末态气体的摩尔熵为 188.3 $\text{J}\cdot\text{K}^{-1}\cdot\text{mol}^{-1}$。试求：

(1)始态的温度和压力；

(2)摩尔气体的 ΔU、ΔH、ΔF、ΔG?

解：(1)绝热过程，故有：

$$Q = 0$$

$$\Delta U = Q + W = 0 - 1255\text{J} = -1255\ \text{J}$$

因

$$\Delta U = C_V\Delta T$$

$$\Delta T = \frac{\Delta U}{C_V} = \frac{\Delta U}{1.5R} = \frac{-1255\text{J}}{1\text{mol}\times 1.5\times 8.314\text{J}\cdot\text{mol}^{-1}\cdot\text{K}^{-1}}$$

$$= -100.6\ \text{K}$$

$$T_1 = T_2 - \Delta T = 273\text{K} + 100.6\text{K} = 373.6\ \text{K}$$

题给条件已知系统的熵变为：

$$\Delta S_m = C_{p,m}\ln\frac{T_2}{T_1} + R\ln\frac{p_1}{p_2} = 20.9\ \text{J}\cdot\text{K}^{-1}\cdot\text{mol}^{-1}$$

$$R\ln\frac{p_1}{p_2} = 20.9\ \text{J}\cdot\text{K}^{-1}\cdot\text{mol}^{-1} - C_{p,m}\ln\frac{T_2}{T_1} = 20.9\ \text{J}\cdot\text{K}^{-1}\cdot\text{mol}^{-1} - 2.5R\ln\frac{273\text{K}}{373.6\text{K}}$$

解得：$R\ln\dfrac{p_1}{p_2}=27.42\ \mathrm{J\cdot K^{-1}\cdot mol^{-1}}$

$$\ln\frac{p_1}{p_2}=\frac{27.42\ \mathrm{J\cdot K^{-1}\cdot mol^{-1}}}{8.314\ \mathrm{J\cdot K^{-1}\cdot mol^{-1}}}=3.298$$

$$\frac{p_1}{p_2}=27.06$$

$$p_1=27.06\times p_2=27.06\,p^{\ominus}$$

(2)
$$\Delta U=-1255\ \mathrm{J}$$

$$\Delta H=C_p\Delta T=1\mathrm{mol}\times 2.5\times 8.314\mathrm{J\cdot mol^{-1}\cdot K^{-1}}\times(-100.6\mathrm{K})=-2091\ \mathrm{J}$$

已知：
$$S_2(\mathrm{m})=188.3\ \mathrm{J\cdot K^{-1}\cdot mol^{-1}}\ \Delta S_{\mathrm{m}}=20.9\ \mathrm{J\cdot K^{-1}\cdot mol^{-1}}$$

$$S_1(\mathrm{m})=S_2(\mathrm{m})-\Delta S=188.3\ \mathrm{J\cdot K^{-1}\cdot mol^{-1}}-20.9\ \mathrm{J\cdot K^{-1}\cdot mol^{-1}}$$

$$S_1(\mathrm{m})=167.4\ \mathrm{J\cdot K^{-1}\cdot mol^{-1}}$$

$$\Delta G=\Delta H-\Delta(TS)=-2091\mathrm{J}-(273\mathrm{K}\times 188.3\mathrm{J\cdot K^{-1}\cdot mol^{-1}}-373.6\mathrm{K}\times 167.4\mathrm{J\cdot K^{-1}\cdot mol^{-1}})$$

$$\Delta G=9044\ \mathrm{J}$$

$$\Delta F=\Delta U-\Delta(TS)=-1255\mathrm{J}-(273\mathrm{K}\times 188.3\mathrm{J\cdot K^{-1}\cdot mol^{-1}}-373.6\mathrm{K}\times 167.4\mathrm{J\cdot K^{-1}\cdot mol^{-1}})$$

$$\Delta F=9880\ \mathrm{J}$$

26. 设2mol 单原子分子理想气体，始态为300K，$10p^{\ominus}$，经历以下三个相连的过程：(1) 在300K下等温可逆膨胀至$2p^{\ominus}$；(2) 在$1p^{\ominus}$外压下，等温等外压膨胀至1 $p^{\ominus}$；(3) 在等压条件下，系统由300K升温至500K，求以上三个过程的Q、W、ΔU、ΔH、ΔS、ΔF和ΔG?
已知此气体的标准摩尔熵为：$S_{\mathrm{m}}^{\ominus}(300\mathrm{K})=154.8\ \mathrm{J\cdot K^{-1}\cdot mol^{-1}}$

解：(1)等温可逆过程，$T_1=300\mathrm{K}\quad T_2=300\mathrm{K}\quad p_1=10p^{\ominus}\quad p_2=2p^{\ominus}$：

$$\Delta T=0\qquad \Delta U=0\qquad \Delta H=0$$

$$W=nRT\ln\frac{p_2}{p_1}=1\mathrm{mol}\times 8.314\mathrm{J\cdot mol^{-1}\cdot K^{-1}}\times 300\mathrm{K}\times\ln\frac{2p^{\ominus}}{10p^{\ominus}}=-8029\ \mathrm{J}$$

$$Q=-W=8029\ \mathrm{J}$$

$$\Delta S=nR\ln\frac{p_1}{p_2}=26.76\ \mathrm{J\cdot K^{-1}}$$

$$\Delta F=\Delta G=nRT\ln\frac{p_1}{p_2}=-8029\ \mathrm{J}$$

(2)等温恒外压过程，$T_1=300\mathrm{K}\quad T_2=300\mathrm{K}\quad p_1=2p^{\ominus}\quad p_2=1p^{\ominus}$：

$$\Delta T=0\qquad \Delta U=0\qquad \Delta H=0$$

$$W=-p_{外}(V_2-V_1)=-(p_2V_2-p_2V_1)=-\left(p_2V_2-\frac{p_2}{p_1}p_1V_1\right)$$

$$=-(nRT-0.5nRT)=-0.5nRT=-2494\ \mathrm{J}$$

$$Q = -W = 2494\ \text{J}$$

$$\Delta S = nR\ln\frac{p_1}{p_2} = 11.53\ \text{J}\cdot\text{K}^{-1}$$

$$\Delta F = \Delta G = nRT\ln\frac{p_1}{p_2} = -3458\ \text{J}$$

(3)此过程是恒压过程，$T_1 = 300\text{K}$ $T_2 = 500\text{K}$ $p_1 = 1p^{\ominus}$ $p_2 = 1p^{\ominus}$：

$$Q_p = \Delta H = C_p\Delta T = 2\text{mol}\times 2.5\times 8.314\text{J}\cdot\text{mol}^{-1}\cdot\text{K}^{-1}\times(500\text{K}-300\text{K}) = 8314\ \text{J}$$

$$\Delta U = 2\text{mol}\times 1.5\times 8.314\text{J}\cdot\text{mol}^{-1}\cdot\text{K}^{-1}\times(500\text{K}-300\text{K}) = 4988\ \text{J}$$

$$W = \Delta U - Q = 4988\text{J} - 8314\text{J} = -3326\ \text{J}$$

$$\Delta S = C_p\ln\frac{T_2}{T_1} = 2\text{mol}\times 3.5\times 8.314\text{J}\cdot\text{mol}^{-1}\cdot\text{K}^{-1}\times\ln\frac{500\text{K}}{300\text{K}} = 21.24\ \text{J}\cdot\text{K}^{-1}$$

$$\Delta S_{\text{m}} = 10.62\ \text{J}\cdot\text{K}^{-1}\cdot\text{mol}^{-1}$$

$$S_{\text{m}}^{\ominus}(300\text{K}) = 154.8\ \text{J}\cdot\text{K}^{-1}\cdot\text{mol}^{-1} \quad S_{\text{m}}^{\ominus}(500\text{K}) = 165.42\ \text{J}\cdot\text{K}^{-1}\cdot\text{mol}^{-1}$$

$$\Delta F = \Delta U - \Delta(TS) = -67552\ \text{J}$$

$$\Delta G = \Delta H - \Delta(TS) = -64226\ \text{J}$$

27. 1 mol 甲苯在其沸点 383.15 K 时蒸发为气体，求该过程的 $\Delta_{\text{vap}}H_{\text{m}}$、$Q$、$W$、$\Delta U$、$\Delta G$、$\Delta S$、$\Delta F$。已知该温度下甲苯的汽化热为 362 $\text{kJ}\cdot\text{kg}^{-1}$。

解：此过程是一恒压过程。甲苯的摩尔质量 $\text{M} = 0.09214\ \text{kg}\cdot\text{mol}^{-1}$

$$Q = 1\text{mol}\times 0.09214\text{kg}\cdot\text{mol}^{-1}\times 362000\text{J}\cdot\text{kg}^{-1} = 33355\ \text{J}$$

$$\Delta_{\text{vap}}H_{\text{m}} = Q_p = 33355\ \text{J}\cdot\text{mol}^{-1}$$

$$W = p(V_g - V_1) \approx pV_g = nRT$$

$$= 1\ \text{mol}\times 8.314\ \text{J}\cdot\text{K}^{-1}\cdot\text{mol}^{-1}\times 383.15\ \text{K} = 3186\ \text{J}$$

$$\Delta U = Q - W = 33355\ \text{J} - 3186\ \text{J} = 30169\ \text{J}$$

此过程是一恒温恒压下的可逆过程，故有：

$$\Delta G = 0$$

$$\Delta S = \frac{Q_r}{T} = 33355\ \text{J}/383.15\ \text{K} = 87.05\ \text{J}\cdot\text{K}^{-1}$$

$$\Delta F = \Delta U - T\Delta S = 30169\ \text{J} - 383.15\ \text{K}\times 87.05\ \text{J}\cdot\text{K}^{-1}$$

$$= -3184\ \text{J}$$

28. 将一玻璃球放入真空容器中，球中已封入 1 mol 水（101325 Pa、373.15 K），真空容器内部恰好容纳 1 mol 的水蒸气（101325 Pa、373 K），若保持整个系统的温度为 373.15 K，小球被击破后，水全部汽化成水蒸气，计算 Q、W、ΔU、ΔH、ΔS、ΔG、ΔF。根据计算结果判断这一过程是否为自发过程；用哪一个热力学性质作为判据？已知水的蒸发热为 40668 $\text{J}\cdot\text{mol}^{-1}$（条件是温度在 373.15 K，压力为 101325 Pa）。

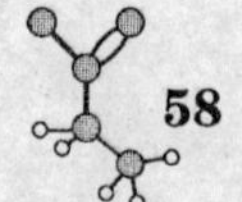

解：注意此相变本身是一不可逆相变，但此相变中的两相的状态与平衡相变的两相态是一样的，所以，可以直接由平衡相变求得过程的状态函数变化值。

$$\Delta H = 1\ \text{mol} \times 40668\ \text{J} \cdot \text{mol}^{-1} = 40668\ \text{J}$$

向真空蒸发，故： $W = 0$

$$\Delta U = \Delta H - \Delta(pV) = \Delta H - p\Delta V \quad \text{（始态压力等于末态压力）}$$
$$= \Delta H - p(V_g - V_l) \approx \Delta H - pV_g = \Delta H - nRT$$
$$= 40668\ \text{J} - 1\ \text{mol} \times 8.314\text{J} \cdot \text{K}^{-1} \cdot \text{mol}^{-1} \times 373.15\text{K}$$
$$= 40668\ \text{J} - 3102\ \text{J} = 37566\ \text{J}$$
$$Q = \Delta U - W = \Delta U = 37566\ \text{J}$$
$$\Delta S = \frac{Q_r}{T} = 40668\text{J}/373.15\text{K} = 109.0\ \text{J} \cdot \text{K}^{-1}$$
$$\Delta G = 0 \quad \text{（等温、等压、可逆过程）}$$
$$\Delta F = \Delta U - T\Delta S = 37566\ \text{J} - 40668\ \text{J} = -3102\ \text{J}$$

此过程不是恒温、恒压过程，所以不能用吉布斯自由能作为判据，应用总熵变判断过程的性质。环境的熵变为：

$$\Delta S_{\text{surrounding}} = -\frac{Q_{\text{real}}}{T} = -\frac{37566\text{J}}{373.15\text{K}} = -100.7\ \text{J} \cdot \text{K}^{-1}$$

$$\Delta S_{\text{total}} = \Delta S_{\text{system}} + \Delta S_{\text{surrounding}} = 109.0\text{J} \cdot \text{K}^{-1} - 100.7\text{J} \cdot \text{K}^{-1} = 8.3\ \text{J} \cdot \text{K}^{-1} > 0$$

因为此过程的总熵变大于零，故此过程是一自发的不可逆过程。

29. 计算1摩尔过冷苯（液）在268.2 K，$1p^{\ominus}$时凝固过程的ΔS及ΔG。已知268.2 K、外压等于$1p^{\ominus}$条件下，固态苯和液态苯的饱和蒸气压分别为2280 Pa和2675 Pa，268.2 K时苯的熔化热为9860 J · mol^{-1}。

解：根据已知条件设计可逆过程如下：

$$\begin{array}{ccc}
C_6H_6(\text{l},\ 268.2\text{K},\ 1p^{\ominus}) & \xrightarrow{\Delta G} & C_6H_6(\text{s},\ 268.2\text{K},\ 1p^{\ominus}) \\
\downarrow \Delta G_1 & & \uparrow \Delta G_5 \\
C_6H_6(\text{l},\ 268.2\text{K},\ 2675\ \text{Pa}) & & C_6H_6(\text{s},\ 268.2\ \text{K},\ 2280\ \text{Pa}) \\
\downarrow \Delta G_2 & & \uparrow \Delta G_4 \\
C_6H_6(\text{g},\ 268.2\text{K},\ 2650\ \text{Pa}) & \xrightarrow{\Delta G_3} & C_6H_6(\text{g},\ 268.2\text{K},\ 2280\ \text{Pa})
\end{array}$$

$$\Delta G = \Delta G_1 + \Delta G_2 + \Delta G_3 + \Delta G_4 + \Delta G_5$$

$$\Delta G_1 = \int_{p_1}^{p_2} V_1 \mathrm{d}p = V_1(p_2 - p_1) = V_1(2675\text{Pa} - 101325\text{Pa})$$

$$\Delta G_5 = \int_{p_1}^{p_2} V_s \mathrm{d}p = V_s(p_2 - p_1) = V_s(101325\text{Pa} - 2280\text{Pa})$$

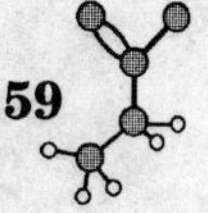

忽略液态苯的体积和固态苯的体积差别，忽略 Δp_1 和 Δp_2 的差别即（2675 Pa − $p^{\ominus}$）≈ −（$p^{\ominus}$ − 2280 Pa）

$$\Delta G_1 \approx -\Delta G_5$$

$$\Delta G_2 = 0 \qquad G_4 = 0$$

$$\Delta G_3 = nRT\ln\frac{p_2}{p_1} = 1\text{mol} \times 8.314\text{J}\cdot\text{mol}^{-1}\cdot\text{K}^{-1} \times 268.2\text{K} \times \ln\frac{2280\text{Pa}}{2675\text{Pa}} = -356.3\ \text{J}$$

$$\Delta G = \Delta G_1 + \Delta G_2 + \Delta G_3 + \Delta G_4 + \Delta G_5 \approx \Delta G_3 = -356.3\ \text{J}$$

$$\Delta S = \frac{\Delta H - \Delta G}{T} = \frac{1\text{mol} \times (-9860\text{J}\cdot\text{mol}^{-1}) - (-356.3\ \text{J})}{268.2\ \text{K}}$$

$$= -35.44\ \text{J}\cdot\text{K}^{-1}$$

30. 1mol 过冷水在 268.2 K、$1p^{\ominus}$下凝固，试计算

(1)最大非膨胀功；

(2)最大功；

(3)此过程如在 $100p^{\ominus}$进行，最大非膨胀功又为多少？

已知水在熔点时的液态水与冰的热容差为：37.3 J·K^{-1}·mol^{-1}，$\Delta_{\text{fus}}H_{\text{m}}$(273.2 K) = 6.01 kJ·mol^{-1}，ρ(水) = 990 kg·m^{-3}，ρ(冰) = 917 kg·m^{-3}。

解：等温下，封闭系统所做的最大功等于 Helmholtz 自由能的减少，$(W_{\max})_T = \Delta F$。等温等压下，一个封闭系统所做的最大非膨胀功等于 Gibbs 自由能的减少，$(W_{f,\max})_{T,p} = \Delta G$，所以欲求等温下的最大功和等温等压下的最大非膨胀功，也就是求算 ΔF 和 ΔG。

设计可逆途径如下：T_1=268.2K，T_2=273.2K，

$$\begin{array}{ccc}
H_2O(\text{l},\ 268.2\text{K},\ 1p^{\ominus}) & \xrightarrow{\Delta H,\ \Delta S} & H_2O(\text{s},\ 268.2\text{K},\ 1p^{\ominus}) \\
\downarrow \Delta H_1,\ \Delta S_1 & & \uparrow \Delta H_3,\ \Delta S_3 \\
H_2O(\text{l},\ 273.2\text{K},\ 1p^{\ominus}) & \xrightarrow{\Delta H_2,\ \Delta S_2} & H_2O(\text{s},\ 273.2\text{K},\ 1p^{\ominus})
\end{array}$$

(1) $\Delta H = \Delta H_1 + \Delta H_2 + \Delta H_3$

$$= \int_{T_1}^{T_2} C_p(\text{l})\,\mathrm{d}T + \Delta_{\text{fus}}H_{\text{m}} + \int_{T_2}^{T_1} C_p(s)\,\mathrm{d}T$$

$$= n[\Delta_{\text{fus}}H_{\text{m}} + \Delta C_{p,\text{m}}(T_2 - T_1)]$$

$$= 1\text{mol} \times \left(-6010\ \text{J}\cdot\text{mol}^{-1} + 37.3\text{J}\cdot\text{mol}^{-1} \times (273.2\text{K} - 268.2\text{K})\right)$$

$$= -5824\ \text{J}$$

$$\Delta S = \Delta S_1 + \Delta S_2 + \Delta S_3 = C_p(\text{l})\ln\frac{T_2}{T_1} + \frac{\Delta H_2}{T_2} + C_p(\text{s})\ln\frac{T_1}{T_2}$$

$$= \frac{\Delta H_2}{T_2} + \Delta C_p\ln\frac{T_2}{T_1} = -\frac{6010\text{J}}{273.2\text{K}} + 1\text{mol} \times 37.3\text{J}\cdot\text{K}^{-1}\cdot\text{mol}^{-1} \times \ln\frac{273.2\text{K}}{268.2\text{K}}$$

$=-21.31\ \mathrm{J\cdot K^{-1}}$

$$\Delta G=\Delta H-T\Delta S$$

$$=-5824\mathrm{J}-(268.2\mathrm{K})(-21.33\mathrm{J\cdot K^{-1}})=-103.3\ \mathrm{J}$$

$$(W_{\mathrm{f,\ max}})_{T,\ p}=\Delta G=-103.3\ \mathrm{J}$$

(2) $\Delta F=\Delta G-\Delta(pV)=\Delta G-p\Delta V=\Delta G-p\left(\dfrac{W}{\rho_s}-\dfrac{W}{\rho_1}\right)$

$$=-103.3\mathrm{J}-101325\mathrm{Pa}\left[\frac{1\mathrm{mol}\times18.01\times10^{-3}\mathrm{kg\cdot mol^{-1}}}{917\mathrm{kg\cdot m^{-3}}}-\frac{1\mathrm{mol}\times18.01\times10^{-3}\mathrm{kg\cdot mol^{-1}}}{990\mathrm{kg\cdot m^{-3}}}\right]$$

$=-103.4\ \mathrm{J}$

$$(W_{\max})_T=\Delta F=-103.4\ \mathrm{J}$$

(3) 当上述过程在 $100\times p^{\ominus}$ 进行时

$$\left(\frac{\partial\Delta G}{\partial p}\right)_T=\Delta V$$

$$\int_{\Delta G_1}^{\Delta G_2}\mathrm{d}(\Delta G)=\int_p^{p_2}\Delta V\mathrm{d}p$$

$\Delta G_2=\Delta G_1+\Delta V(p_2-p_1)$

$$=-103.3+(100-1)\times101325\mathrm{Pa}\left[\frac{1\mathrm{mol}\times18.01\times10^{-3}\mathrm{kg\cdot mol^{-1}}}{917\mathrm{kg\cdot m^{-3}}}-\frac{1\mathrm{mol}\times18.01\times10^{-3}\mathrm{kg\cdot mol^{-1}}}{990\mathrm{kg\cdot m^{-3}}}\right]$$

$=-103.3\mathrm{J}+14.5\mathrm{J}=-88.8\ \mathrm{J}$

在 $100p^{\ominus}$ 下进行时，最大非膨胀功为：$(W_{\max})_{T,\ p}=\Delta G_2=-88.8\ \mathrm{J}$。

31. 冰在 273.2 K、101325Pa 下的熔化热为 6009 $\mathrm{J\cdot mol^{-1}}$，水的平均摩尔热容为 75.3 $\mathrm{J\cdot K^{-1}\cdot mol^{-1}}$；冰的平均摩尔热容为 37.6 $\mathrm{J\cdot K^{-1}\cdot mol^{-1}}$，冰在 268.2 K 时的蒸气压为 401.0 Pa。计算过冷水在 268.2 K 时的蒸气压。

解：设 268.2 K 时过冷水的饱和蒸气压为 p。设过程如下：

$$
\begin{array}{ccc}
\text{水}(268.2\mathrm{K},\ p=?) & \xrightarrow{\Delta G} & \text{汽}(268.2\mathrm{K},\ p=?) \\
\downarrow \Delta G' & & \uparrow \Delta G''' \\
\text{冰}(268.2\mathrm{K},\ 401\ \mathrm{Pa}) & \xrightarrow{\Delta G''} & \text{汽}(268.2\mathrm{K},\ 401\ \mathrm{Pa})
\end{array}
$$

以上途径中，过冷水与冰的相变均为平衡相变，故有：

$$\Delta G=0\qquad\Delta G''=0$$

所以：

$$-\Delta G'=\Delta G'''$$

$$\Delta G''' = \int_{401\ \mathrm{Pa}}^{p} V_{gas}\mathrm{d}p$$

求出 $\Delta G'$ 即可得 $\Delta G'''$，进而可以求得 p。

设计如下过程求 $\Delta G'$：

$$\begin{array}{ccc}
\text{水}(268.2\mathrm{K},\ p) & \xrightarrow[\Delta H',\ \Delta S']{\Delta G'} & \text{冰}(268.2\mathrm{K},\ 401\ \mathrm{Pa}) \\
\downarrow \Delta G_1\ \Delta H_1 \Delta S_1 & & \uparrow \Delta G_5\ \Delta H_5 \Delta S_5 \\
\text{水}(273.2\mathrm{K},\ p) & & \text{冰}(268.2\mathrm{K},\ 101325\mathrm{Pa}) \\
\downarrow \Delta G_2\ \Delta H_2 \Delta S_2 & & \uparrow \Delta G_4\ \Delta H_4 \Delta S_4 \\
\text{水}(273.2\mathrm{K},\ 101325\mathrm{Pa}) & \xrightarrow[\Delta H_3\ \Delta S_3]{\Delta G_3} & \text{冰}(273.2\mathrm{K},\ 101325\ \mathrm{Pa})
\end{array}$$

$$\Delta G' = \Delta H' - T\Delta S'$$

$$\Delta H' = \Delta H_1 + \Delta H_2 + \Delta H_3 + \Delta H_4 + \Delta H_5$$

$$\Delta S' = \Delta S_1 + \Delta S_2 + \Delta S_3 + \Delta S_4 + \Delta S_5$$

忽略压力对凝聚相的 S 和 H 的影响，则有：

$$\Delta H_2 = 0 \qquad \Delta S_2 = 0 \qquad \Delta H_5 = 0 \qquad \Delta S_5 = 0$$

$\Delta H' = \Delta H_1 + \Delta H_3 + \Delta H_4$

$= C_p(\mathrm{H_2O},\ 1)(273.2\mathrm{K} - 268.2\mathrm{K}) + \Delta H_3 + C_p(\mathrm{H_2O},\ \mathrm{s})(268.2\mathrm{K} - 273.2\mathrm{K})$

$= 75.3\ \mathrm{J\cdot K^{-1}} \times (273.2\mathrm{K} - 268.2\mathrm{K}) - 6009\mathrm{J} + 37.6\ \mathrm{J\cdot K^{-1}} \times (268.2\mathrm{K} - 273.2\mathrm{K})$

$= -5821\ \mathrm{J}$

$\Delta S' = \Delta S_1 + \Delta S_3 + \Delta S_4$

$= 75.3\ \mathrm{J\cdot K^{-1}} \times \ln\dfrac{273.2\mathrm{K}}{268.2\mathrm{K}} - \dfrac{6009\mathrm{J}}{273.2\mathrm{K}} + 37.6\ \mathrm{J\cdot K^{-1}} \times \ln\dfrac{268.2\mathrm{K}}{273.2\mathrm{K}}$

$= -21.3\ \mathrm{J\cdot K^{-1}}$

$\Delta G' = \Delta H' - T\Delta S' = -5821\mathrm{J} - 268.2\mathrm{K}(-21.3\mathrm{J\cdot K^{-1}})$

$= -108\ \mathrm{J}$

$$\Delta G''' = -\Delta G' = 108\ \mathrm{J}$$

$$\Delta G''' = \int_{401\mathrm{Pa}}^{p} V_{gas}\mathrm{d}p = \int_{401\mathrm{Pa}}^{p} \frac{nRT}{p}\mathrm{d}p = nRT\ln\frac{p}{401\mathrm{Pa}} = 108\ \mathrm{J}$$

$$\frac{p}{401.0\mathrm{Pa}} = \exp\left(\frac{108\mathrm{J}}{1\mathrm{mol} \times 8.314\mathrm{J\cdot mol^{-1}\cdot K^{-1}} \times 268.2\mathrm{K}}\right) = 1.050$$

$$p = 401.0\ \mathrm{Pa} \times 1.050 = 420.9\ \mathrm{Pa}$$

32. 在一个带活塞的容器中（设活塞无摩擦、无质量），有氮气 0.5 mol，容器底部有一密闭小瓶，瓶中有液体水 1.5 mol。整体物系温度由热源维持为 373.15 K，压力为 $1p^{\ominus}$，今使小瓶破碎，在维持压力为 $1p^{\ominus}$ 下水蒸发为水蒸气，终态温度仍为 373.15 K。已知水在 373.15 K，$1p^{\ominus}$ 的蒸发热为 40.67 $kJ \cdot mol^{-1}$，氮气和水蒸气均按理想气体处理。求此过程中的 Q、W、ΔU、ΔH、ΔS、ΔF 和 ΔG。

解:

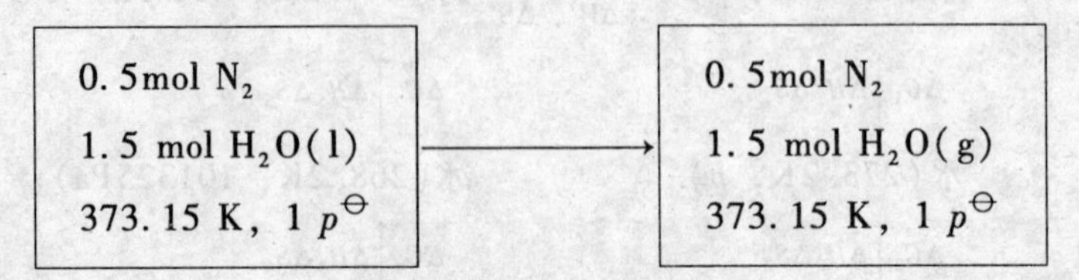

物质的量分数为：

$$x_{N_2} = \frac{0.5\ mol}{0.5\ mol + 1.5\ mol} = 0.25 \qquad x_{H_2O} = 0.75$$

当小瓶破碎后，水蒸发为水蒸气，为了维持 $1p^{\ominus}$，活塞上移，体积增大。水蒸发时需吸收热量。N_2 气和 H_2O 气均视为理想气体，混合时无热效应。题给过程是一恒温、恒压过程。设 $H_2O(l)$ 的体积与 $H_2O(g)$ 相比可忽略不计。

$$Q = n\Delta_{vap}H_m(H_2O,\ l) = 1.5\ mol \times 40670\ J \cdot mol^{-1} = 61005\ J$$

$$\Delta H = Q_p = 61005\ J$$

因为

$$p_{外} = p_2 = p_1 = 1p^{\ominus}$$

$$W = -p_{外}\ \Delta V = -p\left[\frac{(n_{N_2} + n_{H_2O})RT}{p} - \frac{n_{N_2}RT}{p}\right] = -n_{H_2O}RT$$

$$W = -n_{H_2O}RT = -1.5mol \times 8.314\ J \cdot mol^{-1} \cdot K^{-1} \times 373.15\ K = -4654\ J$$

$$\Delta U = Q + W = 61005\ J - 4654\ J = 56351\ J$$

$$\Delta S = \Delta_{vap}S + \Delta_{mix}S = \frac{Q_r}{T} - nR(x_{N_2}\ln x_{N_2} + x_{H_2O}\ln x_{H_2O})$$

$$= \frac{1.5mol \times 40670J \cdot mol^{-1}}{373.15K} - 2mol \times 8.314J \cdot mol^{-1} \cdot K^{-1} \times (0.25\ln 0.25 + 0.75\ln 0.75)$$

$$= 172.8\ J \cdot K^{-1}$$

$$\Delta F = \Delta U - T\Delta S = 56351\ J - 373.15\ K \times 172.8\ J \cdot K^{-1} = -8143\ J$$

$$\Delta G = \Delta H - T\Delta S = 61005\ J - 373.15\ K \times 172.8\ J \cdot K^{-1} = -3486\ J$$

33. 在 298.15 K、101325 Pa 下，使 1 mol 铅与醋酸铜溶液在可逆情况下作用，环境可得电功 91839 J，同时吸热 213635 J，试计算 ΔU、ΔH、ΔS、ΔF 和 ΔG。

解：凝聚系统的化学反应的体积变化非常小，可以忽略不计，故体积功可以视为等于零：

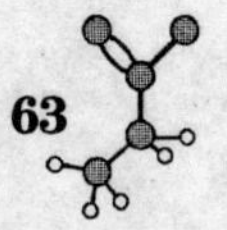

$$W_{体积功} = 0 \qquad W_{电功} = -91839\ \mathrm{J}$$

$$Q = 213635\ \mathrm{J}$$

$$\Delta U = Q + W = 213635\ \mathrm{J} - 91839\ \mathrm{J} = 121796\ \mathrm{J}$$

凝聚系统反应的体积变化很小，故：

$$\Delta H \approx \Delta U = 121796\ \mathrm{J}$$

$$\Delta S = \frac{Q_r}{T} = \frac{213635\ \mathrm{J}}{298.15\ \mathrm{K}} = 716.5\ \mathrm{J \cdot K^{-1}}$$

$$\Delta F = \Delta U - T\Delta S = 121796\ \mathrm{J} - 213635\ \mathrm{J} = -91839\ \mathrm{J}$$

$$\Delta G = W' = \Delta F = -91839\ \mathrm{J}$$

34. 指出下列各过程中，体系的 ΔU、ΔH、ΔS、ΔG、ΔF 何者为零？

(1)非理想气体卡诺循环；(2)实际气体节流膨胀；(3)理想气体真空膨胀；(4) $H_2(g)$ 和 $O_2(g)$ 在绝热瓶中发生反应生成水；(5)液态水在 373 K 及 101325 Pa 压力下蒸发成水蒸气。

解：(1)全部为零

(2) $\Delta H = 0$

(3) $\Delta U = \Delta H = 0$

(4) $\Delta U = 0$

(5) $\Delta G = 0$

35. 证明 $\left(\frac{\partial C_V}{\partial V}\right)_T = T\left(\frac{\partial^2 p}{\partial T^2}\right)$

证明：

$$\left(\frac{\partial S}{\partial T}\right)_V = \frac{C_V}{T} \qquad C_V = T\left(\frac{\partial S}{\partial T}\right)_V$$

$$\left(\frac{\partial C_V}{\partial V}\right)_T = T\left[\frac{\partial}{\partial V}\left(\frac{\partial S}{\partial T}\right)_V\right]_T = T\left[\frac{\partial}{\partial T}\left(\frac{\partial S}{\partial V}\right)_T\right]_V$$

根据麦克斯韦关系：$\left(\frac{\partial S}{\partial V}\right)_T = \left(\frac{\partial p}{\partial T}\right)_V$

代入上式：

$$\left(\frac{\partial C_V}{\partial V}\right)_T = T\left[\frac{\partial}{\partial T}\left(\frac{\partial p}{\partial T}\right)_V\right]_V = T\left(\frac{\partial^2 p}{\partial T^2}\right)_V$$

36. 证明 $\left(\frac{\partial T}{\partial V}\right)_S = -\frac{T}{C_V}\left(\frac{\partial p}{\partial T}\right)_V$

证明：根据麦克斯韦关系有：

$$\left(\frac{\partial T}{\partial V}\right)_S = -\left(\frac{\partial p}{\partial S}\right)_V = -\left(\frac{\partial p}{\partial T}\right)_V \cdot \left(\frac{\partial T}{\partial S}\right)_V = \frac{-\left(\frac{\partial p}{\partial T}\right)_V}{\left(\frac{\partial S}{\partial T}\right)_V}$$

$$= \frac{-\left(\frac{\partial p}{\partial T}\right)_V}{\frac{C_V}{T}} = -\frac{T}{C_V}\left(\frac{\partial p}{\partial T}\right)_V$$

37. 请证明：$\left(\frac{\partial T}{\partial p}\right)_S = \frac{T\left(\frac{\partial V}{\partial T}\right)_p}{C_p}$

证明：应用麦克斯韦关系式得：

$$\left(\frac{\partial T}{\partial p}\right)_S = \left(\frac{\partial V}{\partial S}\right)_p = \left(\frac{\partial V}{\partial T}\right)_p\left(\frac{\partial T}{\partial S}\right)_p = \frac{\left(\frac{\partial V}{\partial T}\right)_p}{\left(\frac{\partial S}{\partial T}\right)_p}$$

因 $$\left(\frac{\partial S}{\partial T}\right)_p = \frac{1}{T}C_p$$

代入上式，得：

$$\left(\frac{\partial T}{\partial p}\right)_S = \frac{\left(\frac{\partial V}{\partial T}\right)_p}{\frac{C_p}{T}} = \frac{T\left(\frac{\partial V}{\partial T}\right)_p}{C_p}$$

38. 对于理想气体，试证明等式：$\left(\frac{\partial F}{\partial p}\right)_T = V$ 成立。

证明：

$$F = G - pV$$

$$\left(\frac{\partial F}{\partial p}\right)_T = \left(\frac{\partial G}{\partial p}\right)_T - p\left(\frac{\partial V}{\partial p}\right)_T - V$$

$$\mathrm{d}G = -S\mathrm{d}T + V\mathrm{d}p$$

$$\left(\frac{\partial G}{\partial p}\right)_T = 0 + V = V$$

由理想气体状态方程，有：$V = \frac{nRT}{p}$

故 $$\left(\frac{\partial V}{\partial p}\right)_T = -\frac{nRT}{p^2}$$

$$\left(\frac{\partial F}{\partial p}\right)_T = V + p\left(\frac{nRT}{p^2}\right) - V = \frac{nRT}{p} = V$$

证毕。

39. 试证明：$C_p - C_V = T\left(\frac{\partial p}{\partial T}\right)_V\left(\frac{\partial V}{\partial T}\right)_p$

证明：由热力学基本理论，有下式成立：

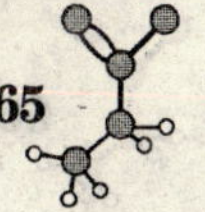

$$C_p - C_V = \left(\frac{\partial H}{\partial T}\right)_p - \left(\frac{\partial U}{\partial T}\right)_V = \left(\frac{\partial U}{\partial T}\right)_p + p\left(\frac{\partial V}{\partial T}\right)_p - \left(\frac{\partial U}{\partial T}\right)_V \quad (1)$$

对于纯物质：$U = f(T, V)$

$$\mathrm{d}U = \left(\frac{\partial U}{\partial T}\right)_V \mathrm{d}T + \left(\frac{\partial U}{\partial V}\right)_T \mathrm{d}V$$

$$\left(\frac{\partial U}{\partial T}\right)_p = \left(\frac{\partial U}{\partial T}\right)_V + \left(\frac{\partial U}{\partial V}\right)_T \left(\frac{\partial V}{\partial T}\right)_p \quad (2)$$

将(2)代入(1)式中，经整理得：

$$C_p - C_V = \left[\left(\frac{\partial U}{\partial V}\right)_T + p\right]\left(\frac{\partial V}{\partial T}\right)_p \quad (3)$$

$$\mathrm{d}U = T\mathrm{d}S - p\mathrm{d}V$$

$$\left(\frac{\partial U}{\partial V}\right)_T = T\left(\frac{\partial S}{\partial V}\right)_T - p \quad 因 \left(\frac{\partial S}{\partial V}\right)_T = \left(\frac{\partial p}{\partial T}\right)_V$$

故
$$\left(\frac{\partial U}{\partial V}\right)_T = T\left(\frac{\partial p}{\partial V}\right)_V - p \quad (4)$$

将(4)式代入(3)式得

$$C_p - C_V = \left[T\left(\frac{\partial p}{\partial V}\right)_V - p + p\right]\left(\frac{\partial V}{\partial V}\right)_p = T\left(\frac{\partial p}{\partial T}\right)_V \left(\frac{\partial V}{\partial T}\right)_p$$

得证。

40. 膨胀系数 $\alpha = \frac{1}{V}\left(\frac{\partial V}{\partial T}\right)_p$，压缩系数 $k = \frac{1}{V}\left(\frac{\partial V}{\partial p}\right)_T$，试证明：$C_p - C_V = \frac{VT\alpha^2}{k}$

证明：有公式：

$$C_p - C_V = T\left(\frac{\partial p}{\partial T}\right)_V \left(\frac{\partial V}{\partial T}\right)_p \quad (1)$$

p-V-T 三者间，有以下数学关系：

$$\left(\frac{\partial p}{\partial T}\right)_V \left(\frac{\partial T}{\partial V}\right)_p \left(\frac{\partial V}{\partial p}\right)_T = -1$$

故 $\left(\frac{\partial p}{\partial T}\right)_V = -\frac{\left(\frac{\partial V}{\partial T}\right)_p}{\left(\frac{\partial V}{\partial p}\right)_T}$，代入(1)式：

$$C_p - C_V = -T\frac{\left(\frac{\partial V}{\partial T}\right)_p}{\left(\frac{\partial V}{\partial p}\right)_T}\left(\frac{\partial V}{\partial T}\right)_p = -T\frac{\left(\frac{\partial V}{\partial T}\right)_p^2}{\left(\frac{\partial V}{\partial p}\right)_T} \quad (2)$$

因 $\alpha = \frac{1}{V}\left(\frac{\partial V}{\partial T}\right)_p$ 　　故 $\left(\frac{\partial V}{\partial T}\right)_p = V\alpha$

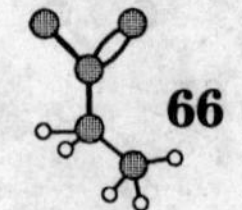

因 $\kappa = -\frac{1}{V}\left(\frac{\partial V}{\partial p}\right)_p$ 故 $\left(\frac{\partial V}{\partial p}\right)_T = -V\kappa$

将以上公式代入(2)式：

$$C_p - C_V = -T\frac{(V\alpha)^2}{(-V\kappa)} = \frac{VT\alpha^2}{\kappa}$$

证毕。

41. 试证明：$TdS = C_V\left(\frac{\partial T}{\partial p}\right)_V dp + C_p\left(\frac{\partial T}{\partial V}\right)_p dV$

证明： 令 $S = S(p, V)$

$$\begin{aligned} dS &= \left(\frac{\partial S}{\partial p}\right)_V dp + \left(\frac{\partial S}{\partial V}\right)_p dV \\ &= \left(\frac{\partial S}{\partial T}\right)_V\left(\frac{\partial T}{\partial p}\right)_V dp + \left(\frac{\partial S}{\partial T}\right)_p\left(\frac{\partial T}{\partial V}\right)_p dV \\ &= \frac{C_V}{T}\left(\frac{\partial T}{\partial p}\right)_V dp + \frac{C_p}{T}\left(\frac{\partial T}{\partial V}\right)_p dV \end{aligned}$$

整理得：

$$TdS = C_V\left(\frac{\partial T}{\partial p}\right)_V dp + C_p\left(\frac{\partial T}{\partial V}\right)_p dV$$ 证毕。

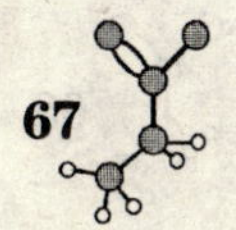

第3章　多组分系统热力学

一、基本内容

1. 偏摩尔量

多组分体系的容量性质 Z 可写作是温度 T、压力 p 及各组分的物质的量 n_1，n_2，…，n_k的函数。

即 $Z=f(T, p, n_1, n_2, \cdots, n_k)$

偏摩尔量的定义：$Z_{B,m}=\left(\dfrac{\partial Z}{\partial n_B}\right)_{T,p,n_c(c\neq B)}$

$Z_{B,m}$称为 Z 的偏摩尔量，是强度性质。偏微商 $\left(\dfrac{\partial Z}{\partial n_B}\right)_{T,p,n_c}$ 的下标必须是温度和压力。

2. 偏摩尔量的集合公式

$$Z=\sum_B n_B Z_{B,m}$$

上式表示多组分系统中任一容量性质等于各组分的偏摩尔量乘以物质的量的和。

3. 化学势

化学势的定义：

$$\mu_B=\left(\frac{\partial U}{\partial n_B}\right)_{S,V,n_c}=\left(\frac{\partial H}{\partial n_B}\right)_{S,p,n_c}=\left(\frac{\partial F}{\partial n_B}\right)_{T,V,n_c}=\left(\frac{\partial G}{\partial n_B}\right)_{S,V,n_c}$$

μ_B 代表体系中 B 物质的化学势，化学势是体系的性质，选用不同的独立变量有不同的表达式，最常用的表达式为 $\mu_B=\left(\dfrac{\partial G}{\partial n_B}\right)_{T,p,n_c}=G_{B,m}$。

相平衡时各物质在各相中的化学势相等，自发变化的方向是物质 B 从 μ_B 较大的相流向 μ_B 较小的相。

化学势与压力的关系为：

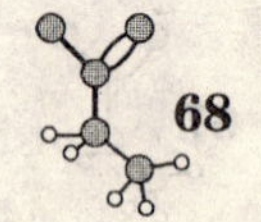

$$\left(\frac{\partial \mu_B}{\partial p}\right)_{T, n_J} = \left(\frac{\partial V}{\partial n_B}\right)_{T, p, n_J} = V_B$$

化学势与温度的关系为：

$$\left(\frac{\partial(\mu_B/T)}{\partial T}\right)_{p, n_J} = -\frac{H_B}{T^2}$$

4. 广义热力学基本关系式

复相的多组分系统的热力学基本关系式为：

$$dU = TdS - pdV + \sum_{\alpha}\sum_{B}\mu_B^{\alpha}dn_B^{\alpha}$$

$$dH = TdS + Vdp + \sum_{\alpha}\sum_{B}\mu_B^{\alpha}dn_B^{\alpha}$$

$$dF = -SdT - pdV + \sum_{\alpha}\sum_{B}\mu_B^{\alpha}dn_B^{\alpha}$$

$$dG = -SdT + Vdp + \sum_{\alpha}\sum_{B}\mu_B^{\alpha}dn_B^{\alpha}$$

以上各式的适用范围是：已达力平衡、热平衡，且只做体积功的复相多组分系统。

5. 物质平衡判据

化学势为物质平衡的判据，物质自发地由化学势较大的一方流向化学势较小的一方，若两者的化学势相等，则达到平衡。化学势判据可以归纳如下：

$\mu_B^{\beta} > \mu_B^{\alpha}$　　B 物质将自发地由 β 相流向 α 相

$\mu_B^{\beta} < \mu_B^{\alpha}$　　B 物质将自发地由 α 相流向 β 相

$\mu_B^{\beta} = \mu_B^{\alpha}$　　β 相与 α 相达成物质平衡

二、习题解答

1. 298 K 时有物质的量分数为 0.4 的甲醇水溶液，如果往大量此溶液中加 1 mol 水，溶液的体积增加 17.35 ml；如果往大量的此种溶液中加 1 mol 甲醇，溶液的体积增加 39.01 ml；试计算将 0.4 mol 的甲醇和 6 mol 的水混合时此溶液的体积；计算此混合过程中体积的变化。已知 298K 时甲醇的密度为 0.7911 g · ml^{-1}，水的密度为 0.9971 g · ml^{-1}。

解：根据偏摩尔量集合公式：

$$V_{溶液} = n_{水} V_{水, m} + n_{醇} V_{醇, m}$$
$$= 0.6\ mol \times 17.35\ ml \cdot mol^{-1} + 0.4\ mol \times 39.01\ ml \cdot mol^{-1}$$
$$= 26.01\ ml$$

混合过程系统体积的变化为：

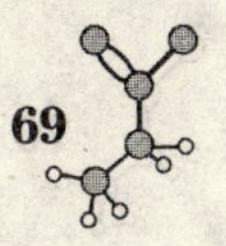

$$\Delta V = V_{溶液} - (V_{水} + V_{醇})$$
$$= 26.01\text{ml} - \left(\frac{18\ \text{g}\cdot\text{mol}^{-1}\times 0.6\text{mol}}{0.9971\text{g}\cdot\text{ml}^{-1}} + \frac{32\ \text{g}\cdot\text{mol}^{-1}\times 0.4\text{mol}}{0.7911\text{g}\cdot\text{ml}^{-1}}\right)$$
$$= 26.01\text{ml} - 27.01\text{ml} = -1.00\ \text{ml}$$

混合过程系统体积减少1.00ml。

2. 已知某NaCl溶液在1 kg水中含n摩尔NaCl，体积V随n的变化关系为：
$V/\text{m}^3 = 1.00138\times10^{-3} + 1.66263\times10^{-5}n/\text{mol} + 1.7738\times10^{-6}(n/\text{mol})^{3/2} + 1.194\times10^{-7}(n/\text{mol})^2$

求当n为2 mol时H_2O和NaCl的偏摩尔体积为多少？

解：根据偏摩尔体积定义：

$$V_{\text{NaCl, m}}/\text{m}^3 = \left(\frac{\partial V}{\partial n_{\text{NaCl}}}\right)_{T,\ p,\ n_{H_2O}}$$
$$= 1.66253\times10^{-5} + \frac{3}{2}\times1.7738\times10^{-6}(n/\text{mol})^{1/2} + 2\times1.194\times10^{-7}(n/\text{mol})$$

$n = 2$ mol时，NaCl的偏摩尔体积为：

$$V_{\text{NaCl, m}} = 1.66253\times10^{-5} + 3.76280\times10^{-6} + 4.776\times10^{-7}$$
$$= 2.08657\times10^{-5}\ \text{m}^3\cdot\text{mol}^{-1}$$

根据偏摩尔量集合公式：

$$V = n_{H_2O}V_{H_2O,\ m} + n_{\text{NaCl}}V_{\text{NaCl, m}}$$
$$V_{H_2O,\ m} = \frac{V - n_{\text{NaCl}}V_{\text{NaCl, m}}}{n_{H_2O}}$$

$$V = (1.00138\times10^{-3} + 1.66263\times10^{-5}\times2 + 1.7738\times10^{-6}\times2^{3/2} + 1.194\times10^{-7}\times2^2)\text{m}^3$$
$$= (1.00138\times10^{-3} + 3.32526\times10^{-5} + 5.01706\times10^{-6} + 4.776\times10^{-7})\text{m}^3$$
$$= 1.04013\times10^{-3}\ \text{m}^3$$

$$n_{\text{NaCl}}V_{\text{NaCl, m}} = 2\text{mol}\times2.08657\times10^{-5}\ \text{m}^3\cdot\text{mol}^{-1}$$
$$= 4.17314\times10^{-5}\text{m}^3$$

$$n_{H_2O} = \frac{1000\ \text{g}}{18.02\ \text{g}\cdot\text{mol}^{-1}} = 55.49\ \text{mol}$$

水的偏摩尔体积为：

$$V_{H_2O,\ m} = \frac{V - n_{\text{NaCl}}V_{\text{NaCl, m}}}{n_{H_2O}} = \frac{1.04013\times10^{-3}\ \text{m}^3 - 4.17314\times10^{-5}\ \text{m}^3}{55.49\ \text{mol}}$$
$$= -\frac{9.98396\times10^{-4}\ \text{m}^3}{55.49\ \text{mol}} = 1.800\times10^{-5}\cdot\text{m}^3\cdot\text{mol}^{-1}$$

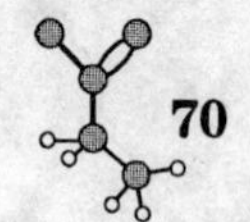

3. 15℃下，将96%(W)的酒精溶液 1×10^4 ml稀释为56%(W)的酒精溶液，试问：

(1)应加水多少毫升；

(2)稀释后溶液的总体积为多少？

已知：15℃下，水的密度为 $0.9991\ \mathrm{g\cdot cm^{-3}}$，在96%酒精的溶液中，水和酒精的偏摩尔体积分别为 $14.61\ \mathrm{ml\cdot mol^{-1}}$ 和 $58.01\ \mathrm{ml\cdot mol^{-1}}$，在56%酒精的溶液中，则分别为 $17.11\ \mathrm{ml\cdot mol^{-1}}$ 和 $56.58\ \mathrm{ml\cdot mol^{-1}}$，酒精的分子量为 $46\ \mathrm{g\cdot mol^{-1}}$。

解：由偏摩尔量集合公式，有：

$$V = n_{水} V_{水,\mathrm{m}} + n_{酒精} V_{酒精,\mathrm{m}}$$

$$V = 10000\ \mathrm{ml} = n_{水}\cdot 14.61\ \mathrm{ml\cdot mol^{-1}} + n_{酒精}\cdot 56.58\ \mathrm{ml\cdot mol^{-1}} \tag{1}$$

因为题给酒精质量百分浓度为96%，故有：

$$\frac{n_{酒精}\cdot M_{酒精}}{n_{水}\cdot M_{水} + n_{酒精}\cdot M_{酒精}} = 0.96 \tag{2}$$

联立(1)式与(2)式，求解此方程组，解得：

$$n_{酒精} = 167.88\ \mathrm{mol} \qquad n_{水} = 17.88\ \mathrm{mol}$$

加水稀释，溶液中酒精的量不变，设稀释后溶液中水的总摩尔数为 n，有：

$$\frac{n_{酒精}\cdot M_{酒精}}{n_{水}\cdot M_{水} + n_{酒精}\cdot M_{酒精}} = \frac{167.88\mathrm{mol}\times 46\ \mathrm{g\cdot mol^{-1}}}{n_{水}\times 18\mathrm{g\cdot mol^{-1}} + 167.88\mathrm{mol}\times 46\ \mathrm{g\cdot mol^{-1}}} = 0.96$$

解得：$n_{水} = 337.1\ \mathrm{mol}$

(1)稀释过程需加的水量为：

$$\Delta n = 337.1\mathrm{mol} - 17.88\mathrm{mol} = 319.22\ \mathrm{mol}$$

加入水的体积为：

$$\Delta V = \frac{319.22\ \mathrm{mol}\times 18\mathrm{g\cdot mol^{-1}}}{0.9991\mathrm{g\cdot ml^{-1}}} = 5751\ \mathrm{ml}$$

需要加入的水量为5751毫升。

(2)由偏摩尔量集合公式，稀释后溶液的总体积为：

$$\begin{aligned} V &= n_{水} V_{水,m} + n_{酒精} V_{酒精,m} \\ &= 337.1\mathrm{mol}\times 17.11\ \mathrm{ml\cdot mol^{-1}} + 167.88\mathrm{mol}\times 56.58\ \mathrm{ml\cdot mol^{-1}} \end{aligned}$$

$$V = 15266\ \mathrm{ml} = 15.27\ \mathrm{dm^3}$$

稀释后酒精溶液的总体积为15.27升。

4. 请证明理想气体的标准化学势与压力无关。

证明：理想气体化学势表达式为：

$$\mu_{\mathrm{B}} = \mu_{\mathrm{B}}^{\ominus} + RT\ln\frac{p_{\mathrm{B}}}{p^{\ominus}}$$

将上式在恒温条件下对压力求偏微商：

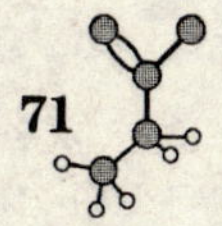

$$\left(\frac{\partial \mu_{\mathrm{B}}}{\partial p}\right)_T = \left(\frac{\partial \mu_{\mathrm{B}}^{\ominus}}{\partial p}\right)_T + RT\frac{1}{p_{\mathrm{B}}} = \left(\frac{\partial \mu_{\mathrm{B}}^{\ominus}}{\partial p}\right)_T + V_{\mathrm{m}}(B)$$

理想气体化学势对压力的偏微商等于理想气体的摩尔体积：

$$\left(\frac{\partial \mu_{\mathrm{B}}}{\partial p}\right)_T = V_{\mathrm{m}}(\mathrm{B})$$

对比以上两式，即得：

$$\left(\frac{\partial \mu_{\mathrm{B}}^{\ominus}}{\partial p}\right)_T = 0$$

5. 证明：(1) $\mu_{\mathrm{i}} = -T\left(\frac{\partial S}{\partial n_i}\right)_{V,\ U,\ n_{j\neq i}}$

(2) $\left(\frac{\partial S}{\partial n_i}\right)_{V,\ V,\ n_{j\neq i}} = S_{i,\ m} - V_{i,\ m}\left(\frac{\partial p}{\partial T}\right)_{V,\ n_{j\neq i}}$

证明：(1)由热力学基本公式：

$$\mathrm{d}U = T\mathrm{d}S - p\mathrm{d}V + \sum \mu_i \mathrm{d}n_j$$

当 U, V, $n_j(i \neq j)$ 均为常数时，有：

$$0 = T\mathrm{d}S + \mu_i \mathrm{d}n_i$$

$$\mu_i = -T\left(\frac{\partial S}{\partial n_i}\right)_{V,\ U,\ n_{j\neq i}}$$

(2)令：$S = S(T,\ V,\ n_{\mathrm{i}})$

$$\mathrm{d}S = \left(\frac{\partial S}{\partial T}\right)_{V,\ n_i}\mathrm{d}T + \left(\frac{\partial S}{\partial V}\right)_{T,\ n_i}\mathrm{d}V + \sum\left(\frac{\partial S}{\partial n_i}\right)_{T,\ V,\ n_{j\neq i}}\mathrm{d}n_{\mathrm{i}}$$

在 T, p, $n_{j\neq i}$恒定时，上式两边除以 $\mathrm{d}n_i$

$$\left(\frac{\partial S}{\partial n_i}\right)_{T,\ p,\ n_{j\neq i}} = 0 + \left(\frac{\partial S}{\partial V}\right)_{T,\ n_{j\neq i}}\left(\frac{\partial V}{\partial n_i}\right)_{T,\ p,\ n_{j\neq i}} + \left(\frac{\partial S}{\partial n_i}\right)_{T,\ V,\ n_{j\neq i}}$$

$\because \left(\frac{\partial S}{\partial n_i}\right)_{T,\ p,\ n_{j\neq i}} = S_{i,\ m}$　$\left(\frac{\partial S}{\partial V}\right)_{T,\ n_i} = \left(\frac{\partial p}{\partial T}\right)_{V,\ n_i}$　$\left(\frac{\partial V}{\partial n_i}\right)_{T,\ p,\ n_{j\neq i}} = V_{i,\ m}$

代入上式得：

$$S_{i,\ m} = \left(\frac{\partial p}{\partial T}\right)_{V,\ n_i} V_{i,\ m} + \left(\frac{\partial S}{\partial n_i}\right)_{T,\ V,\ n_{j\neq i}}$$

整理即得：$\left(\frac{\partial S}{\partial n_{\mathrm{i}}}\right)_{T,\ V,\ n_{j\neq i}} = S_{i,\ m} - V_{i,\ m}\left(\frac{\partial p}{\partial T}\right)_{V,\ n_{j\neq i}}$　　得证。

6. 偏摩尔等压热容的定义为：$(C_p)_{i,\ m} = \left(\frac{\partial C_p}{\partial n_i}\right)_{T,\ p,\ n_{j\neq i}}$，请证明以下各式成立：

$$(C_p)_{i,\ m} = \left(\frac{\partial H_{i,\ m}}{\partial T}\right)_{p,\ n} = T\left(\frac{\partial S_{i,\ m}}{\partial T}\right)_{p,\ n} = -T\left(\frac{\partial \mu_i}{\partial T^2}\right)_{p,\ n}$$

证明：由偏摩尔等压热容的定义，有：

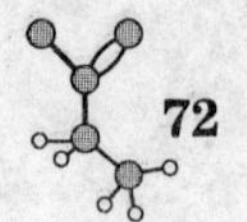

$$(C_p)_{i,m} = \left(\frac{\partial C_p}{\partial n_i}\right)_{T,p,n_{j\neq i}}$$

$$= \left[\frac{\partial}{\partial n_i}\left(\frac{\partial H}{\partial T}\right)_{p,n}\right]_{T,p,n_{j\neq i}} = \left[\frac{\partial}{\partial T}\left(\frac{\partial H}{\partial n_i}\right)_{T,p,n_{j\neq i}}\right]_{p,n}$$

$$= \left(\frac{\partial H_{i,m}}{\partial T}\right)_{p,n}$$

有公式：

$$\mu_i = H_{i,m} - TS_{i,m}$$

$$H_{i,m} = \mu_i + TS_{i,m}$$

对上式两边在恒压、恒温组成下对温度求偏微商：

$$\left(\frac{\partial H_{i,m}}{\partial T}\right)_{p,n} = \left(\frac{\partial \mu_i}{\partial T}\right)_{p,n} + T\left(\frac{\partial S_{i,m}}{\partial T}\right)_{p,n} + S_{i,m} = -S_{i,m} + T\left(\frac{\partial S_{i,m}}{\partial T}\right)_{p,n} + S_{i,m}$$

$$(C_p)_{i,m} = \left(\frac{\partial H_{i,m}}{\partial T}\right)_{p,n} = T\left(\frac{\partial S_{i,m}}{\partial T}\right)_{p,n} \quad (1)$$

由偏摩尔量定义，有下式：

$$\left(\frac{\partial \mu_i}{\partial T}\right)_{p,n} = -S_{i,m}$$

将上式代入(1)式：

$$(C_p)_{i,m} = -T\left(\frac{\partial\left(\frac{\partial \mu_i}{\partial T}\right)_{p,n}}{\partial T}\right)_{p,n} = -T\left(\frac{\partial^2 \mu_i}{\partial T^2}\right)_{p,n}$$

故有：$(C_p)_{i,m} = \left(\frac{\partial H_{i,m}}{\partial T}\right)_{p,n} = T\left(\frac{\partial S_{i,m}}{\partial T}\right)_{p,n} = -T\left(\frac{\partial \mu_i}{\partial T^2}\right)_{p,n}$　证毕。

7. 298 K 下，K_2SO_4在水溶液中的偏摩尔体积为：$V_{2,m} = 32.280 + 18.22m^{0.5} + 0.0222\ m$。已知水的摩尔体积为 17.96 ml · mol^{-1}，试求在此溶液中水的偏摩尔体积的数学表达式。

解：下标 1 表示水，下标 2 表示 K_2SO_4。取 1000 g 水和 m mol K_2SO_4为系统，此系统中水的摩尔数为：

$$n_1 = \frac{1000\ \text{g}}{18\text{g} \cdot \text{mol}^{-1}} = 55.56\ \text{mol}$$

K_2SO_4的摩尔数为：

$$n_2 = m\ \text{mol}$$

令水的偏摩尔体积为 $V_{1,m}$；K_2SO_4的偏摩尔体积为 $V_{2,m}$，则系统的总体积为：

$$V = n_1 \cdot V_{1,m} + n_2 \cdot V_{2,m}$$

$$= 55.56 \cdot V_{1,m} + m \cdot (32.280 + 18.22\ m^{0.5} + 0.0222\ m)$$

$$V = 55.56 \cdot V_{1,m} + 32.280m + 18.22\ m^{1.5} + 0.0222\ m^2 \quad (1)$$

根据偏摩尔量的定义，有：

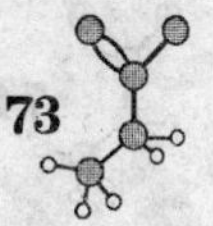

$$\left(\frac{\partial V}{\partial n_2}\right)_{T,\,p,\,n_1} = \left(\frac{\partial V}{\partial m}\right)_{T,\,p,\,n_1} = V_{2,\,m} =.32.280 + 18.22\,m^{0.5} + 0.0222\,m \qquad (2)$$

当 $m=0$ 时，溶液的体积为：

$$V = n_1 \cdot V_1(m) = 55.56\text{mol} \times 17.96\text{ml} \cdot \text{mol}^{-1} = 997.9\ \text{ml} \qquad (3)$$

在温度、压力与水的摩尔量一定的条件下，对(2)式分离变量，有：

$$\int_0^V \mathrm{d}V = \int_0^m (32.280 + 18.22\,m^{0.5} + 0.0222\,m)\,\mathrm{d}m$$

积分得：

$$V = 32.28m + \frac{2}{3} \times 18.22\,m^{1.5} + \frac{1}{2} \times 0.0222m^2 + V_0 \qquad (4)$$

上式中：V_0为溶液当 $m=0$ 时，溶液的体积，可直接由(3)式获得。将(3)式代入(4)式，即得：

$$V = 32.28m + \frac{2}{3} \times 18.22\,m^{1.5} + \frac{1}{2} \times 0.0222\,m^2 + 997.9\ (\text{ml}) \qquad (5)$$

比较(1)式与(5)式，得：

$$55.56 \cdot V_{1,\,m} + 32.280\,m + 18.22\,m^{1.5} + 0.0222\,m^2 = 32.28\,m + 2/3 \times 18.22\,m^{1.5} + 0.5 \times 0.0222\,m^2 + 997.9$$

解得：

$$V_{1,\,m} = 17.96 - 0.1093\,m^{1.5} - 1.9978 \times 10^{-4} m^2\ \text{ml} \cdot \text{mol}^{-1}$$

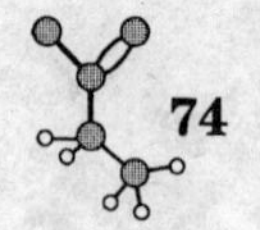

第4章 气体热力学

一、基本内容

1. 理想气体化学势

理想气体及理想气体混合物的理论模型：①系统中所有分子之间均无作用力；②分子的体积很小，可忽略不计。

理想气体服从理想气体状态方程：

$$pV = (\sum_{B} n_B)RT = n_{总} RT$$

$$p_B = p \cdot x_B$$

纯理想气体化学势：

$$\mu = \mu^{\ominus} + RT\ln \frac{p}{p^{\ominus}}$$

理想气体混合物中组分的化学势：

$$\mu = \mu_B^{\ominus} + RT\ln \frac{p_B}{p^{\ominus}}$$

$$u_B = \mu_B^{\ominus} + RT\ln \frac{p}{p^{\ominus}} + RT\ln x_B$$

理想气体的标准状态：温度为 T，压力为一个标准压力($1p^{\ominus}$)下的纯气体。

2. 实际气体化学势及逸度

实际气体的化学势

$$\mu = \mu^{\ominus}(T) + RT\ln \frac{f}{p^{\ominus}}$$

$$f = \gamma \cdot p$$

f：气体的逸度；γ：逸度系数。对任何一种实际气体，均有下式成立：

$$\lim_{p\to 0} \frac{f}{p} = \lim_{p\to 0}\gamma = 1$$

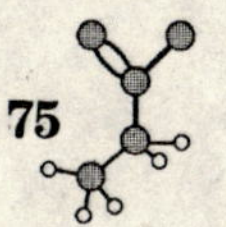

非理想气体混合物中B组分的化学势：

$$u_B = \mu_B^{\ominus}(T) + RT\ln\frac{f_B}{p^{\ominus}}$$

$$f_B = f_B^{o} \cdot x_B$$

且满足
$$\lim_{p\to 0}\frac{f_B}{p_B} = \lim_{p\to 0}\gamma_B = 1$$

f_B^{o}：纯B气体在温度为 T、压力与系统总压力相等时的逸度；x_B：B组分在系统中的摩尔分数。实际气体的标准状态：设B气体的温度为 T、压力为 $1p^{\ominus}$ 时，其行为仍服从理想气体状态方程、逸度系数仍等于1的虚拟态。

若已知实际气体所遵循的状态方程式，则可用数学解析法求出气体的逸度。

$$\int_{f*}^{f} RT\mathrm{d}\ln f = \int_{p*}^{p} V_m \mathrm{d}p$$

$$\ln f = \ln p^{*} + \frac{1}{RT}(pV_m - RT - \int_{V_m^*}^{V_m} p\mathrm{d}V_m)$$

3. 逸度及逸度系数的求算

数学解析法：

$$\ln f = \ln p^{*} + \frac{1}{RT}\left[pV_m - RT - \int_{V_m^*}^{V_m} p\mathrm{d}V_m\right]$$

近似法：

$$f = \frac{p^2}{p^{\mathrm{id}}}$$

对比状态法：

$$\ln\gamma = \int_0^{p_r}\frac{z-1}{p_r}\mathrm{d}p_r$$

上式的积分值可以用作图法求得。从实际气体的压缩因子图(z-p_r图)得到压缩因子 z 的值，进而求出 $\frac{z-1}{p_r}$ 的值，将 $\frac{z-1}{p_r}$ 对 p_r 作图，得到 $y = f(p_r) = \frac{z-1}{p_r}$ 的曲线，求曲线下的面积可获得积分值，即 $\ln\gamma$ 的数值，因此可以求得逸度系数 γ。

将逸度系数对 p_r 作图，可得到逸度系数与实际气体对比性质的关系曲线，这种图称为牛顿(Newton)图。根据牛顿图，可以直接从气体的对比压力和对比温度求出相应对比状态的逸度系数，进而可以求出气体的逸度。牛顿图具有普遍性。

二、习题解答

1. 理想气体模型的要点是什么？“当压力趋近于零时，任何实际气体均趋近于

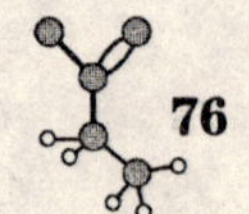

理想气体。"这种说法对否，为什么？

解：理想气体模型的要点是：

① 分子间无作用力，分子间的作用势能为零。

② 分子可视为数学上的点，其体积为零。

在一定温度下，当压力趋于零时，任何实际气体的体积都趋于无穷大，分子间的平均距离 r 也随之趋于无穷大。因分子间的作用力与分子间距 r 的 6 次方（吸力）或 12 次方（斥力）成反比，随着 r 的增加，分子间的作用力将减弱至可忽略不计；当 $p\to 0$，时，$r\to\infty$，故分子间的作用力可视为零。另外，当压力趋于零时，气体的体积趋于无穷大，而系统中分子本身所占有的体积可视为常数，故随着压力趋近于零，分子本身占有的体积与体系所占有的体积相比，可忽略不计，故此时分子的体积可视为零。

根据以上分析，可知当体系压力 p 趋于零时，任何实际气体均可满足理想气体模型的两个条件，故实际气体将趋近于理想气体。

2. 若气体的状态方程式为 $pV_m(1-\beta p)=RT$，其中 β 是常数，求其逸度表达式。

解：对于纯气体的等温过程，其化学势的变化即为摩尔吉布斯自由能的变化，有：

$$d\mu = dG_m = V_m dp \tag{1}$$

因为 $$\mu = \mu^{\ominus}(T) + RT\ln(f/p^{\ominus})$$

所以 $$d\mu = RT d\ln f \qquad (dT=0) \tag{2}$$

比较(1)式与(2)式，可得：

$$RT d\ln f = V_m dp$$

两边积分，取下限 $p^* \to 0$

$$\int_{f^*}^{f} RT d\ln f = \int_{p^*}^{p} V_m dp$$

$$\ln\left(\frac{f}{f^*}\right) = \frac{1}{RT}\int_{p^*}^{p}\frac{RT}{p(1-\beta p)}dp = \int_{p^*}^{p}\frac{1}{p(1-\beta p)}dp$$

$$\ln\frac{f}{f^*} = \int_{p^*}^{p}\left(\frac{1}{p}+\frac{\beta}{1-\beta p}\right)dp = \ln\frac{p}{p^*} - \ln\frac{1-\beta p}{1-\beta p^*}$$

当 $p^* \to 0$ 时，$f^* \to p^*$，$1-\beta p^* \doteq 1$

所以 $$\ln f = \ln p - \ln(1-\beta p) = \ln\frac{p}{1-\beta p}$$

$$f = \frac{p}{1-\beta p}$$

3. 某实际气体遵循下列状态方程：$pV = RT + Ap + Bp^2$，试导出该气体的逸度表达式。式中 V 为气体的摩尔体积，A、B 为常数。

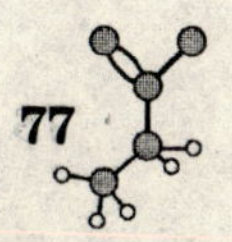

解：设该气体的逸度为f，当气体的压力趋近于零时，所有的气体均可以视为理想气体，即气体的逸度等于其压力，即有：

$$f^* = p^* \qquad p^* \to 0$$

气体化学势的表达式为：

$$\mu = \mu^{\ominus} + RT\ln\frac{f}{p^{\ominus}}$$

$$d\mu = RT d\ln f$$

对上式积分，积分的上下限分别为f和f^*：

$$\Delta\mu = \mu - \mu^* = RT\ln\frac{f}{f^*}$$

因为$f^* = p^*$，故上式变为：

$$\Delta\mu = \mu - \mu^* = RT\ln\frac{f}{p^*} \tag{1}$$

另由热力学公式，有：

$$\Delta\mu = \Delta G_m = \int_{p^*}^{p} V dp$$

将该气体的状态方程代入上式：

$$\Delta\mu = \int_{p^*}^{p}\frac{RT + Ap + Bp^2}{p}dp$$

对上式求积分，可得：

$$\Delta\mu = RT\ln\frac{p}{p^*} + A(p - p^*) + \frac{1}{2}B[p^2 - (p^*)^2] \tag{2}$$

因　　$p^* \to 0$　　故　　$p - p^* = p$　　$p^2 - (p^*)^2 = p^2$

将以上条件代入(2)式，得：

$$\Delta\mu = RT\ln\frac{p}{p^*} + Ap + \frac{1}{2}Bp^2 \tag{3}$$

比较(1)式与(3)式，可得下列等式：

$$RT d\ln\frac{f}{p^*} = RT\ln\frac{p}{p^*} + Ap + \frac{1}{2}Bp^2$$

整理得：

$$\ln f = \ln p + \frac{Ap}{RT} + \frac{Bp^2}{2RT}$$

$$f = p \cdot e^{\frac{Ap}{RT}+\frac{Bp^2}{2RT}} \tag{4}$$

(4)式即为该气体的逸度表达式。

4. 某气体的状态方程为：$pV_m = RT + ap + bp^2$，式中：V_m是气体的摩尔体积，a、b均为常数。在一定温度下，将1摩尔该气体从p_1压缩至p_2，求此过程的ΔF

和 ΔG。

解：该气体的状态方程可以表达为：

$$V_m = \frac{RT}{p} + a + bp$$

系统的 ΔG 为：

$$\Delta G = \int_{p_1}^{p_2} V_m \mathrm{d}p = \int_{p_1}^{p_2} \left(\frac{RT}{p} + a + bp\right) \mathrm{d}p$$

$$\Delta G = RT\ln\frac{p_2}{p_1} + a(p_2 - p_1) + \frac{b}{2}(p_2^2 - p_1^2)$$

系统的 ΔF 为：

$$\begin{aligned}\Delta F &= \Delta G - \Delta(pV_m)\\ &= RT\ln\frac{p_2}{p_1} + a(p_2 - p_1) + \frac{b}{2}(p_2^2 - p_1^2) - [(RT + ap_2 + bp_2^2) - (RT + ap_1 + bp_1^2)]\end{aligned}$$

整理得：

$$\Delta F = RT\ln\frac{p_2}{p_1} - \frac{1}{2}b(p_2^2 - p_1^2)$$

5. 一范德华气体的参数为：$a = 0.136\ \mathrm{m^6 \cdot Pa \cdot mol^{-2}}$，$b = 0.039 \times 10^{-3}\ \mathrm{m^3 \cdot mol^{-1}}$。在 300K 下，将 1 摩尔气体从 24.927 升压缩到 0.5 升。求体系的 ΔU，ΔH 和末态下气体的逸度及逸度系数。

解：范德华方程为：

$$\left(p + \frac{a}{V_m^2}\right)(V_m - b) = RT$$

即：

$$p = \frac{RT}{V_m - b} - \frac{a}{V_m^2}$$

代入题给条件，解得 1 摩尔该气体始态的压力和末态的压力分别为：

始态：　$V_1 = 0.024927\ \mathrm{m^3}$　　$p_1 = 100000\ \mathrm{Pa}$

末态：　$V_2 = 0.0005\ \mathrm{m^3}$　　$p_2 = 4866412\ \mathrm{Pa}$

$$\mathrm{d}U = C_V \mathrm{d}T + \left(\frac{\partial U}{\partial V}\right)_T \mathrm{d}V$$

$$\mathrm{d}U = \left(\frac{\partial U}{\partial V}\right)_T \mathrm{d}V \qquad 因\ \mathrm{d}T = 0$$

因

$$\left(\frac{\partial U}{\partial V}\right)_T = T\left(\frac{\partial p}{\partial T}\right)_V - p$$

对于范德华气体：

$$\left(\frac{\partial U}{\partial V}\right)_T = \frac{RT}{V_m - b} - \left[\frac{RT}{V_m - b} - \frac{a}{V_m^2}\right] = \frac{a}{V_m^2}$$

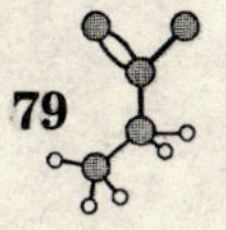

$$\Delta U = \int_{V_1}^{V_2} \frac{a}{V_m^2} \mathrm{d}V = \frac{a}{V_1} - \frac{a}{V_2}$$

代入以上数据：

$$\Delta U = 0.136\ \mathrm{m^6 \cdot Pa \cdot mol^{-2}} \left(\frac{1}{0.024927\ \mathrm{m^3}} - \frac{1}{0.0005\ \mathrm{m^3}} \right)$$

$$\Delta U = -266.5\ \mathrm{J}$$

$$\Delta H = \Delta(U + pV) = \Delta U + (p_2 V_2 - p_1 V_1)$$

$$= -266.5\ \mathrm{J} + (4866412\ \mathrm{Pa} \times 0.0005\ \mathrm{m^3} - 100000\ \mathrm{Pa} \times 0.024927\ \mathrm{m^3})$$

$$\Delta H = -326.0\ \mathrm{J}$$

范德华气体的逸度为：

$$\ln f = \ln\left(\frac{RT}{V_m - b} \right) + \frac{b}{V_m - b} - \frac{2a}{RTV_m}$$

$$\ln f = \ln\left(\frac{8.314\ \mathrm{J \cdot mol^{-1} \cdot K^{-1}} \times 300\ \mathrm{K}}{0.0005\mathrm{m^3 \cdot mol^{-1}} - 0.000039\ \mathrm{m^3 \cdot mol^{-1}}} \right) + \frac{0.000039\ \mathrm{m^3 \cdot mol^{-1}}}{0.0005\ \mathrm{m^3 \cdot mol^{-1}} - 0.000039\ \mathrm{m^3 \cdot mol^{-1}}}$$

$$- \frac{2 \times 0.136\ \mathrm{m^6 \cdot Pa \cdot mol^{-2}}}{8.314\ \mathrm{J \cdot mol^{-1} \cdot K^{-1}} \times 300\ \mathrm{K} \times 0.0005\ \mathrm{m^3 \cdot mol^{-1}}}$$

$$\ln f = 15.504 + 0.085 - 0.218 = 15.371$$

$$f = 4737405\ \mathrm{Pa}$$

$$\gamma = \frac{f}{p} = \frac{4737405\ \mathrm{Pa}}{4866412\ \mathrm{Pa}} = 0.973$$

6. 计算 $NH_3(g)$ 在 473K、$100p^{\ominus}$ 下的逸度系数。已知 $NH_3(g)$ 的范德华常数 $a = 0.423\ \mathrm{m^6 \cdot Pa \cdot mol^{-2}}$，$b = 3.71 \times 10^{-5}\ \mathrm{m^3 \cdot mol^{-1}}$。

解：根据上题的推导结果，范德华气体逸度的数学表达式为：

$$\ln f = \ln\left(\frac{RT}{V_m - b} \right) + \frac{b}{V_m - b} - \frac{2a}{RTV_m}$$

上式中的 V_m 可由范德华状态方程求出。

$$\left(p + \frac{a}{V_m^2} \right)(V_m - b) = RT$$

$$\left(100 \times 101325\mathrm{Pa} + \frac{0.423\ \mathrm{m^6 \cdot Pa \cdot mol^{-2}}}{V_m^2} \right)(V_m - 3.71 \times 10^{-5}\ \mathrm{m^3 \cdot mol^{-1}}) = RT$$

解得：
$$V_m = 3.057 \times 10^{-4}\ \mathrm{m^3 \cdot mol^{-1}}$$

$$\ln f = \ln\left(\frac{RT}{V_m - b} \right) + \frac{b}{V_m - b} - \frac{2a}{RTV_m}$$

$$\ln f = \ln\left(\frac{8.314\ \mathrm{J \cdot mol^{-1} \cdot K^{-1}} \times 473\ \mathrm{K}}{0.0003057\ \mathrm{m^3 \cdot mol^{-1}} - 0.0000371\ \mathrm{m^3 \cdot mol^{-1}}} \right)$$

$$+ \frac{0.0000371\ \mathrm{m^3 \cdot mol^{-1}}}{0.0003057\ \mathrm{m^3 \cdot mol^{-1}} - 0.0000371\ \mathrm{m^3 \cdot mol^{-1}}}$$

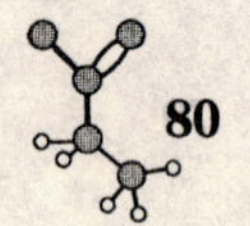

$$-\frac{2\times 0.423\ \mathrm{m^6\cdot Pa\cdot mol^{-2}}}{8.314\mathrm{J\cdot mol^{-1}\cdot K^{-1}}\times 473\mathrm{K}\times 0.003057\mathrm{m^3\cdot mol^{-1}}}$$

$$\ln f=16.4993+0.1381-0.0704=16.567$$

$$f=15665948\ \mathrm{Pa}$$

$$\gamma=\frac{f}{p}=\frac{15665948\ \mathrm{Pa}}{10000000\mathrm{Pa}}=1.567$$

7. 当1摩尔范德华气体在温度 T 下，从 V_1 体积变化到 V_2 体积时，求此过程气体的熵变。

解：由麦克斯韦关系式，有：

$$\left(\frac{\partial S}{\partial V}\right)_T=\left(\frac{\partial p}{\partial T}\right)_V$$

设：
$$S=f(T,\ V)$$

$$\mathrm{d}S=\left(\frac{\partial S}{\partial T}\right)_V\mathrm{d}T+\left(\frac{\partial S}{\partial V}\right)_T\mathrm{d}V$$

恒温下：
$$\mathrm{d}S=\left(\frac{\partial S}{\partial V}\right)_T\mathrm{d}V=\left(\frac{\partial p}{\partial T}\right)_V\mathrm{d}V$$

由范德华气体状态方程：

$$\left(p+\frac{a}{V_m{}^2}\right)(V_m-b)=RT$$

$$p=\frac{RT}{V_m-b}-\frac{a}{V_m{}^2}$$

$$\left(\frac{\partial p}{\partial T}\right)_V=\frac{R}{V_m-b}$$

$$\mathrm{d}S=\frac{R}{V_m-b}\mathrm{d}V$$

$$\Delta S=\int_{V_{m,1}}^{V_{m,2}}\frac{R}{V_m-b}\mathrm{d}V=R\ln\frac{V_{m,2}-b}{V_{m,1}-b}$$

8. 气体的状态方程为：$pV_m=RT+bp$，系统的始态为 p_1、T_1，经绝热真空膨胀后到达末态，压力为 p_2。试求此过程的 Q，W 和系统的 ΔU、ΔH、ΔS、ΔF、ΔG 和末态温度 T_2。并判断此过程的方向性。（提示：需求 $[\partial U/\partial V]_T$）

解：因 绝热　　故　　$Q=0$

　　因 真空　　故　　$W=0$

$$\Delta U=Q+W=0$$

$$p=\frac{RT}{V_m-b}$$

$$\mathrm{d}U=C_V\mathrm{d}T+\left(\frac{\partial U}{\partial V}\right)_T\mathrm{d}V=C_V\mathrm{d}T+T\left[\left(\frac{\partial p}{\partial T}\right)_V-p\right]\mathrm{d}V$$

$$T\left(\frac{\partial p}{\partial T}\right)_V - p = T\frac{\partial}{\partial T}\left(\frac{RT}{V_m - b}\right) - p = T\cdot\frac{R}{V_m - b} - p = 0$$

$$dU = C_V dT = 0 \qquad dT = 0$$

故
$$T_2 = T_1$$

$$\Delta H = \Delta U + \Delta(pV) = p_2V_2 - p_1V_1 = (RT + bp_2) - (RT + bp_1) = b(p_2 - p_1)$$

因为此过程是一等温过程，有：

$$\Delta G = \int_{p_1}^{p_2} V dp = \int_{p_1}^{p_2}\left(\frac{RT}{p} + b\right)dp = RT_1\ln\left(\frac{p_2}{p_1}\right) + b(p_2 - p_1)$$

$$\Delta F = \Delta G - \Delta(pV) = RT_1\ln\left(\frac{p_2}{p_1}\right) + b(p_2 - p_1) - b(p_2 - p_1) = RT_1\ln\left(\frac{p_2}{p_1}\right)$$

$$\Delta S_{sys} = \frac{\Delta U - \Delta F}{T} = \frac{0 - RT_1\ln\left(\frac{p_2}{p_1}\right)}{T_1} = R\ln\left(\frac{p_1}{p_2}\right)$$

$$\Delta S_{sur} = -\frac{Q}{T} = 0$$

$$\Delta S_{iso} = \Delta S_{sys} + \Delta S_{sur} = R\ln\left(\frac{p_1}{p_2}\right) > 0 \quad 因 \quad p_2 > p_1$$

此过程为一不可逆自发过程。

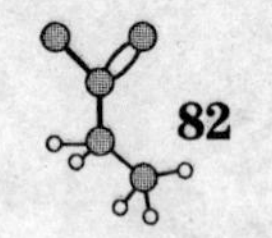

第5章 溶液热力学

一、基本内容

1. 溶液的两个经验定律

拉乌尔定律：恒温下，稀溶液中溶剂的蒸气压等于纯溶剂的蒸气压乘以溶液中溶质的摩尔分数。

其表达式为：
$$p_A = p_A^* \cdot x_A$$

亨利定律：恒温下，气体在液体里的溶解度与该气体的气相平衡分压成正比。

其表达式为：
$$\begin{aligned} p_B &= k_x \cdot x_B \\ &= k_m \cdot m_B \\ &= k_C \cdot C_B \end{aligned}$$

式中：m_B 为质量摩尔浓度；C_B 为物质的量浓度。

2. 理想溶液(理想液态混合物)

理想溶液的热力学定义：任一组分在全部浓度范围内服从拉乌尔定律的溶液为理想溶液。

理想溶液的理论模型：①各种分子的大小、形状相似；②各同种分子及不同种分子对之间的作用势能相近。

理想溶液的化学势：
$$\mu_B = \mu_B(T, p) + RT\ln x_B$$

理想溶液的标准状态：纯 B 液体、温度为 T、压力等于体系总压 p。

理想溶液通性：
$$\Delta_{mix}V = 0$$
$$\Delta_{mix}H = 0$$
$$\Delta_{mix}S = -R\sum_B n_B\ln x_B > 1$$
$$\Delta_{mix}G = RT\sum_B n_B\ln x_B < 1$$

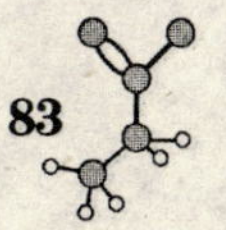

3. 理想稀溶液

若溶剂的摩尔分数接近于1，其他所有溶质浓度之和趋于零，这种溶液称为理想稀溶液。

溶剂的化学势（同理想溶液）：

$$\mu_A = \mu_A^*(T, p) + RT\ln x_A$$

溶质的化学势：

$$\begin{aligned}\mu_B &= \mu_B^{\ominus}(T, p) + RT\ln x_B \\ &= \mu_B^{\square}(T, p) + RT\ln \frac{m_B}{m^{\ominus}} \\ &= \mu_B^{\Delta}(T, p) + RT\ln \frac{c_B}{c^{\ominus}}\end{aligned}$$

溶质的标准状态：相对于不同的浓度表示法，溶质的标态不同。常用的有如下三种：

标态Ⅰ：在 T、p 下，当 $x_B \to 1$ 时，溶质B仍服从亨利定律的虚拟态，对应此态的化学势为 $\mu_B^{\ominus}(T, p)$。

标态Ⅱ：当 $m_B \to 1$ 时，溶质B仍服从亨利定律的虚拟态，对应化学势为 $\mu_B^{\square}(T, p)$。

标态Ⅲ：当 $C_B \to 1$ 时，溶质B仍服从亨利定律的虚拟态，对应化学势为 $\mu_B^{\Delta}(T, p)$。

4. 稀溶液的依数性

$$\Delta T_f = \frac{R\ (T_f^*)^2}{\Delta_{fus}H_m} \cdot x_B \approx K_f \cdot m_B$$

$$K_f = \frac{R\ (T_f^*)^2}{\Delta_{fus}H_m} \cdot M_A$$

K_f：物质的凝固点下降常数，单位为 $K \cdot mol^{-1} \cdot kg$；$T_f^*$：溶剂的正常凝固点。

$$\Delta T_b = \frac{R\ (T_b^*)^2}{\Delta_{vap}H_m} \cdot x_B \approx K_b \cdot m_B$$

$$K_f = \frac{R\ (T_b^*)^2}{\Delta_{vap}H_m} \cdot M_A$$

K_b：物质的沸点升高常数，单位为 $K \cdot mol^{-1} \cdot kg$；$T_b^*$：溶剂的正常沸点。

$$\pi V = n_B RT = C_B RT$$

π：溶液的渗透压。

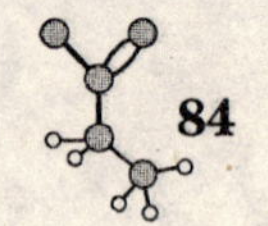

5. 吉布斯-杜亥姆方程

多组分溶液体系的热力学性质必满足吉布斯-杜亥姆方程：

$$\sum_{B} n_B \mathrm{d}\mu_B + S\mathrm{d}T - V\mathrm{d}p = 0$$

对于恒温恒压过程，则有下式成立：

$$\sum_{B} n_B \mathrm{d}\mu_B = 0$$

以上均为吉布斯-杜亥姆方程，它可以推广至任意广度性质，即对溶液中进行的恒温恒压过程，体系的偏摩尔量 $y_{i,m}$ 必满足下列方程：

$$\sum_{B} n_B \mathrm{d}y_{B,m} = 0$$

6. 杜亥姆-马居耳方程

二元溶液体系的性质遵守杜亥姆-马居耳方程。若维持溶液的温度和总压不变，有下列方程成立：

$$x_A\left(\frac{\partial \ln p_A}{\partial x_A}\right)_T = x_B\left(\frac{\partial \ln p_B}{\partial x_B}\right)_T$$

$$\left(\frac{\partial \ln p_A}{\partial \ln x_A}\right)_T = \left(\frac{\partial \ln p_B}{\partial \ln x_B}\right)_T$$

以上均为杜亥姆-马居耳方程。由此可推得二组分溶液的通性：

通性 1：若组分 A 在某浓度区间，其蒸气分压 p_A 与 A 在溶液中的浓度 x_A 成正比，则组分 B 在此浓度范围内，其蒸气分压也与溶液中的浓度 x_B 成正比。

通性 2：若在溶液中增加某一组分浓度使其气相中的分压上升，则气相中另一组分的分压必定下降。

7. 非理想溶液及活度

第一种规定：溶液中所有组分的标准状态均是与溶液的温度及压力都相同的纯液态组分。

$$\mu_B(\text{标准态，规定 1}) \equiv \mu_B^*(T, p)$$

B 可为溶液中任何组分，此标准状态与理想溶液的标准状态相同。按规定一，溶液中组分 B 的化学势为：

$$\mu_B = \mu_B^*(T, p) + RT\ln a_B$$

$$a_B = r_B \cdot x_B \qquad x_B \to 1 \text{ 时，} r_B \to 1 \qquad a_B \to x_B$$

a_B：B 组分的活度　　r_B：B 组分的活度系数

第二种规定：含量最多的为溶剂，其余组分为溶质，两者标准状态定义不同。

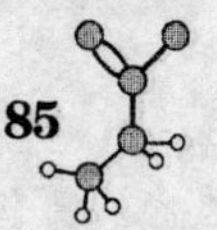

溶剂：其规定同理想溶液

$$\mu_A = \mu_A^*(T, p) + RT\ln a_A$$

$a_A = r_A \cdot x_A$　　　当 $x_A \to 1$ 时，$a_A \to x_A$

溶质：其规定同稀溶液中溶质的标准态

$$\mu_B = \mu_B^\circ(T, p)_x + RT\ln a_i$$

$a_B = r_{B,x} \cdot x_B$　　　当 $x_A \to 1$，$x_B \to 0$ 时，$r_{B,x} \to 1$；

$$\mu_B = \mu_B^\circ(T, p)_m + RT\ln a_{B,m}$$

$a_{B,m} = r_{B,m}\dfrac{m_B}{m^\ominus}$　　　当 $x_A \to 1$，$x_B \to 0$ 时，$r_{B,x} \to 1$；

$$\mu_B = \mu_B^\circ(T, p)_c + RT\ln a_{B,c}$$

$a_{B,c} = r_{B,c}\dfrac{c_i}{c^\ominus}$　　　当 $x_A \to 1$，$x_B \to 0$ 时，$r_{B,c} \to 1$

8. 渗透系数

非理想溶液溶剂的化学势可定义为：

$$\mu_A = \mu_A^*(T, p) + \Phi RT\ln x_A$$

Φ：渗透系数，当 $x_A \to 1$ 时，$\Phi \to 1$。

Φ 与活度系数 γ_A 的关系为：

$$\Phi = \frac{\ln\gamma_A}{\ln x_A} + 1$$

9. 超额函数

从整体上度量实际溶液偏离理想溶液的程度，用超额函数比较合适。

超额吉布斯自由能 G^E：

$$G^E = \Delta_{mix}G^{re} - \Delta_{mix}G^{id} = RT\sum_B n_B\ln r_B$$

超额体积 V^E：

$$V^E = RT\sum_B n_B\left(\frac{\partial \ln r_B}{\partial p}\right)_T$$

超额焓 H^E：

$$H^E = \Delta_{mix}H^{re} = -RT^2\sum_B n_B\left(\frac{\partial \ln r_B}{\partial T}\right)_p$$

超额熵 S^E：

$$S^E = -R\sum_B n_B\ln r_B - RT\sum_B n_B\left(\frac{\partial \ln r_B}{\partial T}\right)_p$$

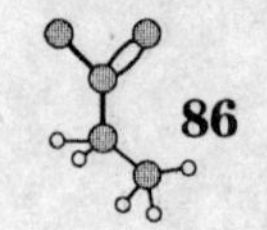

二、习题解答

1. 试从分子运动的观点解释理想溶液中的各组分在全部浓度范围内服从拉乌尔定律。

解：以二元溶液为例。从分子运动的观点，若 A 和 B 形成理想溶液，则 A、B 分子必须满足以下两个条件：

(1)A 分子与 B 分子大小相同，形状相似，分子体积相同。

(2)各分子对之间的作用力相同，即 A—A，B—B 及 A—B 分子对之间具有相同的势能函数。

因此，当将 B 加至 A 中时，只引起溶液中单位体积内 A 分子数目的相对减少(也就是 x_A 下降)，而不引起 A 分子周围分子数目的改变和力场的变化，因而逸出到气相的 A 分子数目或 A 的蒸气压 p_A 随 x_A 的减少而正比地减少，即 p_A x_A。

纯 A 的饱和蒸气压为 p_A^*，A 的摩尔分数 $x_A=1$，加入 B 以后，A 的分压与 x_A 成正比，所以有：

$$p_A=p_A^*x_A$$

同理可得：$p_B=p_B^*x_B$

2. 理想溶液模型的要点是什么？"当溶液中 i 组分无限稀释时，其性质趋近于理想溶液。"这种说法对否，为什么？

解：理想溶液模型的要点是(以二元溶液为例)：

① A、B 分子的大小相同，形状相似。

② A-A、B-B、A-B 各分子对之间的作用势能函数相同。

以组分 B 为例，当 $x_B\to0$ 时，$x_A\to1$，A 组分符合拉乌尔定律 $p_A=p_A^*\cdot x_A$。而对 B 组分而言，B 分子周围被大量的 A 分子所包围，而实际溶液中 B-B 分子对和 B-A 分子对之间的作用力不相同，因而与纯 B 组分相比，此时 B 分子的受力情况有很大变化，故 B 的分压不再服从拉乌尔定律，而服从亨利定律 $p_B=k\cdot x_B$。所以当 x_i 趋近于是零时，其性质趋近于理想溶液的说法是不对的。

3. 试从分子运动的观点解释亨利定律中常数 k 的物理意义。

解：亨利定律为 $p_B=k\cdot x_B$，若仅从公式本身而言，则当 $x_B=1$ 时，即为纯溶质的蒸气压；但实际上当 $x_B\to1$ 时，亨利定律早已不适用。假设 B 物质仍服从亨利定律时所具有的蒸气压。这是一个假想态，实际上不存在。

从分子运动的角度，亨利定律的 k 值所对应的虚拟态可视为当 $x_B=1$ 时，溶质 B 分子并不受其他 B 分子的影响，仍然与稀溶液情况相同，只受到均匀的溶剂分子的作用。此状态在实际上明显是不存在的，它是一个虚拟态。亨利定律中的常数 k 是一外推值，而不是实测值。

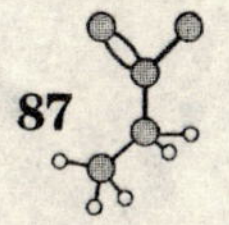

4. 是否一切纯物质的凝固点都随外压的增大而上升？试举例说明。

解： 由克拉贝龙方程

$$\frac{dT}{dp}=\frac{T\Delta V}{\Delta H}$$

当物质凝固时，ΔH 为凝固热，物质的凝固热总是负值，因而 $\frac{dT}{dp}$ 的符号由 ΔV 的符号确定。$\Delta V = V_s - V_l$，ΔV 的正负取决于液、固两态物质的密度。一般而言，固态物质的密度大于液态物质的密度，因而：

$V_s < V_l$，$\Delta V < 0$，故$\frac{dT}{dp} > 0$，外压增加，物质的凝固点上升。

有少数物质量如水、铋等，固态物质的密度反而小于液态物质的密度，有 $\Delta V > 0$，因此这些物质在凝固时$\frac{dT}{dp} < 0$，即增高压力时物质的凝固点下降。

5. 稀溶液中溶质 B 的浓度可分别用 x_B、m_B、c_B 表示，相应地有不同的标准态和标准态化学势，那么溶质 B 的化学势是否也随之而不同？为什么？

解： 溶质 B 的浓度表示法可以不同，相应的标准态及标准态化学势也不同，但 B 的化学势是相同的。因为物质的化学势是一个状态函数，其值只取决于体系的状态。对于一定溶液中的溶质 B，因溶液的状态是确定的，故 B 的化学势具有与之对应的唯一值，化学势的值不会因溶质浓度表示法的不同而改变。

6. 在相同温度和压力下，相同质量摩尔浓度的葡萄糖和食盐水溶液的渗透压是否相同？为什么？

解： 不相同。因为在水溶液中，NaCl 会电离为 Na^+ 和 Cl^-，而葡萄糖不能电离，故相同摩尔浓度的食盐溶液中所含溶质的粒子数较多，它的渗透压也较大。

7. 活度有没有量纲，举例说明。

解： 活度没有量纲。例如，当以摩尔分数表示溶液浓度时，组分 B 的活度 $a_B = x_B \cdot r_B$，x_B为组分摩尔分数，无量纲；r_B为活度系数，也无量纲，所以 a_B没有量纲。若用质量摩尔浓度表示溶液组分的浓度，组分 B 的活度 $a_{B,m} = r_B \cdot \frac{m_B}{m^{\ominus}}$；$m_B$ 的量纲与 $m^{\ominus}$的量纲相同，均为 $mol \cdot kg^{-1}$，r_B无量纲，故活度 $a_{B,m}$亦无量纲。

8. 海中的水生生物有的可能有数百米长，而陆地上植物的生长高度有一定程度，试解释其原因。

解： 陆地上生长的植物靠渗透压将水分运送至植物的顶部，因细胞中的溶液浓度有一定程度，因而限制了植物的生长高度。海中的植物可从其周围的海水中吸收水分和营养，所以能长得很长。

9. 稀溶液的沸点是否一定比纯溶剂高？为什么？

解： 不一定。这要视溶剂与溶质两者的挥发性而定。一般说来，当溶剂的挥发

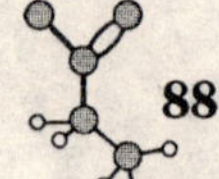

性比溶质高时，稀溶液的沸点比纯溶剂的沸点高；当溶质的挥发性比溶剂高时，溶液的沸点比纯溶剂低。例如乙醇水溶液的沸点比纯水的沸点低。

10. 在稀溶液中，沸点升高，凝固点降低和渗透压等依数性出于同一原因，这个原因是什么？能否把它们的计算公式用同一个式子联系起来？

解：稀溶液的依数性是因为溶质分子与溶剂分子的相互作用，使溶剂的化学势发生变化而产生的。依数性的值与溶质的浓度成正比，可表示如下：

$$\Delta T_f = K_f \cdot m_B, \qquad \Delta T_b = K_b \cdot m_B, \qquad \pi = \rho_A RT \cdot m_B$$

因此可用同一形式的公式表示：$\Delta Z = K \cdot m_B$。

11. 若用 x 代表物质的量分数，m 代表质量摩尔浓度，c 代表物质的量浓度。

(1)证明这三种浓度表示法之间有如下关系：

$$x_B = \frac{c_B M_A}{\rho - c_B(M_B - M_A)} = \frac{m_B M_A}{1 + m_B M_A}$$

式中 ρ 为溶液的密度，M_A、M_B 分别为溶剂和溶质的摩尔质量。

(2)证明当溶液很稀时，有如下关系：

$$x_B = \frac{c_B M_A}{\rho_A} = m_B M_A$$

(3)说明为何物质的量分数、质量摩尔浓度与温度无关，而物质的量浓度与温度有关？

解：(1)由物质的量分数的定义：

$$x_B = \frac{n_B}{n_A + n_B} = \frac{c_B}{\dfrac{\rho - c_B M_B}{M_A} + c_B} = \frac{c_B M_A}{\rho - c_B(M_B - M_A)}$$

$$x_B = \frac{n_B}{n_A + n_B} = \frac{m_B}{\dfrac{1.0}{M_A} + m_B} = \frac{m_B M_A}{1 + m_B M_A}$$

(2) 当溶液很稀时：

$$\rho \gg c_B(M_B - M_A) \qquad 因\ c_B \to 0$$

$$1 \gg m_B M_A \qquad 因\ m_B \to 0$$

因 $\rho_A \doteq \rho$

故 $$x_B \doteq \frac{c_B M_A}{\rho_A} \doteq m_B M_A$$

(3)当温度改变时，体系中各物质的量和质量不变，故物质的量分数和质量摩尔浓度不受温度的影响。但温度的变化会使体系的体积改变，故物质的量浓度也随之改变，因而物质的量浓度与温度有关。

12. 在 293.15 K 时，0.164 mg H_2溶在 100.0 g 水中，水面上 H_2的平衡分压为 101325 Pa。试求：

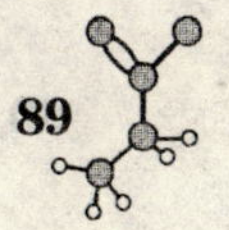

(1)293.15 K时，H_2气在水中的亨利常数k；

(2)当水面上H_2的平衡压力为1013250 Pa时，在293.15 K下，1 kg水中可溶解多少氢气？

解：(1)溶液中H_2的浓度为：

$$x_{H_2}=\frac{0.164\times10^{-2}\text{g}/2.016\text{g}^{-1}\cdot\text{mol}^{-1}}{\dfrac{100.0\text{g}}{18.016\text{g}^{-1}\cdot\text{mol}^{-1}}+\dfrac{0.164\times10^{-2}\text{g}}{2.016\text{g}^{-1}\cdot\text{mol}^{-1}}}=1.465\times10^{-5}$$

故
$$k=\frac{p_{H_2}}{x_{H_2}}=\frac{101325\text{Pa}}{1.466\times10^{-5}}=6.91\times10^{9}\text{ Pa}$$
$$=6.91\times10^{4}p^{\ominus}$$

(2)由亨利定律：

$$p_1=k\cdot x_1\qquad p_2=k\cdot x_2$$

故
$$\frac{x_2}{x_1}=\frac{p_2}{p_1}=\frac{1013250\text{ Pa}}{101325\text{ Pa}}=10$$
$$x_2=10x_1=1.465\times10^{-4}$$

即比原溶液中H_2的浓度大10倍，而溶液的量也较原溶液多10倍，故水中所溶解的氢气增为100倍，故1 kg水中溶解的氢氧为16.4 mg。

13. 空气中含有21% O_2的78% N_2(体积百分数)，试求293.15 K时100.0 g水中溶解O_2和N_2的质量。已知水面上空气的平衡压力为101325 Pa，温度293.15 K时，O_2与N_2在水中的亨利常数为：

$$k(O_2)=3.933\times10^{6}\text{ kPa}\qquad k(N_2)=7.666\times10^{6}\text{ kPa}$$

解：气相中O_2与N_2的平衡分压为：

$$p_{O_2}=101325\text{Pa}\times0.21=21278\text{ Pa}$$
$$p_{N_2}=101325\text{Pa}\times0.78=79034\text{ Pa}$$

由亨利定律$p_B=k\cdot x_B$，气相中氧与氮的摩尔分数分别为：

故
$$x_{O_2}=\frac{p_{O_2}}{k(O_2)}=\frac{21.278\text{kPa}}{3.933\times10^{6}\text{kPa}}=5.410\times10^{-6}$$

同理：
$$x_{N_2}=\frac{p_{N_2}}{k(N_2)}=\frac{79.034\text{kPa}}{7.666\times10^{6}\text{kPa}}=1.031\times10^{-5}$$

水中氧与氮的摩尔分数分别为(水中溶解的氧气与氮气的量极少，浓度极稀)：

$$x_{O_2}=\frac{n_{O_2}}{n_{H_2O}+n_{O_2}+n_{N_2}}\approx\frac{n_{O_2}}{n_{H_2O}}$$

故
$$n_{O_2}=n_{H_2O}\cdot x_{O_2}=\frac{100.0\text{g}}{18.016\text{g}\cdot\text{mol}^{-1}}\times5.41\times10^{-6}=3.003\times10^{-5}\text{mol}$$

$$W_{O_2}=3.003\times10^{-5}\text{mol}\times32\text{g}\cdot\text{mol}^{-1}=9.6\times10^{-4}\text{g}=0.96\text{ mg}$$

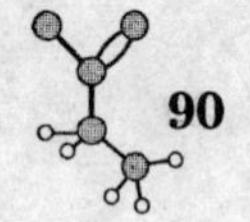

$$n_{N_2} = n_{H_2O} \cdot x_{N_2} = 5.551\text{mol} \times 1.031 \times 10^{-5} = 5.723 \times 10^{-5}\text{mol}$$

$$W_{N_2} = 5.723 \times 10^{-5}\text{mol} \times 28\text{g} \cdot \text{mol}^{-1} = 1.60 \times 10^{-3}\text{g} = 1.60 \text{ mg}$$

在 100.0 g 水中溶解氧 0.96 mg，溶解氢 1.60 mg。

14. 293.15 K 时，纯苯和纯甲苯的蒸气压分别为 9.919 kPa 及 2.933 kPa，若将质量相等的苯与甲苯混合形成理想溶液，试求：

(1)苯的分压及甲苯的分压；

(2)气相总平衡压力；

(3)气相中苯和甲苯的摩尔分数。

解：先求溶液中各组分的摩尔分数。设将 100 g 苯与 100 g 甲苯混合形成理想溶液，则：

$$n_{苯} = \frac{100\text{g}}{78.048\text{g} \cdot \text{mol}^{-1}} = 1.281 \text{ mol}$$

$$n_{甲苯} = \frac{100\text{g}}{92.064\text{g} \cdot \text{mol}^{-1}} = 1.086 \text{ mol}$$

$$x_{苯} = \frac{1.281\text{mol}}{1.281\text{mol} + 1.086\text{mol}} = \frac{1.281\text{mol}}{2.367\text{mol}} = 0.5412$$

$$x_{甲苯} = 1 - 0.5412 = 0.4588$$

当气液两相达平衡时：

$$p_{苯} = p^*_{苯} \cdot x_{苯} = 9.919\text{kPa} \times 0.5412 = 5.368 \text{ kPa}$$

$$p_{甲苯} = p^*_{甲苯} \cdot p_{甲苯} = 2.933\text{kPa} \times 0.4588 = 1.346 \text{ kPa}$$

气相的总压为：

$$p_{总} = 5.368\text{kPa} + 1.346\text{kPa} = 6.714 \text{ kPa}$$

气相中各组分的摩尔分数为：

$$x_{苯} = \frac{5.368\text{kPa}}{6.714\text{kPa}} = 0.80$$

$$x_{甲苯} = \frac{1.346\text{kPa}}{6.714\text{kPa}} = 0.20$$

15. A 与 B 形成理想溶液，在 320 K 溶液 Ⅰ 中含 3 mol A 和 1 mol B，总蒸气压为 5.33×10^{4}Pa，再加入 2 molB 形成溶液 Ⅱ，总蒸气压为 6.13×10^{4}Pa，试求：

(1)纯液体的蒸气压 p_A^* 与 p_B^*；

(2)理想溶液 Ⅰ 的平衡气相组成；

(3)理想溶液 Ⅰ 的 $\Delta_{\min}G$；

(4)若在溶液 Ⅱ 中再加入 3 molB 形成理想溶液 Ⅲ，其总蒸气压为多少？

解：(1)令：　　$x = p_A^*$　　$y = p_B^*$

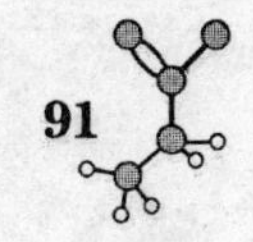

溶液Ⅰ的组成：　$x_{A,1}=\dfrac{3}{4}$　　$x_{B,1}=\dfrac{1}{4}$

溶液Ⅱ的组成：　$x_{A,2}=\dfrac{1}{2}$　　$x_{B,2}=\dfrac{1}{2}$

有下列方程组(略去单位)：

$$\begin{cases}\dfrac{3}{4}x+\dfrac{1}{4}y=5.33\times10^4\\ \dfrac{1}{2}x+\dfrac{1}{2}y=6.13\times10^4\end{cases}$$

解得：　$x=4.53\times10^4$　　$y=7.73\times10^4$

由此解得：　$p_A^*=4.53\times10^4\ \text{Pa}$　　$p_B^*=7.73\times10^4\ \text{Pa}$

(2)溶液Ⅰ气相的组成：

$$p_A=4.53\times10^4\times\frac{3}{4}=3.40\times10^4\ \text{Pa}$$

$$p_B=7.73\times10^4\times\frac{1}{4}=1.93\times10^4\ \text{Pa}$$

$$x_A^g=\frac{3.40\times10^4\text{Pa}}{3.40\times10^4\text{Pa}+1.93\times10^4\text{Pa}}=0.638$$

$$x_B^g=1-x_A^g=0.362=36.2\%$$

(3)溶液Ⅰ混合过程的 $\Delta_{mix}G$ 为：

$$\Delta_{mix}G=RT\sum_B n_B\ln x_B=8.314\text{J}\cdot\text{mol}^{-1}\cdot\text{K}^{-1}\times320\text{K}\times\left(3\text{mol}\times\ln\frac{3}{4}+1\text{mol}\ln\frac{1}{4}\right)$$
$$=-5984\ \text{J}$$

(4)溶液Ⅲ的组成：

$$n_A=3\ \text{mol};\qquad n_B=1+2+3=6\ \text{mol}$$

$$x_A=\frac{3\text{mol}}{9\text{mol}}=\frac{1}{3};\qquad x_B=\frac{2}{3}$$

$$p_{总}=4.53\times10^4\text{Pa}\times\frac{1}{3}+7.73\times10^4\text{Pa}\times\frac{2}{3}=6.66\times10^4\ \text{Pa}$$

16. 乙醇和正丙醇的某混合物在353.15 K和1.01×10^5Pa时沸腾。已知353.15 K时乙醇和正丙醇的蒸气压分别为1.08×10^5Pa和5.01×10^4Pa，两者可以形成理想溶液，试计算该混合物的组成和蒸气组成？

解：设混合物中乙醇的摩尔分数为x，正丙醇的摩尔分数为$1-x$，有方程：

$$p_{总}=1.08\times10^5\text{Pa}\cdot x+0.501\times10^5\text{Pa}(1-x)=1.01\times10^5\ \text{Pa}$$

整理得：　$0.579x=0.509$

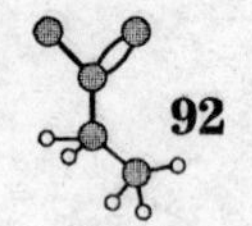

$$x = 0.88$$

该混合物液相组成： $x_{乙醇}=0.88$， $x_{丙正醇}=0.12$

气相组成：

$$y_{乙醇} = \frac{1.08 \times 10^5\text{Pa} \times 0.88}{1.01 \times 10^5\text{Pa}} = 0.94$$

$$y_{正丙醇} = 1 - 0.94 = 0.06$$

17. 在333.15 K时，液体A和B的饱和蒸气压分别为40.02 kPa和79.95 kPa，在该温度下可形成稳定化合物AB，其蒸气压为13.37 kPa，并设三者之间均可形成理想液体混合物。在333.15 K下，将1 mol A与4 mol B混合，试求此系统的蒸气总压和气相的组成。

解：因A与B可形成化合物，故系统的组成为：$n_{AB} = 1\ \text{mol}$　　$n_B = 3\ \text{mol}$

$$p_{总} = 13.37\text{kPa} \times \frac{1}{4} + 79.95\text{kPa} \times \frac{3}{4} = 63.31\ \text{kPa}$$

气相组成为：

$$y_A = \frac{13.37\text{kPa} \times 0.25}{63.31\text{kPa}} = 0.053$$

$$y_B = \frac{79.95\text{kPa} \times 0.75}{63.31\text{kPa}} = 0.947$$

18. 液体A与B可形成理想溶液，在298.15K时，$p_A^* = 13.3\ \text{kPa}$，$p_B^* \approx 0$，如果把1.00 g组分B加到10.00 g组分A中，则形成的溶液在298.15 K时的总蒸气压为12.6 kPa，求组分B与组分A的摩尔质量比。

解：因组分B的蒸气压约为零，故B可视为非挥发性溶质，溶液的总蒸气压即为溶剂A的饱和蒸气压，即12.6 kPa；因A与B形成理想溶液，由此可求得溶液中A的浓度。

因 $$p_{总} \approx p_A = p_A^* \cdot x_A = 12.6\ \text{kPa}$$

故 $$x_A = \frac{p_A}{p_A^※} = \frac{12.6\text{kPa}}{13.3\text{kPa}} = 0.9474$$

$$x_B = 1 - 0.9476 = 0.0526$$

$$\frac{W_A}{W_B} = \frac{n \cdot x_A \cdot M_A}{n \cdot x_B \cdot M_B} = \frac{10\text{g}}{1\text{g}} = 10$$

$$\frac{M_B}{M_A} = \frac{x_A \cdot W_B}{x_B \cdot W_A} = \frac{0.9474 \times 1\text{g}}{0.0526 \times 10\text{g}} = 1.80$$

组分B与组分A的摩尔质量比为1.80。

19. 液体A与B可形成理想溶液，将A与B的气体混合物放入带活塞的汽缸内，A的摩尔分数为0.4，在恒温下逐渐压缩直到开始有液相出现为止。已知在此温度下 $p_A^* = 0.4p^{\ominus}$，$p_B^* = 1.2p^{\ominus}$，试求：

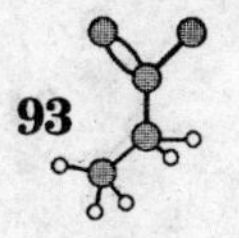

(1) 当开始出现液相时体系的总压及液相组成；

(2) 欲使 A、B 组成的理想溶液的正常沸点等于上述温度，溶液的组成应如何？

解：注意当体系压缩至刚开始出现液相时，液相的量极其微小，可忽略不计，故气相的组成仍维持体系初始时的组成。

(1)设液相中 A 的摩尔分数为 x

$$\frac{p_A}{p_B}=\frac{x_A^g}{x_B^g}=\frac{0.4}{0.6}=\frac{p_A^*\cdot x}{p_B^*\cdot(1-x)}$$

$$\frac{x}{1-x}=\frac{0.4}{0.6}\times\frac{p_B^*}{p_A^*}=\frac{0.4\times 1.2p^{\ominus}}{0.6\times 0.4^{\ominus}}=2$$

解得：

$$x_A=0.667,\qquad x_B=0.333$$

$$p_{总}=0.4p^{\ominus}\times 0.667+1.2p^{\ominus}\times 0.333=0.664p^{\ominus}$$

当体系中刚刚出现液相时，总压为 $0.664p^{\ominus}$，液相组成为：$x_A=0.667$，$x_B=0.333$。

(2)在正常沸点时，环境压力为 $1p^{\ominus}$。令液相中 A 组分浓度为 x_A，有方程：

$$p_A^*\cdot x_A+p_B^*(1-x_A)=1.0$$

代入有关数据，解得：

$$x_A=0.25$$

若 A、B 形成的溶液正常沸点为 T 时，其液相组成为：$x_A=0.25$，$x_B=0.75$

20. 庚烷和辛烷可形成理想溶液，在 313. 15 K 时 2 mol 庚烷和 1 mol 辛烷混合物的蒸气压为 9.56×10^3Pa，若用高效分馏柱分离出 1 mol 庚烷，剩余液体在 313. 15 K 时的蒸气压为 8.20×10^3Pa，试求庚烷和辛烷的纯液体饱和蒸气压为多少？

解：溶液 I 的组成：

$$x_{庚烷}=\frac{2}{3}\quad x_{辛烷}=\frac{1}{3}$$

溶液Ⅱ的组成：

$$x_{庚烷}=\frac{1}{2},\ x_{辛烷}=\frac{1}{2}。$$

设：庚烷饱和蒸气压为 p_A^*，辛烷饱和蒸气压为 p_B^*，有方程组：

$$\begin{cases}p_A^*\times\dfrac{2}{3}+p_B^*\times\dfrac{1}{3}=9.56\times10^3\text{Pa}\\[2ex] p_A^*\times\dfrac{1}{2}+p_B^*\times\dfrac{1}{2}=8.20\times10^3\text{Pa}\end{cases}$$

解方程组得：

$$p_A^*=12.3\text{ kPa}\qquad p_B^*=4.12\text{ kPa}$$

庚烷在 313. 15 K 的饱和蒸气压为 12. 3 kPa，辛烷的饱和蒸气压为 4. 12 kPa。

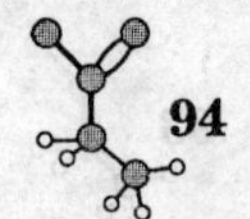

21. 纯 δ 铁的熔点是 1808K，熔化热是 15355 J/mol。在 1673K 下，固体的 δ 铁与 $x_{Fe}=0.870$ 的铁-硫化铁液体混合物达平衡。求液相中铁的活度系数，并指明所采用的参考态。已知液态铁的热容比固态铁的热容大 $1.255\ J \cdot K^{-1} \cdot mol^{-1}$。

解：在 1673K 下，固态铁的化学势与溶液中的铁的化学势相等：

$$\mu_{Fe}(s) = \mu_{Fe}^{Sol} = \mu_{Fe}^{*} + RT\ln a_{Fe}$$

$$RT\ln a_{Fe} = \mu_{Fe}(s) - \mu_{Fe}^{*}$$

$$RT\ln a_{Fe} = -(\mu_{Fe}^{*} - \mu_{Fe}(s)) = -\Delta_{fus}G_m$$

由 Gibbs-Helmholz 方程：

$$\frac{\Delta G_2}{T_2} = \frac{\Delta G_1}{T_1} - \int_{T_1}^{T_2} \frac{\Delta H}{T^2}dT = -\int_{1808K}^{1673K} \frac{\Delta H}{T^2}dT$$

求铁相变过程焓变与温度间的关系式：

$$\Delta H = \int \Delta C_p dT + I = \Delta C_p T + I$$

$$\Delta H = 1.255T + I$$

代入 1808K 下铁的熔化热数据：

$$I = 15355\ J \cdot mol^{-1} - 1.255 J \cdot K^{-1} \cdot mol^{-1} \times 1808K = 13086\ J \cdot mol^{-1}$$

$$\Delta_{fus}H_m = (1.255T + 13086)\ J \cdot mol^{-1}$$

$$\frac{\Delta G}{1673} = -\int_{1808K}^{1673K} \frac{1.255T + 13086}{T^2}dT$$

$$= -1.255 J \cdot mol^{-1} \cdot K^{-1} \times \ln\frac{1673K}{1808K} + 13086 J \cdot mol^{-1} \times \left(\frac{1}{1673K} - \frac{1}{1808K}\right)$$

$$= 0.09739 J \cdot mol^{-1} \cdot K^{-1} + 0.58405 J \cdot mol^{-1} \cdot K^{-1}$$

$$= 0.68144\ J \cdot mol^{-1} \cdot K^{-1}$$

故

$$\Delta_{fus}G_m = 1140\ J \cdot mol^{-1}$$

$$\ln a_{Fe} = -\frac{\Delta_{fus}G_m}{RT} = -\frac{1140 J \cdot mol^{-1}}{8.314 J \cdot mol^{-1} \cdot K^{-1} \times 1673K} = -0.08196$$

$$a_{Fe} = 0.9213$$

$$\gamma = \frac{a}{x} = \frac{0.9213}{0.870} = 1.059$$

解得：

液相中铁的活度系数为 1.059。

以纯的液态铁为参考态。

22. 在 298.15K，$1p^{\ominus}$ 下，1mol 苯与 1mol 甲苯形成理想溶液，试求此过程的 $\Delta_{mix}V$、$\Delta_{mix}H$、$\Delta_{mix}S$、$\Delta_{mix}G$ 和 $\Delta_{mix}F$。

解：因形成理想溶液，有：

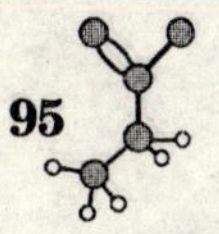

$$\Delta_{mix}V = 0$$

$$\Delta_{mix}H = 0$$

$$\Delta_{mix}S = -R\sum_i n_i \ln x_i = -R(\ln 0.5 + \ln 0.5) = 11.53\ \text{J} \cdot \text{K}^{-1} > 0$$

$$\Delta_{mix}G = RT\sum_i n_i \ln x_i = -3436\ \text{J}$$

$$\Delta_{mix}F = \Delta_{mix}(G - pV) = \Delta_{mix}G - p\Delta_{mix}V \quad (\text{恒压过程})$$

$$= \Delta_{mix}G = -3436\ \text{J} \quad (\text{因}\ \ \Delta_{mix}V = 0)$$

23. 对于理想溶液，试证明：

(1) $\left[\dfrac{\partial \Delta_{mix}G}{\partial p}\right]_T = 0$

(2) $\left[\dfrac{\partial(\Delta_{mix}G/T)}{\partial T}\right]_p = 0$

证明：(1)对理想溶液，有：

$\left[\dfrac{\Delta_{mix}G}{\partial p}\right]_T = \left[\dfrac{\partial RT\sum_B n_B \ln x_B}{\partial p}\right]_T = 0$(在恒温下，被求微商的物理量均不随压力而变化。)

(2)

$$\left[\frac{\partial\left(\frac{\Delta_{mix}G}{T}\right)}{\partial T}\right]_p = \left[\frac{\partial\left(RT\sum_B n_B \ln x_B\right)/T}{\partial T}\right]_p = \left[\frac{\partial\left(R\sum_B n_B \ln x_B\right)}{\partial T}\right]_p = 0$$

24. 在 298.15 K 时，要从下列混合物中分出 1 mol 纯 A，试求至少需做功的值(设 A、B 形成理想混合物)。

(1)大量的 A 和 B 的等物质的量混合物。

(2)含 A 和 B 各为 2 mol 的混合物。

解：等温等压的可逆过程，有：$\Delta G = W_R$，即系统吉布斯自由能的变化等于可逆过程中环境对系统所做的有用功，因此本题所求的功即为系统吉布斯自由能的减少值。

(1)因系统为大量 A 与 B 的混合物，在分离出 1 mol 纯 A 后，溶液的浓度可认为未发生变化，故溶液中各组分的化学势不变，于是有：

$$W_{f,R} = \Delta G = G_{\text{分离后}} - G_{\text{分离前}}$$

$$= [n\mu_B + (n-1)\mu_A + \mu_A^*] - (n\mu_A + n\mu_B)$$

$$= \mu_A^* - \mu_A = \mu_A^* - (\mu_A^* + RT\ln x_A) = -RT\ln x_A$$

$$= -8.314\text{J} \cdot \text{mol}^{-1} \cdot \text{K}^{-1} \times 298.15\text{K} \times \ln 0.5 = 1718\ \text{J} \cdot \text{mol}^{-1}$$

(2)分离前各组分的摩尔分数： $x_A = \dfrac{1}{2}$ $\quad x_B = \dfrac{1}{2}$

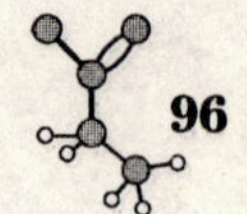

分离后各组分的摩尔分数： $x'_A=\frac{1}{3}$ $x'_B=\frac{2}{3}$

$$\Delta G_m = G_{分离后} - G_{分离前}$$

$$=\mu_A^* + RT\ln\frac{1}{3} + 2\times\left(\mu_B^* + RT\ln\frac{2}{3}\right) + \mu_A^* - \left[2\left(\mu_A^* + RT\ln\frac{1}{2}\right) + 2\left(\mu_B^* + RT\ln\frac{1}{2}\right)\right]$$

$$=RT\left(\ln\frac{1}{3} + 2\times\ln\frac{2}{3} - 2\times\ln\frac{1}{2} - 2\times\ln\frac{1}{2}\right)$$

$$=2139\ \text{J}\cdot\text{mol}^{-1}$$

此分离过程需环境对系统所做的功为： $W_{f,R}=\Delta G=2139\ \text{J}$

25. 在 293.15 K 时，乙醚的蒸气压为 58.95 kPa，若在 100 g 乙醚中溶入某非挥发性有机物质 10 g，乙醚的蒸气压降低到 56.79 kPa，试求该有机化合物的摩尔质量。

解：设两者形成理想溶液，A 为乙醚，B 为未知物。$M_A=74.0\ \text{g}\cdot\text{mol}^{-1}$。乙醚服从拉乌尔定律，有：

$$p_A=p_A^*\cdot x_A$$

$$x_A=\frac{p_A}{p_A^*}=\frac{56.79\text{kPa}}{58.95\text{kPa}}=0.9634$$

$$x_A=\frac{n_A}{n_A+n_B}=\frac{100\text{g}/M_A}{100\text{g}/M_A+10\text{g}/M_B}=0.9634$$

故 $$n_A=0.9634\times(n_A+n_B)$$

$$\frac{100\text{g}}{74\text{g}\cdot\text{mol}^{-1}}=0.9634\times\left(\frac{100\text{g}}{74\text{g}\cdot\text{mol}^{-1}}+\frac{10\text{g}}{M_B}\right)$$

解得： $$M_B=195\ \text{g}\cdot\text{mol}^{-1}$$

该有机化合物的摩尔质量为 195 $\text{g}\cdot\text{mol}^{-1}$。

26. 0.900 g HAc 溶解在 50.0 g 水中，凝固点为−0.558 ℃，2.321 g HAc 溶解在 100 g 苯中，凝固点较纯苯凝固点下降了 0.970℃，试分别计算 HAc 在水中及在苯中的分子量。两者的分子量为什么不同？

已知：$K_f(水)=1.86\ \text{K}\cdot\text{mol}^{-1}\cdot\text{kg}$ $K_f(苯)=5.12\ \text{K}\cdot\text{mol}^{-1}\cdot\text{kg}$。

解：设 HAc 的分子量为 M_B，当将 HAc 溶于水中时，有：

$$\Delta T_f=K_f\cdot m_B$$

$$m_B=\frac{0.558\text{K}}{1.86\text{K}\cdot\text{mol}^{-1}\cdot\text{kg}}=0.300\ \text{mol}\cdot\text{kg}^{-1}$$

$$m_B=\frac{n_B}{W_水}=\frac{\dfrac{0.9\times10^{-3}\text{kg}}{M_B}}{50\times10^{-3}\text{kg}}=0.3\ \text{mol}\cdot\text{kg}^{-1}$$

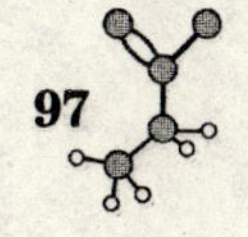

$$M_B = \frac{0.9 \times 10^{-3}\text{kg}}{0.3\ \text{mol} \cdot \text{kg}^{-1} \times 50 \times 10^{-3}\text{kg}} = 0.06\ \text{kg} \cdot \text{mol}^{-1}$$

HAc 溶于水中时，其分子量为 60 g · mol^{-1}。

当将 HAc 溶于苯中时，有：

$$\Delta T_f = K_f \cdot m_B$$

$$m_B = \frac{0.97\text{K}}{5.12\text{K} \cdot \text{mol}^{-1} \cdot \text{kg}} = 0.189\ \text{mol} \cdot \text{kg}^{-1}$$

$$m_B = \frac{n_B}{W_{苯}} = \frac{\dfrac{2.321 \times 10^{-3}\text{kg}}{M_B}}{100 \times 10^{-3}\text{kg}} = 0.189\ \text{mol} \cdot \text{kg}^{-1}$$

$$M_B = \frac{2.321 \times 10^{-3}\text{kg}}{0.189\ \text{mol} \cdot \text{kg}^{-1} \times 100 \times 10^{-3}\text{kg}} = 0.123\ \text{kg} \cdot \text{mol}^{-1}$$

HAc 溶于苯中时，其分子量为 123 g · mol^{-1}。HAc 在苯中的分子量约为在水中的 2 倍，说明 HAc 在苯中发生了二聚反应。

27. 某稀溶液中 1 kg 溶剂含有 m 摩尔溶质，如果溶液中溶质按反应 $2A \rightleftharpoons A_2$ 聚合，其平衡常数为 K，试证明：

$$K = \frac{K_b(K_b \cdot m - \Delta T_b)}{(2\Delta T_b - m \cdot K_b)^2}$$

证明：按稀溶液的依数性，溶剂沸点升高 ΔT_b 的数值正比于溶液中溶质的总浓度，而与溶质本性无关。A 在溶液中发生了聚合，故其在溶液中一部分以 A 的形式存在，一部分以 A_2形式存在。ΔT_b 的值应与$[A]+[A_2]$的总和相对应。

反应：　　$2A \rightleftharpoons A_2$

平衡：　　$m - 2x$　　x　　$m_{总} = m - x$

此反应的平衡常数为：

$$K = \frac{x}{(m - 2x)^2}$$

由稀溶液依数性：

$$\Delta T_b = K_b \cdot m_{总} = K_b(m - x)$$

$$x = m - \frac{\Delta T_b}{K_b} = \frac{mK_b - \Delta T_b}{K_b}$$

将 x 代入平衡常数 K 的表达式：

$$K = \frac{\dfrac{mK_b - \Delta T_b}{K_b}}{\left(m - \dfrac{2(mK_6 - \Delta T_b)}{K_b}\right)^2}$$

$$= \frac{mK_b - \Delta T_b}{K_b} \cdot \frac{K_b^2}{(mK_b - 2mK_b + 2\Delta T_b)^2}$$

$$= \frac{K_b(m \cdot K_b - \Delta T_b)}{(2\Delta T_b - m \cdot K_b)^2}$$

得证。

28. 某水溶液含有非挥发性溶质，在 271.7 K 时凝固。试求：

(1)该溶液的正常沸点；

(2)298.15 K 时该溶液的蒸气压($p_{H_2O} = 3178$ Pa)

(3)该溶液在 298.15 K 时的渗透压。

解：(1)溶液凝固点降低与沸点升高都与溶液的浓度成正比，由此可以求得沸点升高值。

$$\Delta T_f = 273.2\text{K} - 271.7\text{K} = 1.5\text{ K}$$

$$\Delta T_f = K_f \cdot m_B$$

$$\Delta T_b = K_b \cdot m_B$$

故
$$\Delta T_b = \frac{K_b}{K_f} \cdot \Delta T_f = \frac{0.52\text{K} \cdot \text{mol}^{-1} \cdot \text{kg}}{1.86\text{K} \cdot \text{mol}^{-1} \cdot \text{kg}} \times 1.5\text{K} = 0.42\text{ K}$$

$$T_b^* = 373.15\text{K} + 0.42\text{K} = 373.57\text{ K}$$

(2)因为溶质是非挥发性物质，溶液的蒸气压等于溶剂的蒸气压，关键在于求得溶液的浓度。

$$m_B = \frac{\Delta T_f}{K_f} = \frac{1.5\text{K}}{1.86\text{K} \cdot \text{mol}^{-1} \cdot \text{kg}} = 0.8065\text{ mol} \cdot \text{kg}^{-1}$$

$$x_A = \frac{n_A}{n_A + n_B} = \frac{\dfrac{1000\text{g}}{18.02\text{g} \cdot \text{mol}^{-1}}}{\dfrac{1000\text{g}}{18.02\text{g} \cdot \text{mol}^{-1}} + 0.8065\text{mol}} = 0.9857$$

$$p_{总} = p_A^* \cdot x_A = 3178\text{Pa} \times 0.9857 = 3132\text{ Pa}$$

(3)由渗透压公式：

$$\pi = c_B RT \doteq \rho m_B RT$$
$$= 1000\text{kg} \cdot \text{m}^{-3} \times 0.8065\text{mol} \cdot \text{kg}^{-1} \times 8.314\text{J} \cdot \text{mol}^{-1} \cdot \text{K}^{-1} \times 298.15\text{K}$$
$$= 1.999 \times 10^6\text{ Pa}$$

29. 人的血浆的凝固点为-0.56℃，求人体中血浆的渗透压为多少？(人的体温为 37℃)

解：设血浆浓度为 m_B

$$m_B = \frac{\Delta T_f}{K_f} = \frac{0.56\text{K}}{1.86\text{K} \cdot \text{mol}^{-1} \cdot \text{kg}} = 0.301\text{ mol} \cdot \text{kg}^{-1}$$

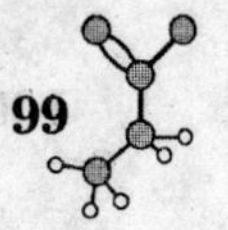

$$\pi = c_B \cdot RT = \frac{m_B}{W/\rho} \cdot RT$$

$$= \frac{1000\ kg \cdot m^{-3} \times 0.301\ mol \cdot kg^{-1}}{1.000\ kg} \times 8.314 J \cdot mol^{-1} \cdot K^{-1} \times 310.15 K$$

$$= 776\ kPa$$

在37℃时人体血浆的渗透压为776 kPa。

30. 298.15 K时有一稀的水溶液，测得渗透压为1.38×10^6Pa，试求。

(1)该溶液中溶质B的浓度x_B；

(2)若B为非挥发性溶质，该溶液沸点升高值为多少？

(3)从大量该溶液中取出1 mol纯水，需做功多少？

解：(1)由渗透压公式：

$$\pi = c_B RT$$

$$c_B = \frac{\pi}{RT} = \frac{1.38 \times 10^6\ Pa}{8.314 J \cdot mol^{-1} \cdot K^{-1} \times 298.15 K} = 557\ mol \cdot m^{-3} = 0.557\ mol \cdot dm^{-3}$$

对于稀溶液：可近似认为$m_B \approx c_B$，故有：

$$x_B = \frac{0.557 mol}{\frac{1000 g}{18 g \cdot mol^{-1}} + 0.557 mol} = 0.01$$

$$x_A = 1 - 0.01 = 0.99$$

(2)由沸点升高公式：

$$\Delta T_b = K_b \cdot m_B = 0.52 K \cdot mol^{-1} \cdot kg \times 0.557 mol \cdot kg^{-1} = 0.29\ K$$

(3)需要的功即为系统吉布斯自由能的变化值：

$$W_f = \Delta G = -nRT \ln x_A = -1 mol \times 8.314 J \cdot mol^{-1} \cdot K^{-1} \times 298.15 K \times \ln 0.99$$

$$= 24.91\ J$$

环境需要做功24.91 J。

31. 将摩尔质量为110.1 g·mol^{-1}的不挥发物B_1 2.22 g溶于0.1 kg水中，沸点升高0.105 K；若再加入另一不挥发物质B_2 2.16 g，沸点又升高0.107 K，试求：

(1)水的沸点升高常数K_b；

(2)B_2的摩尔质量；

(3)水的摩尔蒸发热$\Delta_{vap}H_m^{\ominus}$；

(4)该溶液在298.15 K时的蒸气压(设为理想稀溶液)。

解：(1)由沸点升高公式：

$$\Delta T_b = K_b \cdot m_B$$

$$K_b = \frac{\Delta T_b}{m_B} = \frac{\Delta T_b}{\frac{W_B}{M_B \cdot W_A}} = \frac{\Delta T_b \cdot W_A \cdot M_B}{W_B}$$

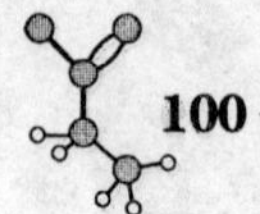

代入题给数据：

$$K_b = \frac{\Delta T_b \cdot W_A \cdot M_B}{W_B} = \frac{0.105\text{K} \times 0.1\text{kg} \times 110.1 \times 10^{-3}\text{kg} \cdot \text{mol}^{-1}}{2.22 \times 10^{-3}\text{kg}}$$
$$= 5.21\ \text{K} \cdot \text{kg} \cdot \text{mol}^{-1}$$

(2)B 的浓度为：

$$m_{B_2} = \frac{\Delta T_b \times 10}{K_b} = \frac{1.07\text{K}}{5.21\text{K} \cdot \text{mol}^{-1} \cdot \text{kg}} = 0.2054\ \text{mol} \cdot \text{kg}^{-1}$$

$$M_{B_2} = \frac{W_{B_2}}{W_A \cdot m_{B_2}} = \frac{2.16\text{g}}{0.1\text{kg} \times 0.2054\text{mol} \cdot \text{kg}^{-1}} = 105\ \text{g} \cdot \text{mol}^{-1}$$

(3)求只加入 B_1后，溶液中 B_1的浓度 x_{B_1}

$$x_{B_1} = \frac{n_{B_1}}{n_{B_1} + n_{水}} = \frac{\dfrac{2.22\text{g}}{110.1\text{g} \cdot \text{mol}^{-1}}}{0.02016\text{mol} + \dfrac{100.0\text{g}}{18.02\text{g} \cdot \text{mol}^{-1}}} = \frac{0.02016\text{mol}}{0.02016\text{mol} + 5.549\text{mol}} = 0.00362$$

因 $$\Delta T_b = \frac{R\ (T_b^*)^2}{\Delta_{vap} H_m^{\ominus}} \cdot x_B$$

故 $$\Delta_{vap} H_m^{\ominus} = \frac{R\ (T_b^*)^2}{\Delta T_b} x_B = \frac{8.314\text{J} \cdot \text{mol}^{-1} \cdot \text{K}^{-1} \times (373.15\text{K})^2 \times 0.00362}{0.105\text{K}}$$
$$= 39910\ \text{J} \cdot \text{mol}^{-1}$$

(4)因可视为理想稀溶液，溶剂 A 服从拉乌尔定律。又因溶液 B_1和 B_2均为不挥发物质，故溶液的蒸发压等于溶剂的蒸气压。

$$m_{B_1} = 0.2016\ \text{mol} \cdot \text{kg}^{-1} \qquad m_{B_2} = 0.2055\ \text{mol} \cdot \text{kg}^{-1}$$

$$x_A = 1 - \frac{0.2016\text{mol} + 0.2055\text{mol}}{0.4071\text{mol} + \dfrac{1000\text{g}}{18.02\text{g} \cdot \text{mol}^{-1}}} = 1 - 0.00728 = 0.9927$$

$$p_{总} = p_{水} = p_{水}^* x_{水} = 3178\text{Pa} \times 0.9927 = 3155\ \text{Pa}$$

溶液的蒸气压为 3155 Pa。

32. 吸烟对人体有害，香烟中含有致癌物质尼古丁。经分析得知其中含 9.3% H，72%的 C 和 18.7%的 N。现将 0.6 g 尼古丁溶于 12.0 g 水中，所得溶液在 $1p^{\ominus}$ 下的凝固点为-0.62℃，试确定尼古丁的化学式。

解：尼古丁浓度为：

$$m_B = \frac{\Delta T_f}{K_f} = \frac{0.62}{1.86} = 0.333\ \text{mol} \cdot \text{kg}^{-1}$$

$$M_B = \frac{W_B}{W_A \cdot m_B} = \frac{0.6\text{g}}{12\text{g} \times 0.333\text{mol} \cdot \text{kg}^{-1}} = 0.150\ \text{kg} \cdot \text{mol}^{-1}$$

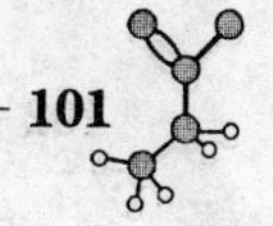

求得尼古丁的分子量为：150 g · mol^{-1}

由题给数据可得 C、H、O 的原子数比（取整数比）：

$$C:H:N=\frac{72}{12}:\frac{9.3}{1}:\frac{18.7}{14}=6:9.3:1.336\approx 9:14:2$$

因尼古丁分子量约为 150 g · mol^{-1}，分析得其分子的化学式为：$C_9H_{14}N_2$。

33. 三氯甲烷（A）和丙酮（B）所组成的溶液，若液相组成为 $x_B=0.713$，则在 301.35 K 时的总蒸气压为 29.39 kPa，在蒸气中 $y_B=0.818$。已知在该温度下，纯三氯甲烷的蒸气压为 29.57 kPa。试求：

（1）该溶液中三氯甲烷的活度；

（2）三氯甲烷的活度系数。

解： 气相可视为理想气体混合物。

（1）三氯甲烷的蒸气压与其活度成正比：

$$p_A=p_A^*\cdot a_A$$

$$a_A=\frac{p_A}{p_A^*}=\frac{29.39\text{kPa}\times(1-0.818)}{29.57\text{kPa}}=0.181$$

（2）三氯甲烷（A）的摩尔分数为：$x_A=1-0.713=0.287$

$$a_A=x_A\cdot\gamma_A$$

$$\gamma_A=\frac{a_A}{x_A}=\frac{0.181}{0.287}=0.631$$

34. 在 275 K 时，纯液体 A 与 B 的蒸气压分别为 2.95×10^4 Pa 和 2.00×10^4 Pa。若取 A、B 各 3 mol 混合，则气相总压为 2.24×10^4 Pa，气相中 A 的摩尔分数为 0.52。设蒸气为理想气体，试求：

（1）溶液中各物质的活度及活度系数（以纯态为标准态）；

（2）此溶液形成过程的混合吉布斯自由能。

解： 设液相组成为：x_A、x_B，气相组成为：y_A、y_B。由题给条件可知：$x_A=x_B=0.5$

（1） $y_A=0.52 \qquad y_B=1-0.52=0.48$

$$p_A=p\cdot y_A=2.24\times10^4\text{Pa}\times0.52=1.165\times10^4\text{ Pa}$$

$$p_B=p\cdot y_B=1.075\times10^4\text{ Pa}$$

$$a_A=\frac{p_A}{p_A^*}=\frac{1.165\times10^4\text{Pa}}{2.95\times10^4\text{Pa}}=0.395$$

$$\gamma_A=\frac{a_A}{x_A}=\frac{0.395}{0.5}=0.790$$

$$a_B=\frac{p_B}{p_B^*}=\frac{1.075\times10^4\text{Pa}}{2.00\times10^4\text{Pa}}=0.538$$

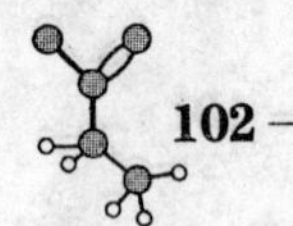

$$\gamma_B = \frac{a_B}{x_B} = \frac{0.538}{0.5} = 1.08$$

(2) $\Delta_{mix}G = RT\sum_B n_B \ln a_B$

$$= 8.314\text{J}\cdot\text{mol}^{-1}\cdot\text{K}^{-1} \times 275\text{K} \times (3\times\ln 0.395 + 3\times\ln 0.538)$$

$$= -10623\ \text{J}$$

35. 323K 时，醋酸(A)和苯(B)溶液的蒸气压数据为：

x_A	0.0000	0.0835	0.2973	0.6604	0.9931	1.000
p_A/Pa	–	1535	3306	5360	7293	7333
p_B/Pa	35197	33277	28158	18012	466.6	–

(1)以拉乌尔定律为基准，求 $x_A = 0.6604$ 时组分 A 和组分 B 的活度和活度系数；

(2)以亨利定律为基准，求上述浓度时组分 B 的活度和活度系数；

(3)求出 323K 时上述溶液的超额吉布斯自由能和混合吉布斯自由能。

解：(1)从题给数据得：$p_A^* = 7333$ Pa，$p_B^* = 35197$ Pa。

以拉乌尔定律为基准，当 $x_A = 0.6604$ 时组分 A 和组分 B 的活度和活度系数分别为：

$$a_A = \frac{p_A}{p_A^*} = \frac{5360\text{Pa}}{7333\text{Pa}} = 0.7309 \qquad \gamma_A = \frac{a_A}{x_A} = \frac{0.7309}{0.6604} = 1.107$$

$$a_B = \frac{p_B}{p_B^*} = \frac{18012\text{Pa}}{35197\text{Pa}} = 0.5117 \qquad \gamma_B = \frac{a_B}{x_B} = \frac{0.5117}{0.3396} = 1.507$$

(2)以亨利定律为准，先求 B 组分的亨利常数。选择组成为 $x_A = 0.9931$，$x_B = 0.0069$ 的溶液，可以认为此溶液服从亨利定律，由亨利定律：

$$p_B = k_x x_B \qquad k_x = \frac{p_B}{x_B}$$

代入此组溶液的数据，得：

$$k_x = \frac{p_B}{x_B} = \frac{466.6\text{Pa}}{0.0069} = 67623\ \text{Pa}$$

代入 $x_A = 0.6604$ 时溶液的相关数据，可得：

$$a_B = \frac{p_B}{k_x} = \frac{18012\text{Pa}}{67623\ \text{Pa}} = 0.2664$$

$$\gamma_B = \frac{a_B}{x_B} = \frac{0.2664}{0.3396} = 0.7843$$

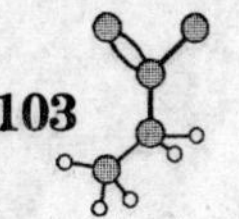

(3)此过程的超额吉布斯自由能：

$$G_m^E = RT\sum_{\mathrm{B}} x_{\mathrm{B}}\ln\gamma_{\mathrm{B}} = 544.3\ \mathrm{J}$$

$$\Delta G_m^E = RT\sum_{\mathrm{B}} x_{\mathrm{B}}\ln a_{\mathrm{B}} = -1167\ \mathrm{J}$$

36. 在 660.7 K 时，纯金属 K 和 Hg 的蒸气压分别是 433.2 kPa 和 170.6 kPa。以等物质的量混合所形成的溶液上方，K 与 Hg 的蒸气压分别为 142.6 kPa 和 1.733 kPa。试求：

(1)溶液中 K 和 Hg 的活度及活度系数；

(2)若 K 与 Hg 各为 0.5 mol，求混合过程的 $\Delta_{\mathrm{mix}}G$。

解：(1)设蒸气为理想气体，以物质的纯态为标准状态。

$$a_{\mathrm{K}} = \frac{p_{\mathrm{K}}}{p_{\mathrm{K}}^*} = \frac{142.6\mathrm{kPa}}{433.2\mathrm{kPa}} = 0.3292$$

$$a_{\mathrm{Hg}} = \frac{p_{\mathrm{Hg}}}{p_{\mathrm{Hg}}^*} = \frac{1.733\mathrm{kPa}}{170.6\mathrm{kPa}} = 0.01016$$

溶液中各组分的浓度为：$x_{\mathrm{K}} = 0.5$　　$x_{\mathrm{Hg}} = 0.5$

各组分的活度系数为：

$$\gamma_{\mathrm{K}} = \frac{a_{\mathrm{K}}}{x_{\mathrm{K}}} = \frac{0.3292}{0.5} = 0.6584$$

$$\gamma_{\mathrm{Hg}} = \frac{0.01016}{0.5} = 0.02032$$

(2) $\Delta_{\mathrm{mix}}G = RT\sum_i n_i\ln a_i$

$$= 8.314\mathrm{J\cdot mol^{-1}\cdot K^{-1}} \times 660.7\mathrm{K} \times (0.5\times\ln 0.3292 + 0.5\times\ln 0.01016)$$

$$= -15656\ \mathrm{J}$$

37. 288K 时，1mol NaOH 溶解在 4.559 mol 水中，溶液的蒸气压为 596.5Pa。已知，在此温度下，纯水的饱和蒸气压为 1704.9Pa。试求：

(1)溶液中水的活度与活度系数；

(2)在此溶液和纯水中，水的化学势相差多少？

解：NaOH 为非挥发性物质，溶液上方的蒸气压即为溶剂水的蒸气压。

(1)水为溶剂 A：

$$a_{\mathrm{A}} = \frac{p_{\mathrm{A}}}{p_{\mathrm{A}}^*} = \frac{596.5\mathrm{Pa}}{1704.0\mathrm{Pa}} = 0.350$$

$$x_{\mathrm{A}} = \frac{4.559\mathrm{mol}}{(4.559+1)\mathrm{mol}} = 0.820$$

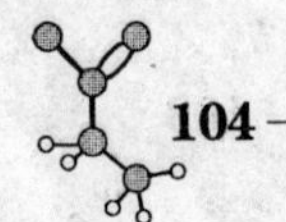

$$\gamma_A = \frac{a_A}{x_A} = \frac{0.350}{0.820} = 0.427$$

(2)溶液中水的化学势：

$$\mu = \mu^{\ominus} + RT\ln a$$

$$\Delta\mu = RT\ln a = 8.314\text{J}\cdot\text{mol}^{-1}\cdot\text{K}^{-1} \times 288\text{K} \times \ln 0.35$$

$$\Delta\mu = -2514\ \text{J}$$

38. 由 A 和 B 形成的溶液的正常沸点为 333.15 K，A 和 B 的活度系数分别为 1.3 和 1.6，A 的活度为 0.6，$p_A^* = 5.333 \times 10^4\text{Pa}$，试求纯 B 的蒸气压为多少？

解：关键在于利用题给的活度及活度系数数据求出溶液的组成。正常沸点是指在外压等于一个大气压条件下，液相的沸点。

$$a_A = x_A \cdot \gamma_A$$

$$x_A = \frac{a_A}{\gamma_A} = \frac{0.6}{1.3} = 0.4615$$

$$x_B = 1 - x_A = 0.5385$$

因
$$p_B = p_B^* \cdot a_B = p_B^* \cdot x_B \cdot \gamma_B$$

故
$$p_B^* = \frac{p_B}{x_B} \cdot \gamma_B = \frac{p_{总} - p_A}{x_B \cdot \gamma_B}$$

$$= \frac{101325\text{Pa} - 5.333 \times 10^4\text{Pa} \times 0.6}{0.5385 \times 1.6}$$

$$= 80463\ \text{Pa}$$

39. 某一个二组分非理想溶液中组分 1 和组分 2 的化学势分别为：

$$\mu_1 = \mu_1^* + RT\ln x_1 + \omega T^2 (1 - x_1)^2$$

$$\mu_2 = \mu_2^* + RT\ln(1 - x_1) + \omega T^2 x_1{}^2$$

式中，x_1是组分 1 的摩尔分数，ω 是常数。试计算形成 1 mol 此非理想溶液过程的 $\Delta_{mix}H$、$\Delta_{mix}S$、$\Delta_{mix}G$ 和 $\Delta_{mix}V$。

解：混合过程系统吉布斯自由能变化为：

$$\Delta_{mix}G = \sum_B n_B(\mu_B - \mu_B^*)$$

若形成 1 mol 非理想溶液，则摩尔混合热力学函数为：

$$\Delta_{mix}G = \sum_B n_B(\mu_B - \mu_B^*)$$

$$= x_1(\mu_1 - \mu_1^*) + x_2(\mu_2 - \mu_2^*)$$

代入题给条件，得：

$$\Delta_{mix}G = RT(x_1\ln x_2 + x_2\ln x_2) + x_1 x_2 \omega T^2$$

$$\Delta_{mix}S = -\left(\frac{\partial \Delta_{mix}G}{\partial T}\right)_p = -R(x_1\ln x_2 + x_2\ln x_2) - 2x_1x_2\omega T$$

$$\Delta_{mix}H = \Delta_{mix}G + T\Delta_{mix}S = -x_1x_2\omega T^2$$

$$\Delta_{mix}V = -\left(\frac{\partial \Delta_{mix}G}{\partial p}\right)_T = 0$$

40. 25℃下，Zn(2)在汞齐(1)中的活度系数服从公式：$\gamma_2 = 1 - 3.92x_2$，试求：

(1)将汞齐的活度系数表示为其摩尔分数的函数；

(2)求 $x_2 = 0.06$ 的溶液中汞齐的活度与活度系数；

(3)求 $x_2 = 0.06$ 的溶液中 Zn 的活度与活度系数。

解：(1)根据吉布斯-杜亥姆公式：

$$x_1 \mathrm{d}\ln a_1 + x_2 \mathrm{d}\ln a_2 = 0$$

即：

$$x_1 \mathrm{d}\ln\gamma_1 + \mathrm{d}x_1 + x_2 \mathrm{d}\ln\gamma_2 + \mathrm{d}x_2 = 0$$

$$x_1 \mathrm{d}\ln\gamma_1 + x_2 \mathrm{d}\ln\gamma_2 = 0 \qquad (\text{因为} \quad \mathrm{d}x_1 = -\mathrm{d}x_2)$$

即：

$$d\ln\gamma_1 = -\frac{x_2}{1-x_2}\mathrm{d}\ln\gamma_2$$

代入题给公式：

$$\mathrm{d}\ln\gamma_1 = -\frac{x_2}{1-x_2}\mathrm{d}\ln(1-3.92x_2)$$

$$\mathrm{d}\ln\gamma_1 = \frac{3.92x_2}{(1-x_2)(1-3.92x_2)}\mathrm{d}x_2$$

积分上式：

$$\int_1^{\gamma_1}\mathrm{d}\ln\gamma_1 = \int_0^{x_2}\frac{3.92x_2}{(1-x_2)(1-3.92x_2)}\mathrm{d}x_2 = -\frac{3.92}{2.92}\int_0^{x_2}\left(\frac{1}{1-x_2} - \frac{1}{1-3.92x_2}\right)\mathrm{d}x_2$$

$$\ln\gamma_1 = \frac{3.92}{2.92}\ln(1-x_2) - \frac{1}{2.92}\ln(1-3.92x_2)$$

$$\gamma_1 = \frac{(1-x_2)^{1.342}}{(1-3.92x_2)^{0.3425}}$$

(2)求汞齐(1)的活度与活度系数：

当 $x_2 = 0.06$ 时，$x_1 = 0.94$，此溶液中汞齐(1)的活度系数为：

$$\gamma_1 = \frac{(1-x_2)^{1.342}}{(1-3.92x_2)^{0.3425}} = \frac{(1-0.06)^{1.342}}{(1-3.92\times 0.06)^{0.3425}}$$

$$\gamma_1 = 1.009$$

$$a_1 = \gamma_1 x_1 = 1.009 \times 0.94 = 0.9485$$

(3)求 Zn 的活度系数与活度：

$$\gamma_2 = 1 - 3.92 \times 0.06 = 0.7648$$

$$a_2 = \gamma_2 x_2 = 0.7648 \times 0.06 = 0.0459$$

41. 在325℃下，含铊(2)的汞齐中汞(1)的活度系数在 $x_2 = 1 \sim x_2 = 0.2$ 的浓度

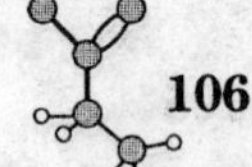

范围内服从公式：$\ln\gamma_1 = -0.22105\left(1 + 0.263\frac{x_1}{x_2}\right)^{-2}$。在 $x_2 = 0.5$ 的汞齐中，试求：

(1)按照溶液标准态的第一种规定求算铊(2)的活度系数；

(2)按照溶液标准态的第二种规定求算铊(2)的活度系数。

解：根据吉布斯-杜亥姆公式，有：

$$\mathrm{d}\ln\gamma_2 = -\frac{x_1}{x_2}\mathrm{d}\ln\gamma_1$$

$$\mathrm{d}\ln\gamma_2 = -\frac{x_1}{x_2}\mathrm{d}\left[-0.22105\left(1 + 0.263\frac{x_1}{x_2}\right)^{-2}\right]$$

$$= 0.22105\frac{x_1}{x_2}(-2)\left(1 + 0.263\frac{x_1}{x_2}\right)^{-3}(0.263)\frac{-1}{x_2^{\ 2}}\mathrm{d}x_2$$

$$\mathrm{d}\ln\gamma_2 = 0.1163\frac{1 - x_2}{x_2^{\ 3}}\left(1 + 0.263\frac{1 - x_2}{x_2}\right)^{-3}\mathrm{d}x_2$$

$$= 0.1163(1 - x_2)x_2^{-3}\frac{(0.263 + 0.737x_2)^{-3}}{x_2^{-3}}\mathrm{d}x_2$$

整理得：

$$\mathrm{d}\ln\gamma_2 = 0.1163(1 - x_2)(0.263 + 0.737x_2)^{-3}\mathrm{d}x_2$$

(2)采用规定1：$x_2 \to 1$，$\gamma_2 \to 1$。积分上式：

$$\int_1^{\gamma_2}\mathrm{d}\ln\gamma_2 = 0.1163\left(\int_1^{x_2}\frac{1}{(0.263 + 0.737x_2)^3}\mathrm{d}x_2 - \int_1^{x_2}\frac{x_2}{(0.263 + 0.737x_2)^3}\mathrm{d}x_2\right)$$

$$\int_1^{\gamma_2}\mathrm{d}\ln\gamma_2 = 0.1163\left(\int_1^{x_2}\frac{1}{(0.263 + 0.737x_2)^3}\mathrm{d}x_2 - \frac{1}{0.737}\int_1^{x_2}\frac{0.263 + 0.737x_2 - 0.263}{(0.263 + 0.737x_2)^3}\mathrm{d}x_2\right)$$

$$\int_1^{\gamma_2}\mathrm{d}\ln\gamma_2 = 0.1163\left(\int_1^{x_2}\frac{1.3569}{(0.263 + 0.737x_2)^3}\mathrm{d}x_2 - \int_1^{x_2}\frac{1}{(0.263 + 0.737x_2)^2}\mathrm{d}x_2\right)$$

$$\int_1^{\gamma_2}\mathrm{d}\ln\gamma_2 = \frac{0.1578}{0.737}\int_1^{x_2}\frac{\mathrm{d}(0.263 + 0.737x_2)}{(0.263 + 0.737x_2)^3} - \frac{0.1163}{0.737^2}\int_1^{x_2}\frac{\mathrm{d}(0.263 + 0.737x_2)}{(0.263 + 0.737x_2)^2}$$

$$\int_1^{\gamma_2}\mathrm{d}\ln\gamma_2 = \left[\frac{-0.10706}{(0.263 + 0.737x_2)^2} + \frac{0.2141}{0.263 + 0.737x_2}\right]_1^{x_2}$$

$$\ln\gamma_2 = \frac{-0.10706}{(0.263 + 0.737x_2)^2} + \frac{0.10706}{(0.263 + 0.737)^2} + \frac{0.2141}{0.263 + 0.737x_2} - \frac{0.2141}{0.263 + 0.737}$$

当 $x_2 = 0.5$ 时，上式结果为：

$$\ln\gamma_2 = -0.036466$$

$$\gamma_2 = 0.9642$$

(2)采用规定2：$x_2 \to 0$，$\gamma_2 \to 1$。积分上式：

$$\int_1^{\gamma_2}\mathrm{d}\ln\gamma_2 = 0.1163\left(\int_0^{x_2}\frac{1}{(0.263 + 0.737x_2)^3}\mathrm{d}x_2 - \int_0^{x_2}\frac{x_2}{(0.263 + 0.737x_2)^3}\mathrm{d}x_2\right)$$

$$\int_1^{\gamma_2} \mathrm{d}\ln\gamma_2 = 0.1163\left(\int_0^{x_2} \frac{1.3569}{(0.263 + 0.737x_2)^3}\mathrm{d}x_2 - \int_0^{x_2} \frac{1}{(0.263 + 0.737x_2)^2}\mathrm{d}x_2\right)$$

$$\int_1^{\gamma_2} \mathrm{d}\ln\gamma_2 = \left[\frac{-0.10706}{(0.263 + 0.737x_2)^2} + \frac{0.2141}{0.263 + 0.737x_2}\right]_0^{x_2}$$

$$\ln\gamma_2 = \frac{-0.10706}{(0.263 + 0.737x_2)^2} + \frac{0.10706}{(0.263)^2} + \frac{0.2141}{0.263 + 0.737x_2} - \frac{0.2141}{0.263}$$

当 $x_2 = 0.5$ 时，上式结果为：

$$\ln\gamma_2 = 0.81407$$

$$\gamma_2 = 2.2351$$

42. 有二元溶液，在298K下，当溶液中A的摩尔分数为 $x_A = 0.1791$ 时，气相的平衡总压为159.8 mmHg，气相中A的摩尔分数为 $y_A = 0.8782$。请按两种规定计算此溶液中A的活度与活度系数？

已知：298K 下：$p_A^* = 229.6$ mmHg，　$p_B^* = 23.7$ mmHg，　且当溶液中 $x_A = 0.0194$ 时，$p_{总} = 50.1$ mmHg。

解：按规定1：以理想溶液的标态为组分的标态：

$$a_A = \frac{p_A}{p_A^*} = \frac{159.8\text{mmHg} \times 0.8782}{229.6\text{mmHg}} = \frac{140.34\text{mmHg}}{229.6\text{mmHg}} = 0.6112$$

$$r_A = \frac{a_A}{x_A} = \frac{0.6112}{0.1791} = 3.4126$$

按规定2：求亨利常数：当对A为稀溶液时，可以认为A为溶质，服从亨利定律。

$$p_A = k_{A,x} \cdot x_A$$

B将服从拉乌尔定律：

$$p_B = p_B^* \cdot x_B = 23.7\text{mmHg} \times 0.9806 = 23.24\ \text{mmHg}$$

$$p_A = 50.1\text{mmHg} - 23.24\text{mmHg} = 26.86\ \text{mmHg}$$

$$k_{A,x} = \frac{p_A}{x_A} = \frac{26.86\text{mmHg}}{0.0194} = 1384.54\ \text{mmHg}$$

在 $x_A = 0.1791$ 时，有：

$$a_A = \frac{p_A}{k_x} = \frac{140.34\text{mmHg}}{1384.54\text{mmHg}} = 0.1014$$

$$\gamma_A = \frac{a_A}{x_A} = \frac{0.1014}{0.1791} = 0.5662$$

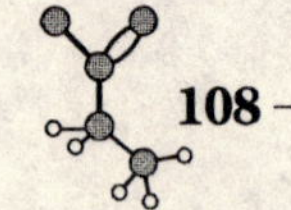

第6章　统计热力学

一、基本内容

1. 基本概念及定义

- 状态的描述
  - 粒子微观运动状态
    - 粒子的量子态（量子力学描述）
    - μ 空间的相点（经典力学描述）
  - 体系
    - 宏观状态：即热力学平衡态
    - 微观状态
      - 体系的量子态（量子力学描述）
      - τ 空间的相点（经典力学描述）

μ 空间：若粒子的自由度为 f，由 f 个广义空间坐标与 f 个广义动量坐标所组成的抽象空间称为 μ 空间，也称 μ 相宇。

Γ 空间：体系中含有 N 个等同粒子，每个粒子的自由度为 f'，则体系的自由度 $f=Nf'$。由 f 个广义空间坐标与 f 个广义动量坐标所组成的抽象空间称为 Γ 空间，也称为 Γ 相宇。

分子运动自由度：若不考虑分子的核运动及电子运动，分子的运动自由度 $f=3n$，n 为分子所拥有的原子数。分子的 3 n 个运动自由度的分配值如下：

- $3n$
  - 平动自由度：3
  - 转动自由度：
    - 2　线性分子
    - 3　非线性分子
  - 转动自由度：
    - $3n-5$　线性分子
    - $3n-6$　非线性分子

统计系综：设想有无限多个与被研究体系相同的体系，均处在相同客观条件下，但每个体系可以具有不同的微观运动状态，这无限多个相似的抽象体系的集合

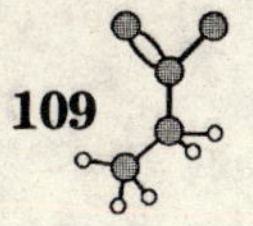

称为统计系综。

等几率原理：对于组成与体积均恒定的体系，其微观状态出现的几率 P 只是此微观状态所具有能量 E 的函数。孤立体系的总能量是一恒量，故孤立体系各微观运动状态出现的几率相等。

统计力学认为体系的热力量学是此体系所具有的各微观运动状态的相应微观量的统计平均值。

$$\bar{A}\int A\rho \mathrm{d}\Omega = \sum_i P_i A_i$$

ρ：几率分布函数；P_i：i 量子态出现的几率

统计体系的分类：

按粒子的分辨性分类：体系中的粒子是可分辨的，这种体系称为定位体系（或可别粒子体系、定域子体系）；若体系中的粒子是不可分辨的，称为非定位体系（或不可别粒子体系、离域子体系）。

按粒子间相互作用的强弱分类：基体系中的粒子之间相互作用非常微弱，以至可忽略不计，这类体系称为近独立体系，或独立子体系；若体系中粒子之间的作用比较强，则称为相依粒子体系。

2. 正则系综理论

正则系综：设有无限多个与被研究体系宏观上全同的体系，它们都具有相同的温度、体积和组成，每个体系与其他体系及环境之间只有热量的交换而无物质的交换，当这无限多个体系与环境达平衡时，此种体系的集合称为正则系综。

体系配分函数 Q：Q 等于体系所有可达量子态的玻尔兹曼因子之和。

$$Q = \sum_i e^{\frac{-E_i}{RT}}$$

$e^{\frac{-E_i}{RT}}$ 是 i 量子态的玻尔兹曼因子；E_i是 i 量子态具有的能量。

正则系综热力学函数表达式

$$U = kT^2\left[\frac{\partial \ln Q}{\partial T}\right]_{V,N}$$

$$F = -kT\ln Q$$

$$S = kT\left[\frac{\partial \ln Q}{\partial T}\right]_{V,N} + k\ln Q$$

$$H = kT\left[\left[\left(\frac{\partial \ln Q}{\partial \ln T}\right)_{V,N}\right] + \left(\frac{\partial \ln Q}{\partial \ln V}\right)_{T,N}\right]$$

$$G = -kT\ln Q + kTV\left(\frac{\partial \ln Q}{\partial V}\right)_{T,N}$$

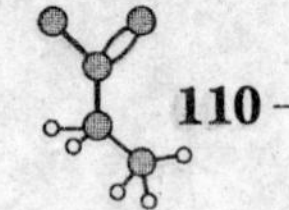

$$p = kT\left(\frac{\partial \ln Q}{\partial V}\right)_{T,N}$$

3. 量子统计法

$$统计法\begin{cases}玻色\text{-}爱因斯坦统计：适用于玻色子\\费米\text{-}狄拉克统计：适用于费米子\\玻尔兹曼统计：以上两者的共同极限，条件为：g_i \gg N_i\end{cases}$$

4. 玻尔兹曼分布律

设体系含 N 个等同粒子，能量为 E，满足此条件的一个分布为：

能级能量：　ε_0　ε_1　ε_2　…　ε_i　…

能级粒子数：N_0　N_1　N_2　…　N_i　…

此分布记为 $\{N_i\}$，此体系的某宏观对应状态应有许多分布，各分布需满足的条件为：

$$\sum_i N_i = N$$

$$\sum_i N_i \varepsilon_i = E$$

在各种分布中，有一种分布拥有的微观运动状态最多，出现的几率最大，此分布为最可几分布。宏观体系达平衡后，体系基本上处于最可几分布或与之相邻的分布之中，最可几分布服从玻尔兹曼分布律。体系中的粒子按下式分配至各个能级：

$$N_i^* = N \cdot \frac{g_i e^{-\frac{\varepsilon_i}{KT}}}{\sum_i g_i e^{-\frac{\varepsilon_i}{KT}}}$$

$$q = \sum_i g_i e^{-\frac{\varepsilon_i}{KT}}$$

$$N_i^* = \frac{N}{q} \cdot g_i e^{-\frac{\varepsilon_i}{KT}}$$

式中：ε_i 为 i 能级的能量；

g_i 为 i 能级的简并度；

$e^{-\varepsilon_i/KT}$ 为分子能级的玻尔兹曼因子；

N_i^* 为最可几分布到 i 能级的粒子数；

q 为分子配分函数，是分子各量子态玻尔兹曼因子之和。

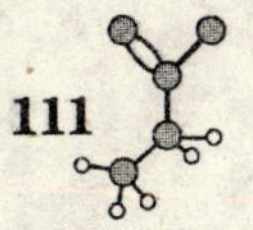

5. 理想气体统计理论

设有 N 个全同分子的理想气体系，其体系配分函数要分解为分子配分函数之积。

$$Q = \frac{q^N}{N!}\cdot$$

$$\ln Q = \ln\left(\frac{e}{N}q\right)$$

理想气体的热力学函数表达式如下：

$$U = NkT^2\left(\frac{\partial \ln q}{\partial T}\right)_{V,\ N}$$

$$F = -NkT\ln\left(\frac{e}{N}q\right)$$

$$S = NkT\left(\frac{\partial \ln q}{\partial T}\right)_{V,\ N} + Nk\ln\left(\frac{e}{N}q\right)$$

$$G = \left(\frac{\partial \ln q}{\partial T}\right)_{T,\ N} - Nk\ln\left(\frac{e}{N}q\right)$$

$$p = NkT\left(\frac{\partial \ln q}{\partial V}\right)_{T,\ N}$$

6. 分子配分函数

$$q = q_n q_e q_t q_r q_v$$

核配分函数：

$$q_n = 2S_n + 1 \quad S_n\text{：核自旋量子数}$$

电子配分函数：

$$q_e = 2J_o + 1 \quad J\text{：电子总轨道角动量子数}$$

平动配分函数：

$$q_t = \left(\frac{2\pi mkT}{h^2}\right)^{3/2}\cdot V$$

转动配分函数：

$$qr = \frac{8\pi^2 IkT}{\sigma h^2} = \frac{T}{\sigma\Theta_r} \quad \text{线性分子}$$

$$\Theta_r = \frac{h^2}{8\pi^2 Ir} \quad \text{转动特征温度}$$

σ：对称因子

I：转动惯量，$I = \sum_i m_i \cdot r_i^2$，$m_i$ 为原子质量，r_i 是 i 原子到分子质心的距离。

振动配分函数：双原子分子振动配分函数：

$$q_v = e^{\frac{1}{2}\frac{h\nu}{kT}} \frac{1}{1 - e^{-h\nu/kT}}$$

$$q_v^* = \frac{1}{1 - e^{-h\nu/kT}} \quad 令\ \varepsilon_0^v = 0$$

多原子分子：

$$q_v = \prod_i e^{-\frac{h\nu_i}{2kT}} \frac{1}{1 - e^{-h\nu/kT}}$$

$$q_v^* = \prod_i \frac{1}{1 - e^{-h\nu_i/kT}} \quad 令\ \varepsilon_0^v = 0$$

7. 物质的热容

能量均分原理：分子能量 ε 的每个平方项的平均值都等于 $\frac{1}{2}kT$。

能量均分原理适用于平动和转动。1mol 物质的平动能 $U_{t,m} = \frac{3}{2}RT$；1mol 线性分子的转动能为 RT，1mol 非线性分子的转动能为 $\frac{3}{2}RT$。

理想气体的热容：

单原子分子：$C_{v,m} = \frac{3}{2}R \quad C_{p,m} = \frac{5}{2}R \quad \gamma = \frac{5}{3}$

双原子分子：$C_{v,m} = \frac{5}{2}R \quad C_{p,m} = \frac{7}{2}R \quad \gamma = 1.4$

三原子分子：$C_{v,m} = 3R \quad C_{p,m} = 4R \quad \gamma = \frac{4}{3}$（非线性分子）

晶体热容：

杜隆-柏蒂定律：$C_{v,m} = 3R$

爱因斯坦比热理论

$$q_v = e^{\frac{h\nu_E}{2kT}} \frac{1}{1 - e^{-h\nu_E/kT}}$$

$$U = 3Nh\nu_E \frac{1}{e^{-h\nu_E/kT} - 1} + E_0$$

$$E_0 = \frac{3}{2}Nh\nu_E$$

$$C_{v,m} = 3R\left(\frac{\Theta_E}{T}\right)^2 \cdot \frac{e_E^{\Theta}/T}{(e_E^{\Theta}/T - 1)^2}$$

式中：ν_E 为晶体的爱因斯坦频率；$\Theta_E = \frac{h\nu_E}{k}$ 为爱因斯坦特征温度对上热容公式进行

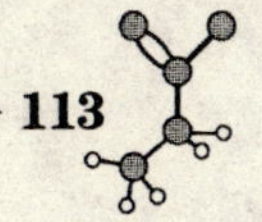

讨论，可知：

$$\lim_{T\to\infty} C_{v,\ m} = 3R$$
$$\lim_{T\to 0\mathrm{K}} C_{v,\ m} = 0$$

8. 化学势的统计力学表达式

对于多组分体系，体系配分函数可表达为：

$$Q = \prod_{j=1}^{r}\left(\frac{e}{N}q_j\right)^{N_j}$$

其中 N_j 为 j 物种的分子数，q_j 为 j 分子的分子配分函数。上式适用于理想气体体系。

理想气体的化学势：

$$\mu_i = -RT\ln\frac{q_i}{N_i}$$

$$\mu_i^{\theta}(T) = -RT\ln\frac{q_i^0}{N_A}$$

q_i^0 是当 i 气体处于标准状态时所求得的分子配分函数。标准状态为：1mol 纯 i 气体，温度为 T，压力为 $1p^{\ominus}$，体积为 V_m。

理想气体的吉布斯自由能：

$$G = \sum_i n_i RT\ln\frac{q_i}{N_i}$$

9. 化学反应平衡常数的计算

由配分函数求平衡常数：

$$K_p^{\ominus} = \prod_i\left(\frac{q_i^*}{N_A}\right)v_i \cdot e^{-\frac{\Delta U_0}{RT}}$$

$$\Delta U_0 = \sum_i v_i U_{i,\ 0}(m)$$

$U_{i,\ 0}(m)$ ：1mol i 物质的各运动形态均处于基态能级时所具有的能量。

由自由能函数计算平衡常数：

自由能函数：
$$\frac{G_m - U_m(0)}{T} = -R\ln\frac{q^*}{N_A}$$

热能函数：
$$\frac{H_m - U_m(0)}{T} = RT\left(\frac{\partial \ln q}{\partial T}\right)_{V、N} + R$$

$$-R\ln K_p^{\ominus} = \Delta\left[\frac{G_m^{\ominus}(T) - U_m^{\ominus}(0)}{T}\right] + \frac{\Delta_r U_m^{\ominus}(0)}{T}$$

$$\Delta_r U_m^{\ominus}(0) = T\left[\frac{\Delta_r H_m^{\ominus}(T)}{T}\right] - \Delta\left(\frac{H_m^{\ominus}(T) - U_m^{\ominus}(0)}{T}\right)$$

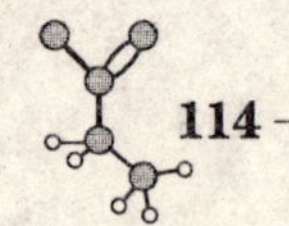

二、习 题 解 答

1. 设有一由三个一维简谐振子组成的系统的能量为 $\frac{11}{2}h\nu$，三个谐振子的运动时相互独立的，求各种分布类型和各种分布出现的几率？

解：因三个谐振子的运动为相互独立的，故此系统是可别粒子体系。谐振子的能级公式为：

$$\varepsilon_v = \left(n + \frac{1}{2}\right) h\nu \qquad n = 0, 1, 2, \cdots$$

式中：n 是振动能级的量子数，取值为正整数，h 是普朗克常数，v 为振动频率。设系统粒子按下列方法分配至各能级：

能级能量：$\frac{1}{2}h\nu \quad \frac{3}{2}h\nu \quad \frac{5}{2}h\nu \quad \frac{7}{2}h\nu \quad \frac{9}{2}h\nu \quad \frac{11}{2}h\nu \quad \cdots$

能级粒子数：$N_0 \quad N_1 \quad N_2 \quad N_3 \quad N_4 \quad N_5 \quad \cdots$

对于本题给定的系统，各分布必须满足以下条件：

$$\sum_i N_i = 3 \qquad \sum_i N_i \varepsilon_i = \frac{11}{2}h\nu$$

满足以上条件的分布有：

分布 1：　$N_0 = 1, \ N_2 = 2 \quad E = \frac{1}{2}h\nu + 2 \times \frac{5}{2}h\nu = \frac{11}{2}h\nu$

微观状态数：

$$t_1 = \frac{3!}{1!2!} = 3$$

分布 2：$N_0 = 1, \ N_1 = 1, \ N_3 = 1 \ E = \frac{1}{2}h\nu + \frac{3}{2}h\nu + \frac{7}{2}h\nu = \frac{11}{2}h\nu$

微观状态数：

$$t_2 = \frac{3!}{1!1!1!} = 6$$

分布 3：　$N_0 = 2, \ N_4 = 1, \ E = 2 \times \frac{1}{2}h\nu + \frac{9}{2}h\nu = \frac{11}{2}h\nu$

微观状态数：

$$t_3 = \frac{3!}{2!1!} = 3$$

分布 4：　$N_1 = 2, \ N_2 = 1, \ E = 2 \times \frac{3}{2}h\nu + \frac{5}{2}h\nu = \frac{11}{2}h\nu$

微观状态数：

$$t_4 = \frac{3!}{2!1!} = 3$$

各种分布微观状态数总和：

$$\Omega = \sum_i t_i = 3 + 6 + 3 + 3 = 15\text{（种）}$$

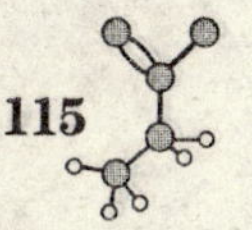

各种分布出现的几率为：

分布1出现的几率：0.2，分布2的几率：0.4，分布3的几率：0.2，分布4的几率：0.2。

2. 设有一个圆柱形的铁皮筒，体积为：$V=\pi R^2L=1.00\ \mathrm{dm}^3$。铁皮面积为 $S=2\pi R^2+2\pi RL$，试用拉格朗日条件极值法求算当 R 与 L 之间呈何种关系时，铁皮的面积最小；并计算至少需要多大面积的铁皮？

解：由题给条件：$L=\dfrac{1}{\pi R^2}$

$$S=2\pi R^2+2\pi RL=2\pi R^2+2\pi R\cdot\frac{1}{\pi R^2}=2\pi R^2+\frac{2}{R}$$

为求极值，令：

$$\frac{\mathrm{d}S}{\mathrm{d}R}=4\pi R-\frac{2}{R^2}=0$$

$$R=\left(\frac{2}{4\pi}\right)^{1/3}=\left(\frac{1}{2\pi}\right)^{1/3}$$

故 $$L=\frac{1}{\pi R^2}=\frac{1}{\pi}\cdot\left(\frac{2\pi}{1}\right)^{2/3}=\left(\frac{4}{\pi}\right)^{1/3}=2\left(\frac{4}{8\pi}\right)^{1/3}=2\left(\frac{1}{2\pi}\right)^{1/3}$$

故 $$L=2R\text{（即圆柱形的高等于其直径）}$$

$$S=2\pi R^2+2\pi R\cdot(2R)=6\pi R^2=5.54\ \mathrm{dm}^2$$

3. 试证明玻尔兹曼分布的微观状态数公式为：$\ln t=\ln(q^N\cdot e^{U/kT})$

式中： $q=\sum\limits_i g_ie^{-\varepsilon_i/kT}$ $U=\sum\limits_i N_i\varepsilon_i$

证明：玻尔兹曼分布的微观状态数为：

$$t=N!\prod_i\frac{g_i^{N_i}}{N_i!}\qquad\text{（可别粒子体系）}$$

$$\begin{aligned}\ln t&=\ln N!+\sum_i[N_i\ln g_i-\ln N_i!]\\&=\ln N!+\sum_i[N_i\ln g_i-N_i\ln N_i+N_i]\\&=\ln N!+\sum_i\left[N_i\ln g_i-N_i\ln\frac{N\cdot g_i\cdot e^{-\varepsilon_i/kT}}{q}+N_i\right]\\&=\ln N!+\sum_i[N_i\ln g_i-N_i\ln N-N_i\ln g_i+N_i\varepsilon_i/kT+N_i\ln q+N_i]\\&=\ln N!+\sum_i\frac{N_i\varepsilon_i}{kT}+\sum_i N_i\ln q-\sum_i N_i\ln N+\sum_i N_i\\&=\ln N!+\frac{U}{kT}+N\ln q-N\ln N+N\\&=\ln q^N+\frac{U}{kT}\qquad(\ln N!=N\ln N-N)\end{aligned}$$

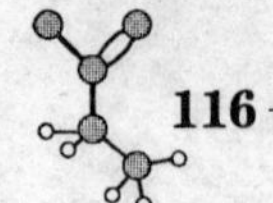

$$= \ln(q^N \cdot e^{-\varepsilon_0/kT})$$

证毕。

4. 有三个穿黄色，二个穿灰色，一个穿蓝色制服的人列队，试问：

(1)试问有多少种队形；

(2)若黄色制服的人有三种徽章，穿灰色的有两种，穿蓝色的有四种。试问有多少种队形？

解：(1)穿同颜色制服的人是不可别的，则不同的队形有：

$$\frac{6!}{3!\ 2!\ 1!} = 60\ (种)$$

(2)若佩带不同的徽章，不同的队形有：

$$6!\ \frac{3^3 \times 2^2 \times 4^1}{3!\ 2!\ 1!} = 25920\ (种)$$

5. 某公园猴舍中有三只金丝猴和二只长臂猿。金丝猴有红绿两种帽子，可任戴一种，而长臂猿可在黄、灰、黑三种帽子中任取一种，试问展出时可出现几种不同的情况？

解：$W = \dfrac{(N_1 + g_1 - 1)!}{N_1!\ (g_1 - 1)!} \cdot \dfrac{(N_2 + g_2 - 1)!}{N_2!\ (g_2 - 1)!}$

$$= \frac{(3+2-1)!}{3!\ (2-1)!} \cdot \frac{(2+3-1)!}{2!\ (3-1)!} = \frac{4!}{3!\ 1!} \cdot \frac{4!}{2!\ 2!} = 24\quad (种)$$

6. 某系统由 6 个可别粒子组成，其中每个分子所允许的能级为 0、ε、2ε、3ε，每个能级均非简并的，当系统总能量为 3ε 时，共有多少种分布类型？每种分布类型的几率是多少？

解：令分布为：$\{N_i\}$

能级：　0　ε　2ε　3ε

能级粒子数：　N_0　N_1　N_2　N_3

分布须满足条件：$\sum\limits_i N_i = 6$，$\sum\limits_i N_i\varepsilon_i = 3\varepsilon$

满足上述条件的分布共三种：

分布 1：　$N_0 = 5$，$N_3 = 1$　$E = 0 \times 5 + 3\varepsilon = 3\varepsilon$

$$t_1 = \frac{6!}{5!1!} = 6$$

分布 2：　$N_0 = 4$，$N_1 = 1$，$N_2 = 1$　$E = \varepsilon + 2\varepsilon = 3\varepsilon$

$$t_2 = \frac{6!}{4!1!1!} = 30$$

分布 3：　$N_0 = 3$，$N_1 = 3$　$E = 0 \times 3 + 3 \times \varepsilon = 3\varepsilon$

$$t_3 = \frac{6!}{3!3!} = 20$$

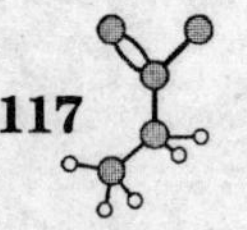

7. 某三原子分子 AB_2 可看做理想气体，并设其各个运动自由度都服从经典的能量均分原理，已知 $\gamma = C_p/C_v = 1.154$，试判断 AB_2 是否为线性分子？

解：先设其为线性分子，则每个分子有 3 个平动自由度、2 个转动自由度和 4 个振动自由度，由能量均分原理，其热容为：

$$C_{V,m} = \frac{3}{2}R + R + 4R = 6\frac{1}{2}R = \frac{13}{2}R$$

$$C_{p,m} = 7\frac{1}{2}R = \frac{15}{2}R$$

$$\gamma = \frac{C_p}{C_V} = 15/13 = 1.154$$

与题给条件相吻合。故 AB_2 是线性分子。

若 AB_2 是非线性分子，则只有 3 个振动自由度，其比热为：

$$C_{v,m} = \frac{3}{2}R + \frac{3}{2}R + 3R = 6R,\ C_{p,m} = 7R$$

$\gamma = 7/6 = 1.167 \neq 1.15$，故不是非线性分子。

8. 四种分子的有关参数如下：

	M_r	Θ_r/K	Θ_V/K
H_2	2	87.5	5976
HBr	81	12.2	3682
N_2	28	2.89	3353
Cl_2	71	0.35	801

试问在同温同压条件下，哪种气体的摩尔平动熵最大？哪种气体的摩尔转动熵最大？哪种气体的振动基本频率最小？

解：平动熵的表达式如下：

$$S_m^t = R \cdot \ln\left[\left(\frac{2\pi mkT}{h^2}\right)^{\frac{3}{2}} \frac{V_m}{N_A}\right] + \frac{5}{2}R$$

在同温同压下，纯理想气体的熵值只与分子质量有关，质量愈大，熵值愈大。故 HBr 的摩尔平动熵最大。

$$S_m^t = R\ln q_r + R = R\ln\left(\frac{T}{\sigma\Theta_r}\right) + R$$

在相同条件下，$\sigma\Theta_r$ 的值愈小，转动熵值愈大。σ 为对称因子，异核双原子分子 $\sigma = 1$，同核双原子分子 $\sigma = 2$，因表中数据 Cl_2 的 $\sigma\Theta_r$ 值最小，所以 Cl_2 的摩尔转动熵最大。

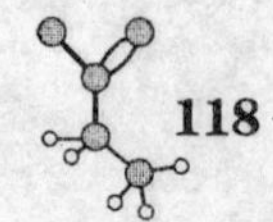

$$\Theta_V = \frac{hv}{k}$$

故频率 v 的值与 Θ_V 成正比，因而 Cl_2 的基本振动频率最小。

9. 当某热力学体系的熵增加 $0.418\text{J}\cdot\text{K}^{-1}$ 时，体系的微观状态数目增加多少倍？

解：由玻尔兹曼关系式：

$$S = k\ln\Omega$$

$$S_1 = k\ln\Omega_1 \quad S_2 = k\ln\Omega_2$$

$$\Delta S = S_2 - S_1 = k\ln\Omega_2 - k\ln\Omega_1 = 0.418\ \text{JK}^{-1}$$

$$k\ln\frac{\Omega_2}{\Omega_1} = 0.418\ \text{JK}^{-1}$$

$$\frac{\Omega_2}{\Omega_1} = e^{\frac{0.418\text{JK}^{-1}}{1.381\times10^{-23}\text{JK}^{-1}}} \approx e^{3\times10^{22}}$$

10. 设有极大数量的三维平动子组成的宏观系统，置于边长为 a 的正方体容器中。系统的体积、粒子质量和温度有如下关系：$\frac{h^2}{8ma^2} = 0.1kT$。试问处于能级 $\varepsilon_1 = \frac{9h^2}{4ma^2}$ 和 $\varepsilon_2 = \frac{27h^2}{8ma^2}$ 上粒子数的比值是多少？

解：三维平动子的能级公式为：

$$\varepsilon_t = \frac{h^2}{8ma^2}(n_x^2 + n_y^2 + n_z^2)$$

由上式及能级能量可求出能级的简并度。

对于 ε_1 能级：

$$\varepsilon_1 = \frac{9h^2}{4ma^2} = \frac{h^2}{8ma^2}\cdot 18 = \frac{h^2}{8ma^2}(1^2 + 1^2 + 4^2)$$

此能级的简并量子态为：

	量子态 1	量子态 2	量子态 3
n_x:	1	1	4
n_y:	1	4	1
n_z:	4	1	1

ε_1 能级的简并度为：$g_1 = 3$。

对于 ε_2 能级：

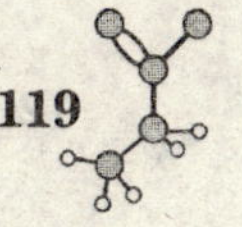

$$\varepsilon_2 = \frac{27h^2}{4ma^2} = \frac{h^2}{8ma^2}(1^2 + 1^2 + 5^2) = \frac{h^2}{8ma^2}(3^2 + 3^2 + 3^2)$$

此能级的简并量子态为：

	量子态 1	量子态 2	量子态 3	量子态 4
n_x:	1	1	5	3
n_y:	1	5	1	3
n_z:	5	1	1	3

ε_2能级的简并度为：$g_2 = 4$。

ε_1和ε_2能级上粒子数的比等于能级玻尔兹曼因子之比，故有：

$$\frac{N_1}{N_2} = \frac{g_1 e^{-\frac{\varepsilon_1}{kT}}}{g_2 e^{-\frac{\varepsilon_2}{kT}}} = \frac{3}{4}e^{\frac{\varepsilon_2-\varepsilon_1}{kT}} = \frac{3}{4}e^{\frac{h^2}{8ma^2}\frac{27-18}{kT}} = \frac{3}{4}e^{\frac{h^2}{8ma^2}\cdot\frac{9}{kT}}$$

$$\frac{N_1}{N_2} = \frac{3}{4}e^{0.1kT\times\frac{9}{kT}} = \frac{3}{4}e^{0.9} = 1.84$$

ε_1 和 ε_2 能级上粒子数目之比为 1.84。

11. 某分子的电子基态能级能量为 0，第一激发态基态的能量为 $400\text{kJ}\cdot\text{mol}^{-1}$，试问：

(1)300K 时，第一激发态的分子所占的百分比；

(2)若要使第一激发态的分子数占全体分子数的 10%，体系需多高温度(设更高激发态可忽略，且基态与第一激发态的简并度均为 1)？

解：(1)因可忽略更高能级，故分子的电子配分函数只需基态及第一激发态的玻尔兹曼因子求和。

$$q = e^{-\frac{\varepsilon_0}{kT}} + e^{-\frac{\varepsilon_1}{kT}}$$

$$\frac{N_1}{N} = \frac{g_1 e^{-\frac{\varepsilon_1}{kT}}}{q} = \frac{e^{-\frac{\varepsilon_1}{kT}}}{e^{-\frac{\varepsilon_0}{kT}} + e^{-\frac{\varepsilon_1}{kT}}} = \frac{1}{e^{\frac{\varepsilon_1-\varepsilon_0}{kT}} + 1} = \frac{1}{e^{\frac{\Delta E_1}{RT}} + 1}$$

在 300K 时：

$$\frac{N_1}{N} = \frac{1}{e^{\frac{400000\text{J}\cdot\text{mol}^{-1}}{8.314\text{J}\cdot\text{mol}^{-1}\cdot\text{K}^{-1}\times300\text{K}}} + 1} = \frac{1}{e^{160.37}} = 2.25\times10^{-70}$$

(2)设第一激发态拥有的粒子数占分子总数的 10%，有：

$$\frac{N_1}{N} = \frac{1}{10} = \frac{1}{e^{\frac{400000\text{J}\cdot\text{mol}^{-1}}{8.314\text{J}\cdot\text{mol}^{-1}\cdot\text{K}^{-1}}\cdot\frac{1}{T}} + 1} = \frac{1}{e^{\frac{48112\text{K}}{T}} + 1}$$

$$e^{\frac{48112K}{T}} + 1 = 10$$

故
$$e^{\frac{48112K}{T}} = 9$$

$$48112K \times \frac{1}{T} = 2.197$$

解得：
$$T = 21897K \approx 22000K$$

当系统温度为22000K时，处于电子第一激发态的分子数占全体分子数的10%。

12. 1000K下，HBr分子在$v=2$，$J=5$，电子在基态的数目与$v=1$，$J=2$，电子在基态的电子数目之比是多少？已知HBr分子的$\Theta_v = 3700K$　$\Theta_r = 12.1K$。

解：由玻尔兹曼分布律，第一种情况的分子数N_1与第二种情况的分子数N_2之比为：

$$\frac{N_1}{N_2} = \frac{g_{v,2}g_{J,5} \cdot e^{-\varepsilon_1/kT}}{g_{v,1}g_{J,2} \cdot e^{-\varepsilon_2/kT}} = \frac{1 \times (2 \times 5 + 1) \cdot e^{-\frac{5}{2}\frac{\Theta_v}{T} - 5\times 6\times\frac{\Theta_r}{T}}}{1 \times (2 \times 2 + 1) \cdot e^{-\frac{3}{2}\frac{\Theta_v}{T} - 2\times 3\times\frac{\Theta_r}{T}}}$$

$$= \frac{11}{5} \cdot e^{-\left(\frac{5}{2}-\frac{3}{2}\right)\cdot\frac{3700K}{1000K}} \cdot e^{-(30-6)\frac{12.1K}{1000K}}$$

$$= \frac{11}{5} \cdot e^{-3.7} \cdot e^{-0.2904} = \frac{11}{5} \cdot e^{-3.9904}$$

$$= 0.0407$$

13. 某分子的两个能级是：$\varepsilon_1 = 6.1 \times 10^{-21}J$，$\varepsilon_2 = 8.4 \times 10^{-21}J$，相应的简并度为$g_1 = 3$，$g_2 = 5$。试求：(1)当T=300K；(2)T=3000K时，由此分子组成的系统中这两能级上粒子数之比是多少？

解：由玻尔兹曼分布律，能级上粒子数之比等于能级玻尔兹曼因子与简并度乘积之比。

(1) $T=300K$时

$$\frac{N_1}{N_2} = \frac{g_1 e^{-\frac{\varepsilon_1}{kT}}}{g_2 e^{-\frac{\varepsilon_2}{kT}}} = \frac{3 \cdot e^{-\frac{6.1\times10^{-21}J}{300K\times1.381\times10^{-23}J\cdot K^{-1}}}}{5 \cdot e^{-\frac{8.4\times10^{-21}J}{300K\times1.381\times10^{-23}J\cdot K^{-1}}}} = \frac{3 \times e^{-1.472}}{5 \times e^{-2.028}} = 1.05$$

(2) $T=3000K$时

$$\frac{N_1}{N_2} = \frac{3 \times e^{-0.1472}}{5 \times e^{-0.2028}} = 0.634$$

14. 将N_2气在电弧中加热，从光谱曲线观察到处于振动第一激发态的相对分子数$\frac{N_{v=1}}{N_{v=0}} = 0.26$，式中：$v$是振动量子数，已知$N_2$的振动频率$v = 6.99 \times 10^{13}s^{-1}$，试求：

(1)气体的温度；

(2)计算振动能量在总能量(包括平动、转动和振动)中所占的百分比？

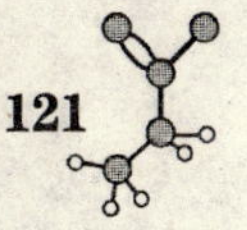

解：(1)振动各能级简并度均为1，由题给数据可求出N_2的振动特征温度。

$$\Theta_v = \frac{hv}{k} = \frac{6.626\times10^{-34}\mathrm{J\cdot s}\times6.99\times10^{13}\mathrm{s^{-1}}}{1.3806\times10^{-23}\mathrm{J\cdot K^{-1}}} = 3355\ \mathrm{K}$$

处于振动第一激发态的相对分子数为：

$$\frac{N_{v=1}}{N_{v=0}} = \frac{e^{-\frac{3}{2}\frac{\Theta_v}{T}}}{e^{-\frac{1}{2}\frac{\Theta_v}{T}}} = e^{-\frac{\Theta_v}{T}} = 0.26$$

$$-\frac{\Theta_v}{T} = -\frac{3355\mathrm{K}}{T} = -1.347$$

$$T = \frac{3355\mathrm{K}}{1.347} = 2490\ \mathrm{K}$$

N_2在电弧中的温度为2490K。

(2)N_2有3个平均自由度、2个转动自由度和1个振动自由度，平动与转动的能量为：

$$E_t = \frac{3}{2}RT \qquad E_r = RT \qquad E_t + E_r = \frac{5}{2}RT$$

$$E_v = \frac{1}{2}N_A hv + \frac{N_A hv}{e^{\Theta_v/T}-1} = N_A hv\left(\frac{1}{2} + \frac{1}{e^{\Theta_v/T}-1}\right)$$

$$= 6.023\times10^{23}\ \mathrm{mol^{-1}}\times6.626\times10^{-34}\mathrm{J\cdot s}\times6.99\times10^{13}\mathrm{s^{-1}}\left(\frac{1}{2} + \frac{1}{3.846-1}\right)$$

$$E_v = 23750\ \mathrm{J\cdot mol^{-1}}$$

振动能在总能量(包括平动、转动和振动)中所占的百分比为：

$$\frac{E_v}{E} = \frac{E_v}{E_t + E_r + E_v} = \frac{23750\mathrm{J}}{23750\mathrm{J} + \frac{5}{2}RT} = \frac{23750\mathrm{J}}{75505\mathrm{J}} = 0.3145$$

振动能占总能量的31.45%。

15. 设某种理想气体A，分子的最低能级是非简并的，取分子的基态为能量零点，第一激发态能量为ε，简并度为2，忽略更高能级。

(1)写出A分子配分函数q的表达式；

(2)设$\varepsilon = kT$，求相邻两能级上粒子数之比；

(3)当T=298.15K时，若$\varepsilon = kT$，试计算1mol该气体的能量是多少？

解：(1)q的表达式为：

$$q = \sum_i g_i e^{-\frac{\varepsilon_i}{kT}} = g_i e^{-\frac{\varepsilon_0}{kT}} + g_i e^{-\frac{\varepsilon_1}{kT}} \qquad \text{(忽略更高能级)}$$

$$= 1 + 2e^{-\frac{\varepsilon}{kT}}$$

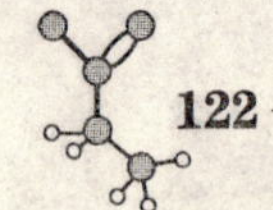

(2) $\dfrac{N_1}{N_0}=\dfrac{g_1\cdot e^{-\frac{\varepsilon_1}{kT}}}{g_0 e^{-\frac{\varepsilon_2}{kT}}}=2\cdot e^{-\frac{\Delta\varepsilon_1}{kT}}=2\cdot e^{-1}=0.7358$

(3) $U=N_0\varepsilon_0+N_1\varepsilon_1=N_1\varepsilon^1=\dfrac{0.7358}{1.7358}\cdot N_A\cdot kT$

$$=0.4239\times RT=0.4239\times 8.314\text{J}\cdot\text{mol}^{-1}\cdot\text{K}^{-1}\times 298.15\text{K}$$

$$=1051\ \text{J}\cdot\text{mol}^{-1}$$

该气体在 298.15K 时的摩尔能量为 1051 $\text{J}\cdot\text{mol}^{-1}$。

16. 某单原子分子理想气体的配分函数 q 具有下列形式：$q=V\cdot f(T)$ 。(1)试导出理想气体状态方程式；(2)若该气体的配分函数的具体表达式为：$q=\left(\dfrac{2\pi mkT}{h^2}\right)^{\frac{2}{3}}V$，试导出压力 p 和内能 U 的表达式，并推出理想气体的状态方程式。

解：(1)此气态物质的赫氏自由能为：

$$F=-NkT\ln\left(\frac{e}{N}q\right)=-NkT\ln\left(\frac{e}{N}f(T)\cdot V\right)$$

对赫氏自由能求体积对偏微商：

$$p=-\left(\frac{\partial F}{\partial V}\right)_{T,N}=NkT\frac{\partial}{\partial V}\left[\ln\left(\frac{e}{N}f\right)+\ln V\right]=NkT\cdot\frac{1}{V}$$

所以 $$pV=NkT$$

上式为此气体得状态方程，即为理想气体状态方程。

(2)其赫氏自由能为：

$$F=-NkT\ln\left(\frac{e}{N}q\right)=-NkT\ln\left(\frac{e}{N}\left(\frac{2\pi mkT}{h^2}\right)^{\frac{2}{3}}\cdot V\right)$$

压力表达式为：

$$p=-\left(\frac{\partial F}{\partial V}\right)_{T,N}=NkT\frac{\partial\ln V}{\partial V}=\frac{NkT}{V}$$

故 $$pV=NkT$$

上式即为理想气体状态方程。此气体的内能为：

$$U=NkT^2\left(\frac{\partial\ln q}{\partial T}\right)_{V,N}=NkT^2\cdot\frac{\partial}{\partial T}\left[\ln\left(\frac{2\pi mkT}{h^2}\right)^{\frac{2}{3}}V+\ln T^{\frac{3}{2}}\right]$$

$$=\frac{3}{2}NkT^2\cdot\frac{1}{T}=\frac{3}{2}NkT$$

$$U_m=\frac{3}{2}RT$$

17. 若氩(Ar)可看作理想气体，相对分子量为 40，取分子的基态(设其简并度为 1)作为能量零点，第一激发态(设其简并度为 2)与基态能量的差为 ε，忽略更

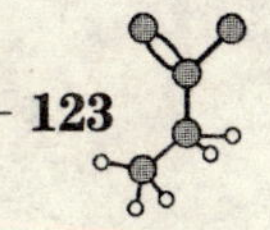

高能级。

(1)写出氩分子配分函数表达式；

(2)设 $\varepsilon = 5kT$，求在第一激发能级上的分子数占总分子数的百分比；

(3)计算 1 molAr 在 298.15K，$1p^{\ominus}$下的统计熵值，设 Ar 的核与电子的简并度为 1。

解：(1)氩分子得配分函数表达式为：

$$q = \sum_i g_i e^{-\frac{\varepsilon_i}{kT}}$$

$$q = 1 + 2e^{-\frac{\varepsilon}{T}} \quad \text{忽略更高能级}$$

(2) $\dfrac{N_1}{N} = \dfrac{2e^{-\frac{5kT}{kT}}}{q} = \dfrac{2 \cdot e^{-5}}{1 + 2e^{-5}} = 0.0133$

第一激发能级的分子数占总数的 1.33%。

(3)1 摩尔氩气得熵值为：

$$S_m^{\ominus} = R\left[\ln\frac{q}{N} + \frac{5}{2}\right] = R\left[\ln\left(\left(\frac{2\pi mkT}{h^2}\right)^{\frac{3}{2}} \cdot \frac{V}{N_A}\right) + \frac{5}{2}\right]$$

$$S_m^{\ominus}(\mathrm{Ar}) = 152.9\ \mathrm{J \cdot K^{-1} \cdot mol^{-1}}$$

18. 钠原子气体(设为理想气体)凝聚成一表面膜。

(1)若钠原子在膜内要自由运动(即三维平动)，试写出此凝聚过程的摩尔平动熵变的统计表达式；

(2)基钠原子在膜内不动，其凝聚过程的摩尔平动熵变的统计表达式又将如何？

解：钠原子气体在空间的运动为三维势箱中的自由粒子，钠原子在凝聚膜内的运动要视为二维势箱中的自由粒子，两者能级公式相似，只是平动量子数的个数不同，膜中粒子的平动只有两个平动自由度，相应的平动量子数也只有两个。

(1)钠原子在三维空间中运动时，其分子平动配分函数为：

$$q_{t,\ 3d} = \left(\frac{2\pi mkT}{h^2}\right)^{3/2} \cdot V$$

当钠原子在二维平面中运动时，只有两个运动自由度，其分子平动配分函数为：

$$q_{t,\ 2d} = \frac{2\pi mkT}{h^2} \cdot A$$

二维平动子只有 2 个平动自由度，故其平动内能 $U_{m,\ 2\mathrm{d}} = RT$

$$F_{t,\ 2d} = -NkT\ln\left(\frac{e}{N}q\right) = -NkT\ln\left(\frac{2\pi mkT}{h^2}\frac{A}{N}\right) - NkT$$

$$S_{t,\ 2d} = \frac{U - F}{T} = Nk\ln\frac{2\pi mkT}{h^2} \cdot \frac{A}{N} + 2Nk$$

(2)当钠原子由气体凝结为一表面膜时，其平动运动由三维平动子变为二维平动子，若不考虑核与电子运动的影响，则此过程的熵变为：

$$\Delta S_m = \Delta S_{t,\ m} = \Delta S_{t,\ 2d} - \Delta S_{t,\ 3d}$$

$$= R\ln \frac{2\pi mkT}{h^2} \cdot \frac{A}{N} + 2R - \left(R\ln\left(\frac{2\pi mkT}{h^2}\right)^{\frac{3}{2}} \frac{V}{N_A} + \frac{5}{2}R\right)$$

$$= R\ln\left[\left(\frac{h^2}{2\pi mkT}\right)^{\frac{1}{2}} \cdot \frac{N_A}{V_m}\right] - \frac{1}{2}R$$

若钠原子在膜内不动，则钠原子的二维平动熵 $S_{t,\ 2d} = 0$，有：

$$\Delta S_{t,\ m} = 0 - \Delta S_{t,\ 3d} = -\Delta S_{t,\ 3d}$$

$$= -R\ln\left[\left(\frac{2\pi mkT}{h^2}\right)^{\frac{3}{2}} \cdot \frac{V_m}{N_A}\right] - \frac{5}{2}R$$

19. 证明由 N 个近独立非定域粒子组成的体系的恒压热容 C_p 的统计力学表达式为：

$$C_{p,\ m} = \frac{R}{T^2}\left[\frac{\partial^2 \ln q}{\partial(1/T)^2}\right]_p$$

证明：题给体系即为理想气体体系

$$G = F + pV = -NkT^2\ln\frac{q}{N}$$

$$S = -\left(\frac{\partial G}{\partial T}\right)_p = Nk\ln\frac{q}{N} + NkT\left(\frac{\partial \ln q}{\partial T}\right)_p$$

所以

$$H_m = G + TS = RT^2\left(\frac{\partial \ln q}{\partial T}\right)_p$$

$$C_{p,\ m} = \left(\frac{\partial H_m}{\partial T}\right)_p$$

$$= 2RT\left(\frac{\partial \ln q}{\partial T}\right)_p + RT^2 \cdot \left(\frac{\partial^2 \ln q}{\partial T^2}\right)_p \tag{1}$$

另有：

$$\frac{R}{T^2}\left[\frac{\partial^2 \ln q}{\partial(1/T)^2}\right]_p = -R\frac{\partial}{\partial T}\left[\frac{\partial^2 \ln q}{\partial(1/T)}\right]_p$$

$$= R\frac{\partial}{\partial T}\left[T^2 \cdot \frac{\partial \ln q}{\partial T}\right]_p$$

$$= R\left[2T\frac{\partial \ln q}{\partial T} + T^2\frac{\partial^2 \ln q}{\partial T^2}\right]_p$$

$$= 2RT\left[\frac{\partial \ln q}{\partial T}\right]_p + RT^2\left[\frac{\partial^2 \ln q}{\partial T^2}\right]_p \tag{2}$$

比较(1)式与(2)式，即得：

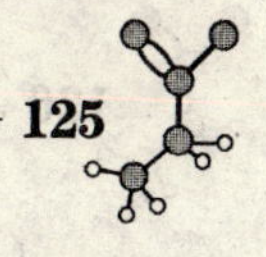

$$C_{p,\,m} = \frac{R}{T^2}\left[\frac{\partial^2 \ln q}{\partial(1/T)^2}\right]_p$$

证毕。

20. 计算298.15K下，1cm^3容器中：(1) H_2分子；(2) CH_4分子；(3) C_8H_{18}分子的平动配分函数q_t。

解：设以上几种气体均为理想气体，其分子配分函数当表达式为：

$$q_t = \left(\frac{2\pi mkT}{h^2}\right)^{3/2} V$$

$$= \left(\frac{2\pi \times 1.3806 \times 10^{-23}\text{J}\cdot\text{K}^{-1} \times 298.15\text{K}}{6.626^2 \times 10^{-68}\text{J}^2\cdot\text{s}^2 \times 6.023 \times 10^{23}\ \text{mol}^{-1}}\right)^{3/2} \times M^{3/2}\cdot V$$

$$= (9.781 \times 10^{22})^{3/2}\text{J}^{-1.5}\cdot\text{s}^{-3}\cdot\text{mol}^{1.5} \times 1 \times 10^{-6}\text{m}^3 \times (M)^{3/2}$$

$$= 3.059 \times 10^{28}\text{J}^{-1.5}\cdot\text{s}^{-3}\cdot\text{mol}^{1.5}\cdot\text{m}^3 \times (M)^{3/2}$$

H_2：

$$M = 2 \times 10^{-3}\text{kg}\cdot\text{mol}^{-1}$$

$$q_t(H_2) = 3.059\times10^{28}\text{J}^{-1.5}\cdot\text{s}^{-3}\cdot\text{mol}^{1.5}\cdot\text{m}^3\times(2\times10^{-3}\text{kg}\cdot\text{mol}^{-1})^{3/2}$$

$$=3.059\times10^{28}(\text{m}^2\cdot\text{kg}\cdot\text{s}^{-2})^{-1.5}\cdot\text{s}^{-3}\cdot\text{mol}^{1.5}\cdot\text{m}^3\times8.944\times10^{-5}\text{kg}^{1.5}\cdot\text{mol}^{-1.5}$$

$$=3.059\times10^{28}\times8.944\times10^{-5}\ \text{m}^{-3}\cdot\text{kg}^{-1.5}\cdot\text{s}^3\cdot\text{s}^{-3}\cdot\text{mol}^{1.5}\cdot\text{m}^3\cdot\text{kg}^{1.5}\cdot\text{mol}^{-1.5}$$

$$=2.74\times10^{24}$$

CH_4：

$$M=16\times10^{-3}\text{kg}\cdot\text{mol}^{-1}$$

$$q_t(CH_4) = 6.19\times10^{25}$$

C_8H_{18}：

$$M=114\times10^{-3}\text{kg}\cdot\text{mol}^{-1}$$

$$q_t(C_8H_{18}) = 1.18\times10^{27}$$

21. HCN气体的转动光谱呈现在远红外区，其中一部分如下：2.96cm^{-1}，5.92cm^{-1}，8.87cm^{-1}，11.83cm^{-1}。

(1)试求300K时，该分子的转动配分函数；

(2)试求转动对摩尔恒压热容的贡献为多少？

解：由分子光谱学原理。远红外区分子光谱的振动转动谱，其间距值为$2B$，且有：

$$2B = \frac{h}{4\pi^2 I}$$

因为

$$\Theta_r = \frac{h^2}{8\pi^2 Ik} = \frac{2B}{2} \times \frac{h}{k}$$

由题给数据：

$$2B = 2.96\ \text{cm}^{-1} = 8.88 \times 10^{10}\text{s}^{-1}$$

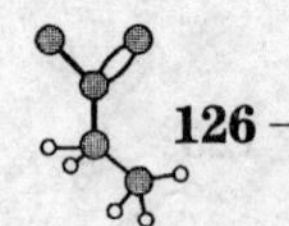

(1)HCN当转动特征温度为：

$$\Theta_r = \frac{8.88 \times 10^{10}\mathrm{s}^{-1}}{2} \times \frac{6.626 \times 10^{-34}\mathrm{J \cdot s}}{1.3806 \times 10^{-23}\mathrm{J \cdot K^{-1}}} = 2.131\ \mathrm{K}$$

因为HCN的转动特征温度Θ_r很小，故HCN的转动配分函数为：

$$q_r = \frac{T}{\Theta_r} = \frac{300\mathrm{K}}{2.131\mathrm{K}} = 141$$

(2)转动对热容的贡献可取经典值，因为HCN为线性分子，具有2个转动自由度，HCN分子的转动运动对热容的贡献为：

$$C_m(\text{转动}) = 2 \times \frac{1}{2}R = R$$

22. Si（g）在5000K时有下列数据，试求在5000K时：

(1)Si(g)的电子配分函数；

(2)在$^1D_2$能级最可几的原子分布数？

能级	$^3p_0$	$^3p_1$	$^3p_2$	$^1D_2$	$^1D_0$
简并度	1	3	5	5	1
ε_i/kT	0.00	0.022	0.064	1.812	4.430

解：(1)因为电子能级的间距较大，在求电子配分函数时，只计算题给的几个能级的贡献即可满足要求。气态硅原子当电子配分函数为：

$$q_e = \sum_i g_i e^{-\varepsilon_i/kT}$$
$$= 1 + 3 \cdot e^{-0.022} + 5 \cdot e^{-0.064} + 5 \cdot e^{-1.812} + 1 \cdot e^{-4.430} = 9.453$$

(2)$^1D_2$能级上最可几的原子分布数为：

$$\frac{g_{^1D_2} \cdot e^{\varepsilon_{^1D_2}/kT}}{q_e} = \frac{5 \times e^{-1.812}}{9.453} = \frac{0.817}{9.453} = 0.086$$

23. Cl_2的振动频率为$1.66\times10^{13}\mathrm{s}^{-1}$，试求：

(1)Cl_2的振动温度Θ_v；

(2)当温度为3000K时，在振动量子数为0，1，2各能级上分布的分子数之比为多少？

解：Cl_2是双原子分子，只有一个振动自由度

(1) $$\Theta_v = h\nu/k = \frac{6.626 \times 10^{-34}\mathrm{J \cdot s} \times 1.66 \times 10^{13}\mathrm{s}^{-1}}{1.3806 \times 10^{-23}\mathrm{J \cdot K^{-1}}} = 796.7\ \mathrm{K}$$

(2)振动各能级的简并度均为1，三个能级上分布当分子数之比为：

$$N_{(v=0)} : N_{(v=1)} : N_{(v=2)} = e^{-\frac{1}{2}h\nu/kT} : e^{-\frac{3}{2}h\nu/kT} : e^{-\frac{5}{2}h\nu/kT} = 1 : e^{-\Theta_v/T} : (e^{-\Theta_v/T})^2$$

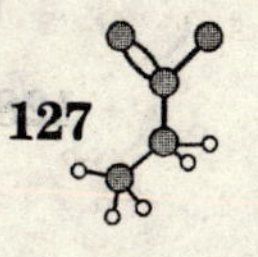

$$= 1 : e^{-796.7K/3000K} : (e^{-0.2656})^2$$

$$= 1 : 0.767 : 0.588$$

24. 在298.15K时，F_2的分子转动惯量为$I = 32.5 \times 10^{-40}\ g \cdot cm^2$，试求$F_2$的分子转动配分函数和$F_2$的摩尔转动熵。

解： $$I_{F2} = 32.5 \times 10^{-40} g \cdot cm^2 = 32.5 \times 10^{-47}\ kg \cdot m^2$$

F_2的转动特征温度为：

$$\Theta_r = \frac{h^2}{8\pi^2 Ik} = \frac{6.626^2 \times 10^{-68} J^2 \cdot s^2}{8\pi^2 \times 32.5 \times 10^{-47} kg \cdot m^2 \times 1.3806 \times 10^{-23} J \cdot K^{-1}} = 1.239\ K$$

F_2的分子配分函数为：

$$q_r = \frac{T}{\sigma\Theta_r} = \frac{298.15K}{2 \times 1.239K} = 120.3$$

由分子配分函数求氟气当摩尔转动熵：

$$S_{m,r} = \frac{U_r - F_r}{T} = R + R\ln q_r = 8.314 J \cdot mol^{-1} \cdot K^{-1} \times (1 + \ln 120.3)$$

$$S_{m,r} = 48.14\ J \cdot K^{-1} \cdot mol^{-1}$$

25. 已知CO_2分子的4个简正振动频率分别是：$v_1 = 1337\ cm^{-1}$，$v_2 = 667\ cm^{-1}$，$v_3 = 667\ cm^{-1}$，$v_4 = 2349\ cm^{-1}$，试求CO_2气体在298.15K时的标准摩尔振动熵？

解： 令振动基态能级能量为零，CO_2的分子配分函数为：

$$q_v = \frac{1}{1 - e^{-x}} \qquad x = hv/kT$$

$$S_{m,v} = RT\frac{\partial \ln q_v}{\partial T} + R\ln q_v$$

$$= RT\frac{\partial}{\partial T}\left[-\ln(1 - e^{-hv/kT})\right] + R\left[-\ln(1 - e^{-x})\right]$$

$$= -RT\frac{1}{1 - e^{-x}}(-e^{-x}) \cdot \frac{hv}{k} \cdot \frac{1}{T^2} - R\ln(1 - e^{-x})$$

$$= R \cdot \frac{hv}{kT} \cdot \frac{1}{e^x - 1} - R\ln(1 - e^{-x})$$

$$= R \cdot \frac{x}{e^x - 1} - R\ln(1 - e^{-x})$$

4个简正振动的频率可变换为：

$$v_1 = 4.011 \times 10^{13} s^{-1} \qquad v_2 = v_3 = 2.001 \times 10^{13} s^{-1} \qquad v_4 = 7.047 \times 10^{13} s^{-1}$$

由题给数据，可得：

$$x_1 = \frac{hv_1}{kT} = \frac{6.626 \times 10^{-34} J \cdot s \times 4.011 \times 10^{13} s^{-1}}{1.3806 \times 10^{-23} J \cdot K^{-1} \times 298.15K} = 6.457$$

$$x_2 = x_3 = 3.221$$

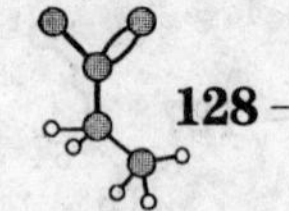

$$x_4 = \frac{hv_1}{kT} = 11.34$$

将以上数据代入熵的统计力学表达式，可得各振动频率对熵的贡献，四者之和即为摩尔振动熵。

$$S_{m,v} = (0.097 + 2 \times 1.452 + 0.001)\ \mathrm{J \cdot K^{-1} \cdot mol^{-1}}$$

$$S_{m,v} = 3.002\ \mathrm{J \cdot K^{-1} \cdot mol^{-1}}$$

26. H_2O 分子的简正振动频率以及在 3 个主轴方向的转动惯量分别为：$v =$ 3652cm^{-1}，1592cm^{-1}，3756cm^{-1}，$I_A = 1.024 \times 10^{-40}\mathrm{g \cdot cm^2}$，$I_B = 1.921 \times 10^{-40}\mathrm{g \cdot cm^2}$，$I_C = 2.947 \times 10^{-40}\mathrm{g \cdot cm^2}$，$H_2O$ 的摩尔质量为 $18.02 \times 10^{-3}\mathrm{kg \cdot mol^{-1}}$，试求 298.15K 和 $1p^{\ominus}$ 下 H_2O 的摩尔平动熵、振动熵和转动熵。

解：

$$S_m = S_{m,t} + S_{m,r} + S_{m,v}$$

$$S_{m,t} = R\left[\frac{3}{2}\ln\mathrm{Mr} + \frac{5}{2}\ln T + \ln p/p^{\ominus} - 1.165\right]$$

$$= 8.314 \times (1.5 \times \ln 18.02 + 2.5 \times \ln 298.15 + 0 - 1.165)$$

$$= 144.80(\mathrm{J \cdot K^{-1} \cdot mol^{-1}})$$

$$q_r = \frac{\sqrt{\pi}}{\sigma}\left(\frac{8\pi^2 kT}{h^2}\right)^{3/2} \cdot (I_x \cdot I_y \cdot I_z)^{1/2}$$

$$S_{m,r} = RT\frac{\partial \ln q_r}{\partial T} + R\ln q_r$$

$$= R\left(\frac{3}{2}\ln T + \frac{1}{2}\ln(I_x I_y I_z) - \ln\sigma + 134.7\right)$$

$$= 43.66\ \mathrm{J \cdot K^{-1} \cdot mol^{-1}}$$

$$S_{m,v} = \sum_i \left[R\frac{x_i}{e^{x_i} - 1} - R\ln(1 - e^{x_i})\right]$$

$$x = 1.439\frac{v}{T}$$

$$x_1 = 17.63 \quad x_2 = 7.688 \quad x_3 = 18.14$$

$$S_{m,v} = 0 + 0.033\mathrm{J \cdot K^{-1} \cdot mol^{-1}} + 0 = 0.033\ \mathrm{J \cdot K^{-1} \cdot mol^{-1}}$$

27. CO 的 $\Theta_r = 2.8$K，请找出在 240K 时 CO 最可能出现在 J 等于多少的转动能级上？

解：出现几率最大的能级上分配到的分子数量最多。从单个量子态的角度，基态量子态的粒子数总是最多，但若考虑能级上的粒子数，因能级的简并度不同，高能级的简并度一般较大，故分配粒子最多的能级不一定是最低能级，应该用求极值的方法求出。

转动的能级公式：

$$\varepsilon_r = J(J+1) \cdot \frac{h^2}{8\pi^2 I} \qquad g_J = 2J+1$$

$$q_r = \sum_J (2J+1) \cdot e^{-J(J+1)\frac{h^2}{8\pi^2 IkT}}$$

$$= \sum_J (2J+1) \cdot e^{-J(J+1)\cdot \Theta_r/T}$$

因

$$\frac{N_J}{N} = \frac{1}{q_r} \cdot g_J \cdot e^{-J(J+1)\Theta_r/T}$$

$$\frac{N_J}{N} \cdot q_r = (2J+1) \cdot e^{-J(J+1)\frac{\Theta_r}{T}}$$

当 T、N 一定时，q_r为定值。T=240K 时，$\frac{\Theta_r}{T}$=2.8K/240K=0.01167。N_i 与 J 有关，用求极值的方法求解：

令：

$$f(J) = \frac{N_J}{N} \cdot q_r = (2J+1) \cdot e^{-J(J+1)\frac{\Theta_r}{T}}$$

当$f(J)$ 有极值时，N_J也有极值，相应的 J 能级即为几率最大的能级。

对 f 函数取微商，并令其值等于零：

$$\frac{\partial f}{\partial J} = \frac{\partial}{\partial J}[(2J+1) \cdot e^{-0.01167J(J+1)}] = 0$$

$$2 \cdot e^{-0.01167J(J+1)} + (2J+1)e^{-0.01167J(J+1)}(-0.01167) \cdot (2J+1) = 0$$

$$e^{-0.01167J(J+1)}(2 - 0.01167(2J+1)^2) = 0$$

上式左边第一因子不为零，于是有方程：

$$2 - 0.01167(2J+1)^2 = 0$$

解得：

$$J = 6.05$$

J 为转动运动量子数，故只能取正整数：

$$J = 6$$

在 240K 时，CO 分子最可能出现在 $J = 6$ 的转动能级上。

28. N_2与 CO 的分子量非常相近，转动惯量的差别也极小，在 298.15K 时，两者的振动与电子运动均基本上处于最低能级，但是 N_2的标准摩尔熵为 191.6 $J \cdot K^{-1} \cdot mol^{-1}$，而 CO 却为 197.6 $J \cdot K^{-1} \cdot mol^{-1}$，试分析差别的原因？

解：N_2与 CO 的标准摩尔熵相差约 6$J \cdot K^{-1} \cdot mol^{-1}$，产生此差别的原因主要是两者的分子对称性不一样。$N_2$是同核双原子分子，对称因子 $\sigma = 2$，CO 是异核双原子分子，对称因子 $\sigma = 1$，在相同环境条件下，CO 的转动运动以及微观状态数比 N_2多一倍，而熵与微观运动状态数之间的关系为：$S = k\ln W$，当 W 值大时，S 值也大，因此 CO 的熵值较大。因分子对称性而产生的熵值差为：

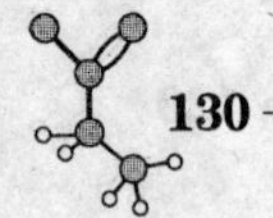

$$(\Delta S)_m = R\ln 2 = 5.76\ \mathrm{J \cdot K^{-1} \cdot mol^{-1}}$$

此值与 6 $\mathrm{J \cdot K^{-1} \cdot mol^{-1}}$相当接近，说明以上分析是正确的。

29. HBr 分子的核间平均距离 $r = 1.414 \times 10^{-8}$ cm，试求：

(1) HBr 的转动特征温度 Θ_r；

(2) 在 298.15K 时，HBr 分子占据转动量子数 $J=1$ 能级上的分子数在总分数中所占百分比；

(3) 在 298.15K、$1p^{\ominus}$下，HBr 理想气体的摩尔转动熵？

解：(1) HBr 分子的转动惯量为：

$$I = \mu r^2$$

$$I = \left(\frac{m_1 \cdot m_2}{m_1 + m_2}\right) \cdot r^2$$

$$= \frac{\dfrac{1.008\mathrm{g}}{6.023 \times 10^{23}\ \mathrm{mol^{-1}}} \times \dfrac{79.91\mathrm{g}}{6.023 \times 10^{23}\ \mathrm{mol^{-1}}}}{\dfrac{1.008\mathrm{g}}{6.023 \times 10^{23}\ \mathrm{mol^{-1}}} + \dfrac{79.91\mathrm{g}}{6.023 \times 10^{23}\ \mathrm{mol^{-1}}}} \times (1.414 \times 10^{-8}\mathrm{cm})^2$$

$$= 3.304 \times 10^{-40}\ \mathrm{g \cdot cm^2}$$

$$= 3.304 \times 10^{-47}\ \mathrm{kg \cdot m^2}$$

$$\Theta_r = \frac{h^2}{8\pi^2 Ik} = \frac{6.626^2 \times 10^{-68}\ \mathrm{J^2 \cdot s^2}}{8\pi^2 \times 3.304 \times 10^{-47}\ \mathrm{kg \cdot m^2} \times 1.3806 \times 10^{-23}\ \mathrm{J \cdot K^{-1}}} = 12.2\mathrm{K}$$

(2) 在 298.15K 时，HBr 的转动配分函数为：$q_r = \dfrac{T}{\sigma \cdot \Theta_r} = \dfrac{298.15\mathrm{K}}{1 \times 12.2\mathrm{K}} = 24.44$

$$\frac{N_i}{N} = \frac{g_i \cdot e^{-\varepsilon_i/kT}}{q} = \frac{3 \times e^{-2 \times \frac{12.2}{298.15}}}{24.44} = 0.113 = 11.3\%$$

(3) $S_{m,r} = R \cdot \ln q_r + \dfrac{U_{m,r}}{T} = R\ln 24.43 + R$

$$S_{m,r} = 34.9\ \mathrm{J \cdot K^{-1} \cdot mol^{-1}}$$

30. 试求 NO(g) 在 298.15K 及 $1p^{\ominus}$下的标准摩尔熵。已知 NO 的 $\Theta_r = 2.42$K，$\Theta_v = 2690$K，电子基态与第一激发态的简并度均为 2，两能级的能量差 $\Delta\varepsilon = 2.473 \times 10^{-21}$J。

解：一般化学反应中，核运动总是处于基态，且原子核不发生变化，NO 的核运动基态能级简并度为 1，故核运动对熵的贡献为零。取电子运动基态能级的能量为零：

$$q_e = g_o + g_1 e^{-\frac{\varepsilon_1}{kT}}$$

$$= 2 + 2 \cdot e^{-\frac{2.473 \times 10^{-21}\mathrm{J}}{1.3806 \times 10^{-23}\mathrm{J \cdot K^{-1}} \times 298.15\mathrm{K}}}$$

$$= 2 + 1.097 = 3.097$$

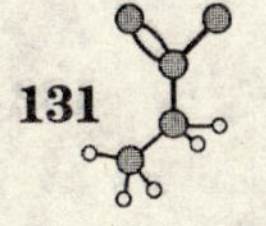

$$U_{m,e} = \frac{1.097}{3.097} \times 2.473 \times 10^{-21}\text{J} \times N_A$$

$$= 527.6\ \text{J} \cdot \text{mol}^{-1} \quad （基态能级能量为零）$$

$$S_{m,e} = R\ln q_e + \frac{U_{m,e}}{T} = R \cdot \ln 3.097 + \frac{527.6\text{J} \cdot \text{mol}^{-1}}{298.15\text{K}} = (9.398 + 1.770)\ \text{J} \cdot \text{mol}^{-1}$$

$$S_{m,e} = 11.168\ \text{J} \cdot \text{K}^{-1} \cdot \text{mol}^{-1}$$

$$S_{m,t} = R\left[\frac{3}{2}\ln \text{Mr} + \frac{5}{2}\ln T - \ln p/p^{\ominus} - 1.165\right]$$

$$= R\left[1.5 \cdot \ln 30.01 + 2.5 \cdot \ln 298.15 - 1.165\right]$$

$$= 151.59\ \text{J} \cdot \text{K}^{-1} \cdot \text{mol}^{-1}$$

$$S_{m,r} = R\ln q_r + R = R\left(\ln \frac{T}{\Theta_r} + 1\right) = 8.314\text{J} \cdot \text{mol}^{-1} \cdot \text{K}^{-1} \times \left(\ln \frac{298.15\text{K}}{2.42\text{K}} + 1\right)$$

$$S_{m,r} = 48.336\ \text{J} \cdot \text{K}^{-1} \cdot \text{mol}^{-1}$$

$$S_{m,v} = R \cdot \frac{x}{e^x - 1} - 1R\ln(1 - e^{-x}) \qquad x = \frac{\Theta_v}{T} = \frac{2690\text{K}}{298.15\text{K}} = 9.0223$$

$$= 8.314\text{J} \cdot \text{mol}^{-1} \cdot \text{K}^{-1} \times \left(\frac{9.0223}{\text{e}^{9.0223} - 1} - \ln(1 - \text{e}^{9.0223})\right)$$

$$= 0.010\ \text{J} \cdot \text{K}^{-1} \cdot \text{mol}^{-1}$$

$$S_m = S_{m,t} + S_{m,r} + S_{m,v} + S_{m,e}$$

$$= (11.168 + 151.159 + 48.336 + 0.010)\ \text{J} \cdot \text{K}^{-1} \cdot \text{mol}^{-1}$$

$$= 210.67\text{J} \cdot \text{K}^{-1} \cdot \text{mol}^{-1}$$

此值与文献值 $210.62\text{J} \cdot \text{K}^{-1} \cdot \text{mol}^{-1}$ 非常相近。

31. 有 1mol Kr 气与 1mol He 气，两者体积相同，已知 Kr 气温度为 300K，若欲使两种气体具有相同的摩尔熵值，试求 He 的温度应为多少？

解：因 Kr 与 He 均为单原子分子，只存在核运动、电子运动与平动。在常温下，可不考虑核运动与电子运动的贡献，因而熵值主要来自平动运动的贡献。设 He 的温度为 T，有：

$$R\left[\frac{3}{2}\ln \text{Mr(Kr)} + \frac{5}{2}\ln T_1 - \ln \frac{p_1}{p^{\ominus}} - 1.165\right] = R\left[\frac{3}{2}\ln \text{Mr(He)} + \frac{5}{2}\ln T_2 - \ln \frac{p_2}{p^{\ominus}} - 1.165\right]$$

$$\frac{3}{2}\ln \text{Mr(Kr)} + \frac{3}{2}\ln T_1 + \ln \frac{T_1}{p_1} = \frac{3}{2}\ln \text{Mr(He)} + \frac{3}{2}\ln T_2 + \ln \frac{T_2}{p_2}$$

因 Kr 与 He 的体积相同：

$$V_1 = \frac{RT_1}{p_1} = V_2 = \frac{RT_2}{p_2}$$

所以

$$\frac{T_1}{p_1} = \frac{T_2}{p_2}$$

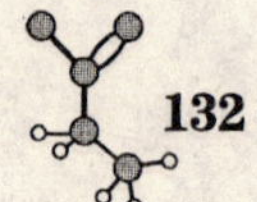

将此结果代入以上等式得：

$$\frac{3}{2}\ln[\mathrm{Mr(Kr)}\cdot T_1]=\frac{3}{2}\ln[\mathrm{Mr(Hr)}\cdot T_2]$$

$$\mathrm{Mr(Kr)}\cdot T_1=\mathrm{Mr(Hr)}\cdot T_2$$

$$T_2=T_1\cdot\frac{\mathrm{Mr(Kr)}}{\mathrm{Mr(He)}}=300\mathrm{K}\times\frac{83.80}{4.003}$$

$$T_2=6280\ \mathrm{K}$$

32. 在铅和金刚石中，Pb 原子和 C 原子的 v_E 分别为 $2\times10^{12}s^{-1}$ 和 $4\times10^{13}s^{-1}$，试求它们的爱因斯坦特征温度 Θ_E 和两者在 300K 时的振动配分函数？

解： $$\Theta_E(\mathrm{Pb})=\frac{hv_E}{k}=\frac{6.626\times10^{-34}\mathrm{J\cdot s}\times2\times10^{12}\mathrm{s^{-1}}}{1.3806\times10^{-23}\mathrm{J\cdot K^{-1}}}=96.0\mathrm{K}$$

$$\Theta_E(\mathrm{C})=\frac{6.626\times10^{-34}\mathrm{J\cdot s}\times4\times10^{13}\mathrm{s^{-1}}}{1.3806\times10^{-23}\mathrm{JK^{-1}}}=1920\mathrm{K}$$

令两者的基态能级能量为零，有：

$$q_v(\mathrm{Pb})=\frac{1}{1-e^{-\Theta_v/T}}=\frac{1}{1-e^{-96\mathrm{K}/300\mathrm{K}}}=3.65$$

$$q_v(\mathrm{C})=\frac{1}{1-e^{-1920\mathrm{K}/300\mathrm{K}}}=1.0017\approx1.0$$

33. 有下列反应：

$$\mathrm{N_2(g)+3H_2(g)=2NH_3(g)}$$

已知数据：

	$-\dfrac{\left(\dfrac{G_m^\ominus(T)-U_m^\ominus(0)}{T}\right)_{1000\mathrm{K}}}{\mathrm{J\cdot K^{-1}\cdot mol^{-1}}}$	$\dfrac{\left(\dfrac{H_m^\ominus(T)-U_m^\ominus(0)}{T}\right)_{298.15\mathrm{K}}}{\mathrm{J\cdot K^{-1}\cdot mol^{-1}}}$
$N_2(g)$	198.054	29.076
$H_2(g)$	137.093	28.402
$NH_3(g)$	203.577	33.258

该反应在 298.15K 时的 $\Delta_r H_m^\ominus=-46.11\ \mathrm{kJ\cdot mol^{-1}}$（$NH_3$）。试求合成氨反应在 1000K 时的平衡常数。

解： 先由热焓函数与反应焓变求 $\Delta_r U_m^\ominus(0)$

$$\Delta_r U_m^\ominus(0)=\Delta_r H_m^\ominus-298.15\mathrm{K}\times\Delta\left(\frac{H_m^\ominus(T)-U_m^\ominus(0)}{T}\right)$$

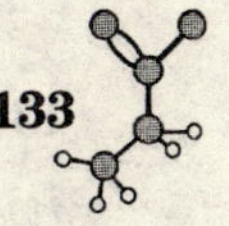

$= -46110\text{J}\cdot\text{mol}^{-1}\times 2 - 298.15\text{K}\times(33.258\times 2 - 29.076 - 3\times 28.402)$ $\text{J}\cdot\text{mol}^{-1}\cdot\text{K}^{-1}$

$= -77979\ \text{J}\cdot\text{mol}^{-1}$

由 $\Delta_r U_m^{\ominus}(0)$ 及自由能函数求出反应在 1000K 下的标准吉布斯自由能改变值 $\Delta_r G_m^{\ominus}$

$$\Delta_r G_m^{\ominus} = T\left(\frac{G_m^{\ominus}(T) - U_m^{\ominus}(0)}{T}\right) + \Delta_r U_m^{\ominus}(0)$$

$= 1000\text{K}\times(-203.577\times 2 + 198.054 + 3\times 137.093)\text{J}\cdot\text{mol}^{-1}\cdot\text{K}^{-1}$ $- 77979\cdot\text{Jmol}^{-1}$

$= 124200\ \text{J}\cdot\text{mol}^{-1}$

$$\ln K_p^{\ominus}(1000\text{K}) = -\frac{\Delta_r G_m^{\ominus}}{RT} = -\frac{124200\text{J}\cdot\text{mol}^{-1}}{8.314\text{J}\cdot\text{mol}^{-1}\cdot\text{K}^{-1}\times 1000\text{K}} = -14.94$$

$$K_p^{\ominus}(1000\text{K}) = 3.25\times 10^{-7}$$

34. 已知下列化学反应在 298.15K 时的 $\Delta_r G_m^{\ominus}$ 为 $-146.993\ \text{kJ}\cdot\text{mol}^{-1}$。

$$2H_2(g) + S_2(g) = 2H_2S(g)$$

已知数据如下：

	$\frac{G_m^{\ominus}(T) - U_m^{\ominus}(0)}{T}/\text{J}\cdot\text{K}^{-1}\cdot\text{mol}^{-1}$		
	$H_2(g)$	$S_2(g)$	$H_2S(g)$
298.15K	102.349	197.770	172.381
1000K	137.143	236.421	214.497

试求：(1)此反应的 $\Delta_r U_m^{\ominus}(0\text{K})$；

(2)1000K 时反应的热力学平衡常数 $K_p^{\ominus}$。

解：(1)0K 时的 $\Delta_r U_m^{\ominus}(0\text{K})$ 为：

$$\Delta_r U_m^{\ominus}(0\text{K}) = \Delta_r G_m^{\ominus}(T) - T\left(\frac{G_m^{\ominus} - U_m^{\ominus}(0)}{T}\right)$$

$= -146993\text{J}\cdot\text{mol}^{-1} - 298.15\text{K}\times(-172.381\times 2 + 197.77 + 2\times$ $102.349)\text{J}\cdot\text{mol}^{-1}\cdot\text{K}^{-1}$

$= -164198\ \text{J}\cdot\text{K}^{-1}\cdot\text{mol}^{-1}$

(2) $$\Delta_r G_m^{\ominus} = T\left(\frac{G_m^{\ominus} - U_m^{\ominus}(0)}{T}\right) + \Delta_r U_m^{\ominus}(0)$$

$= 1000\text{K}\times(-214.497\times 2 + 236.421 + 2\times 137.143)\text{J}\cdot\text{mol}^{-1}\cdot\text{K}^{-1}$ $- 164198\ \text{J}\cdot\text{mol}^{-1}$

$= -82485\ \text{J}\cdot\text{mol}^{-1}$

$$\ln K_p^{\ominus} = -\frac{\Delta_r G_m^{\ominus}}{RT} = \frac{82485\text{J}\cdot\text{mol}^{-1}}{8.314\text{J}\cdot\text{mol}^{-1}\cdot\text{K}^{-1}\times 1000\text{K}} = 9.92$$

$$K_p^{\ominus}(1000\text{K}) = 2.04\times 10^4$$

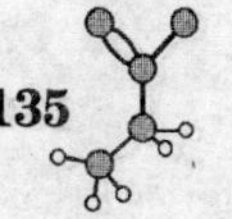

第7章 相 平 衡

一、基本内容

1. 相、组分数、自由度的概念

(1)相：系统中物理学性质和化学性质完全均匀的部分称为相，相与相之间有明显的界面，相的数目用符号“Φ”表示。

(2)组分数：系统中所含的化学物质数称为系统的物种数，系统中有几种物质，则物种数就有几种，用符号“S”表示；表示平衡系统中各相组成所需的最少物种数，称为系统的独立组分数，简称组分数，用符号“C”表示。

组分数 C 和物种数 S 之间的关系为：

$$C = S - R - R'$$

式中 R 代表状态内各物种之间存在的独立的化学平衡的数目，R' 为浓度限制条件数。

当物种数 S 大于组成这些物质的元素数 m 时，则 $R = S - m$ 。

(3)自由度：保持相平衡状态中相的数目不变时，状态独立可变的强度因素的数目，用符号“f ”表示。

2. 相律

相律是物理化学中最具有普遍性的规律之一，是在平衡体系中，联系状态相数、组分数、自由度数及影响状态性质的外界因素(如温度、压力、电场、磁场、重力场等)之间关系的规律。表示为：

$$f = C - \Phi + n$$

式中 f 表示状态的自由度数；C 表示组分数；Φ 表示相数；n 表示能够影响状态平衡状态的外界因素的个数。通常情况下外界因素只考虑压力和温度二个变量，即式中 n 可用 2 代之，相律表示为：

$$f = C - \Phi + 2$$

若温度和压力中有一个已经固定，则相律可表示为：

$$f^{*} = C - \Phi + 1$$

若温度和压力都固定，则相律为：

$$f^{**} = C - \Phi$$

f^{*} 和 f^{**} 称为条件自由度。

3. 单组分系统相图

单组分状态 $C=1$。根据相律，$f = C - \Phi + 2 = 1 - \Phi + 2 = 3 - \Phi$。由此式看出，当 $f=0$ 时，$\Phi=3$，即对单组分状态最多可以三相共存达到平衡。当 $\Phi=1$ 时，$f=2$，即自由度最多可以有两个（温度、压力）。因此在平面上的 T-p 图就可以描述单组分状态的平衡状态。

现以水的相图为例予以说明。图 7.1 中水、冰、气都是单相区，$\Phi=1$，$f=2$，在一定范围内，同时改变温度和压力不会引起相数的变化。AO、BO、CO 线是两相平衡线，$\Phi=2$，$f=1$，温度和压力中只有一个可以独立变动。点 O 是三条线的交点，$\Phi=3$，$f=0$，三相点的温度和压力一定，由状态自身的性质决定。

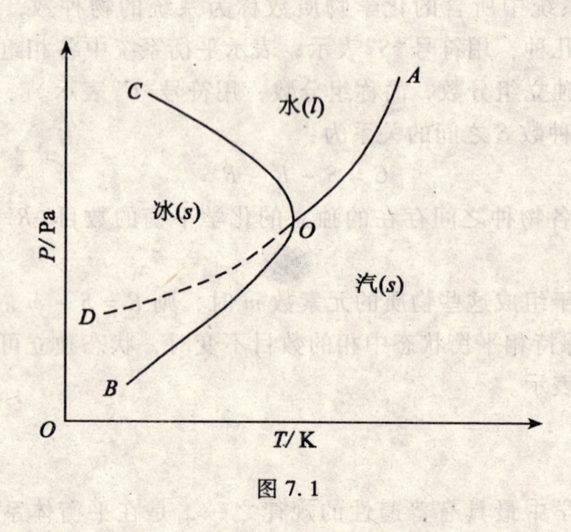

图 7.1

4. 克拉贝龙（Clapeyron）方程和克劳修斯-克拉克贝龙（Clausius-Clapeyron）方程

纯物质两相平衡时压力和温度的关系：

$$\frac{\mathrm{d}p}{\mathrm{d}T} = \frac{\Delta_{\mathrm{R}} H_{\mathrm{m}}}{T \Delta_{\mathrm{R}} V_{\mathrm{m}}}$$

式中下标 R 分别代表三种过程：

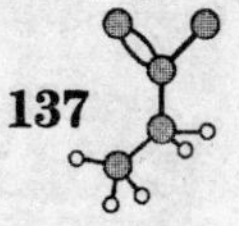

蒸发：$R=\text{vap}$，凝固：$R=\text{fus}$，升华：$R=\text{sub}$

将克拉贝龙方程应用于气液平衡和气固平衡时，由于液体和固体的体积与气体相比可忽略不计，同时若气体可当作理想气体，则纯物质两相平衡时压力 p 和温度 T 的关系为(以气-液平衡为例)：

$$\frac{\mathrm{d}\ln p}{\mathrm{d}T}=\frac{\Delta_{\text{vap}}H_{\text{m}}}{RT^2}$$

此式叫克劳修斯-克拉贝龙方程。

5. 二组分系统相图

二组分系统 $C=2$ 时，$f=C-\Phi+2=4-\Phi$；当 $f=0$ 时，$\Phi=4$；当 $\Phi=1$ 时，$f=3$。为了在平面上能表示二组分系统的状态，往往固定温度或压力，绘制 p-x 图或 T-x 图。此时条件自由度 $f^*=3-\Phi$；当 $f^*=0$ 时 $\Phi=3$。

图 7.2 为二组分状态的 T-x 图；最基本的相图有下列几种类型：

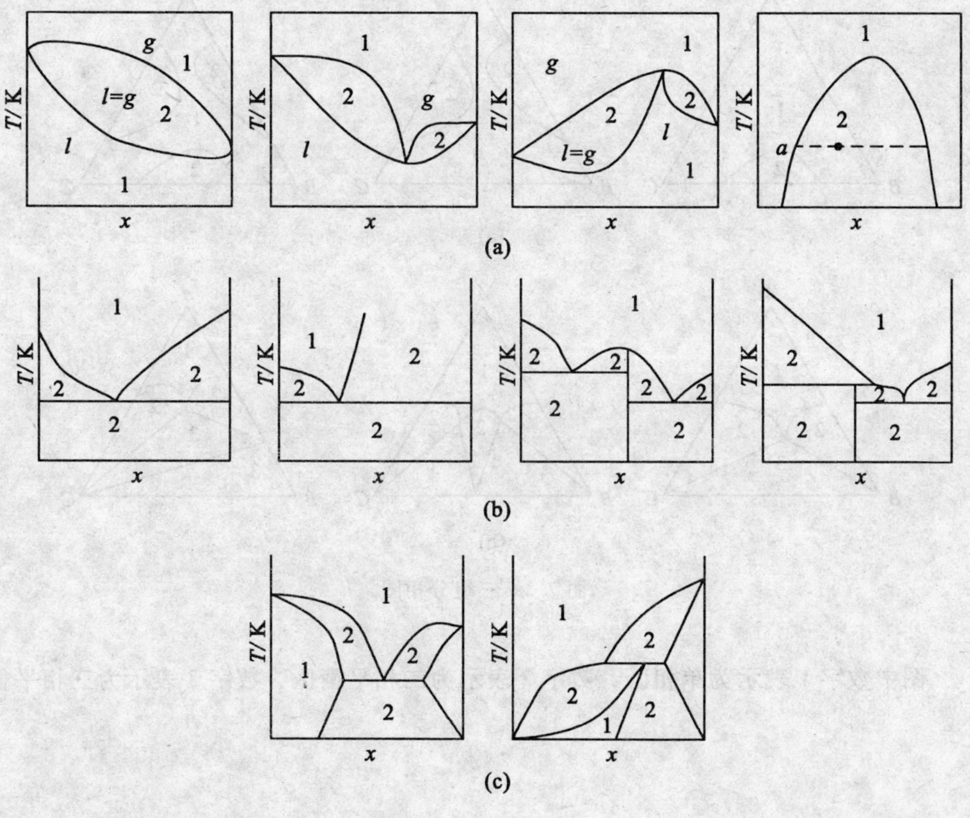

图 7.2 二组分相图

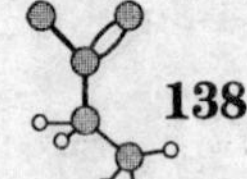

图中数字 1 表示单相区，数字 2 表示两相平衡区；水平线都是三相线；图中垂线都表示化合物。如果是稳定化合物，垂线顶端与曲线相交，如果是不稳定化合物，垂线顶端与一水平线相交。

6. 三组分系统相图

三组分系统相图 $c=3$，$f=C+2-\Phi=5-\Phi$；当 $f=0$ 时 $\Phi=5$；当 $\Phi=1$ 时，$f=4$。为了能在平面上展示三组分系统的状态，采用固定温度和压力的方法，绘制三组分浓度关系图，浓度采用等边三角形法表示。此时条件自由度 $f^{**}=3-\Phi$；当 $f^{**}=0$ 时，$\Phi=3$；当 $\Phi=1$ 时，$f^{**}=2$。相图类型有如下两类：

(1)部分互溶的三液体系统(图 7.3(a))

图中数字 1 表示为单相区，数字 2 表示为二相平衡区。

(2)二固一液的水盐系统(图 7.3(b))

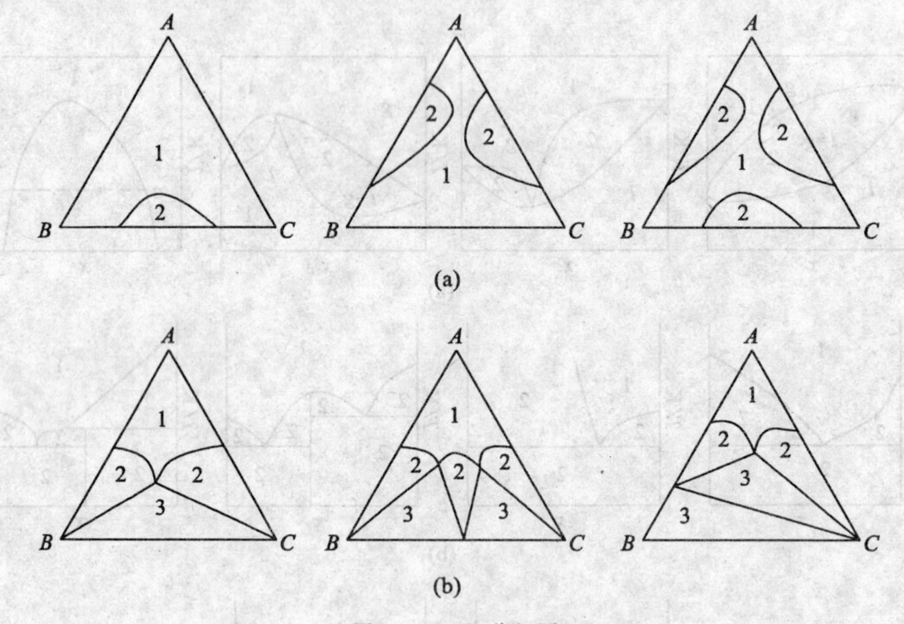

图 7.3 三组分相图

图中数字 1 表示为单相区，数字 2 表示为二相平衡区，数字 3 表示为三相平衡区。

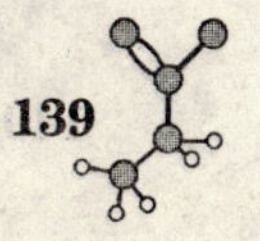

二、习题解答

1. 指出下列各系统的独立组分数、相数和自由度数各为若干。

(1) $NH_4Cl(s)$部分分解为$NH_3(g)$和$HCl(g)$达平衡。

(2)若在上述系统中额外再加入少量$NH_3(g)$。

(3) $NH_4HS(s)$和任意量的$NH_3(g)$、$H_2S(g)$混合达到平衡。

(4)5 克氨气通过 1 升水中，在常温常压下与水蒸气平衡共存。

(5) $Ca(OH)_2(s)$与$CaO(s)$和$H_2O(g)$呈平衡。

(6) I_2在液态水和CCl_4中分配达平衡(无固体存在)。

(7)将固体$NH_4HCO_3(s)$放入真空容器中恒温至 400 K，$NH_4HCO_3(s)$按下式分解达平衡:

$$NH_4HCO_3(s) \rightleftharpoons NH_3(g) + H_2O(g) + CO_2(g)$$

(8) NaH_2PO_4溶于水中与水蒸气呈平衡，求最大物种数、组分数和自由度数。

(9) Na^+，Cl^-，K^+，NO_3^-，$H_2O(l)$达平衡。

(10) $NaCl(s)$、$KCl(s)$、$NaNO_3(s)$与$KNO_3(s)$的混合物与水平衡。

(11)含有KNO_3和$NaCl$的水溶液与纯水达渗透平衡。

(12)含有$CaCO_3(s)$、$CaO(s)$、$CO_2(g)$的系统与$CO_2(g)$和$N_2(g)$的混合物达渗透平衡。

解: (1) $NH_4Cl(s) \rightleftharpoons NH_3(g) + HCl(g)$

$C = S - R - R' = 3 - 1 - 1 = 1$

$\Phi = 2$(一固一气)

$f = C - \Phi + 2 = 1 - 2 + 2 = 1$

(2)在上述系统中加入少量$NH_3(g)$后，浓度限制条件消失了，$R' = 0$

$C = S - R - R' = 3 - 1 - 0 = 2$

$\Phi = 2$

$f = C - \Phi + 2 = 2 - 2 + 2 = 2$

(3) $NH_4HS(s) \rightleftharpoons NH_3(g) + H_2S(g)$

$C = S - R - R' = 3 - 1 - 0 = 2$

$\Phi = 2$

$f = 2 - 2 + 2 = 2$

(4) $NH_3(g) + H_2O(l) \rightleftharpoons NH_4OH(l)$

$C = S - R - R' = 3 - 1 - 0 = 2$

$\Phi = 2$

$f = 2 - 2 + 2 = 2$

(5) $Ca(OH)_2(s) \rightleftharpoons CaO(s) + H_2O(g)$

$S = 3$

$C = S - R - R' = 3 - 1 - 0 = 2$

$\Phi = 3$

$f = 2 - 3 + 2 = 1$

(6) $S = 3$(I_2、水、CCl_4)

$C = S - R - R' = 3 - 0 - 0 = 3$

$\Phi = 2$

$f = C - \Phi + 2 = 3 - 2 + 2 = 3$

(7) $C = S - R - R' = 4 - 1 - 2 = 1$

$\Phi = 2$

$f^* = C - \Phi + 1 = 1 - 2 + 1 = 0$

(8) $NaH_2PO_4 \rightleftharpoons Na^+ + H_2PO_4^-$

$H_2PO_4^- \rightleftharpoons H^+ + HPO_4^{2-}$

$HPO_4^{2-} \rightleftharpoons H^+ + PO_4^{3-}$

$H_2O \rightleftharpoons H^+ + OH^-$

$S = 8$

$R = 4$

$R' = 2 \quad [+] = [-] \quad [H^+] = [OH^-]$

$C = S - R - R' = 8 - 4 - 2 = 2$

Φ = 2(一液相，一气相)

$f = C - \Phi + 2 = 2 - 2 + 2 = 2$

(9) $S = 5$ (Na^+，K^+，Cl^-，NO_3^-，H_2O)

$R = 0$

$R' = 1\{[+] = [-]\}$

$C = S - R - R' = 5 - 0 - 1 = 4$

$\Phi = 1$(液相)

$f = C - \Phi + 2 = 4 - 1 + 2 = 5$

(10)在饱和水溶液中存在下列平衡

$NaCl(s) \rightleftharpoons Na^+ + Cl^- \qquad K_1 = [Na^+][Cl^-]$

$KCl(s) \rightleftharpoons K^+ + Cl^- \qquad K_2 = [K^+][Cl^-]$

$NaNO_3(s) \rightleftharpoons Na^+ + NO_3^- \qquad K_3 = [Na^+][NO_3^-]$

$KNO_3(s) \rightleftharpoons K^+ + NO_3^- \qquad K_4 = [K^+][NO_3^-] = \dfrac{K_2K_3}{K_1}$

$H_2O(l) \rightleftharpoons H^+ + OH^- \qquad K_5 = [H^+][OH^-]$

此系统的限制条件为：

$R=4$（其中 K_4 不独立），$S=11$（4个固体盐，6种离子，1种水分子）

$R'=2\quad [H^+]=[OH^-]$，$[Na^+]+[K^+]=[Cl^-]+[NO_3^-]$

$C=S-R-R'=11-4-2=5$

$\Phi=5$（4个固相，一个液相）

$f=C-\Phi+2=5+2-5=2$

（11）

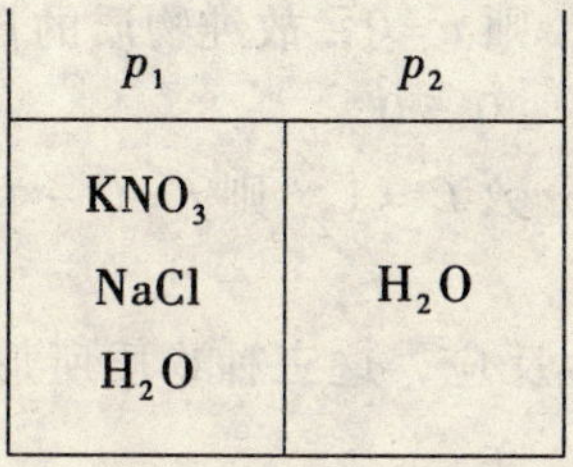

p_1	p_2
KNO_3 $NaCl$ H_2O	H_2O

$S=3$，$R=0$，$R'=0$

$C=S-R-R'=3$

$\Phi=2\quad f=C-\Phi+n$

对渗透平衡 $n=3$，外界影响因素是温度、两个外压 p_1 及 p_2，所以对渗透平衡，相律公式为：$f=C-\Phi+3=3-2+3=4$。

（12）

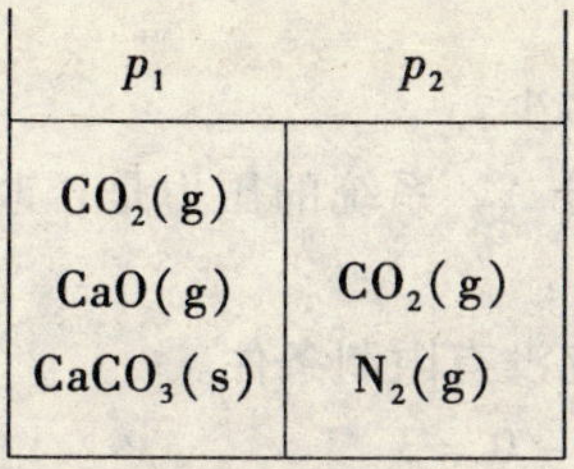

p_1	p_2
$CO_2(g)$ $CaO(g)$ $CaCO_3(s)$	$CO_2(g)$ $N_2(g)$

$S=4\quad R=1$

$CaCO_3(s) \rightleftharpoons CaO(s)+CO_2(g)$

$R'=0$

$\Phi=4$（二个固相，二个气相）

$C=4-1-0=3$

$f=C-\Phi+3=3-4+3=2$

2. 在下列物质共存的平衡体系中，有几个独立反应？

（1）$C(s)$，$CO(g)$，$CO_2(g)$，$H_2(g)$，$H_2O(l)$，$O_2(g)$。

（2）$C(s)$，$CO(g)$，$CO_2(g)$，$Fe(s)$，$FeO(s)$，$Fe_3O_4(s)$，$Fe_2O_3(s)$。

（3）$ZnO(s)$，$C(s)$，$Zn(s)$，$CO_2(g)$，$CO(g)$。

解：在一个平衡体系中，如化合物数为 S，组成这些化合物的元素数为 m，当 $S>m$ 时，则独立化学反应数 $R=S-m$。

（1）$R=S-m=6-3=3$

（2）$R=S-m=7-3=4$

（3）$R=S-m=5-3=2$

3. 已知 $Na_2CO_3(s)$ 和 $H_2O(l)$ 可以组成的水合物有 $Na_2CO_3\cdot H_2O(s)$，$Na_2CO_3\cdot 7H_2O(s)$ 和 $Na_2CO_3\cdot 10H_2O(s)$。试问：（1）在101325Pa时与 Na_2CO_3 水溶液及冰平衡共存的含水盐最多可有几种？

（2）在293.15 K时与水蒸气平衡共存的含水盐最多可有几种？

解：（1）根据相律，此系统对独立组分数为：

$$C=S-R-R'=5-3-0=2$$

恒压下，此系统对相律表达式为：

$$f^*=C-\Phi+1=3-\Phi$$

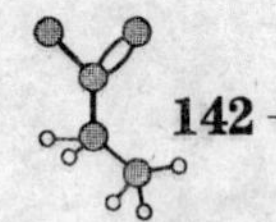

当f^*取值最小时，Φ最大，故有：

$$f^* = 3 - \Phi = 0, \quad \Phi_{max} = 3。$$

现已有Na_2CO_3水溶液和冰共存，则最多可能出现一种含水盐。

(2)恒温下：　$f^* = C - \Phi + 1 = 3 - \Phi = 0$。

$\Phi_{max} = 3$，与水蒸气共存时最多还可能出现两种含水盐。

4. 分别指出纯物质在临界点的自由度及双液系统的恒沸点的自由度各是多少？

解：因纯物质的临界点的温度及压力是定值，则$n=0$，故纯物质的自由度为：

$$f^{**} = C - \Phi + n = 1 - 1 + 0 = 0$$

当双液系处在恒沸点时，气液两相组成相同，组分数$C=1$，则$f = C - \Phi + 2 = 1 - 2 + 2 = 1$。

5. 在298K时，A、B和C三种物质互不发生反应，这三种物质所形成的溶液与固相A和由B和C组成的气相同时呈平衡。

(1)试问此系统的自由度数为多少？

(2)试问此系统中能平衡共存的最大相数为多少？

(3)在恒温条件下，如果向此溶液中加入组分A，系统的压力是否改变？如果向系统中加入组分B，系统的压力是否改变？

解：(1)三种物质相互间没有反应，故此系统没有限制条件。

$$C = S - R - R' = 3 - 0 - 0 = 3$$

$$f^* = C - \Phi + 1 = 3 - 3 + 1 = 1 \quad (温度恒定)$$

(2)当系统自由度等于零时，具有最大相数，故有：

$$f = C - \Phi + 2 = 0$$

$$\Phi_{max} = 3 + 2 - 0 = 5$$

(3)在恒温条件下，向系统中加入A，因为溶液是A的饱和溶液，加入的A将以固相存在，溶液中A的浓度不变，气相中A的分压不会变化，所以系统压力不变。当向系统中加入B时，会改变溶液中B的浓度，B的气相分压会发生变化，故系统的压力一般会改变。

6. 某高原地区大气压只有61330 Pa，如将下列四种物质在该地区加热，问哪种物质将直接升华？

物质		汞	苯	氯苯	氩
三相点的温度	T/K	234.28	278.62	550.2	93
压力	p/Pa	1.69×10^{-4}	4813	5.73×10^4	6.87×10^4

解：升华是指从固态直接转化为气态，在单组分体系相图中从固态加热越过气

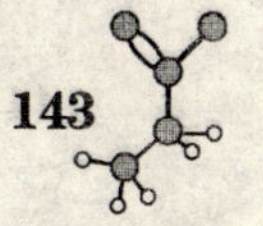

固平衡线进入气相区，即可达到升华。但压力必须在三相点平衡压力以下。

现已知高原气压为61330 Pa，对照四种物质的三相点的压力。汞、苯、氯苯的三相点压力均低于61330 Pa，只有氩的三相点的压力为68700 Pa，比高原气压高，因此只有固态氩置于高原区加热时会直接升华。

7. 图7.4是CO_2的相图，试根据该图回答下列问题

(1)把CO_2在273 K时液化需要加多大压力？

(2)把钢瓶中的液体CO_2在空气中喷出，大部分成为气体，一部分成固体(干冰)，最终也成为气体，无液体，试解释此现象？

(3)指出CO_2相图与H_2O相图的最大差别在哪里？

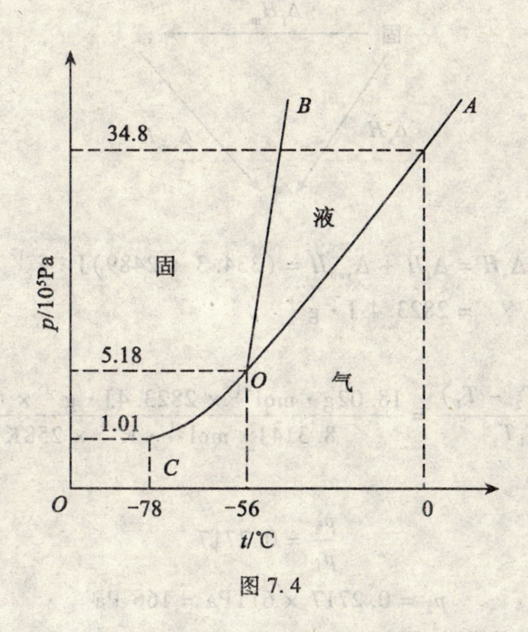

图7.4

解：(1)由图7.4可知CO_2的蒸气曲线与0℃时的等温线的交点所示的压力为34.8 MPa，这即是使CO_2在0℃时液化所需最小的压力。

(2)空气压力为101325 Pa，低于三相点的压力(三相点的压力为518000 Pa)，因而由钢瓶喷出的CO_2不可能有液体存在。

(3)最大差别是液-固平衡曲线，倾斜方向不同，水的相图中熔化曲线向左倾斜，而在CO_2相图中，熔化曲线向右倾斜。这表明：冰的熔点将随压力的增加而降低，相反，固体CO_2(干冰)的熔点将随压力的增加而升高。

8. 某厂用冷冻干燥的方法生产干燥蔬菜。把蔬菜切片后包装成形并放入冰箱中降温冷冻，使蔬菜中的水分结成冰。然后放入不断抽空的高真空蒸发器中，使蔬菜中的冰不断升华以达到干燥的目的。试根据水的相图，确定该项生产中的重要工

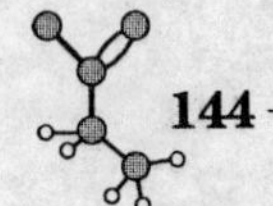

艺条件：真空蒸发器中的真空度必须控制在多少 Pa 以上。

解：根据水的相图，在三相点的压力以下才能直接升华为气体，水的三相点的压力是 610. 62 Pa，故真空蒸发器中的真空度必须控制在 101325 Pa－610. 5 Pa＝100700 Pa 以上，此时体系中的压力低于 610. 62 Pa。

9. 水在 273 K 时的蒸气压为 611 Pa，其汽化热、熔化热分别为 2 489 $J \cdot g^{-1}$ 和 334. 3 $J \cdot g^{-1}$，设此二值不随温度变化，试求冰在 258 K 时的蒸气压。

解：忽略压力对相变潜热的影响，物质的汽化热、熔化热和升华热三者之间的关系如下图所示。三种相变热的关系可以表达为：

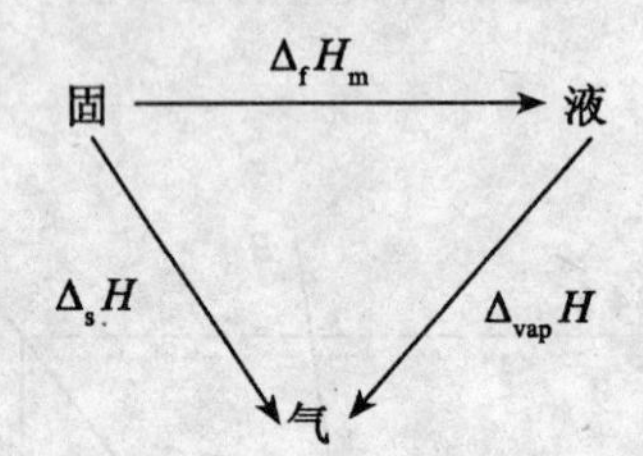

$$\begin{aligned}\Delta_s H &= \Delta_f H + \Delta_{vap} H = (334.3 + 2489)\, J \cdot g^{-1} \\ &= 2823.4\ J \cdot g^{-1}\end{aligned}$$

由克-克方程：

$$\ln \frac{p_2}{p_1} = \frac{\Delta_s H_m (T_2 - T_1)}{R T_1 T_2} = \frac{18.02 g \cdot mol^{-1} \times 2823.4 J \cdot g^{-1} \times (258 - 273) K}{8.314 J \cdot mol^{-1} \cdot K^{-1} \times 258 K \times 273 K}$$

$$= -1.303$$

$$\frac{p_2}{p_1} = 0.2717$$

$$p_2 = 0.2717 \times 611 Pa = 166\ Pa$$

即冰在 258 K 时的蒸气压为 166Pa。

10. 已知苯胺的正常沸点为 458. 15K，请依据 Truton 规则求算苯胺在 2666 Pa 时的沸点。

解：由 Truton 规则可以求出苯胺的相变潜热。

$$\Delta_{vap} H_m = 88 J \cdot K^{-1} \cdot mol^{-1} \times 458.15 K = 40317\ J \cdot mol^{-1}$$

设正常沸点的蒸气压为 p_1，$p_2 = 2666 Pa$，由克-克方程：

$$\ln \frac{p_2}{p_1} = \frac{\Delta_{vap} H_m}{R} \left(\frac{1}{T_1} - \frac{1}{T_2} \right)$$

已知 $p_1 = 101325$ Pa，$T_1 = 458.15$ K，$p_2 = 2666$ Pa 代入式计算出 $T_2 = 340.96$ K

11. 实验测得水在 373. 15 K 和 298. 15 K 下的蒸气压分别为 101325 Pa 和 3170 Pa，试计算水的摩尔气化焓。

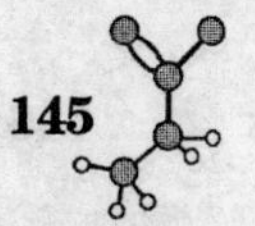

解：由克-克方程：

$$\ln\frac{101325\text{Pa}}{3170\text{Pa}}=\frac{\Delta_{\text{vap}}H_{\text{m}}}{8.314\text{J}\cdot\text{mol}^{-1}\cdot\text{K}^{-1}}\left(\frac{1}{298.15\text{K}}-\frac{1}{373.15\text{K}}\right)$$

解得：

$$\Delta_{\text{vap}}H_{\text{m}}=42730\ \text{J}\cdot\text{mol}^{-1}$$

12. 溜冰鞋下面的冰刀与冰接触的地方，长度为 7.62×10^{-2} m，宽度为 2.45×10^{-5}m，试问：

(1)若某人的体重为 60 kg，施加于冰的压力为若干？

(2)在该压力下冰的熔点为若干？已知冰的熔化热为 6010 $\text{J}\cdot\text{mol}^{-1}$，$T_f^*=273.16$ K，冰的密度为 920 $\text{kg}\cdot\text{m}^{-3}$，水的密度为 1000 $\text{kg}\cdot\text{m}^{-3}$。

解：(1)一双溜冰鞋下有两把冰刀。冰所受的压力为：

$$p=\frac{F}{S}=\frac{60\text{kg}\times9.8\text{m}\cdot\text{s}^{-2}}{2\times7.62\times10^{-2}\text{m}\times2.45\times10^{-5}\text{m}}=1.5748\times10^{8}\text{Pa}$$

(2)由克拉贝龙方程：

$$\frac{\text{d}p}{\text{d}T}=\frac{\Delta_{\text{fus}}H_{\text{m}}}{T\Delta_{\text{fus}}V_{\text{m}}}$$

其中：$\Delta_{\text{fus}}V_{\text{m}}=V_{\text{m}}(1)-V_{\text{m}}(s)=0.018\text{kg}\cdot\text{mol}^{-1}\left(\frac{1}{1000\text{kg}\cdot\text{m}^{-3}}-\frac{1}{920\text{kg}\cdot\text{m}^{-3}}\right)$

$$=-1.565\times10^{-6}\text{m}^{3}\cdot\text{mol}^{-1}$$

$$\text{d}p=\frac{\Delta_{\text{fus}}H_{\text{m}}}{\Delta_{\text{fus}}V_{\text{m}}}\cdot\frac{\text{d}T}{T}$$

对上式积分：

$$\int_{p_1}^{p_2}\text{d}p=\frac{\Delta_{\text{fus}}H_{\text{m}}}{\Delta_{\text{fus}}V_{\text{m}}}\int_{T_1}^{T_2}\text{d}\ln T$$

$$1.5748\times10^{8}\text{Pa}-101325\text{Pa}=\frac{6010\text{J}\cdot\text{mol}^{-1}}{-1.565\times10^{-6}\text{m}^{3}\cdot\text{mol}^{-1}}\ln\frac{T}{273.16\text{K}}$$

$$\ln\frac{T}{273.16\text{K}}=-0.04098$$

解上述方程得 $T=262.2$ K 。冰刀下的冰的熔点约为-11℃。

13. CO_2的固态和液态的蒸气压分别由以下两个方程给出：$\lg(p_s/\text{Pa})=11.986-\frac{1360\text{K}}{T}$；$\lg(p_l/\text{Pa})=9.729-\frac{874\text{K}}{T}$。计算：(1)$CO_2$的三相点的温度和压力；(2)$CO_2$在三相点的熔化焓和熔化熵。

解：(1)在三相点处，固相的蒸气压等于液相的蒸气压，即：

$$11.986-\frac{1360\text{K}}{T}=9.729-\frac{874\text{K}}{T}$$

解得三相点为：$T=215.3$ K，代入上述方程，有：

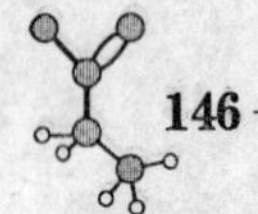

$$\lg(p_s/\mathrm{Pa}) = 11.986 - \frac{1360\mathrm{K}}{215.3\mathrm{K}} = 5.6692$$

解出 CO_2 三相点的压力　　　$p = 4.67 \times 10^5$ Pa

(2)由蒸气压方程：　　$\lg(p/\mathrm{Pa}) = -\dfrac{\Delta H_m}{2.303RT} + 常数$

题给固相蒸气压公式为：

$$\lg(p_s/\mathrm{Pa}) = -\frac{1360\mathrm{K}}{T} + 11.986$$

比较以上二式，得 CO_2 的升华热为：

$$\frac{\Delta_{sub}H_m}{2.303RT} = \frac{1360\mathrm{K}}{T}$$

$$\Delta_{sub}H_m = 1360\mathrm{K} \times 2.303 \times 8.314\mathrm{J \cdot K^{-1} \cdot mol^{-1}} = 26040\ \mathrm{J \cdot mol^{-1}}$$

同理可得 CO_2 的气化热为：

$$\Delta_{vap}H_m = 874\mathrm{K} \times 2.303 \times 8.314\mathrm{J \cdot K^{-1} \cdot mol^{-1}} = 16735\ \mathrm{J \cdot mol^{-1}}$$

物质的熔化热等于升华热与蒸发热之差，故有：

$$\Delta_{fus}H_m = \Delta_{sub}H_m - \Delta_{vap}H_m = 9305\ \mathrm{J \cdot mol^{-1}}$$

CO_2 的熔化熵为：

$$\Delta_{fus}S_m = \frac{\Delta_{fus}H_m}{T} = \frac{9305\mathrm{J \cdot mol^{-1}}}{215.3\mathrm{K}} = 43.2\ \mathrm{J \cdot K^{-1} \cdot mol^{-1}}$$

14. 纯水的蒸气压在 298.2 K 时为 3167.4 Pa，试问水在 $1p^{\ominus}$ 压力的空气中其蒸气压为若干(空气在水中溶解的影响略去不计)?

解：外压与蒸气压的关系为

$$\ln\frac{p_g}{p_g^*} = \frac{V_m(1)}{RT}(p_1 - p_g^*)$$

p_g^* 是没有惰性气体存在时液体的饱和蒸气压，p_g 是在有惰性气体存在时，在总压为 p_{tot} 时的饱和蒸气压。

$$p_g = p_g^* \cdot \exp\left[\frac{V_m(1)}{RT}(p_{tot} - p_g^*)\right]$$

$$= 3167.4\mathrm{Pa} \times \exp\left[\frac{0.018 \times 10^{-3}\mathrm{m^3 \cdot mol^{-1}}}{8.314\mathrm{J \cdot mol^{-1} \cdot K^{-1}} \times 298.2\mathrm{K}}(101325 - 3167.4)\mathrm{Pa}\right]$$

$$= 3170\ \mathrm{Pa}$$

水在 $1p^{\ominus}$ 压力的空气中其蒸气压为 3170 Pa 。

15. 在 100 ~ 120 K 的温度范围内，甲烷的蒸气压与绝对温度 T 如下式表示：

$$\lg(p/\mathrm{Pa}) = 8.96 - \frac{445\mathrm{K}}{T}。$$

甲烷的正常沸点为 112 K，在 1.01325×10^5 Pa 下，下列状态变化是等温可逆地进

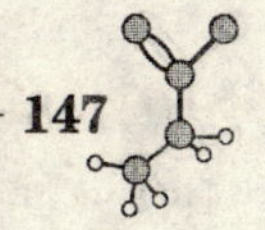

行的：

CH_4(l，112 K，101325 Pa)= CH_4(g，112 K，101325 Pa)

试计算：(1)甲烷的 $\Delta_{vap}H$，$\Delta_{vap}G_m$，$\Delta_{vap}S_m$ 及该过程的 Q、W；

(2)环境的熵变及总熵变。

解：(1)由蒸气压方程：　　$\lg(p/\text{Pa}) = -\dfrac{\Delta H_m}{2.303RT} + \text{常数}$

甲烷的蒸发热等热力学量为：

$$\Delta_{vap}H_m = 2.303 \times 8.314\text{J}\cdot\text{K}^{-1}\cdot\text{mol}^{-1} \times 445\text{K} = 8520\ \text{J}\cdot\text{mol}^{-1}$$

$$\Delta_{vap}S_m = \frac{8520\text{J}\cdot\text{mol}^{-1}}{112\text{K}} = 76.07\ \text{J}\cdot\text{mol}^{-1}\cdot\text{K}^{-1}$$

$$\Delta_{vap}G_m = 0\ (\text{可逆相变})$$

$$Q = \Delta H = 8520\ \text{J}$$

$$W = pV_g = nRT = 931\ \text{J}$$

(2)此过程环境的熵变为：

$$\Delta S_{surrounding} = -\frac{Q}{T_{surrounding}} = -\frac{8520\text{J}\cdot\text{mol}^{-1}}{112\text{K}} = -76.07\ \text{J}\cdot\text{K}^{-1}\cdot\text{mol}^{-1}$$

$$\Delta S_{tot} = \Delta_{vap}S_m + \Delta S_{surrounding} = 0$$

16. 表 7.1 是苯(A)-乙醇(B)系统的沸点-组成数据。(p =100210 Pa)

表 7.1

沸点 T/K	352.8	348.2	342.5	341.2	340.8	341.0	341.4	342.0	343.3	344.8	347.4	351.1
x_B	0	0.040	0.159	0.298	0.421	0.537	0.629	0.718	0.798	0.872	0.939	1.00
y_B	0	0.151	0.353	0.405	0.436	0.466	0.505	0.549	0.606	0.683	0.787	1.00

(1)按照表 7.1 的数据绘制苯(A)-乙醇(B)体系的-x 图。

(2)说明图中点、线、区的意义；x_B=0.40 的混合物，用普通蒸馏的方法有否将苯和乙醇完全分离？用普通蒸馏方法分离所得产物是什么？

(3)由 0.10 mol 苯与 0.90 mol 乙醇组成的溶液，将其蒸馏加热到 348.2 K，试问馏出液的组成如何？残液的组成又如何？馏出液与残液各为多少摩尔？

解：(1)根据表 7.1 的数据作 T-x_B图(图 7.5)。

(2)图中的Ⅰ区划为气相，Ⅱ、Ⅲ区为气、液两相平衡区，Ⅳ为苯和乙醇组成的溶液，即液相区。图中上边相接的两条曲线为气相线，下边的曲线为液相线，e 点是最低恒沸点，为 341 K，该点为气-液两相平衡，其气相组成与液相组成相同，即 $y_B = x_B$=0.435。将 x_B=0.40 的溶液进行精馏，则其馏出液的浓度逐渐趋向于 e 点的组成，至该点气相与液相组成相同时，虽然再继续精馏，组成也不会发生变

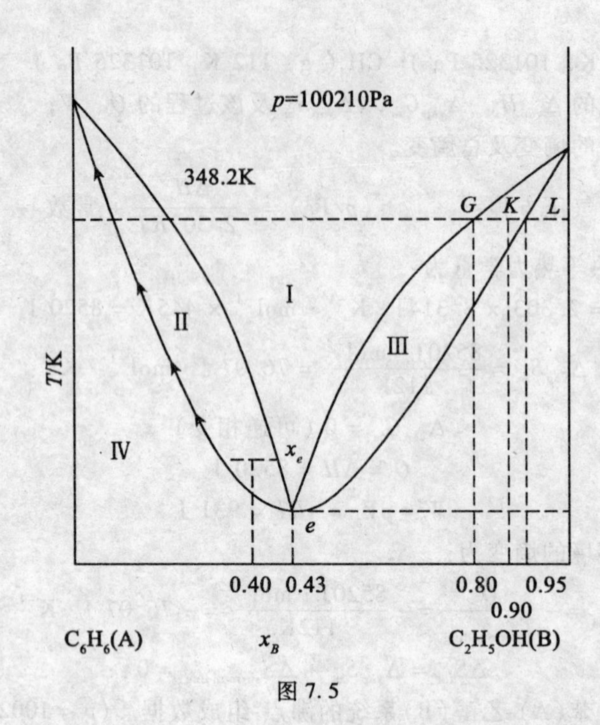

图 7.5

化。而残液的组成逐渐趋向于纯苯。所以用普通精馏的方法不可能把给定组成的溶液中两个组分完全分离，只能得到恒沸混合物和纯苯。

(3)根据相图，馏出液组成为：苯 20%，乙醇 80%。残液组成为：苯 5%，乙醇 95%。由杠杆原理：

$$\frac{\text{馏出液}}{\text{残液}}=\frac{95-90}{90-80}=\frac{5}{10}=0.5$$

馏出液的量只有残液的一半，系统总量为 1 摩尔，故馏出液有 0.333 摩尔，残液有 0.667 摩尔。

17. 某车间提纯氯苯，已知水和氯苯为完全不互溶的液体，其恒沸点为 363.35 K。在该温度下水与氯苯的蒸气压分别为 $p^*(H_2O)=72400$ Pa，p^*(氯苯)= 28900 Pa，今要提纯 200 kg 氟苯，需水蒸气多少？

解：根据水蒸气蒸馏的馏出物中物质的量之比公式：

$$W_{\text{水}}=\frac{p_{\text{水}}^* M_{\text{水}}}{p_{\text{有}}^* M_{\text{有}}}\times W_{\text{有}}=\frac{7.24\times10^4\text{Pa}\times18\text{g}\cdot\text{mol}^{-1}}{2.89\times10^4\text{Pa}\times112.5\text{g}\cdot\text{mol}^{-1}}\times200\text{kg}$$
$$=80.2\text{ kg}$$

18. 在 293 K 及 101325 Pa 下有空气自一种油中通过，知道油的分子量是 120，其正常沸点 $T_b=473$ K，试估计 1 m^3的空气最多能带出多少油。

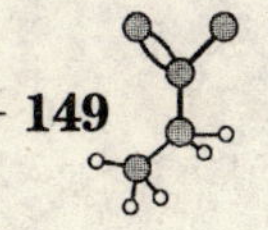

解：根据褚鲁顿规则，蒸发热 $\Delta_{vap}H_m$ 与正常沸点 T_b 的关系为：

$$\Delta_{vap}H_m = 88\text{J}\cdot\text{K}^{-1}\cdot\text{mol}^{-1}\times 473\text{K} = 4.16\times 10^4\text{J}\cdot\text{mol}^{-1}$$

又根据克劳修斯-克拉贝龙方程，知：

$$\ln\frac{p_{油}}{101325\text{Pa}} = \frac{\Delta_{vap}H_m(T-T_b)}{RTT_b} = \frac{4.16\times 10^4\text{J}\cdot\text{mol}^{-1}\times(-180)\text{K}}{8.314\text{J}\cdot\text{mol}^{-1}\cdot\text{K}^{-1}\times 293\text{K}\times 473\text{K}} = -6.499$$

$$\frac{p_{油}}{101325\text{Pa}} = 0.001505$$

$$p_{油} = 152.5\ \text{Pa}$$

$$p_{空} = p_{总} - p_{油} = 101325\text{Pa} - 152.5\text{Pa} = 101172.5\ \text{Pa}$$

设 $n_{空}$ 为空气的摩尔数，$n_{油}$ 为油的摩尔数。

$$n_{空} = \frac{p_{空}V}{RT} = \frac{101172.5\text{Pa}\times 1\text{m}^3}{8.314\text{J}\cdot\text{mol}^{-1}\cdot\text{K}^{-1}\times 293\text{K}} = 41.53\ \text{mol}$$

因 $x_{油} = \dfrac{n_{油}}{n_{油}+n_{空}}$ $\quad x_{空} = \dfrac{n_{空}}{n_{油}+n_{空}}$ $\quad p_{油} = p_{总}\cdot x_{油}$ $\quad p_{空} = p_{总}\cdot x_{空}$

故

$$\frac{p_{油}}{p_{空}} = \frac{x_{油}}{x_{空}} = \frac{n_{油}}{n_{空}}$$

$$n_{油} = \frac{p_{油}}{p_{空}}\times n_{空} = \frac{152.5\text{Pa}}{101172.5\text{Pa}}\times 41.53\text{mol} = 0.0626\ \text{mol}$$

所以最多能带出油量 $W = 0.0626\text{mol}\times 120\text{g}\cdot\text{mol}^{-1} = 7.51\ \text{g}$。

19. Mg(熔点 924 K)和 Zn(熔点 692 K)的相图具有两个低共熔点(图 7.6)，一个为 641 K(3.2% Mg，质量百分数，下同)，另一个为 620K(49% Mg)，在体系的熔点曲线上有一个最高点 863K(15.7% Mg)。

(1)绘出 Mg 和 Zn 的 T-x 图，标明各区中的相态和自由度。

(2)分别指出含 30% Mg、80% Mg、49% Mg 的三个混合物从 973 K 冷却到 573 K 的步冷过程中的相变，绘出其步冷曲线。

解：将质量分数换算成摩尔分数。$M_{Mg} = 24.31$，$M_{Zn} = 65.39$

$$x_{Mg} = \frac{(W/M)_{Mg}}{(W/M)_{Mg} + (W/M)_{Zn}}$$

$W_{Mg}/\%$	3.2	49	15.7	80	30
x_{Mg}	0.082	0.721	0.334	0.915	0.536

(1)在 T-x 图上有一最高点温度为 863 K，组成 x_{Mg} 为 0.334，说明在组成处有一稳定化合物 C，该体系有两个低共熔点，有两条三相共存水平线，低共熔点的温度和组成分别为 641 K，x_{Mg}=0.082 和 620 K，x_{Mg}=0.721。图中各区域状态如下：

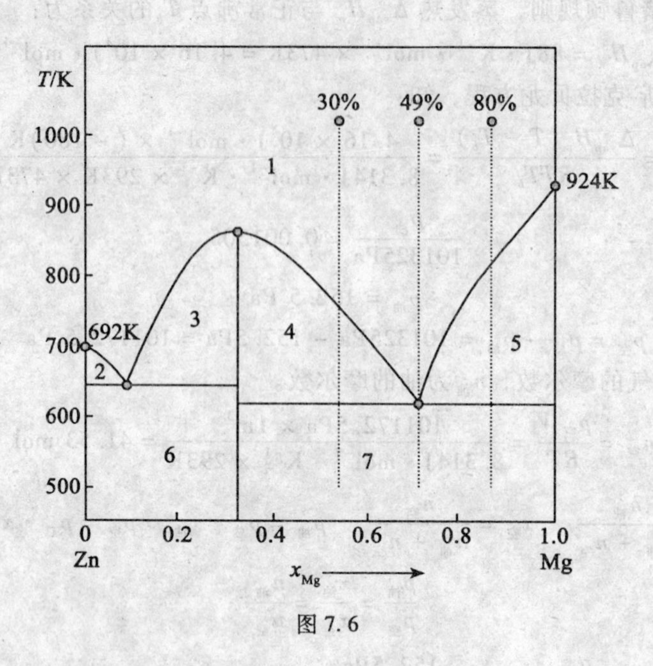

图 7.6

1. 熔液，单相，$f=2$。
2. S_{Zn}+L，两相，$f=1$。
3. S_C+L，两相，$f=1$。
4. S_C+L，两相，$f=1$。
5. S_{Mg}+L，两相，$f=1$。
6. S_{Zn}+S_C，两相，$f=1$。
7. S_C+S_{Mg}，两相，$f=1$。

(2)三个不同组成的熔液自高温冷却时其步冷线绘制如下(图 7.7)：

在步冷过程中的相变情况如下所述。

组成为含镁 30% 的步冷曲线：

$$x \to x_1: \Phi = 1(\text{熔液}) \quad f^* = 2(T, x)$$

$$x_1 \to x_2: \Phi = 2(\text{熔液} + S_C) \quad f^* = 1(T)$$

$$x_2 \to x_3: \Phi = 3(S_C + \text{熔液} + S_B) \quad f^* = 0$$

$$x_3 \to x_4: \Phi = 2(S_C + S_B) \quad f^* = 1(T)$$

组成为含镁 49% 的步冷曲线：

$$y \to y_1: \Phi = 1(\text{熔液}) \quad f^* = 2(T, x)$$

$$y_1 \to y_2: \Phi = 3(S_C + \text{熔液} + S_B) \quad f^* = 0$$

$$y_2 \to y_3: \Phi = 2(S_C + S_B) \quad f^* = 1(T)$$

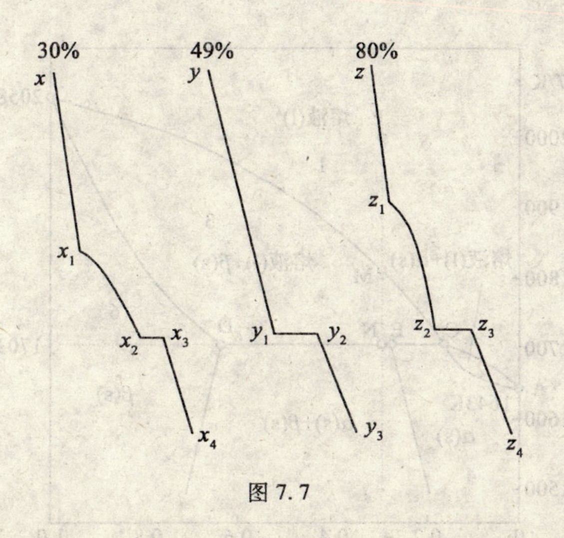

图 7.7

组成为含镁 80% 的步冷曲线：

$$z \to z_1: \ \Phi = 1(\text{熔液}) \quad f^* = 2(T, x)$$

$$z_1 \to z_2: \ \Phi = 2(\text{熔液} + S_B) \quad f^* = 1(T)$$

$$z_2 \to z_3: \ \Phi = 3(S_C + \text{熔液} + S_B) \quad f^* = 0$$

$$z_3 \to z_4: \ \Phi = 2(S_C + S_B) \quad f^* = 1(T)$$

20. 对 FeO-MnO 二组分系统，已知 FeO、MnO 的熔点分别为 1643 K 和 2058 K；在 1703 K 时含有 30% 和 60% MnO（质量百分数）的二固熔体间发生转熔变化，与其平衡的液相组成为 15% MnO，在 1703 K，二固熔体的组成为：26% 和 64% MnO。试依据上述数据：

(1)绘制此二组分系统的相图；

(2)指出各区的相态；

(3)当一含 28% MnO 的二组分系统，由 P 点缓缓冷至 1500K 时，相态如何变化？

解：(1)绘制 FeO-MnO 相图（图 7.8）。

(2)各相区的相态如下，并已标在图中。

1 区：熔液，单相，$f = 2$。

2 区：熔液+α(s)，两相，$f = 1$。

3 区：熔液+β(s)，两相，$f = 1$。

4 区：固熔体 α(s)，单相，$f = 2$。

5 区：α(s)+β(s)，两相，$f = 1$。

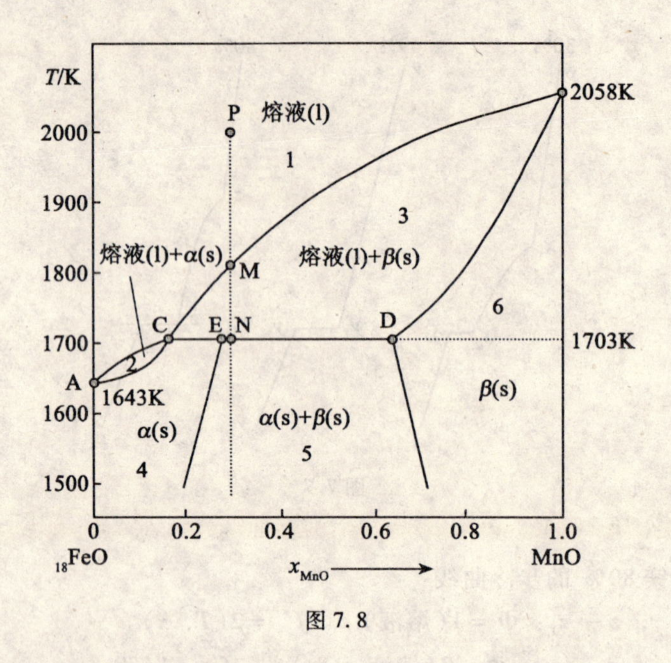

图 7.8

6 区：固熔体 β(s)，单相，$f=2$

CED：三相线，熔液 C+α(s)+β(s)，$f=0$。

(3)当含有 28% MnO 的 FeO-MnO 二组分体系，自 1873 K 缓缓冷却至 1473 K 时，途径变化为：含 28% MnO 的二组分系统在 P 点为熔液，当系统逐步冷却时，物系点将沿 MN 线下降。当物系点在 PM 线段上时，系统呈单相熔液，自由度 $f=2$；当物系点到达 M 点时，系统开始进入两相区，熔液中开始析出固熔体 β，在 MN 线段上，系统处于两相区，熔液与固熔体 β 两相达平衡，系统的自由度 $f=1$；当物系点到达 N 点时，系统处在三相线 CED 上，析出新的固相固熔体 α，系统呈熔液、固熔体 α 和固熔体 β 三相平衡，在 N 点处系统自由度等于零，系统的温度和各相的组成均为定值；当温度继续下降，物系点降到 N 点以下时，熔液相消失，系统为固熔体 α 和固熔体 β 两相平衡，自由度 $f=1$，直至温度下降到 1500K。

21. 苯或萘的熔点分别为 278.65 K 和 353.05 K，摩尔熔化热分别为 9837 及 19080 J·mol^{-1}，苯和萘构成的溶液可视为理想溶液。苯和萘的相互溶解度可用下式表示：

$$\ln x = -\frac{\Delta_{\text{fux}} H_{\text{m}}}{R}\left(\frac{1}{T} - \frac{1}{T_{\text{f}}}\right)$$

式中 $\Delta_{\text{fus}}H_{\text{m}}$ 及 T_f 为苯或萘的摩尔熔化热及熔点；T 是溶液组成为 x 时的熔点。试用溶解度法绘制苯-萘系统的相图，并确定最低熔点的温度及组成。

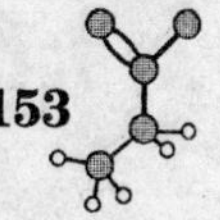

解：首先以苯作溶剂，标记为1，萘作溶质，标记为2。由题中所给关系式，可以得到萘在苯中的溶解度与温度的函数关系。将题给数据代入关系式，可得：

$$\ln x_2 = -\frac{19080\text{J}\cdot\text{mol}^{-1}}{8.314\text{J}\cdot\text{mol}^{-1}\cdot\text{K}^{-1}}\left(\frac{1}{T}-\frac{1}{353.05\text{K}}\right)$$

$$\ln x_2 = 6.50 - 2295\frac{1}{T}$$

再以萘作溶剂，苯作溶质，同理可以得到苯在萘中的溶解度与温度的关系式为：

$$\ln x_1 = 4.246 - 1183\frac{1}{T}$$

用不同的温度代入上面二式中，得到下面的数据，表见7.2。

表7.2

T/K	343	333	323	313	303	293	283	273
x_2	0.8262	0.6758	0.5459	0.4351	0.3416	0.2637	0.2000	0.1486
T/K	278	277	276	275	274	273	272	271
x_1	0.9906	0.9755	0.9606	0.9457	0.9310	0.9164	0.9019	0.8875

由表7.2的数据绘制苯-萘混合物的熔点-组成图，如图7.9所示。由图上得到最低共熔点的温度为270 K，组成为 $x_2 = 0.135$(萘的物质的量分数)。

22. 已知二组分系统的相图如图7.10所示。

(1)标出各相区的相态，水平线EF、GH上系统的相态与自由度。

(2)绘出 a、b、c 表示的三个系统的步冷曲线。

(3)使系统由P点降温，说明降温过程中系统相态及自由度的变化。

(4)已知纯A的凝固热 $\Delta_{\text{fus}}H_{\text{m}} = -18027\ \text{J}\cdot\text{mol}^{-1}$，低共熔点的组成 $x_{\text{A}} = 0.4$，当把A作为非理想溶液中的溶剂时，求该最低共熔物(E)中组分A的活度系数。

解：(1)相图中各区间的相态及自由度为：

区间1：溶液，单相，$f = 2$。

区间2：溶液+苯(s)，两相，$f = 1$。

区间3：溶液+萘(s)，两相，$f = 1$。

区间4：苯(s)+萘(s)，两相，$f = 1$。

区间5：溶液(s)+化合物(s)，两相，$f = 1$。

区间6：化合物(s)+萘(s)，两相，$f = 1$。

DEF：三相线，苯(s)+萘(s)+溶液(E)，$f = 0$。

GSH：三相线，化合物(s)+萘(s)+溶液(G)，$f = 0$。

(2)步冷曲线如图7.11所示：

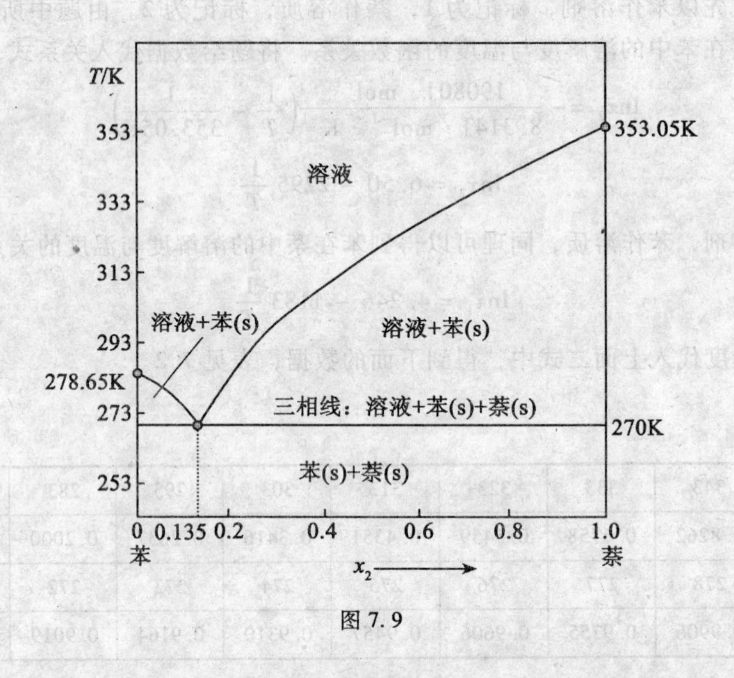

图 7.9

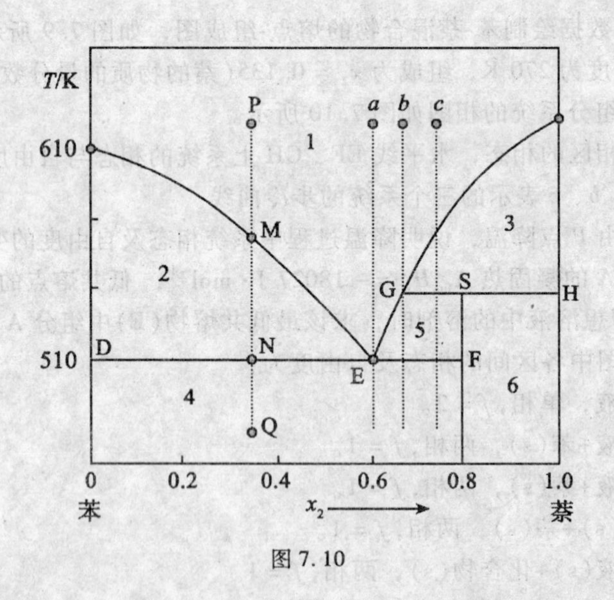

图 7.10

(3)在 PM 段系统为单相溶液，自由度$f=2$；MN 段为两相(溶液+苯(s))共存，自由度$f=1$；系统处于 N 点时，三相(苯(s)+萘(s)+溶液(E))共存，自由度$f=0$； NQ 段，系统为两相(苯(s)+萘(s))共存，$f=1$。

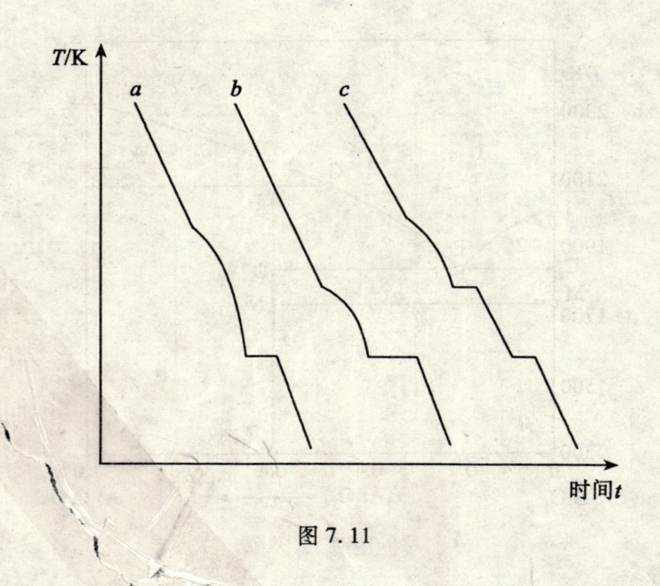

图 7.11

(4)有下列公式：

$$\ln a_A = \frac{\Delta_{fus}H_m}{R}\left(\frac{1}{T_f^*} - \frac{1}{T_f}\right)$$

已知：$T_f = 510K$，$T_f^* = 610K$，$\Delta_{fus}H_m = 18027\ J \cdot mol^{-1}$，将以上数据代入上式：

$$\ln a_A = \frac{18027J \cdot mol^{-1}}{8.314J \cdot mol^{-1} \cdot K^{-1}}\left(\frac{1}{610K} - \frac{1}{510K}\right) = -0.697 \qquad a_A = 0.50$$

E 点苯的摩尔分数 $x_A = 0.40$，由此可以求出 E 点 A 的活度系数：

$$r_A = a_A / x_A = \frac{0.50}{0.40} = 1.25 \text{。}$$

最低共熔物中组分 A 的活度系数为 1.25。

23. 图 7.12 是 SiO_2-Al_2O_3体系在高温区间的相图，在高温下，SiO_2有白硅石和鳞石英两种变体的转晶线，MN 线之上为白硅石，之下为鳞鱼英。

(1)指出各相区分别由哪些相组成；

(2)图中三条水平线分别代表哪些相平衡共存；

(3)画出从 a、b、c 点冷却的步冷曲线(莫来石的组成是 $2Al_2O_3 \cdot 3SiO_2$)。

解：(1)各相区的相态如下：

区域 1：单相熔液，$f = 2$。

区域 2：两相共存：熔液+SiO_2(s)，$f = 1$。

区域 3：两相共存：熔液+莫来石(s)，$f = 1$。

区域 4：两相共存：熔液+Al_2O_3(s)，$f = 1$。

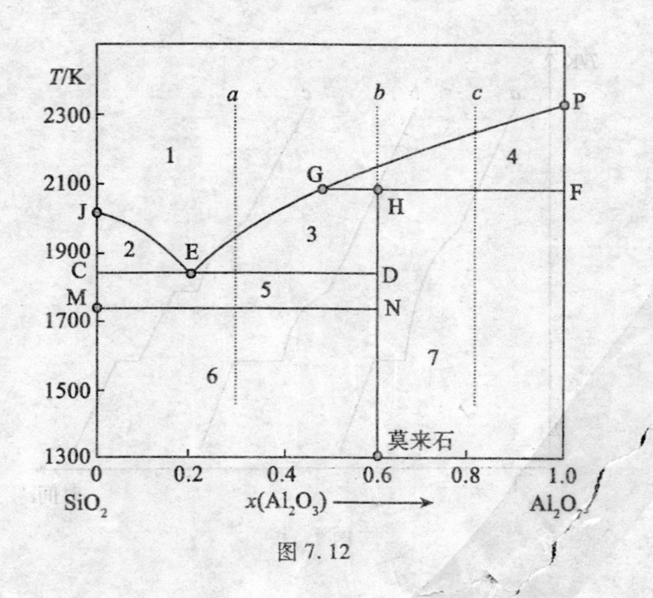

图 7.12

区域 5：两相共存：$SiO_2(s)+Al_2O_3(s)$，$f=1$。

区域 6：两相共存：$SiO_2(s)$+莫来石(s)，$f=1$。

区域 7：两相共存，莫来石(s)$+Al_2O_3(s)$，$f=1$。

(2)图中三条水平线均为三相线。

CED：熔液(G)$+SiO_2(s)+Al_2O_3(s)$，三相共存，$f=0$。

MN：白硅石(s)+鳞石英(s)+莫来石(s)三相共存，$f=0$。

GHF：熔液(E)+莫来石(s)$+Al_2O_3(s)$三相共存，$f=0$。

(3)从 x、y、z 开始冷却的步冷曲线如下(图 7.13)。

24. Bi-Zn 系统的相图如图 7.14 所示，若以含 Zn 40%（质量百分比）的熔化物 100 g 由高温冷却，试计算：

(1)温度刚到 683 K 时，组成为 A(含 Zn15%)的液相和组成为 C(含 Zn98%)的液相各有多少克？在 683 K 时当组成为 C 的液相恰好消失时组成为 A 的液相和固体 Zn 的重量各有多少克？

(2)温度刚降到 527 K 时固体 Zn 和组成为 E(含 Zn3%)的熔化物各有多少克？

解：(1)当含 Zn 40%（质量百分比）的系统沿 PB 线降温时，在帽形区中系统为两相共存。一相是以 Bi 为主的溶液，另一相是以 Zn 为主的溶液。当物系点无限靠近三相线 AC 时，系统处于两液相平衡状态，所以当温度刚刚达到 B 点时，系统仍为两液相平衡。此时可以运用杠杆原理求算两个液相的物质的量。

设 683K 时液相 A 的克数为 x，根据杠杆原理，有：

$$x\cdot(0.4-0.15)=(100-x)(0.98-0.40)$$

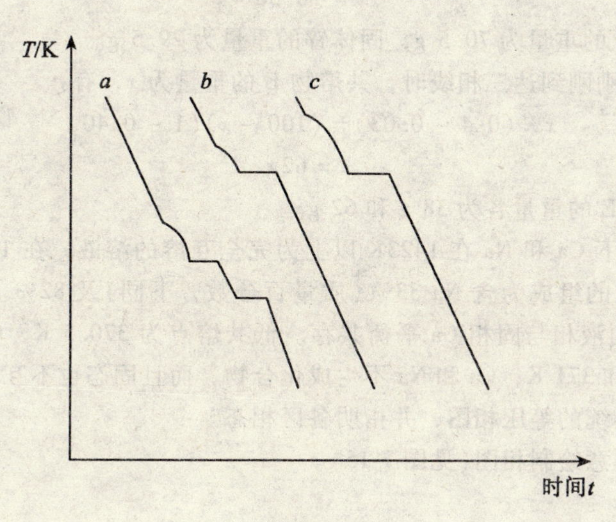

图 7.13

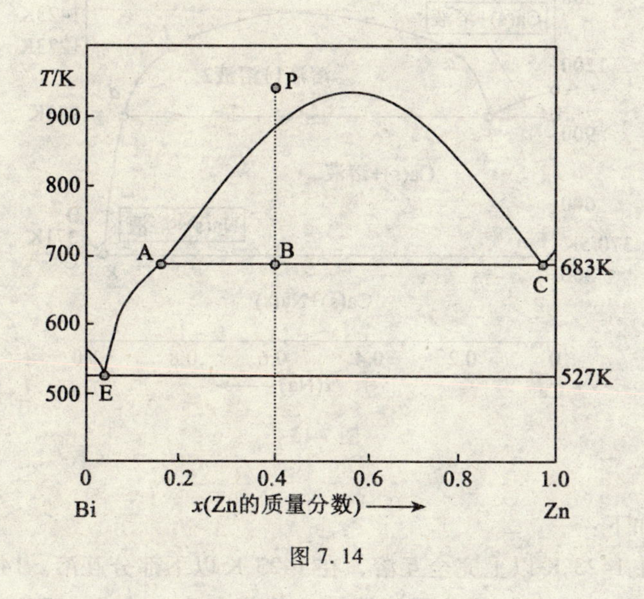

图 7.14

解出：　　　　　　　　　　$x = 70$ g

解得：A、C 各为 70 g 和 30 g。

设在 683 K 时，当组成为 C 的液相恰好消失时，溶液 A 的重量为 x，那么固体 Zn 的重量为$(100-x)$，由杠杆原理：

$$x \cdot (0.4 - 0.15) = (100 - x)(1 - 0.4)$$

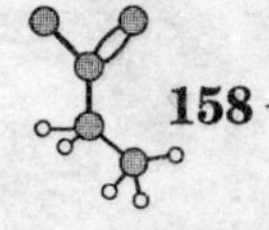

解出 $$x = 70.5\text{g}$$

所以液体 A 的重量为 70.5 g，固体锌的重量为 29.5 g。

(2) 设温度刚刚到达三相线时，共熔物 E 的重量为 x，有：

$$x \cdot (0.4 - 0.03) = (100 - x)(1 - 0.40)$$

解得： $$x = 62\text{g}$$

所以 Zn 和 E 的重量各为 38 g 和 62 g。

25. 在 $1p^{\ominus}$ 下 Ca 和 Na 在 1423K 以上为完全互溶的溶液，在 1273 K 时部分互溶。此时两液相的组成为含 Na 33%（质量百分数，下同）及 82%。983 K 时含 Na 14% 及 93% 的两液相与固相 Ca 平衡共存。低共熔点为 370.5 K，Ca 和 Na 的熔点分别为 1083 K 和 371 K，Ca 和 Na 不生成化合物，而且固态也不互溶。根据以上数据绘制 Ca-Na 系统的等压相图，并指明各区相态。

解：根据题意绘制相图（见图 7-15）。

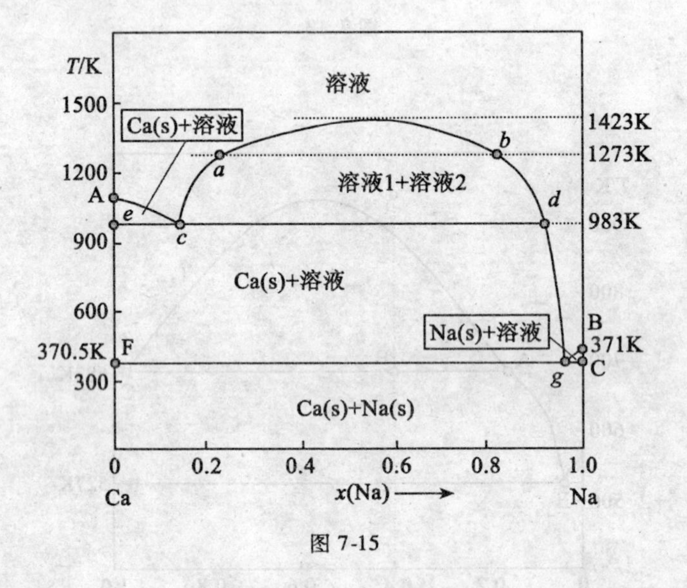

图 7-15

分析相图如下：

Ca 和 Na 在 1423 K 以上完全互溶，在 1423 K 以下部分互溶。1423 K 为最高互溶温度，在 1273 K 时有一部分互溶溶液，其相点为 a 含 Na 23%，相点 b 含 Na 82%；在 983 K 时有一条由一固二液共存的三相线，液相点 c 含 Na 14%；液相点 d 含 Na 93%；固相点为钙 e 点；连 $cabd$ 曲线使最高点温度为 1423 K。钙的熔点为 1083 K（图 7.15 中 A 点）。连 Ac 曲线即为钙的凝固点下降曲线。Ca 和 Na 不生成化合物，有一低共熔点，温度为 370.5 K，在该温度处有一条由两固一液组成的三相平衡线：图中 FC 线，延长曲线 abd 交 FC 线于 g 点。Na 的熔点为 371 K 即图中

B 点。连线 Bg 即为 Na 的凝固点下降曲线。

26. 金属 A 和 B 的熔点分别为 623 K 和 553 K，在 473 K 时有三相共存，其中一相是含 30% B 的熔化物，其余两相分别是含 20% B 和含 25% B 的固溶体。冷却至 423 K 时又呈现三相共存，分别是含 55% B 的熔化物，含 35% B 和 80% B 的两个固溶体。根据以上数据绘出 A-B 二元合金相图，并指出各相区存在的相与自由度。

解：绘制相图于图 7.16。

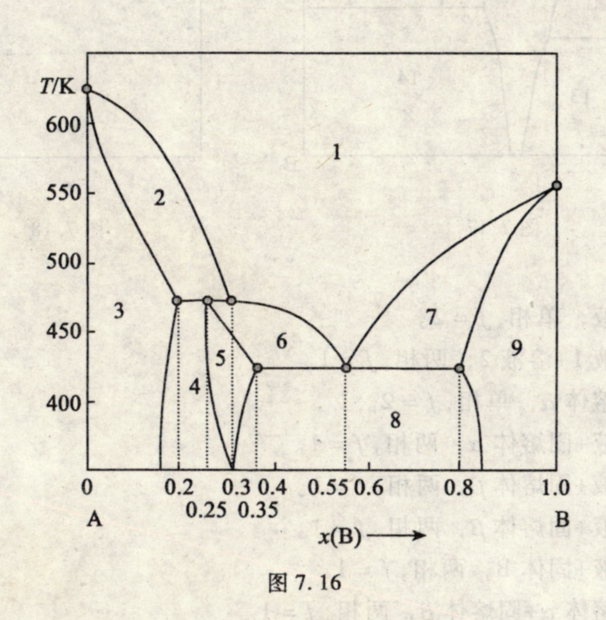

图 7.16

相图中各相区的相态与自由度：

区域 1：溶液，单相，$f=2$。

区域 2：溶液+固熔体 α，两相，$f=1$。

区域 3：固熔体 α，单相，$f=2$。

区域 4：固熔体 α +固熔体 β，两相，$f=1$。

区域 5：固熔体 β，单相，$f=2$。

区域 6：溶液+固熔体 β，两相，$f=1$。

区域 7：溶液+固熔体 γ，两相，$f=1$。

区域 8：固熔体 β +固熔体 γ，两相，$f=1$。

区域 9：固熔体 γ，单相，$f=2$。

27. 指出二组分相图（图 7.17）中各区的相态，绘制指定点的步冷曲线。

解：相图见图 7.17。各区域的相态为：

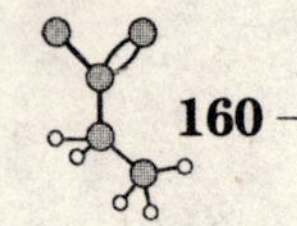

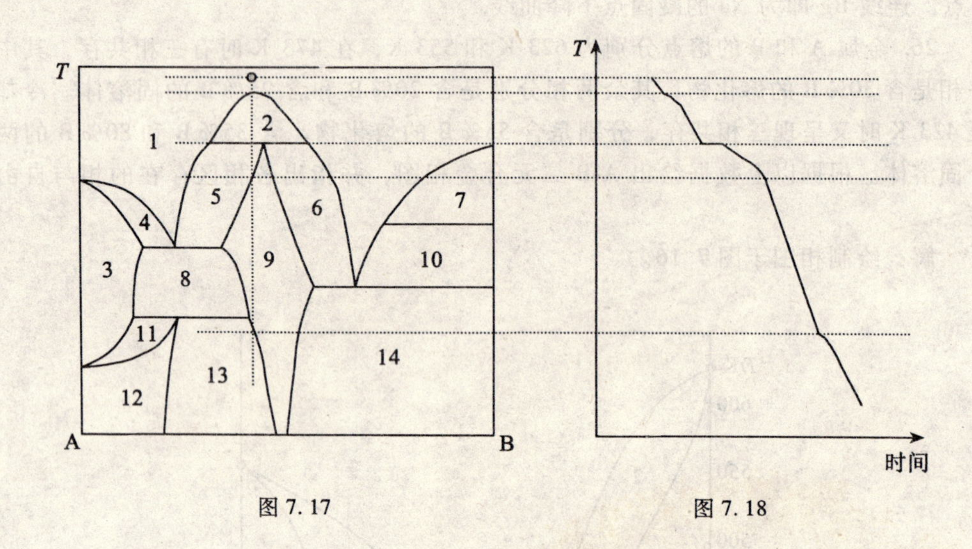

图 7.17　　　　　　　　　　图 7.18

区域1：溶液，单相，$f=2$。

区域2：溶液1+溶液2，两相，$f=1$。

区域3：固熔体 α，单相，$f=2$。

区域4：溶液+固熔体 α，两相，$f=1$。

区域5：溶液+固熔体 β，两相，$f=1$。

区域6：溶液+固熔体 β，两相，$f=1$。

区域7：溶液+固体 B，两相，$f=1$。

区域8：固熔体 α+固熔体 β，两相，$f=1$。

区域9：固熔体 β，单相，$f=2$。

区域10：溶液+固体 B，两相，$f=1$。

区域11：固熔体 α+固熔体 γ，两相，$f=1$。

区域12：固熔体 γ，单相，$f=2$。

区域13：固熔体 γ+固熔体 β，两相，$f=1$。

区域14：固熔体 γ+固体 B，两相，$f=1$。

绘制指定的步冷曲线见图 7.18。

28. 图 7.19 是 298.15 K 时 $(NH_4)_2SO_4-Li_2SO_4-H_2O$ 三组分系统的相图，指出各区域存在的相及自由度。若将组成相当于 x、y、z 点所代表的系统在该温度下分别恒温蒸发，则最先析出何种晶体？写出复盐和水合盐的分子式。

解：该相图（见图 7.19）中各区域存在的相及系统自由度如下：

区域1：溶液，单相，$f=2$。

区域2：溶液+B(s)，两相，$f=1$。

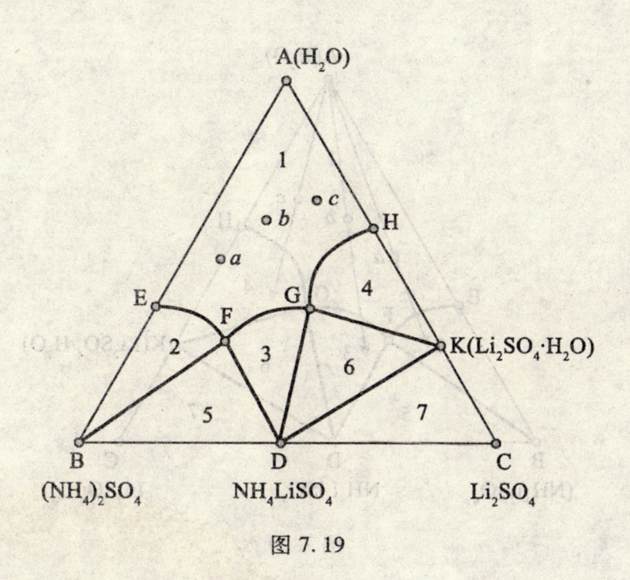

图 7.19

区域3：溶液+D(s)，两相，$f=1$。

区域4：溶液+K(s)，两相，$f=1$。

区域5：溶液(F)+B(s)+D(s)，三相，$f=0$。

区域6：溶液(G)+D(s)+C(s)，三相，$f=0$。

区域7：K(s)+D(s)+C(s)，三相，$f=0$。

其中：B 为$(NH_4)_2SO_4$、D 为 NH_4LiSO_4、C 为 Li_2SO_4、K 为 $Li_2SO_4 \cdot H_2O$。

当将物系点处于 a、b、c 点的系统在 298 K 下分别恒温蒸发时，物系点将分别沿 $\overrightarrow{Aa}$、$\overrightarrow{Ab}$、$\overrightarrow{Ac}$ 方向移动，当 a 点到达 EF 线上时，开始进入硫酸铵固体与其饱和溶液共存的两相区，首先析出固态硫酸铵；当 b 点到达 FG 线上时，开始进入硫酸铵锂固体与其饱和溶液共存的两相区，首先析出固态硫酸铵锂；当 c 点到达 HG 线上时，开始进入一水硫酸锂固体与其饱和溶液共存的两相区，首先析出固态一水硫酸锂。具体过程如图 7.20 所示。

29. 三组分系统 H_2O、KI、I_2等温等压下的相图如图 7.21 所示，坐标采用物质的量分数。该三组分系统有一化合物生成，其组成为 $KI \cdot I_2 \cdot H_2O$。

(1)完成该相图，标明各区的相。

(2)有一溶液含 75% H_2O，20% KI，5% I_2，在常温压下蒸发，指出其蒸发过程的相变情况。当蒸发到 50% H_2O 时，处于什么相态，相对重量为多少？

解：(1)化合物 $KI \cdot I_2 \cdot H_2O$ 中各物的含量换算成摩尔分数后，从图中可知，其组成即为 D 点，D 代表化合物 $KI \cdot I_2 \cdot H_2O$。连 BD、CD 即完成该相图，各区域的相态如图 7.22 所示。

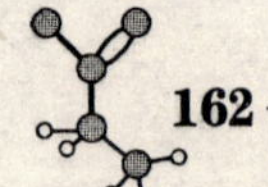

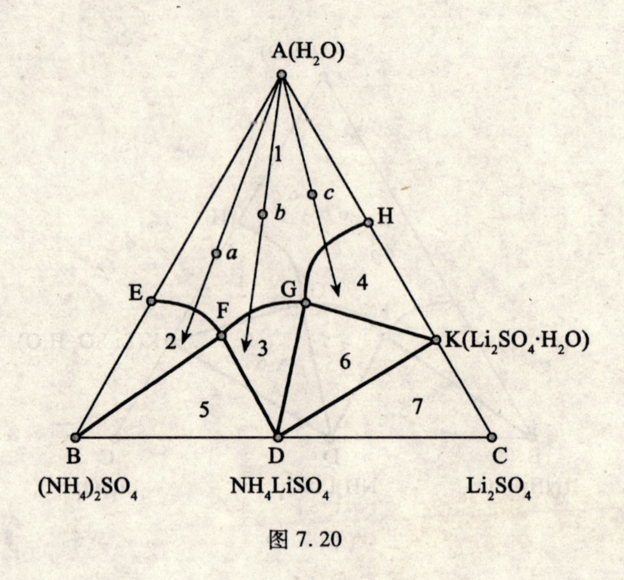

图 7.20

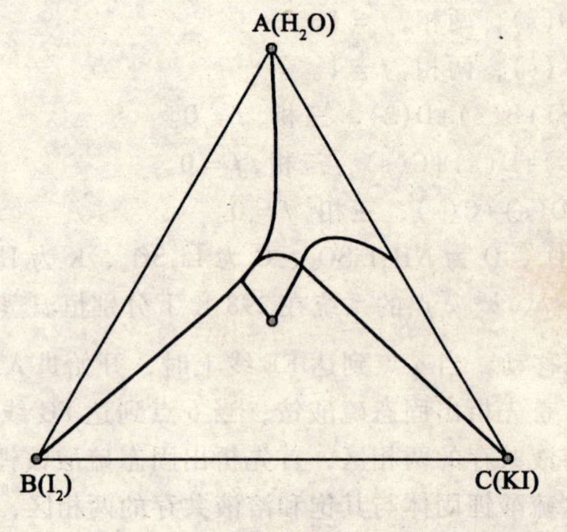

图 7.21

区域 1：溶液，单相，$f=2$。

区域 2：溶液+B(s)，两相，$f=1$。

区域 3：溶液+D(s)，两相，$f=1$。

区域 4：溶液+C(s)，两相，$f=1$。

区域 5：溶液(E)+B(s)+D(s)，三相，$f=0$。

区域 6：溶液(F)+D(s)+C(s)，三相，$f=0$。

区域 7：B(s)+C(s)+D(s)，三相，$f=0$。

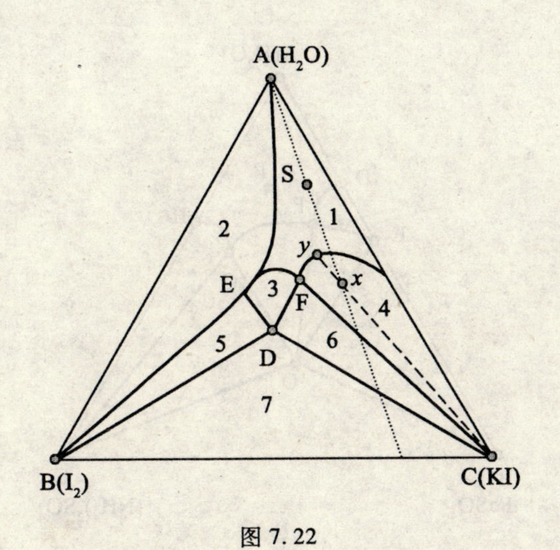

图 7.22

(2)含 75% H_2O、20% KI、5% I_2的系统位于图中 S 点，其蒸发过程沿 AS 变化，当进入区域 4 时开始析出固态 KI，呈固液两相平衡，继续蒸发水分进入区域 6，开始析出固态化合物 D，呈三相平衡。当系统进入区域 7 时，固态 I_2开始析出。此时系统全部凝固。呈三个固相平衡。当水分完全蒸发完后，物系点位于 BC 线上，系统为固态 I_2和 KI 的混合物。

当上述系统蒸发至 $x_{H_2O}=50\%$ 时，位于图中 x 点时，处于饱和溶液与固体 KI 二相平衡区。连 Cx 交该区液线为 y，该点组成 55% H_2O，35% KI，10% I_2，该平衡的固液二相的相对含量可以用杠杆规则求算：

$$Cx \cdot W_{KI} = xy \cdot W_l$$

$$\frac{W_{KI}}{W_l} = \frac{xy}{Cx} = \frac{1}{10}$$

即固态 KI 和饱和 KI 溶液的相对含量为 1∶10。

30. H_2O-$FeSO_4$-$(NH_4)_2SO_4$的三组分系统相图如图 7.23 所示。标出各区相态与自由度，P 代表系统状态点。现从 P 点出发制取复盐 E($FeSO_4 \cdot 7H_2O$)，请在相图上表示采取的步骤，并作简要说明。

解：见图 7.24。各区的相态与自由度如下：

ADFGHA：溶液，单相，$f=2$。

DEF：　溶液+E($FeSO_4 \cdot 7H_2O$)，两相，$f=1$。

BEO：　E($FeSO_4 \cdot 7H_2O$)+B($FeSO_4$)+O(含水复盐)，三相，$f=0$。

BOC：　O(含水复盐)+B($FeSO_4$)+C($(NH_4)_2SO_4$)，三相，$f=0$。

GOC：　溶液(G)+O(含水复盐)+C($(NH_4)_2SO_4$)，三相，$f=0$。

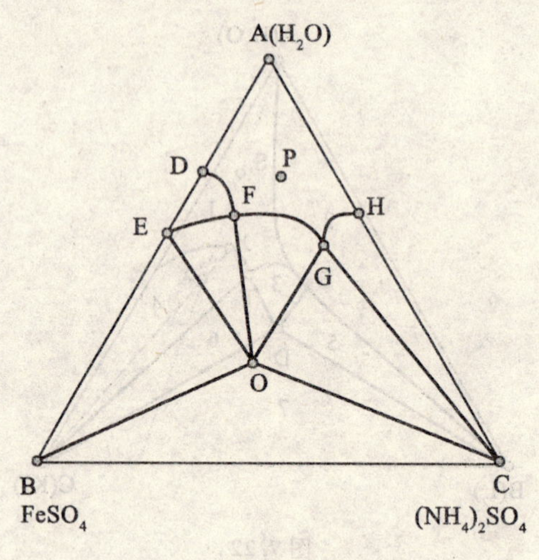

图 7.23

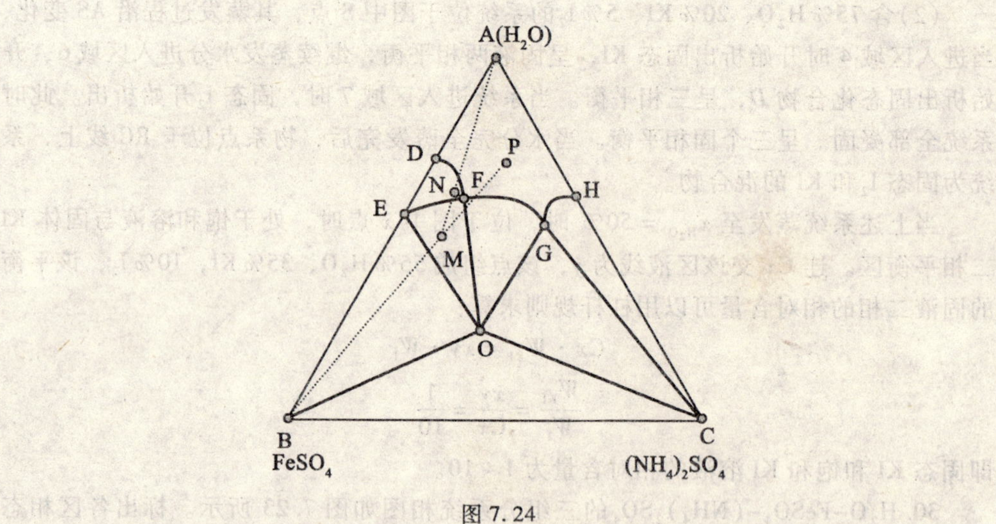

图 7.24

FEO:　　溶液(F)+O(含水复盐)+E($FeSO_4 \cdot 7H_2O$)，三相，$f=0$。

FED:　　溶液+E($FeSO_4 \cdot 7H_2O$)，两相，$f=1$。

GCH:　　溶液+C($(NH_4)_2SO_4$)，两相，$f=1$。

向 P 系统中加入 $FeSO_4$后，体系沿 PB 线移动直至 M 点(图 7.24)，向 M 系统中加入水，系统的物系点沿 MA 移动，物系点将进入 EDF 两相区，为固态的 $FeSO_4 \cdot 7H_2O$与其饱和溶液两相共存，设系统的物系点到达 N 点，过滤即可得复盐 E($FeSO_4 \cdot 7H_2O$)。

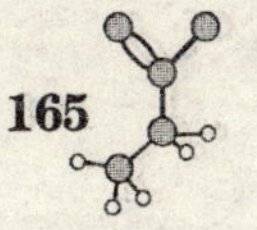

第8章　化学平衡

一、基本内容

1. 化学反应方向的判断

设有化学反应：

$$aA + bB + \cdots \rightleftharpoons gG + hH + \cdots$$

定义：

$$d\xi = -\frac{dn_A}{a} = -\frac{dn_B}{b} = \cdots = \frac{dn_G}{g} = \frac{dn_H}{h} = \cdots$$

ξ 称为反应进度。

定义反应吉布斯自由能变化 $\Delta_r G_m$ 为：

$$\Delta_r G_m = \left(\frac{\partial G}{\partial \xi}\right)_{T,\ P} = \sum_i v_i \mu_i$$

v_i：化学反应计量系数，产物为正，反应物为负。

化学反应进行方向的判据：

$\Delta_r G_m < 0$　　反应自发正向进行

$\Delta_r G_m > 0$　　反应自发逆向进行

$\Delta_r G_m = 0$　　反应达平衡

2. 气相反应的平衡常数

化学反应等温式：

$$\Delta_r G_m = \Delta_r G_m^{\ominus} + RT\ln Q_f$$

$$= -RT\ln K_f^{\ominus} + RT\ln Q_f$$

$$\Delta_r G_m^{\ominus} = -RT\ln K_f^{\ominus}$$

$$K_f^{\ominus} = \prod_i \left(\frac{f_i}{p^{\ominus}}\right)^{v_i}$$　$K_f^{\ominus}$ 为热力学平衡常数

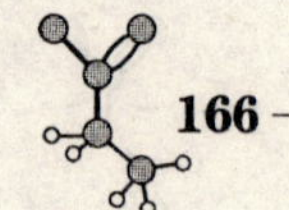

$$Q_f = \prod_i \left(\frac{f_i}{p^{\ominus}}\right)^{v_i} \qquad Q_f \text{ 为逸度商}$$

热力学平衡常数 $K_f^{\ominus}$（也称标准平衡常数）等于反应达平衡的逸度商。

对于理想气体反应，$f = p$，故有：

$$K_f^{\ominus} = K_r \cdot K_p^{\ominus} = K_p^{\ominus} \qquad \text{因为 } \gamma_i = 1$$

理想气体反应进行方向的判断：

$$K_p^{\ominus} > Q_p \qquad \text{反应自发正向进行}$$

$$K_p^{\ominus} < Q_p \qquad \text{反应自发逆向进行}$$

$$K_p^{\ominus} = Q_p \qquad \text{反应达平衡}$$

气体反应的经验平衡常数：

$$K_p = \prod_i p_i^{v_i}$$

$$K_x = \prod_i x_i^{v_i}$$

$$K_c = \prod_i c_i^{v_i}$$

几种平衡常数之间的关系

$$K_f^{\ominus} = K_r \cdot K_p^{\ominus} \qquad K_r = \prod_i r_i^{v_i} \qquad K_p^{\ominus} = \prod_i \left(\frac{p_i}{p^{\ominus}}\right)^{v_i}$$

$$K_p^{\ominus} = K_p \cdot (p^{\ominus})^{-\sum_i v_i}$$

$$K_p = K_x \cdot (p)^{-\sum_i v_i}$$

$$K_p = K_c\,(RT)^{\sum_i v_i}$$

对于理想气体反应：

$$K_f^{\ominus} = K_p^{\ominus}$$

对于等分子反应，几种经验平衡常数在数值上相等：

$$K_p = K_x = K_c \quad (\text{当} \sum_i v_i = 0 \text{ 时})$$

3. 溶液反应的平衡常数

按规定1选取各组分标准态，即各组分的标准状态是同温同压下的纯液态组分。

$$\Delta_r G_m^{\ominus} = -RT\ln K_a^{\ominus}$$

$$K_a^{\ominus} = \prod_i a_i^{v_i} \qquad (a_i = \gamma_i \cdot x_i)$$

若反应体系可视为理想溶液，组分的活度等于其摩尔分数，则反应平衡常数为：

$$K_x^{\ominus} = \prod_i x_i^{v_i}$$

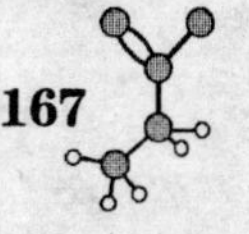

$$\Delta_r G_m^{\ominus} = -RT\ln K_x^{\ominus}$$

若按规定2选取标准态，且参与反应的各组分均为溶质。

浓度用摩尔分数表示，有：

$$K_a^{\ominus} = [\prod_i (a_i^{v_i})]_e$$

$$\Delta_r G_m^{\ominus} = -RT\ln K_a^{\ominus}$$

溶液可视为理想稀溶液时，活度等于其浓度，平衡常数可表达为：

$$K_a^{\ominus} = K_x^{\ominus}$$

$$\Delta_r G_m^{\ominus} = -RT\ln K_x^{\ominus}$$

浓度用质量摩尔浓度表示：

$$K_{a,m}^{\ominus} = [\prod_i (a_{i,m})^{v_i}]_e$$

$$\Delta_r G_m^{\ominus} = -RT\ln K_{a,m}^{\ominus}$$

对于理想稀溶液，可用浓度代替活度，反应平衡常数为：

$$K_m^{\ominus} = \left[\prod_i \left(\frac{m_i}{m^{\ominus}}\right)^{v_i}\right]_e$$

$$\Delta_r G_m^{\ominus} = -RT\ln K_m^{\ominus}$$

4. 复相反应的平衡常数

若反应各气相为理想气体混合物，液相为理想溶液，固相各组分均为纯固体物质，则反应的 $\Delta_r G_m$ 为：

$$\Delta_r G_m = \Delta_r G_m^{\ominus} + RT\ln\{\prod[(p_j)^{v_j}(x_k)^{v_k}]\cdot(p^{\ominus}) - \sum_j v_j\}$$

复相反应平衡常数 $K^{\ominus}$ 为：

$$K^{\ominus} = \prod[(p_j)^{v_j}(x_k)^{v_k}]_e (p^{\ominus})^{-\sum_j v_j}$$

式中：j 是对气相各组分进行运算，k 是对液相各组分进行运算。反应中各组分标准态分别规定为：

气态组分：温度为 T，压力为 $1p^{\ominus}$ 的纯气体；

液态组分：温度为 T，压力为 p 的纯液体；

固态组分：温度为 T，压力为 p 的纯固体。

5. 平衡常数的求算

$$\Delta_r G_m^{\ominus} = -RT\ln K_a^{\ominus}$$

反应平衡常数 $K_a^{\ominus}$ 的求算归结为 $\Delta_r G_m^{\ominus}$ 的求算。反应 $\Delta_r G_m^{\ominus}$ 的求算方法主要有以下几种：

① 由标准生成吉布斯自由能求算

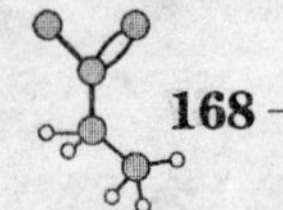

$$\Delta_r G_m^{\ominus} = \left(\sum_i v_i \Delta_f G_m^{\ominus}(i)\right)_{产物} - \left(\sum_i v_i \Delta_f G_m^{\ominus}(i)\right)_{反应物}$$

② 由规定吉布斯自由能求算：

$$\Delta_r G_m^{\ominus} = \left(\sum_i v_i G_m^{\ominus}(i)\right)_{产物} - \left(\sum_i v_i G_m^{\ominus}(i)\right)_{反应物}$$

③ 由反应的焓变及熵变求算

$$\Delta_r G_m^{\ominus} = \Delta_r H_m^{\ominus} - T\Delta_r S_m^{\ominus}$$

④ 由电化学方法求算

$$\Delta_r G_m^{\ominus} = -zFE^{\ominus}$$

6. 外界因素对化学平衡的影响

① 温度的影响

$$\left[\frac{\partial(\Delta_r G_m^{\ominus}/T)}{\partial T}\right]_p = -\frac{\Delta_r G_m^{\ominus}}{T^2}$$

$$\frac{\mathrm{d}\ln K_p^{\ominus}}{\mathrm{d}T} = \frac{\Delta_r H_m}{RT^2}$$

$$\ln\frac{K_p^{\ominus}(T_2)}{K_p^{\ominus}(T_1)} = \frac{\Delta_r H_m^{\ominus}}{R}\left(\frac{T_2 - T_1}{T_1 T_2}\right)$$（$\Delta_r H_m^{\ominus}$ 为常数，理想气体反应）

物质的比热可表示为：

$$C_{p,m} = a + bT + cT^2$$

则

$$\ln K_p^{\ominus} = -\frac{\Delta H_0}{RT} + \frac{\Delta a}{R}\ln T + \frac{\Delta b}{2R}\cdot T + \frac{\Delta c}{6R}T^2 + I$$

上式中 ΔH_0 和 I 均为积分常数。先由基尔霍夫定律求积分常数 ΔH_0，再由某已知温度的平衡常数求积分常数 I。由以上微分表达式可总结出温度对反应平衡的影响：

吸热反应：升温有利于反应正向进行；

放热反应：降温有利于反应正向进行。

② 压力的影响

$$\left(\frac{\partial \ln K_x}{\partial p}\right)_T = -\frac{\Delta_r V_m}{RT}$$

在恒温条件下：

反应物体积大于产物，增压平衡正向移动；

产物体积大于反应物，降压平衡正向移动；

反应物体积等于产物，压力对平衡无影响。

③ 惰性气体的影响

若反应系统的总压恒定时，加入惰性气体相当于降低了实际参与反应的气体组分的总压，其影响与降低反应体系压力的影响相同。

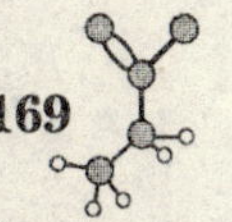

若反应系统的体积恒定时，对于理想气体反应，加入惰性气体对反应平衡无影响。

7. 较复杂的反应系统

同时平衡：系统中有两个以上化学反应同时进行，这一类反应的平衡称为同时平衡。

求解同时平衡的关键点是：当反应系统达到平衡后，若某组分同时参与了几个不同反应，在达平衡时只存在一个平衡浓度，在各反应的平衡常数表达式中，此组分的浓度值(或分压值)相同。

绝热反应：反应系统与环境之间无热量交换时，此类反应称为绝热反应。

$$\Delta_r H_m\ (\text{绝热反应}) = 0$$

通过设计适当的热力学循环，结合上式，可求解有关绝热反应的平衡问题。

二、习题解答

1. 化学反应达到平衡时的宏观特征和微观特征是什么？

解：宏观特征：化学反应达到平衡时反应正向进行的速率与逆向进行的速率相等，体系各组分的数量不再随时间而改变，宏观上反应处于静止状态。

微观特征：反应并未停止，只是正向进行的速率与反向进行的速率相等而已。

2. 有下列化学反应：

$$C_2H_6(g) \rightleftharpoons C_2H_4(g) + H_2(g) \tag{1}$$

$$2NO(g) + O_2(g) \rightleftharpoons 2NO_2(g) \tag{2}$$

$$NO_2(g) + SO_2(g) \rightleftharpoons NO(g) + SO_3(g) \tag{3}$$

(1)写出以上各反应的热力学平衡常数表达式；

(2)以上反应中，哪些反应的 K_x 与反应系统的总压有关，哪些无关？

解：(1)各反应的热力学平衡常数表达式为：

反应(1)：
$$K_p^{\ominus} = \frac{\dfrac{p_{C_2H_4}}{p^{\ominus}} \cdot \dfrac{p_{H_2}}{p^{\ominus}}}{\dfrac{p_{C_2H_6}}{p^{\ominus}}} = \frac{p_{C_2H_4} \cdot p_{H_2}}{p_{C_2H_6}} \cdot \frac{1}{p^{\ominus}}$$

反应(2)：
$$K_p^{\ominus} = \frac{\dfrac{p_{NO_2}^{\ 2}}{(p^{\ominus})^2}}{\dfrac{p_{O_2}}{p^{\ominus}} \cdot \dfrac{p_{NO}^{\ 2}}{(p^{\ominus})^2}} = \frac{p_{NO_2}^{\ 2}}{p_{O_2} \cdot p_{NO}^{\ 2}} \cdot p^{\ominus}$$

反应(3)：
$$K_p^{\ominus}=\frac{\dfrac{p_{NO}}{p^{\ominus}}\cdot\dfrac{p_{SO_3}}{p^{\ominus}}}{\dfrac{p_{NO_2}}{p^{\ominus}}\cdot\dfrac{p_{SO_2}}{p^{\ominus}}}=\frac{p_{NO}\cdot p_{SO_3}}{p_{NO_2}\cdot p_{SO_2}}$$

(2)由公式：
$$K_p^{\ominus}=K_x\left(\frac{p}{p^{\ominus}}\right)^{\sum_B \nu_B}$$

只有当反应的计量系数的代数和等于零时，即 $\sum_B \nu_B=0$，反应的 K_x 等于反应的热力学平衡常数，其值与反应系统的总压无关。以上各反应中，反应(1)与反应(2)均为不等分子反应，故反应的 K_x 与系统的总压有关；而反应(3)为等分子反应，反应的 $\sum_B \nu_B=0$，反应的 K_x 与总压无关。

3. 证明对于理想气体反应，下列成立：
$$\left[\frac{\partial \ln K_c}{\partial T}\right]_p=\frac{\Delta_r U_m^{\ominus}}{RT^2}$$

证明：对理想气体反应有：
$$\left[\frac{\partial \ln K_p^{\ominus}}{\partial T}\right]_p=\left[\frac{\partial \ln K_p}{\partial T}\right]_p=\frac{\Delta_r H_m^{\ominus}}{RT^2}$$

因为
$$K_p=K_c(RT)\sum_i v_i=K_c\,(RT)^{\Delta_r v}$$

所以
$$\left[\frac{\partial \ln K_p}{\partial T}\right]_p=\frac{\partial}{\partial T}[\ln K_c+\Delta_r v\ln(RT)]_p=\left[\frac{\partial \ln K_c}{\partial T}\right]_p+\frac{\Delta_r v}{T}$$

另有：
$$\frac{\Delta_r H_m^{\ominus}}{RT^2}=\frac{\Delta_r U_m^{\ominus}}{RT^2}+\frac{\Delta_r v(pV_m)}{RT^2}=\frac{\Delta_r U_m^{\ominus}}{RT^2}+\frac{\Delta_r v(RT)}{RT^2}$$
$$=\frac{\Delta_r U_m^{\ominus}}{RT^2}+\frac{\Delta_r v}{T}$$
$$\left(\frac{\partial \ln K_c}{\partial T}\right)_p+\frac{\Delta_r v}{T}=\frac{\Delta_r U_m^{\ominus}}{RT^2}+\frac{\Delta_r v}{T}$$
$$\left(\frac{\partial \ln K_c}{\partial T}\right)_p=\frac{\Delta_r U_m^{\ominus}}{RT^2}$$ 证毕。

4. 平衡移动原理(即勒·夏特列原理)的内容为：“如果对一个平衡系统施加外部影响，则平衡将向着减小此外部影响的方向移动。”试将本章所介绍的反应温度、系统总压及惰性气体对化学平衡的影响结果，与平衡移动原理作一比较。

解：温度对于化学平衡的影响为：对于吸热反应，升温时平衡朝正向移动；对于放热反应，降温时平衡朝正向移动。由平衡移动原理，当反应温度升高时，若为吸热反应，正向进行时将吸收热量以抵消温度升高的影响，故反应向正向反应方向移动；若为放热反应，逆向进行将吸收热量，故反应向逆反应方向移动。系统总压对化学平衡的影响为：总压升高，平衡朝分子数少的一方移动；总压降低，平衡朝分子数多的方向移动。由平衡移动原理可解释为：当压力升高时，反应向分子数少的方向移动可减小系统的体积，在恒温下体积减小压力有增高的趋势，以抵消压力升高的影响。当压力降低时，反应向分子数多的一方移动可增加系统的体积，以抵消压力降低的影响。当系统总压维持不变时，加入惰性气体对化学平衡的影响等同于降压对化学平衡的影响，其情况与前所叙相似。

5. 下列说法是否正确，为什么？

反应平衡常数值改变了，化学平衡一定会移动；反之，平衡移动了，反应平衡常数也一定会改变。

解：此说法不正确。平衡常数值改变了，平衡一定会移动；但平衡移动了，平衡常数值不一定会改变。例如在恒温下，改变化学反应中某些组分的浓度或改变化学反应系统的总压，平衡会移动，但平衡常数值并未变。

6. 若用下列两个化学计量方程式来表示合成氨反应：

$$3H_2(g) + N_2(g) \rightleftharpoons 2NH_3(g) \tag{1}$$

$$\frac{3}{2}H_2(g) + \frac{1}{2}N_2(g) \rightleftharpoons NH_3(g) \tag{2}$$

则两者的 $\Delta_r G_m^\ominus$ 和 $K_p^\ominus$ 之间有什么关系？

解：对(1)式有：

$$\Delta_f G_{m,1}^\ominus = 2\Delta_f G_m^\ominus(NH_3) - \Delta_f G_m^\ominus(N_2) - 3\Delta_f G_m^\ominus(H_2)$$

对(2)式有：

$$\Delta_f G_{m,2}^\ominus = \Delta_f G_m^\ominus(NH_3) - \frac{1}{2}\Delta_f G_m^\ominus(N_2) - \frac{3}{2}\Delta_f G_m^\ominus(H_2)$$

$$\Delta_f G_{m,1}^\ominus = 2\Delta_f G_{m,2}^\ominus$$

$$-RT\ln K_{p,1}^\ominus = -2RT\ln K_{p,2}^\ominus$$

$$K_{p,1}^\ominus = (K_{p,2}^\ominus)^2$$

7. 若选取不同的标准态，则物质的标态化学势不同，反应的 $\Delta_r G_m^\ominus$ 也会随之而改变，那么按化学反应等温式 $\Delta_r G_m = \Delta_r G_m^\ominus + RT\ln Q_p$，计算出来的 $\Delta_r G_m$ 值也会改变吗？为什么？

解：$\Delta_r G_m$ 值不因选取的标准态不同而改变。因为 $\Delta_r G_m$ 是状态函数，当系统状态一定时，$\Delta_r G_m$ 的值也一定，不会因标准态的选取不同而改变。从 $\Delta_r G_m$ 的计算公式可知其值由 $\Delta_r G_m^\ominus$ 和 $RT\ln Q_p$ 两项所决定，当标准态不同时，$\Delta_r G_m^\ominus$ 值会改变，但同时 Q_p 的值也会改变，而两者之和不变。

8. 化学反应的 $\Delta_r G_m = \sum_i v_i\mu_i$ 是否随反应的进度而变化？为什么？

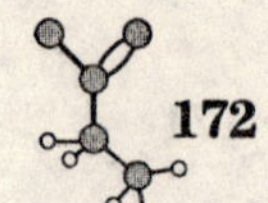

解：$\Delta_r G_m$ 随反应的进度而变化。当反应进度 ξ 发生变化时，反应系统的状态必然发生变化，而 $\Delta_r G_m$ 是状态函数，状态改变了，状态函数 $\Delta_r G_m$ 会随之变化。

9. 有理想气体反应：$2SO_2(g) + O_2(g) = 2SO_3(g)$ 在 1000 K 时，$K_p = 3.45p^{\ominus}$。试计算：在 SO_2 分压为 $0.200p^{\ominus}$，O_2 的分压为 $0.100p^{\ominus}$，SO_3 的分压为 $1.00p^{\ominus}$ 的混合气中，发生上述反应的 $\Delta_r G_m$；并判断反应进行的方向。若 $p_{SO_2} = 0.200p^{\ominus}$，$p_{O_2} = 0.100p^{\ominus}$，为使反应向 SO_3 减少的方向进行，SO_3 的分压至少应为多少？

解：由题给平衡常数 K_p 的量纲知：此平衡常数数据为反应 $2SO_3(g) = 2SO_2(g) + O_2(g)$ 的平衡常数，此反应的热力学平衡常数为：

$$K_p^{\ominus} = \frac{K_p}{p^{\ominus}} = \frac{3.45p^{\ominus}}{p^{\ominus}} = 3.45$$

$$\Delta_r G_m^{\ominus} = -RT\ln K_p^{\ominus} = -8.314\,\mathrm{J\cdot mol^{-1}\cdot K^{-1}} \times 1000\,\mathrm{K} \times \ln 3.45$$

$$= -10296\ \mathrm{J\cdot mol^{-1}}$$

由题给数据，反应：$2SO_3(g) = 2SO_2(g) + O_2(g)$ 的压力熵为：

$$Q_p' = \frac{(1p^{\ominus})^2}{0.1p^{\ominus} \times (0.2p^{\ominus})^2} = 250\ (p^{\ominus})^{-1}$$

反应 $2SO_2(g) + O_2(g) = 2SO_3(g)$ 的压力熵为：

$$Q_p = \frac{1}{Q_p'} = 0.004p^{\ominus} \qquad Q_p^{\ominus} = 0.004$$

反应 $2SO_2(g) + O_2(g) = 2SO_3(g)$ 的 $\Delta_r G_m^{\ominus}$ 为：

$$\Delta_r G_m^{\ominus} = 10296\ \mathrm{J\cdot mol^{-1}}$$

$$\Delta_r G_m = \Delta_r G_m^{\ominus} + RT\ln Q_p^{\ominus} = 10296\ \mathrm{J\cdot mol^{-1}} + 8.314\,\mathrm{J\cdot mol^{-1}\cdot K^{-1}} \times 1000\,\mathrm{K} \times \ln 0.004$$

$$= -35609\ \mathrm{J\cdot mol^{-1}} < 0$$

反应自发向 SO_3减少方向进行。

当 $\Delta_r G_m = 0$ 时，反应达平衡，有：

$$Q_p^{\ominus} = \frac{0.1p^{\ominus}/p^{\ominus} \times (0.2p^{\ominus}/p^{\ominus})^2}{(p_{SO_3}/p^{\ominus})^2} = K_p^{\ominus} = 3.45$$

$$p_{SO_3} = 0.0341p^{\ominus}$$

当 SO_3分压大于 $0.0341p^{\ominus}$时，反应向 SO_3减少方向进行。

10. 写出下列理想气体反应的 K_p 表示式，并确定 300 K 时 K_p 与 K_c 之比值。

(1) $C_2H_6 \rightleftharpoons C_2H_4 + H_2$

(2) $2NO + O_2 \rightleftharpoons 2NO_2$

(3) $NO_2 + SO_2 \rightleftharpoons SO_3 + NO$

(4) $3O_2 \rightleftharpoons 2O_3$

解:

反应(1): $K_p = \dfrac{p_{C_2H_4} \cdot p_{H_2}}{p_{C_2H_6}}$, $\sum_i v_i = 1$

$$K_p/K_c = (RT)^{\sum_i v_i} = RT = 2494\ \text{J} \cdot \text{mol}^{-1}$$

反应(2): $K_p = \dfrac{p_{NO_2}^2}{p_{NO}^2 \cdot p_{O_2}}$, $\sum_i v_i = -1$

$$K_p/K_c = (RT)^{-1} = 4.01 \times 10^{-4}\ \text{J} \cdot \text{mol}^{-1}$$

反应(3): $K_p = \dfrac{p_{SO_3} \cdot p_{NO}}{p_{NO_2} \cdot p_{SO_2}}$, $\sum_i v_i = 0$

$$K_p/K_c = (RT)^0 = 1$$

反应(4): $K_p = \dfrac{p_{O_3}^2}{p_{O_2}^3}$, $\sum_i v_i = -1$

$$K_p/K_c = (RT)^{-1} = 4.01 \times 10^{-4}\ \text{J} \cdot \text{mol}^{-1}$$

11. 在457 K,总压为$1p^{\ominus}$下,NO_2有5%按下式分解,求此反应的$K_p^{\ominus}$。

$$2\,NO_2(g) \rightleftharpoons 2NO(g) + O_2(g)$$

解:设初始时NO_2量为2 mol

$$2\,NO_2(g) \rightleftharpoons 2NO(g) + O_2(g)$$

	$2\,NO_2(g)$	$2NO(g)$	$O_2(g)$	
$t=0$ 时	2 mol	0	0	
平衡时	$2(1-x)$	$2x$	x	$\sum_i n_i = 2+x$
平衡时分压	$\dfrac{2(1-x)}{2+x} \cdot p$	$\dfrac{2x}{2+x}p$	$\dfrac{x}{2+x}p$	

系统的总压$p = 1p^{\ominus}$,故有:

$$K_p^{\ominus} = K_p \cdot (p^{\ominus})^{-\sum_i v_i} = K_p\,(p^{\ominus})^{-1}$$

$$= \frac{x}{2+x}p^{\ominus} \frac{(2x)^2}{(2+x)^2}(p^{\ominus})^2 \frac{(2+x)^2}{4(1-x)^2} \frac{1}{(p^{\ominus})^2}(p^{\ominus})^{-1}$$

$$= \frac{x^3}{(2+x)(1-x)^2}$$

代入 $x = 0.05$, 得:

$$K_p^{\ominus} = 6.756 \times 10^{-5}$$

12. 含有1 mol SO_2和1 mol O_2的混合气体,在630℃、$1p^{\ominus}$下通过装有铂催化

剂的高温管，将反应后流出的气体冷却，用 KOH 吸收 SO_2和 SO_3，然后测量剩余 O_2的体积，在 0℃、$1p^{\ominus}$下测得其体积为 13.78 dm^3。试求：

(1)630℃时，SO_3离解的平衡常数 $K_p^{\ominus}$；

(2)计算 630℃，$1p^{\ominus}$下，平衡混合物中 O_2的分压为 $0.25p^{\ominus}$时，SO_3与 SO_2的摩尔数之比。

解：(1)设反应达到平衡时，有 x mol 的 SO_3生成，各组分的量有如下关系：

$$SO_2 + \frac{1}{2}O_2 = SO_3$$

	SO_2	$\frac{1}{2}O_2$	SO_3	
$t=0$ 时：	1 mol	1 mol	0	
达平衡：	$1-x$	$1-0.5x$	x	$\sum_i n_i = 2 - 0.5x$

由题意：
$$1 - 0.5x = \frac{13.78\ dm^3}{22.4\ dm^3 \cdot mol^{-1}} = 0.615 mol$$

解得：
$$x = 0.77 mol$$

达平衡时分压分别为：$\frac{0.23}{1.615}p^{\ominus}$　$\frac{0.615}{1.615}p^{\ominus}$　$\frac{0.77}{1.615}p^{\ominus}$

$$K_p^{\ominus}(903.15K) = \frac{0.23}{1.615} \times \frac{0.615^{0.5}}{1.615^{0.5}} \times \frac{1.615}{0.77} = 0.184$$

(2)当温度为 630℃时，$T = 903.15K$。当反应达平衡时，压力熵等于反应平衡常数，有：

$$\frac{(p_{SO_2}/p^{\ominus}) \cdot (p_{O_2}/p^{\ominus})^{0.5}}{p_{SO_3}/p^{\ominus}} = 0.184$$

$$\frac{p_{SO_3}}{p_{SO_2}} = \frac{(p_{O_2}/p^{\ominus})^{0.5}}{0.184} = \frac{0.25^{0.5}}{0.184}$$
$$= 2.72$$

13. PCl_5的分解反应为：

$$PCl_5(g) \rightleftharpoons PCl_3(g) + Cl_2(g)$$

在 523.15 K，$1p^{\ominus}$下，当反应达平衡后，测得混合物的密度为 $2.695 \times 10^{-3} kg \cdot dm^{-3}$。试计算：

(1)在此条件下 PCl_5的离解度；

(2)该反应的 $K_p^{\ominus}$ 和 $\Delta_r G_m^{\ominus}$

解：(1)设 PCl_5的离解度为 x。

	$PCl_5(g)$	$\rightleftharpoons$	$PCl_3(g)$	+	$Cl_2(g)$	
$t=0$ 时	$n$mol		0		0	
平衡时	$n(1-x)$		nx		nx	$\sum_i n_i = (1+x) \cdot n$

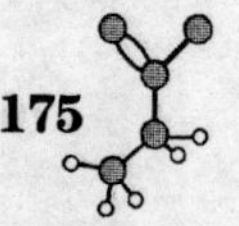

达平衡时：$pV = n_{总} RT = n(1+x) \cdot RT$

因为 $$n = \frac{W_{PCl_5,\ t=0}}{M_{PCl_5}}$$

所以 $$p = \frac{W_{PCl_5,\ t=0}}{M_{PCl_5}} \cdot \frac{1+x}{V} \cdot RT = \frac{1+x}{M_{PCl_5}} \cdot \frac{W_{PCl_5,\ t=0}}{V} \cdot RT$$

根据质量守恒原理，系统的总质量不变，一直等于 $W_{PCl_5,\ t=0}$，但系统的密度将随体积 V 而变，有：

$$p = \frac{1+x}{M_{PCl_5}} \cdot \rho RT$$

故 $$x = \frac{pM_{PCl_5}}{\rho RT} - 1$$

$$= \frac{101325\text{Pa} \times 0.2082\text{kg} \cdot \text{mol}^{-1}}{2.695\text{kg} \cdot \text{m}^{-3} \times 8.314\text{J} \cdot \text{mol}^{-1} \cdot \text{K}^{-1} \times 523.15\text{K}} - 1$$

$$= 0.800$$

PCl_5的离解度为80%。

(2)反应达平衡时，各个组分达分压为：

$$PCl_5(g) \rightleftharpoons PCl_3(g) + Cl_2(g)$$

平衡时分压： $\frac{1-x}{1+x}p^{\ominus}$ $\frac{x}{1+x}p^{\ominus}$ $\frac{x}{1+x}p^{\ominus}$

$$K_p^{\ominus} = \frac{x^2}{(1+x)^2} \cdot \frac{1+x}{1-x} = \frac{x^2}{1-x^2}$$

将(1)式所得 x 值代入上式得：

$$K_p^{\ominus}(523.15K) = \frac{0.8^2}{1-0.8^2} = 1.778$$

$$\Delta_r G_m^{\ominus} = -RT\ln K_p^{\ominus}$$

$$= -8.314\text{J} \cdot \text{mol}^{-1} \cdot \text{K}^{-1} \times 523.15\text{K} \times \ln 1.778$$

$$= -2503\ \text{J} \cdot \text{mol}^{-1}$$

14. 1173.2 K $1p^{\ominus}$下，将一定量的 CO 及 H_2O 混合后，通过催化剂达到下列化学平衡：

$$CO(g) + H_2O(g) \rightleftharpoons CO_2(g) + H_2(g)$$

使平衡后的气体混合物离开催化剂，并骤然冷却到室温，取样分析，得各组分组成为：

$$x_{CO_2} = 0.2142 \quad x_{H_2} = 0.2549 \quad x_{CO} = 0.2654 \quad x_{H_2O} = 0.2654$$

试计算该反应的 $K_p^{\ominus}$？

解：因此反应为等分子反应，所以有：

$$K_p^{\ominus} = K_p = K_x$$

$$K_p^{\ominus} = \frac{0.2142 \times 0.2549}{0.2654 \times 0.2654} = 0.775$$

15. 在 900 K 时，纯乙烷气体通过脱氢催化剂后，发生下列分解作用：

$$C_2H_6(g) \rightleftharpoons C_2H_4(g) + H_2(g)$$

已知该温度下反应的 $\Delta_r G_m^{\ominus} = 22.38\ kJ \cdot mol^{-1}$，若维持总压为 $1p^{\ominus}$，求反应达平衡后，混合气体 H_2的体积百分数为多少？设为理想气体反应。

解：令有 1 mol C_2H_6分解，设达平衡时分解了 x mol，有：

$$C_2H_6(g) \rightleftharpoons C_2H_4(g) + H_2(g)$$

平衡时分压： $\frac{1-x}{1+x}p^{\ominus}$ $\frac{x}{1+x}p^{\ominus}$ $\frac{x}{1+x}p^{\ominus}$ $\sum_i n_i = 1 + x$

$$K_p^{\ominus} = \frac{x^2}{(1+x)^2} \cdot \frac{1+x}{1-x} = \frac{x^2}{1-x^2}$$

因
$$\Delta_r G_m^{\ominus} = -RT\ln K_p^{\ominus}$$

故
$$\ln K_p^{\ominus} = -\frac{\Delta_r G_m^{\ominus}}{RT} = -\frac{22380J \cdot mol^{-1}}{8.314J \cdot mol^{-1} \cdot K^{-1} \times 900K} = -2.991$$

$$K_p^{\ominus} = 0.050$$

$$\frac{x^2}{1-x^2} = 0.050$$

解得：
$$x = 0.218$$

反应系统中 H_2的体积百分数为：

$$\frac{0.218}{1.218} = 0.179 = 17.9\%$$

16. 在 323.15 K，66.66 kPa 压力下，球形瓶中充入 N_2O_4后，重量为 71.981 g，将瓶抽空后称重为 71.217 g。在 298.15 K，将瓶中充满水称重为 555.900 g(以上数据已作空气浮力校正)。已知水在 298.15 K 时的密度为 $0.9970\ kg \cdot dm^{-3}$。试求：

(1)球形瓶中气体的总摩尔数；(设为理想气体)

(2)求总摩尔数与初始 N_2O_4的摩尔数之比；

(3)计算 N_2O_4的离解百分数；

(4)设瓶中总压力 66.66 kPa，求 N_2O_4与 NO_2的分压；

(5)求 32.15 K 下，上述反应的 $\Delta_r G_m^{\ominus}$ 是多少？

解：(1)球的容积 V 为：

$$V = \frac{0.5559kg - 0.071217kg}{0.9970kg \cdot dm^{-3}} = 0.4861\ dm^3$$

球形瓶中气体的总摩尔数 n 为：

$$n=\frac{pV}{RT}=\frac{66660\text{Pa}\times 0.4861\times 10^{-3}\text{m}^3}{8.314\text{J}\cdot\text{mol}^{-1}\cdot\text{K}^{-1}\times 323.15\text{K}}$$
$$=0.01206\text{mol}$$

(2)初始 N_2O_4的摩尔数为：

$$n_{N_2O_4}=\frac{71.981\text{g}-71.217\text{g}}{92\text{g}\cdot\text{mol}^{-1}}$$
$$=0.008304(\text{mol})$$
$$\frac{n_{tot}}{n_{N_2O_4}}=\frac{0.01206}{0.008304}=1.452$$

(3)设当 N_2O_4达到离解平衡时，其离解的摩尔数为 x，则有：

$$N_2O_4(g) \rightleftharpoons 2NO_2(g)$$

平衡时摩尔数： $0.008304-x$ $2x$ $\sum_i n_i=0.008304+x$

故 $0.008304+x=0.01206$

故 $x=0.003756\text{mol}$

N_2O_4的离解百分数为：

$$\alpha=\frac{0.003756}{0.008304}=0.4523$$
$$\alpha=45.23\%$$

(4)
$$p_{N_2O_4}=p_{总}\cdot x_{N_2O_4}$$
$$=66660\text{Pa}\times\frac{0.008304\text{mol}-0.003756\text{mol}}{0.01206\text{mol}}$$
$$=25138\text{Pa}$$
$$p_{NO_2}=p_{总}-p_{N_2O_4}$$
$$=41522\text{Pa}$$

(5)
$$\Delta_r G_m^{\ominus}=-RT\ln K_p^{\ominus}=-RT\ln\left(\frac{p_{NO_2}^2}{p_{N_2O_4}}\cdot(p^{\ominus})^{-1}\right)$$
$$=-8.134\text{J}\cdot\text{mol}^{-1}\cdot\text{K}^{-1}\times 323.15\text{K}\times\ln\left(\frac{41522^2\text{ Pa}^2}{25138\text{Pa}}\times\frac{1}{101325\text{Pa}}\right)$$
$$=1049\text{ J}\cdot\text{mol}^{-1}$$

17. 已知温度为 T，压力为 p，$SbCl_5$的分解反应为：

$$SbCl_5(g) \rightleftharpoons SbCl_3(g)+Cl_2(g)$$

设平衡时混合气体的密度为 ρ_0，求该反应在此温度下的平衡常数 K_p（设 $SbCl_5$的摩尔质量为 M）。

解：设初始时 $SbCl_5$的摩尔数为 n，有：

$$SbCl_5 \rightleftharpoons SbCl_3 + Cl_2$$

$t=0$ 时　　n mol　　0　　0

平衡时　　$n(1-\alpha)$　　$n\alpha$　　$n\alpha$　　$\sum_i n_i = n(1+\alpha)$

平衡分压　　$\frac{1-\alpha}{1+\alpha}p$　　$\frac{\alpha}{1+\alpha}p$　　$\frac{\alpha}{1+\alpha}p$

因
$$n = \frac{W_{SbCl_5}}{M}$$

故
$$n_{总} = n(1+\alpha) = \frac{W_{SbCl_5}}{M}(1+\alpha)$$

由理想气体状态方程：

$$p_{总} = \frac{n_{总}RT}{V} = \frac{W}{M}(1+\alpha)\cdot\frac{RT}{V} = \rho_0\cdot\frac{1+\alpha}{M}\cdot RT$$

故
$$\alpha = \frac{p_{总}M}{\rho_0 RT} - 1$$

式中：$\rho_0 = \frac{M}{V} = \frac{M_{SbCl_5}}{V}$（反应体系的总质量不变）；

在 T 时，反应平衡常数 K_p 为：

$$K_p = \frac{p_{SbCl_3}\cdot p_{Cl_2}}{p_{SbCl_5}} = \frac{\frac{\alpha^2}{(1+\alpha)^2}\cdot p^2}{\frac{1-\alpha}{1+\alpha}\cdot p} = \frac{\alpha^2}{1-\alpha^2}\cdot p$$

$$= \frac{\left(\frac{pM}{\rho_0 RT}-1\right)^2}{1-\left(\frac{pM}{\rho_0 RT}-1\right)^2}\cdot p$$

$$= \frac{(pM-\rho_0 RT)^2}{M(2\rho_0 RT - pM)}$$

式中：p 为系统总压；ρ_0 为系统密度；M 为 $SbCl_5$ 的分子量。

18. 在 873 K 和 $1p^\ominus$ 下，下列反应达到平衡：

$$CO(g) + H_2O(g) \longrightarrow CO_2(g) + H_2(g)$$

若把压力从 $1p^\ominus$ 提高到 $500p^\ominus$，试问：

(1)若各气体均为理想气体，平衡有无变化；

(2)若气体的逸度系数分别为：$\gamma_{CO_2}=1.09$，$\gamma_{H_2}=1.10$，$\gamma_{CO}=1.23$，$\gamma_{H_2O}=0.77$，平衡向哪个方向移动？

解：(1)因为该反应是等分子反应，若可视为理想气体反应，则在等温条件下，压力的改变对化学平衡无影响，故平衡不移动。

(2)若反应体系是实际气体混合物，在等温条件下，虽然 $K_f^\ominus$ 为常数，但 K_r 和

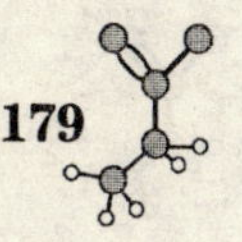

K_p 并不为常数，故当反应体系的压力变化时，平衡可能移动。具体分析如下：

若取压力单位为 $1p^\ominus$，则有 $K_p^\ominus = K_p$，在低压（$p = 1p^\ominus$）下，可视各组分逸度系数为1。须注意将 $1p^\ominus$ 下的平衡体系的压力提高至 $500p^\ominus$ 的初始期，体系各组分摩尔分数并未变，对于等分子反应，其 $Q_p^\ominus$ 也未变。于是有：

$1p^\ominus$下：$K_f^\ominus = K_p^\ominus = (Q_p^\ominus)_{e,\ 1p^\ominus} = Q_p^\ominus(500p^\ominus,\ t = 0)$

当压力提高为 $500p^\ominus$ 时，平衡常数 $K_f^\ominus$ 仍不变，于是有：

$$K_f^\ominus = (Q_p^\ominus)_{e,\ 1p^\ominus} = Q_p^\ominus(500p^\ominus,\ t = 0)$$

而 $500p^\ominus$ 下、初始时刻系统的逸度商 $Q_f^\ominus$ 为：

$$Q_f^\ominus(500p^\ominus,\ t = 0) = K_r \cdot Q_p^\ominus(500p^\ominus,\ t = 0) = \frac{1.09 \times 1.10}{1.23 \times 0.99} \cdot Q_p^\ominus(500p^\ominus,\ t = 0)$$

$$= 1.27 \cdot Q_p^\ominus(500p^\ominus,\ t = 0)$$

所以 $Q_f^\ominus(500p^\ominus,\ t=0) = 1.27 \cdot K_f^\ominus$ （因为 $K_f^\ominus = (Q_p^\ominus)_{e,\ 1p^\ominus} = Q_p^\ominus(500p^\ominus,\ t = 0)$）

所以

$$K_f^\ominus < Q_f^\ominus$$

因为在 $500p^\ominus$ 下，反应平衡常数 $K_f^\ominus$ 小于其逸度商，故反应将向左边移动。

19. 在 718.2 K 时，Ag_2O 的分解压力为 $207p^\ominus$，试计算在该温度下，由 Ag(s) 和 O_2 生成 1 mol $Ag_2O(s)$ 的 $\Delta_r G_m^\ominus$？

解：Ag_2O 的生成反应为：

$$2Ag(s) + \frac{1}{2}O_2(g) \rightleftharpoons Ag_2O(s)$$

$$K_p^\ominus = \frac{1}{(p_{O_2}/p^\ominus)^{1/2}} = \frac{1}{207^{0.5}} = 0.0695$$

$$\Delta_r G_m^\ominus = -RT\ln K_p^\ominus = -8.314\text{J} \cdot \text{mol}^{-1} \cdot \text{K}^{-1} \times 718.2\text{K} \times \ln 0.0695$$
$$= 15921\ \text{J} \cdot \text{mol}^{-1}$$

20. Ag_2CO_3 在 110℃ 的空气流中干燥，为防止 Ag_2CO_3 分解，空气中 CO_2 的分压至少应为多少？有关热力学数据如下：

	$\frac{S_m^\ominus(298.15K)}{J \cdot K^{-1} \cdot mol^{-1}}$	$\frac{\Delta_f H_m^\ominus(298.15K)}{J \cdot mol^{-1}}$	$\frac{C_{p,m}}{J \cdot K^{-1} \cdot mol^{-1}}$
$Ag_2CO_3(s)$	167.4	−501660	109.6
$Ag_2O(s)$	121.8	−30585	65.7
$CO_2(g)$	213.8	−393510	37.6

解：设计如下过程：

Ag_2CO_3 在 110℃ 的分解过程可视为上图中三个步骤之总和。298.15 K 时的 $\Delta_r H_m^\ominus$ 和 $\Delta_r S_m^\ominus$ 值为：

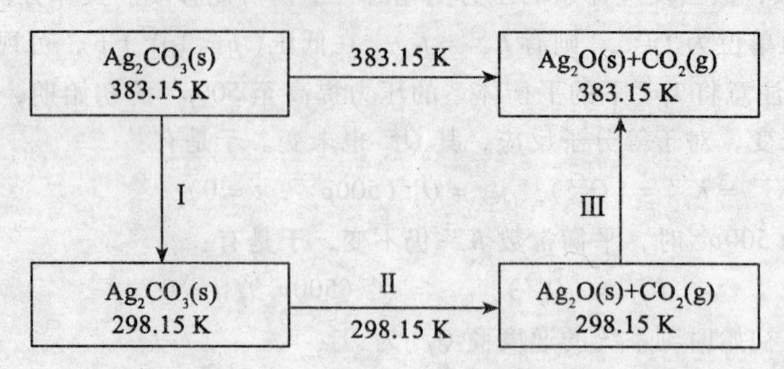

$$\Delta_r H_m^{\ominus}(298.15\text{K}) = -30585\text{J}\cdot\text{mol}^{-1} - 393510\text{J}\cdot\text{mol}^{-1} + 501660\text{J}\cdot\text{mol}^{-1}$$
$$= 77565\ \text{J}\cdot\text{mol}^{-1}$$

$$\Delta_r S_m^{\ominus}(298.15\text{K}) = (121.8 + 213.8 - 167.4)\text{J}\cdot\text{K}^{-1}\cdot\text{mol}^{-1} = 168.2\ \text{J}\cdot\text{K}^{-1}\cdot\text{mol}^{-1}$$

$$\Delta_r C_{p,m} = (65.7 + 37.6 - 109.6)\text{J}\cdot\text{K}^{-1}\cdot\text{mol}^{-1} = -6.3\ \text{J}\cdot\text{K}^{-1}\cdot\text{mol}^{-1}$$

$$\Delta_r H_m^{\ominus}(383.15\text{K}) = \Delta_r H_m^{\ominus}(298.15\text{K}) + \int_{298.15\text{K}}^{383.15\text{K}} \Delta_r C_{p,m}\text{d}T$$
$$= 77565\text{J}\cdot\text{mol}^{-1} - 6.3(383.15 - 298.15)\text{J}\cdot\text{mol}^{-1}$$
$$= 77029.5\ \text{J}\cdot\text{mol}^{-1}$$

$$\Delta_r S_m^{\ominus}(383.15\text{K}) = \Delta_r S_m^{\ominus}(298.15\text{K}) + \int_{298.15\text{K}}^{383.15\text{K}} \Delta_r C_{p,m}\frac{dT}{T}$$
$$= 168.2\text{J}\cdot\text{K}^{-1}\cdot\text{mol}^{-1} - 6.3\text{J}\cdot\text{K}^{-1}\cdot\text{mol}^{-1} \times \ln\frac{383.15\text{K}}{298.15\text{K}}$$
$$= 166.62\ \text{J}\cdot\text{K}^{-1}\cdot\text{mol}^{-1}$$

所以 $\Delta_r G_m^{\ominus}(383.15\text{K}) = \Delta_r H_m^{\ominus} - T\Delta_r S_m^{\ominus}$

$$= 77029.5\text{J}\cdot\text{mol}^{-1} - 383.15\text{K}\times 166.62\text{J}\cdot\text{K}^{-1}\cdot\text{mol}^{-1}$$
$$= 13189\ \text{J}\cdot\text{mol}^{-1}$$

$$\Delta_r G_m^{\ominus} = -RT\ln K_p^{\ominus}$$

$$\ln K_p^{\ominus} = -\frac{\Delta_r G_m^{\ominus}}{RT} = -\frac{13189\text{J}\cdot\text{mol}^{-1}}{8.314\text{J}\cdot\text{mol}^{-1}\cdot\text{K}^{-1}\times 383.15\text{K}} = -4.14$$

$$K_p^{\ominus} = 0.0159$$

Ag_2CO_3分解反应的 $K_p^{\ominus}$ 为：

$$K_p^{\ominus} = \frac{p_{CO_2}}{p^{\ominus}} = 0.0159$$

$$p_{CO_2} = 0.0159p^{\ominus}$$

当空气中的 CO_2分压大于 $0.0159p^{\ominus}$(1.61×10^3Pa)时，Ag_2CO_3才不致分解。

21. 反应 $C(s) + 2H_2(g) \xlongequal{\quad} CH_4(g)$ 的 $\Delta_r G_m^{\ominus}$ (1000K) = 19290 J·mol^{-1}，若

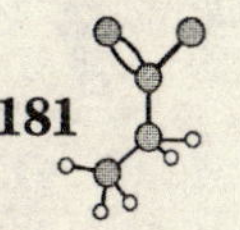

参加反应气体组成为 CH_4：10%，H_2：80%，N_2：10%，试问在 1000 K 及 $1p^{\ominus}$下，是否有甲烷生成？

解：在 $1p^{\ominus}$下可视为理想气体反应

$$Q_p^{\ominus}=\frac{p_{CH_4}/p^{\ominus}}{(p_{H_2}/p^{\ominus})^2}=\frac{x_{CH_4}}{x_{H_2}^2}=\frac{0.1}{0.8^2}=0.1563$$

$$\begin{aligned}\Delta_r G_m&=\Delta_r G_m^{\ominus}+RT\ln Q_p^{\ominus}\\&=19290\text{J}\cdot\text{mol}^{-1}+8.314\text{J}\cdot\text{mol}^{-1}\cdot\text{K}^{-1}\times1000\text{K}\times\ln0.1563\\&=3859\ \text{J}\cdot\text{mol}^{-1}>0\end{aligned}$$

因为在题给条件下反应的 $\Delta_r G_m>0$，故反应不能自发正向进行，因而无甲烷生成。

22. 银可能受到 $H_2S(g)$的腐蚀而发生下列反应：

$$H_2S(g)+2Ag(s)=\!=\!=Ag_2S(s)+H_2(g)$$

在 298.15 K 及 $1p^{\ominus}$下，将 Ag 放在等体积的 H_2与 H_2S 组成的混合气中，试问：

(1)是否可能发生腐蚀而生成 $Ag_2S(s)$；

(2)在混合气中，H_2S 的体积百分数低于何值才不致发生腐蚀？

已知 298.15 K 时：$\Delta_f G_m^{\ominus}(Ag_2S,s)=-40.26\text{kJ}\cdot\text{mol}^{-1}$，$\Delta_f G_m^{\ominus}(H_2S,g)=-33.02\text{kJ}\cdot\text{mol}^{-1}$。

解：银被腐蚀的反应为：

$$H_2S(g)+2Ag(s)=\!=\!=Ag_2S(s)+H_2(g)$$

(1)反应的标准吉布斯自由能为：

$$\begin{aligned}\Delta_r G_m^{\ominus}&=\Delta_f G_m^{\ominus}(Ag_2S)+0-\Delta_f G_m^{\ominus}(H_2S)-2\times0\\&=-40260\text{J}\cdot\text{mol}^{-1}+33020\text{J}\cdot\text{mol}^{-1}=-7240\ \text{J}\cdot\text{mol}^{-1}\end{aligned}$$

注意：稳定单质的 $\Delta_f G_m^{\ominus}$ 为零。在题给条件下反应的吉布斯自由能为：

$$\begin{aligned}\Delta_r G_m&=\Delta_r G_m^{\ominus}+RT\ln Q_p^{\ominus}=\Delta_r G_m^{\ominus}+RT\ln\frac{x_{H_2}\cdot p/p^{\ominus}}{x_{H_2S}\cdot p/p^{\ominus}}\\&=-7240\text{J}\cdot\text{mol}^{-1}+RT\ln\frac{0.5}{0.5}\\&=-7240\text{J}\cdot\text{mol}^{-1}<0\end{aligned}$$

反应自动正向进行，即银会腐蚀。

(2)当 $\Delta_r G_m>0$ 时，反应逆向进行，银不会被腐蚀。

$$\Delta_r G_m=\Delta_r G_m^{\ominus}+RT\ln\frac{x_{H_2}}{x_{H_2S}}\geqslant0$$

$$\frac{x_{H_2}}{x_{H_2S}}\geqslant\exp\left(\frac{-\Delta_r G_m^{\ominus}}{RT}\right)=18.56$$

$$\frac{1-x_{H_2S}}{x_{H_2S}}\geqslant18.56$$

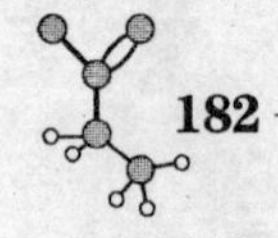

解得：　　$x_{H_2S} \leqslant 0.051$

当混合气中 H_2S 的体积百分数小于5.1%时，银才不会被腐蚀。

23. 某硫酸厂的转化工段在 $1p^{\ominus}$ 下反应：

$$SO_2(g) + \frac{1}{2}O_2(g) \rightleftharpoons SO_3(g)$$

已知此反应在773.2 K时的 $\Delta_r G_m^{\ominus} = -28570 J \cdot mol^{-1}$，经分析在转化塔出口的气体组成为：$SO_3$ 7.5%，SO_2 0.6%，O_2 8.9%，N_2 83.0%。有人认为要降低气体流速使原料气和催化剂接触时间延长以进一步提高转化率，从热力学观点看，你认为此建议是否合理？

解：在题给条件下，反应的 $Q_p^{\ominus}$ 为：

$$Q_p^{\ominus} = \frac{p_{SO_3}/p^{\ominus}}{p_{SO_2}/p^{\ominus}(p_{O_2}/p^{\ominus})^{0.5}} = \frac{\dfrac{0.075p^{\ominus}}{p^{\ominus}}}{\dfrac{0.06p^{\ominus}}{p^{\ominus}} \times \left(\dfrac{0.089p^{\ominus}}{p^{\ominus}}\right)^{0.5}}$$

$$= \frac{0.075}{0.06 \times 0.089^{0.5}} = 4.19$$

$$\Delta_r G_m = \Delta_r G_m^{\ominus} + RT\ln Q_p^{\ominus}$$

$$= -28570 J \cdot mol^{-1} + 8.314 J \cdot mol^{-1} \cdot K^{-1} \times 773.2 K \times \ln 4.19$$

$$= -19360 J \cdot mol^{-1} < 0$$

说明转化塔出口气体中的 SO_2 的转化率距离平衡转化率尚远，在773.2K条件下，转化反应仍可正向进行。降低气速以延长反应时间有助于转化率的提高，故此建议在热力学上是合理的。

24. 某温度下，一定量的 PCl_5 气体在 $1p^{\ominus}$ 下部分分解为 PCl_3 和 Cl_2，达到平衡时 PCl_5 的离解度约为50%。设混合气体体积为1 dm^3，试问在以下各情况时，PCl_5 的离解度将如何变化？设反应体系为理想气体混合物。

(1) 降低总压，直至体积为2 dm^3；

(2) 维持总压为 $1p^{\ominus}$，通入 N_2，使体积增至2 dm^3；

(3) 维持体积为1 dm^3，通入 N_2，使压力增至 $2p^{\ominus}$；

(4) 维持体积为1 dm^3，通入 Cl_2，使压力增至 $2p^{\ominus}$；

(5) 维持总压为 $1p^{\ominus}$，通入 Cl_2，使体积增至2 dm^3。

解：PCl_5 的离解反应为：

$$PCl_5(g) \rightleftharpoons PCl_3(g) + Cl_2(g)$$

(1) 此为气相反应分子数增加的反应，当系统总压降低时，平衡正向移动，故 PCl_5 的离解度增加；

(2) 总压恒定条件下，加入惰性气体，相当于降低反应系统当总压，故 PCl_5 的

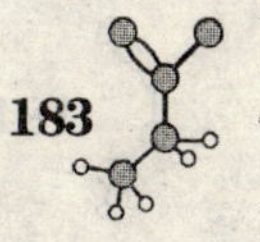

离解度增加；

(3)体积不变条件下加入惰性气体，对平衡无影响，故 PCl_5的离解度不变；

(4)定容下加入产物，平衡将逆向移动，故 PCl_5的离解度减小；

(5)定压下加入产物，平衡将逆向移动，故 PCl_5的离解度减小。

25. 假定 CH_3COOH 与 C_2H_5OH 酯化反应可视为理想溶液反应，已知在 373.15 K 时，该反应的 $K_x = 4.0$。当 CH_3COOH 与 C_2H_5OH 的起始摩尔比分别为：(1)1.00 : 0.18；(2)1.00 : 1.00；(3)1.00 : 8.00 时，计算 CH_3COOH 被酯化的百分数。

解：(1)取 CH_3COOH 的初始量为 1.00 mol，并设生成酯的量为 x。当系统达平衡时，有：

$$CH_3COOH + C_2H_5OH \rightleftharpoons CH_3COOC_2H_5 + H_2O$$

平衡时摩尔数： $1-x$ $0.18-x$ x x $\sum_i n_i = 1.18\text{mol}$

$$K_x = \frac{\frac{x}{1.18}\cdot\frac{x}{1.18}}{\frac{1-x}{1.18}\cdot\frac{0.18-x}{1.18}} = \frac{x^2}{(1-x)(0.18-x)} = 4.0$$

得方程： $$x^2 - 1.573x + 0.24 = 0$$

解得： $$x = 0.171$$

酯化的百分数为 17.1%。

(2)设反应初始量为 1.00 mol CH_3COOH 与 1.00 mol C_2H_5OH，平衡时的摩尔数：CH_3COOH：$1-x$；C_2H_5OH：$1-x$；$CH_3COOC_2H_5O$：x；H_2O：x。

$$CH_3COOH + C_2H_5OH \rightleftharpoons CH_3COOC_2H_5 + H_2O$$

平衡时摩尔数： $1-x$ $1-x$ x x $\sum_i n_i = 2.00\text{mol}$

$$K_x = \frac{x^2}{(1-x)^2} = 4.0$$

$$3x^2 - 8x + 4 = 0$$

解得： $$x = 0.667$$

酯化的百分数为 66.7%。

(3)设 CH_3COOH 与 C_2H_5OH 的初始量分别为 1 mol 和 8 mol

$$CH_3COOH + C_2H_5OH \rightleftharpoons CH_3COOC_2H_5 + H_2O$$

平衡时摩尔数： $1-x$ $1-x$ x x $\sum_i n_i = 9.00\text{mol}$

$$K_x = \frac{x^2}{(1-x)(8-x)} = 4.0$$

$$3x^2 - 36x + 32 = 0$$

解得：$x = 0.967$，酯化的百分数为 96.7%。

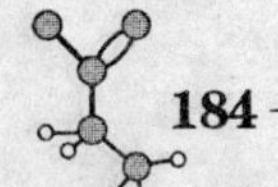

26. 在281.15 K，$1p^{\ominus}$下，将0.13 mol的N_2O_4溶于1升$CHCl_3$中，N_2O_4分解为NO_2，当达平衡时，有0.45%的N_2O_4分解为NO_2。试计算在0.850 dm^3 $CHCl_3$中溶解有0.050 mol N_2O_4时，溶液的平衡组成。(设此反应可看作稀溶液反应)

解：因此为稀溶液反应，反应各组分的活度系数均为1，K_c为常数。

$$N_2O_4 \rightleftharpoons 2NO_2$$

$t=0$ 时　浓度/mol · dm^{-3}　　0.13　　　0

平衡时　浓度/mol · dm^{-3}　　$0.13\times(1-0.0045)$　　$2\times0.13\times0.0045$

$$K_c^{\ominus}=\frac{(c(NO_2)/c^{\ominus})^2}{c(N_2O_4)/c^{\ominus}}=\frac{(2\times0.13\times0.0045)^2}{0.13\times(1-0.0045)}\text{mol}\cdot\text{dm}^{-3}$$

$$=1.058\times10^{-5}\text{mol}\cdot\text{dm}^{-3}$$

当0.850 dm^3中溶有0.050 mol N_2O_4时，初始时N_2O_4的浓度为$\frac{0.05}{0.85}=0.05882\text{mol}\cdot\text{dm}^3$，设被反应的$N_2O_4$浓度为$x$，有：

$$N_2O_4 \rightleftharpoons 2NO_2$$

平衡时浓度/mol · dm^3　　$0.05882-x$　　$2x$

$$K_c^{\ominus}=\frac{(2x)^2}{0.05882-x}=1.058\times10^{-5}$$

解得：　　$x=0.000394\text{mol}\cdot\text{dm}^{-3}$

溶液达平衡时的组成为：

$C(N_2O_4)=0.0584\text{mol}\cdot\text{dm}^{-3}$　　$C(NO_2)=0.000788\text{mol}\cdot\text{dm}^{-3}$

27. 将10.00 g $Ag_2S(s)$与890 K、$1p^{\ominus}$下的1 dm^3H_2相接触，直至平衡。已知反应：

$$Ag_2S(s)+H_2(g)\rightleftharpoons 2Ag(s)+H_2S(g)$$

在890 K时的$K_p^{\ominus}=0.278$，试问：

(1)平衡时，系统中$Ag_2S(s)$及$Ag(s)$各为多少克，气相组成如何？

(2)若要将10.00 g $Ag_2S(s)$全部还原，最少需要890 K、$1p^{\ominus}$下的H_2多少升？

解：(1)各物质的相对分子量为：

$$M_{H_2}=2.016；M_{H_2S}=32.986；M_{Ag}=107.9；M_{Ag_2S}=246.77$$

10 g Ag_2S为0.04052 mol。设反应达平衡时，H_2S的压力为x，有：

$$Ag_2S(s)+H_2(g)\rightleftharpoons 2Ag(s)+H_2S(g)$$

$t=0$时气相分压　　$1p^{\ominus}$　　　0

平衡时分压　　$(1-x)p^{\ominus}$　　　$x\cdot p^{\ominus}$

$$K_p^{\ominus}=\frac{xp^{\ominus}/p^{\ominus}}{(1-x)p^{\ominus}/p^{\ominus}}=\frac{x}{1-x}=0.278$$

解得：　　$x=0.2175$

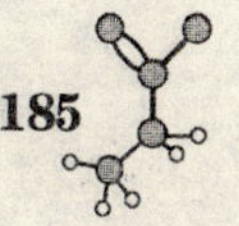

达平衡时气相组成为：H_2：78.25%(V)；H_2S：21.75%(V)

因为题给反应为恒温恒压下的等分子反应，故反应系统体积不变，一直为1 dm^3。系统气相的总摩尔数为：

$$n_{tot} = \frac{pV}{RT} = \frac{101325\text{Pa} \times 0.001\text{m}^3}{8.314\text{J} \cdot \text{mol}^{-1} \cdot \text{K}^{-1} \times 890\text{K}} = 0.01369\text{mol}$$

达平衡时各组分的摩尔数为：

$$n_{H_2S} = 0.01369\text{mol} \times 0.2175 = 0.002978\text{mol}$$

$$n_{H_2} = 0.01369\text{mol} \times 0.7825 = 0.010712\ \text{mol}$$

$$n_{Ag} = 2 \times n_{H_2S} = 0.005955\text{mol} \qquad \text{Ag: } 0.6425\ \text{g}$$

$$n_{Ag_2S} = 0.04052\text{mol} - 0.002978\text{mol} = 0.03754\ \text{mol} \qquad Ag_2S\text{: } 9.264\ \text{g}$$

达到平衡时，系统中 Ag_2S：9.264 g；Ag：0.6425 g。

气相组成为：H_2：78.25%(V)；H_2S：21.75%(V)。

被还原的 Ag_2S 的量为：

$$0.002978\text{mol} \times 246.77\text{g} \cdot \text{mol}^{-1} = 0.735\ \text{g}$$

(2)1 dm^3的 H_2使0.735 g Ag_2S 还原为 Ag，若需将10.0 g Ag_2S 完全还原，所需 H_2的量至少为：

$$\frac{10.0\text{g}}{0.735\text{g}} \times 1\ \text{dm}^3 = 13.6\ \text{dm}^3$$

至少需13.6升氢气。

28. 在298.15 K时，有潮湿的空气与 $Na_2HPO_4 \cdot 7H_2O$(记为 $A \cdot 7H_2O$)接触，试问空气的相对湿度为多少时才会使：(1) $A \cdot 7H_2O$ 不会发生风化；(2)失水分而风化；(3)吸收水分而潮解。已知两种盐 $A \cdot 12H_2O$ 与 $A \cdot 7H_2O$；$A \cdot 7H_2O$ 与 $A \cdot 2H_2O$；$A \cdot 2H_2O$ 与 A 平衡共存的水蒸气压分别为2547，1935，1307 Pa，在298.15 K时纯水的蒸气压为3171 Pa。

解：(1) $A \cdot 7H_2O$ 发生风化，即失水会生成 $A \cdot 2H_2O$，此过程可用下式表达：

$$A \cdot 7H_2O(s) \rightleftharpoons A \cdot 2H_2O(s) + 5H_2O(g)$$

$$K_p = 1935\text{Pa}$$

当水蒸气分压大于1935 Pa时，$K_p < Q_p$，反应逆向进行，$Na_2HPO_4 \cdot 7H_2O$ 不失水风化，此时的相对湿度为：

$$\text{相对湿度} = \frac{1935\text{Pa}}{3171\text{Pa}} = 0.61$$

即当空气相对湿度>61%时，$Na_2HPO_4 \cdot 7H_2O$ 不会风化。

(2)由(1)可知，当 p_{H_2O} <1935Pa时，$K_p > Q_p$，反向正向进行，即当空气相对湿度<61%时，$Na_2HPO_4 \cdot 7H_2O$ 将失水而风化。

(3) $Na_2HPO_4 \cdot 7H_2O$ 吸水将生成 $Na_2HPO_4 \cdot 12H_2O$：

$$\frac{1}{5}Na_2HPO_4 \cdot 7H_2O(s) + H_2O(g) \rightleftharpoons \frac{1}{5}Na_2HPO_4 \cdot 12H_2O(s)$$

$$K_p = \left(\frac{1}{p_{H_2O}}\right)_e = \frac{1}{2547}\text{Pa}$$

当空气中水分分压大于 2547 Pa 时，$K_p > Q_p$ 反应正向进行，即 $Na_2HPO_4 \cdot 7H_2O$ 潮解生成 $Na_2HPO_4 \cdot 12H_2O$。相应的空气湿度为 $\frac{2547\text{Pa}}{3171\text{Pa}} = 0.803$。当空气相对湿度>80.3%时，$Na_2HPO_4 \cdot 7H_2O$ 将发生潮解。在 298.15 K，$Na_2HPO_4 \cdot 7H_2O$ 可以稳定存在的湿度范围为：61.0%<湿度<80.3%。

29. 正戊烷在 600 K 时经过一异构化催化剂，产生下列平行反应：

$$\underset{A}{CH_3CH_2CH_2CH_2CH_3(g)} \longrightarrow \underset{B}{CH_3CH(CH_3)CH_2CH_3(g)} \qquad (1)$$

$$\underset{A}{CH_3CH_2CH_2CH_2CH_3(g)} \longrightarrow \underset{C}{C(CH_3)_4(g)} \qquad (2)$$

已知在 600 K 时，各物质的 $\Delta_f G_m^\ominus(\text{kJ} \cdot \text{mol}^{-1})$ 分别为：A：142.13；B：136.65；C：149.20。试求反应(1)与反应(2)在 600K 时的平衡常数。

解：由组分的 $\Delta_f G_m^\ominus$ 求反应的 $\Delta_r G_m^\ominus$

反应(1)在 600K 时的平衡常数为：

$$\Delta_r G_{m,1}^\ominus = 136.65\text{kJ} \cdot \text{mol}^{-1} - 142.13\text{kJ} \cdot \text{mol}^{-1} = -5.48\ \text{kJ} \cdot \text{mol}^{-1}$$

$$\ln K_{p,1}^\ominus = -\frac{\Delta_r G_{m,1}^\ominus}{RT} = \frac{5480\ \text{Jmol}^{-1}}{8.314\text{J} \cdot \text{mol}^{-1} \cdot \text{K}^{-1} \times 600\text{K}} = 1.099$$

$$K_{p,1}^\ominus = 3.00$$

反应(2)在 600K 时的平衡常数为：

$$\Delta_r G_{m,2}^\ominus = 149.20\text{kJ} \cdot \text{mol}^{-1} - 142.13\text{kJ} \cdot \text{mol}^{-1} = 7.07\ \text{kJ} \cdot \text{mol}^{-1}$$

$$\ln K_{p,2}^\ominus = -\frac{\Delta_r G_{m,1}^\ominus}{RT} = -\frac{7070\text{Jmol}^{-1}}{8.314\text{J} \cdot \text{mol}^{-1} \cdot \text{K}^{-1} \times 600\text{K}} = -1.417$$

$$K_{p,2}^\ominus = 0.242$$

30. 已知在 298.15 K 时有如下数据：

(1) $CO_2(g) + 4H_2(g) = CH_4(g) + 2H_2O(g)$　　$\Delta_r G_m^\ominus = -112.600\ \text{kJ} \cdot \text{mol}^{-1}$

(2) $2H_2(g) + O_2(g) = 2H_2O(g)$　　$\Delta_r G_m^\ominus = -456.115\ \text{kJ} \cdot \text{mol}^{-1}$

(3) $2C(s) + O_2(g) = 2CO(g)$　　$\Delta_r G_m^\ominus = -272.044\ \text{kJ} \cdot \text{mol}^{-1}$

(4) $C(s) + 2H_2(g) = CH_4(g)$　　$\Delta_r G_m^\ominus = -51.070\ \text{kJ} \cdot \text{mol}^{-1}$

试求反应：$CO_2(g) + H_2(g) = H_2O(g) + CO(g)$ 在 298.15 K 时的 $\Delta_r G_m^\ominus$ 及 $K_p^\ominus$？

解：所求反应可由题给四个反应组成：进行下列组合：(1) + (4) + $\frac{1}{2}$(3) −

$\frac{1}{2}(2)$，得反应：

$$CO_2(g) + H_2(g) \rightleftharpoons H_2O(g) + CO(g)$$

$$\Delta_r G_m^\ominus = \Delta_r G_{m,1}^\ominus - \Delta_r G_{m,4}^\ominus + \frac{1}{2}\Delta_r G_{m,3}^\ominus - \frac{1}{2}\Delta_r G_{m,2}^\ominus$$

$$= \left(-112.600 + 51.070 - \frac{1}{2}\times 272.044 + \frac{1}{2}\times 456.115\right)\text{kJ}\cdot\text{mol}^{-1}$$

$$= 30.506\ \text{kJ}\cdot\text{mol}^{-1}$$

$$-RT\ln K_p^\ominus = \Delta_r G_m^\ominus$$

$$\ln K_p^\ominus = -\frac{30506\text{J}\cdot\text{mol}^{-1}}{8.314\text{J}\cdot\text{mol}^{-1}\cdot\text{K}^{-1}\times 298.15\text{K}} = -12.31$$

$$K_p^\ominus = 4.52\times 10^{-6}$$

31. 在高温下，CO_2按下列式分解：

$$2\,CO_2(g) \rightleftharpoons 2CO(g) + O_2(g)$$

在 $1p^\ominus$下，CO_2在 1000 K 及 1400 K 的分解率分别为2.5×10^{-5}和1.27×10^{-2}，设在该温度区间反应的 $\Delta_r H_m$ 为常数，试求 1000 K 时反应的 $\Delta_r G_m^\ominus$ 和 $\Delta_r S_m^\ominus$。

解：反应为：

$$2\,CO_2(g) \rightleftharpoons 2CO(g) + O_2(g)$$

$t=0$ 时摩尔数	2	0	0	
平衡时摩尔数	$2(1-a)$	$2a$	a	$\sum_i 2+a$
平衡时分压	$\frac{2(1-a)}{2+a}p^\ominus$	$\frac{2a}{2+a}p^\ominus$	$\frac{a}{2+a}p^\ominus$	

$$K_p^\ominus = \frac{a}{2+a}\cdot\frac{(2a)^2}{(2+a)^2}\cdot\frac{(2+a)^2}{4(1-a)^2} = \frac{a^3}{(2+a)(1-a)^2}$$

由题给数据可求得 1000 K 及 1400 K 时平衡常数为：

$$K_p^\ominus(1000\text{K}) = 7.813\times 10^{-15}$$

$$\Delta_r G_m^\ominus(1000\text{K}) = 2.701\times 10^5\text{J}\cdot\text{mol}^{-1}$$

$$K_p^\ominus(1400\text{K}) = 1.044\times 10^{-6}$$

$$\Delta_r G_m^\ominus(1400\text{K}) = 1.603\times 10^5\text{J}\cdot\text{mol}^{-1}$$

由题给条件，在此温度范围内 $\Delta_r H_m$ 为常数，即反应的 $\Delta_r C_{p,m}$ 为零，故反应的 $\Delta_r S_m$ 也应为常数。

于是由 $\Delta G = \Delta H - T\Delta S$ 关系式要得下列方程组：

$$\begin{cases}270100 = \Delta_r H_m^{\ominus} - 1000 \times \Delta_r S_m^{\ominus} \\ 160300 = \Delta_r H_m^{\ominus} - 1400 \times \Delta_r S_m^{\ominus}\end{cases}$$

解得：

$$\Delta_r H_m^{\ominus} = 5.446 \times 10^5 \text{ J} \cdot \text{mol}^{-1}$$

$$\Delta_r S_m^{\ominus} = 274.5 \text{ J} \cdot \text{K}^{-1} \cdot \text{mol}^{-1}$$

32. 已知在 298.15 K 时有下列数据：

	$CO_2(g)$	$NH_3(g)$	$H_2O(g)$	$CO(NH_2)_2(s)$
$\Delta_f H_m^{\ominus}/\text{kJ} \cdot \text{mol}^{-1}$	-393.51	-46.19	-241.83	-333.19
$S_m^{\ominus}/\text{J} \cdot \text{K}^{-1} \cdot \text{mol}^{-1}$	213.64	192.51	188.72	104.60

求 298.15K 下，反应 $CO_2(g)+2NH_3(g) \rightleftharpoons H_2O(g)+CO(NH_2)_2(s)$ 的 $\Delta rG_m^{\ominus}$ 及反应平衡常数 $K_p^{\ominus}$。

解：由题给数据求反应的焓变及熵变：

$$\Delta_r H_m^{\ominus} = \sum_i v_i \Delta_f H_m^{\ominus} = (-241.83 - 333.19 + 393.51 + 46.19 \times 2) \text{ kJ} \cdot \text{mol}^{-1}$$

$$= -89.13 \text{ kJ} \cdot \text{mol}^{-1}$$

$$\Delta_r S_m^{\ominus} = \sum_i v_i S_{m,i}^{\ominus} = (188.72 + 104.60 - 213.64 - 192.51 \times 2) \text{ J} \cdot \text{K}^{-1} \cdot \text{mol}^{-1}$$

$$= -305.34 \text{J} \cdot \text{K}^{-1} \cdot \text{mol}^{-1}$$

$$\Delta_r G_m^{\ominus} = \Delta_r H_m^{\ominus} - T\Delta_r S_m^{\ominus} = 1907 \text{ J} \cdot \text{mol}^{-1}$$

$$\ln K_p^{\ominus} = -\frac{\Delta_r G_m^{\ominus}}{RT} = -\frac{1907\text{J} \cdot \text{mol}^{-1}}{8.314\text{J} \cdot \text{mol}^{-1} \cdot \text{K}^{-1} \times 298.15\text{K}} = -0.769$$

$$K_p^{\ominus} = 0.463$$

33. 工业上将空气和甲醇的混合气体在 823.15 K 及 $1p^{\ominus}$ 下通过 Ag 催化剂合成甲醛。发现 Ag 逐渐失去光泽，并有部分破碎。试应用下列数据分析此现象是否因为 Ag_2O 生成而引起？在 298.15 K 下，$Ag_2O(s)$ 的 $\Delta_f G_m^{\ominus} = -10820\text{J} \cdot \text{mol}^{-1}$；$\Delta_f H_m^{\ominus} = -30570\text{J} \cdot \text{mol}^{-1}$；在此温度区间各物质热容为 O_2：$29.36\text{J} \cdot \text{K}^{-1} \cdot \text{mol}^{-1}$；$Ag_2O$：$65.56\text{J} \cdot \text{K}^{-1} \cdot \text{mol}^{-1}$；Ag(s)：$25.49 \text{ J} \cdot \text{K}^{-1} \cdot \text{mol}^{-1}$。

解：反应为：

$$2Ag(s) + \frac{1}{2}O_2(g) \rightleftharpoons Ag_2O(s)$$

$$\Delta_r C_{p,m} = 65.56\text{J} \cdot \text{K}^{-1} \cdot \text{mol}^{-1} - 2 \times 25.49\text{J} \cdot \text{K}^{-1} \cdot \text{mol}^{-1} - \frac{1}{2} \times 29.36\text{J} \cdot \text{K}^{-1} \cdot \text{mol}^{-1}$$

$$= -0.1\text{J} \cdot \text{K}^{-1} \cdot \text{mol}^{-1}$$

由基尔霍夫定律：

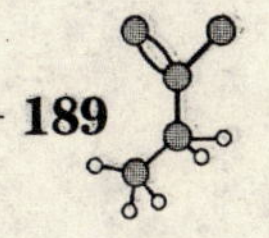

$$\Delta_r H_m^\ominus = \int \Delta_r C_{p,m} dT + I = \int -0.1 dT + I = -0.1T + I$$

可以由题给 298.15K 下的数据求得积分常数 I：

$$I = \Delta_r H_m^\ominus(298.15) + 0.1 J \cdot K^{-1} \cdot mol^{-1} \times 298.15K$$
$$= -30570 J \cdot mol^{-1} + 29.815 J \cdot mol^{-1} = -30540\ J \cdot mol^{-1}$$

题给反应的反应焓的表达式为：

$$\Delta_r H_m^\ominus(T) = (-30540 - 0.1T) J \cdot mol^{-1}$$

由吉布斯-亥姆霍兹公式：

$$\frac{\Delta_r G_m^\ominus(T_2)}{T_2} = \frac{\Delta_r G_m^\ominus(T_1)}{T_1} - \int_{T_1}^{T_2} \frac{-30540 - 0.1T}{T^2} dT$$

$$\Delta_r G_m^\ominus(823.15K) = 823.15K \times \left\{ \frac{-10820 J \cdot mol^{-1}}{298.15K} - \left[30540\left(\frac{T_1 - T_2}{T_1 T_2}\right) - 0.1 \ln \frac{T_2}{T_1} \right] \right\}$$
$$= 23988\ J \cdot mol^{-1}$$

$$\Delta_r G_m = \Delta_r G_m^\ominus + RT\ln Q_p = 23988 J \cdot mol^{-1} + RT\ln \frac{1}{(p_{O_2}/p^\ominus)^{0.5}}$$
$$= 23988 J \cdot mol^{-1} + 8.314 J \cdot mol^{-1} \cdot K^{-1} \times 823K \times \ln \left[\frac{p^\ominus}{0.21p^\ominus}\right]^{0.5}$$
$$= 29328\ J \cdot mol^{-1} > 0$$

可见反应不能正向进行，即不能生成 Ag_2O。Ag 催化剂变黑变碎不是因生成 Ag_2O 所造成。

34. 环己烷甲基环戊烷之间有异构化作用：

$$C_6H_{12}(1) = C_5H_9CH_3(1)$$

异构化反应的平衡常数与温度有如下关系：$\ln K = 4.814 - \frac{2059}{T}$，试求 298.15 K 时异构化反应的熵变？

解：欲求 $\Delta_r S_m^\ominus$，需先求反应的 $\Delta_r H_m^\ominus$ 和 $\Delta_r G_m^\ominus$

$$\Delta_r G_m^\ominus(298.15K) = -RT\ln K$$
$$= -8.314 J \cdot mol^{-1} \cdot K^{-1} \times 298.15K \times \left(4.814 - \frac{2059}{298.15}\right)$$
$$= 5185 J$$

由吉布斯-亥姆霍兹公式：$\ln K = -\frac{\Delta_r H_m^\ominus}{RT} + I$，可以推得：

$$-\frac{\Delta_r H_m^\ominus}{R} = -2059$$

$$\Delta_r H_m^\ominus(298.15K) = 8.314 J \cdot mol^{-1} \cdot K^{-1} \times 2059K = 17119\ J \cdot mol^{-1}$$

$$\Delta_r S_m^\ominus = \frac{\Delta_r H_m^\ominus - \Delta_r G_m^\ominus}{T} = \frac{(17119 - 5185)\,\mathrm{J\cdot mol^{-1}}}{298.15\mathrm{K}}$$
$$= 40.0\ \mathrm{J\cdot K^{-1}\cdot mol^{-1}}$$

35. 有反应 $CO_2(g)+H_2S(g)$ ══ $COS(g)+H_2O(g)$ 在 610 K 时加入 4.4 g CO_2 到体积为 2.5 dm^3 的容器中，再充入 H_2S，使总压为 $10p^\ominus$，平衡后体系中 $x_{H_2O}=0.02$，将温度升至 620 K，待平衡后，分析测得 $x_{H_2O}=0.03$，试问：（设反应物的热容等于产物的热容）

(1)该反应在 610 K 时的 $K_p^\ominus$，$\Delta_r G_m^\ominus$；

(2)反应的 $\Delta_r H_m^\ominus$，$\Delta_r S_m^\ominus$；

(3)在 610 K 时，向容器中充入惰性气体使压力加倍，COS 的产量是否增加？若保持总压不变，充入惰性气体使压力加倍，COS 的产量是否增加？

解：在此温度范围内，可将 $\Delta_r H_m^\ominus$ 视为常数，因而在此区间 $\Delta_r S_m^\ominus$ 也可视为常数。初始时 CO_2 的量为：$\frac{4.4}{44}=0.1\mathrm{mol}$，$H_2S$ 的初始量为：

$$n_{H_2S} = \frac{pV}{RT} - 0.1\mathrm{mol} = \frac{101325\mathrm{Pa}\times 10\times 2.5\times 10^{-3}\mathrm{m^3}}{8.314\mathrm{J\cdot mol^{-1}\cdot K^{-1}}\times 610\mathrm{K}} - 0.1\mathrm{mol}$$
$$= 0.5\mathrm{mol} - 0.1\mathrm{mol} = 0.4\ \mathrm{mol}$$

(1) 设反应达平衡时，CO_2 反应的摩尔数为 x，于是有：

	CO_2	+ H_2S ⇌	COS	+ H_2O	
平衡时的摩尔数：	$0.1-x$	$0.4-x$	x	x	$\sum_i n_i = 0.5\mathrm{mol}$
平衡时的分压：	$\frac{0.1-x}{0.5}p$	$\frac{0.4-x}{0.5}p$	$\frac{x}{0.5}p$	$\frac{x}{0.5}p$	

因
$$\sum_i v_i = 0$$

故
$$K_p^\ominus = K_p = K_x = \frac{x^2}{(0.1-x)(0.4-x)}$$

在 610 K 时：

$$x_{H_2O} = 0.02 = \frac{x}{0.5\mathrm{mol}}$$

所以
$$x = 0.01\mathrm{mol}$$

$$K_p^\ominus(610\mathrm{K}) = \frac{0.01^2}{(0.1-0.01)(0.4-0.01)} = 2.849\times 10^{-3}$$
$$\Delta_r G_m^\ominus(610\mathrm{K}) = -RT\ln K_p^\ominus = 29723\ \mathrm{J\cdot mol^{-1}}$$

(2)在 620 K 时：

$$x_{H_2O} = 0.03 = \frac{x}{0.5\mathrm{mol}}$$

$$x = 0.015 \text{ mol}$$

$$K_p^{\ominus}(620\text{K}) = \frac{0.015^2}{(0.1 - 0.015)(0.4 - 0.015)} = 6.875 \times 10^{-3}$$

$$\Delta_r G_m^{\ominus}(620\text{K}) = -RT\ln K_p^{\ominus} = 25669 \text{ J} \cdot \text{mol}^{-1}$$

因为在此温度区间，反应的 $\Delta_r H_m^{\ominus}$ 与 $\Delta_r S_m^{\ominus}$ 为常数，故有方程组：

$$\begin{cases} 29723\text{J} \cdot \text{mol}^{-1} = \Delta_r H_m^{\ominus} - 610\text{K} \times \Delta_r S_m^{\ominus} \\ 25669\text{J} \cdot \text{mol}^{-1} = \Delta_r H_m^{\ominus} - 620\text{K} \times \Delta_r S_m^{\ominus} \end{cases}$$

解得：

$$\Delta_r H_m^{\ominus} = 277.0\text{kJ} \cdot \text{mol}^{-1}$$

$$\Delta_r S_m^{\ominus} = 405.4 \text{ J} \cdot \text{K}^{-1} \cdot \text{mol}^{-1}$$

(3)因此反应为等分子反应，产量与反应系统总压无关，因而充入惰性气体，不论使体系的压力改变或使体积改变，COS 的产量均不变。

36. 下列晶形转换反应：

$$\text{HgS(红)} \rightleftharpoons \text{HgS(黑)}$$

其 $\Delta_r G_m^{\ominus} = (17154 - 25.48T)\ \text{J} \cdot \text{mol}^{-1}$ 。试问：

(1)在 372.2K 时，哪种 HgS 较稳定？

(2)该反应的转换温度是多少？

解：【分析】因为这是一个固相反应，压力对反应的 $\Delta_r G_m$ 影响很小，可以忽略不计，因而在常压下，可认为 $\Delta_r G_m = \Delta_r G_m^{\ominus}$，由 $\Delta_r G_m^{\ominus}$ 可直接判断反应进行的方向。

(1)在 373.2K 时：

$$\Delta_r G_m^{\ominus} = (17154 - 25.48 \times 373.2) \text{ J} \cdot \text{mol}^{-1} = 7645 \text{ J} \cdot \text{mol}^{-1} > 0$$

由吉布斯判据，在 373.2K 时，反应不能自动向正向进行，HgS(红)比较稳定。

(2)当 $\Delta_r G_m = 0$ 时，反应达平衡，此温度即为转换温度。

令：
$$\Delta_r G_m^{\ominus} = (17154 - 25.48T) = 0$$

解得：
$$T = 673.2 \text{ K}$$

反应的转换温度为 673.2 K。

37. 已知反应：

$$\text{A(g)} + \frac{1}{2}\text{B(g)} \rightleftharpoons \text{C(g)}$$

在 801 K、900 K、1000 K 时的 $K_p^{\ominus}$ 分别为 31.3、6.55 和 1.86。设反应热与温度的关系式为：$\Delta_r H_m^{\ominus} = a + bT\ \text{J} \cdot \text{mol}^{-1}$， 试求 a、b 的值。

解：平衡常数随温度的关系为：

$$\ln K_p^{\ominus} = \int \frac{\Delta_r H_m^{\ominus}}{RT^2} dT + I = \int \frac{a + bT}{RT^2} dT + I$$

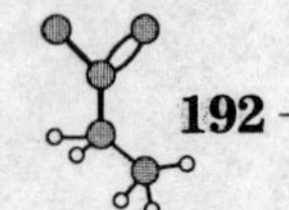

$$\ln K_p^{\ominus} = -\frac{a}{R}\cdot\frac{1}{T}+\frac{b}{R}\ln T + I$$

上式 3 个未知数：a、b、I，代入 801 K、900 K、1000 K 时的 $K_p^{\ominus}$ 的值，可得方程组：

$$\begin{cases}\dfrac{b}{8.314}\ln 801-\dfrac{a}{8.314\times 801}+I=31.3\\ \dfrac{b}{8.314}\ln 900-\dfrac{a}{8.314\times 900}+I=6.55\\ \dfrac{b}{8.314}\ln 1000-\dfrac{a}{8.314\times 1000}+I=1.86\end{cases}$$

整理得：

$$\begin{cases}0.80417b-0.00015016a+I=31.3\\ 0.81819b-0.00013364a+I=6.55\\ 0.83086b-0.00012028a+I=1.86\end{cases}$$

解得：

$$a=-1.12414\times 10^7$$
$$b=11480.6$$
$$I=-10889$$
$$\Delta_r H_m^{\ominus}=-9313000+9326.7T$$

38. 已知反应：

$3CuCl(g) \rightleftharpoons Cu_3Cl_3(g)$ 的 $\Delta_r G_m^{\ominus}=-528860-52.34T\lg T+438.1T\ \mathrm{J\cdot mol^{-1}}$，试求：

(1)2000 K 时，上述反应的 $\Delta_r H_m^{\ominus}$ 和 $\Delta_r S_m^{\ominus}$；

(2)2000 K、$1p^{\ominus}$下，平衡混合物中三聚物的摩尔分数是多少？

解：(1)由题给条件：

$$\ln K_p^{\ominus}=\frac{\Delta_r G_m^{\ominus}}{RT}=-\frac{(-528860-52.34T\lg T+438.1T)\ \mathrm{J\cdot mol^{-1}}}{RT}$$

$$=-52.694+\frac{63611}{T}+6.2954\lg T \tag{1}$$

由吉-赫公式，反应的 $\Delta_r G_m^{\ominus}$ 可表达为：

$$\Delta_r G_m^{\ominus}=T\int -\frac{\Delta_r H_m^{\ominus}}{T^2}\mathrm{d}T+I'$$

$$\ln K_p^{\ominus}=\int\frac{\Delta_r H_m^{\ominus}}{RT^2}\mathrm{d}T+I \tag{2}$$

由(1)式和(2)式，可知反应 $\Delta_r H_m^{\ominus}$ 的表达式应为：$\Delta_r H_m^{\ominus}=\Delta H_0+aT$　　$a=\Delta_r C_{p,m}$

对(2)式进行积分：

$$\ln K_p^{\ominus} = -\frac{\Delta H_0}{R} \cdot \frac{1}{T} + \frac{2.3026 \cdot a}{R} \lg T + I \qquad (3)$$

比较(1)式与(3)式，对应项的系数应相等，于是有：

$$-\frac{\Delta H_0}{R} = 63611$$

$$\frac{2.3026a}{R} = 6.2594$$

解得：

$$\Delta H_0 = -528860 \text{ J} \cdot \text{mol}^{-1}$$

$$a = 22.601 \text{ J} \cdot \text{K}^{-1} \cdot \text{mol}^{-1}$$

$$\Delta_r H_m^{\ominus} = -528860 + 22.601 \cdot T$$

2000 K 时：

$$\Delta_r H_m^{\ominus} = (-528860 + 22.601 \times 2000) \text{ J} \cdot \text{mol}^{-1}$$

$$= -483660 \text{ J} \cdot \text{mol}^{-1}$$

$$\Delta_r G_m^{\ominus} = (-528860 - 52.34 \times 2000 \times \lg 2000 + 438.1 \times 2000) \text{ J} \cdot \text{mol}^{-1}$$

$$= 1788 \text{ J} \cdot \text{mol}^{-1}$$

$$\Delta_r S_m^{\ominus} = \frac{\Delta_r H_m^{\ominus} - \Delta_r G_m^{\ominus}}{T} = -242.7 \text{ J} \cdot \text{K}^{-1} \cdot \text{mol}^{-1}$$

(2)2000 K 时，反应平衡常数为：

$$K_p^{\ominus} = \exp\left(-\frac{\Delta_r G_m^{\ominus}}{RT}\right) = 0.898$$

设达平衡时，Cu_3Cl_3的摩尔分数为 x，则有：

	$3CuCl \rightleftharpoons$	Cu_3Cl_3
平衡时对摩尔分数：	$1 - x$	x
平衡时分压：	$(1 - x)p$	$x \cdot p$

$$K_p^{\ominus} = \frac{p_{Cu_3Cl_3}/p^{\ominus}}{(p_{CuCl}/p^{\ominus})^3} = \frac{x}{(1-x)^3} = 0.898$$

解得：

$$x = 0.304$$

2000 K 时，达平衡时 Cu_3Cl_3的摩尔分数为 0.304。

39. 试证明：反应 A+B=2C 在气相中进行的平衡常数 $K_p^{\ominus}$，与在溶液中进行的平衡常数K_x之间的关系为：$K_p^{\ominus}/K_x = \frac{k_C^{\ 2}}{k_A \cdot k_B}$，式中：$k_A$、$k_B$、$k_C$分别是$A$、$B$、$C$溶于该溶剂中的亨利常数。

证明：因为此反应为等分子反应，故在气相中进行时，有：

$$K_p^{\ominus} = K_p = \frac{p_C^{\ 2}}{p_A \cdot p_B}$$

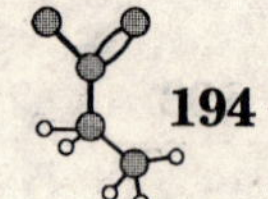

若设计为溶液反应，则各组分在气相中的分压可由亨利定律求得：

$$p_A = k_A \cdot x_A \qquad p_B = k_B \cdot x_B \qquad p_C = k_C \cdot x_C$$

$$K_p^{\ominus} = \frac{(k_C \cdot x_C)^2}{k_A \cdot x_A \cdot k_B \cdot x_B}$$

$$= \frac{x_C{}^2}{x_A x_B} \cdot \frac{k_C{}^2}{k_A \cdot k_B}$$

$$= K_x \cdot \frac{k_C{}^2}{k_A \cdot k_B}$$

$$\frac{K_p^{\ominus}}{K_x} = \frac{k_C{}^2}{k_A \cdot k_B} \qquad \text{证毕}$$

40. 试估计能否如炼铁那样，直接用碳还原 TiO_2。

$$TiO_2(s) + C(s) \longrightarrow Ti(s) + CO_2(g)$$

已知在 298.15 K 下，$\Delta_f G_m^{\ominus}(CO_2, g) = -394.38\ kJ \cdot mol^{-1}$，$\Delta_f G_m^{\ominus}(TiO_2) = -8529\ kJ \cdot mol^{-1}$。

解：反应在 298.15 K 下的 $\Delta_r G_m^{\ominus}$ 为：

$$\Delta_r G_m^{\ominus}(298.15K) = 0 - 394.38kJ \cdot mol^{-1} - 0 - (-8529kJ \cdot mol^{-1})$$

$$= 8315kJ \cdot mol^{-1} \gg 0$$

因 $\Delta_r G_m^{\ominus}$ 的值远大于零，可以判断在一般可达温度条件下，均难以用炭直接还原 TiO_2。所以在 298.15 K 下，不能由碳直接还原 TiO_2 而得金属钛。

41. 有下列两个反应：

$$2NaHCO_3(s) \longrightarrow Na_2CO_3(s) + H_2O(g) + CO_2(g) \qquad (1)$$

$$CuSO_4 \cdot 5H_2O(s) \longrightarrow CuSO_4 \cdot 3H_2O(s) + 2H_2O(g) \qquad (2)$$

已知在 323 K 时上述两反应各自达平衡，反应(1)的离解压为 3999 Pa，反应(2)的水蒸气压为 6052 Pa。试计算由 $NaHCO_3$、Na_2CO_3、$CuSO_4 \cdot 5H_2O$ 和 $CuSO_4 \cdot 3H_2O$ 所组成的体系，在 323 K 下达平衡时 CO_2 的分压是多少？

解：由题给数据求反应(1)和反应(2)在 323 K 时的经验平衡常数 K_p：

对反应(1)其离解压为：

$$p_{H_2O} + p_{CO_2} = 3999Pa$$

所以

$$p_{H_2O} = p_{CO_2} = 1999.5Pa$$

$$K_p(1) = p_{CO_2} \cdot p_{H_2O} = (1999.5Pa)^2$$

$$= 3.998 \times 10^6 (Pa^2)$$

对反应(2)，K_p 为：

$$K_p(2) = (p_{H_2O})^2 = (6052Pa)^2$$

$$= 3.6627 \times 10^7\ Pa^2$$

当两反应达同时平衡时，体系中的水蒸气的分压为一定值，既满足 K_p (1)的要求，也满足 K_p (2)的要求。设两反应达同时平衡时，体系中的水蒸气的分压为 x，CO_2 分压为 y。

$$2NaHCO_3(s) \rightleftharpoons Na_2CO_3(s) + \underset{x}{H_2O(g)} + \underset{y}{CO_2(g)}$$

$$CuSO_4 \cdot 5H_2O(s) \rightleftharpoons CuSO_4 \cdot 3H_2O(s) + \underset{x}{2H_2O(g)}$$

有方程组：

$$\begin{cases} x \cdot y = K_p(1) = 3.998 \times 10^6\ Pa^2 \\ x^2 = K_p(2) = 3.6627 \times 10^7\ Pa^2 \end{cases}$$

解得：

$$\begin{cases} x = 6052Pa \\ y = 660.6Pa \end{cases}$$

在 323 K 下，当两反应达同时平衡时，体系中 CO_2 的分压为 660.6 Pa。

42. 在高温下，水蒸气通过灼热煤层，按下式生成水煤气：

$$C(s) + H_2O(g) \rightleftharpoons H_2(g) + CO(g)$$

已知在 1200 K 和 1000 K 时，反应的 $K_p^\ominus$ 分别为 37.58 和 2.472。试求：

(1)该反应在此温度范围内的 $\Delta_r H_m^\ominus$ 值；

(2)在 1100 K 时反应的 $K_p^\ominus$ 值。

解：在 1000 ~1200 K 范围内，可认为反应的 $\Delta_r H_m^\ominus$ 为一定值。

(1)1000 K 下，反应的 $\Delta_r G_m^\ominus$ 为：

$$\Delta_r G_m^\ominus(1000K) = -RT\ln K_p^\ominus = -8.314J \cdot mol^{-1} \cdot K^{-1} \times 1000K \times \ln 2.472$$
$$= -7524.4\ J \cdot mol^{-1}$$

同理：

$$\Delta_r G_m^\ominus(1200K) = -8.314J \cdot mol^{-1} \cdot K^{-1} \times 1200K \times \ln 37.58$$
$$= -36181\ J \cdot mol^{-1}$$

当 $\Delta_r H_m^\ominus$ 为定值时，$\Delta_r S_m^\ominus$ 也为定值，有方程组：

$$\begin{cases} -7524.4 = \Delta_r H_m^\ominus - 1000 \times \Delta_r S_m^\ominus \\ -36181 = \Delta_r H_m^\ominus - 1200 \times \Delta_r S_m^\ominus \end{cases}$$

解得：

$$\Delta_r H_m^\ominus = 1.3576 \times 10^5\ J \cdot mol^{-1}$$
$$\Delta_r S_m^\ominus = 143.28\ J \cdot K^{-1} \cdot mol^{-1}$$

(2)在 1100 K 下，反应的 $\Delta_r G_m^\ominus$ 为：

$$\Delta_r G_m^\ominus = 1.3576 \times 10^5 J \cdot mol^{-1} - 1100K \times 143.28J \cdot K^{-1} \cdot mol^{-1}$$
$$= -21853\ J \cdot mol^{-1}$$

$$\ln K_p^\ominus = -\frac{\Delta_r G_m^\ominus}{RT} = 2.390$$

$$K_p^\ominus = 10.91$$

43. 试求氨分解反应在 298.15 K 及 800 K 下的平衡常数 $K_p^\ominus$？已知反应 $NH_3(g) \rightleftharpoons \frac{1}{2}N_2(g) + \frac{3}{2}H_2(g)$ 的 $\Delta_r G_m^\ominus(298.15K) = 16359\ J \cdot mol^{-1}$，各物质的热力数据如下：

	$N_2(g)$	$H_2(g)$	$NH_3(g)$
$\frac{S_m^\ominus(298.15K)}{J \cdot K^{-1} \cdot mol^{-1}}$	191.59	131.04	192.04
$\frac{C_{p,m}}{J \cdot K^{-1} \cdot mol^{-1}}$	$6.5+1\times10^{-3}T$	$6.62+0.81\times10^{-3}T$	$6.70+6.3\times10^{-3}T$

解：由 298.15K 时的 $\Delta_r G_m^\ominus$ 可得此温度下的 $K_p^\ominus$：

$$\ln K_p^\ominus = -\Delta_r G_m^\ominus / RT = -\frac{16359J \cdot mol^{-1}}{8.314J \cdot mol^{-1} \cdot K^{-1} \times 298.15K} = -6.60$$

$$K_p^\ominus = 1.36 \times 10^{-3}$$

欲求 800 K 的平衡常数，需先求得 $K_p^\ominus$ 与温度 T 之间的关系式；由吉布斯-亥姆霍兹公式可知须找出 $\Delta_r H_m^\ominus$ 与 T 的关系。由题给 298.15 K 时反应的 $\Delta_r G_m^\ominus$ 及各组分规定熵的数据，可求得 298.15 K 时反应的焓变 $\Delta_r H_m^\ominus$，再由各组分的比热数据，运用基尔霍夫定律可得 $\Delta_r H_m^\ominus$ 随温度变化的数学表达式。

$$\Delta_r S_m^\ominus = \left(\frac{1}{2} \times 191.59 + \frac{3}{2} \times 131.04 - 192.04\right) J \cdot K^{-1} \cdot mol^{-1}$$

$$= 100.315\ J \cdot K^{-1} \cdot mol^{-1}$$

$$\Delta_r H_m^\ominus(298.15K) = \Delta_r G_m^\ominus + T\Delta_r S_m^\ominus$$

$$= 16359J \cdot mol^{-1} + 298.15K \times 100.315J \cdot K^{-1} \cdot mol^{-1}$$

$$= 46268J \cdot mol^{-1}$$

$$\Delta_r C_{p,m} = \frac{1}{2}C_{p,m}(N_2) + \frac{3}{2}C_{p,m}(H_2) - C_{p,m}(NH_3)$$

$$= 6.48 - 4.585 \times 10^{-3} T$$

由基尔霍夫定律：

$$\Delta_r H_m^\ominus = \int \Delta_r C_{p,m} dT + I = \int (6.48 - 4.585 \times 10^{-3} T) dT + I$$

$$= 6.48T - 2.2925 \times 10^{-3} T^2 + I$$

代入 298.15 K 时 $\Delta_r H_m^\ominus$ 的值，可求出积分常数：$I = 44540$

$$\Delta_r H_m^\ominus(T) = (6.48T - 0.0022925T^2 + 44540)\ J \cdot mol^{-1}$$

反应平衡常数 $K_p^{\ominus}$ 与 T 的关系为：

$$\ln K_p^{\ominus} = \int \frac{\Delta_r H_m^{\ominus}}{RT^2}\mathrm{d}T + I = \int \frac{(6.48T - 0.0022925T^2 + 44540)\ \mathrm{J\cdot mol^{-1}}}{RT^2}\mathrm{d}T + I$$

$$= 0.7794\ln T - 2.757\times 10^{-4}T - 5357\frac{1}{T} + I$$

由 298.15 K 时的值可求出积分常数：$I = 7.009$。得平衡常数与温度得关系式为：

$$\ln K_p^{\ominus} = 0.7794\ln T - 2.757\times 10^{-4}T - 5357\cdot\frac{1}{T} + 7.009$$

800 K 时平衡常数为：

$$K_p^{\ominus}(800\mathrm{K}) = 201$$

44. 已知在 600 K 下，CH_3Cl 与 H_2O 作用生成 CH_3OH 时，CH_3OH 可继续分解为 $(CH_3)_2O$，有下列平衡同时存在：

(1) $CH_3Cl(g) + H_2O(g) \rightleftharpoons CH_3OH(g) + HCl(g)$　　$K_p^{\ominus}(1) = 0.0015$

(2) $2CH_3OH(g) \rightleftharpoons (CH_3)_2O(g) + H_2O(g)$　　$K_p^{\ominus}(2) = 10.6$

若以等物质的量的 CH_3Cl 和 H_2O 开始反应，求 CH_3Cl 的转化率是多少？

解：此为同时平衡问题。设初始反应物的量为 1 molCH_3Cl 与 1 molH_2O，设反应(1)的反应量为 x，反应(2)的反应量为 y（以 $(CH_3)_2O$ 计），有：

	CH_3Cl	$+H_2O$	$\rightleftharpoons CH_3OH$	$+HCl$	$2CH_3OH$	$\rightleftharpoons (CH_3)_2$	$+H_2O$
$t=0$ 时摩尔数	1.0	1.0	0	0	0	0	1.0
平衡时摩尔数	$1-x$	$1-x+y$	$x-2y$	x	$x-2y$	y	$1-x+y$

因(1)和(2)均为等分子反应，对两者均有：$K_p^{\ominus} = K_p = K_x$，可得方程组：

$$\begin{cases}\dfrac{x(x-2y)}{(1-x)(1-x+y)} = 0.0015\\[2ex]\dfrac{y(1-x+y)}{(x-2y)^2} = 10.6\end{cases}$$

解得：

$$x = 0.048$$

$$y = 0.0096$$

600K 下，达平衡时 CH_3Cl 的转化率为 4.8%。

45. 氧化铁按下列反应式还原：

$$FeO(s) + CO(g) \rightleftharpoons Fe(s) + CO_2(g)$$

试问在 1393 K，$1p^{\ominus}$ 下还原 1 mol FeO(s) 需要 CO(g) 的量为多少？已知在同温下：

(1) $2CO_2(g) \rightleftharpoons 2CO(g) + O_2(g)$　　$K_p(1) = 1.42\times 10^{-10}$ kPa

(2) $2FeO(s) \rightleftharpoons 2Fe(s) + O_2(g)$　　$K_p(2) = 2.50\times 10^{-11}$ kPa

解：氧化铁被 CO 还原的方程式可由(1)式和(2)式组合而成：

$$\frac{1}{2}\times((2)式-(1)式) = 题给方程式$$

题给反应 $FeO(s)+CO(g) \rightleftharpoons Fe(s)+CO_2(g)$ 的平衡常数为：

$$K_p = \left[\frac{K_p(2)}{K_p(1)}\right]^{0.5} = 0.4196$$

若用 CO 还原 FeO，系统存在两个独立反应：

$$FeO(s)+CO(g) \rightleftharpoons Fe(s)+CO_2(g) \qquad K_p = 0.4196$$

$$2CO_2(g) \rightleftharpoons 2CO(g)+O_2(g) \qquad K_p(1) = 1.42 \times 10^{-10}\,\text{kPa}$$

因为第二个反应的平衡常数相对而言极小，此反应可以忽略不计，即认为体系中主要存在 CO 还原 FeO 的反应，设达平衡时 CO 的压力为 x，CO_2的压力为 y，有以下方程互助组：

$$\begin{cases} \dfrac{y}{x} = 0.4196 \\ x + y = 1.0p^{\ominus} \end{cases}$$

解得：

$$x = p_{CO} = 0.7044p^{\ominus}$$

$$y = p_{CO_2} = 0.2956p^{\ominus}$$

即：

$$n_{CO} : n_{CO_2} = p_{CO} : p_{CO_2} = 0.7044 : 0.2956$$

$$=2.38 : 1$$

因反应体系的初始物质为 FeO 与 CO，当 FeO 被还原为，CO 变为 CO_2，每还原 1 mol FeO即生成 1 mol CO_2，故还原 1 mol FeO 所需 CO 的量为体系平衡时 CO 与 CO_2量的总和。

需 CO 量：　　$2.38+1.0=3.38$ mol。

第 9 章　化学反应动力学的唯象规律

一、基 本 内 容

1. 反应速率与浓度的关系

反应速率定义：

$$r = \frac{1}{V}\frac{\mathrm{d}\xi}{\mathrm{d}t} \tag{1}$$

对任意反应：$aA + bB = gG + hH$

$$r = -\frac{1}{a}\frac{\mathrm{d}c_A}{\mathrm{d}t} = -\frac{1}{b}\frac{\mathrm{d}c_B}{\mathrm{d}t} = \frac{1}{g}\frac{\mathrm{d}c_G}{\mathrm{d}t} = \frac{1}{h}\frac{\mathrm{d}c_H}{\mathrm{d}t} \tag{2}$$

注意：

(1)反应速率 r 不可能为负值；

(2)这里所讲的反应速率是瞬时反应速率；

(3)反应速率的量纲为“浓度 · 时间$^{-1}$”，常用 $\mathrm{mol \cdot L^{-1} \cdot s^{-1}}$ 作单位。

反应速率与浓度的关系可通过实验测定得到：

$$r = kc_A^{\alpha}c_B^{\beta} \tag{3}$$

(3)式是反应速率方程。式中 α、β 是反应物 A 和 B 的反应级数，而 $\alpha+\beta=n$ 叫反应的总级数；k 是反应的速率常数。反应的级数，无论 α、β 或 n，均是由实验确定的常数。根据反应的复杂性，反应级数可以是正整数、负整数、分数或零。

对于简单反应 $aA + bB \longrightarrow P$，则

$$r = kc_A^{a}c_B^{b} \tag{4}$$

此式称为质量作用定律，它只适用于基元反应。在基元反应中，参与反应所需要的反应物分子的数目称为反应分子数。在此，应特别注意反应级数和反应分子数在概念上的差别：

(1)反应级数是对宏观化学反应而言的，反应分子数是对微观上的基元步骤而言的。

(2)简单反应总是简单级数反应，这时反应的级数与反应的分子数是等同的。

反应分子数只可能是一、二、三。

具有简单级数反应的速率公式及特点见表 9.1。

确定简单反应的反应级数和计算反应的速率常数，通常有四种方法：①积分法，又称尝试法；②微分法；③半衰期法；④改变反应物数量比例的方法。可根据实验数据或题目所给的已知条件选用合适的方法。

对复杂反应要抓住每种反应的特点及未知量与已知条件之间的关系，化繁为简或作必要的近似，从而求出所需结果。

2. 温度对反应速率的影响

Arrhenius 在大量实验的基础上，总结出了速率常数 k 与反应温度之间的关系式，称为 Arrhenius 公式。有三种形式：

$$\frac{\mathrm{d}\ln k}{\mathrm{d}T} = \frac{E_\mathrm{a}}{RT^2} \tag{5}$$

$$\ln k = -\frac{E_\mathrm{a}}{RT} + B \tag{6}$$

$$k = A\exp\left(-\frac{E_\mathrm{a}}{RT}\right) \tag{7}$$

使用 Arrhenius 公式时应注意：

(1) E_a称为实验活化能，一般可将它看作是与温度无关的常数，其单位为：$\mathrm{J\cdot mol^{-1}}$或 $\mathrm{kJ\cdot mol^{-1}}$。

(2) 指前因子 A 与温度无关。对不同的反应，A 值可以不同。它与速率常数 k 有相同的单位。

(3) Arrhenius 公式不仅对简单反应，而且对复杂反应中每个基元步骤均适用。对某些复杂反应，只要其速率公式具有 $r = kc_A^{\alpha}c_B^{\beta}\cdots$ 形式的，Arrhenius 公式仍可应用，但此时公式中的活化能无明确含义，因此通常称为表观活化能。

托尔曼从统计力学的角度出发对基元反应活化能作如下解释：活化能 E_a是一个统计量，即为反应物分子能量的统计平均值与活化分子能量的统计平均值之差。

3. 典型的复合反应

在正、逆两个方向同时进行的反应叫对峙反应，亦可称可逆反应。对峙反应的特点是：反应的总速率是正、逆反应速率的代数和；达到平衡时宏观速率为零。对于 1-1 型对峙反应

$$r = k_1(a - x) - k_{-1}x$$

平衡时

$$k_1(a - x_e) = k_{-1}x_e$$

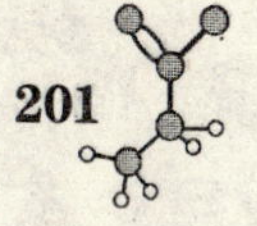

$$K=\frac{k_1}{k_{-1}}=\frac{x_e}{a-x_e}$$

解联立方程再作定积分可分别求出 k_1 和 k_{-1} 之值。

同一反应物，同时进行着两个或两个以上不同的反应，生成不同的产物，则这些反应称为平行反应。平行反应的特点是反应总速率是所有平行发生的反应速率的加和。若反应开始时只有反应物，则各个平行反应所进行的温度、时间都相同，反应速率之比等于生成物数量之比，也等于速率常数之比，在反应过程中各产物之比保持不变。k_1/k_{-1} 的值代表了反应的选择性，加入选择性催化剂可以改变 k_1/k_{-1} 的比值，使反应主要向所需要产品的方向进行。根据各个平行反应的实验活化能的不同，改变温度也可改变 k_1/k_{-1} 的比值。

连串反应的特点是前一步的生成物就是后一步反应的反应物；中间产物的浓度在某时刻会出现极大值。若中间产物是所需要的产品，可用求极值的方法求出产品浓度最大值及反应时间 t_m，以便控制反应进行程度。如连串反应：

$$\mathrm{A}\xrightarrow{k_1}\mathrm{B}\xrightarrow{k_2}\mathrm{C}$$

$$c_{\mathrm{B,\ m}}=c_{\mathrm{A,\ 0}}\left(\frac{k_1}{k_2}\right)^{\frac{k_2}{k_2-k_1}},\quad t_{\mathrm{B,\ m}}=\frac{\ln k_2-\ln k_1}{k_2-k_1}$$

在连串反应中，若其中有一步的反应速率对总反应速率起着决定性影响，即称其为速率决定步骤(简称决速步或速控步)。

4. 链反应

链反应一般由链的引发、链的传递和链的终止三个基本步骤组成。就链发展的形式，可分为直链反应和支链反应。前者每消耗一个活性质点(自由基或自由原子)只产生一个新的活性质点；后者每消耗一个活性质点同时可产生两个或两个以上新的活性质点。链反应的动力学表示式不能根据反应总的化学计量式用质量作用定律来表示，而要根据反应的历程来推导。首先从反应速率随反应物浓度的下降或生成物浓度的上升写出动力学表示式，一般情况下，慢步骤是整个链反应的速控步，然后用稳态近似法或平衡假设把动力学表示式中的中间产物浓度项用反应物或生成物的浓度项来代替，才能得到链反应的速率表示式。

表 9.1

级数	反应类型	微分式	积分式	半衰期 $t_{1/2}$	k 量纲
零级	表面催化反应	$\frac{\mathrm{d}x}{\mathrm{d}t}=k_0$	$x=k_0t$	$\frac{a}{2k_0}$	(浓度)(时间)$^{-1}$
一级	A→P	$\frac{\mathrm{d}x}{\mathrm{d}t}=k_1(a-x)$	$\ln\frac{a}{(a-x)}=k_1t$	$\frac{\ln 2}{k_1}$	(时间)$^{-1}$

续表

级数	反应类型	微分式	积分式	半衰期 $t_{1/2}$	k 量纲
二级	A+B→P $(a=b)$ $(a\neq b)$	$\frac{dx}{dt}=k_2(a-x)^2$ $\frac{dx}{dt}=k_2(a-x)(b-x)$	$\frac{x}{a(a-x)}=k_2t$ $\frac{1}{a-b}\ln\frac{b(a-x)}{a(b-x)}=k_2t$	$\frac{1}{k_2a}$	(浓度)$^{-1}$(时间)$^{-1}$
三级	A+B+C→P $(a=b=c)$	$\frac{dx}{dt}=k_3(a-x)^3$	$\frac{1}{2}\left[\frac{1}{(a-x)^2}-\frac{1}{a^2}\right]=k_3t$	$\frac{3}{2k_3a^2}$	(浓度)$^{-2}$(时间)$^{-1}$
n 级 $(n\neq1)$	R^n→P	$\frac{dx}{dt}=k(a-x)^n$	$\frac{1}{n-1}\left[\frac{1}{(a-x)^{n-1}}-\frac{1}{a^{n-1}}\right]=kt$	$A\frac{1}{a^{n-1}}$ (A 为常数)	(浓度)$^{1-n}$(时间)$^{-1}$

二、习题解答

1. 问具有下列反应机理的反应为几分子反应?

$$A \longrightarrow A^*$$

$$A^* + BC \xrightarrow{\text{slow}} AB + C$$

$$AB \longrightarrow E + D$$

解: 因为在该反应机理中有三个基元反应，故该反应为非基元反应，说反应分子数无意义。

2. 某反应物消耗掉50%和75%所需的时间分别为 $t_{1/2}$ 和 $t_{1/4}$，若反应对各反应物分别是一级，二级和三级，则 $t_{1/2} : t_{1/4}$ 的值分别是多少?

解: 一级反应为1∶2，二级反应为1∶3，三级反应为1∶5。

3. 如果反应物的起始浓度均为 a，反应的级数为 $n(n\neq1)$，证明其半衰期表示式为:

$$t_{1/2} = \frac{2^{n-1}-1}{a^{n-1}k(n-1)} \quad (\text{式中 } k \text{ 为速率常数})$$

解: n 级反应的微分动力学方程可表示为

$$\frac{dx}{dt} = k(a-x)^n \quad (\text{式中 } x \text{ 为产物浓度})$$

积分，得

$$\int_0^x \frac{dx}{(a-x)^n} = \int_0^t k dt$$

$$\frac{-(a-x)^{1-n}+a^{1-n}}{1-n} = kt$$

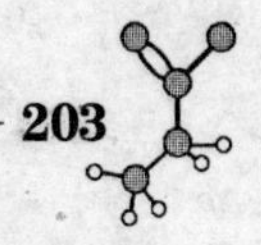

$$t=\frac{(a-x)^{1-n}-a^{1-n}}{k(n-1)}$$

当 $x=a/2$ 时

$$t_{1/2}=\frac{(a-a/2)^{1-n}-a^{1-n}}{k(n-1)}=\frac{[(1/2)^{1-n}-1]a^{1-n}}{k(n-1)}=\frac{2^{n-1}-1}{a^{n-1}k(n-1)}$$

4. 若定义反应物 A 的浓度下降到初值的 1/e(e是自然对数的底)所需时间 τ 为平均寿命，则一级反应的 τ 为多少?

解: $\tau=\frac{1}{k_1}\ln\frac{1}{1/\mathrm{e}}=\frac{1}{k_1}$

5. 请根据质量作用定律写出下列基元反应的反应速率表示式(试用各种物质分别表示):

(1) $A+B\xrightarrow{k}2P$

(2) $2A+B\xrightarrow{k}2P$

(3) $A+2B\longrightarrow P+2S$

(4) $2Cl+M\longrightarrow Cl_2+M$

解: (1) $r_1=-\frac{d[A]}{dt}=-\frac{d[B]}{dt}=\frac{1}{2}\frac{d[P]}{dt}=k[A][B]$

(2) $r_2=-\frac{1}{2}\frac{d[A]}{dt}=-\frac{d[B]}{dt}=\frac{1}{2}\frac{d[P]}{dt}=k[A]^2[B]$

(3) $r_3=-\frac{d[A]}{dt}=-\frac{1}{2}\frac{d[B]}{dt}=\frac{d[P]}{dt}=\frac{1}{2}\frac{d[S]}{dt}=k[A][B]^2$

(4) $r_4=-\frac{1}{2}\frac{d[Cl]}{dt}=-\frac{d[M]}{dt}=\frac{d[Cl_2]}{dt}=\frac{d[M]}{dt}=k[Cl]^2[M]$

6. 在气相反应动力学中，往往可以用压力来代替浓度，若反应 $aA\rightarrow P$ 为 n 级反应，反应速率的微分式可写为: $-\frac{1}{a}\frac{dp_A}{dt}=k_p p_A{}^n$ 。式中 k_p 是以压力表示的反应速率常数，p_A 是 A 的分压，并视为理想气体时，请证明 $k_p=k_c(RT)^{1-n}$，当 $k_c=200\times10^{-4}\ \mathrm{dm^3\cdot mol^{-1}\cdot s^{-1}}$，$T=400\mathrm{K}$ 时，求 k_p 的值。

解:
$$p_A=c_ART\ (令\ a=1) \quad (1)$$
$$-dp_A/dt=k_p p_A{}^n \quad (2)$$

将(1)式代入(2)式，则

$$-\frac{dp_A}{dt}=k_p(c_ART)^n=k_p(RT)^n\cdot c_A{}^n$$

$$-RT\frac{dc_A}{dt}=k_p(RT)^n\cdot c_A{}^n \quad (3)$$

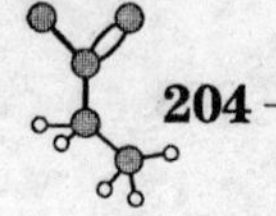

因为 $$-\frac{dc_A}{dt}=k_c c_A{}^n$$

所以 $$k_p=k_c(RT)^{1-n}$$

从 k_c 单位可知为二级反应，$n=2$，故

$$k_p=\frac{2.00\times10^{-4}\ \mathrm{dm^3\cdot mol^{-1}\cdot s^{-1}}}{8.314(\mathrm{J\cdot K^{-1}\cdot mol^{-1}})\times400\mathrm{K}}$$
$$=6.01\times10^{-8}\mathrm{k\ Pa^{-1}\cdot s^{-1}}$$

7. 已知乙胺加热分解成氨和乙烯，化学计量方程为：$C_2H_5\ NH_2(g)\rightleftharpoons NH_3(g)+C_2H_4(g)$。

在 773 K 及恒容条件下，在不同时刻测得的总压力的变化 Δp 列于下表，Δp 是在 t 时刻体系压力的增加值，反应开始时只含有乙胺，压力 $p_0=7.33\mathrm{kPa}$，求该反应得级数和速率常数 k 值。

t/min	Δp/kPa	t/min	Δp/kPa
1	0.67	10	4.53
2	1.20	20	6.27
4	2.27	30	6.93
8	3.87	40	7.13

解：
$$C_2H_5NH_2(g)\rightleftharpoons NH_3(g)+C_2H_4(g)$$

	(A)	(B)	(C)
$t=0$	p_0	0	0
$t=t$	$p_0-\Delta p$	Δp	Δp

动力学方程式：
$$-\frac{dp_A}{dt}=kp_A^n$$

n 为反应级数，设 n 分别为 1，2，3 代入后积分得：

$$n=1\qquad \ln\frac{p_0}{p_0-\Delta p}=k_1t \tag{1}$$

$$n=2\qquad \frac{\Delta p}{p_0(p_0-\Delta p)}=k_2t \tag{2}$$

$$n=3\qquad \left[\frac{\Delta p}{(p_0-\Delta p)^2}-\frac{1}{p_0^2}\right]=2k_3t \tag{3}$$

分别用各组实验数据代入(1)、(2)、(3)式，计算各个 k 值，结果表明，只有 k_1 基

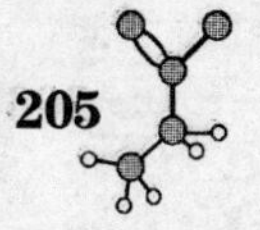

本为一常数，而 k_2，k_3 均不是常数，所以该反应为一级反应，$\bar{k}_1 = 9.38 \times 10^{-2}$ min^{-1}。

本题也可用 $\ln \frac{1}{p_0 - \Delta p}$、$\frac{1}{p_0 - \Delta p}$ 和 $\frac{1}{(p_0 - \Delta p)^2}$ 对 t 作图，若得一直线说明对应的 n 值就是反应的级数，k 值可以从直线的斜率求得。

此题用积分法(又称尝试法)求反应级数，计算较繁琐，若反应不具有简单级数，用这种方法就很困难。

8. 溶液中氧气氧化 HSO_3^- 的反应是形成酸雨和烟道气脱硫的重要反应。文献报道反应

$2\,HSO_3^- + O_2 \longrightarrow 2\,SO_4^{2-} + 2H^+$ 遵守以下速率方程：$r = k[HSO_3^-]^2[H^+]^2$

如果控制 pH 值为 5.6，氧气浓度为 2.4×10^{-4} $mol \cdot L^{-1}$ 均保持不变，HSO_3^- 的初始浓度为 5×10^{-5} $mol \cdot L^{-1}$，速率常数 k 为 3.6×10^6 $L^3 \cdot mol^{-3} \cdot s^{-1}$，请求出反应的初始速率，$HSO_3^-$ 的浓度需要多长时间变为初始浓度的一半。

解：反应的初始速率为：

$$v_{ini} = 3.6 \times 10^6 \times (5 \times 10^{-5})^2 \times (10^{-5.6})^2 = 5.68 \times 10^{-14}\ mol \cdot L^{-1} \cdot s^{-1}$$

考虑到 pH 值不变，速率方程中 $k[H^+]^2$ 可合并为 k_{obs}，这个反应可作为二级反应处理

$$-\frac{1}{2}\frac{d[HSO_3^-]}{dt} = k_{obs}[HSO_3^-]^2$$

$$\frac{1}{[HSO_3^-]} - \frac{1}{[HSO_3^-]_0} = 2k_{obs} \cdot t$$

代入数据求得：

$$t = \frac{1}{2k_{obs}[HSO_3^-]_0} = \frac{1}{2 \times 3.6 \times 10^6 \times (10^{-5.6})^2 \times 5 \times 10^{-5}} = 4.40 \times 10^8 s$$

9. 甲烷是许多自然过程和工业过程的副产物。甲烷与 OH 自由基的反应(如下所示双分子气相反应)是低层大气消除甲烷的主要反应，其指前因子 $A = 1.13\times10^9$ $L \cdot mol^{-1} \cdot s^{-1}$，活化能 $E_a = 14.1$ $kJ \cdot mol^{-1}$。

$$CH_4(g) + OH(g) \longrightarrow CH_3(g) + H_2O(g)$$

(1)如果 CH_4 的平均浓度为 4.0×10^{-8} $mol \cdot L^{-1}$，OH 自由基的平均浓度为 1.5×10^{-15} $mol \cdot L^{-1}$，温度为 $-10℃$，计算甲烷消耗的速率；

(2)地球低层大气的体积为 4.0×10^{21} L，计算一年中通过以上反应消耗的甲烷的量。

解：(1)甲烷消耗的速率为：

$$r = k[CH_4][OH] = A\exp(-E_a/RT)[CH_4][OH]$$

$$= 1.13\times10^9\times\exp(-14.1\times10^3/(8.314\times263.15))\times4.0\times10^{-8}\times1.5\times10^{-15}$$

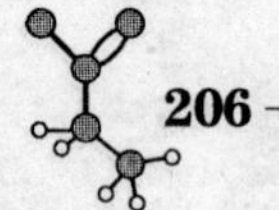

$= 1.08 \times 10^{-16} \text{mol} \cdot \text{L}^{-1} \cdot \text{s}^{-1}$

(2)消耗甲烷的量为：

$$n = 365 \times 24 \times 3600 \times 4.0 \times 10^{21} \times 1.08 \times 10^{-16} = 1.36 \times 10^{13} \text{mol}$$

10. 下表列出反应 A+B ⟶C 初始浓度和初速。

初始浓度 $\text{mol} \cdot \text{dm}^{-3}$		初速 $\text{mol} \cdot \text{dm}^{-3} \cdot \text{s}^{-1}$
$c_{A,0}$	$c_{B,0}$	
1.0	1.0	0.15
2.0	1.0	0.30
3.0	1.0	0.45
1.0	2.0	0.15
1.0	3.0	0.15

求此反应的速率方程。

解：

$$r_1 = kc_{A,1}^{\alpha} c_{B,1}^{\beta}$$

$$r_2 = kc_{A,2}^{\alpha} c_{B,2}^{\beta}$$

$$\frac{r_1}{r_2} = \frac{0.15}{0.3} = \frac{k \times 1.0^{\alpha} \times 1.0^{\beta}}{k \times 2.0^{\alpha} \times 1.0^{\beta}} \text{得 } \alpha = 1$$

$$r_3 = kc_{A,3}^{\alpha} c_{B,3}^{\beta}$$

$$\frac{r_1}{r_3} = \frac{0.15}{0.45} = \frac{k \times 1.0^{\alpha} \times 1.0^{\beta}}{k \times 3.0^{\alpha} \times 1.0^{\beta}} \text{得 } \alpha = 1$$

同理：

$$r_4 = kc_{A,4}^{\alpha} c_{B,4}^{\beta}$$

$$r_5 = kc_{A,5}^{\alpha} c_{B,5}^{\beta}$$

$$\frac{r_4}{r_5} = \frac{0.15}{0.15} = \frac{k \times 1.0^{\alpha} \times 2.0^{\beta}}{k \times 3.0^{\alpha} \times 3.0^{\beta}} \text{得 } \beta = 0$$

则此反应的速率方程为：

$$r = kc_A$$

11. 蔗糖在稀的酸溶液中依下式水解：

$$C_{12}H_{22}O_{11}(\text{蔗糖}) + H_2O \rightleftharpoons C_6H_{12}O_6(\text{葡萄糖}) + C_6H_{12}O_6(\text{果糖})$$

当温度和酸的浓度一定时，已知反应的速率与蔗糖的浓度成正比。今有某一溶液，蔗糖和 HCl 物质的量浓度分别为 $0.3 \text{ mol} \cdot \text{dm}^{-3}$ 和 $0.1 \text{ mol} \cdot \text{dm}^{-3}$，在 48℃时，20min 内有 32% 的蔗糖水解，由旋光仪测定旋光度而推知，已知该反应为一级反应，求：

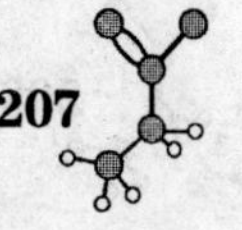

(1)计算反应速率常数 k 和反应开始时及反应20分钟时的反应速率。

(2)计算40分钟时的蔗糖水解速率。

解：(1)已知该反应为一级反应，故

$$k_1=\frac{1}{t}\ln\frac{1}{1-y}=\frac{1}{20}\ln\frac{1}{1-0.32}=0.0193\ \mathrm{min^{-1}}$$

$t=0$　　$r_0=k_1c_0=0.0193\ \mathrm{min^{-1}}\times0.3\mathrm{mol\cdot dm^{-3}}=5.79\times10^{-3}\mathrm{mol\cdot dm^{-3}\cdot min^{-1}}$

$t=20\mathrm{min}$　$r_{20}=k_1c=0.0193\times0.3\times(1-0.32)=3.94\times10^{-3}\mathrm{mol\cdot dm^{-3}\cdot min^{-1}}$

(2)令40 min时已消耗反应物的物质的量浓度为 x，则

$$r=k_1(c_0-x),\quad \ln\frac{c_0}{c_0-x}=k_1t=0.0193\times40=0.772$$

故　$$c_0-x=0.0139\ \mathrm{mol\cdot dm^{-3}}$$

故 $r_{40}=k_1(c_0-x)=0.0193\times0.139=2.68\times10^{-3}\mathrm{mol\cdot dm^{-3}\cdot min^{-1}}$

12. 某反应的速率常数 $k=2.31\times10^{-2}\mathrm{s^{-1}\cdot dm^3\cdot mol^{-1}}$，初始浓度为 $1.0\mathrm{mol\cdot dm^{-3}}$，则这一反应的半衰期为：

①43.29 s　　②15 s　　③30 s　　④21.65 s

解：①。

因为从 k 的单位可知为二级反应：

$$t_{\frac{1}{2}}=\frac{1}{k_2a}=\frac{1}{2.31\times10^{-2}\mathrm{s^{-1}\cdot dm^3\cdot mol^{-1}}\times1.0\mathrm{mol\cdot dm^{-3}}}=43.29\mathrm{s}$$

13. 把一定量的 $PH_3(g)$ 引入含有惰性气体的873K的烧瓶中，$PH_3(g)$ 分解为 $P_4(g)$ 和 $H_2(g)$（可完全分解）测得总压随时间变化如下：

t/(s)	0	60	120	∞
p/(kPa)	262.40	272.90	275.53	276.40

求反应级数及速率常数。

解：此题有两种解法，分述如下：

确定反应级数：

$$4\,PH_3(g)\rightarrow P_4(g)+6H_2(g)$$

简写成：　$$4A\rightarrow B+6C$$

60秒时，　$$\frac{p_A(60)}{p_A(0)}=\frac{p_{60}(总)-p_\infty}{p_0(总)-p_\infty}=\frac{272.90-276.40}{262.40-276.40}=\frac{1}{4}$$

即A剩下1/4，消耗掉3/4。

120秒时，　$$\frac{p_A(120)}{p_A(0)}=\frac{p_{120}(总)-p_\infty}{p_0(总)-p_\infty}=\frac{275.53-276.40}{262.40-276.40}=\frac{1}{16}$$

即A剩下1/4的1/4，反应掉1/4的3/4，即3/4衰期为一常数，且 $t_{3/4}=60$ 秒。这

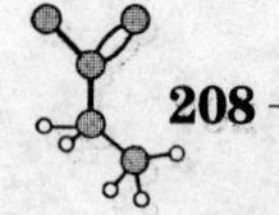

是一级反应的特点，故 $n=1$，则 $\ln\dfrac{p_{A,0}}{p_{A,t}}=k_1 t$

$$\ln\frac{p_{A,0}}{p_{A,t}}=\ln 4=k_1\times 60$$

$$\ln\frac{p_{A,0}}{p_{A,t}}=\ln 2=k_1\times t\frac{1}{2}$$

故 $t_{1/2}=30\text{s}$　　$k_1=\dfrac{\ln 2}{t_{1/2}}=0.023\text{s}^{-1}$

也可以利用下述公式求 k_1：

	4A →	B +	6C		
$t=0$	p_A^0	p_B^0	p_C^0	$p_{总,0}=p_A^0+p_B^0+p_C^0+p_{惰}$	(1)
$t=t$	p_A^0-p	$p_B^0+\dfrac{p}{4}$	$p_C^0+\dfrac{6}{4}p$	$p_{总,t}=p_A^0+p_B^0+p_C^0+p_{惰}+\dfrac{3}{4}p$	(2)
$t=\infty$	0	$p_B^0+\dfrac{p_{A,0}}{4}$	$p_C^0+\dfrac{6}{4}p_A^0$	$p_\infty=\dfrac{7}{4}p_A^0+p_B^0+p_C^0+p_{惰}$	(3)

将(1)式代入(2)式得：　　$p=(p_{总,t}-p_{总,0})\times\dfrac{4}{3}$　　(4)

将(1)式代入(3)式得：　　$p_A{}^0=(p_\infty-p_{总,0})\times\dfrac{4}{3}$　　(5)

因　　$r=-\dfrac{dp_A}{dt}=k_1 p_A$　　(6)

积分得：
$$\ln\frac{p_A{}^0}{p_A{}^0-p}=\ln\frac{(p_\infty-p_{总,0})\times\frac{4}{3}}{(p_\infty-p_{总,0})\times\frac{4}{3}-\frac{4}{3}\times(p_{总,t}-p_{总,0})}=\ln\frac{p_{总,0}-p_\infty}{p_{总,t}-p_\infty}$$

即：
$$\ln\frac{p_{总,0}-p_\infty}{p_{总,t}-p_\infty}=k_1 t$$

$$\ln\frac{262.40-276.40}{275.53-276.40}=k_1\times 120$$

$$k_1=0.023\ \text{s}^{-1}$$

14. 纯 BHF_2 被引入 292 K 恒容的容器中发生下列反应：$6\ BHF_2(g)\longrightarrow B_2H_6(g)+4\ BF_3(g)$，不论起始压力如何，发现 1 小时，反应物分解 8%，求：

(1)反应级数；

(2)计算速率常数；

(3)起始压力是 101325 Pa 时，求 2 小时后容器中的总压力。

解：(1)因为 $t_{8\%}$ 与初始浓度无关，所以这是一级反应

(2) $k_1=\dfrac{1}{t}\ln\dfrac{1}{1-y}=\dfrac{1}{1}\ln\dfrac{1}{1-8\%}=0.083\text{h}^{-1}$

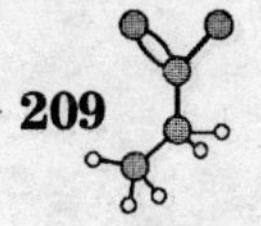

(3) $6\,BHF_2(g) \longrightarrow B_2H_6(g) + 4\,BF_3(g)$

$t=0$　　p_0　　0　　0

$t=t$　　p　　$\frac{1}{6}(p_0-p)$　　$\frac{4}{6}(p_0-p)$

$$\ln\frac{p_0}{p}=k_1 t$$

$$\ln\frac{101325}{p}=0.083\times 2$$

$$p_{总}=p+\frac{1}{6}(p_0-p)+\frac{4}{6}(p_0-p)=98.74\ \text{kPa}$$

15. 在某化学反应中随时检测物质 A 的含量，1 小时后，发现 A 已作用了 75%，试问 2h 后 A 还剩余多少没有作用？若该反应对 A 来说是：

(1)一级反应；

(2)二级反应(设 A 与另一反应物 B 起始浓度相同)；

(3)零级反应(求 A 作用完所需时间)。

解：(1)用一级反应公式先求出 k_1

$$k_1=\frac{1}{t}\ln\frac{1}{1-y}=\frac{1}{1}\ln\frac{1}{1-0.75}=\ln 4\ \text{h}^{-1}$$

当 $t=2\text{h}$ 时

$$\ln 4=\frac{1}{2}\ln\frac{1}{1-y}$$

$$1-y=6.25\%$$

(2)运用 $a=b$ 的二级反应公式：

$$k_2=\frac{1}{ta}\times\frac{y}{1-y}=\frac{1}{1\times a}\times\frac{0.75}{1-0.75}=\frac{3}{a}\text{h}^{-1}$$

当 $t=2\text{h}$ 时

$$\frac{3}{a}=\frac{1}{2a}\times\frac{y}{1-y}$$

$$1-y=14.3\%$$

(3)运用零级反应的公式

$$k_0=\frac{1}{t}x=\frac{1}{t}ay=0.75a\text{h}^{-1}$$

当 $t=2\text{h}$ 时

$$0.75a=\frac{1}{2}ay\qquad y=1.5$$

$1-y=-0.5$，表示 A 早已作用完毕。

按零级反应计算，A 作用完所需的时间 t 为：

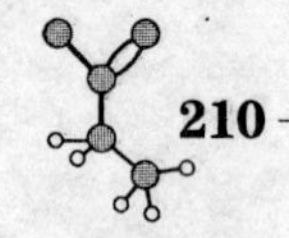

$$\frac{0.75}{1}=\frac{1.0}{t},\quad t=1.33\text{h}\text{。}$$

16. 在 298 K 时，测定乙酸乙酯皂化反应速率，反应开始时，溶液中碱和酯的浓度均为 $0.01\text{mol}\cdot\text{dm}^{-3}$，每隔一定时间，用标准酸溶液滴定其中的碱含量，实验所得结果如下：

t/min	3	5	7	10	15	21	25
$[OH^-]\times10^{-3}/\text{mol}\cdot\text{dm}^{-3}$	7.40	6.34	5.50	4.64	3.63	2.88	2.54

(1)证明该反应为二级反应，再求出速率常数 k 值；

(2)若碱和乙酸乙酯的起始浓度均为 $0.002\ \text{mol}\cdot\text{dm}^{-3}$，试计算该反应完成95%时所需的时间及该反应的半衰期为若干？

解：(1)若该反应是二级反应，以 $\frac{1}{a-x}$ 对 t 作图应为一直线，

t/min	3	5	7	10	15	21	25
$\frac{1}{a-x}$	135.1	157.7	181.8	215.5	275.5	347.2	393.2

作图得一直线(图略)。证明该反应为二级反应，斜率为 k_2，且

$$k_2=\frac{334.0-215.5}{20-10}=11.85\ \text{mol}^{-1}\cdot\text{dm}^{3}\cdot\text{min}^{-1}$$

(2)已知 $\frac{y}{1-y}=k_2at$

$$t=\frac{1}{k_2a}\cdot\frac{y}{1-y}=\frac{1}{11.85\times0.002}\times\frac{0.95}{1-0.95}=801.7\text{min}$$

$$t_{\frac{1}{2}}=\frac{1}{k_2a}=\frac{1}{11.85\times0.002}=42.2\text{min}$$

17. 对反应 $2NO(g)+2H_2(g)\longrightarrow N_2(g)+2H_2O(l)$ 进行了研究，起始时 NO 与 H_2 的物质的量相等，采用不同的起始压力相应地有不同的半衰期，实验数据为：

p_0/kPa	47.20	45.40	38.40	33.46	26.93
$t_{1/2}$/min	81	102	140	180	224

求该反应的级数。

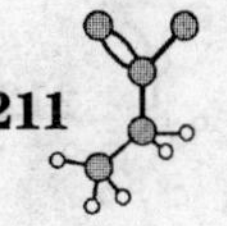

解：因为NO与H_2的起始物质的量相等，故

$$\frac{dx}{dt}=k(a-x)^n$$

$$\int_0^a \frac{dx}{(a-x)^n}=\int_0^t kdt$$

积分得：
$$t=\frac{(a-x)^{1-n}-a^{1-n}}{k(n-1)}$$

当$x=\frac{a}{2}$时：

$$t_{1/2}=\frac{\left(a-\frac{a}{2}\right)^{1-n}-a^{1-n}}{k(n-1)}=\frac{\left[\left(\frac{1}{2}\right)^{1-n}-1\right]a^{1-n}}{k(n-1)}$$

$$t_{1/2}=\frac{2^{n-1}-1}{a^{n-1}k(n-1)}=Aa^{1-n}$$

$$\ln t_{1/2}=\ln A+(1-n)\ln a$$

以$\ln t_{1/2}\sim\ln a$做图，得一直线(图略)，斜率为$1-n$，求得$n\approx3$，由公式得：

$$n=1+\frac{\ln(t_{1/2}/t'_{1/2})}{\ln(a'/a)}$$

求出n值后取平均值得$n_{平}=3$。

18. 药物进入人体后，一方面在血液中与体液建立平衡，另一方面由肾脏排出，若达到平衡时药物由血液至肾脏的速度可用一级反应速率方程表示。如人体中注入0.5克四环素，然后在不同时间测得其在血液中的浓度，得到下列数据：

t/h	4	8	12	16
c/100 ml血液中药物的mg数	0.48	0.31	0.24	0.16

求：(1)四环素在血液中的半衰期；

(2)若使血液中四环素浓度不低于0.31 mg/100 ml，需几小时后再注射第二次？

解：(1)先求速率常数k_1，以$\lg c$对t作图，得直线，斜率为-0.0378。故有：

$$k_1=-2.303\times(-0.0378)=0.087\text{h}^{-1}$$

$$t_{\frac{1}{2}}=\frac{\ln2}{k_1}=\frac{0.693}{0.087}=8\text{h}$$

(2)从题中可知，$t_{\frac{1}{2}}$时药物在血液中的浓度为0.31 mg/100 ml，所以初始浓度为0.62 mg/100 ml，因此血液中四环素浓度为0.37 mg/100 ml，所经历时间为：

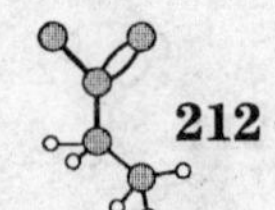

$$t=\frac{2.303}{0.087}\times\lg\frac{0.62}{0.37}=6\text{h}$$

或用作图法，在 $\lg c=\lg 0.37=-0.4318$ 所对应的时间，也可求得 $t=6\text{h}$ 。结果说明，若要使血液中四环素不低于 0.31 mg/100 ml，需在 6 小时后注射。

19. 辅酶(CoA)和乙酰氯反应可制得重要的生物化学中间体乙酰辅酶 A，当两反应物初始浓度均为 10 mmol · dm^{-3}时，在不同时间测定乙酰辅酶 A 的浓度如下：

t/min	0	1	1.5	2	2.75	4.41	5
乙酰 CoA/ mmol · dm^{-3}	0	3.3	4.2	4.8	5.8	6.9	7.0

试求反应级数及相应的速率常数。

解：首先假定反应为一级，如果是这种情况，则 $\ln\left(\frac{[\text{CoA}]}{[\text{CoA}]_0}\right)$ 对 t 作图应得一直线。

用以下数据作图，得到的不是直线，因而反应不是一级。假定反应为二级，因 $[\text{CoA}]_0$和$[\text{乙酰氯}]_0$相等，则用二级反应速率公式：

$$\frac{[\text{乙酰 CoA}]}{[\text{CoA}]_0([\text{CoA}]_0-[\text{乙酰 CoA}])}=k_2t$$

t/min	0	1	1.5	2	2.75	4.41	5
[CoA]/ mmol · dm^{-3}	10	6.7	5.80	5.2	4.20	3.10	3.0
$[\text{CoA}]/[\text{CoA}]_0$	1	0.67	0.58	0.52	0.42	0.31	0.30
$\text{Ln}([\text{CoA}]/[\text{CoA}]_0)$	0	−0.40	−0.54	−0.65	−0.87	−1.17	−1.20

由所给实验数据得到：

t/min	0	1	1.5	2	2.75	4.1	5
$\frac{[\text{乙酰 CoA}]}{[\text{CoA}]_0([\text{CoA}]_0-[\text{乙酰 CoA}])}$	0	0.049	0.072	0.092	0.138	0.223	0.233

以$\frac{[\text{乙酰 CoA}]}{[\text{CoA}]_0([\text{CoA}]_0-[\text{乙酰 CoA}])}$，对 t 作图，得到一条直线(图略)，说明是二级反应，直线斜率为 $k_2=\frac{0.241}{5}=0.0482\ \text{mmol}^{-1}\cdot\text{dm}^3\cdot\text{min}^{-1}$。

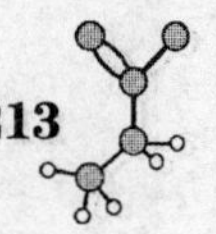

20. 气相反应 $A + B \rightarrow P$，当保持 B 的压力(10kPa)不变，改变 A 的压力时，测得反应初速度(r_0)的数据如下：

p_A /(kPa)	10	15	25	40	60	100
$r_0 \times 10^3$ /(kPa·s^{-1})	1.0	1.22	1.59	2.00	2.45	3.16

当保持 A 的压力(10kPa)不变而改变 B 的压力时，测得反应初始数据如下：

p_B /(kPa)	10	15	25	40	60	100
$r_0 \times 10^3$ /(kPa·s^{-1})	1.0	1.84	3.95	8.00	14.7	31.6

求 A、B 级数 a，b，k_p及 673K 时的 k_c(浓度用 mol·dm^{-3}表示)。

解：令：

$$r = k_p p_A{}^a p_B{}^b,\quad r_0 = k_p (p_A{}^0)(p_B{}^0)^b$$

p_B^0 一定：　$r_0 = k' (p_A{}^0)^a$　　$k' = k_p (p_B{}^0)^b$

p_A^0 一定：　$r_o = k'' (p_B{}^0)^b$　　$k'' = k_p (p_A{}^0)^a$

分别将相应的数据代入上述方程，取平均得：

$$a = 0.5 \qquad b = 1.5$$

即：

$$r_0 = k_p (p_A{}^0)^{1/2} (p_B{}^0)^{3/2}$$

$$k_p = 1.0 \times 10^{-5}\,\text{kPa} \cdot \text{s}^{-1}$$

$$k_c = k_p RT = 55.18\ \text{mol}^{-1} \cdot \text{dm}^3 \cdot \text{s}^{-1}$$

21. 在肺部的呼吸作用中，吸入的氧气与肺脏血液中的血红蛋白(Hb)反应，生成氧络血红蛋白(HbO_2)：$Hb + O_2 \longrightarrow HbO_2$，反应时，对 Hb 及 O_2均为一级。为保持肺脏血液中血红蛋白的正常浓度 8.0×10^{-6} mol·dm^{-3}，则肺脏血液中氧的浓度必须保持为 1.6×10^{-6} mol·dm^{-3}。已知上述反应在体温下的速率常数 $k = 2.1 \times 10^6$ dm^3·mol^{-1}·s^{-1}，试计算：

(1)在肺脏的血液中，正常情况下氧络血红蛋白的生成速率及氧的消耗速率各为多大？

(2)在某种疾病中，氧络血红蛋白的生成速率已达 1.1×10^{-4} mol·dm^{-3}·s^{-1}，为保持血红蛋白的正常浓度，患者需要输氧，肺脏血液中氧的浓度应达多高才行？

解：(1)由反应的计量方程式可知，氧络血红蛋白的生成速率与氧的消耗速率相等，同时，反应对 Hb 及 O_2均为一级，于是在正常情况下：

$$-\frac{d[O_2]}{dt} = \frac{d[HbO_2]}{dt} = k[Hb][O_2]$$

$$= 2.1\times10^{6}\times8.0\times10^{-6}\times1.6\times10^{-6} = 2.7\times10^{-6}\,\text{mol}\cdot\text{dm}^{-3}\cdot\text{s}^{-1}$$

(2)由 $\frac{d[HbO_2]}{dt} = k[Hb][O_2]$ 可得

$$[O_2] = \frac{d[HbO_2]/dt}{k[Hb]} = \frac{1.1\times10^{-4}}{2.1\times10^{6}\times8.0\times10^{-6}} = 6.6\times10^{-6}\,\text{mol}\cdot\text{dm}^{-3}$$

22. 在 473 K 时研究反应 A+2B ⟶2C+D，其速率方程可写成 $r = k[A]^x[B]^y$。

(1)若 A，B 的初始浓度分别为 0.01 和 0.02 mol · dm^{-3}时，测得反应物 B 在不同时刻的浓度数据如下：

t/h	0	90	217
B/ mol · dm^{-3}	0.020	0.010	0.005

试用半衰期法求反应的总级数；

(2)当 A，B 的初始浓度均为 0.02 mol · dm^{-3}时，测得初始反应速率仅为实验(1)的 1.4 倍，试求 A，B 的反应级数 x，y；

(3)求算 k 值(浓度单位 mol · dm^{-3}，时间单位 s)

解：(1)

	A	+ 2B ⟶	2C	+ D
$t = 0$	0.01	0.02	0	0
$t = t$	$0.01-z$	$0.02-z$	$2z$	$2z$

$$-\frac{d[A]}{dt} = \frac{dz}{dt} = k[A]^x[B]^y = k[0.01-z]^x[0.02-2z]^y$$

$$\frac{dz}{dt} = 2^y k[0.01-z]^{x+y}$$

B 的初始浓度 $[B] = 0.02\text{mol}\cdot\text{dm}^{-3}$ 时，$t_{1/2} = 90\text{h}$

B 的初始浓度 $[B] = 0.01\text{mol}\cdot\text{dm}^{-3}$ 时，$t_{1/2} = 217-90 = 127\text{h}$

$$x+y = 1+\frac{\lg\frac{90}{127}}{\lg\frac{0.01}{0.02}} = 1.497\approx1.5\text{ 级}$$

(2) $r_{0,1} = k[A_0]_1^x[B]_1^y = k[0.01]^x[0.02]^{1.5-x}$

$r_{0,2} = k[A_0]_2^x[B]_2^y = k[0.01]^x[0.02]^{1.5-x}$

两式相除，得

$$\frac{r_{0,1}}{r_{0,2}} = \left(\frac{0.01}{0.02}\right)^x = \frac{1}{1.4}$$

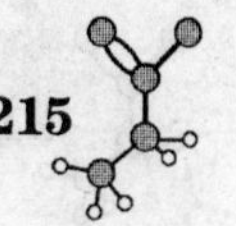

$$x\lg\left(\frac{0.01}{0.02}\right)=\lg\frac{1}{1.4}$$

解出 $x=0.485\approx 0.5$ $\quad\therefore y=1$

(3)求 k 值

$$\frac{dz}{dt}=2k\left[0.01-z\right]^{\frac{3}{2}}$$

$$\int_0^z\frac{dz}{(0.01-z)^{1.5}}=\int_0^t 2k\,dt$$

$$2\left[\frac{1}{(0.01-z)^{\frac{1}{2}}}-\frac{1}{(0.01)^{\frac{1}{2}}}\right]=2kt$$

当 $t=90$ 小时，$z=0.005\text{mol}\cdot\text{dm}^{-3}$ 时，代入得

$$k=0.04602\ (\text{mol}\cdot\text{dm}^{-3})^{-1/2}\cdot\text{h}^{-1}=1.28\times10^{-5}\ (\text{mol}\cdot\text{dm}^{-3})^{-1/2}\cdot\text{s}^{-1}$$

23. 尿素在浓度为 $0.1\ \text{mol}\cdot\text{dm}^{-3}$ 的 HCl 水溶液中按下式分解进行：

$$NH_2CONH_2+2H_2O\longrightarrow 2NH_4^++CO_3^{2-}$$

此反应是一级反应，测得速率常数为：

实验	T/K	k/min^{-1}
1	334.2	0.713×10^{-5}
2	344.2	2.77×10^{-5}

求此反应的活化能 E_a 和指前因子 A。

解：根据 Arrhenius 公式：

$$\lg\frac{k_2}{k_1}=\frac{E_a}{2.303R}\left(\frac{1}{T_1}-\frac{1}{T_2}\right)\text{，得}$$

$$E_a=\frac{2.303R\lg\frac{k_2}{k_1}}{\frac{1}{T_1}-\frac{1}{T_2}}$$

$$=\frac{2.303\times8.314\times\lg\frac{2.77\times10^3}{0.713\times10^3}}{\frac{1}{334.2}-\frac{1}{344.2}}=129.7\ \text{kJ}\cdot\text{mol}^{-1}$$

$$\lg A=\lg k_2+\frac{E_a}{2.303RT}$$

$$\lg A=\lg(2.77\times10^{-5})+\frac{129.7}{2.303\times8.314\times344.2}=-4.558+19.412=14.854$$

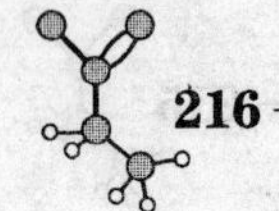

$$A = 7.14 \times 10^{14}\ \text{min}^{-1} = 1.19 \times 10^{13}\ \text{s}^{-1}$$

应用第一次实验的数据，得 $A = 1.24 \times 10^{13}\ \text{s}^{-1}$，可取其平均值，$A = 1.22 \times 10^{13}\ \text{s}^{-1}$。

24. 某一级反应在 340 K 时完成 20% 需时 3.20 min，而在 300 K 时同样完成 20% 需时 12.60 min，试计算该反应的实验活化能。

解：由于初始浓度和反应程度都相同，所以可直接运用公式 $k_1 t_1 = k_2 t_2$，即 $\dfrac{k_2}{k_1} = \dfrac{t_1}{t_2}$

根据 Arrhenius 经验公式：

$$\ln\frac{k_2}{k_1} = \frac{E_a}{R}\left(\frac{1}{T_1} - \frac{1}{T_2}\right)，得：$$

$$E_a = R\left(\frac{T_1 T_2}{T_2 - T_1}\right)\ln\frac{k_2}{k_1} = R\left(\frac{T_1 T_2}{T_2 - T_1}\right)\ln\frac{t_1}{t_2}$$

$$= 8.314 \times \left(\frac{340 \times 300}{300 - 340}\right)\ln\frac{3.20}{12.6} = 29.06\ \text{kJ} \cdot \text{mol}^{-1}$$

25. 反应 $Co(NH_3)_5F^{2+} + H_2O \xrightleftharpoons{H^+} Co(NH_3)_5{}^{3+} + F^-$ 被酸催化，反应速率公式为：$r = k\,[Co(NH_3)_5F^{2+}]^{\alpha}\,[H^+]^{\beta}$

在一定温度及初始浓度条件下测得分数衰期如下：

T/K	298	298	308
$[Co(NH_3)_5F^{2+}]$/mol · dm^{-3}	0.1	0.2	0.1
$[H^+]$/mol · dm^{-3}	0.01	0.02	0.01
$t_{1/2} \times 10^{-3}$/s	36	18	18
$t_{1/4} \times 10^{-3}$/s	72	36	36

请计算：

(1) 反应级数 α 和 β 的值。

(2) 不同温度时的反应速率常数 k 值。

(3) 反应实验活化能 E_a 值。

解：因 $[H^+]$ 是催化剂，反应过程中浓度保持不变，可并入 k 项，所以速率方程为：

$$r = k'\,[Co(NH_3)_5F^{2+}]^{\alpha}$$

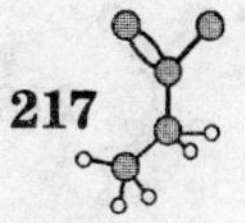

(1)从第一、二组数据看，在 298K 时，浓度虽不同，但 $t_{1/2}:t_{1/4}=1:2$，这是一级反应的特点，所以 $a=1$；

$$k'=k[\mathrm{H}^+]^{\beta}$$

$$k'=k[0.01]^{\beta};\ k'_2=k[0.02]^{\beta}$$

$$\frac{(t_{1/2})_1}{(t_{1/2})_2}=\frac{k_2'}{k_1'}=\frac{k[0.02]^{\beta}}{k[0.01]^{\beta}}=\left(\frac{2}{1}\right)^{\beta}$$

$$\frac{(t_{1/2})_1}{(t_{1/2})_2}=\frac{3600}{1800}=\frac{2}{1},$$

两式相比较得 $\beta=1$

(2)
$$t_{1/2}=\frac{\ln 2}{k'}\qquad k'=k[\mathrm{H}^+]\qquad k=\frac{\ln 2}{t_{1/2}[\mathrm{H}^+]}$$

$$k(298\mathrm{K})=\frac{\ln 2}{3600\times 0.01}=0.01925(\mathrm{mol\cdot dm^{-3}})^{-1}\cdot\mathrm{s^{-1}}$$

$$k(308\mathrm{K})=\frac{\ln 2}{1800\times 0.01}=0.0385(\mathrm{mol\cdot dm^{-3}})^{-1}\cdot\mathrm{s^{-1}}$$

(3)
$$E_a=R\ln\frac{k(308)}{k(298)}.\frac{T_1T_2}{T_2-T_1}=R\ln 2\cdot\frac{298\times 308}{308-298}\mathrm{K}$$

$$=52.89\ \mathrm{kJ\cdot mol^{-1}}$$

26. 某药物分解 30% 即为失效，若放置在 3℃ 的冰箱中保存期为两年。某人购回此药物，因故放在室温(25℃)下搁置了两周，试通过计算说明此药物是否已失效。已知该药物分解百分数与浓度无关，且分解活化能为 $E_a=13.00\ \mathrm{kJ\cdot mol^{-1}}$。

解：根据公式 $\ln\frac{k_2}{k_1}=\frac{E_a}{R}\left(\frac{1}{T_1}-\frac{1}{T_2}\right)$

$$\ln\frac{k_2}{k_1}=\frac{13000}{8.314}\cdot\frac{298-276}{276\times 298}=\frac{13000}{8.314}\cdot\frac{22}{276\times 298}$$

$$\frac{k_2}{k_1}=65.53$$

$$\frac{t_2}{t_1}=\frac{k_1}{k_2}$$

$$t_2=t_1\frac{k_1}{k_2}=365\times 2\times\frac{1}{65.53}=11.14\ (\text{天})$$

故放置二周即失效。

27. 硝基异丙烷在水溶液中与碱的中和反应是二级反应，其速率常数可用下式表示：

$$\ln k=\frac{-7284.4}{T/K}+27.383$$

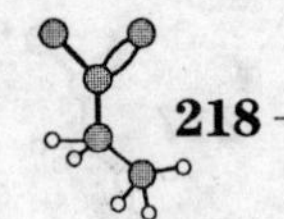

时间以 min 为单位，浓度用 mol · dm^{-3}表示。

(1)计算反应的活化能 E_a及指前因子 A。

(2)在 283 K 时，若硝基异丙烷与碱的浓度均为0.008 mol · dm^{-3}，求反应的半衰期。

解：(1)已知 $k = A\exp\left(-\dfrac{E_a}{RT}\right)$，对照已知公式 $\dfrac{E_a}{R} = 7284.4$

$$E_a = 7284.4 \times 8.314 = 60.56\text{kJ} \cdot \text{mol}^{-1}$$

$$\ln A = 27.383, \quad A = 7.80 \times 10^{11}\ \text{mol}^{-1} \cdot \text{dm}^3 \cdot \text{min}^{-1}$$

(2)
$$\ln k = \frac{-7284.4}{283} + 27.383 = 1.643$$

$$k = 5.17\ \text{mol}^{-1} \cdot \text{dm}^3 \cdot \text{min}^{-1}$$

$$t_{1/2} = \frac{1}{k_2 a} = \frac{1}{5.17 \times 0.008} = 24.18\text{min}$$

28. 某溶液中的反应 A + B ⟶ P，当 $[\text{A}]_0 = 1 \times 10^{-4}\text{mol} \cdot \text{dm}^{-3}$，$[\text{B}] = 1 \times 10^{-2}\text{mol} \cdot \text{dm}^{-3}$ 时，实验测得不同温度下吸光度随时间的变化如下表：

t/min	0	57	130	∞
298 K A(吸光度)	1.390	1.030	0.706	0.100
308 K A(吸光度)	1.460	0.542	0.210	0.110

当固定$[\text{A}]_0 = 1\times10^{-4}$ mol · dm^{-3}，改变$[\text{B}]_0$时，实验测得 $t_{1/2}$ 随$[\text{B}]_0$的变化如下(298K)：

$[\text{B}]_0$/mol · dm^{-3}	1×10^{-2}	2×10^{-2}
$t_{1/2}$/min	120	30

设速率方程为 $r = k[\text{A}]^\alpha[\text{B}]^\beta$，求 α，β 及 k，E_a。

解：

因
$$c_{B,0} \gg c_{A,0}$$

故
$$r = k[\text{A}]^\alpha[\text{B}]^\beta = k'[\text{A}]^\alpha,$$

$$k' = k[\text{B}]^\beta$$

用一级反应尝试：

$$k' = \frac{1}{t}\ln\frac{c_{A,0}}{c_A} = \frac{1}{t}\ln\frac{A_\infty - A_0}{A_\infty - A_t}$$

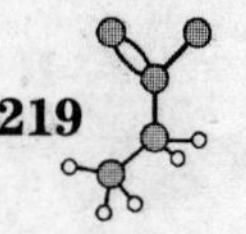

代入 298 K 的数据：

$$k_1' = \frac{1}{57}\ln\frac{0.100 - 1.39}{0.100 - 1.03} \qquad k_1' = 6.92 \times 10^{-3}\ \mathrm{min}^{-1}$$

$$k_2' = \frac{1}{130}\ln\frac{0.100 - 1.39}{0.100 - 0.706} \qquad k_2' = 6.33 \times 10^{-3}\ \mathrm{min}^{-1}$$

代入 308 K 的数据：

$$k_1' = \frac{1}{57}\ln\frac{0.11 - 1.460}{0.11 - 0.542} \qquad k_1' = 0.0199\ \mathrm{min}^{-1}$$

$$k_2' = \frac{1}{130}\ln\frac{0.11 - 1.460}{0.11 - 0.210} \qquad k_2' = 0.0200\ \mathrm{min}^{-1}$$

即 k' 可视为常数，故 $\alpha = 1$，298 K 时 $k' = 6.625 \times 10^{-3}\ \mathrm{min}^{-1}$，308 K 时 $k' = 0.02\ \mathrm{min}^{-1}$。

$$\frac{(t_{1/2})'}{(t_{1/2})''} = \frac{\frac{\ln 2}{k_1'}}{\frac{\ln 2}{k_2'}} = \left[\frac{(c_{B,0})''}{(c_{B,0})'}\right]^{\beta}$$

$$\frac{(t_{1/2})'}{(t_{1/2})''} = \frac{120}{30} = \left(\frac{2 \times 10^{-2}}{1 \times 10^{-2}}\right)^{\beta}$$

故　$\beta = 2$

$$\ln\frac{k_{308}'}{k_{298}'} = \frac{E_a}{R}\left(\frac{1}{298} - \frac{1}{308}\right)$$

$$E_a = R\ln\frac{k_{308}'}{k_{298}'} \times \frac{298 \times 308}{308 - 298}$$

$$= 8.314 \times \ln\left(\frac{0.02}{6.625 \times 10^{-3}}\right) \times \frac{298 \times 308}{10} = 88.759\ \mathrm{kJ \cdot mol^{-1}}$$

29. $N_2O(g)$ 的热分解反应为 $2N_2O(g) \rightleftharpoons 2N_2(g) + O_2(g)$。实验测得不同温度时各个起始压力与半衰期值如下：

反应温度 T/K	初始压力 p_0/kPa	半衰期 $t_{\frac{1}{2}}$/s
967	156.787	380
967	39.197	1520
1030	7.066	1440
1030	47.996	212

(1)求反应级数和两种温度下的速率常数；

(2)求活化能 E_a 值；

(3)若 1030 K 时 $N_2O(g)$ 的初始压力为 50.40 kPa，求压力达到 64.00 kPa 时所需要的时间。

解：(1)用半衰期法确定反应级数

$T=967K$ 时：

$$n=1+\frac{\lg(t_{1/2}/t'_{1/2})}{\lg(a/a')}=1+\frac{\lg(1520/380)}{\lg(156.787/39.197)}=2$$

$T=1030K$ 时

$$n=1+\frac{\lg(212/1440)}{\lg(7.066/47.996)}=2$$

所以反应是二级反应。

$$2N_2O(g) \xrightleftharpoons{k} 2N_2(g)+O_2(g)$$

$$t=0 \qquad p_0 \qquad 0 \qquad 0$$

$$t=t \qquad p \qquad p_0-p \qquad \frac{1}{2}(p_0-p)$$

对二级反应有公式：

$$-\frac{1}{2}\frac{\mathrm{d}p}{\mathrm{d}t}=kp^2$$

积分 $\int_{p_0}^{p}-\frac{1}{2}\frac{\mathrm{d}p}{p^2}=\int_0^t k\mathrm{d}t$ 得

$$\frac{1}{p}-\frac{1}{p_0}=2kt=k't$$

$$t_{1/2}=\frac{1}{2kp_0}=\frac{1}{k'p_0}$$

$$k'(967\mathrm{K})=\frac{1}{t_{1/2}p_0}=\frac{1}{380\times 15678}=1.678\times 10^{-8}\ \mathrm{Pa^{-1}\cdot s^{-1}}$$

用另一组数据代入可得相同结果。

$$k'(1030\mathrm{K})=\frac{1}{t_{1/2}p_0}=\frac{1}{1440\times 7066}=9.828\times 10^{-8}\ \mathrm{Pa^{-1}\cdot s^{-1}}$$

用另一组数据代入可得相同结果。

(2)
$$E_a=R\ln\frac{k_2}{k_1}\left(\frac{T_1T_2}{T_2-T_1}\right)$$

$$=R\ln\frac{9.828\times 10^{-8}}{1.678\times 10^{-8}}\times\frac{1030\times 967}{1030-967}=232.34\ \mathrm{kJ\cdot mol^{-1}}$$

(3)在 t 时刻：$p_{\text{total}}=p+(p_0-p)+\frac{1}{2}(p_0-p)$

$$64.0\mathrm{kPa}=\frac{3}{2}p_0-\frac{1}{2}p$$

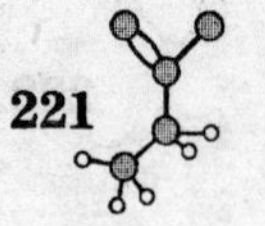

$$p = 3p_0 - 2 \times 64.0 = 3 \times 54.00 - 2 \times 64.0 = 34.0\text{kPa}$$

$$t = \frac{1}{k'}\left(\frac{1}{p} - \frac{1}{p_0}\right)$$

$$= \frac{1}{9.828 \times 10^{-8}}\left(\frac{1}{34.0} - \frac{1}{54.0}\right) = 110.8\ \text{s}$$

30. 有双分子反应 $CO(g) + NO_2(g) \longrightarrow CO_2(g) + NO(g)$，已知在 540 ~ 727 K 之间发生定容反应，其速率常数 k 的表示式为：$k_2/(\text{mol}^{-1} \cdot \text{dm}^3 \cdot \text{s}^{-1}) = 1.2 \times 10^{10}\exp(-132\text{kJ} \cdot \text{mol}^{-1}/RT)$，若在 600 K 时，$CO(g)$ 和 $NO_2(g)$ 的初始压力分别为 667 Pa 和 933 Pa，试计算：

(1)该反应在 600 K 时的 k_p 值。

(2)反应进行 10 h 以后，NO 的分压为若干？

解：(1)有公式：

$$k_p = k_c(RT)^{1-n} = k_c(RT)^{-1}$$

$$k_p = \frac{1}{8.314 \times 600} \times 1.2 \times 10^{10}\exp\left(\frac{-132000}{8.314 \times 600}\right) = 7.748 \times 10^{-9}\ \text{Pa}^{-1} \cdot \text{s}^{-1}$$

(2)运用二级反应公式：

$$\frac{1}{p_A^0 - p_B^0}\ln\frac{p_B^0(p_A^0 - p)}{p_A^0(p_B^0 - p)} = k_p t$$

$$\frac{1}{667 - 933}\ln\frac{933(667 - p)}{667(933 - p)} = 7.748 \times 10^{-9} \times 10 \times 3600$$

解得：$p = 141.5$ Pa

31. 已知蛋的主要组成卵白蛋白的热变作用为一级反应，其活化能约为 85 $\text{kJ} \cdot \text{mol}^{-1}$，在海平面高度处($h = 0$)的沸水中煮熟一个蛋需要 10min，试求在海拔 2213 m 的山顶上的沸水中煮熟一个蛋需要多长时间。假设空气的体积组成为 80% N_2 和 20% O_2，空气按高度分布服从分布公式 $p = p_0 e^{-Mgh/RT}$，气体从海平面到山顶都保持 293.2 K，水的正常汽化热为 2.278 $\text{kJ} \cdot \text{g}^{-1}$。

解：先求 2213 m 高处的压力 p：

$$\ln\frac{p}{p_0} = -\frac{Mgh}{RT} = -\frac{28.8 \times 10^{-3} \times 9.8 \times 2213}{8.314 \times 283.2} = -0.2562$$

式中 $28.8 \times 10^{-3}\ \text{kg} \cdot \text{mol}^{-1}$ 为空气的平均摩尔质量。由于压力不同所引起的沸点不同：

$$\ln\frac{p}{p_0} = \frac{\Delta_{\text{vap}}H_{\text{m}}}{R}\left(\frac{1}{373.2} - \frac{1}{T}\right)$$

$$-0.2562 = \frac{2278\text{J} \cdot \text{g}^{-1} \times 18\text{g} \cdot \text{mol}^{-1}}{8.314\text{J} \cdot \text{K}^{-1} \cdot \text{mol}^{-1}}\left(\frac{1}{373.2} - \frac{1}{T}\right)$$

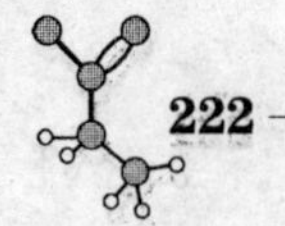

$$T = 366.1\text{K}$$

由于温度不同而引起的速率常数不同：

$$\ln\frac{k}{k_0} = \frac{E_a}{R}\left(\frac{1}{T_0} - \frac{1}{T}\right) = \frac{85000\text{J}\cdot\text{mol}^{-1}}{8.314\text{J}\cdot\text{K}^{-1}\cdot\text{mol}^{-1}} \times \left(\frac{1}{373.2\text{K}} - \frac{1}{366.1\text{K}}\right) = -0.5313$$

$$\frac{k}{k_0} = 0.5879$$

因
$$\frac{k}{k_0} = \frac{t_0}{t} = 0.5879$$

故
$$t = \frac{10}{0.5879} = 17\text{min}。$$

32. 假设反应物 R 生成产物 P 的反应为一级反应，反应的速率常数为 k，设 k 遵守阿伦尼乌斯方程，指前因子为 A，活化能为 E_a，反应物 R 和产物 P 的热容分别为 C_R和 C_P，反应的焓变为$\Delta_r H_m$，反应物的初始浓度为$[\text{R}]_0$，假设反应在绝热的条件下进行，请写出反应的微分方程。（假设反应的活化能、指前因子、热容和焓变不随温度变化）

解：对于本题需要考虑反应体系的温度随反应的进行不断变化，进而导致反应的速率常数也发生变化。

$$R \xrightarrow[\Delta_r H_m]{k} P$$

$$-\frac{\text{d}[\text{R}]}{\text{d}t} = k[\text{R}] = A\exp\left(-\frac{E_a}{RT}\right)[\text{R}]$$

由物料守恒有，

$$[\text{R}]_0 = [\text{R}] + [\text{P}]$$

由能量守恒有，

$$\Delta_r H_m [P] = (C_R[\text{R}] + C_P[\text{P}])T$$

综合以上三式，得到

$$-\frac{\text{d}[\text{R}]}{\text{d}t} = k[\text{R}] = A\exp\left(-\frac{E_a}{R}\frac{C_R[\text{R}] + C_P([\text{R}]_0 - [\text{R}])}{\Delta_r H_m([\text{R}]_0 - [\text{R}])}\right)[\text{R}]$$

33. 放射性^{14}C 的一级衰变的半衰期约为 5720 年，1974 年考查一具古尸上裹的亚麻布碎片，其^{14}C/^{12}C 比值等于正常值的 67.0%，问此尸体约何时埋葬？

解：根据一级反应动力学积分公式：

$$k_1 t = \ln\frac{1}{1-y}$$

又因为^{14}C 的一级衰变的半衰期 $t_{1/2} = \frac{\ln 2}{k_1}$，故有：

$$\frac{0.693}{t_{1/2}} t = \ln\frac{1}{1-y} = \ln\frac{1}{0.67}$$

$$t = \frac{t_{1/2}}{0.693}\ln\frac{1}{0.67} = 3305.5 \text{ 年}$$

$$3305.5 \text{ 年} - 1974 \text{ 年} = 1332 \text{ 年}$$

即埋葬日期约为公元前 1332 年，这是考古年代鉴定的方法之一。

34. 对于一个流动反应器中进行的自催化反应，其速率方程可表示如下：

$$A + 2B \longrightarrow 3B \qquad -\frac{d[A]}{dt} = k[A][B]^2$$

假设反应器入口处 A 的初始浓度为 $[A]_0$，反应器内原料的流动速率为 k_0（等于 A 在反应器中停留时间的倒数），请求出 A 在反应器中达到稳态时的浓度。

解：考虑到化学反应及反应器的流动，可写出 A 的微分方程为：

$$\frac{d[A]}{dt} = -k[A][B]^2 + k_0[A]_0 - k_0[A]$$

微分方程右边第一项是由于化学反应 A 消耗的速率，第二项是 A 流入反应器的速率，第三项是 A 流出反应器的速率。当达到稳态时：

$$\frac{d[A]}{dt} = 0$$

结合物料守恒方程：

$$[B] = [A]_0 - [A]$$

可得：

$$([A]_0 - [A])\{k_0 - k[A]([A]_0 - [A])\} = 0$$

这个方程的解即为 A 的稳态浓度：

$$[A]_{ss1} = [A]_0 \qquad [A]_{ss2,3} = \frac{1}{2}[A]_0 \pm \frac{(k[A]_0^2 - 4k_0)^{1/2}}{2k^{1/2}}$$

其中第一个解是反应尚未进行的初始状态，第二、三个解仅当 $k[A]_0^2 > 4k_0$ 时有意义。

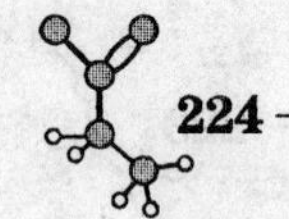

第10章 复杂反应动力学

一、基本内容

1. 复杂反应

复杂反应：包含有多个基元反应的化学反应为复杂反应。反应独立共存原理：一基元反应的速率常数与遵循的基本动力学规律不因其他基元反应的存在与否而不同。典型的复杂反应有如下几种类型：

(1)平行反应：反应中有同一反应物同时参加了两个或更多个不同的基元反应。这些基元反应可以是相同级数的，也可以具有不同级数。

平行反应的速率常数等于各平行反应速率常数之和，如1-1型平行反应，其表观速率常数 $k=k_1+k_2$。平行反应的活化能由下式表示(以1-1型平行反应为例)：

$$E_{表观}=\frac{k_1E_{a1}+k_2E_{a2}}{k_1+k_2}$$

(2)连串反应：若反应通过连续几步完成，前一步反应的产物是下一步反应的反应物，则这样的反应称为连串反应，也称串连反应或连续反应。连串反应的反应物A的浓度始终下降，趋于0；最终产物C的浓度单调上升；而中间产物B的浓度先增加后减少，会出现极大值。中间产物浓度 y 随时间的关系式为：

$$y=\frac{k_1a}{k_2-k_1}(e^{-k_1t}-e^{-k_2t})$$

中间产物浓度的极大值为：

$$y_{\max}=a\left(\frac{k_1}{k_2}\right)^{\frac{k_2}{k_2-k_1}}$$

(3)对峙反应：如果一个化学反应，可以同时正向、逆向两方向进行，分别互为反应物和产物，则反应称为对峙反应或可逆反应，也即对于对峙反应，平衡常数为正逆反应速率常数的比值：

$$K_c=\frac{k_+}{k_-}$$

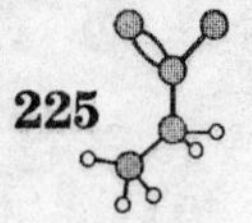

对峙反应有各种类型，如 1-1 型、2-2 型、2-1 型对峙反应等。

(4)化学弛豫法：对已达平衡的对峙反应体系，给出一个快速的扰动，如温度、压力的突变，从而使化学反应体系偏离原来的平衡位置，在新条件下趋向于新平衡的过程称为化学弛豫。弛豫时间：体系偏离平衡程度降到总偏离的 1/e 所需的时间。

通过快速响应的物理监测方法来跟踪测量体系到达新平衡的时间，从而得到正逆反应的速率常数。化学弛豫方法可以用于测量一些快速反应动力学过程。弛豫时间与速率常数的关系为：

1-1 型对峙反应：$\tau = \dfrac{1}{k_1 + k_{-1}}$

2-2 型对峙反应：$\tau = \dfrac{1}{k_2(c_{A,e} + c_{B,e}) + k_{-2}(c_{C,e} + c_{D,e})}$

2-1 型对峙反应：$\tau = \dfrac{1}{k_2(c_{A,e} + c_{B,e}) + k_{-1}}$

2. 复杂反应动力学的处理方法

常用的复杂反应动力学的近似处理方法有如下几种：

(1)速控步假设：在连续反应中，若某一步反应的速率很慢，就将它的速率近似作为整个反应的速率，这个慢步骤称为连续反应的速率控制步骤，这一近似处理称为速控步假设。在一含有对峙反应的连续反应中，如果存在速控步，则总反应速率及表观速率常数仅取决于速控步及它以前的平衡过程，与速控步以后的快反应无关。因而通过引入速控步假设，可以将连串反应的数学处理大大简化。

(2)稳态近似方法：在复杂反应动力学体系中，往往存在一些活泼中间产物，如自由基等，这些产物由于反应快，维持在一个很低的浓度水平。所以可以近似地认为在反应达到稳定状态后，中间产物的生成与消耗达到平衡，浓度基本不随时间而改变，此即稳态近似法。

(3)平衡近似法：若快平衡后面连接一个慢反应，虽然慢反应会使得前面快平衡的平衡位置发生变化，但是平衡关系式始终成立，不受慢反应的影响，这一假设即为平衡近似。

宏观动力学层面推测反应机理的基本步骤大致为：

(1)收集宏观动力学的实验事实，如反应速率方程，表观活化能等；

(2)在实验事实与前人知识的基础上合理地拟定反应机理；

(3)对机理作动力学处理并且与实验事实比较验证，若所拟机理与实验事实吻合，则机理可能正确；否则，修改所拟机理，再作进一步验证。如果有多个机理均与实验事实吻合，则可能需要补充实验，对机理进行判别。可见，探索机理的过程

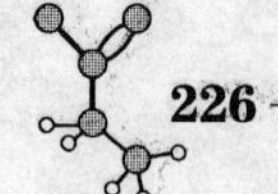

是一个实践——理论——再实践的过程。

3. 链反应

链反应也称链式反应或连锁反应，是一类非常重要且常见的反应机理。许多重要的化学、化工过程都与链反应有关，如大气化学反应、光化学烟雾的形成、高分子的加成与聚合、石油的热裂解、碳氢化合物的卤化氧化反应、高能燃料的燃烧与爆炸等。

所有的链反应均包含了三个基本阶段，链载体的生成(反应链的开始)；链载体的反应、再生(反应链的延伸)；链载体的消除(反应链的终止)。这三个阶段分别称为链引发、链传递和链终止。

二、习题解答

1. 有一平行反应 $A\begin{cases}\xrightarrow{2} B\\ \xrightarrow{1} C\end{cases}$，已知 $E_1>E_2$，若 B 是所需要的产品，从动力学的角度定性地考虑应采用怎样的反应温度？

解：适当提高反应的温度。

2. 醋酸高温裂解制乙烯酮，副反应生成甲烷

$$CH_3COOH \xrightarrow{k_1} CH_2=CO+H_2O$$

$$CH_3COOH \xrightarrow{k_2} CH_4+CO_2$$

已知 916K 时 $k_1=4.65\text{s}^{-1}$，$k_2=3.74\text{s}^{-1}$。试计算：

(1)反应掉 99% 的醋酸需要的时间。

(2)916K 时乙烯酮在产品中所占的百分率。如何提高选择性？

解：(1)这是一个平行反应：

$$CH_3\,COOH\begin{cases}\xrightarrow{k_1} CH_2=CO+H_2O\\ \xrightarrow{k_2} CH_4+CO_2\end{cases}$$

$t=0$ 时：甲烷与乙烯酮均为零；

$t=t$ 时：乙烯酮为 x_1，甲烷为 x_2，醋酸为：$a-x_1-x_2$

由 k 的单位知该反应为一级平行反应，总反应速率方程为：

$$\frac{-\mathrm{d}[a-x_1-x_2]}{\mathrm{d}t}=-\frac{\mathrm{d}[a-x]}{\mathrm{d}t}=\frac{\mathrm{d}x}{\mathrm{d}t}=(k_1+k_2)(a-x)$$

式中 $x=x_1+x_2$

$$\int_0^x \frac{dx}{a-x} = \int_0^t (k_1 + k_2)\,dt$$

$$\ln \frac{a}{a-x} = (k_1 + k_2)t$$

当 $x = 0.99a$ 时，代入上式得：

$$\ln \frac{1}{0.01} = (4.65\text{s}^{-1} + 3.74\text{s}^{-1})t$$

$$t = 0.549\ \text{s}$$

(2)显然有 $\frac{x_1}{x_2} = \frac{k_1}{k_2} = \frac{4.65}{3.74}$

$$\frac{x_1}{x_1 + x_2} = \frac{k_1}{k_1 + k_2} = \frac{4.65}{8.34} = 55.4\%$$

要提高选择性必须提高 k_1，降低 k_2，一般可选择合适的温度和选择合适的催化剂。

3. 当有碘存在作为催化剂时，氯苯(C_6H_5Cl)与氯在 CS_2 溶液中有如下的平行反应：

$$C_6H_5Cl + Cl_2 \xrightarrow{k_1} HCl + o-C_6H_4Cl_2$$

$$C_6H_5Cl + Cl_2 \xrightarrow{k_2} HCl + p-C_6H_4Cl_2$$

设在温度和碘的浓度一定时，C_6H_5Cl 和 Cl_2 在 CS_2 溶液中的起始浓度均为 0.5 mol · dm^{-3}，30 min 后有 15% 的 C_6H_5Cl 转化为 o-$C_6H_4Cl_2$，有 25% 的 C_6H_5Cl 转变为 p-$C_6H_4Cl_2$，试计算 k_1 和 k_2。

解：设 o-$C_6H_4Cl_2$ 和 p-$C_6H_4Cl_2$ 在反应到 30 min 时的浓度分别为 x_1 和 x_2，则：

$$x_1 = 0.5\text{mol} \cdot \text{dm}^{-3} \times 15\% = 0.075\text{mol} \cdot \text{dm}^{-3}$$

$$x_2 = 0.5\text{mol} \cdot \text{dm}^{-3} \times 25\% = 0.125\text{mol} \cdot \text{dm}^{-3}$$

$$x = x_1 + x_2 = 0.20\ \text{mol} \cdot \text{dm}^{-3}$$

总反应速率为：

$$\frac{dx}{dt} = (k_1 + k_2)(a-x)^2$$

$$\int_0^x \frac{dx}{(a-x)^2} = \int_0^t (k_1 + k_2)\,dt$$

$$\frac{1}{a-x} - \frac{1}{a} = (k_1 + k_2)t$$

$$(k_1 + k_2) = \frac{1}{t}\left(\frac{1}{a-x} - \frac{1}{a}\right)$$

$$= \frac{1}{30} \times \left(\frac{1}{0.5-0.2} - \frac{1}{0.5}\right) = 0.0444\ \text{mol}^{-1} \cdot \text{dm}^3 \cdot \text{min}^{-1}$$

$$\frac{k_1}{k_2}=\frac{x_1}{x_2}=\frac{0.075}{0.125}=0.6$$

解得：$k_1 = 1.67\times10^{-2}\ \mathrm{mol^{-1}\cdot dm^3\cdot min^{-1}}$

$$k_2 = 2.78\times10^{-2}\ \mathrm{mol^{-1}\cdot dm^3\cdot min^{-1}}$$

4. 某天然矿含放射性元素铀(U)，其蜕变反应为：

$$\mathrm{U}\xrightarrow{k_U}\cdots\longrightarrow\mathrm{Ra}\xrightarrow{k_{Ra}}\cdots\longrightarrow\mathrm{Pb}$$

设已达稳态放射蜕变平衡，测得镭与铀的浓度比为$[\mathrm{Ra}]/[\mathrm{U}]=3.47\times10^{-7}$，稳定产物铅与铀的浓度比为$[\mathrm{Pb}]/[\mathrm{U}]=0.1792$，已知镭的半衰期为1580年。

(1)求铀的半衰期；

(2)估计此矿的地质年龄(计算时可作适当近似)。

解：放射蜕变为一级反应，达稳态蜕变平衡时说明任何中间产物的浓度都不随时间而改变，故对中间产物Ra而言，在稳态时有：

$$\frac{\mathrm{d}[\mathrm{Ra}]}{\mathrm{d}t}=k_{\mathrm{U}}[\mathrm{U}]-k_{\mathrm{Ra}}[\mathrm{Ra}]=0$$

$$\frac{k_{\mathrm{U}}}{k_{\mathrm{Ra}}}=\frac{[\mathrm{Ra}]}{[\mathrm{U}]}=3.47\times10^{-7}$$

(1) $$k_{\mathrm{Ra}}=\frac{\ln2}{t_{1/2}(\mathrm{Ra})}=\frac{\ln2}{1580}=4.386\times10^{-4}\mathrm{y}^{-1}$$

$$k_{\mathrm{U}}=k_{\mathrm{Ra}}\frac{[\mathrm{Ra}]}{[\mathrm{U}]}=4.386\times10^{-4}\times3.47\times10^{-7}=1.522\times10^{-10}\mathrm{y}^{-1}$$

$$t_{1/2}(\mathrm{U})=\frac{\ln2}{k_{\mathrm{U}}}=\frac{\ln2}{1.522\times10^{-10}}=4.55\times10^{9}\mathrm{y}$$

(2)达稳态平衡时，U的消耗量等于Pb的生成量，忽略其他中间物的量，则铀的初始浓度为：

$$[\mathrm{U}_0]=[\mathrm{U}]+[\mathrm{Pb}]$$

$$\ln\frac{[\mathrm{U}_0]}{[\mathrm{U}]}=\ln\frac{[\mathrm{U}]+[\mathrm{Pb}]}{[\mathrm{U}]}=\ln\left(1+\frac{[\mathrm{Pb}]}{[\mathrm{U}]}\right)=k_{\mathrm{U}}t$$

$$\ln(1+0.1792)=1.522\times10^{-10}t$$

$$t=1.08\times10^{9}\mathrm{y}$$

5. 对于一个流动反应器中进行的自催化反应，$\mathrm{A}+2\mathrm{B}\longrightarrow3\mathrm{B}$，其速率方程可表示如下：

$$-\frac{\mathrm{d}[\mathrm{A}]}{\mathrm{d}t}=k[\mathrm{A}][\mathrm{B}]^2$$

假设反应器入口处A的初始浓度为$[\mathrm{A}]_0$，反应器内原料的流动速率为k_0(等于A在反应器中停留时间的倒数)，请求出A在反应器中达到稳态时的浓度。

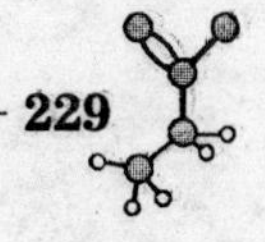

解：考虑到化学反应及反应器的流动，可写出A的微分方程为

$$\frac{d[A]}{dt}=-k[A][B]^2+k_0[A]_0-k_0[A]$$

微分方程右边第一项是由于化学反应A消耗的速率，第二项是A流入反应器的速率，第三项是A流出反应器的速率。

当达到稳态时，$d[A]/dt=0$，结合物料守恒方程$[B]=[A]_0-[A]$，可得

$$([A]_0-[A])\{k_0-k[A]([A]_0-[A])\}=0$$

这个方程的解即为A的稳态浓度

$$[A]_{ss1}=[A]_0,\ [A]_{ss2,3}=\frac{1}{2}[A]_0\pm\frac{(k[A]_0^2-4k_0)^{1/2}}{2k^{1/2}}$$

其中第一个解是反应尚未进行时的初始状态，第二、第三个解仅当$k[A]_0^2>4k_0$才有意义。

6. 已知气相反应$2HI \underset{k'}{\overset{k}{\rightleftharpoons}} H_2+I_2$之正、逆反应都是二级反应：

(1)问正、逆反应速率常数k、k'与平衡常数K的关系是什么？

(2)问正、逆反应的活化能、与正反应恒容反应热的关系是什么？

解：(1) $K=\frac{k}{k'}$

(2) $d\ln\left(\frac{k}{k'}\right)/dT=\frac{(E-E')}{RT^2}=\frac{\Delta_r U_m}{RT^2}$

7. 有正逆反应各为一级的对峙反应：

$$D\text{-}R_1R_2R_3CBr \underset{k_{-1}}{\overset{k_1}{\rightleftharpoons}} L\text{-}R_1R_2R_3CBr$$

已知两个半衰期均为10min，今从D-$R_1R_2R_3CBr$的物质的量为1.00mol开始，试计算10min之后，可得L-$R_1R_2R_3CBr$若干？

解：

	$D\text{-}R_1R_2R_3CBr \underset{k_{-1}}{\overset{k_1}{\rightleftharpoons}}$	$L\text{-}R_1R_2R_3CBr$
$t=0$	1.00	0
$t=10\text{min}$	$1.00-x$	x

$$\frac{dx}{dt}=k_1(1.00-x)-k_{-1}x$$

因为正逆反应均为一级反应，且半衰期相同，所以$k_1=k_{-1}=k$

$$k=\frac{\ln 2}{t_{1/2}}=\frac{0.693}{10}=0.0693\ \text{min}^{-1}$$

$$\frac{dx}{dt}=k(1.00-2x)$$

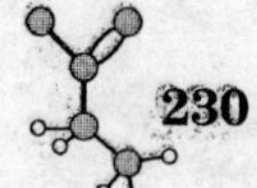

$$\int_0^x \frac{dx}{1.00 - 2x} = \int_0^t k dt$$

$$-\frac{1}{2}\ln\frac{1.00 - 2x}{1.00} = kt$$

代入：$k = 0.0693\ min^{-1}$，$t = 10min$

得：$x = 0.375\ mol$

可知：$L\text{-}R_1R_2R_3CBr$ 的量为 0.375 mol。

8. 在 298 K 时某有机羧酸在 0.2 mol · dm^{-3}的 HCl 溶液中异构化为内酯的反应是 1-1 级对峙反应，当羧酸的起始浓度为 18.23(单位可以任意选定)时，内酯的浓度随时间的变化如下：

t/min	0	21	36	50	65	80	100	∞
内酯浓度	0	2.41	3.73	4.96	6.10	7.08	8.11	13.28

试计算反应的平衡常数和正、逆反应的速率常数。

解：因为是 1-1 级对峙反应，动力学方程可写作：

$$\frac{dx}{dt} = k_1(a - x) - k_{-1}x$$

达平衡时，$\frac{dx}{dt} = 0$

$$k_1(a - x_e) = k_{-1}x_e$$

$$K = \frac{k_1}{k_{-1}} = \frac{x_e}{a - x_e} = \frac{13.28}{18.23 - 13.28} = 2.68$$

从平衡条件得 $k_{-1} = \frac{k_1(a - x_e)}{x}$，代入动力学微分式得：

$$\frac{dx}{dt} = k_1(a - x) - \frac{k_1(a - x_e)}{x_e} = \frac{k_1 a}{x_e}(x_e - x)$$

分离变量作定积分得：

$$\ln\frac{x_e}{x_e - x} = \frac{k_1 a}{x_e}t = (k_1 + k_{-1})t$$

以实验值代入上式可得一系列 $(k_1 + k_{-1})$ 值，取平均值为 $k_1 + k_{-1} = 9.48 \times 10^{-3}$ min^{-1}，解联立方程：

$$\begin{cases} k_1 + k_{-1} = 9.48 \times 10^{-3}\ min^{-1} \\ k_1/k_{-1} = 2.68 \end{cases}$$

得：
$$\begin{cases} k_1 = 6.90 \times 10^{-3}\ \text{min}^{-1} \\ k_{-1} = 2.58 \times 10^{-3}\ \text{min}^{-1} \end{cases}$$

9. 对1-1级对峙反应 $A \rightleftharpoons B$，如果令达到$[A]=([A]_0+[A]_e)/2$所需时间$t_{1/2}$为半衰期，当$[B]_0=0$时，试证明$t_{1/2}=\dfrac{\ln 2}{k_1+k_2}$。若初速率为每分钟消耗A为0.2%，平衡时有80%转化为B，试求$t_{1/2}$。

解：根据1-1级对峙反应：

$$\ln\frac{[A]_0-[A]_e}{[A]-[A]_e}=(k_1+k_2)t$$

当$[A]=\dfrac{1}{2}([A]_0+[A]_e)$时，代入上式：

可得：
$$t_{1/2}=\frac{\ln 2}{k_1+k_2}$$

$$-\frac{d[A]}{dt}=k_1[A]-k_2[B]。$$

据已知，初速为$0.002\,[A]_0/60\text{s}$时，$[B]_0=0$，代入上式得：

$$0.002\,[A]_0/60\text{s}=k_1\,[A]_0$$

解得：
$$k_1=3.3\times10^{-5}\text{s}^{-1}$$

已知平衡时转化了80%，有：

$$\frac{[B]_e}{[A]_e}=\frac{0.8\,[A]_0}{0.2\,[B]_0}=4=\frac{k_1}{k_2}$$

$$k_2=\frac{1}{4}k_1=8.3\times10^{-6}\text{s}^{-1}$$

代入半衰期的表达式，得：

$$t_{1/2}=\frac{\ln 2}{k_1+k_2}=1.68\times10^4\ \text{s}$$

10. 有气相反应：$A(g) \underset{k_2}{\overset{k_1}{\rightleftharpoons}} B(g)+C(g)$。已知298K时，$k_1=0.21\text{s}^{-1}$，$k_2=5\times10^{-9}\ \text{Pa}^{-1}\cdot\text{s}^{-1}$，当温度升至310K时，速率常数值均增加一倍，试求：

(1)298K时平衡常数K_p；

(2)正、逆反应的实验活化能；

(3)反应的$\Delta_r H_m$。

(4)在298K时，A的起始压力为101.325 kPa，若使总压力达到151.99 kPa时，问需多长时间？

解：(1)可逆反应的平衡常数等于正逆反应速率常数之比，于是有：

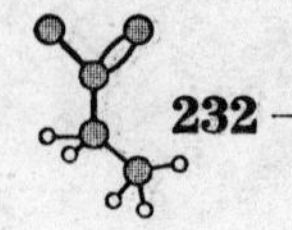

$$K_p = \frac{k_1}{k_2} = \frac{0.21}{5 \times 10^{-9}} = 4.2 \times 10^7 \text{Pa}$$

(2)由于正逆反应的速率常数的温度系数相等，故知正逆反应的活化能相等：

$$E_a(\text{正}) = E_a(\text{逆}) = R \cdot \frac{T_1 T_2}{T_2 - T_1} \cdot \ln \frac{k(T_2)}{k(T_1)}$$

$$= 8.314 \times \frac{298 \times 310}{310 - 298} \times \ln 2$$

$$= 44.36 \text{ kJ. mol}^{-1}$$

(3)因为正逆反应的速率常数的温度相等，故反应的平衡常数不随温度而变化，故有：

$$\frac{\mathrm{d}\ln K_p}{\mathrm{d}T} = 0$$

因为
$$\frac{\mathrm{d}\ln K_p}{\mathrm{d}T} = \frac{\Delta_r H_m}{RT^2}$$

所以
$$\frac{\Delta_r H_m}{RT^2} = 0 \qquad \Delta_r H_m = 0$$

(4)由题给条件，有：

$$\mathrm{A(g)} \underset{k_2}{\overset{k_1}{\rightleftharpoons}} \mathrm{B(g)} + \mathrm{C(g)}$$

$t=0$ $\quad p^{\ominus} \quad 0 \quad 0$

$t=t$ $\quad p^{\ominus} - x \quad x \quad x$

$$p_{\text{总}} = p^{\ominus} + x = 151.99 \text{ kPa} \qquad x = 50.66 \text{ kPa}$$

$$\frac{\mathrm{d}x}{\mathrm{d}t} = k_1(p^{\ominus} - x) - k_2 x^2$$

$$\approx k_1(p^{\ominus} - x) \qquad (\text{因 } k_2 \ll k_1)$$

$$\int_0^x \frac{\mathrm{d}x}{p^{\ominus} - x} = \int_0^1 k_1 \mathrm{d}t$$

$$\ln \frac{p^{\ominus}}{p^{\ominus} - x} = k_1 t$$

$$t = \frac{1}{k_1} \ln \frac{p^{\ominus}}{p^{\ominus} - x} = \frac{1}{0.21\text{s}} \ln \frac{p^{\ominus}}{p^{\ominus} - 50.66\text{kPa}} = 3.3 \text{ s}$$

11. 已知反应 A ⟶ B 在一定温度范围内，其速率常数与温度的关系式 $\lg k = \frac{-4000}{T} + 7.0$（$k$ 单位为 min^{-1}）

(1)求该反应的活化能和指前因子 A。

(2)若反应在 30s 时 A 反应掉 50%，问反应温度应控制在多少度。

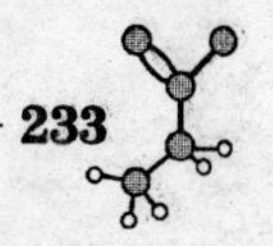

(3)若此反应为可逆反应 $A \underset{k_2}{\overset{k_1}{\rightleftharpoons}} B$，且正逆反应都是一级，在某一温度时 $k_1 = 10^{-2}\ \text{min}^{-1}$，平衡常数 $K = 4$。如果开始只有 A，其初始浓度为 0.01mol. dm^{-3}，求 30min 后 B 的浓度。

解：(1)根据题给条件：$\lg k = \dfrac{-4000}{T} + 7.0$，与 Arrhenius 公式 $\lg k = -\dfrac{E_a}{2.303RT} + \lg A$ 相比较可知：

$$E_a = -2.303R(-4000) = 2.303 \times 8.314\text{J} \cdot \text{K}^{-1} \cdot \text{mol}^{-1} \times 4000\text{K}$$

$$= 76.589\ \text{kJ . mol}^{-1}$$

$$\lg A = 7.0, \qquad 故\ A = 10^7$$

(2)从 K 的单位可知该反应为一级反应，其动力学方程为：

$$k = \frac{1}{t}\ln\frac{1}{1-x} = \frac{1}{30/60}\ln\frac{1}{1-0.5} = 1.386\ \text{min}^{-1}$$

$$\lg k = -\frac{4000}{T} + 7.0$$

$$\lg 1.386 = -\frac{4000}{T} + 7.0$$

故
$$T = \frac{4000\text{K}}{7.0\lg 1.386} = 583.2\ \text{K}$$

(3)求 B 的浓度

$$A \underset{k_2}{\overset{k_1}{\rightleftharpoons}} B$$

	A	B
$t = 0$	a	0
$t = t$	$a - x$	x
$t = t_\infty$	$a - x_e$	x_e

达平衡时：

$$\frac{x_e}{a - x_e} = K$$

$$x_e = \frac{aK}{1+K} = \frac{0.01 \times 4}{1+4} = 0.008\ \text{mol} \cdot \text{dm}^{-3}$$

因
$$\ln\frac{x_e}{x_e - x} = (k_1 + k_2)t$$

又：$k_2 = \dfrac{k_1}{K} = \dfrac{0.01}{4} = 0.0025\ \text{min}^{-1}$

故
$$\ln\frac{0.008}{0.008 - x} = (0.01 + 0.0025) \times 30$$

$$x = 0.0025\ \text{mol} \cdot \text{dm}^{-3}$$

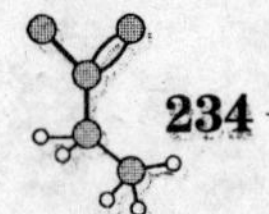

12. 反应 $A \underset{k_{-1}}{\overset{k_1}{\rightleftharpoons}} B$ 正、逆反应均为一级，已知

$$\lg(k_1/s^{-1}) = -\frac{2000}{T} + 4.0$$

$$\lg K = \frac{2000}{T} - 4.0$$

计算反应的活化能 E_{-1}。

解：根据题给公式计算 $T_1 = 298K$，$T_2 = 308K$ 时的 $k_{1(298K)}$，$k_{2(308K)}$：

$$\lg k_{1(298K)} = -\frac{2000}{298} + 4.0 = -2.7114$$

$$k_{1(298K)} = 1.9435 \times 10^{-3} s^{-1}$$

$$\lg k_{1(308K)} = -\frac{2000}{308} + 4.0 = -2.4935$$

故

$$k_{1(308K)} = 3.2099 \times 10^{-3} s^{-1}$$

$$E_1 = \frac{8.314 \times 308 \times 298}{308 - 298} \ln \frac{3.2099 \times 10^{-3}}{1.9435 \times 10^{-3}} = 382.88\ kJ \cdot mol^{-1}$$

计算 $T_1 = 298K$，$T_2 = 308K$ 时的 K_{298K} 和 K_{308K}。

$$\lg K_{298K} = \frac{2000}{298} - 4.0 = 2.7114$$

$$K_{298K} = 514.5173$$

$$\lg K_{308K} = \frac{2000}{308} - 4.0 = 2.4935$$

$$K_{308K} = 311.5348$$

$$\ln \frac{K_{308K}}{K_{298K}} = \frac{\Delta_r H_m}{R}\left(\frac{1}{298} - \frac{1}{308}\right)$$

$$\ln \frac{311.5348}{514.5173} = \frac{\Delta_r H_m}{8.314}\left(\frac{1}{298} - \frac{1}{308}\right)$$

$$\Delta_r H_m = -38.3\ kJ \cdot mol^{-1}$$

$$E_{-1} = E_{a,1} - \Delta_r H_m = 38288 + 38300 = 76.6\ kJ \cdot mol^{-1}$$

即逆向反应的活化能为 76.6 $kJ \cdot mol^{-1}$。

13. 已知对峙反应在不同温度下的 k 值为：

T/K	k_1/ $mol^{-2} \cdot dm^6 \cdot min^{-1}$	k_{-1}/ $mol^{-1} \cdot dm^3 \cdot min^{-1}$
600	6.63×10^6	8.39
645	6.52×10^5	40.7

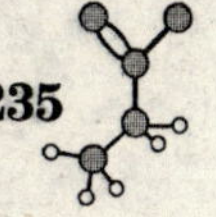

试计算：(1)不同温度下反应的平衡常数值；(2)该反应的 $\Delta_r U_m$(设该值与温度无关)和600K时的 $\Delta_r H_m$。

解：(1)不同温度下的平衡常数为：

$$K_c(600K)=\frac{k_1(600K)}{k_{-1}(600K)}=\frac{6.63\times10^6\ mol^{-2}\cdot dm^6\cdot min^{-1}}{8.39\ mol^{-1}\cdot dm^3\cdot min^{-1}}=7.902\times10^5\ mol^{-1}\cdot dm^3$$

$$K_c(600K)=\frac{k_1(645K)}{k_{-1}(645K)}=\frac{6.52\times10^6\ mol^{-2}\cdot dm^6\cdot min^{-1}}{40.7mol^{-1}\cdot dm^3\cdot min^{-1}}=1.602\times10^5\ mol^{-1}\cdot dm^3$$

(2)运用下述公式：

$$\ln\frac{K_c(T_2)}{K_c(T_1)}=\frac{\Delta_r U_m}{R}\left(\frac{T_2-T_1}{T_2T_1}\right)$$

$$\ln\frac{1.602\times10^4}{7.902\times10^4}=\frac{\Delta_r U_m}{R}\left(\frac{645-600}{645\times600}\right)$$

解得：

$$\Delta_r U_m=-114.1\ kJ\cdot mol^{-1}$$

$$\Delta_r H_m=\Delta_r U_m+\sum\nu_c RT$$

$$=-114.1+(-1)\times600K\times8.314J\cdot mol^{-1}\cdot K^{-1}\times10^{-3}$$

$$=-119.1\ kJ\cdot mol^{-1}$$

14. 醋酸的电离反应为1-2级对峙反应：

$$CH_3COOH \underset{k_{-2}}{\overset{k_1}{\rightleftharpoons}} CH_3COO^- + H^+$$

(1)试导出该反应的弛豫时间(τ)与 k_1 和 k_{-2} 之间的关系式。

(2)若醋酸的浓度为 $0.1mol\cdot dm^{-3}$，$k_1=7.8\times10^5 s^{-1}$，$k_{-2}=4.5\times10^{10}s^{-1}$，试求弛豫时间。

解：(1) $CH_3COOH \underset{k_{-2}}{\overset{k_1}{\rightleftharpoons}} CH_3COO^- + H^+$

$t=0$ $\quad a \quad 0 \quad 0$

$t=t$ $\quad a-x \quad x \quad x$

$$\frac{dx}{dt}=k_1(a-x)-k_{-2}x^2$$

达平衡时：

$$\frac{dx}{dt}=0 \qquad k_1(a-x_e)=k_{-2}x_e^2$$

快速微扰平衡，反应偏离平衡 Δx：

$$\Delta x=x-x_e$$

$$\frac{d(\Delta x)}{dt}=\frac{dx}{dt}=k_1(a-x_e-\Delta x)-k_{-2}(x_e+\Delta x)^2$$

因 Δx 较小，故 Δx^2 可忽略，

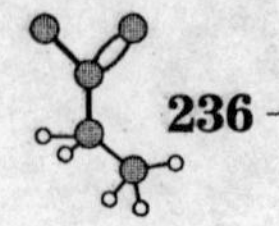

得： $$\frac{d(\Delta x)}{dt}=-(k_1+2k_{-2}x_e)\Delta x$$

移项作定积分得： $$\ln\frac{\Delta x_0}{\Delta x}=(k_1+2k_{-2}\cdot x_e)t$$

定义弛豫时间为 $\frac{\Delta x_0}{\Delta x}=e$ 所需时间，则得：

$$\tau=\frac{1}{k_1+2k_{-2}\cdot x_e}$$

(2) $$K=\frac{k_1}{k_{-2}}=\frac{7.8\times10^5}{4.5\times10^{10}}=1.73\times10^{-5}\mathrm{mol\cdot dm^{-3}}$$

$$K=\frac{x_e^2}{0.1-x_e}$$

解得： $$x_e=1.31\times10^{-3}\mathrm{mol\cdot dm^{-3}}$$

$$\tau=\frac{1}{k_1+2k_{-2}x_e}=\frac{1}{7.8\times10^5+(2\times4.5\times10^{10}\times1.31\times10^{-3})}=8.43\times10^{-9}\mathrm{s}$$

$$\varepsilon=(r_0-r)/r_0=1-r/r_0=1-\frac{\frac{K_M}{[S]}+1}{\frac{K_M}{[S]}+1+\frac{K_M[I]}{K_I[S]}}=\frac{\frac{K_M[I]}{[S]}}{\frac{K_M}{[S]}+1+\frac{K_M[I]}{K_I[S]}}$$

$$=\frac{K_M[I]/K_I}{K_M+\frac{K_M[I]}{K_I}+[S]}$$

15. 设在下列气相反应体系中，B 的浓度与 A、D、C 相比甚小。

$$A\underset{k_2}{\overset{k_1}{\rightleftharpoons}}B$$

$$B+C\xrightarrow{k_3}D$$

(1)试用稳态近似法求其反应速率。

(2)证明此反应在 C 浓度很高时为一级反应，在低浓度时为二级反应。

解：此题有两种解题方法。

解法 1：

$$r=\frac{d[D]}{dt}=k_2[B][C] \tag{1}$$

根据稳态平衡原理：

$$\frac{d[B]}{dt}=k_1[A]-k_2[B]-k_3[B][C]=0$$

$$[B]=\frac{k_1[A]}{k_2+k_3[C]} \tag{2}$$

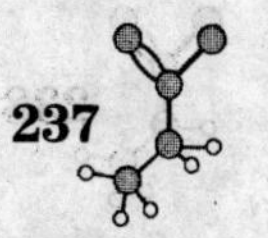

将上式代入(1)得：

$$\frac{d[D]}{dt}=k_3[B][C]=\frac{k_1k_3[A][C]}{k_2+k_3[C]} \quad (3)$$

高压时：$k_3[C]\gg k_2$，$\frac{d[D]}{dt}=k_1[A]$

故在高压下，反应为一级反应。

低压时：

$$k_3[C]\ll k_2$$

$$\frac{d[D]}{dt}=\frac{k_1k_3}{k_2}[A][C]$$

故在低压下，反应为二级反应。

解法2：

$$r=-\frac{d[A]}{dt}=\frac{d[D]}{dt}=k_1[A]-k_2[B] \quad (4)$$

将(2)式代入(4)式，得：

$$-\frac{d[A]}{dt}=\frac{d[D]}{dt}=k_1[A]-\frac{k_1k_2[A]}{k_2+k_3[C]}=k_1[A]\left[1-\frac{k_2}{k_2+k_3[C]}\right]$$

$$-\frac{d[A]}{dt}=\frac{d[D]}{dt}=\frac{k_1k_3[A][C]}{k_2+k_3[C]} \quad (5)$$

(5)式与(3)式相同，也一样可以推出高压下为一级反应，低压下为二级反应。

16. N_2O_5分解反应的机理如下：

① $N_2O_5 \underset{k_{-1}}{\overset{k_1}{\rightleftharpoons}} NO_2+NO_3$

② $NO_2+NO_3 \xrightarrow{k_2} NO+O_2+NO_2$

③ $NO+NO_3 \xrightarrow{k_3} 2\,NO_2$

(1)当用O_2的生成速率表示反应速率时，试用稳态近似法证明：

$$r_1=\frac{k_1k_2}{k_{-1}+2k_2}[N_2O_5]$$

(2)设反应②为决速步，反应①为快平衡，用平衡假设写出反应的速率表示式r_2；

(3)在什么情况下$r_1=r_2$。

解：(1)对于产物O_2，其反应速率方程为：

$$r_1=\frac{d[O_2]}{dt}=k_2[NO_2][NO_3] \quad (1)$$

$$\frac{d[NO_3]}{dt}=k_1[N_2O_5]-k_{-1}[NO_2][NO_3]-k_2[NO_2][NO_3]-k_3[NO][NO_3]=0 \quad (2)$$

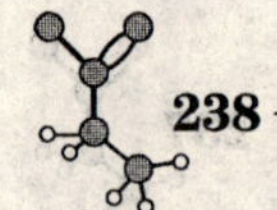

$$\frac{d[NO]}{dt}=k_2[NO_2][NO_3]-k_3[NO][NO_3]=0 \tag{3}$$

以(3)式代入(2)式得:

$$[NO_3]=\frac{k_1[N_2O_5]}{[2k_2+k_{-1}][NO_2]} \tag{4}$$

以(3)式代入(2)式得:

$$r_1=\frac{k_1k_2}{2k_2+k_{-1}}[N_2O_5]$$

(2)第二步为决速步，第一步是快平衡

$$r_2=\frac{d[O_2]}{dt}=k_2[NO_2][NO_3] \tag{5}$$

$$K=\frac{k_1}{k_{-1}}=\frac{[NO_2][NO_3]}{[N_2O_5]} \tag{6}$$

以(6)式代入(5)式得:

$$r_2=\frac{k_1k_2}{k_{-1}}[N_2O_5]$$

(3)要使 $r_1=r_2$，则必须有:

$$\frac{k_1k_2}{2k_2+k_{-1}}=\frac{k_1k_2}{k_{-1}}$$

如反应的第二步为慢步骤，k_2 很小，则第一步为快平衡，$k_{-1}\gg 2k_2$，此时 $2k_2$ 与 k_{-1} 相比可忽略不计，这时两种处理方法可得相同结果。

17. 气相反应 $I_2+H_2\xrightarrow{k}2HI$，已知反应是二级反应，在673.2 K时其反应速率常数为 $9.869\times10^{-9}\ (kPa\cdot s)^{-1}$。现在一反应器中加入50.663 kPa的氢气，反应器中已含有过量的固体碘，固体碘在673.2 K时的蒸气压为121.59 kPa(假定固体 I_2 和它的蒸气很快达成平衡)，且没有逆向反应。

(1)计算所加入的氢气反应掉一半所需要的时间。

(2)证明下面机理是否正确:

$$I_2(g)\overset{k}{\rightleftharpoons}2I\ (\text{快速平衡，}K\text{ 为平衡常数})$$

$$H_2+2I\xrightarrow{k}2HI\ (\text{慢步骤，}k\text{ 为速率常数})。$$

解：因反应器中有过量的 $I_2(s)$ 存在，所以 I_2 的蒸气压保持不变，$kp_{I_2}=k'$

(1) $r=kp_{I_2}p_{H_2}=9.869\times10^{-9}\ (kPa\cdot s)^{-1}\times121.59kPa\times p_{H_2}$

$=1.20\times10^{-6}s^{-1}\times p_{H_2}$

对 H_2 为一级反应:

$$t_{1/2}=\frac{\ln2}{1.20\times10^{-6}s^{-1}}=577623\ s。$$

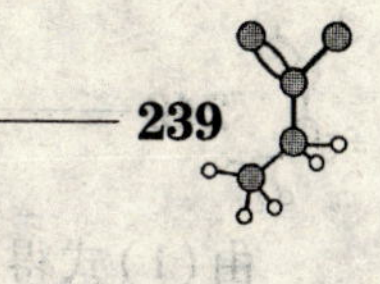

(2)根据题给的机理 $K=\dfrac{p_{\mathrm{I}}^2}{p_{\mathrm{I_2}}}$

$$r=k\cdot p_{\mathrm{H_2}}p_{\mathrm{I}}^2=kK\cdot p_{\mathrm{H_2}}p_{\mathrm{I_2}}=k'p_{\mathrm{H_2}}p_{\mathrm{I_2}}$$

所导出的速率方程是二级反应，所以题给机理是正确的。

18. 乙醛的离解反应 $\mathrm{CH_3CHO}=\!=\!=\mathrm{CH_4}+\mathrm{CO}$ 是由下面的几个步骤构成的：

$$\mathrm{CH_3}+\mathrm{CH_3CHO}\xrightarrow{k_2}\mathrm{CH_4}+\mathrm{CH_3CO}$$

$$\mathrm{CH_3CO}\xrightarrow{k_3}\mathrm{CH_3}+\mathrm{CO}$$

$$2\,\mathrm{CH_3}\xrightarrow{k_4}\mathrm{C_2H_6}$$

试用稳态近似法导出：$\dfrac{\mathrm{d}[\mathrm{CH_4}]}{\mathrm{d}t}=k_2\left(\dfrac{k_1}{2k_4}\right)^{1/2}[\mathrm{CH_3CHO}]^{3/2}$

解：

$$\frac{\mathrm{d}[\mathrm{CH_4}]}{\mathrm{d}t}=k_2[\mathrm{CH_3}][\mathrm{CH_3CHO}] \tag{1}$$

$$\frac{\mathrm{d}[\mathrm{CH_3}]}{\mathrm{d}t}=k_1[\mathrm{CH_3CHO}]-k_2[\mathrm{CH_3}][\mathrm{CH_3CHO}]+k_3[\mathrm{CH_3CO}]-2k_4[\mathrm{CH_3}]^2=0 \tag{2}$$

$$\frac{\mathrm{d}[\mathrm{CH_3CHO}]}{\mathrm{d}t}=k_2[\mathrm{CH_3}][\mathrm{CH_3CHO}]-k_3[\mathrm{CH_3CO}]=0 \tag{3}$$

(2)式与(3)式相加，得：

$$k_1[\mathrm{CH_3CHO}]=2k_4[\mathrm{CH_3}]^2$$

$$[\mathrm{CH_3}]=\left(\frac{k_1}{2k_4}\right)^{1/2}[\mathrm{CH_3CHO}]^{1/2} \tag{4}$$

把(4)式代入(1)式得：

$$\frac{\mathrm{d}[\mathrm{CH_4}]}{\mathrm{d}t}=k_2\left(\frac{k_1}{2k_4}\right)^{1/2}[\mathrm{CH_3CHO}]^{3/2}$$

得证。

19. 光气热分解的总反应为 $\mathrm{COCl_2}=\mathrm{CO}+\mathrm{Cl_2}$，该反应的历程为：

(1) $\mathrm{Cl_2}=\!=\!=2\mathrm{Cl}$

(2) $\mathrm{Cl}+\mathrm{COCl_2}\longrightarrow\mathrm{CO}+\mathrm{Cl_3}$

(3) $\mathrm{Cl_3}\rightleftharpoons\mathrm{Cl_2}+\mathrm{Cl}$

其中反应(2)为决速步，(1)、(3)是快速对峙反应，试证明反应的速率方程为：

$$\frac{\mathrm{d}x}{\mathrm{d}t}=k[\mathrm{COCl_2}][\mathrm{Cl_2}]^{1/2}$$

证明：因为总反应速率取决于最慢的一步，所以：

$$\frac{\mathrm{d}x}{\mathrm{d}t}=k_2[\mathrm{Cl}][\mathrm{COCl_2}]$$

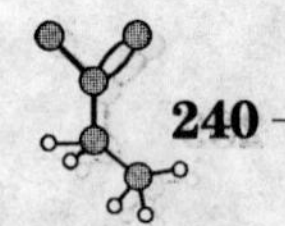

由(1)式得：

$$K=\frac{[\mathrm{Cl}]^2}{[\mathrm{Cl_2}]},\quad 则:[\mathrm{Cl}]=(K[\mathrm{Cl_2}])^{1/2}$$

故 $\frac{\mathrm{d}x}{\mathrm{d}t}=k_2K^{1/2}[\mathrm{COCl_2}][\mathrm{Cl_2}]^{1/2}=k[\mathrm{COCl_2}][\mathrm{Cl_2}]^{1/2}$ 令：$(k=k_2K^{1/2})$

得证。

20. 硅烷(SiH_4)被 N_2O 氧化是一个自由基参与的链反应，现提出反应的机理如下：

(1) $\mathrm{N_2O \xrightarrow{k_1} N_2 + O}$

(2) $\mathrm{O + SiH_4 \xrightarrow{k_2} SiH_3 + OH}$

(3) $\mathrm{OH + SiH_4 \xrightarrow{k_3} SiH_3 + H_2O}$

(4) $\mathrm{SiH_3 + N_2O \xrightarrow{k_4} SiH_3O + N_2}$

(5) $\mathrm{SiH_3O + SiH_4 \xrightarrow{k_5} SiH_3OH + SiH_3}$

(6) $\mathrm{SiH_3 + SiH_3O \xrightarrow{k_6} (H_3Si)_2O}$

请使用稳态近似证明反应的速率方程为：

$$\frac{\mathrm{d}[\mathrm{SiH_4}]}{\mathrm{d}t}=-k[\mathrm{N_2O}][\mathrm{SiH_4}]^{1/2}$$（假定 k_1，k_6很小）

解：根据反应机理，可写出：

$$\frac{\mathrm{d}[\mathrm{SiH_4}]}{\mathrm{d}t}=-k_2[\mathrm{O}][\mathrm{SiH_4}]-k_3[\mathrm{OH}][\mathrm{SiH_4}]-k_5[\mathrm{SiH_3O}][\mathrm{SiH_4}]$$

对 O，OH，SiH_3O，SiH_3应用稳态近似，有：

$$\frac{\mathrm{d}[\mathrm{O}]}{\mathrm{d}t}=k_1[\mathrm{N_2O}]-k_2[\mathrm{O}][\mathrm{SiH_4}]=0$$

$$\frac{\mathrm{d}[\mathrm{OH}]}{\mathrm{d}t}=k_2[\mathrm{O}][\mathrm{SiH_4}]-k_3[\mathrm{OH}][\mathrm{SiH_4}]=0$$

$$\frac{\mathrm{d}[\mathrm{SiH_3O}]}{\mathrm{d}t}=k_4[\mathrm{SiH_3}][\mathrm{N_2O}]-k_5[\mathrm{SiH_3O}][\mathrm{SiH_4}]-k_6[\mathrm{SiH_3}][\mathrm{SiH_3O}]=0$$

$$\frac{\mathrm{d}[\mathrm{SiH_3}]}{\mathrm{d}t}=k_2[\mathrm{O}][\mathrm{SiH_4}]+k_3[\mathrm{OH}][\mathrm{SiH_4}]-k_4[\mathrm{SiH_3}][\mathrm{N_2O}]+k_5[\mathrm{SiH_3O}][\mathrm{SiH_4}]-k_6[\mathrm{SiH_3}][\mathrm{SiH_3O}]=0$$

求解，得到：

$$[\mathrm{O}]=\frac{k_1[\mathrm{N_2O}]}{k_2[\mathrm{SiH_4}]},\quad [\mathrm{OH}]=\frac{k_1[\mathrm{N_2O}]}{k_3[\mathrm{SiH_4}]},$$

$$\frac{k_5k_6[SiH_4]}{k_4[N_2O]}[SiH_3O]^2+\frac{k_1k_6}{k_4}[SiH_3O]-k_1[N_2O]=0$$

由于 k_1，k_6很小，以上一元二次方程可以简化求解，得到：

$$[SiH_3O]=\sqrt{\frac{k_1k_4}{k_5k_6[SiH_4]}}[N_2O]$$

将以上结果代入速率方程，得到：

$$\frac{d[SiH_4]}{dt}=-2k_1[N_2O]-\sqrt{\frac{k_1k_4k_5[SiH_4]}{k_6}}[N_2O]\approx-\sqrt{\frac{k_1k_4k_5[SiH_4]}{k_6}}[N_2O]$$

$$=k[N_2O][SiH_4]^{1/2}$$

21. 请推导出如下反应达到稳态时的条件。假定达到稳态时 A 的浓度被维持恒定不变，产物 D 一旦生成就从反应体系移走。

$$A\rightleftharpoons B\rightleftharpoons C\rightleftharpoons D$$

解：假设各正逆反应的速率表示如下

$$A\underset{k_{-1}}{\overset{k_1}{\rightleftharpoons}}B\underset{k_{-2}}{\overset{k_2}{\rightleftharpoons}}C\underset{k_{-3}}{\overset{k_3}{\rightleftharpoons}}D$$

则第一步，第二步，第三步的净反应速率可表示为

$$r_1=k_1[A]-k_{-1}[B]$$

$$r_2=k_2[B]-k_{-2}[C]$$

$$r_3=k_3[C]-k_{-3}[D]$$

由题意可知：$[A]=[A]_0$，$[D]=0$，所以反应达到稳态时 $r_1=r_2=r_3$。

$$k_1[A]_0-k_{-1}[B]=k_2[B]-k_{-2}[C]=k_3[C]$$

求解以上方程，得到 B 和 C 的稳态浓度为

$$[B]=\frac{k_1(k_{-2}+k_3)}{k_{-1}(k_{-2}+k_3)+k_2k_3}[A]_0$$

$$[C]=\frac{k_2[B]}{k_{-2}+k_3}=\frac{k_1k_2}{k_{-1}(k_{-2}+k_3)+k_2k_3}[A]_0$$

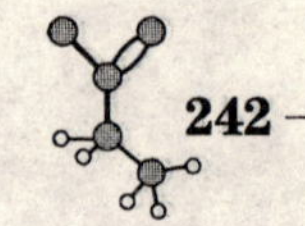

第11章　基元反应速率理论

一、基本内容

1. 碰撞理论

碰撞理论是在 Arrhenius 关于"活化状态"和"活化能"的概念的基础上，借助于气体分子运动论，把气相中的双分子反应看作是两个分子激烈碰撞的结果。依据是：①两个反应物分子要发生反应的先决条件是必须发生碰撞；②只有当两个反应物分子的能量超过某一定值时，碰撞才能导致发生反应；③假设反应物分子为刚性球体。从而得出活化分子在单位时间内的碰撞数就是反应速率。在推导过程中，引入了碰撞参数、碰撞截面、反应截面和反应阈能等基本概念。

双分子互碰频率：

$$Z_{AB} = \pi d_{\mathrm{AB}}^2 L^2 \sqrt{\frac{8RT}{\pi\mu}}[\mathrm{A}][\mathrm{B}] \tag{1}$$

$$Z_{AA} = 2\pi d_{\mathrm{AA}}^2 L^2 \sqrt{\frac{RT}{\pi M_A}}[\mathrm{A}]^2 \tag{2}$$

碰撞参数：

$$b = d_{AB}\sin\theta \tag{3}$$

碰撞截面：

$$\sigma_c = \pi d_{\mathrm{AB}}^2 \tag{4}$$

反应截面：

$$\sigma_r = \pi d_{\mathrm{AB}}^2\left(1 - \frac{2\varepsilon_c}{\mu u_r^2}\right) \tag{5}$$

有效的反应碰撞占总的碰撞数之分数为：$\exp\left(-\frac{\varepsilon_c}{k_{\mathrm{B}}T}\right)$。

用简单碰撞理论计算双分子反应速率常数：

$$k_{scT}(T) = \pi d_{\mathrm{AB}}^2 L \sqrt{\frac{8RT}{\pi\mu}}\exp\left(-\frac{E_c}{RT}\right) \tag{6}$$

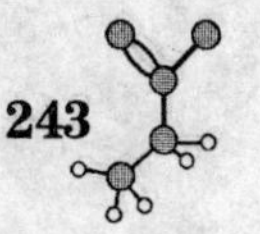

$$k_{scT}(T)=2\pi d_{AA}^{2}L\sqrt{\frac{RT}{\pi M_{A}}}\exp\left(-\frac{E_{c}}{RT}\right) \tag{7}$$

碰撞论优点在于：

①揭示了反应究竟如何进行的一个简明清晰的物理图像；

②解择了简单反应速率公式及 Arrhenius 公式成立的根据；

③对一些分子结构简单的反应从理论上计算的 k 值与实测 k 值能较好地符合。

碰撞理论缺点在于：

①从该理论求算 k 时，所需的活化能 E 值本身不能预言其大小，而要由实验测得的 k 值根据 Arrhenius 公式来求得；

②该理论假设反应物分子是无内部结构和相互作用的刚性球体，理论模型过于粗糙。对分子结构较简单的反应，理论计算与实验值才能较好地符合。对比较复杂的反应，计算值与实验值差别甚大，有时其差别达 10^{-9}，为此不得不引入概率因子 P 进行校正，而校正项 P 的变化幅度可从 1 至 10^{-9}，且无十分恰当的解释。

2. 过渡态理论

过渡态理论又称活化络合物理论或绝对反应速率理论。该理论认为反应物在相互接近的过程中，先形成一种介于反应物和产物之间的以一定的构型存在的过渡态——活化络合物；形成这个过渡态需要一定的活化能，活化络合物与反应物分子之间建立化学平衡，总反应的速率由活化络合物转化成产物的速率决定，这个理论还认为反应物分子之间相互作用势能是分子间相对位置的函数，由反应物转变为产物的过程中，体系的势能不断变化。活化络合物处在势能面的马鞍点上。马鞍点的势能与稳定的反应物或生成物相比是最高点，与离解成原子之间的势能相比又是最低点。

过渡态理论中用统计热力学方法计算速率常数：

$$k=\frac{k_{B}T}{h}\frac{f_{\neq}'}{\prod_{B}f_{B}}\exp\left(-\frac{E_{0}}{RT}\right)$$

过渡态理论中用热力学方法计算速率常数：

$$k=\frac{k_{B}T}{h}(c^{\ominus})^{1-n}\exp\left(\frac{\Delta_{r}^{\neq}S_{m}^{\ominus}}{R}\right)\exp\left(-\frac{\Delta_{r}^{\neq}H_{m}^{\ominus}}{RT}\right)$$

几个能量之间的关系为：

$$E_{a}=E_{c}+\frac{1}{2}RT$$

$$E_{a}=E_{0}+mRT$$

$$E_{a}=\Delta_{r}^{\neq}H_{m}^{\ominus}+(1-\sum_{B}\nu_{B}^{\neq})RT$$

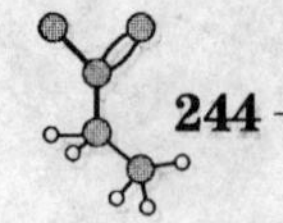

式中 $\sum_B \nu_B^{\neq}$ 是反应物形成活化络合物时气态物质系数的代数和，对凝聚相反应：$\sum_B \nu_B^{\neq} = 0$。

过渡态理论把反应物分子的微观结构与反应速率联系起来了，在利用统计力学和量子力学结果的基础上，提供了理论上计算活化能及活化熵的可能性。目前，势能面、过渡状态、活化络合物以及活化熵的概念已得到广泛的应用。对于比较复杂的反应体系，计算有困难，活化络合物的几何构型也不易确定；另外，活化络合物与反应物达成平衡等假设有的还不甚合理。

运用过渡态理论时应注意：①对一般反应，把 $\Delta_r^{\neq} H_m^{\ominus}$ 近似看作实测活化能，误差不会太大。②溶液中的反应，以压力表示速率常数的气体反应和以浓度表示速率常数的一级气体反应，$\Delta_r^{\neq} H_m^{\ominus} = E_a - RT$；以浓度表示速率常数的二级气体反应，$\Delta_r^{\neq} H_m^{\ominus} = E_a - 2RT$；以浓度表示速率常数的三级反应，$\Delta_r^{\neq} H_m^{\ominus} = E_a - 3RT$。

3. 单分子反应理论

单分子反应是经过相同分子间的碰撞而达到活化状态的。获得足够能量的活化分子并不立即分解，它需要一个分子内部能量的传递过程，以便把能量集中到要破裂的键上去。因此在碰撞之后与进行反应之间出现一段停滞时间。此时，活化分子可能进行反应，也可能消活化而变成普通分子。其机理可表示为：

总反应：

$$A \longrightarrow P$$

具体步骤为：

$$(1)\ A + A \underset{k_{-1}}{\overset{k_1}{\rightleftharpoons}} A^* + A$$

$$(2)\ A^* \xrightarrow{k_2} P$$

单分子反应理论接受了碰撞理论和过渡态理论的某些观点，对单分子反应中所出现的不同反应级数等作了比较合理的解释。

二、习题解答

1. 根据碰撞理论，温度增加反应速率提高的主要原因是什么？

解：主要原因是活化分子数增加。

2. 阈能的物理意义是什么？它与阿仑尼乌斯经验活化能 E_a 在数值上的关系如何？

解：阈能 E_c 是指两个相撞分子的相对平动能在连心线上的分量必须超过的临

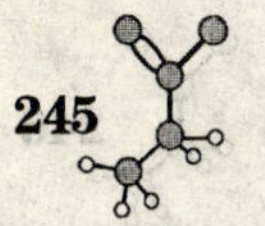

界值，这时碰撞才是有效的；$E_a = E_c + \frac{1}{2}RT$。

3. 在阿仑尼乌斯公式 $k = A\exp\left(-\frac{E_a}{RT}\right)$ 中，指前因子 A 的实际意义是什么？

解：根据碰撞理论，A 的实际意义应是

$$A = \pi\ d_{AB}^{\ 2}\sqrt{\frac{8k_BTe}{\pi\mu}}$$

根据过渡态理论，A 的实际意义应是

$$A = \frac{k_BT}{h}e^n\ (c^{\ominus})^{1-n}\exp\left(\frac{\Delta_r^{\neq}S_m^{\ominus}(c^{\ominus})}{R}\right)$$

4. 为什么在简单碰撞理论中要引入概率因子 P？

解：碰撞理论以硬球为模型，忽略了分子的特性，使计算值与实验值有偏差，引入概率因子 P 进行校正。

5. 如果碰撞理论正确，则双分子气相反应的指前因子的数量级应当是多少？

解：$A \approx 10^{10} \sim 10^{11}\ \mathrm{dm^3 \cdot mol^{-1} \cdot s^{-1}}$

6. 在 T=300 K 时，如果分子 A 和 B 要经过每一千万次碰撞才能发生一次反应，求该反应的临界能。

解：$g = e^{-E_c/RT}$

因 $g = 10^{-7}$

故 $E_c = -RT\ln g = -8.314\mathrm{J \cdot mol^{-1} \cdot K^{-1}} \times 300\mathrm{K} \times \ln 10^{-7} = 40.2\ \mathrm{kJ \cdot mol^{-1}}$

7. 根据活化络合物理论，液相分子重排反应之活化能 E_a 和活化焓 $\Delta_r^{\neq}H_m$ 之间的关系是什么？

解：$E_a = \Delta_r^{\neq}H_m + RT$

8. 理想气体双分子基元反应速率常数为

$k = \frac{k_BT}{h}e^2\exp(\Delta_r^{\neq}S_m^{\ominus}[c^{\ominus}]/R)\exp(-E_a/RT)$，试说明推导此公式有哪几点假设。

解：(1)势能面沿能量最小路径上势能最高点的分子构型为过渡态，一旦反应物达过渡态，则反应物一定是单方向地向产物转化。

(2)在化学反应非平衡情况下，反应物和过渡态仍然存在热力学平衡关系。

(3)无论反应物还是过渡态，均存在与该体系相对应的 Boltzmann 分布。

9. 甲醛在 840 K 时的热分解反应是一个二级反应，反应的实验活化能 E_a 为 186.2 kJ · mol^{-1}，设甲醛分子的碰撞直径为 0.50 nm，试计算当甲醛浓度为 $1.45\times10^{-2}\ \mathrm{mol \cdot dm^{-3}}$ 时的反应速率。

解：该反应的阈能 E_c 为

$$E_c = E_a - \frac{1}{2}RT$$

$= 186.2\text{kJ}\cdot\text{mol}^{-1} - 0.5\times 8.314\ \text{J}\cdot\text{K}^{-1}\cdot\text{mol}^{-1}\times 840\text{K}\times 10^{-3} = 182.7\ \text{kJ}\cdot\text{mol}^{-1}$

$$k(T) = 2\pi d_{AA}^2 L\sqrt{\frac{RT}{\pi M_A}}\exp\left(-\frac{E_c}{RT}\right)$$

$$= 2\times 3.14\times(0.5\times 10^{-9})^2\times 6.023\times 10^{23}\times\sqrt{\frac{8.314\times 840}{3.14\times 30\times 10^{-3}}}\times\exp\left(-\frac{182700}{8.314\times 840}\right)$$

$$= 1.12\times 10^{-3}\ \text{m}^3\cdot\text{mol}^{-1}\cdot\text{s}^{-1}$$

$$r = kc^2 = 1.12\times 10^{-3}\times(14.5)^2 = 0.235\ \text{mol}\cdot\text{m}^{-3}\cdot\text{s}^{-1}$$

10. 将 1.0 g 氧气和 0.1 g 氢气于 300 K 时在 1 dm^3的容器内混合，试计算每秒钟内单位体积内分子的碰撞数为若干？设氧气和氢气为硬球分子，其直径分别为 0.339 和 0.247 nm。

解：$d_{AB} = \dfrac{d_{O_2} + d_{H_2}}{2} = \dfrac{(0.339 + 0.247)\times 10^{-9}\text{m}}{2} = 2.93\times 10^{-10}\text{m}$

$$\mu = \frac{M_{O_2}\times M_{H_2}}{M_{O_2} + M_{H_2}} = \frac{32\text{kg}\cdot\text{mol}^{-1}\times 2.016\text{kg}\cdot\text{mol}^{-1}}{32\text{kg}\cdot\text{mol}^{-1} + 2.016\text{kg}\cdot\text{mol}^{-1}} = 1.897\times 10^{-3}\ \text{kg}\cdot\text{mol}^{-1}$$

$$\frac{N_{O_2}}{V} = \frac{1}{32}\times\frac{6.02\times 10^{23}}{1\times 10^{-3}\text{m}^3} = 1.881\times 10^{25}\text{m}^{-3}$$

$$\frac{N_{H_2}}{V} = \frac{0.1}{2.016}\times\frac{6.02\times 10^{23}}{1\times 10^{-3}\text{m}^3} = 2.986\times 10^{25}\text{m}^{-3}$$

$$Z_{AB} = \pi d_{AB}^2\frac{N_A}{V}.\ \frac{N_B}{V}\sqrt{\frac{8RT}{\pi\mu}}$$

$$= 3.14\times(2.93\times 10^{-10})^2\times(1.881\times 10^{25})\times(2.986\times 10^{25})\times\sqrt{\frac{8\times 8.314\times 300}{3.14\times 1.897\times 10^{-3}}}$$

$$= 2.77\times 10^{35}(\text{m}^{-3}\cdot\text{s}^{-1})$$

11. 某气相双分子反应，$2\text{A(g)}\longrightarrow\text{B(g)} + \text{C(g)}$，能发生反应的临界能为 $1\times 10^5\ \text{J}\cdot\text{mol}^{-1}$。已知 A 的相对分子质量为 60，分子的直径为 0.35 nm。试计算在 300 K 时，该分解作用的速率常数 k 值。

解：$k = 2\pi d_{AA}^2 L\sqrt{\dfrac{RT}{\pi M_A}}\exp\left(-\dfrac{E_c}{RT}\right)$

$$= 2\times 3.14\times(0.35\times 10^{-9})^2\times 6.023\times 10^{23}\times\sqrt{\frac{8.314\times 300}{3.14\times 60\times 10^{-3}}}\times\exp\left(-\frac{1\times 10^5}{8.314\times 300}\right)$$

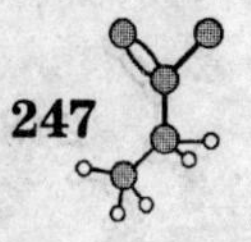

$= 2.063 \times 10^{-10}\ m^3 \cdot mol^{-1} \cdot s^{-1}$

12. 乙炔气体的热分解是二级反应，其临界能为 190.4 kJ · mol^{-1}，分子直径为 0.5 nm，试计算：

(1)800 K，101.325 kPa 时单位时间、单位体积内的碰撞数。

(2)求上述反应条件下的速率常数。

(3)求上述反应条件下的初始反应速率。

解：(1) $[A] = \dfrac{p}{RT} = \dfrac{101325\ Pa}{8.314 J \cdot mol^{-1} \cdot K^{-1} \times 800K} = 15.23\ mol \cdot m^{-3}$

$$Z_{AA} = 2\pi d_{AA}^2 L^2 \sqrt{\frac{RT}{\pi M_A}}[A]^2$$

$$= 2 \times 3.14 \times (0.5 \times 10^{-9})^2 \times (6.02 \times 10^{23})^2 \times \sqrt{\frac{8.314 \times 800}{3.14 \times 26 \times 10^{-3}}} \times (15.23)^2$$

$$= 3.77 \times 10^{34}\ m^{-3} \cdot s^{-1}$$

(2) $k = 2\pi d_{AA}^2 L \sqrt{\dfrac{RT}{\pi M_A}} \exp\left(-\dfrac{E_c}{RT}\right)$

$$= 2 \times 3.14 \times (0.5 \times 10^{-9})^2 \times 6.02 \times 10^{23} \times \sqrt{\frac{8.314 \times 800}{3.14 \times 26 \times 10^{-3}}} \times \exp\left(-\frac{190400}{8.314 \times 800}\right)$$

$$= 9.96 \times 10^{-5}\ m^3 \cdot mol^{-1} \cdot s^{-1}$$

(3) $r = k[A]^2 = 9.96 \times 10^{-3} \times (15.23)^2 = 0.023\ mol \cdot m^{-3} \cdot s^{-1}$

13. (1)对于等容下的单分子基元反应，请证明标准摩尔活化焓 $\Delta_r^{\neq} H_m^{\ominus}$ 与活化能 E_a 的关系为：

$$\Delta_r^{\neq} H_m^{\ominus} = E_a - RT$$

(2)乙烯热分解反应：$C_2H_4(g) \rightarrow C_2H_2(g) + H_2(g)$ 是一级反应。在 1073.2K 时，反应经 10 小时有 50% 的乙烯分解，已知上述反应的活化能为 250.8 kJ · mol^{-1}。试问，欲使 60% 的乙烯在 10 秒内分解，反应温度应为多高。

解：(1)对于等容的单分子基元反应，其历程为：

A → [活化络合物] → 产物

由活化络合物理论可得反应速率常数为：

$$k_r = \frac{k_B T}{h} K_c^{\neq}$$

$$\ln k_r = \ln \frac{k_B}{h} + \ln T + \ln K_c^{\neq}$$

$$\frac{d\ln k_r}{dT} = \frac{1}{T} + \frac{d\ln K_c^{\neq}}{dT} = \frac{1}{T} + \frac{\Delta_r^{\neq} U_m^{\ominus}}{RT^2}$$

因为 $\Delta_r^{\neq} U_m^{\ominus} = \Delta_r^{\neq} H_m^{\ominus} - \Delta n RT$

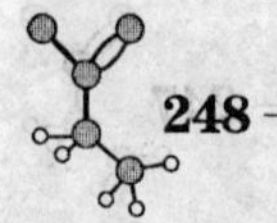

对于单分子基元反应： $\Delta n = 1 - 1 = 0$

故 $$\Delta_r^{\neq} U_m^{\ominus} = \Delta_r^{\neq} H_m^{\ominus}$$

$$\frac{\mathrm{d}\ln k_r}{\mathrm{d}T} = \frac{1}{T} + \frac{\Delta_r^{\neq} H_m^{\ominus}}{RT^2} = \frac{RT + \Delta_r^{\neq} H_m^{\ominus}}{RT^2}$$

由阿仑尼乌斯公式：$\dfrac{\mathrm{d}\ln k}{\mathrm{d}T} = \dfrac{E_a}{RT}$

故 $$\Delta_r^{\neq} H_m^{\ominus} = E_a - RT$$

(2)一级反应的动力学方程为：

$$k_1 = \frac{1}{t}\ln\frac{c_0}{c}$$

由题给条件可求得 1073.2K 时的速率常数 k：

$$k_{1073.2K} = \frac{1}{10 \times 3600\mathrm{s}}\ln\frac{c_0}{0.5c_0} = \frac{1}{36000\mathrm{s}}\ln 2$$

$$k_{1073.2K} = 1.925\ \mathrm{s}^{-1}$$

反应在 T 时的速率常数为：

$$k_T = \frac{1}{10\mathrm{s}}\ln\frac{c_0}{2/5c_0} = \frac{1}{10\mathrm{s}}\ln 2.5 = 0.0916\ \mathrm{s}^{-1}$$

由阿仑尼乌斯公式可求出反应温度 T：

$$\ln k = -\frac{E_a}{R}\cdot\frac{1}{T} + B$$

由 1073.2K 下的数据求出常数 B：

$$\ln k_{1073.2K} = -\frac{250800}{8.314}\cdot\frac{1}{1073.2} + B$$

解得： $$B = 17.25$$

$$\ln k_T = \ln 0.0916 = -\frac{250800}{8.314}\cdot\frac{1}{T} + 17.25$$

解得：$T = 1535.9\ \mathrm{K}$

若要求 10 秒钟内有 60% 的乙烯分解，反应温度应控制在 1535.9K。

14. 设 N_2O_5的分解为一基元反应，在不同温度下测得的速率常数 k 值如下表所示：

T/K	273	298	318	338
k/ min^{-1}	4.7×10^{-5}	2.0×10^{-3}	3.0×10^{-2}	0.30

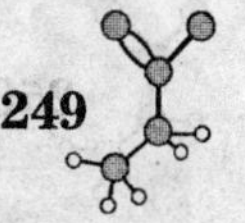

试从这些数据求：阿仑尼乌斯经验式中的指前因子 A，实验活化能 E_a，在 273K 时过渡态理论中的 $\Delta_r^{\neq} S_m^{\ominus}$ 和 $\Delta_r^{\neq} H_m^{\ominus}$。

解：根据阿仑尼乌斯公式

$$\ln k = \ln A - \frac{E_a}{RT}$$

代入各组实验数据求 A 和 E_a 的值，然后取平均值，或以 $\ln k$ 对 $\frac{1}{T}$ 作图，从截距 $\ln A$ 中求得 A 值，从斜率 $-\frac{E_a}{R}$ 中求得 E_a 值，可得相同结果，即 $A = 4.17\times10^{13}\ \text{s}^{-1}$，$E_a = 103\ \text{kJ. mol}^{-1}$

$$\Delta_r^{\neq} H_m^{\ominus} = E_a - (1 - \Sigma v_i^{\neq})RT = E_a - RT$$

$$= 103\text{kJ. mol}^{-1} - 8.314\ \text{J}\cdot\text{mol}^{-1}\cdot\text{K}^{-1} \times 273\text{K} \times 10^{-3}$$

$$= 100.7\ \text{kJ. mol}^{-1}$$

在 273K 时，$k = 4.7 \times 10^{-5}\ \text{min}^{-1} = 7.83 \times 10^{-7}\text{s}^{-1}$

$$k = \frac{k_B T}{h}(c^{\ominus})^{1-n}\exp\left(\frac{\Delta_r^{\neq} S_m^{\ominus}}{R}\right)\exp\left(\frac{-\Delta_r^{\neq} H_m^{\ominus}}{RT}\right)$$

$$7.83 \times 10^{-7}\text{s}^{-1} = \frac{1.38 \times 10^{-23} \times 273}{6.63 \times 10^{-34}} \times \exp\left(\frac{\Delta_r^{\neq} S_m^{\ominus}}{8.314}\right)\exp\left(\frac{-100700}{8.314 \times 273}\right)$$

解得：

$$\Delta_r^{\neq} S_m^{\ominus} = 7.8\ \text{J}\cdot\text{K}^{-1}\cdot\text{mol}^{-1}$$

15. 松节油萜（液体）的消旋作用是一级反应，在 457.6 K 和 510.1 K 时的速率常数分别为 2.2×10^{-5} 和 $3.07\times10^{-3}\ \text{min}^{-1}$，试求反应的实验活化能 E_a。

解：

$$\ln\frac{k_2}{k_1} = \frac{E_a}{R}\frac{T_2 - T_1}{T_2 T_1}$$

$$\ln\frac{3.07 \times 10^{-3}}{2.2 \times 10^{-5}} = \frac{E_a}{R}\frac{510.1 - 457.6}{510.1 \times 457.6}$$

$$E_a = 182.55\ \text{kJ}\cdot\text{mol}^{-1}$$

16. NH_2SO_2OH 在 363 K 时水解反应速率常数 $k = 1.16 \times 10^{-3}\ \text{dm}^3\cdot\text{mol}^{-1}\cdot\text{s}^{-1}$，活化能 $E_a = 127.6\ \text{kJ}\cdot\text{mol}^{-1}$，试由过渡态理论计算水解反应的 $\Delta_r^{\neq} G_m^{\ominus}$，$\Delta_r^{\neq} H_m^{\ominus}$，$\Delta_r^{\neq} S_m^{\ominus}$。已知玻尔兹曼常数 $k_B = 1.3806 \times 10^{-23}\text{J}\cdot\text{K}^{-1}$，普朗克常数 $h = 6.6262 \times 10^{-34}\ \text{J}\cdot\text{s}$。

解：液相水解反应

$$\Delta_r^{\neq} H_m^{\ominus} = \Delta_r^{\neq} U_m^{\ominus}$$

$$= E_a - RT = 127600\text{J}\cdot\text{mol}^{-1} - (8.314 \times 363)\text{J}\cdot\text{mol}^{-1}$$

$$= 124.6\ \text{kJ}\cdot\text{mol}^{-1}$$

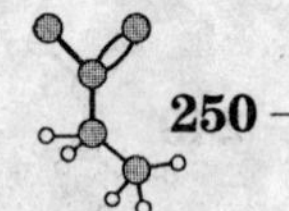

$$k=\frac{k_BT}{h}e\,(c^{\ominus})^0\exp\left(\frac{\Delta_r^{\neq}S_m^{\ominus}(c^{\ominus})}{R}\right)\exp\left(-\frac{E_a}{RT}\right)$$

$$\exp\left(\frac{\Delta_r^{\neq}S_m^{\ominus}(c^{\ominus})}{R}\right)=k\exp\left(\frac{E_a}{RT}\right)\frac{h}{k_BTe}=1.16\times10^{-3}\times\exp\left(\frac{127600}{8.314\times363}\right)\times$$

$$\frac{6.6262\times10^{-34}}{1.3806\times10^{-23}\times363\times2.71828}\Delta_r^{\neq}S_m^{\ominus}=40.46\ \mathrm{J\cdot mol^{-1}\cdot K^{-1}}$$

$$\Delta_r^{\neq}G_m^{\ominus}=\Delta_r^{\neq}H_m^{\ominus}-T\Delta_r^{\neq}S_m^{\ominus}$$

$$=124.6\mathrm{kJ\cdot mol^{-1}}-363\mathrm{K}\times40.46\mathrm{kJ\cdot mol^{-1}\cdot K^{-1}}=-109.9\ \mathrm{kJ\cdot mol^{-1}}$$

17. 对于乙酰胆碱及乙酸乙酯在水溶液中的碱性水解反应，298K 下实验测得其活化焓分别为 48.5 $\mathrm{J\cdot K^{-1}\cdot mol^{-1}}$、49.0k $\mathrm{J\cdot mol^{-1}}$；活化熵分别为 −85.8 $\mathrm{J\cdot K^{-1}\cdot mol^{-1}}$、−109.6$\mathrm{J\cdot K^{-1}\cdot mol^{-1}}$；试问何者水解速率大？大多少？由此可说明什么问题？

解：根据过渡态理论公式

$$k=\frac{k_BT}{h}(c^{\ominus})^{1-n}\exp\left(\frac{\Delta_r^{\neq}S_m^{\ominus}(c^{\ominus})}{R}\right)\exp\left(\frac{-\Delta_r^{\neq}H_m^{\ominus}}{RT}\right)$$

$$k_1=\frac{k_BT}{h}(c^{\ominus})^{1-n}\exp\left(\frac{\Delta_r^{\neq}S_m^{\ominus}(c^{\ominus})}{R}\right)_1\exp\left(\frac{-\Delta_r^{\neq}H_m^{\ominus}}{RT}\right)_1$$

$$k_2=\frac{k_BT}{h}(c^{\ominus})^{1-n}\exp\left(\frac{\Delta_r^{\neq}S_m^{\ominus}(c^{\ominus})}{R}\right)_2\exp\left(\frac{-\Delta_r^{\neq}H_m^{\ominus}}{RT}\right)_2$$

$$k_1/k_2=\frac{\exp\left(\frac{\Delta_r^{\neq}S_m^{\ominus}}{R}\right)_1\exp\left(\frac{-\Delta_r^{\neq}H_m^{\ominus}}{RT}\right)_1}{\exp\left(\frac{\Delta_r^{\neq}S_m^{\ominus}}{R}\right)_2\exp\left(\frac{-\Delta_r^{\neq}H_m^{\ominus}}{RT}\right)_2}$$

$$=\frac{\exp\left(\frac{-85800}{8.314}\right)\exp\left(\frac{-48500}{8.314\times298}\right)}{\exp\left(\frac{-109600}{8.314}\right)\exp\left(\frac{-49000}{8.314\times298}\right)}$$

$$=26.26$$

即乙酰胆碱水解速率大，说明 $\Delta_r^{\neq}H_m^{\ominus}$ 相近，$\Delta_r^{\neq}S_m^{\ominus}$ 对反应速率起决定作用。

18. 双环戊烯单分子气相热分解反应 483 K 时，$k_1=2.05\times10^{-4}\mathrm{s^{-1}}$，545 K 时，$k_2=186\times10^{-4}\mathrm{s^{-1}}$

(1)求反应的活化能；

(2)求反应在 500 K 时的活化焓 $\Delta_r^{\neq}H_m^{\ominus}$ 和活化熵 $\Delta_r^{\neq}S_m^{\ominus}$。

解：(1)根据公式：

$$\ln\frac{k_2}{k_1}=\frac{E_a}{R}\left(\frac{1}{T_1}-\frac{1}{T_2}\right)=\frac{E_a}{R}\frac{T_2-T_1}{T_2T_1}$$

$$E_a = \frac{RT_2T_1\ln\frac{k_2}{k_1}}{T_2 - T_1} = \frac{8.314\times483\times545\times\ln\frac{186\times10^{-4}}{2.05\times10^{-4}}}{545-483} = 159.12\ \text{kJ}\cdot\text{mol}^{-1}$$

$$k_1 = A\exp\left(-\frac{E_a}{RT}\right)$$

$$A = k_1\exp\left(\frac{E_a}{RT}\right) = 2.05\times10^{-4}\times\exp\left(\frac{159120}{8.314\times483}\right) = 3.30\times10^{13}\text{s}^{-1}$$

(2) $\Delta_r^{\neq}H_m^{\ominus} = E_a - RT = 159120\text{kJ}\cdot\text{mol}^{-1} - (8.314\times483)\text{kJ}\cdot\text{mol}^{-1} = 155.1\ \text{kJ}\cdot\text{mol}^{-1}$

$$A = \frac{k_BT}{h}e\exp\left(\frac{\Delta_r^{\neq}S_m^{\ominus}}{R}\right)$$

$$= \frac{1.3806\times10^{-23}\times483}{6.6262\times10^{-34}}\times2.71828\times\exp\left(\frac{\Delta_r^{\neq}S_m^{\ominus}}{R}\right)$$

$$\exp\left(\frac{\Delta_r^{\neq}S_m^{\ominus}}{R}\right) = \frac{3.30\times10^{13}\times6.6262\times10^{-34}}{1.3806\times10^{-23}\times483\times2.71828} = 0.01206\times10^{2}$$

则 $\Delta_r^{\neq}S_m^{\ominus} = 1.56\ \text{J}\cdot\text{K}^{-1}\cdot\text{mol}^{-1}$

19. 实验测得气相反应 $C_2H_6(g) = 2\,CH_3(g)$ 的速率常数 k 的表示式为：$k/\text{s}^{-1} = 2.0\times10^{17}\exp\left(\frac{-363800\ \text{J}\cdot\text{mol}^{-1}}{RT}\right)$，试求 1000K 时的以下各值(设普适常数 $\frac{k_BT}{h} = 2\times10^{13}\text{s}^{-1}$)。

(1)反应的半衰期。

(2)反应的活化熵。

(3)已知 1000K 时该反应的标准熵变

$$\Delta_r^{\neq}S_m^{\ominus} = 2S_m^{\ominus}(CH_3) - S_m^{\ominus}(C_2H_6) = 74.1\ \text{J}\cdot\text{K}^{-1}\cdot\text{mol}^{-1}$$

将此值与(2)的计算结果比较，定性讨论该反应活化络合物的性质。

解：(1)在 1000K 时：

$$k/\text{s}^{-1} = 2.0\times10^{17}\exp\left(\frac{-363800}{8.314\times1000}\right)$$

$$= 1.98\times10^{-2}$$

$$t_{1/2} = \ln2/k = \frac{\ln2}{1.98\times10^{-2}} = 35.0$$

(2) $$A = \frac{k_BT}{h}e^{n}(c^{\ominus})^{1-n}\times\exp\left(\frac{\Delta_r^{\neq}S_m^{\ominus}}{R}\right)$$

$$n = 1，所以\ A = \frac{k_BT}{h}e\times\exp\left(\frac{\Delta_r^{\neq}S_m^{\ominus}}{R}\right)$$

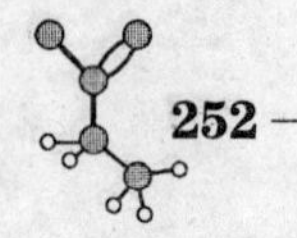

$$2.0\times10^{17}=2\times10^{13}\times2.718\exp\left(\frac{\Delta_r^{\neq}S_m^{\ominus}}{8.314}\right)$$

$$\Delta_r^{\neq}S_m^{\ominus}=68.31\ \text{J}\cdot\text{K}^{-1}\cdot\text{mol}^{-1}$$

(3) $\Delta_r^{\neq}S_m^{\ominus}<0$，说明活化络合物的构型比反应物复杂，$\Delta_r^{\neq}S_m^{\ominus}$ 值略小于 $\Delta_rS_m^{\ominus}$，说明络合物的构型已和生成物 CH_3类似，其间仅用微弱的键联系着。

20. 某顺式偶氮烷烃在乙醇溶液中不稳定，通过计量其分解放出的 N_2来计算分解的速率常数 k 值，一系列不同温度下测定的 k 值如下：

T/K	248	252	256	260	264
$k\times10^4/\text{s}^{-1}$	1.22	2.31	4.39	8.50	14.3

试计算该反应在 298 K 时的实验活化能、活化焓、活化熵和活化吉布斯自由能。

解：$\ln k=\ln A-\dfrac{E_a}{RT}$，以 $\ln k$ 对$\dfrac{1}{T}$ 作图为一直线，斜率为 $-\dfrac{E_a}{R}$，求得 $E_a=83$ kJ · mol^{-1}。或用下述公式，代入实验值计算 E_a，

$$\ln\frac{k_2}{k_1}=\frac{E_a}{R}\left(\frac{1}{T_1}-\frac{1}{T_2}\right)$$

分别为 82.93 kJ · mol^{-1}，86.10 kJ · mol^{-1}，91.41 kJ · mol^{-1}和 74.22 kJ · mol^{-1}，求得 $\overline{E_a}=83.66$ kJ · mol^{-1}。

$$\Delta_r^{\neq}H_m^{\ominus}=E_a-RT=83.66-8.314\times298\times10^{-3}=81.18\ \text{kJ}\cdot\text{mol}^{-1}$$

$$\ln\frac{k_{298}}{1.22\times10^{-4}}=\frac{83660}{8.314}\times\frac{298-248}{298\times248}$$

$$k_{298}=0.1104$$

$$k=\frac{k_BT}{h}\exp\left(\frac{\Delta_r^{\neq}S_m^{\ominus}}{R}\right)\exp\left(-\frac{\Delta_r^{\neq}H_m^{\ominus}}{RT}\right)$$

$$0.1104=\frac{1.38\times10^{-23}\times298}{6.626\times10^{-34}}\times\exp\left(\frac{\Delta_r^{\neq}S_m^{\ominus}}{8.314}\right)\times\exp\left(-\frac{81180}{8.314\times298}\right)$$

$$\Delta_r^{\neq}S_m^{\ominus}=9.21\ \text{J}\cdot\text{K}^{-1}\cdot\text{mol}^{-1}$$

$$\Delta_r^{\neq}G_m^{\ominus}=\Delta_r^{\neq}H_m^{\ominus}-T\Delta_r^{\neq}S_m^{\ominus}=81.18-298\times9.2=78.44\ \text{kJ}\cdot\text{mol}^{-1}$$

21. 一股分子束通过一个长为 5 cm 的室，其中含有 300 K，6.67×10^{-3} Pa 压力下的惰性气体，束强度减弱 20%，问分子与惰性气体碰撞截面积是多少？

解：根据公式：$-\dfrac{\mathrm{d}I_A}{I_A}=\sigma(u_r)\dfrac{N_B}{V}\mathrm{d}x$

$$\int_{I_A^0}^{I_A} -\frac{dI_A}{I_A} = \sigma(u_r)\frac{N_B}{V}\int_0^{0.05} dx$$

$$\ln\frac{I_A^0}{I_A} = \sigma(u_r)\frac{N_B}{V} \times 0.05$$

式中：
$$V = \frac{N_B RT}{LP}, \quad I_A^0 = 1.0, \quad I_A = 0.8$$

$$\sigma(u_r) = \ln\frac{I_A^0}{I_A} \cdot \frac{RT}{LP} \cdot \frac{1}{0.05}$$

$$= \ln\frac{1}{0.8} \times \frac{8.314 \times 300}{6.023 \times 10^{23} \times 6.67 \times 10^{-3}} \times \frac{1}{0.05} = 2.77 \times 10^{-18}\,m^2 = 2.77\,nm^2$$

22. 在21题中，碰撞物质的最可几相对速率是1600 $m \cdot s^{-1}$，截面随相对速度而变，$\sigma(u_r) = (const)u_r^{-\frac{1}{2}}$。若分子束最可几相对速度选择为400 $m \cdot s^{-1}$。惰性气体的分子束厚1 mm，浓度为3×10^{12}个分子 · cm^{-3}，从束中散射的分子占多少百分数？

解：
$$\frac{\sigma(u_r)_1}{\sigma(u_r)_2} = \frac{u_2^{1/2}}{u_1^{1/2}}$$

$$\frac{2.77 \times 10^{-18}}{\sigma(u_r)_2} = \left(\frac{400}{1600}\right)^{\frac{1}{2}}$$

$$\sigma(u_r)_2 = 5.54 \times 10^{-18}\,m^2$$

设从束中散射分子的分数为x，则根据21题积分所得公式：

$$\ln\frac{1}{1-x} = \sigma(u_r)_2 \times \frac{N_B}{V} \times 10^{-3}$$

$$= 5.54 \times 10^{-18} \times 3 \times 10^{12} \times 10^6 \times 10^{-3} = 0.1662$$

$$\frac{1}{1-x} = 1.0168$$

$x = 0.0165$ 或 $x = 1.65\%$。

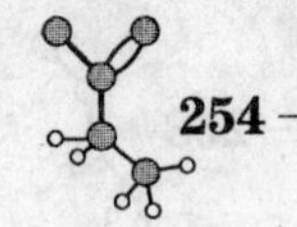

第12章　几种反应动力学体系

一、基本内容

1. 溶液中的反应

溶液中进行的反应通常比气相反应复杂，但反应物和产物分子的扩散作用的活化能一般比分子碰撞进行反应的活化能要少得多，所以扩散作用不会影响反应的速率。溶剂对反应速率的影响一般可归纳如下：

(1)溶剂的介电常数对有离子参加的反应有影响，介电常数比较大的溶剂不利于离子间的化合。

(2)溶剂的极性对反应的速率有影响：如果反应产物的极性比反应物的极性大，其反应速率在极性溶剂中必然较大。

(3)溶剂化的影响：若溶剂分子与反应物中任一种分子形成不稳定的中间化合物而使活化能阵低，则可使反应速率加快；否则将使反应速率减慢。若活化络合物溶剂化后使活化能降低，则会使反应速率加快。

(4)离子强度的影响：原盐效应。对于稀溶液中的反应，有公式：

$$\lg \frac{k}{k_0} = 2Z_A Z_B A\sqrt{I}$$

k 随 I 的变化称为原盐效应。此式对于浓溶液中的反应不适用。过渡态理论对溶液中的反应仍适用。

2. 光化学反应

由于吸收光量子而引起的化学反应叫光化学反应。光化学反应动力学与热反应不同，具有自身的特点：

(1)初级反应的速率一般只与入射光的强度有关而与反应物的浓度无关；

(2)光化学反应的速率受温度的影响较小，有时温度升高反应速率反而下降；

(3)光化学反应能进行 $\Delta_r G_m > 0$ 的反应；

(4)光化学反应不能用一般热力学平衡常数来表达平衡时体系的组成，其平衡组成与所用光的波长和强度有关。

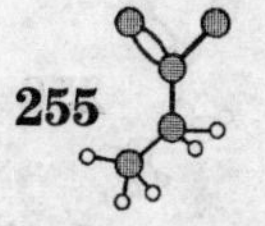

光化学反应的过程可表示为：

$$A \xrightarrow{h\nu} A^* \longrightarrow B$$

反应物在第一步中吸收光量子（ $\varepsilon = h\nu$ ）叫初级过程，这一过程中由于吸收光量子使反应分子 A 从基态跃迁到激发态 A^*，进一步再发生各种化学过程和物理过程，第二步叫次级过程。

光化学第一定律表述为：只有被系统吸收的光才发生光化学反应。

光化学第二定律表述为：在初级过程中，一个光量子活化一个分子。

$$量子产率\ \Phi = \frac{反应物分子消失数目}{吸收光子数目} = \frac{反应物消失的物质的量}{u(\mathrm{Einstein})}$$

Φ 可以等于 1、大于 1 或小于 1。但多数光化学反应的量子产率不等于 1。

在可逆反应中，只要有一个方向的反应是光化学反应，则该平衡为光化学平衡。如反应

$$2A \underset{热反应}{\overset{h\nu}{\rightleftharpoons}} A_2$$

$r_+ = I_a$（吸收光的强度）， $r_- = k_{-1}[A_2]$

平衡时 $I_a = k_{-1}[A_2]$ 或 $[A_2] = I_a/k_{-1}$。

即平衡浓度$[A_2]$与吸光的强度 I_a成正比。

3. 快速反应

对单分子反应来说速率常数极限可达 $10^{12} \sim 10^{14}\ \mathrm{s^{-1}}$，双分子反应 k 值可大到 $10^{11}\ \mathrm{mol^{-1} \cdot dm^3 \cdot s^{-1}}$。传统测量反应速率的物理化学方法不能测量如此快速的反应，要求用特殊的测量方法。

弛豫是指一个平衡体系因受外来因素快速扰动而偏离平衡位置的体系，在新条件下趋向新平衡的过程。弛豫法包括快速扰动方法和快速监测扰动后的不平衡态趋近于新平衡态的速度或时间。弛豫时间（τ）为当体系的浓度与平衡浓度之差（Δx）达到起始时的最大偏离值（Δx_0）的 1/e(36.79%)时所需的时间。

4. 催化反应

了解催化反应的基本特征，明白催化剂加快反应的基本原理。了解酸碱催化、络合催化、酶催化的基本历程。掌握酶催化反应的米氏机理以及米氏方程。

5. 认识化学振荡现象以及化学振荡出现的基本条件

二、习题解答

1. 溶剂对反应速率影响主要表现在哪些方面？什么叫原盐效应？

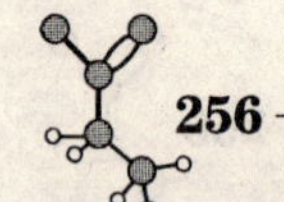

解：溶剂对反应速率的影响是一个极其复杂的问题。一般说来主要表现在以下几个方面：

①溶剂的介电常数对于有离子参加的反应有影响；

②溶剂的极性对反应速率的影响；

③溶剂化的影响；

④离子强度的影响。

离子强度对反应速率的影响称为原盐效应。

2. 有一光化学反应的初级反应为 $A + h\nu \xrightarrow{k} P$，写出其速率表示式，若 A 的起始浓度增加 1 倍，问速率表示式有何变化？荧光和磷光有何不同？

解：$r = I_a$（I_a是单位时间、单位体积内吸收光子的物质的量）。

反应速率不变。激发态分子从激发单重态上的某一能态跃迁到基态 S_0上的某一能态时所发射的辐射称为荧光，即 $S_1 \to S_0 + h\nu$，其发射寿命短，只有 10^{-8}s 数量级。切断光源，荧光立即停止。激发态分子从 T_1态跃迁到 S_0态时，即 $T_1 \to S_0 + h\nu$ 所发射的辐射称为磷光。它发生在多重性不同态间向基态的跃迁，发射寿命较长，有时可保持数秒钟。

3. 下述反应，若增加溶液中的离子强度是否会影响其反应速率常数？并指出速率常数是增大、减小还是不变？

(1) $CH_3COOC_2H_5 + OH^- \longrightarrow H_3COO^- + C_2H_5OH$

(2) $NH_4^+ + CNO^- \longrightarrow CO(NH_2)_2$

(3) $S_2O_8^{2-} + 2I^- \longrightarrow I_2 + 2SO_4^{2-}$

(4) $2[CO(NH_3)_5Br]^{2+} + Hg^{2+} + 2H_2O \longrightarrow 2[CO(NH_3)_5H_2O]^{3+} + HgBr_2$

解：(1)不变；(2)减小；(3)增大；(4)增大。

4. 298K 时，反应 $[CO(NH_3)_5H_2O]^{3+} + Br^- \underset{k_{-2}}{\overset{k_2}{\rightleftharpoons}} [CO(NH_3)_5Br]^{2+} + H_2O$ 的平衡常数 $K = 0.37$，$k_{-2} = 6.3 \times 10^{-6}s^{-1}$，试计算：

(1)在低离子强度介质中正向反应的速率常数 k_2。

(2)在 0.1mol · dm^{-3} $NaClO_4$溶液中正向反应的速率常数 k_2'。

解：反应可简写成 $A + B \underset{k_{-2}}{\overset{k_2}{\rightleftharpoons}} C + D$

(1) $$K = \frac{a_C a_D}{a_A a_B}，\text{低离子强度时 } K = \frac{[C][D]}{[A][B]} = \frac{k_2}{k_{-2}}$$

$$k_2 = K \cdot k_{-2} = 0.37 \times 6.3 \times 10^{-6} = 2.3 \times 10^{-6}s^{-1}$$

(2) $\lg k = \lg k_0 + 2Z_AZ_BA\sqrt{I}$，$k_0$为无限稀释溶液中的速率常数，设 $k_2 = k_0$，则

$$\lg k_2' = \lg k_2 + 2Z_AZ_BA\sqrt{I} \qquad I = \frac{1}{2}\sum_i c_iZ_i^2 = 0.1\ \text{mol} \cdot \text{dm}^{-3}$$

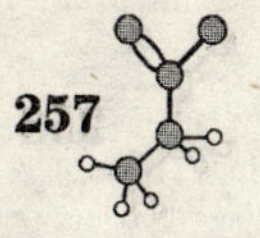

$$\lg k_2' = \lg 2.3 \times 10^{-6} + 2 \times 3 \times (-1) \times 0.509\sqrt{0.1}$$

$$k_2' = 2.5 \times 10^{-7}\ \text{mol}^{-1}\ \text{dm}^3\text{s}^{-1}。$$

5. 除多光子吸收外，一般引起化学反应的光谱其波长范围应是多少？

解：可见光(400 ~ 800 nm)及紫外光(150 ~ 400 nm)。

6. 用波长为 313 nm 的单色光照射气态丙酮，发生下列分解反应：

$$(CH_3)_2CO + h\nu = C_2H_6 + CO$$

若反应池容量是 0.059 dm^3，丙酮吸收入射光的分数为 0.915，在反应过程中，得到下列数据：

反应温度	840 K	照射时间 t=7 h
起始压力	102.16 kPa	48.1×10^{-4} J · s^{-1}

终了压力：104.42 kPa。计算此反应的量子产率。

解：量子产率等于在某时间内，起反应的物质的量与吸收光子的物质的量的比值。丙酮分解成两个分子，物质的量增加 1 倍，所以起反应的丙酮的物质的量为：

$$n = n_2 - n_1 = \frac{p_2 V}{RT} - \frac{p_1 V}{RT}$$

$$= \frac{(104.42 - 102.16) \times 5.9 \times 10^{-5}}{8.314 \times 840} = 1.91 \times 10^{-5}\ \text{mol}$$

1 mol 光子的能量即 1“爱因斯坦”，用 u 表示：

$$u = \frac{Lhc}{\lambda} = \frac{6.023 \times 10^{23} \times 6.626 \times 10^{-34} \times 2.998 \times 10^8}{313 \times 10^{-9}} = 3.822 \times 10^5\text{J} \cdot \text{mol}^{-1}$$

吸收光子的物质的量为：

$$\frac{48.1 \times 10^{-4} \times 7 \times 3600 \times 0.915}{3.822 \times 10^5} = 2.902 \times 10^{-4}\text{mol}$$

$$\Phi = \frac{1.91 \times 10^{-5}}{2.902 \times 10^{-4}} = 0.065$$

7. 用汞灯照射溶解在 CCl_4 溶液中的氯气和正庚烷，由于 Cl_2 吸收了 I_a ($\text{mol} \cdot \text{dm}^{-3} \cdot \text{s}^{-1}$)的辐射引起链反应：

$$Cl_2 + hv \longrightarrow 2Cl \quad (I_a)$$

$$Cl + C_7H_{16} \longrightarrow HCl + C_7H_{15} \quad (k_2)$$

$$C_7H_{15} + Cl_2 \longrightarrow C_7H_{15}Cl + Cl \quad (k_3)$$

$$C_7H_{15} \longrightarrow \text{断裂} \quad (k_4)$$

试写出 $-\dfrac{d[Cl_2]}{dt}$ 的速率表达式。

解：由 $-\frac{d[Cl_2]}{dt}=I_a+k_3[C_7H_{15}][Cl_2]$ 和 $\frac{d[C_2H_{15}]}{dt}=k_2[Cl][C_7H_{16}]-k_3[C_7H_{15}][Cl_2]-k_4[C_7H_{15}]=0$

有：
$$\frac{d[Cl]}{dt}=2I_a-k_2[Cl][C_7H_{16}]+k_3[C_7H_{15}][Cl_2]$$

得：
$$-\frac{d[Cl_2]}{dt}=I_a\left(1+\frac{2k_3}{k_4}[Cl_2]\right)$$

8. 乙醛的光解机理拟定如下：

(1) $CH_3CHO+h\nu\rightarrow CH_3+CHO$ (I_a)

(2) $CH_3+CH_3CHO\rightarrow CH_4+CH_3CO$ (k_2)

(3) $CH_3CO\rightarrow CO+CH_3$ (k_3)

(4) $CH_3+CH_3\rightarrow C_2H_6$ (k_4)

试推导出CO的生成速率表达式和CO的量子产率表达式。

解：(1)
$$\frac{d[CH_3CO]}{dt}=k_2[CH_3][CH_3CHO]-k_3[CH_3CO]$$

$$\frac{d[CH_3]}{dt}=I_a-k_2[CH_3][CH_3CHO]+k_3[CH_3CO]-2k_4[CH_3]^2=0$$

得：
$$[CH_3]=\left(\frac{I_a}{2k_4}\right)^{\frac{1}{2}}$$

$$\frac{d[CO]}{dt}=k_3[CH_3CO]=k_2[CH_3][CH_3CHO]=k_2\left(\frac{I_a}{2k_4}\right)^{\frac{1}{2}}[CH_3CHO]$$

(2)
$$\Phi_{CO}=(d[CO]/dt)/I_a=k_2[CH_3CHO]/(2k_4I_a)^{\frac{1}{2}}$$

9. 在光的影响下，蒽聚合为二蒽。由于二蒽的热分解作用而达到光化学平衡。光化学反应的温度系数(即温度每增加10 K反应速率所增加的倍数)是1.1，热分解的温度系数是2.8，当达到光化学平衡时，温度每升高10 K，二蒽产量是原来的多少倍?

解：
$$2C_{14}H_{10}\underset{k_{-1}}{\overset{h\nu_1k_1}{\rightleftharpoons}}C_{28}H_{20}$$

k_1 是光化学反应的速率常数，k_{-1} 是热分解速率常数，平衡常数 $K=\frac{k_1}{k_{-1}}$。当温度升高10 K时，这几个常数分别用 k_1'、k_{-1}' 和 K' 表示。

$$\frac{k_1'}{k_1}=\frac{1+1.1}{1}=2.1$$

$$\frac{k_{-1}'}{k_{-1}}=\frac{1+2.8}{1}=3.8$$

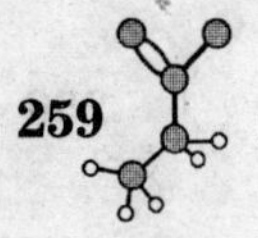

$$K' = \frac{k_1'}{k_{-1}'} = \frac{2.1k_1}{3.8k_{-1}} = 0.0553\mathrm{K}$$

设 x 和 x' 分别为二蒽的产量和升高 10 K 以后的产量，则 $\frac{x'}{x} = \frac{K'}{K} = 0.553$。

10. O_3的光化学分解反应历程如下：

(1) $O_3 + h\nu \xrightarrow{I_a} O_2 + O^*$

(2) $O^* + O_3 \xrightarrow{k_2} 2O_2$

(3) $O^* \xrightarrow{k_3} O + h\nu$

(4) $O + O_2 + M \xrightarrow{k_4} O_3 + M$

设单位时间、单位体积中吸收光为 I_a，设 φ 为过程(1)的量子产率，$\Phi = \frac{d[O_2]}{dt}\Big/ I_a$ 为总反应的量子产率。

(1)试证明 $\frac{1}{\Phi} = \frac{1}{3\varphi}\left(1 + \frac{k_3}{k_2[O_3]}\right)$

(2)若以 250.7nm 的光照射时，$\frac{1}{\Phi} = 0.588 + 0.81\frac{1}{[O_3]}$，试求 φ 及 k_2/k_3的值。

解：(1)用稳态法：

$$d[O^*]/dt = \varphi I_a - k_2[O^*][O_3] - k_3[O^*] = 0$$

$$[O^*] = \varphi I_a/k_2[O_3] + k_3 \quad ①$$

$$d[O_2]/dt = \varphi I_a + 2k_2[O^*][O_3] - k_4[O][O_2][M] \quad ②$$

$$d[O]/dt = k_3[O^*] - k_4[O][O_2][M] = 0 \quad ③$$

将①、③式代入②式得：

$$\frac{d[O_2]}{dt} = \varphi I_a + 2k_2[O^*][O_3] - k_3[O^*]$$

$$= \varphi I_a + (2k_2[O_3] - k_3)\frac{\varphi I_a}{k_3[O_3] + k_3} = \varphi I_a \times \frac{3k_2[O_3]}{k_2[O_3] + k_3}1$$

$$\Phi = \frac{d[O_2]/dt}{I_a} = \varphi\frac{3k_2[O_3]}{k_2[O_3] + k_3}$$

$$\frac{1}{\Phi} = \frac{1}{3\varphi}\left(\frac{k_2[O_3] + k_3}{k_2[O_3]}\right) = \frac{1}{3\varphi}\left(1 + \frac{k_3}{k_2[O_3]}\right)$$

(2)已知 $\frac{1}{\Phi} = 0.588 + 0.81\frac{1}{[O_3]}$；对照解(1)所得结果，得：

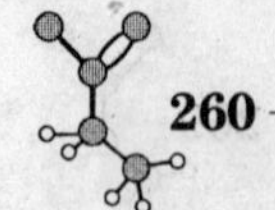

$$\begin{cases} \dfrac{1}{3\varphi} = 0.588 \\ \dfrac{1}{3\varphi} \times \dfrac{k_3}{k_2} = 0.81 \end{cases}$$

解得：$\varphi = 0.567$，$k_3/k_2 = 1.378$。

11. 光化学反应中光子数的测量有多种方法，其中一个经典的方法是用化学露光计。其工作原理如下所示。

$$UO^{2+} + h\nu \longrightarrow (UO^{2+})^*$$

$$(UO^{2+})^* + (COOH)_2 \longrightarrow UO^{2+} + H_2O + CO_2 + CO$$

硫酸铀酰在指定波长处的量子产率为 0.53，测量后未分解的草酸可通过 $KMnO_4$ 滴定测量，从而计算光子数。在某次实验中，化学露光计中装有 5.232 g 无水草酸，受光照 300 秒后，用浓度为 0.212 mol/L 的 $KMnO_4$ 溶液滴定，消耗 17.0 mL。请计算该实验中照射光子的速率，结果用光子/秒，爱因斯坦/秒表示。

解：草酸与 $KMnO_4$ 反应的化学方程式如下：

$$2KMnO_4 + 5(COOH)_2 + 3H_2SO_4 \longrightarrow K_2SO_4 + 2MnSO_4 + 10CO_2\uparrow + 8H_2O$$

从化学计量关系可知，由于光照原因分解的草酸的物质的量

$$\frac{5.232}{90.03} - \frac{5}{2} \times 0.212 \times 17.0 \times 10^{-3} = 0.0491 \text{ mol}$$

光照速率

$$\frac{0.0491}{0.53 \times 300} = 3.09 \times 10^{-4} \text{Einstein/s} = 1.86 \times 10^{20} \text{photon/s}$$

12. 某反应在催化剂存在时，反应的活化能降低了 41.840 kJ · mol^{-1}，反应温度为 625.0 K，测得反应速率常数增加为无催化剂时的1000 倍。试计算并结合催化剂的基本特征说明该反应中，催化剂是怎样使反应的速率常数增加的？

解：由阿仑尼乌斯公式，该反应在有催化剂存在时及无催化剂存在时的反应速率常数分别为：

有催化剂： $k' = A' \cdot e^{-E'_a/RT}$

无催化剂： $k = A \cdot e^{-E_a/RT}$

两种速率常数之比为：

$$\frac{k'}{k} = \frac{A' \cdot e^{-E'_a/RT}}{A \cdot e^{-E_a/RT}} = \frac{A'}{A} \cdot e^{(E_a - E'_a)/RT}$$

将题给数据代入上式：

$$\frac{k'}{k} = 1000 = \frac{A'}{A} \cdot \exp\left(\frac{41840\text{J} \cdot \text{mol}^{-1}}{8.314\text{J} \cdot \text{mol}^{-1} \cdot \text{K}^{-1} \times 625.0\text{K}}\right)$$

即： $$\frac{k'}{k} = \frac{A'}{A} \times 3140$$

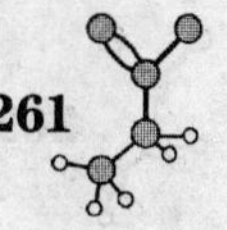

得：
$$\frac{A'}{A}=\frac{1}{3.14}$$

催化反应的本质是催化剂的加入改变了化学反应的途径，降低了反应活化能，使得反应活化分子的数量增加，从而使得反应速率加快。此例中，催化剂的加入使得反应的活化能降低了 41.840 kJ · mol^{-1}，若反应的其他条件不变，反应的速率应该增加 3140 倍，但是实际的反应速率只增加了 1000 倍。这是由于催化剂存在与否，两者的反应机理是不同的，两者的指前因子当然也不相同。此例中，有催化剂存在时的指前因子只有无催化剂存在时的指前因子的 3.14 分之一，即 $A'/A=1/3.14$，故总的结果是：当有催化剂时，反应的速率常数是无催化剂时的 1000 倍。

13. 葡萄糖的变旋异构反应是酸催化反应，从下列观察到的一级速率常数，求算反应的 k_0 和 k_{H^+}。

c_{H^+}/mol·dm^{-3}	4.8×10^{-3}	2.47×10^{-3}	3.25×10^{-3}
$k\times10^3$/min^{-1}	6.00	8.92	10.02

解：对于酸碱催化反应，通用公式为：
$$k=k_0+k_{H^+}c_{H^+}+k_{OH^+}c_{OH^+}$$
由于溶液呈酸性，故可以忽略 OH^- 的催化效应，则有：
$$k=k_0+k_{H^+}c_{H^+}$$
利用题给数据将 c_{H^+} 对 k 进行线性回归，得方程：
$$k=5.31\times10^{-3}+0.145c_{H^+}$$
直线的斜率：$k_{H^+}=0.145\ \text{mol}^{-1}\cdot\text{min}^{-1}\cdot\text{dm}^3$　　截距：$k_0=5.31\times10^{-3}\ \text{min}^{-1}$
直线的相关系数为：$R=0.99996$

14. 反应 $CH_3COOCH_3(aq)+H_2O(l)\longrightarrow CH_3COOH(aq)+CH_3OH(aq)$ 被 H^+ 催化，实验测得下列数据：

$k_{obs}/10^{-4}\ s^{-1}$	0.108	1.000	3.469
[HCl]/mol·dm^{-3}	0.1005	0.8275	2.429

求 k_0(uncat) 及对 H^+ 之反应级数。

解：在反应过程中，催化剂浓度为常数，故有：
$$k_{obs}=k_0[H^+]^n$$
取对数，得：

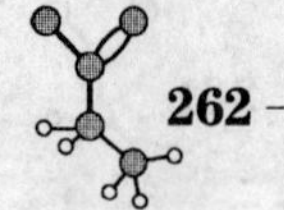

$$\ln k_{obs} = \ln k_0 + n\ln[H^+]$$

所以 $$n = \frac{\ln k_{obs} - \ln k_0}{\ln[H^+]}$$

将实验数据代入上式，求得反应级数 n 的值分别为：1.06、1.09 和 1.16，取其平均值 $n = 1.10 \approx 1.0$，故为一级反应。k_0的值为：

$$k_0 = \frac{k_{obs}}{[H^+]^n}$$

代入所得数据得 k_0 的值分别为：$1.07 \times 10^{-4} mol \cdot dm^3 \cdot s^{-1}$、$1.21 \times 10^{-4} mol \cdot dm^3 \cdot s^{-1}$、$1.43 \times 10^{-4} mol \cdot dm^3 \cdot s^{-1}$。求得其平均值为：$\overline{k_0} = 1.24 \times 10^{-4}\ mol \cdot dm^3 \cdot s^{-1}$。

15. 有一酸催化反应 $A + B \xrightarrow{H^+} C + D$，已知该反应的速率公式为：$\frac{d[C]}{dt} = k[H^+][A][B]$

当 $[A]_0 = [B]_0 = 0.01\ mol \cdot dm^{-3}$ 时，在 pH=2 的条件下，在 298 K 时的反应半衰期为 1 h，若其他条件均不变，在 283 K 时 $t_{1/2}$为 2 h，试计算：

(1)在 298 K 时反应的速率常数 k 值；

(2)在 298 K 时反应的活化吉布斯自由能、活化焓、活化熵$\left(\frac{k_B T}{h} = 10^{13} s^{-1}\right)$。

解：H^+ 为催化剂的反应，可以认为其浓度在反应过程中保持不变。

(1)此反应的速率方程式中的 H^+ 可以视为常数，故此反应的速率方程式可表达为：

$$\frac{d[C]}{dt} = k[H^+][A][B] = k'[A][B]$$

式中： $$k' = k[H^+]$$

因为 $[A]_0 = [B]_0$ 所以 $\frac{d[C]}{dt} = k'[A]^2$

二级反应的半衰期为：

$$t_{1/2} = \frac{1}{a \cdot k'} = \frac{1}{a \cdot k[H^+]}$$

有： $$k = \frac{1}{t_{1/2} \cdot a \cdot [H^+]}$$

已知 298K 时，$t_{1/2} = 1$ h，代入上式可得 298K 时的反应速率常数：

$$k_{298K} = \frac{1}{1h \times 0.01\ mol \cdot dm^{-3} \times 0.01\ mol \cdot dm^{-3}} = 1 \times 10^4\ dm^6 \cdot mol^{-2} \cdot h^{-1}$$

(2)同理，可求出 288K 时的速率常数：

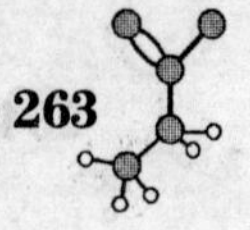

$$k_{298K}=\frac{1}{2h\times 0.01\ mol\cdot dm^{-3}\times 0.01\ mol\cdot dm^{-3}}=0.5\times 10^{4}\ dm^{6}\cdot mol^{-2}\cdot h^{-1}$$

反应的活化能为：

$$E_a=R\frac{T_1T_2}{T_1-T_2}\ln\frac{k_1}{k_2}$$

$$=8.314J\cdot K^{-1}\cdot mol^{-1}\times\frac{298K\times 288K}{298K-288K}\times\ln\frac{1.0\times 10^{4}\ dm^{6}\cdot mol^{-2}\cdot h^{-1}}{0.5\times 10^{4}\ dm^{6}\cdot mol^{-2}\cdot h^{-1}}$$

$$=49460\ J\cdot mol^{-1}$$

因
$$E_a=\Delta_r^{\neq}H_m+RT$$

故 $\Delta_r^{\neq}H_m=E_a-RT=49460\ J\cdot mol^{-1}-8.314\ J\cdot mol^{-1}\cdot K^{-1}\times 298\ K$

$$=46982\ J\cdot mol^{-1}$$

另由题给数据可以求出反应的吉布斯自由能：

$$k_{298K}=\frac{k_B\cdot T}{h}\cdot K_{298K}=\frac{k_B\cdot T}{h}\cdot\exp\left(-\frac{\Delta_r^{\neq}G_m}{RT}\right)$$

$$\Delta_r^{\neq}G_m=RT\ln\left(\frac{k_B\cdot T}{h}\Big/k_{298K}\right)$$

$$=8.314\times 298\times\ln\frac{1\times 10^{13}}{1\times 10^{4}\times\frac{1}{3600}}=71630\ J\cdot mol^{-1}$$

反应的活化熵为：

$$\Delta_r^{\neq}S_m=\frac{\Delta_r^{\neq}H_m-\Delta_r^{\neq}G_m}{T}=\frac{46982J\cdot mol^{-1}-71630J\cdot mol^{-1}}{298K}$$

$$\Delta_r^{\neq}S_m=-82.7\ J\cdot K^{-1}\cdot mol^{-1}$$

16. 某有机化合物 A，在酸的催化下发生水解反应，在 323K，pH=5 的溶液中进行时，其半衰期为 69.3 min；在 pH=4 的溶液中进行时，其半衰期为 6.93 min，且知在两个 pH 值的各自条件下，$t_{1/2}$ 均与 A 的初始浓度无关，设反应的速率方程为

$$-\frac{d[A]}{dt}=k[A]^{\alpha}[H^+]^{\beta},$$

计算：(1)α、β 的值。

(2)在 323K 时反应速率常数 k。

(3)在 323K 时，在 pH=3 的水溶液中，A 水解 80% 需多少时间？

解：(1)因为反应的半衰期与 A 的初始浓度无关，故该反应对 A 为 1 级，即：$\alpha=1$。故有：

$$t_{1/2}=\frac{\ln 2}{k'}=\frac{\ln 2}{k[H^+]^{\beta}}$$

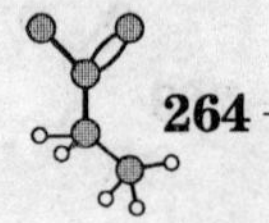

由题给数据，当 $[H^+] = 1 \times 10^{-5}\text{mol} \cdot \text{dm}^{-3}$ 时，$t_{1/2} = 69.3$ min；当 $[H^+] = 1 \times 10^{-4}\text{mol} \cdot \text{dm}^{-3}$ 时，$t_{1/2} = 6.93$ min。于是有：

$$\frac{(t_{1/2})_1}{(t_{1/2})_2} = \left(\frac{[H^+]_2}{[H^+]_1}\right)^{\beta}$$

即：

$$\frac{69.3}{6.93} = \left(\frac{1 \times 10^{-4}}{1 \times 10^{-5}}\right)^{\beta}$$

解得：

$$\beta = 1$$

(2)反应的速率常数为：

$$k = \frac{\ln 2}{t_{1/2}[H^+]}$$

$$= \frac{\ln 2}{69.3\text{min} \times 1 \times 10^{-5}\text{mol} \cdot \text{dm}^{-3}} = 1000\ \text{dm}^3 \cdot \text{mol}^{-1} \cdot \text{min}^{-1}$$

(3)由动力学公式：

$$\ln \frac{[A_0]}{[A]} = k' \cdot t$$

水解 80% 所需的时间为：

$$t = \frac{1}{k'}\ln\frac{[A_0]}{[A]} = \frac{1}{k[H^+]}\ln\frac{[A_0]}{0.2[A]_0}$$

$$t = \frac{1}{1000 \times 10^{-3}}\ln\frac{1}{0.2} = 1.61\ \text{min}$$

17. 在钯系催化剂作用下，乙烯被氧化为乙醛，通过动力学实验，求得速率方程为：$r = kK\dfrac{c_{PdCl_4^{2-}} \cdot c_{C_2H_4}}{c_{Cl^-}^2 \cdot c_{H^+}}$

有人推测反应机理分下列步骤完成：

(1) $PdCl_4^{2-} + C_2H_4 \rightleftharpoons [C_2H_4PdCl_3]^- + Cl^-$ $\qquad K_1$

(2) $[C_2H_4PdCl_3]^- + H_2O \rightleftharpoons [C_2H_4PdCl_2 \cdot H_2O] + Cl^-$ $\qquad K_2$

(3) $[C_2H_4PdCl_2 \cdot H_2O] + H_2O \rightleftharpoons [C_2H_4PdCl_2 \cdot OH]^- + H_3^+O$ $\qquad K_3$

(4) $[C_2H_4PdCl_2 \cdot OH]^- \xrightarrow[\text{slow}]{k} Cl-PdCH_2-CH_2-OH + Cl^-$

(5) $ClPdC_2H_4OH \xrightarrow[\text{fast}]{} HCl + Pd + CH_3CHO$

若(1)、(2)、(3)步很快建立平衡，K_1、K_2、K_3 为各步的平衡常数，且 $K = K_1K_2K_3$，如果实验获得的速率方程是正确的，请判断上述反应机理是否确切。

解：根据上述反应机理，(4)为速控步，故反应的速率方程为：

$$r = k \cdot [C_2H_4PdCl_2 \cdot OH]^-$$

基元反应(1)+(2)+(3)：

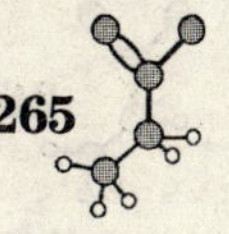

$$PdCl_4^{2-} + C_2H_4 + 2H_2O \rightleftharpoons [C_2H_4\ PdCl_2 \cdot OH]^- + 2\ Cl^- + H_3^+O$$

并：

$$K = K_1 \cdot K_2 \cdot K_3$$

有：

$$K = \frac{[C_2H_4\ PdCl_2 \cdot OH]^- \cdot [Cl^-]^2 \cdot [H_3^+O]}{[PdCl_4^{2-}] \cdot [C_2H_4] \cdot [H_2O]^2}$$

故有：

$$[C_2H_4\ PdCl_2 \cdot OH]^- = K \cdot \frac{[PdCl_4^{2-}] \cdot [C_2H_4] \cdot [H_2O]^2}{[Cl^-]^2 \cdot [H_3^+O]}$$

因为水的活度等于 1，$[H_3^+O] = [H^+]$，代入上式：

$$[C_2H_4\ PdCl_2 \cdot OH]^- = K \cdot \frac{[PdCl_4^{2-}] \cdot [C_2H_4]}{[Cl^-]^2 \cdot [H^+]}$$

将上式代入反应的速率方程：

$$r = k \cdot K \cdot \frac{[PdCl_4^{2-}] \cdot [C_2H_4]}{[Cl^-]^2 \cdot [H^+]}$$

推导所得的方程与实验获得的速率方程完全一致，所以题给的反应机理很可能是正确的。

18. 对于遵守 Michaelis 历程的酶催化反应，实验测得不同底物浓度时的反应速率为 r，今取其中二组数据如下：

$10^3[S]/mol \cdot dm^{-3}$	$10^5 r/mol \cdot dm^{-3} \cdot s^{-1}$
2.0	13
20.0	38

如 $[E]_0 = 2.0 g \cdot dm^{-3}$，$M_E = 5 \times 10^4$，请计算 K_M、最大反应速率 r_m 和 k_2。

解：根据 Michaelis-Menten 方程，有：

$$r = \frac{r_m \cdot [S]}{K_M + [S]}$$

$$\frac{1}{r} = \frac{K_M}{r_m} \cdot \frac{1}{[S]} + \frac{1}{r_m}$$

将实验数据代入上述方程，得方程组：

$$\begin{cases} \dfrac{1}{13 \times 10^{-5}} = \dfrac{K_M}{r_m} \cdot \dfrac{1}{2.0 \times 10^{-3}} + \dfrac{1}{r_m} \\ \dfrac{1}{38 \times 10^{-5}} = \dfrac{K_M}{r_m} \cdot \dfrac{1}{20.0 \times 10^{-3}} + \dfrac{1}{r_m} \end{cases}$$

解此方程组，得：

$$\frac{K_M}{r_m} = 11.2\ s$$

$$\frac{1}{r_m} = 2092\ mol^{-1} \cdot dm^3 \cdot s$$

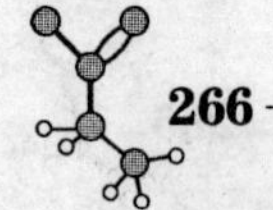

从而解得：

$$K_M = 5.35 \times 10^{-3}\ \text{mol} \cdot \text{dm}^{-3}$$

$$r_m = 4.78 \times 10^{-4}\ \text{mol} \cdot \text{dm}^{-3} \cdot \text{s}^{-1}$$

根据 Michaelis-Menten 方程：

$$r_m = k_2 \cdot [E]_0 \quad \text{所以} \quad k_2 = \frac{r_m}{[E]_0}$$

代入所得数据：

$$k_2 = \frac{4.78 \times 10^{-4}\ \text{mol} \cdot \text{dm}^{-3} \cdot \text{s}^{-1}}{2/50000\text{mol} \cdot \text{dm}^{-3}}$$

$$k_2 = 12.0\ \text{s}^{-1}$$

19. 从谷氨酰基-L-苯丙氨酸-p-硝基苯胺化物被 α-胰凝乳蛋白酶催化水解生成硝基苯胺和谷氨酰基-L-苯丙氨酸反应历程符合

$$\text{E} + \text{S} \underset{k_{-1}}{\overset{k_1}{\rightleftharpoons}} \text{ES} \underset{k_{-2}}{\overset{k_2}{\rightleftharpoons}} \text{E} + \text{P}$$

其反应速率公式为

$$\frac{\text{d}[\text{P}]}{\text{d}t} = \frac{(V_s/K_s)[\text{S}] - (V_p/K_p)[\text{P}]}{1 - [\text{S}]/K_s + [\text{P}]/K_p}$$

式中 $V_s = k_2[\text{E}]_0$，$V_p = k_{-1}[\text{E}]_0$，$K_s = (k_{-2} + k_2)/k_1$，$K_p = (k_{-1} + k_2)/k_{-2}$

已知 $[\text{E}]_0 = 4.00 \times 10^{-2}\text{mol} \cdot \text{dm}^{-3}$，

$[\text{S}]/10^{-4}\ \text{mol} \cdot \text{dm}^{-3}$	5.0	10.0	15.0
$r_0/10^{-8}\ \text{mol} \cdot \text{dm}^{-3} \cdot \text{s}^{-1}$	6.3	9.8	11.8

S 为底物，求 V_s、K_s及 k_2。

解：由题给速率方程，在 $t = 0$ 时反应产物的浓度 $[P] = 0$，于是有：

$$\left.\frac{\text{d}[\text{P}]}{\text{d}t}\right|_{t=0} = r_0 = \frac{(V_s/K_s)[\text{S}]}{1 - [\text{S}]/K_s}$$

由以上方程可得下列线性方程：

$$\frac{1}{r_0} = \frac{(K_s/V_s)}{[\text{S}]} + \frac{1}{V_s}$$

将表格中的数据作如下处理：

$1/r_0$	1.59×10^7	1.02×10^7	0.85×10^7
$[S]^{-1}$	2.00×10^3	1.00×10^3	0.67×10^3

用作图法、直线方程法或线性回归法可求出直线的斜率与截距：

$$m = 5595.6 \qquad b = 4.688 \times 10^{6} \qquad R = 0.9998$$

求得：

$$V_s = 1/b = 2.13 \times 10^{-7}\ \mathrm{mol \cdot dm^{-3} \cdot s^{-1}}$$

$$K_s = m/b = 1.19 \times 10^{-3}\ \mathrm{mol \cdot dm^{-3}}$$

$$k_2 = V_s/[E]_0 = 5.33 \times 10^{-6}\ \mathrm{s^{-1}}$$

20. 设下列酶催化反应有简单的 Michaelis-Menten 机理：$E + S \underset{k_{-1}}{\overset{k_1}{\rightleftharpoons}} ES \xrightarrow{k_2} E + P$ 测得下列数据，且 k_1、k_{-1} 非常快，

280K　　$k_2 = 100\mathrm{s^{-1}}$　　$K_M = 10^{-4}$　　$\mathrm{mol \cdot dm^{-3}}$

300K　　$k_2 = 200\mathrm{s^{-1}}$　　$K_M = 1.5 \times 10^{-4}$　　$\mathrm{mol \cdot dm^{-3}}$

(1) 求 $[S] = 0.1\ \mathrm{mol \cdot dm^{-3}}$ 和 $[E]_0 = 10^{-5}\mathrm{mol \cdot dm^{-3}}$，280 K 时的产物生成速率。

(2) 计算 k_2 步的活化能。

(3) 问 280 K 时 ES 的生成平衡常数是多少？

(4) 求 ES 生成反应的 $\Delta_r H_m^{\ominus}$？

解： (1) 由 Michaelis-Menten 方程，有：

$$r = \frac{k_2[E_0][S]}{K_M + [S]} = \frac{k_2[E_0]}{1 + K_M/[S]} = \frac{100 \times 10^{-5}}{1 + 10^{-4}/0.1}$$

解得：　$r = 9.99 \times 10^{-4}\ \mathrm{mol \cdot dm^{-3} \cdot s^{-1}}$

(2) 由 Arrhenius 公式：

$$E_{a,2} = \frac{RT_1T_2}{T_2 - T_1}\ln\frac{k_2(T_2)}{k_1(T_1)} = \frac{8.314 \times 300 \times 280}{300 - 280}\ln\frac{200}{100}$$

解得：

$$E_{a,2} = 24200\ \mathrm{J \cdot mol^{-1}}$$

(3)

$$K_M = (k_2) + (k_{-1})/k_1 \approx k_{-1}/k_1 = 1/K$$

$$K = 1/K_M = 1 \times 10^{4}\ \mathrm{mol^{-1} \cdot dm^{3}}$$

(4) 280K 时，反应的平衡常数为 $K(280\mathrm{K}) = 1 \times 10^{4}\ \mathrm{mol^{-1} \cdot dm^{3}}$。同理，求得 300K 时的值为：

$$K(300\mathrm{K}) = 1/K_M(300\mathrm{K}) = \frac{1}{1.5 \times 10^{-4}\mathrm{mol \cdot dm^{-3}}} = 6.7 \times 10^{3}\ \mathrm{mol^{-1} \cdot dm^{3}}$$

由经典热力学理论：

$$\Delta_r H_m = \frac{RT_1T_2}{T_2 - T_1}\ln\frac{K(300\mathrm{K})}{K(280\mathrm{K})}$$

$$= \frac{8.314\ \mathrm{J \cdot mol^{-1} \cdot K^{-1}} \times 300\mathrm{K} \times 280\mathrm{K}}{300\mathrm{K} - 280\mathrm{K}}\ln\frac{6.7 \times 10^{3}\ \mathrm{mol^{-1} \cdot dm^{3}}}{1 \times 10^{4}\ \mathrm{mol^{-1} \cdot dm^{3}}}$$

解得：$\Delta_r H_m = -14.0\ \mathrm{kJ \cdot mol^{-1}}$

21. 在某些生物体中，存在一种超氧化物歧化酶(E)，它将有害的 O_2^- 变为 O_2，

反应如下：

$$2O_2^- + 2H^+ \xrightarrow{E} O_2 + H_2O_2$$

今用 pH=9.1 酶初始浓度为 $[E]_0 = 4 \times 10^{-7}\ mol \cdot dm^{-3}$，测得下列实验数据：

$r/mol \cdot dm^{-3} \cdot s^{-1}$	$[O_2^-]/mol \cdot dm^{-3}$
3.85×10^{-3}	7.69×10^{-6}
1.67×10^{-3}	3.33×10^{-5}
0.1	2.00×10^{-4}

r 为以产物 O_2 表示的反应速率。设此反应的机理为：

$$E + O_2^- \xrightarrow{k_1} E^- + O_2$$

$$E^- + O_2^- \xrightarrow[k_2]{2H^+} E + H_2O_2$$

式中 E^- 为中间物，可看作自由基，已知 $k_2=2k_1$，计算 k_1 和 k_2。

解：由题给机理，O_2的生成速率为：

$$\frac{d[O_2]}{dt} = k_1[E][O_2^-] \qquad (1)$$

E^- 为不稳定的中间产物，反应过程中其浓度的变化可视为零，于是有：

$$\frac{d[E^-]}{dt} = k_1[E][O_2^-] - k_2[E^-][O_2^-] = 0$$

故

$$k_1[E] = k_2[E^-] \qquad (2)$$

又知：$[E_0] = [E] + [E^-]$ 故：

$$[E^-] = [E_0] - [E] \qquad (3)$$

将(3)式代入(2)式：

$$k_1[E] = k_2([E_0] - [E])$$

解得：

$$[E] = \frac{k_2}{k_1 + k_2} \cdot [E_0] \qquad (4)$$

将(5)式代入(1)式：

$$\frac{d[O_2]}{dt} = \frac{k_1 k_2}{k_1 + k_2} \cdot [E_0][O_2^-]$$

即：

$$\frac{d[O_2]}{dt}\Big/[O_2^-] = \frac{r}{[O_2^-]} = \frac{k_1 k_2}{k_1 + k_2} \cdot [E_0] \qquad (5)$$

(5)式说明在反应过程中，$\frac{r}{[O_2^-]}$ 为一常数，其值等于 $\frac{k_1 k_2}{k_1 + k_2} \cdot [E_0]$。由题给的 3

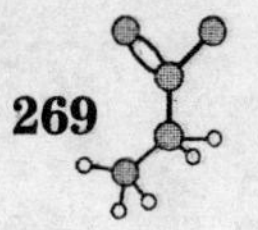

组数据，实验所得的 $\frac{r}{[O_2^-]}$ 值分别为 500.65s、501.50s 和 500.00s，考虑到实验误差，所得实验值可视为常数，其平均值为：500.72s。将差值代入方程(5)，有：

$$\frac{k_1k_2}{k_1+k_2}\cdot[E_0]=500.72\ s^{-1}$$

又已知 $k_2=2k_1$，代入上式：

$$\frac{k_1\cdot 2k_1}{k_1+2k_1}\cdot[E_0]=\frac{2}{3}k_1\cdot[E_0]=500.72\ s^{-1}$$

故
$$k_1=\frac{500.72s}{[E_0]}\cdot\frac{3}{2}=\frac{3}{2}\cdot\frac{500.72s^{-1}}{4\times10^{-7}\ mol\cdot dm^{-3}}$$

$$k_1=1.878\times10^9\ mol^{-1}\cdot dm^3\cdot s^{-1}$$

$$k_2=3.755\times10^9\ mol^{-1}\cdot dm^3\cdot s^{-1}$$

22. 乙酰胆碱溴化物水解能被酶催化，研究证明该催化反应符合 Michaelis-Menten 历程，实验测定了不同温度下的 K_M 值，今取其中两组数据：

T/K	$K_M\times10^4$/mol·dm^{-3}
298.2	3.75
308.2	3.05

当 $k_2\ll k_{-1}$，则 $K_M=(k_{-1}+k_2)/k_1=k_{-1}/k_1$，可表示酶与底物结合的离解常数(ES $\underset{k_{-1}}{\overset{k_1}{\rightleftharpoons}}$ E + S)。求 298.2K 时 E + S = ES 反应的 $\Delta_rG_m^{\ominus}$、$\Delta_rH_m^{\ominus}$、$\Delta_rS_m^{\ominus}$，并指明标准态浓度。

解：对于离解反应，有：

$$\ln\left(\frac{K_M(T_2)}{K_M(T_1)}\right)=\frac{T_2-T}{RT_1T_{21}}\cdot\Delta_rH_m^{\ominus}$$

代入题给数据，得：

$$\ln\left(\frac{3.05\times10^{-4}}{3.75\times10^{-4}}\right)=\frac{308.2K-298.2K}{8.314\ J\cdot mol^{-1}\cdot K^{-1}\times298.2K\times308.2K}\cdot\Delta_rH_m^{\ominus}$$

解得：
$$\Delta_rH_m^{\ominus}=-15.79\ kJ\cdot mol^{-1}$$

298.2K 下，反应的吉布斯自由能为：

$$\Delta_rG_m^{\ominus}=-RT\ln K_M(298.2K)$$

代入相应温度条件下的数据，得：

$$\Delta_rG_m^{\ominus}=19.56\ kJ\cdot mol^{-1}$$

故：
$$\Delta_rS_m^{\ominus}=\frac{\Delta_rH_m^{\ominus}-\Delta_rG_m^{\ominus}}{T}=-118\ J\cdot K^{-1}\cdot mol^{-1}$$

反应 E + S = ES 即为 ES 的生成反应，为其离解反应的逆反应，对于生成反应，其

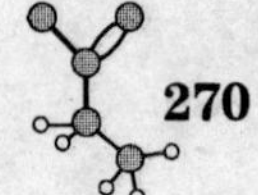

相应的热力学函数值为：

$\Delta_r H_m^{\ominus} = 15.79\ \text{kJ} \cdot \text{mol}^{-1}$　$\Delta_r G_m^{\ominus} = -19.56\ \text{kJ} \cdot \text{mol}^{-1}$　$\Delta_r S_m^{\ominus} = 118\ \text{J} \cdot \text{K}^{-1} \cdot \text{mol}^{-1}$

23. 当单底物S体系加入阻化剂I，则S及I将竞争酶的活性中心，其反应历程可表示为：

$$\text{S} + \text{E} \underset{k_{-1}}{\overset{k_1}{\rightleftharpoons}} \text{ES} \xrightarrow{k_2} \text{E} + \text{P}$$

$$\text{E} + \text{I} \underset{k_{-1}}{\overset{k_i}{\rightleftharpoons}} \text{EI}$$

(1)当$[\text{S}] \gg [\text{E}]_0$及$[\text{I}] \gg [\text{E}]_0$时，应用稳态近似导出酶催化反应速率方程。

(2)定义阻化度为$\varepsilon = (r_0 - r)/r_0$，其中$r_0$为$[\text{I}]=0$时的速率，求$\varepsilon$的具体表达式。

解：(1)当$[\text{S}] \gg [\text{E}]_0$及$[\text{I}] \gg [\text{E}]_0$时，可对ES和EI进行稳态处理：

$$\frac{\text{d}[ES]}{\text{d}t} = k_1[\text{E}][\text{S}] - (k_2 + k_{-1})[\text{ES}] = 0$$

$$[\text{E}] = \frac{(k_2 + k_{-1})[\text{ES}]}{k_1[\text{S}]}$$

$$\frac{\text{d}[\text{EI}]}{\text{d}t} = k_i[\text{E}][\text{I}] - k_{-i}[\text{EI}] = 0$$

$$[\text{EI}] = \frac{k_i[\text{E}][\text{I}]}{k_{-i}} = \frac{k_i \cdot (k_2 + k_{-1})}{k_{-i} \cdot k_1} \cdot \frac{[\text{ES}][\text{I}]}{[\text{S}]}$$

因为　$$[\text{E}_0] = [\text{E}] + [\text{ES}] + [\text{EI}]$$

所以　$$[\text{E}_0] = \frac{(k_2 + k_{-1})[\text{ES}]}{k_1[\text{S}]} + [\text{ES}] + \frac{k_i \cdot (k_2 + k_{-1})}{k_{-i} \cdot k_1} \cdot \frac{[\text{ES}][\text{I}]}{[\text{S}]}$$

$$= \frac{K_M[\text{ES}]}{[\text{S}]} + [\text{ES}] + \frac{K_M}{K_I} \cdot \frac{[\text{I}]}{[\text{S}]}[\text{ES}]$$

解得：

$$[\text{ES}] = \frac{[E_0]}{\dfrac{K_M}{[\text{S}]} + 1 + \dfrac{K_M}{K_I} \cdot \dfrac{[\text{I}]}{[\text{S}]}}$$

反应速率　$$r = k_2[\text{ES}]$$

将所得结果代入r的表达式，得此反应的速率方程：

$$r = \frac{k_2[E_0]}{\dfrac{K_M}{[\text{S}]} + 1 + \dfrac{K_M}{K_I} \cdot \dfrac{[\text{I}]}{[\text{S}]}}$$

(2)当$[\text{I}]=0$时，有：

$$r_0 = \frac{k_2[E_0]}{\dfrac{K_M}{[\text{S}]} + 1}$$

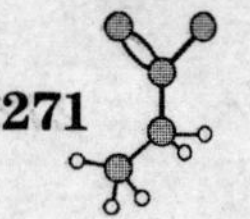

阻化度为 $\varepsilon=\dfrac{r_0-r}{r_0}=1-\dfrac{r}{r_0}$，将 r_0 和 r 代入阻化度的表达式：

$$\varepsilon=1-\frac{\dfrac{K_M}{[\mathrm{S}]}+1}{\dfrac{K_M}{[\mathrm{S}]}+1+\dfrac{K_M}{K_I}\cdot\dfrac{[\mathrm{I}]}{[\mathrm{S}]}}=\frac{\dfrac{K_M}{[\mathrm{S}]}+1+\dfrac{K_M}{K_I}\cdot\dfrac{[\mathrm{I}]}{[\mathrm{S}]}-\dfrac{K_M}{[\mathrm{S}]}-1}{\dfrac{K_M}{[\mathrm{S}]}+1+\dfrac{K_M}{K_I}\cdot\dfrac{[\mathrm{I}]}{[\mathrm{S}]}}$$

$$=\frac{\dfrac{K_M}{K_I}\cdot\dfrac{[\mathrm{I}]}{[\mathrm{S}]}}{\dfrac{K_M}{[\mathrm{S}]}+1+\dfrac{K_M}{K_I}\cdot\dfrac{[\mathrm{I}]}{[\mathrm{S}]}}$$

$$\varepsilon=\frac{\dfrac{K_M[\mathrm{I}]}{K_I}}{K_M+\dfrac{K_M}{K_I}[\mathrm{I}]+[\mathrm{S}]}=\frac{K_M[\mathrm{I}]}{K_I(K_M+[\mathrm{S}])+K_M[\mathrm{I}]}$$

24. $C_6H_5Cl(A)+2NH_3(B)\xrightarrow{CuCl}C_6H_5NH_2+NH_4Cl$ 反应的动力学方程如下：

$$-\frac{dc_A}{dt}=k_Ac_Ac_{CuCl}$$

式中，c_{CuCl} 是催化剂的量浓度，在反应过程中保持不变。已知反应速率常数与温度关系为

$$\ln(k_A/\mathrm{dm^3\cdot mol^{-1}\cdot min^{-1}})=-\frac{12300}{T/\mathrm{K}}+23.400$$

(1)计算反应的活化能 E_a。

(2)计算当 $c_{CuCl}=2.82\times10^{-2}\ \mathrm{mol\cdot dm^{-3}}$ 时，反应温度为 200℃，经过 120 min 后，氯苯的转化率为多少?

解：(1)由题给关系式，直接可得反应的活化能：

$$E_a=12300\mathrm{K}\times8.314\mathrm{J\cdot mol^{-1}\cdot K^{-1}}\times10^{-3}=102.3\ \mathrm{kJ\cdot mol^{-1}}$$

(2)由题给的反应速率方程式，可知：

$$-\frac{d[\mathrm{A}]}{[\mathrm{A}]}=k_A[\mathrm{CuCl}]dt$$

设时刻 t 时，组分 A 的浓度为 x_A，对上式积分，得：

$$t=\frac{1}{k_A[\mathrm{CuCl}]}\ln\frac{1}{1-x_A}$$

当 $T=473\mathrm{K}$ 时，速率常数为：

$$\ln(k_A/\mathrm{dm^3\cdot mol^{-1}\cdot min^{-1}})=-\frac{12300\mathrm{K}}{473\mathrm{K}}+23.400=-2.604$$

$$k_A=7.4\times10^{-2}\ \mathrm{dm^3\cdot mol^{-1}\cdot min^{-1}}$$

将速率常数与 CuCl 的浓度值代入积分式：

$$120\text{min} = \frac{1}{7.4 \times 10^{-2}\ \text{dm}^3 \cdot \text{mol}^{-1} \cdot \text{min}^{-1} \times 2.82 \times 10^{-2}\text{mol} \cdot \text{dm}^{-3}} \ln \frac{1}{1 - x_A}$$

解得：$x_A = 0.222$

此时氯苯的转化率为 22.2%。

25. 某自催化反应 A → P，速率方程为 $\frac{d[P]}{dt} = k[A]^2[P]$，假定初始浓度为 $[A]_0$和$[P]_0$，计算反应速率达到最大速率的时间。

解：设 t 时刻 A 的浓度为$[A]_0 - x$，则 P 的浓度为$[A]_0+x$，速率方程可表示为

$$\frac{dx}{dt} = k([A]_0 - x)^2([P]_0 + x)$$

分离变量，积分得到

$$kt = \frac{1}{[A]_0 + [P]_0}\left[\frac{x}{[A]_0([A]_0 + x)} + \frac{1}{[A]_0 + [P]_0}\ln\left(\frac{([A]_0 + x)[P]_0}{[A]_0([P]_0 - x)}\right)\right]$$

为求反应速率达到最大所需要的时间，以反应速率对时间求导

$$\frac{dr}{dt} = k[A]^2\frac{d[P]}{dt} + 2k[A][P]\frac{d[A]}{dt} = 0$$

因为
$$\frac{d[A]}{dt} = -\frac{d[P]}{dt}$$

求得反应速率达到最大值时$[A]=2[P]$，此时

$$x = \frac{[A]_0 - 2[P]_0}{3}$$

代入以上积分方程，得到

$$t_{max} = \frac{1}{k([A]_0 + [P]_0)}\left[\frac{4[A]_0 - 2[P]_0}{[A]_0(4[A]_0 - 2[P]_0)} + \frac{1}{[A]_0 + [P]_0}\right.$$
$$\left.\ln\frac{[P]_0(4[A]_0 - 2[P]_0)}{[A]_0(5[P]_0 - 2[A]_0)}\right]$$

26. 什么叫弛豫时间？

解：弛豫时间用 τ 来表示，τ 是指当体系的浓度与平衡浓度之差达到 Δx_0(起始时的最大偏离值)的 36.79% 时所需的时间。

27. 醋酸的电离反应为 1-2 级对峙反应：

$$CH_3COOH \underset{k_{-2}}{\overset{k_1}{\rightleftharpoons}} CH_3COO^- + H^+$$

(1)试导出该反应的弛豫时间(τ)与 k_1 和 k_{-2}之间的关系式。

(2)若醋酸的浓度为 0.1mol·dm^{-3}，$k_1 = 7.8\times10^5\ s^{-1}$，$k_{-2} = 4.5\times10^{10}\ s^{-1}$，试求

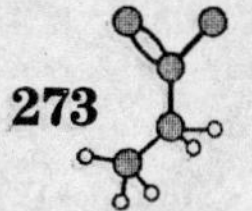

弛豫时间

解：（1）　$CH_3COOH \underset{k_{-2}}{\overset{k_1}{\rightleftharpoons}} CH_3COO^- + H^+$

$t = 0$　　a　　0　　0

$t = t$　　$a - x$　　x　　x

$$\frac{dx}{dt} = k_1(a - x) - k_{-2}x^2$$

达平衡时　$\frac{dx}{dt} = 0$　　$k_1(a - x_e) = k_{-2}x_e^2$

快速微扰平衡，反应偏离平衡 Δx

$$\Delta x = x - x_e$$

$$\frac{d(\Delta x)}{dt} = \frac{dx}{dt} = k_1(a - x_e - \Delta x) - k_{-2}(x_e + \Delta x)^2$$

因 Δx 较小，故 Δx^2 可忽略，得：

$$\frac{d(\Delta x)}{dt} = -(k_1 + 2k_{-2}x_e)\Delta x$$

移项作定积分得：

$$\ln\frac{\Delta x_0}{\Delta x} = (k_1 + 2k_{-2} \cdot x_e)t$$

定义弛豫时间为 $\frac{\Delta x_0}{\Delta x} = e$ 所需时间，则：

$$\tau = \frac{1}{k_1 + 2k_{-2} \cdot x_e}$$

（2）　$K = \frac{k_1}{k_{-2}} = \frac{7.8 \times 10^5}{4.5 \times 10^{10}} = 1.73 \times 10^{-5}\,\mathrm{mol \cdot dm^{-3}}$

$$K = \frac{x_e^2}{0.1 - x_e}$$

解得：　$x_e = 1.31 \times 10^{-3}\,\mathrm{mol \cdot dm^{-3}}$

$$\tau = \frac{1}{k_1 + 2k_{-2}x_e} = \frac{1}{7.8 \times 10^5 + (2 \times 4.5 \times 10^{10} \times 1.31 \times 10^{-3})} = 8.43 \times 10^{-9}\,\mathrm{s}$$

$$\varepsilon = (r_0 - r)/r_0 = 1 - r/r_0 = 1 - \frac{\frac{K_M}{[S]} + 1}{\frac{K_M}{[S]} + 1 + \frac{K_M[I]}{K_I[S]}} = \frac{\frac{K_M[I]}{[S]}}{\frac{K_M}{[S]} + 1 + \frac{K_M[I]}{K_I[S]}}$$

$$= \frac{\frac{K_M[I]}{K_I}}{K_M + \frac{K_M[I]}{K_I} + [S]}$$

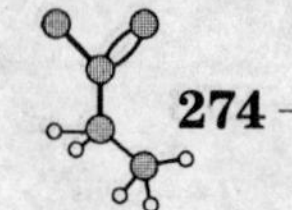

28. 写出反应 $A \underset{k_{-1}}{\overset{k_1}{\rightleftharpoons}} B$ 的弛豫时间 τ 和反应速率常数间的关系式。

解：
$$\tau = \frac{1}{k_1 + k_{-1}}$$

29. 从小分子化合物合成高聚物有不同的反应类型，加聚作用是使单体分子一个一个加到正在生长着的聚合物链上去，一般烯类或者烯类衍生物的聚合作用属于这一类型。加聚作用的典型反应机理即为通过自由基反应的链式机理，即链式聚合。链式聚合机理可以表示如下：

链引发：
$$I \xrightarrow{k_1} R\cdot + R\cdot$$

链增长：
$$M + R\cdot \xrightarrow{k_2} MR\cdot$$
$$M + MR\cdot \xrightarrow{k_2} M_2R\cdot$$
$$M + M_2R\cdot \xrightarrow{k_2} M_3R\cdot$$
$$\cdots\cdots$$
$$M + M_{n-1}R\cdot \xrightarrow{k_2} M_nR\cdot$$

链终止：
$$M_pR\cdot + M_qR\cdot \xrightarrow{k_3} M_{p+q}R_2$$

该历程中 I 为引发剂，M 为高聚物单体，可近似认为链增长步骤各基元反应速率均相等。

(1)根据稳态近似方法推导链式聚合反应速率方程，以单体消耗速率表示；

(2)引发剂 I 在反应中是否为催化剂？讨论引发剂的作用，对引发剂应有怎样的要求？

(3)对于链反应，反应链长是一个重要参数，也即链引发生成的一个自由基能导致多少个分子发生反应。在链式聚合反应中反应链长即为最终高聚物平均链长。试求算通过链式聚合反应生成的高聚物平均链长 $\langle n\rangle$。(提示：可通过链增长与链引发步骤反应速率的比值来求算)

解：(1)反应速率为：
$$-\frac{d[M]}{dt} = k_2[M]\cdot\sum_{i=0}^{n-1}[M_iR\cdot]$$

由稳态近似，中间不稳定产物的浓度为常数，故有：
$$\frac{d[R\cdot]}{dt} = 2k_1[I] - k_2[M]\cdot[R\cdot] - k_3[R\cdot]\cdot\sum_{i=0}^{n}[M_iR\cdot] - k_3[R\cdot]^2 = 0$$

$$\frac{d[MR\cdot]}{dt} = k_2[M][R\cdot] - k_2[M][MR\cdot] - k_3[MR\cdot]\cdot\sum_{i=0}^{n}[M_iR\cdot] - k_3[MR\cdot]^2 = 0$$

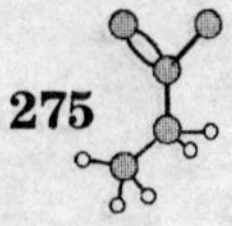

$$\frac{\mathrm{d}[M_2R\cdot]}{\mathrm{d}t}=k_2[MR\cdot][R\cdot]-k_2[M][M_2R\cdot]-k_3[M_2R\cdot]\cdot\sum_{i=0}^{n}[M_iR\cdot]-k_3[M_2R\cdot]^2=0$$

……

$$\frac{\mathrm{d}[M_{n-1}R\cdot]}{\mathrm{d}t}=k_2[M][M_{n-2}R\cdot]-k_2[M][M_{n-1}R\cdot]-k_3[M_{n-1}R\cdot]\cdot\sum_{i=0}^{n}[M_iR\cdot]-k_3[M_{n-1}R\cdot]^2=0$$

$$\frac{\mathrm{d}[M_nR\cdot]}{\mathrm{d}t}=k_2[M][M_nR\cdot]-k_3[M_nR\cdot]\cdot\sum_{i=0}^{n}[M_iR\cdot]-k_3[M_nR\cdot]^2=0$$

以上各式相加，得：

$$2k_1[I]-k_3\left(\sum_{i=0}^{n}[M_iR\cdot]\right)^2-k_3\sum_{i=0}^{n}([M_iR\cdot]^2)=0$$

因为　$$\left(\sum_{i=0}^{n}[M_iR\cdot]\right)^2-\left(\sum_{i=0}^{n-1}[M_iR\cdot]\right)^2\approx\sum_{i=0}^{n}([M_iR\cdot]^2)$$

所以　$$\sum_{i=0}^{n-1}[M_iR\cdot]=\sqrt{\frac{2k_1}{k_3}[I]}$$

则反应速率为：

$$r=-\frac{\mathrm{d}[M]}{\mathrm{d}t}=k_2[M]\cdot\sum_{i=0}^{n}[M_iR\cdot]=k_2\sqrt{\frac{2k_1}{k_3}}[I]^{1/2}[M]$$

(2)引发剂在这里不是作为催化剂存在，因为它在反应中减少了

高聚物单体离解成为自由基需很高能量，引发剂在链反应中起到了提供自由基的作用，引发剂的基本要求是容易发生均裂反应产生自由基。

(3)高聚物平均链长<n>为：

$$<n>=\frac{r_{\text{prop}}}{r_{\text{init}}}=\frac{k_2[M]\cdot\sum_{i=0}^{n-1}[M_iR\cdot]}{2k_1[I]}=\frac{k_2[M]\sqrt{\frac{2k_1}{k_3}[I]}}{2k_1[I]}=\frac{k_2[M]}{\sqrt{2k_1k_3[I]}}$$

第13章 电解质溶液

一、基本内容

1. 法拉第定律

$$Q = nzF$$

$F = 96484.6\text{C} \cdot \text{mol}^{-1} \approx 96500\text{C} \cdot \text{mol}^{-1}$，称法拉第常数

n、z 与反应式写法有关。

2. 电导

物体导电能力的大小可以用两个物理量来表示，即电阻 R 及电导 G。

$$G = \frac{1}{R} = \kappa \frac{A}{l}$$

式中：A 是导体的截面积；l 是导体的长度；G 的单位是西门子(Siemens)，用 S 表示。

3. 电导率 κ

κ 是指长 1 m，截面积为 1 m^2 的导体的电导，单位是 $\text{S} \cdot \text{m}^{-1}$。

4. 摩尔电导率 Λ_m

Λ_m 是指把含有 1 mol 电解质的溶液置于相距为 1 m 的电导池的两个平行电极之间，所具有的电导，单位是 $\text{S} \cdot \text{m}^2 \cdot \text{mol}^{-1}$。

$$\Lambda_m = \frac{\kappa}{c}$$

c 是电解质溶液的物质的量浓度($\text{mol} \cdot \text{m}^{-3}$)。某一电解质的 Λ_m 值与其基本单元有关。书写摩尔电导率时，应将浓度的基本单元写在 Λ_m 后的括号中，例如 $\Lambda_m\left(\frac{1}{2}\text{CuSO}_4\right)$。

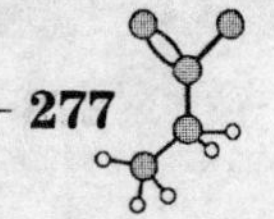

5. 科尔劳乌施经验式

$$\Lambda_m = \Lambda_m^\infty(1 - B\sqrt{c})$$

6. 离子独立移动定律

在无限稀的溶液中，每一种离子是独立移动的，不受其他离子的影响，Λ_m^∞ 可以认为是两种离子的摩尔电导率之和。

例如：$\Lambda_m^\infty(HAc) = \Lambda_m^\infty(H^+) + \Lambda_m^\infty(Ac^-)$

7. 离子的迁移数

如溶液中有 i 种离子，迁移数 t_i 为：

$$t_i = \frac{I_i}{I} = \frac{Q_i}{Q} = \frac{r_i}{r_1 + r_2 + \cdots + r_i} = \frac{U_i}{U_1 + U_2 + \cdots + U_i}$$

r 代表离子运动的速度，单位 $m \cdot s^{-1}$，U 代表离子的淌度，也叫迁移率，单位是 $m^2 \cdot s^{-1} \cdot V^{-1}$。

$$\sum t_i = 1$$

对于强电解质溶液，当浓度不大时，

$$t_i = \frac{\lambda_{m,\ i}}{\Lambda_m}$$

离子摩尔电导率 $\lambda_{m,\ i} = U_i F$，$\lambda_{m,\ i}$ 的单位是 $S \cdot m^2 \cdot mol^{-1}$。

8. 离子迁移数的测定

$$t_+ = \frac{n_{迁}^+}{n_{电}} \qquad t_- = 1 - t_+$$

①根据通电前后阴极区或阳极区物质量改变关系计算出 $n_{迁}^+$

$$n_{后} = n_{前} \pm n_{迁} \mp n_{电}$$

②界面移动法：

$$t_+ = \frac{z_+ cVF}{Q}$$

z^+ 是被测离子的价数；c 是被测溶液的物质量浓度，V 是被测溶液移动体积；F 是法拉第常数；Q 是通过溶液的电量。

9. 任意电解质 B 的分子式为 $M_{\nu^+}A_{\nu^-}$

$$M_{\nu^+}A_{\nu^-} \xrightarrow{离解} \nu^+ M^{z^+} + \nu^- A^{z^-}$$

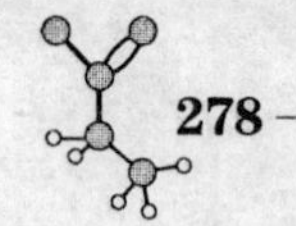

平均质量摩尔浓度：$m_{\pm}=(m_{+}^{\nu_+}m_{-}^{\nu_-})^{\frac{1}{\nu}}$ $\qquad \nu=\nu_{+}+\nu_{-}$

平均活度系数：$\qquad \gamma_{\pm}=(\gamma_{+}^{\nu_+}\gamma_{-}^{\nu_-})^{\frac{1}{\nu}}$

平均活度：$\qquad a_{\pm}=(a_{+}^{\nu_+}a_{-}^{\nu_-})^{\frac{1}{\nu}}$

电解质 B 的活度：$\qquad a_{\mathrm{B}}=a_{\pm}^{\nu}=\left(\gamma_{\pm}\dfrac{m_{\pm}}{m^{\ominus}}\right)^{\frac{1}{\nu}}$

10. 离子强度

$$I=\frac{1}{2}\sum m_i z_i^2$$

11. 德拜-休克尔极限定律

于 1923 年提出的强电解溶液理论认为强电解质在低浓度溶液中完全电离，并认为强电解质与理想溶液的偏差主要是由离子间的静电引力所引起的，于是提出了离子氛的概念，并引进了若干假定，从而导出了强电解质稀溶液中离子活度系数 γ_i 和离子平均活度系数 $\gamma_{\pm}$ 的计算公式，即德拜-休克尔极限定律。公式如下：

$$\lg\gamma_i=-Az_i^2\sqrt{I} \qquad ①$$

$$\lg\gamma_{\pm}=-A|z_{+}z_{-}|\sqrt{I} \qquad ②$$

对于水溶液，在 298 K 时，$A=0.509\ (\mathrm{mol^{-1}\cdot kg})^{\frac{1}{2}}$。

12. 关于 $\gamma_{\pm}$，γ_{+}，γ_{-} 的计算

$\gamma_{\pm}$ 可以由实验测定，也可根据公式 ② 计算出。

γ_{+} 及 γ_{-} 不能自实验测定，可根据公式 ① 计算出。

对于对称价型(1 - 1 价型，2 - 2 价型等) 的电解质，有 $\gamma_{+}\approx\gamma_{-}\approx\gamma_{\pm}$。

二、习 题 解 答

1. 无限稀释时，HCl、KCl 和 NaCl 三种溶液在相同温度、相同浓度、相同电位梯度下，三种溶液中 Cl^- 的运动速度是否相同？三种 Cl^- 的迁移数是否相同？

解：Cl^- 的速度都相同，但迁移数都不同，因三个阳离子的迁移数不同。

2. 离子电迁移率的单位可以表示成__________。

(A) $\mathrm{m\cdot s^{-1}}$ (B) $\mathrm{m\cdot s^{-1}\cdot V^{-1}}$ (C) $\mathrm{m^2\cdot s^{-1}\cdot V^{-1}}$ (D) $\mathrm{s^{-1}}$

答：(C)。

3. 水溶液中氢和氢氧根离子的淌度特别大，究其原因，下述分析哪个对？

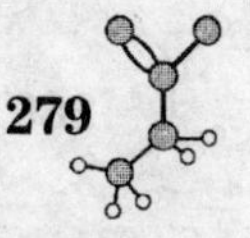

(A)发生电子传导　　　　　　　(B)发生质子传导

(C)离子荷质比大　　　　　　　(D)离子水化半径小

答：(B)。

4. 设某浓度时，$CuSO_4$的摩尔电导率为$1.4\times10^{-2}\ \Omega^{-1}\cdot m^2\cdot mol^{-1}$，若在该溶液中加入1 m^3的纯水，这时$CuSO_4$的摩尔电导率将__________。

(A)降低　　(B)增高　　(C)不变　　(D)无法确定

解：(B)。Λ_m随c的下降而升高。

5. 用同一电导池分别测定浓度为0.01 $mol\cdot kg^{-1}$($\Lambda_{m,1}$)和0.10 $mol\cdot kg^{-1}$($\Lambda_{m,2}$)的两个电解质溶液，其电阻分别为1000 Ω和500 Ω，则它们的摩尔电导率之比为多少？

解：

$$\Lambda_{m,1}=\frac{\kappa_1}{c_1}=\frac{G\kappa_{cell}}{c_1}=\frac{\kappa_{cell}}{R_1c_1}$$

同理：

$$\Lambda_{m,2}=\frac{\kappa_{cell}}{R_2c_2}$$

$$\frac{\Lambda_{m,1}}{\Lambda_{m,2}}=\frac{R_2c_2}{R_1c_1}=\frac{5}{1}$$

6. 下列电解质溶液，离子平均活度系数最小的是哪一个(设浓度都为0.01 $mol\cdot kg^{-1}$)

(A)$ZnSO_4$　　(B)$CaC1_2$　　(C)KCl　　(D)$LaCl_3$

解：(D)。因为离子强度越大，离子平均活度系数越小。

7. 用电流强度为5 A的直流电来电解稀H_2SO_4溶液，在300 K，$p^\ominus$压力下如欲获得氧气和氢气各1 dm^3时，需分别通电多少时间？已知该温度下水的蒸气压力为3565 Pa。

解：放出气体的压力为：

$$p=(101325-3565)\,Pa=97760Pa$$

在1 dm^3中含气体的物质的量为：

$$n=\frac{pV}{RT}=\frac{(97760Pa)\times(1\times10^{-3}m^3)}{(8.314J\cdot K^{-1}\cdot mol^{-1})\times(300K)}=0.03919mol$$

放出1 mol $O_2(g)$需4 mol电子的电量，放出1 mol $H_2(g)$需2 mol电子的电量，获得1 dm^3的氧气或氢气分别需时：

$$t=\frac{n\times4F}{I}=\frac{(0.03919mol)\times4\times(96500C\cdot mol^{-1})}{5C\cdot s^{-1}}=3026\ s$$

$$t=\frac{n\times2F}{I}=\frac{(0.03919mol)\times2\times(96500C\cdot mol^{-1})}{5C\cdot s^{-1}}=1513\ s$$

8. 以1930库仑的电量通过$CuSO_4$溶液，在阴极有0.018 mol的1/2Cu沉积出

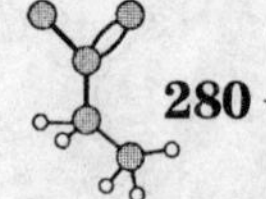

来，问阴极产生的 $1/2H_2$ 的物质的量为多少？

解：$n\left(\frac{1}{2}H_2\right) = n_{(总)} - n\left(\frac{1}{2}Cu\right) = \frac{Q}{F} - n\left(\frac{1}{2}Cu\right)$

$$= \frac{1930C}{96500C \cdot mol^{-1}} - 0.018mol = 0.002mol$$

9. 为电解食盐水溶液制取 NaOH，通过一定时间的电流后，得到含 NaOH $1mol \cdot dm^{-3}$ 的溶液 0.6 dm^3，同时在与之串联的铜库仑计上析出 30.4 g 铜，试问得到的 NaOH 是理论值的百分之几？

解：实际得到 NaOH 的质量：$c \times V \times M_{NaOH} = 24.0g$

得到 NaOH 的理论值：$\frac{Q}{F} \times M = 38.27g$

实际得到的 NaOH 是理论值的 62.7%。

10. 在 298 K 时用 Ag+AgCl 为电极，电解 KCl 水溶液，通电前溶液中 KCl 的质量分数为 $W_1(KCl) = 1.4941 \times 10^{-3}$，通电后在质量为 120.99 g 的阴极部溶液中 $W_2(KCl) = 1.9404 \times 10^{-3}$，串联在电路中的银库仑计有 160.24 mg 的 Ag 沉积出来，求 K^+ 和 Cl^- 的迁移数。

解：K^+ 自阳极部进入阴极部，但在电极上 K^+ 不发生反应。通电后在质量为 120.99 g 的阴极部溶液中，KCl 的质量和 H_2O 的质量分别为：

$$m(KCl) = 120.99g \times 1.9404 \times 10^{-3} = 0.2348g$$

$$m(H_2O) = (120.99 - 0.2348)g = 120.76g$$

通电前在 120.99 gH_2O 中含 KCl 的物质的量为：

$$n_{前} = \frac{1.4941 \times 10^{-3}g}{(1 - 1.4941 \times 10^{-3})g} \times 120.76g \times \frac{1}{74.6g \cdot mol^{-1}} = 2.422 \times 10^{-3}mol$$

$$n_{后} = \frac{0.2348g}{74.6g \cdot mol^{-1}} = 3.147 \times 10^{-3}mol$$

$$n_{迁} = n_{后} - n_{前} = (3.147 - 2.422) \times 10^{-3}mol = 7.25 \times 10^{-4}mol$$

$$n_{电} = \frac{0.16024g}{107.9g \cdot mol^{-1}} = 1.485 \times 10^{-3}mol$$

$$t_{(K^+)} = \frac{n_{迁}}{n_{电}} = \frac{7.25 \times 10^{-4}mol}{1.485 \times 10^{-3}mol} = 0.487$$

$$t_{(Cl^-)} = 1 - 0.487 = 0.513$$

11. 在 298 K 时电解用 Pb(s) 作电极的 $Pb(NO_3)_2$ 溶液，该溶液的浓度为每 1000 g 水中含有 $Pb(NO_3)_2$ 16.64 g，当与电解池串联的银库仑计中有 0.1658 g 银沉积后就停止通电，阳极部溶液质量为 62.50 g，经分析含有 $Pb(NO_3)_2$ 1.51 g，计算 Pb^{2+} 的迁移数。

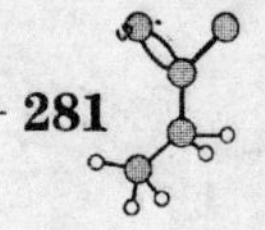

解：阳极反应为 $Pb(s) - 2e^- \longrightarrow Pb^{2+}$

阳极部水的质量为 62.50 g−1.151 g=61.349 g

阳极部 Pb^{2+} 物质的量在通电前后分别为：

$$n_{(总)} = \frac{16.64\text{g}}{1000\text{g}} \times 61.349\text{g} \times \frac{1}{331.2\text{g}\cdot\text{mol}^{-1}} = 3.082 \times 10^{-3}\text{mol}$$

$$n_{(后)} = \frac{1.151\text{g}}{331.2\text{g}\cdot\text{mol}^{-1}} = 3.475 \times 10^{-3}\text{mol}$$

生成 1 mol Pb^{2+} 需通入 2 mol 电子的电量，所以：

$$n_{(电)} = \frac{0.1658\text{g}}{107.9\text{g}\cdot\text{mol}^{-1}} \times \frac{1}{2} = 7.683 \times 10^{-4}\text{mol}$$

Pb^{2+} 的迁移的物质的量为：

$$\begin{aligned} n_{(迁)} &= n_{(前)} - n_{(后)} + n_{(电)} \\ &= (3.082 - 3.457 + 0.768) \times 10^{-3}\text{mol} \\ &= 3.75 \times 10^{-4}\text{mol} \end{aligned}$$

$$t_{Pb^{2+}} = \frac{n_{(迁)}}{n_{(电)}} = \frac{3.75 \times 10^{-4}\text{mol}}{7.683 \times 10^{-4}\text{mol}} = 0.488$$

12. 以银为电极通电于氰化银钾（KCN+AgCN）溶液时，银（Ag）在阴极上析出。每通过 l mol 电子的电量，阴极部失去 1.40 mol 的 Ag^+ 和 0.8 mol 的 CN^-，得到 0.60 mol 的 K^+，试求：

(1) 氰化银钾配合物的化学式；(2) 正负离子的迁移数。

解：(1) 设氰化银钾配合物阴离子的化学式为 $[Ag_n(CN)_m]^{X-}$，阴极部 Ag^+ 的减少有两种原因：①Ag^+ 在阴极上还原；②$[Ag_n(CN)_m]^{X-}$ 向阳极迁移。当通过 l mol 电子的电量时，有 1 molAg^+ 在阴极上还原，则有 0.4 mol 的 $[Ag_n(CN)_m]^{X-}$ 迁向阳极，所以：

$$\frac{m}{n} = \frac{0.8\text{mol}}{0.4\text{mol}} = \frac{2}{1}$$

故氰化银钾配离子的组成为 $[Ag(CN)_2]^-$。

(2)
$$t(K^+) = \frac{0.6\text{mol}}{1\text{mol}} = 0.6$$

$$t([Ag(CN)_2]^-) = 1 - 0.6 = 0.4$$

13. 在 298 K 时，毛细管中注入浓度为 33.27×10^{-3} mol·dm^{-3} 的 $GdCl_3$ 水溶液，再在其上小心地注入浓度为 7.3×10^{-2} mol·dm^{-3} 的 $LiCl_3$ 水溶液，使其间有明显的分界面；然后通过 5.594 mA 的电流，历时 3976 s 后，界面向下移动的距离相当于 1.002×10^{-3} dm^{-3} 溶液在管中所占的长度，求 Gd^{3+} 离子的迁移数。

解：$t(Gd^{3+}) = \dfrac{n(Gd^{3+}\text{ 的迁移的物质的量}) \times 3}{n(\text{通电的总物质的量})}$

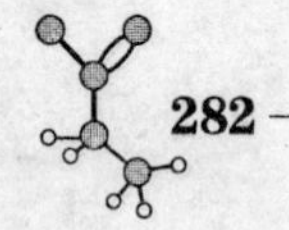

$$= \frac{(1.002 \times 10^{-3}\ \mathrm{dm^3}) \times (33.27 \times 10\mathrm{mol \cdot dm^{-3}}) \times 3}{(5.594 \times 10^{-3}\mathrm{C \cdot s^{-1}}) \times (3976\mathrm{s}) / 96500\mathrm{C \cdot mol^{-1}}}$$

$$= 0.434$$

14. 在 291 K 时，设稀溶液中 H^+，K^+ 和 Cl^- 的离子摩尔电导率分别为 278×10^{-4}，48×10^{-4} 和 $49\times10^{-4}\ \mathrm{s \cdot m^2 \cdot mol^{-1}}$，问在该温度下，在 $1\times10^3\ \mathrm{V \cdot m^{-1}}$ 的电场中，每种离子的迁移速率为多少？

解：$\gamma_+ = U_+ \dfrac{\mathrm{d}E}{\mathrm{d}l} = \lambda_{\mathrm{m},+} \Big/ F \times \dfrac{\mathrm{d}E}{\mathrm{d}l}$

$$\gamma_{\mathrm{H^+}} = \Lambda_\mathrm{m}(\mathrm{H^+}) \Big/ F\times\frac{\mathrm{d}E}{\mathrm{d}l} = 278\times10^{-4}\mathrm{s \cdot m^2 \cdot mol^{-1}}/96500\mathrm{C \cdot mol^{-1}}\times1\times10^3\mathrm{V \cdot m^{-1}}$$

$$= 2.88\times10^{-4}\mathrm{m \cdot s^{-1}}$$

$$\gamma_{\mathrm{K^+}} = \Lambda_\mathrm{m}(\mathrm{K^+}) \Big/ F\times\frac{\mathrm{d}E}{\mathrm{d}l} = 48\times10^{-4}\mathrm{s \cdot m^2 \cdot mol^{-1}}/96500\mathrm{C \cdot mol^{-1}}\times1\times10^3\mathrm{V \cdot m^{-1}}$$

$$= 4.97\times10^{-5}\mathrm{m \cdot s^{-1}}$$

$$\gamma_{\mathrm{Cl^-}} = \Lambda_\mathrm{m}(\mathrm{Cl^-}) \Big/ F\times\frac{\mathrm{d}E}{\mathrm{d}l} = 49\times10^{-4}\mathrm{s \cdot m^2 \cdot mol^{-1}}/96500\mathrm{C \cdot mol^{-1}}\times1\times10^3\mathrm{V \cdot m^{-1}}$$

$$= 5.08\times10^{-5}\mathrm{m \cdot s^{-1}}$$

15. 某电导池内装有两个直径为 4.0×10^{-2} m 相互平行的圆形银电极，电极之间的距离为 0.12 m。若在电导池内盛满浓度为 $0.1\ \mathrm{mol \cdot dm^{-3}}$ 的 $AgNO_3$ 溶液，施以 20 V 电压，则所得电流强度为 0.1976 A。试计算电导池常数、溶液的电导、电导率和 $AgNO_3$ 的摩尔电导率。

解：

$$\kappa_{\mathrm{cell}} = \frac{l}{A} = \frac{0.12\mathrm{m}}{3.14 \times (2.0 \times 10^{-2}\mathrm{m})^2} = 95.54\mathrm{m^{-1}}$$

$$G = \frac{1}{R} = \frac{I}{U} = \frac{0.1976\mathrm{A}}{20\mathrm{V}} = 9.88 \times 10^{-3}\Omega^{-1}$$

$$\kappa = G \cdot \kappa_{\mathrm{cell}} = 9.88 \times 10^{-3}\Omega^{-1} \times 95.54\mathrm{m^{-1}} = 0.944\Omega^{-1} \cdot \mathrm{m^{-1}}$$

$$\Lambda_\mathrm{m} = \frac{\kappa}{c} = \frac{0.944\Omega^{-1} \cdot \mathrm{m^{-1}}}{100\mathrm{mol \cdot m^{-3}}} = 9.44 \times 10^{-3}\Omega^{-1} \cdot \mathrm{m^2 \cdot mol^{-1}}$$

16. 298K 时在某一电导池中充以 $0.1\ \mathrm{mol \cdot dm^{-3}}$ 的 KCl 溶液（已知其电导率为 $0.14114\ \mathrm{S \cdot m^{-1}}$），测得其电阻为 525 Ω。若在该电导池内充以 $0.1\ \mathrm{mol \cdot dm^{-3}}$ 的 $NH_3 \cdot H_2O$ 溶液时，测得其电阻为 2030 Ω，已知此时水的电导率为 $2\times10^{-4}\ \mathrm{S \cdot m^{-1}}$，试求：(1)该 $NH_3 \cdot H_2O$ 溶液的电离度；(2)若该电导池内充以纯水，电阻为多少？

解：$K_{\mathrm{cell}} = \kappa \times R = (0.14114\mathrm{s \cdot m^{-1}}) \times (525\Omega) = 74.10\mathrm{m^{-1}}$

$$K_{(\mathrm{NH_3 \cdot H_2O})} = \frac{K_{\mathrm{cell}}}{R} = \frac{74.10\mathrm{m^{-1}}}{2030\Omega} = 3.65 \times 10^{-2}\Omega^{-1} \cdot \mathrm{m^{-1}}$$

$$\Lambda(\mathrm{NH_3 \cdot H_2O}) = \frac{\kappa}{c} = \frac{3.65 \times 10^{-2}\Omega^{-1} \cdot \mathrm{m^{-1}}}{100\mathrm{mol \cdot m^{-3}}} = 3.65 \times 10^{-4}\Omega^{-1} \cdot \mathrm{m^2 \cdot mol^{-1}}$$

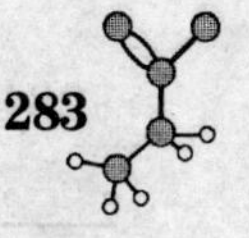

$$\Lambda_m^\infty(NH_3 \cdot H_2O) = \lambda_m^\infty(NH_4^+) + \lambda_m^\infty(OH^-)$$
$$= (73.4 \times 10^{-4} + 1.98 \times 10^{-2})\,\Omega^{-1} \cdot m^2 \cdot mol^{-1}$$
$$= 2.714 \times 10^{-2}\,\Omega^{-1} \cdot m^2 \cdot mol^{-1}$$

$$\alpha = \frac{\Lambda_m}{\Lambda_m^\infty} = \frac{3.65 \times 10^{-4}\,\Omega^{-1} \cdot m^2 \cdot mol^{-1}}{2.714 \times 10^{-2}\,\Omega^{-1} \cdot m^2 \cdot mol^{-1}} = 1.345 \times 10^{-2}$$

(2) $$R(H_2O) = \frac{K_{cell}}{K_{H_2O}} = \frac{74.10m^{-1}}{2 \times 10^{-4}\,\Omega^{-1} \cdot m^{-1}} = 3.705 \times 10^5\,\Omega$$

17. 298 K 时测得 $SrSO_4$饱和水溶液的电导率为 1.482×10^{-2} S · m^{-1}，该温度时水的电导率为 1.5×10^{-4} S · m^{-1}，试计算在该条件下 $SrSO_4$在水中的溶解度。

解：$$\Lambda_m^\infty\left(\frac{1}{2}SrSO_4\right) = \lambda_m^\infty\left(\frac{1}{2}Sr^{2+}\right) + \lambda_m^\infty\left(\frac{1}{2}SO_4^{2-}\right)$$
$$= (5.946 + 7.98) \times 10^{-3} s \cdot m^2 \cdot mol^{-1}$$
$$= 1.393 \times 10^{-2} s \cdot m^2 \cdot mol^{-1}$$
$$\Lambda_m^\infty(SrSO_4) = 2\Lambda_m^\infty\left(\frac{1}{2}SrSO_4\right) = 2 \times 1.393 \times 10^{-2} s \cdot m^2 \cdot mol^{-1}$$
$$= 2.786 \times 10^{-2} s \cdot m^2 \cdot mol^{-1}$$
$$\kappa(SrSO_4) = \kappa(\text{溶液}) - \kappa(H_2O) = (1.482 \times 10^{-2} - 1.5 \times 10^{-4}) s \cdot m^{-1}$$
$$= 1.467 \times 10^{-2} s \cdot m^{-1}$$
$$c(SrSO_4) = \frac{\kappa(SrSO_4)}{\Lambda_m^\infty(SrSO_4)} = \frac{1.467 \times 10^{-2} s \cdot m^{-1}}{2.786 \times 10^{-2} s \cdot m^2 \cdot mol^{-1}} = 5.226 \times 10^{-4} mol \cdot dm^{-3}$$

由于溶液很稀，溶液的密度与溶剂的密度近似相等，所以 $SrSO_4$的溶解度为：

$$S = m(SrSO_4) \times M(SrSO_4) = 5.226 \times 10^{-4} mol \cdot kg^{-1} \times 183.7 \times 10^{-3} kg \cdot mol^{-1}$$
$$= 9.67 \times 10^{-5}$$

18. 已知 0.1 mol · dm^{-3} $K_4[Fe(CN)_5]$溶液的电导率为 7.38 S · m^{-1}，$\lambda_m^\infty(K^+) = 7.352 \times 10^{-3} s \cdot m^2 \cdot mol^{-1}$（假设 $\lambda_m = \lambda_m^\infty$），求阴离子的淌度。

解：$$\Lambda_m \approx \Lambda_m^\infty = \frac{\kappa}{c} = \frac{7.38 s \cdot m^{-1}}{0.1 mol \times (0.1 m)^{-3}} = 7.38 \times 10^{-2} s \cdot m^2 \cdot mol^{-1}$$
$$\Lambda_m^\infty = 4\Lambda_m^\infty(K^+) + \lambda_m^\infty([Fe(CN)_5]^{4-})$$
$$\Lambda_{m-}^\infty = \Lambda_m^\infty - 4\lambda_{m+}^\infty$$
$$= 7.38 \times 10^{-2} - 4 \times 7.352 \times 10^{-3} = 4.44 \times 10^{-2} s \cdot m^2 \cdot mol^{-1}$$
$$U_- = \lambda_{m-}^\infty / zF = \frac{0.0444 s \cdot m^2 \cdot mol^{-1}}{4 \times 96500 C \cdot mol^{-1}} = 1.15 \times 10^{-7} m^2 \cdot V^{-1} \cdot s^{-1}$$

19. 298 K 时，KCl 和 $NaNO_3$溶液的极限摩尔电导率及离子的极限迁移数如下：

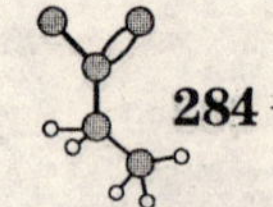

	$\Lambda_m^\infty/\mathrm{s\cdot m^2\cdot mol^{-1}}$	t_+^∞
KCl	1.4985×10^{-2}	0.4906
$NaNO_3$	1.2159×10^{-2}	0.4124

计算：(1)氯化钠溶液的极限摩尔电导率 $\Lambda_m^\infty(\mathrm{NaCl})$。

(2)氯化钠溶液中的 Na^+ 极限迁移数 $t^\infty(Na^+)$ 和极限淌度 $U^\infty(Na^+)$。

解：(1) $\Lambda_m^\infty(\mathrm{NaCl}) = \lambda_m^\infty(Na^+) + \lambda_m^\infty(Cl^-)$

$$= t^\infty(Na^+)\Lambda_m^\infty(NaNO_3) + t^\infty(Cl^-)\Lambda_m^\infty(KCl)$$

$$= 0.4124\times1.2159\times10^{-2} + (1-0.4906)\times1.4985\times10^{-2}$$

$$= 1.2647\times10^{-2}\mathrm{s\cdot m^2\cdot mol^{-1}}$$

(2) $t^\infty(Na^+) = \lambda_m^\infty(Na^+)/\Lambda_m^\infty(NaCl)$

$$= 0.4124\times1.2159\times10^{-2}/1.2647\times10^{-2} = 0.3965$$

$$U^\infty(Na^+) = \lambda_m^\infty(Na^+)/F = 0.4124\times1.2159\times10^{-2}\mathrm{s\cdot m^2\cdot mol^{-1}}/96500\mathrm{C\cdot mol^{-1}}$$

$$= 5.200\times10^{-8}\mathrm{m^2\cdot s^{-1}\cdot V^{-1}}$$

20. 已知 NaCl，KNO_3，$NaNO_3$ 在稀溶液中的摩尔电导率依次为 1.26×10^{-2}，1.45×10^{-2}，1.21×10^{-2} $\mathrm{s\cdot m^2\cdot mol^{-1}}$，已知 KCl 中 $t_+=t_-$，设在此浓度范围以内，摩尔电导率不随浓度而变化，试计算：

(1)以上各种离子的摩尔电导率。

(2)假定 0.1 $\mathrm{mol\cdot dm^{-3}}$ HCl 溶液的电阻是 0.01 $\mathrm{mol\cdot dm^{-3}}$ NaCl 溶液电阻的 1/35(用同一电导池测定)，计算 HCl 的摩尔电导率。

解：(1) $\Lambda_m(KCl) = \Lambda_m(KNO_3) + \Lambda_m(NaCl) - \Lambda_m(NaNO_3)$

$$t_+ = \frac{\lambda_{m,+}}{\Lambda_m}$$

$$\lambda_m(K^+) = t_+\Lambda_m(KCl) = 0.5\times1.5\times10^{-2} = 7.5\times10^{-3}\mathrm{s\cdot m^2\cdot mol^{-1}}$$

$$\lambda_m(Cl^-) = t_-\Lambda_m(KCl) = 7.5\times10^{-3}\mathrm{s\cdot m^2\cdot mol^{-1}}$$

$$\lambda_m(Na^+) = \Lambda_m(NaCl) - \lambda_m(Cl^-) = 1.26\times10^{-2} - 7.5\times10^{-3} = 5.1\times10^{-3}\mathrm{s\cdot m^2\cdot mol^{-1}}$$

$$\lambda_m(NO_3^-) = \Lambda_m(KNO_3) - \lambda_m(K^+) = 1.45\times10^{-2} - 7.5\times10^{-3} = 7.0\times10^{-3}\mathrm{s\cdot m^2\cdot mol^{-1}}$$

(2)
$$R = \rho\frac{l}{A} = \frac{\kappa_{\text{cell}}}{\kappa}$$

$$\Lambda_m = \frac{\kappa}{c}$$

$$\Lambda_m(HCl)/\Lambda_m(NaCl) = [\kappa/c(HCl)]/[\kappa/c(NaCl)] = Rc(NaCl)/R'c(HCl) = 3.5$$

$$\Lambda_m(HCl) = 3.5\Lambda_m(NaCl) = 4.41\times10^{-2}\mathrm{s\cdot m^2\cdot mol^{-1}}$$

21. 有一电导池，其电极的有效面积为 2 $\mathrm{cm^2}$，电极之间的有效距离为 10 cm，

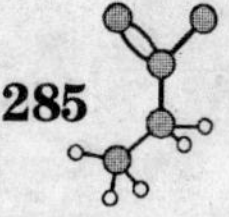

在池中充以1-1价型的盐MX的溶液，浓度为0.03 mol·dm^{-3}，用电位差为3 V，强度为0.003 A的电流通电，已知M^+离子的迁移数为0.4，试求：

(1)MX的摩尔电导率。

(2)M^+和X^-单个离子的摩尔电导率。

(3)在这种实验条件下M^+离子的移动速度。

解：(1) $\Lambda_m(MX)=\dfrac{\kappa}{c}=\dfrac{I}{E}\times\dfrac{l}{A}\times\dfrac{1}{c}$

$$=\frac{0.003}{3}\times\frac{10\times10^{-2}}{2\times10^{-4}}\times\frac{1}{0.03\times10^{3}}$$

$$=1.67\times10^{-2}\Omega^{-1}\cdot m^{2}\cdot mol^{-1}$$

(2) $\Lambda_m(M^+)=t_{M^+}\times\Lambda_m(MX)=0.4\times1.67\times10^{-2}$

$$=6.68\times10^{-3}\Omega^{-1}\cdot m^{2}\cdot mol^{-1}$$

$$\Lambda_m(X^-)=t_{X^-}\times\Lambda_m(MX)=0.6\times1.67\times10^{-2}=1.00\times10^{-2}\Omega^{-1}\cdot m^{2}\cdot mol^{-1}$$

(3)
$$r_+=U_+\frac{dE}{dl}=\frac{\Lambda_m(M^+)}{F}\times\frac{E}{l}$$

$$=\frac{6.68\times10^{-3}}{96500}\times\frac{3}{0.1}=2.07\times10^{-6}m\cdot s^{-1}$$

22. 298 K时将电导率为0.141 $\Omega^{-1}\cdot m^{-1}$的KCl溶液装入电导池，测得电阻为525 Ω；在该电导池中若装入0.1 mol·dm^{-3}的NH_4OH溶液，测出电阻为2030 Ω，计算此NH_4OH溶液的电离度及平均电离平衡常数。

解：查表求$\Lambda_m^{\infty}(NH_4OH)$

$$\Lambda_m^{\infty}(NH_4OH)=\Lambda_m^{\infty}(NH_4^+)+\Lambda_m^{\infty}(OH^-)$$

$$=73.4\times10^{-4}+198.0\times10^{-4}=2.714\times10^{-2}\Omega^{-1}\cdot m^{2}\cdot mol^{-1}$$

$$K_{cell}=\kappa\times R=0.141\times525=74.03m^{-1}$$

$$\kappa(NH_4OH)=\frac{K_{cell}}{R}=\frac{74.03}{2030}=0.03647\Omega^{-1}\cdot m^{-1}$$

$$\Lambda_m=\frac{\kappa(NH_4OH)}{c(NH_4OH)}=\frac{0.03647}{0.1\times10^{3}}=3.647\times10^{-4}\Omega^{-1}\cdot m^{2}\cdot mol^{-1}$$

$$\alpha=\frac{\Lambda_m}{\Lambda_m^{\infty}}=\frac{3.647\times10^{-4}}{2.714\times10^{-2}}=0.01344$$

$$\kappa=\frac{0.1\times(0.01344)^2}{1-0.01344}=1.83\times10^{-5}$$

23. 实验测得$BaSO_4$饱和水溶液在298 K时的电导率为3.590×10^{-4} S·m^{-1}，配溶液所用水的电导率为0.618×10^{-4} S·m^{-1}，已知Ba^{2+}和SO_4^{2-}无限稀释时的离子摩尔电导率分别为1.2728×10^{-2} S·m^{2}·mol^{-1}与1.60×10^{-2} S·m^{2}·mol^{-1}(假定溶解的

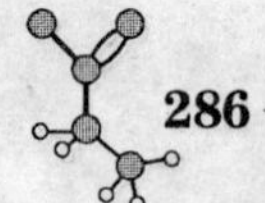

$BaSO_4$在溶液中全部离解）。计算 298 K 时，$BaSO_4$的溶度积。

解：$\Lambda_m \approx \Lambda_m^\infty = \Lambda_m^\infty(Ba^{2+}) + \Lambda_m^\infty(SO_4^{2-})$

$$= 1.2728 \times 10^{-2} + 1.60 \times 10^{-2} = 2.8728 \times 10^{-2} S \cdot m^2 \cdot mol^{-1}$$

$\kappa = \kappa(溶液) - \kappa(H_2O)$

$= 3.590 \times 10^{-4} - 0.618 \times 10^{-4} = 2.972 \times 10^{-4} S \cdot m^{-1}$

$$c = \frac{\kappa}{\Lambda_m} = \frac{2.972 \times 10^{-4}}{2.8728 \times 10^{-2}} = 1.035 \times 10^{-5} mol \cdot dm^{-3}$$

$$K_{sp} = \left(\frac{c}{c^\ominus}\right)^2 = (1.035 \times 10^{-5})^2 = 1.07 \times 10^{-10}$$

24. 已知 298K 时 AgCl 的活度积为 1.7×10^{-10}，试计算 AgCl 在下述溶液中的溶解度。

(1) 在纯水中。

(2) 在 $0.01 mol \cdot kg^{-1}$ 的 NaCl 溶液中。

(3) 在 $0.01 mol \cdot kg^{-1}$ 的 $NaNO_3$溶液中。

解：
$$K_{ap} = \frac{a_{Ag^+} \times a_{Cl^-}}{a_{AgCl}} = \gamma_\pm^2 \left(\frac{m}{m^\ominus}\right)^2 = \gamma_\pm^2 K_{sp}$$

在一定温度下，活度积 K_{ap}是常数，而容度积 K_{sp}随活度系数的增加反而下降。

(1) AgCl 在纯水中溶解度很小，平均活度系数 $\gamma_\pm \approx 1$，所以 $K_{ap} \approx K_{sp}$

$$\frac{m}{m^\ominus} = \sqrt{K_{sp}} = \sqrt{1.7 \times 10^{-10}} = 1.304 \times 10^{-5}$$

溶解度 $= m \times M(AgCl) = 1.304 \times 10^{-5} \times 143.4 \times 10^{-3} = 1.87 \times 10^{-6}$

(2) 在 $0.01 mol \cdot kg^{-1}$ 的 NaCl 溶液中，离子强度 I 近似等于 $0.01 mol \cdot kg^{-1}$，用德拜-休克尔公式求平均活度系数 $\gamma_\pm$。

$$\lg\gamma_\pm = -A \times 1 \times 1 \times \sqrt{I} = -0.0509$$

$$\gamma_\pm = 0.8894$$

$$K_{sp} = \frac{K_{ap}}{\gamma_\pm^2} = \frac{1.7 \times 10^{-10}}{(0.8894)^2} = 2.149 \times 10^{-10}$$

$$\frac{m(Ag^+)}{m^\ominus} = \frac{K_{sp}}{m(Cl^-)/m^\ominus} = \frac{2.149 \times 10^{-10}}{0.01}$$

$$m(Ag^+) = 2.149 \times 10^{-8} mol \cdot kg^{-1}$$

溶解度 $= m \times M(AgCl) = 2.149 \times 10^{-8} \times 143.4 \times 10^{-3} = 3.08 \times 10^{-9}$

(3) 在 $0.01 mol \cdot kg^{-1}$ 的 $NaNO_3$溶液中，I 近似为 $0.01 mol \cdot kg^{-1}$，同(2)，$\gamma_\pm = 0.8894$

$$\frac{m}{m^\ominus} = \sqrt{K_{sp}} = \frac{\sqrt{K_{ap}}}{\gamma_\pm} = \frac{\sqrt{1.7 \times 10^{-10}}}{0.8894} = 1.466 \times 10^{-5}$$

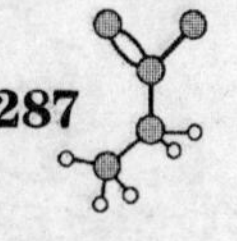

溶解度 $= m \times M(\mathrm{AgCl}) = 1.466 \times 10^{-5} \times 143.4 \times 10^{-3} = 2.10 \times 10^{-6}$

25. 下列溶液的离子强度各是多少?

(A)0.1 $\mathrm{mol \cdot kg^{-1}}$的NaCl溶液;

(B)0.1 $\mathrm{mol \cdot kg^{-1}}$的$Na_2C_2O_4$溶液;

(C)0.1 $\mathrm{mol \cdot kg^{-1}}$的$CuSO_4$溶液;

(D)0.1 $\mathrm{mol \cdot kg^{-1}}$的$K_4[Fe(CN)_6]$溶液;

(E)0.1 $\mathrm{mol \cdot kg^{-1}}$的KCl溶液和0.1 $\mathrm{mol \cdot kg^{-1}}$的$BaCl_2$混合液。

解:由 $I = \frac{1}{2}\sum_i m_i z_i^2$ 得到如下结果:

(A)0.1 $\mathrm{mol \cdot kg^{-1}}$(B)0.3 $\mathrm{mol \cdot kg^{-1}}$(C)0.4 $\mathrm{mol \cdot kg^{-1}}$(D)1.0 $\mathrm{mol \cdot kg^{-1}}$(E)0.13 $\mathrm{mol \cdot kg^{-1}}$

26. 试用D-H极限公式计算298 K时浓度为0.001 $\mathrm{mol \cdot kg^{-1}}$的$K_3Fe(CN)_6$溶液的平均活度系数值,并与实验值($\gamma_\pm = 0.808$)相对比。已知 $A = 0.5115(\mathrm{mol \cdot kg^{-1}})^{\frac{1}{2}}$

解:$I = \frac{1}{2}(0.001 \times 3 \times 1^2 + 0.001 \times 3^2) = 0.006\mathrm{mol \cdot kg^{-1}}$

$$\lg\gamma_\pm = -\frac{A|z_+ z_-|\sqrt{I}}{1 + \alpha\beta\sqrt{I}} = \frac{-0.5115 \times 1 \times 3 \times \sqrt{0.006}}{1 + \sqrt{0.006}}$$

$$\gamma_\pm = 0.776$$

27. 用德拜-休克尔公式计算下列强电解质AB,AB_2和AB_3在浓度分别为0.0001和0.0005 $\mathrm{mol \cdot kg^{-1}}$时的离子平均活度系数。

解:AB型,离子强度I与质量摩尔浓度相同;分别为0.0001和0.0005 $\mathrm{mol \cdot kg^{-1}}$,代入德拜-休克尔公式:

$$\lg\gamma_\pm = -A|z_+ z_-|\sqrt{I} = -0.509\sqrt{0.001}$$

$$\gamma_\pm = 0.9883$$

同理: $\gamma_\pm(0.0005\mathrm{mol \cdot kg^{-1}}) = 0.9741$

AB_2型电解质 $I = 3m$

$$I(0.0001\mathrm{mol \cdot kg^{-1}}) = 0.0003\mathrm{mol \cdot kg^{-1}}$$

$$\gamma_\pm(0.0001\mathrm{mol \cdot kg^{-1}}) = 0.9602$$

$$I(0.0005\mathrm{mol \cdot kg^{-1}}) = 0.0015\mathrm{mol \cdot kg^{-1}}$$

$$\gamma_\pm(0.0005\mathrm{mol \cdot kg^{-1}}) = 0.9132$$

AB_3型电解质 $I = 6m$

$$I(0.0001\mathrm{mol \cdot kg^{-1}}) = 0.0006\mathrm{mol \cdot kg^{-1}}$$

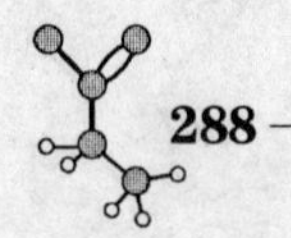

$$\gamma_{\pm}(0.0001\text{mol}\cdot\text{kg}^{-1}) = 0.9175$$

$$I(0.0005\text{mol}\cdot\text{kg}^{-1}) = 0.0030\text{mol}\cdot\text{kg}^{-1}$$

$$\gamma_{\pm}(0.0005\text{mol}\cdot\text{kg}^{-1}) = 0.8248$$

28. 有下列不同类型的电解质(a)HCl；(b)$CdCl_2$；(c)$CaSO_4$；(d)$LaCl_3$；(e)$Al_2(SO_4)_3$。设它们都是强电解质，当它们的溶液浓度皆为 0.25 mol·kg^{-1}时，计算各溶液的(1)离子强度；(2)离子平均质量摩尔浓度 $m_{\pm}$。

解：(1) $I = \frac{1}{2}\sum_{B} m_B z_B^{\ 2}$

(a)HCl 溶液：$I = 0.25\text{mol}\cdot\text{kg}^{-1}$

(b)$CdCl_2$溶液：$I = 0.75\text{mol}\cdot\text{kg}^{-1}$

(c)$CaSO_4$溶液：$I = 1.00\text{mol}\cdot\text{kg}^{-1}$

(d)$LaCl_3$溶液：$I = 1.50\text{mol}\cdot\text{kg}^{-1}$

(e)$Al_2(SO_4)_3$溶液：$I = 3.75\text{mol}\cdot\text{kg}^{-1}$

(2) $(m_{\pm})^{\nu} = [(m_+)^{\nu_+} + (m_-)^{\nu_-}]$

(a) $m_{\pm}(\text{HCl}) = 0.25\text{mol}\cdot\text{kg}^{-1}$

(b) $m_{\pm}(\text{CdCl}_2) = 0.3969\text{mol}\cdot\text{kg}^{-1}$

(c) $m_{\pm}(\text{CaSO}_4) = 0.25\text{mol}\cdot\text{kg}^{-1}$

(d) $m_{\pm}(\text{LaCl}_3) = 0.5699\text{mol}\cdot\text{kg}^{-1}$

(e) $m_{\pm}(\text{Al}_2(\text{SO}_4)_3) = 0.6377\text{mol}\cdot\text{kg}^{-1}$

29. 在 298 K 时，醋酸 HAc 的电离平衡常数为 1.8×10^{-5}，试计算在下列各情况下醋酸在浓度为 1.0 mol·kg^{-1}时的电离度。

(1)设溶液是理想的，活度系数均为 1。

(2)用 D-H 极限公式计算出 $\gamma_{\pm}$ 的值，然后再计算电离度。设未离解的 HAc 的活度系数为 1。

解：(1)设已离解的醋酸活度为 x，由于它的离解度很小，x 与 1 相比可忽略不计。

$$\text{HAc} \rightleftharpoons \text{H}^+ + \text{Ac}^-$$

$$1-x \qquad x \qquad x$$

$$K_a = \frac{x^2}{1-x} \approx x^2 = 1.8\times10^{-5}$$

$$x = 4.243\times10^{-3}\text{mol}\cdot\text{kg}^{-1}\text{，即}[\text{H}^+] = 4.243\times10^{-3}\text{mol}\cdot\text{kg}^{-1}$$

$$\alpha = \frac{4.243\times10^{-3}}{1.0} = 4.243\times10^{-3}$$

(2)当 H^+浓度为 4.243×10^{-3} mol·kg^{-1}时，溶液中的离子强度为 $I = 4.243\times$

$10^{-3}mol \cdot kg^{-1}$。根据德拜-休克尔公式：

$$\lg\gamma_{\pm} = -A|z_+ z_-|\sqrt{I} = -0.509\sqrt{4.243 \times 10^{-3}} = -3.316 \times 10^{-2}$$

$$\gamma_{\pm} = 0.926$$

$$K_a = \frac{a(H^+)\ a(Ac^-)}{a(HAc)} = \frac{\gamma_+ \frac{m}{m^{\ominus}}\gamma_- \frac{m}{m^{\ominus}}}{1.0} = \gamma_{\pm}^2\left(\frac{m}{m^{\ominus}}\right)^2$$

$$1.8 \times 10^{-5} = (0.926)^2 \times \left(\frac{m}{m^{\ominus}}\right)^2$$

$$\alpha = \frac{m}{m^{\ominus}} = 4.58 \times 10^{-3}。$$

30. 某有机银盐 AgA(A 表示弱有机酸根)在 pH 值等于 7.0 的水中，其饱和溶液的浓度为 $1\times10^{-4}\ mol \cdot dm^{-3}$，在该 pH 值下，$A^-$离子的水解可以忽略。

(1)计算在浓度为 $0.1\ mol \cdot dm^{-3}$的 $NaNO_3$溶液中(设 pH 值为 7.0)，AgA(s)的饱和溶液的浓度。

(2)设 AgA 在浓度为 $1.0\times10^{-3}\ mol \cdot dm^{-3}$的 HNO_3溶液中的饱和浓度为 $1.3\times10^{-4}\ mol \cdot dm^{-3}$，计算弱有机酸 HA 的电解平衡常数 K_a。

解：(1) $$K_a = a_{Ag^+} \times a_{A^-} = 1 \times 10^{-8}$$

在 $0.1\ mol \cdot dm^{-3}$的 $NaNO_3$ 中，AgA 的离子浓度可忽略不计，则 $I = 0.1 mol \cdot dm^{-3}$，

$$\lg\gamma_{\pm} = -0.509\sqrt{0.1} \qquad \gamma_{\pm} = 0.690$$

$$K_a = \gamma_{\pm}^2\left(\frac{c}{c^{\ominus}}\right)^2 = 1 \times 10^{-8}$$

解得： $$c = 1.449 \times 10^{-4} mol \cdot dm^{-3}$$

(2) $$I = 1.0 \times 10^{-3} mol \cdot dm^{-3}$$

计算得：$\gamma_{\pm} = 0.964$

$$K_a = \gamma_{\pm}^2 \times \left(\frac{c_{Ag^+}}{c^{\ominus}}\right) \times \left(\frac{c_{A^-}}{c^{\ominus}}\right) = 1 \times 10^{-8}$$

$$\left(\frac{c_{Ag^+}}{c^{\ominus}}\right) \times \left(\frac{c_{A^-}}{c^{\ominus}}\right) = \frac{1 \times 10^{-8}}{(0.964)^2} = 1.076 \times 10^{-8}$$

已知 $c_{Ag^+} = 1.3 \times 10^{-4} mol \cdot dm^{-3}$，代入上式得

$$c_{A^-} = 8.28 \times 10^{-5} mol \cdot dm^{-3}$$

$$K_a = \frac{a(H^+) \times a(A^-)}{a(HA)} = \frac{\gamma_+ \left(\frac{c(H^+)}{c^{\ominus}}\right) \times \gamma_- \left(\frac{c(A^-)}{c^{\ominus}}\right)}{\gamma_{HA}\left(\frac{c_{HA}}{c^{\ominus}}\right)}$$

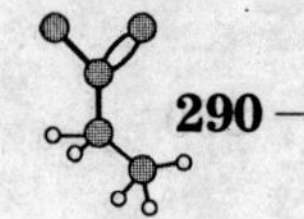

$$= \frac{(0.964)^2 \times 1.0 \times 10^{-3} \times 8.28 \times 10^{-5}}{1.3 \times 10^4 - 8.28 \times 10^{-5}} \approx 1.63 \times 10^{-3}$$

考虑 H^+由于形成 HA 而减少，则计算的 K_a值约为 1.55×10^{-3}。

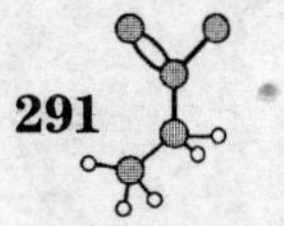

第 14 章　电化学热力学

一、基本内容

1. 可逆电极的类型、电极反应、电极电动势的表达式

第一类电极：由金属浸在含有该金属离子的溶液中构成，包括气体电极等。例如气体电极等。例如：

金属 M 电极：

$$M^{2+}(a) \mid M \qquad M^{2+}(a) + ze^- \rightleftharpoons M$$

$$\varphi_{M^{2+},M} = \varphi^{\ominus}_{M^{2+},M} - \frac{RT}{zF}\ln\frac{1}{a_{M^{2+}}}$$

氧电极(碱性电解质)：

$$OH^-(a) \mid O_2(g), Pt \qquad O_2(p) + 2H_2O + 4e^- \rightleftharpoons 4OH^-(a)$$

$$\varphi_{O_2,OH^-} = \varphi^{\ominus}_{O_2,OH^-} - \frac{RT}{4F}\ln\frac{a^4_{OH^-}}{a_{O_2}}$$

$$a_{O_2} = \frac{f_{O_2}}{p^{\ominus}} = \gamma\frac{p_{O_2}}{p^{\ominus}}$$

第二类电极：由金属及该金属的难溶盐浸入含有该难溶盐负离子的溶液中构成，包括金属及其氧化物浸在碱性(或酸性)溶液中构成的电极。例如：

Ag-AgCl 电极：

$$Cl^-(a) \mid AgCl, Ag \qquad AgCl(s) + e^- \rightleftharpoons Ag(s) + Cl^-(a)$$

$$\varphi_{AgCl,Cl^-} = \varphi^{\ominus}_{AgCl,Cl^-} - \frac{RT}{F}\ln a_{Cl^-}$$

氧化汞电极(碱性电解质)：

$$OH^- \mid HgO, Hg \qquad HgO(s) + H_2O + 2e^- \longrightarrow Hg(s) + 2OH^-(a)$$

第三类电极：氧化还原电极，氧化还原反应在溶液中的离子间进行，而电极材料(一般用金属铂)只作为导体。例如：

$$Pt/Mn^{2+}, MnO_4^-, H^+ \qquad MnO_4^-(a) + 8H^+(a) + 5e^- \rightleftharpoons Mn^{2+}(a) + 4H_2O$$

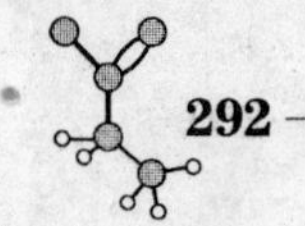

$$\varphi_{MnO_4^-, Mn^{2+}} = \varphi^{\ominus}_{MnO_4^-, Mn^{2+}} - \frac{RT}{5F}\ln\frac{a_{Mn^{2+}}}{a_{MnO_4^-}a_{H^+}^8}$$

2. 可逆电池的热力学

对任意可逆电池反应:

$$cC + dD \rightleftharpoons gG + hH$$

能斯特方程为:

$$E = E^{\ominus} - \frac{RT}{zF}\ln\frac{a_C^g a_H^h}{a_C^c a_D^d}$$

电化学基本公式:

$$\Delta_r G_m = -W_{f,\max} = -zEF$$

$$\Delta_r G_m^{\ominus} = -RT\ln K_a^{\ominus} = -zE^{\ominus}F$$

$$\Delta_r H_m = -zEF + zFT\left(\frac{\partial E}{\partial T}\right)_p$$

$$\Delta_r S_m = zF\left(\frac{\partial E}{\partial T}\right)_p$$

$$Q_{可逆} = T\Delta_r S_m = zFT\left(\frac{\partial E}{\partial T}\right)_p$$

3. 可逆电池的类型，电池反应

①单液电池：两个电极插在同一电解质溶液中。如:

$$Zn(s) \mid H_2SO_4(m) \mid Cu(s)$$

负极: $Zn(s) - 2e^- \longrightarrow Zn^{2+}(a_{Zn^{2+}})$

正极: $2H^+(a_{H^+}) + 2e^- \longrightarrow H_2(p_{H_2})$

电池反应: $Zn(s) + 2H^+(a_{H^+}) \longrightarrow Zn^{2+}(a_{Zn^{2+}}) + H_2(p_{H_2})$

②双液电池：两个电极插在不同电解液中，两种电解液间用盐桥相连。

例如: $Zn(s) \mid ZnSO_4(m_1) \parallel CuSO_4(m_2) \mid Cu(s)$

负极: $Zn(s) - 2e^- \longrightarrow Zn^{2+}(a_{Zn^{2+}})$

正极: $Cu^{2+}(a_{Cu^{2+}}) + 2e^- \longrightarrow Cu(s)$

电池反应: $Zn(s) + Cu^{2+}(a_{Cu^{2+}}) \longrightarrow Zn^{2+}(a_{Zn^{2+}}) + Cu(s)$

③浓差电池：净的电池反应只是一种物质从高浓度状态向低浓度状态转移，分单液浓差电池和双液浓差电池两类。

a)单液浓差电池，亦称电极浓差电池，例如:

$$(Pt)H_2(p_1) \mid HCl(m) \mid H_2(p_2)(Pt)$$

负极: $H_2(p_1) - 2e^- \longrightarrow 2H^+$

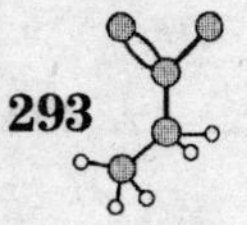

正极：　$2H^+ + 2e^- \longrightarrow H_2(p_2)$

电池反应：　$H_2(p_1) \longrightarrow H_2(p_2)$

b) 双液浓差电池亦称溶液浓差电池，例如：

$$Ag | AgNO_3(a_1) \| AgNO_3(a_2) | Ag$$

负极：　$Ag - e^- \longrightarrow Ag^+(a_1)$

正极：　$Ag^+(a_2) + e^- \longrightarrow Ag$

电池反应：　$Ag^+(a_2) \longrightarrow Ag^+(a_1)$

c) 双联浓差电池

用两个相同的电极联结在一起，代替双液浓差电池中的盐桥，即构成双联浓差电池。

例如：　$(Pt)H_2(p) | HCl(a_1) | AgCl, Ag - Ag, AgCl | HCl(a_2) | H_2(p^{\ominus})(Pt)$

这类电池实际上是由两个单液电池组合而成：

左电池反应：　$\frac{1}{2}H_2(p^{\ominus}) + AgCl \longrightarrow Ag + HCl(a_1)$

右电池反应：　$Ag + HCl(a_2) \longrightarrow \frac{1}{2}H_2(p^{\ominus}) + AgCl$

总反应：　$HCl(a_2) \longrightarrow HCl(a_1)$

4. 计算电池电动势的公式

例如电池：　$Zn(s) | ZnSO_4(a_{Zn^{2+}}) \| CuSO_4(a_{Cu^{2+}}) | Cu(s)$

电池反应：　$Zn(s) + Cu^{2+}(a_{Cu^{2+}}) \longrightarrow Zn^{2+}(a_{Zn^{2+}}) + Cu(s)$

计算此电池电动势 E 有如下方法：

①用能斯特方程：

$$E = E^{\ominus} - \frac{RT}{2F}\ln\frac{a_{Zn^{2+}}a_{Cu}}{a_{Cu^{2+}}a_{Zn}}$$

②用电极电势计算

$$E = \varphi_{右} - \varphi_{左} = \varphi_{Cu^{2+},Cu} - \varphi_{Zn^{2+},Zn}$$

$$= \left(\varphi^{\ominus}_{Cu^{2+},Cu} - \frac{RT}{2F}\ln\frac{a_{Cu}}{a_{Cu^{2+}}}\right) - \left(\varphi^{\ominus}_{Zn^{2+},Zn} - \frac{RT}{2F}\ln\frac{a_{Zn}}{a_{Zn^{2+}}}\right)$$

③从反应的 $\Delta_r G_m$ 来计算：

$$E = -\frac{\Delta_r G_m}{zF}$$

5. 液体接界电势 E_j 的计算

$$Ag + AgCl | KCl(m_1) | KCl(m_2) | AgCl + Ag$$

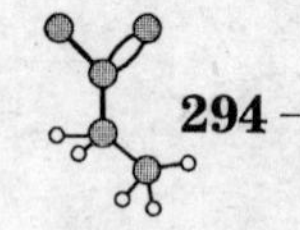

$$E_j = (t_{K^+} - t_{Cl^-}) \frac{RT}{F} \ln \frac{m_1}{m_2}$$

6. 电动势测定的应用

①由实验测定可逆电池的 E，$E^{\ominus}$ 和 $\left(\frac{\partial E}{\partial T}\right)_p$ 等值；求算热力学函数的改变量，$\Delta_r G_m$，$\Delta_r G_m^{\ominus}$，$\Delta_r H_m$，$\Delta_r S_m$ 及电池的可逆热效应 Q_R 等。

②求氧化还原反应的热力学平衡常数 $K^{\ominus}$ 值。

③求难溶盐的溶度积 K_{sp}，水的离子积及弱酸、弱碱的电离常数等。

④求电解质溶液的平均活度系数 $\gamma_{\pm}$ 和电极的 $\varphi^{\ominus}$ 值。

⑤从液接电势求离子的迁移数。

⑥利用玻璃电极测定溶液的 pH 值。

二、习题解答

1. 为什么用 Zn(s) 和 Ag(s) 插在 HCl 溶液中所构成的原电池是不可逆电池？

解：在充放电时，电池反应不可逆。

2. 在测定可逆电池电动势时，为什么要用对消法测定？

解：使电动势测定几乎在无电流流过的情况下进行，各物质的活度保持不变；使外阻很大，而内阻可忽略不计，这时 $V \approx E$。

3. 标准电极电势等于电极与周围活度为 1 的电解质之间的电势差，这种说法对吗？为什么？

解：不对。标准电极电势是处于标准态的电极与标准氢电极（作负极）组成电池时的电动势值，把标准氢电极的电极电动势规定为零时的相对值。

4. 某电池反应可写成(1) $H_2(p_1) + Cl_2(p_2) = 2HCl$ 或(2) $\frac{1}{2}H_2(p_1) + \frac{1}{2}Cl_2(p_2) = HCl$。这两种不同的表示式算出的 E，$E^{\ominus}$，$\Delta_r G_m$ 和 $K^{\ominus}$ 是否相同？写出两者之间的关系。

解：$E_1 = E_2$；$E_1^{\ominus} = E_2^{\ominus}$；$\Delta_r G_{m,1} = 2\Delta_r G_{m,2}$；$K_1^{\ominus} = (K_2^{\ominus})^2$

5. 为什么要提出标准氢电极？标准氢电极的 $\varphi^{\ominus}$ 实际上是否为零？当 H^+ 的活度不等于 1 时，$\varphi^{\ominus}_{H^+, H_2}$ 是否仍为零？

解：因单个电极的电势无法测量，所以和标准氢电极组成电池，把该电池的电动势作为被测电极的电极电势。实际上 $\varphi^{\ominus}_{H^+, H_2}$ 不为零，只是人为地规定一个相对标准而已。当 a_{H^+} 不等于 1 时，$\varphi^{\ominus}_{H^+, H_2}$ 的值用能斯特方程进行计算。

6. 盐桥有何作用？为什么它不能完全消除液接电势，而只是把液接电势降低

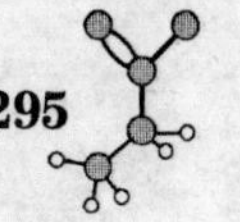

到可以忽略不计？

解：盐桥起导电而又防止两种溶液直接接触以免产生液接电势的作用。从液接电势的计算公式，只有 $t_+=t_-$时，$E_j=0$，而 t_+与 t_-完全相等的电解质是很难找到的，所以只能使 E_j接近于零。

7. 因为电池的标准电动势 $E^\ominus=\frac{RT}{zF}\ln K^\ominus$（标准平衡常数），所以 $E^\ominus$表示电池反应达到平衡时电池的电动势，对吗？

解：不对，$E^\ominus$与 $K^\ominus$仅是数值上有联系，$\Delta_r G_m^\ominus=-zE^\ominus F=-RT\ln K^\ominus$

8. 下列电池中哪个的电动势与 Cl^-离子的活度无关：

(A) $Zn|ZnCl_2(aq)|Cl_2(g)|Pt$

(B) $Ag|AgCl(s)|KCl(aq)|Cl_2(g)|Pt$

(C) $Hg|Hg_2Cl_2(s)|KCl(aq)\parallel AgNO_3(aq)|Ag$

(D) $Pt|H_2(g)|HCl(aq)|Cl_2(g)|Pt$

答：电动势与 Cl^-离子活度无关的电池是(B)。

9. 写出下列电池中各电极上的反应和电池反应：

(1) $Pt,\ H_2(p_{H_2})|HCl(a)|Cl_2(p_{Cl_2}),\ Pt$

(2) $Pt,\ H_2(p_{H_2})|H^+(a_{H^+})\parallel Ag^+(a_{Ag^+}),\ |Ag(s)$

(3) $Ag(s)+AgI(s)|I^-(a_{I^-})\parallel Cl^-(a_{Cl^-})|AgCl(s)+Ag(s)$

(4) $Pb(s)+PbSO_4(s)|SO_4^{2-}(a_{SO_4^{2-}})\parallel Cu^{2+}(a_{Cu^{2+}})|Cu(s)$

(5) $Pt,\ H_2(p_{H_2})|NaOH(a)|HgO(s)+Hg(l)$

(6) $Pt,\ H_2(p_{H_2})|H^+(a)|Sb_2O_3(s)+Sb(s)$

(7) $Pt|Fe^{3+}(a_1),\ Fe^{2+}(a_2)\parallel Ag^+(a_{Ag^+})|Ag(s)$

(8) $Na(Hg)(a_{am})|Na^+(a_{Na^+})\parallel OH^-(a_{OH^-})|HgO(s)+Hg(l)$

解：(1)负极：　$\frac{1}{2}H_2(p_{H_2})-e^-\longrightarrow H^+(a)$

正极：　$\frac{1}{2}Cl_2(p_{Cl_2})+e^-\longrightarrow Cl^-(a)$

电池反应：　$\frac{1}{2}H_2(p_{H_2})+\frac{1}{2}Cl_2(p_{Cl_2})=HCl(a)$

(2)负极：　$\frac{1}{2}H_2(p_{H_2})-e^-\longrightarrow H^+(a_{H^+})$

正极：　$Ag^+(a_{Ag^+})+e^-\longrightarrow Ag(s)$

电池反应：　$\frac{1}{2}H_2(p_{H_2})+Ag^+(a_{Ag^+})=H^+(a_{H^+})+Ag(s)$

(3)负极：　$Ag(s)+I^-(a_{I^-})-e^-\longrightarrow AgI(s)$

正极： $AgCl(s) + e^- \longrightarrow Ag(s) + Cl^-(a_{Cl^-})$

电池反应： $AgCl(s) + I^-(a_{I^-}) \longrightarrow AgI(s) + Cl^-(a_{Cl^-})$

(4)负极： $Pb(s) + SO_4^{2-}(a_{SO_4^{2-}}) - 2e^- \longrightarrow PbSO_4(s)$

正极： $Cu^{2+}(a_{Cu^{2+}}) + 2e^- \longrightarrow Cu(s)$

电池反应： $Pb(s) + SO_4^{2-}(a_{SO_4^{2-}}) + Cu^{2+}(a_{Cu^{2+}}) \longrightarrow PbSO_4(s) + Cu(s)$

(5)负极： $H_2(p_{H_2}) + 2OH^-(a) - 2e^- \longrightarrow 2H_2O$

正极： $HgO(s) + H_2O + 2e^- \longrightarrow Hg(l) + 2OH^-(a)$

电池反应： $HgO(s) + H_2(p_{H_2}) \longrightarrow Hg(l) + H_2O$

(6)负极： $3H_2(p_{H_2}) - 6e^- \longrightarrow 6H^+(a)$

正极： $Sb_2O_3(s) + 6H^+(a) + 6e^- \longrightarrow 2Sb(s) + 3H_2O$

电池反应： $Sb_2O_3(s) + 3H_2(p_{H_2}) \longrightarrow 2Sb(s) + 3H_2O$

(7)负极： $Fe^{2+}(a_2) - e^- \longrightarrow Fe^{3+}(a_1)$

正极： $Ag^+(a_{Ag^+}) + e^- \longrightarrow Ag(s)$

电池反应： $Fe^{2+}(a_2) + Ag^+(a_{Ag^+}) \longrightarrow Fe^{3+}(a_1) + Ag(s)$

(8)负极： $Na(Hg)(a_{am}) - e^- \longrightarrow Na^+(a_{Na^+})$

正极： $\frac{1}{2}HgO(s) + \frac{1}{2}H_2O + e^- \longrightarrow \frac{1}{2}Hg(l) + OH^-(a_{OH^-})$

电池反应： $Na(Hg)(a_{am}) + \frac{1}{2}HgO(s) + \frac{1}{2}H_2O \longrightarrow Na^+(a_{Na^+}) + \frac{1}{2}Hg(l) + OH^-(a_{OH^-})$

10. 分别写出下列电池的电极反应，电池反应和电动势 E 的表达式 $\left(\text{设电池可逆地输出 1 mol 电子的电量，} a_i = \frac{m_i}{m^\ominus}\text{，活度系数为 1，气体为理想气体，} a(g) = \frac{p}{p^\ominus}\right)$。

(1) Pt, $H_2(p^\ominus)\,|\,KOH(0.1\,mol \cdot kg^{-1})\,|\,O_2(p^\ominus)$, Pt

(2) Pt, $H_2(p^\ominus)\,|\,H_2SO_4(0.01\,mol \cdot kg^{-1})\,|\,O_2(p^\ominus)$, Pt

(3) $Ag(s) + AgI(s)\,|\,I^-(a_{I^-})\,\|\,Ag^+(a_{Ag^+})\,|\,Ag(s)$

(4) $Pt\,|\,Sn^{4+}(a_{Sn^{4+}}),\ Sn^{2+}(a_{Sn^{2+}})\,\|\,Ti^{3+}(a_{Ti^{3+}}),\ Ti^+(a_{Ti^+})\,|\,Pt$

(5) $Hg(l) + HgO(s)\,|\,KOH(0.5\,mol \cdot kg^{-1})\,|\,K(Hg)(a_{am})$

解：(1)负极： $\frac{1}{2}H_2(p^\ominus) + OH^-(a_{OH^-}) - e^- \longrightarrow H_2O(l)$

正极：　$\frac{1}{4}O_2(p^\ominus) + \frac{1}{2}H_2O(l) + e^- \longrightarrow OH^-(a_{OH^-})$

电池反应：　$\frac{1}{2}H_2(p^\ominus) + \frac{1}{4}O_2(p^\ominus) = \frac{1}{2}H_2O(l)$

$$E = E^\ominus - \frac{RT}{F}\ln\frac{a_{H_2O}^{1/2}}{a_{H_2}^{1/2}a_{O_2}^{1/4}} = E^\ominus = \varphi^\ominus_{O_2,\ OH^-} - \varphi^\ominus_{H_2O,\ H_2}$$

(2)负极：$\frac{1}{2}H_2(p^\ominus) - e^- \longrightarrow H^+(a_{H^+})$

正极：　$\frac{1}{4}O_2(p^\ominus) + H^+(a_{H^+}) + e^- \longrightarrow \frac{1}{2}H_2O(l)$

电池反应：　$\frac{1}{2}H_2(p^\ominus) + \frac{1}{4}O_2(p^\ominus) = \frac{1}{2}H_2O(l)$

$$E = E^\ominus = \varphi^\ominus_{O_2,H_2O} - \varphi^\ominus_{H^+,H_2}$$

(3)负极：　$Ag(s) + I^-(a_{I^-}) - e^- \longrightarrow AgI(s)$

正极：　$Ag^+(a_{Ag^+}) + e^- \longrightarrow Ag(s)$

电池反应：　$Ag^+(a_{Ag^+}) + I^-(a_{I^-}) = AgI(s)$

$$E = E^\ominus - \frac{RT}{F}\ln\frac{1}{a_{Ag^+}a_{I^-}}$$

(4)负极：　$\frac{1}{2}Sn^{2+}(a_{Sn^{2+}}) - e^- \longrightarrow \frac{1}{2}Sn^{4+}(a_{Sn^{4+}})$

正极：　$\frac{1}{2}Ti^{3+}(a_{Ti^{3+}}) + e^- \longrightarrow \frac{1}{2}Ti^+(a_{Ti^+})$

电池反应：　$\frac{1}{2}Sn^{2+}(a_{Sn^{2+}}) + \frac{1}{2}Ti^{3+}(a_{Ti^{3+}}) = \frac{1}{2}Sn^{4+}(a_{Sn^{4+}}) + \frac{1}{2}Ti^+(a_{Ti^+})$

$$E = E^\ominus - \frac{RT}{F}\ln\left(\frac{a_{Sn^{4+}}a_{Ti^+}}{a_{Sn^{2+}}a_{Ti^{3+}}}\right)^{\frac{1}{2}}$$

(5)负极：　$\frac{1}{2}Hg(l) + OH^-(a_{OH^-}) - e^- \longrightarrow \frac{1}{2}HgO(s) + \frac{1}{2}H_2O(l)$

正极：　$K^+(a_{K^+}) + \frac{1}{n}Hg(l) + e^- \longrightarrow \frac{1}{n}K_nHg(a_{am})$

电池反应：　$\left(\frac{1}{2} + \frac{1}{n}\right)Hg(l) + OH^-(a_{OH^-}) + K^+(a_{K^+}) = \frac{1}{2}HgO(s) +$
$\frac{1}{2}H_2O(l) + \frac{1}{n}K_nHg(a_{am})$

$$E = E^\ominus - \frac{RT}{F}\ln\frac{a_{am}^{\frac{1}{n}}}{a_{K^+}a_{OH^-}}$$

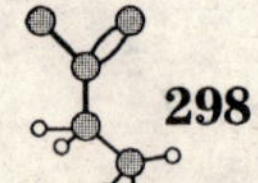

11. 试为下述反应设计一电池：$Cd(s) + I_2(s) \longrightarrow Cd^{2+}(a_{Cd^{2+}} = 1.0) + 2I^-(a_{I^-} = 1.0)$

求电池在 298 K 时的 $E^{\ominus}$，反应的 $\Delta_r G_m^{\ominus}$ 和平衡常数 $K_a^{\ominus}$。如将反应写成：

$$\frac{1}{2}Cd(s) + \frac{1}{2}I_2(s) \longrightarrow \frac{1}{2}Cd^{2+}(a_{Cd^{2+}} = 1.0) + I^-(a_{I^-} = 1.0)$$

再计算 $E^{\ominus}$，$\Delta_r G_m^{\ominus}$ 和 $K_a^{\ominus}$，以此了解反应方程式的写法对这些数值的影响。

解：反应方程式中 Cd 被氧化成 Cd^{2+}，应作为负极，I_2 被还原 I^-，应为正极，故设计的电池为：

$$Cd(s)\,|\,Cd^{2+}(a_{Cd^{2+}} = 1.0)\,\|\,I^-(a_{I^-} = 1.0)\,|\,I_2(s)$$

其电极和电池反应为：

负极：　$Cd(s) - 2e^- \longrightarrow Cd^{2+}(a_{Cd^{2+}})$

正极：　$I_2(s) + 2e^- \longrightarrow 2I^-(a_{I^-})$

电池反应：　$Cd(s) + I_2(s) \longrightarrow Cd^{2+}(a_{Cd^{2+}} = 1.0) + 2I^-(a_{I^-} = 1.0)$

电池反应和所给的化学反应式一致，说明所排的电池是正确的。

$$E^{\ominus} = \varphi^{\ominus}_{I_2, I^-} - \varphi^{\ominus}_{Cd^{2+}, Cd} = 0.5355 - (-0.4029) = 0.9384V$$

$$\Delta_r G_m^{\ominus} = -zE^{\ominus}F = -2 \times 0.9384 \times 96500 = -181.1kJ \cdot mol^{-1}$$

$$\ln K_a^{\ominus} = -\frac{\Delta_r G_m^{\ominus}}{RT} = \frac{181100}{8.314 \times 298} = 73.096$$

$$K_a^{\ominus} = 5.56 \times 10^{31}$$

如反应式各项系数均缩小至原来的 $\frac{1}{2}$，$E^{\ominus}$ 的数值不变，而

$$\Delta_r G_m^{\ominus}(2) = \frac{1}{2}\Delta_r G_m^{\ominus}(1) = -90.55kJ \cdot mol^{-1}$$

$$K_a^{\ominus}(2) = \sqrt{K_a^{\ominus}(1)} = 7.46 \times 10^{15}$$

12. 列式表示下列两组标准电极电势 $\varphi^{\ominus}$ 之间的关系：

(1) $Fe^{3+} + 3e^- \longrightarrow Fe(s)$，$Fe^{2+} + 2e^- \longrightarrow Fe(s)$，$Fe^{3+} + e^- \longrightarrow Fe^{2+}$

(2) $Sn^{4+} + 4e^- \longrightarrow Sn(s)$，$Sn^{2+} + 2e^- \longrightarrow Sn(s)$，$Sn^{4+} + 2e^- \longrightarrow Sn^{2+}$

解：(1)　$Fe^{3+} + 3e^- \longrightarrow Fe(s)$　$\Delta_r G_m^{\ominus}(1)$　①

$Fe^{2+} + 2e^- \longrightarrow Fe(s)$　$\Delta_r G_m^{\ominus}(2)$　②

①-②　$Fe^{3+} + e^- \longrightarrow Fe^{2+}$　$\Delta_r G_m^{\ominus}(3)$　③

$$\Delta_r G_m^{\ominus}(3) = \Delta_r G_m^{\ominus}(1) - \Delta_r G_m^{\ominus}(2)$$

$$-\varphi_3^{\ominus}F = -3\varphi_1^{\ominus}F - (-2\varphi_2^{\ominus}F)$$

$$\varphi_3^{\ominus} = 3\varphi_1^{\ominus} - 2\varphi_2^{\ominus}$$

即：

$$\varphi^{\ominus}_{Fe^{3+}, Fe^{2+}} = 3\varphi^{\ominus}_{Fe^{3+}, Fe} - 2\varphi^{\ominus}_{Fe^{2+}, Fe}$$

(2) $Sn^{4+} + 4e^- \longrightarrow Sn(s)$ $\Delta_r G_m^\ominus(1)$ ①

$Sn^{2+} + 2e^- \longrightarrow Sn(s)$ $\Delta_r G_m^\ominus(2)$ ②

①-② $Sn^{4+} + 2e^- \longrightarrow Sn^{2+}$ $\Delta_r G_m^\ominus(3)$ ③

$$\Delta_r G_m^\ominus(3) = \Delta_r G_m^\ominus(1) - \Delta_r G_m^\ominus(2)$$

$$-2\varphi_3^\ominus F = -4\varphi_1^\ominus F - (-2\varphi_2^\ominus F)$$

$$\varphi_3^\ominus = 2\varphi_1^\ominus - \varphi_2^\ominus$$

即：
$$\varphi_{Sn^{4+},\ Sn^{2+}}^\ominus = 2\varphi_{Sn^{4+},\ Sn}^\ominus - \varphi_{Sn^{2+},\ Sn}^\ominus$$

13. 在 $p^\ominus$ 压力，18℃下，白锡与灰锡处于平衡，从白锡到灰锡的相变热为 $-2.01\ kJ\cdot mol^{-1}$，请计算以下电池在0℃和25℃时的电动势：Sn(s，白) | $SnCl_2(aq)$ | Sn(s，灰)

解：电池反应：Sn(s，白) $\longrightarrow$ Sn(s，灰)

291 K达平衡，$\Delta_r G_m = \Delta_r G_m^\ominus = 0$

$$\Delta_r S_m^\ominus = \frac{\Delta_r H_m^\ominus - \Delta_r G_m^\ominus}{T} = \frac{-2010}{291} = -6.91\text{J}\cdot\text{K}^{-1}\cdot\text{mol}^{-1}$$

在273～298 K间视 $\Delta_r H_m$ 为常数。

273 K：$\Delta_r G_m^\ominus = \Delta_r H_m^\ominus - T\Delta_r S_m^\ominus = -2010 - 273\times(-6.91) = -124\text{J}\cdot\text{mol}^{-1}$

$$E^\ominus = -\frac{\Delta_r G_m^\ominus}{zF} = \frac{124}{2\times 96500} = 0.00064\text{V}$$

298 K：
$$\Delta_r G_m^\ominus = -2010 - 298\times(-6.91) = 49\text{J}\cdot\text{mol}^{-1}$$

$$E^\ominus = -0.00025\text{V}$$

14. 298 K时下述电池的 E 为1.228 V：Pt，$H_2(p^\ominus)$ | $H_2SO_4(0.01\text{mol}\cdot\text{kg}^{-1})$ | $O_2(p^\ominus)$，Pt。

已知 $H_2O(l)$ 的生成热为 $\Delta_f H_m^\ominus = -286.1\text{kJ}\cdot\text{mol}^{-1}$，试求：(1)该电池的温度系数。(2)该电池在273 K时的电动势，设反应热在该温度区间内为常数。

解：若电池反应表示为：

$$H_2(p^\ominus) + \frac{1}{2}O_2(p^\ominus) \rightleftharpoons H_2O(l,\ p^\ominus)$$

(1)
$$\left(\frac{\partial E}{\partial T}\right)_p = \frac{\Delta_r H_m}{zFT} + \frac{E}{T}$$

$$= \frac{-286.1}{2\times 96500\times 298} + \frac{1.2228}{298} = -8.54\times 10^{-4}\text{V}\cdot\text{K}^{-1}$$

(2)根据吉布斯-亥姆霍兹公式积分得：

$$zF\left(\frac{E_2}{T_2} - \frac{E_1}{T_1}\right) = \Delta_r H_m\left(\frac{1}{T_1} - \frac{1}{T_2}\right)$$

将 $T_1 = 298$ K，$T_2 = 273$ K，$E_1 = 1.228$ V，$\Delta_r H_m = -286.1\times 10^3\ \text{J}\cdot\text{mol}^{-1}$，$z = 2$，$F =$

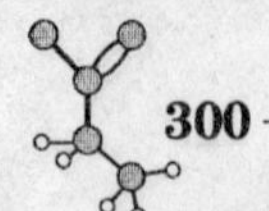

96500 C·mol^{-1}代入上式，计算得 $E_1 = 1.249$ V。

15. 电池 $Zn(s)|ZnCl_2(0.05mol\cdot kg^{-1})|AgCl(s)+Ag(s)$ 的电动势 $E=[1.015 - 4.92\times10^{-4}(T/K-298)]V$，试计算298K下当电池输出2 mol电子电量时，电池反应的$\Delta_r G_m$，$\Delta_r H_m$，$\Delta_r S_m$和此过程的可逆热效应 Q_R。

解：当 T = 298 K 时

$$E = 1.015 - 4.92\times10^{-4}\times(298-298) = 1.015V$$

$$(\partial E/\partial T)_p = -4.92\times10^{-4}V\cdot K^{-1}$$

$$\Delta_r G_m = -zEF = -2\times1.015\times96500 = -195.90kJ\cdot mol^{-1}$$

$$\Delta_r S_m = zF\left(\frac{\partial E}{\partial T}\right)_p$$

$$= 2\times96500\times(-4.92\times10^{-4}) = -94.96J\cdot K^{-1}\cdot mol^{-1}$$

$$\Delta_r H_m = \Delta_r G_m + T\Delta_r S_m = -195.90 + 298\times(-94.96)\times10^{-3} = -224.2kJ\cdot mol^{-1}$$

$$Q_R = T\Delta_r S_m = 298\times(-94.96)\times10^{-3} = -28.3kJ\cdot mol^{-1}$$

16. 写出下列各电极作为电池负极时的电极反应及电极电势的表示式：

(1) $Cl_2(g, 101.325kPa) | Cl^-(a)$

(2) $Na(amalgam, a') | Na^+(a)$

(3) $Pt | Co^{3+}(a_1), Co^{2+}(a_2)$

(4) $Pt | Fe^{3+}-CytoC, Fe^{2+}-CytoC$

(5) $Ag(s)+AgBr(s) | Br^-(a)$

解：(1) $$Cl^-(a) - e^- \longrightarrow \frac{1}{2}Cl_2(g, 101.325kPa)$$

$$\varphi_{Cl_2, Cl^-} = \varphi^{\ominus}_{Cl_2, Cl^-} - \frac{RT}{F}\ln\frac{a_{Cl^-}}{p^{1/2}_{Cl_2}} = \varphi^{\ominus}_{Cl_2, Cl^-} - \frac{RT}{F}\ln\frac{a_{Cl^-}}{(101.325kPa)^{1/2}}$$

(2) $$Na(amalgam, a') - e^- \longrightarrow Na^+(a)$$

$$\varphi_{Na^+(a), Na(amalgam)} = \varphi^{\ominus}_{Na^+(a), Na(amalgam, a')} - \frac{RT}{F}\ln\frac{a'_{Na, amalgam}}{a_{Na^+}}$$

(3) $$Co^{2+}(a_2) - e^- \longrightarrow Co^{3+}(a_1)$$

$$\varphi_{Co^{3+}, Co^{2+}} = \varphi^{\ominus}_{Co^{3+}, Co^{2+}} - \frac{RT}{F}\ln\frac{a_2}{a_1}$$

(4) $$Fe^{2+}-CytoC - e^- \longrightarrow Fe^{3+}-CytoC$$

$$\varphi_{Fe^{3+}-CytoC, Fe^{2+}-CytoC} = \varphi^{\ominus}_{Fe^{3+}-CytoC, Fe^{2+}-CytoC} - \frac{RT}{F}\ln\frac{a_{Fe^{2+}-CytoC}}{a_{Fe^{3+}-CytoC}}$$

(5) $$Ag(s) + Br^-(a) - e^- \longrightarrow AgBr(s)$$

$$\varphi_{Ag, AgBr, Br^-} = \varphi^{\ominus}_{Ag, AgBr, Br^-} - \frac{RT}{F}\ln a_{Br^-}$$

17. 试设计合理的电池，判断在298 K时，将金属银插在碱溶液中，在通常的空气中银是否被氧化（空气中氧分压为$0.21p^{\ominus}$）？如果在溶液中加入大量的CN^-，情况又怎样？已知

$$[Ag(CN)_2]^- + e^- \longrightarrow Ag(s) + 2CN^- \qquad \varphi^{\ominus} = -0.31V$$

解：在碱性溶液中，O_2和Ag可组成如下电池

$$Ag(s) + Ag_2O(s) \mid OH^-(a) \mid O_2(p_{O_2}),\ Pt$$

负极：$2Ag(s) + 2OH^-(a) - 2e^- \longrightarrow Ag_2O(s) + H_2O(l)$

正极：$\frac{1}{2}O_2(p_{O_2}) + H_2O(l) + 2e^- \longrightarrow 2OH^-(a)$

电池反应：$2Ag(s) + \frac{1}{2}O_2(p_{O_2}) = Ag_2O(s)$

$$E = E^{\ominus} - \frac{RT}{2F}\ln\frac{1}{a_{O_2}^{\frac{1}{2}}} = \varphi^{\ominus}_{O_2,\ OH^-} - \varphi^{\ominus}_{Ag_2O,\ Ag,\ OH^-} - \frac{RT}{2F}\ln\left(\frac{p_{O_2}}{p^{\ominus}}\right)^{-\frac{1}{2}}$$

$$= 0.401 - 0.344 - \frac{0.05915}{2}\lg(0.21)^{-\frac{1}{2}} = 0.0470V$$

$E>0$，电池反应是自发进行的，即Ag在碱性溶液及空气中会被氧化，但趋势不大，开始生成的Ag_2O覆盖在Ag的表面，阻止Ag进一步氧化。

当加入大量的CN^-后，负极反应为：

$$2Ag(s) + 4CN^-(a_{CN^-}) \longrightarrow 2[Ag(CN)_2]^- + 2e^-$$

由于该反应的$\varphi^{\ominus} = -0.31V$，代入$E$的计算公式得的$E$值一定会比原来的大得多，所以这个反应的趋势大，这时Ag氧化成$[Ag(CN)_2]^-$，而不是生成Ag_2O。

18. 试根据标准电极电势数据（查表），计算在25℃时电池$Zn \mid ZnSO_4(a_{\pm}=1) \parallel CuSO_4(a_{\pm}=1) \mid Cu$化学反应的平衡常数，当电能耗尽时，电池中两种电解质活度比是多少？

解：电池反应为：

$$Zn + Cu^{2+}(a_{\pm}=1) = Zn^{2+}(a_{\pm}=1) + Cu$$

电池的标准电动势为：

$$E^{\ominus} = \varphi^{\ominus}_{右} - \varphi^{\ominus}_{左} = 0.337 - (-0.763) = 1.100V$$

则：
$$\ln K_a^{\ominus} = \frac{zE^{\ominus}F}{RT} = \frac{2\times 1.100\times 96500}{8.314\times 298.2}$$

$$K_a^{\ominus} = 1.5\times 10^{37}$$

当电能耗尽时，电池的化学反应达到平衡，则

$$a_{Zn^{2+}}/a_{Cu^{2+}} = K_a^{\ominus} = 1.5\times 10^{37}$$

19. (1)试从$Ag^+ \mid Ag$和Fe^{3+}，$Fe^{2+} \mid Pt$的标准电极电势值计算反应$Ag^+(a_{Ag^+}) + Fe^{2+}(a_{Fe^{2+}}) = Fe^{3+}(a_{Fe^{3+}}) + Ag(s)$在298 K时反应平衡常数$K_a^{\ominus}$（设各离子活度均

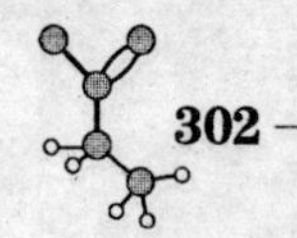

为 1.0)。

(2)设实验开始时取过量的 Ag 和 0.05 $mol\cdot kg^{-1}$ 的 $Fe(NO_3)_3$ 溶液反应，求平衡时溶液中 Ag^+ 的浓度(设活度系数均为 1.0)。

解：(1)电池 $Pt|Fe^{3+}, Fe^{2+} \parallel Ag^+|Ag(s)$ 的电池反应为：

$$Ag^+ + Fe^{2+} = Fe^{3+} + Ag$$

$$E^{\ominus} = \varphi^{\ominus}_{Ag^+, Ag} - \varphi^{\ominus}_{Fe^{3+}, Fe^{2+}} = 0.7991 - 0.771 = 0.0281V$$

$$\ln K_a^{\ominus} = \frac{zE^{\ominus}F}{RT} = \frac{1 \times 0.0281 \times 96500}{8.314 \times 298}$$

$$K_a^{\ominus} = 2.988$$

(2)反应达平衡后，溶液中

$$c_{Ag^+} = c_{Fe^{2+}}, \quad c_{Fe^{3+}} = 0.05 - c_{Fe^{2+}} = 0.05 - c_{Ag^+}$$

则
$$K_a^{\ominus} = \frac{c_{Fe^{3+}}/m^{\ominus}}{c_{Ag^+}/m^{\ominus} \cdot c_{Fe^{2+}}/m^{\ominus}} = \frac{(0.05 - c_{Ag^+})/m^{\ominus}}{c_{Ag^+}/m^{\ominus}}$$

$$c_{Ag^+} = 0.0442 mol \cdot kg^{-1}$$

20. 298 K 时测得电池 $Ag(s) + AgCl(s)|HCl(aq)|Cl_2(p^{\ominus})$, Pt 的电动势 $E^{\ominus} = 1.136$ V，在此温度下 $\varphi^{\ominus}_{Cl_2, Cl^-} = 1.358V$，$\varphi^{\ominus}_{Ag^+, Ag} = 0.799V$，试求 AgCl 的活度积。

解：电池：$Ag(s) + AgCl(s)|HCl(aq)|Cl_2(p^{\ominus})$, Pt 的电池反应为：

$$Ag(s) + \frac{1}{2}Cl_2(p^{\ominus}) = AgCl(s)$$

电池的电动势：

$$E = \varphi^{\ominus}_{Cl_2, Cl^-} - \varphi^{\ominus}_{Ag^+, AgCl, Ag} - 0.05917\lg \frac{a_{AgCl(s)}}{a_{Ag(s)}(p_{Cl_2}/p^{\ominus})^{1/2}}$$

因 $E^{\ominus} = 1.136V$，$\varphi^{\ominus}_{Cl_2, Cl^-} = 1.358V$，$a_{AgCl} = a_{Ag} = 1$，$p_{Cl_2} = p^{\ominus}$

故
$$1.136 = 1.358 - \varphi^{\ominus}_{Ag^+, AgCl, Ag}$$

$$\varphi^{\ominus}_{Ag^+, AgCl, Ag} = 0.222V$$

而 $AgCl(s) \longrightarrow Ag^+ + Cl^-$ 是 $Ag|Ag^+ \parallel HCl(aq)|AgCl(s)|Ag(s)$ 的电池反应，则：

$$\lg K_{sp} = \lg(a_{Ag^+} \times a_{Cl^-})_e = \frac{zE^{\ominus}F}{2.303RT}$$

$$= \frac{\varphi^{\ominus}_{Ag^+, AgCl, Ag} - \varphi^{\ominus}_{Ag^+, Ag}}{0.05917}$$

$$= \frac{0.222 - 0.799}{0.05917}$$

$$K_{sp} = 1.78 \times 10^{-10}$$

21. 298 K 时，10 $mol\cdot kg^{-1}$ 和 6 $mol\cdot kg^{-1}$ 的 HCl 水溶液中 HCl 的分压分别为

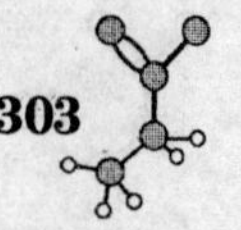

560 Pa 和 18.7 Pa，设两溶液均遵守亨利定律，试计算下述两电池的电动势的差值。

$$(Pt)H_2(p^\ominus)\,|\,HCl(10mol\cdot kg^{-1})\,|\,Cl_2(p^\ominus)(Pt)$$

$$(Pt)H_2(p^\ominus)\,|\,HCl(6mol\cdot kg^{-1})\,|\,Cl_2(p^\ominus)(Pt)$$

解：设 HCl 在水中遵守亨利定律，溶液中所有的活度系数均为 1，电池反应为：

负极：　$\frac{1}{2}H_2(p^\ominus) - e^- \longrightarrow H^+(a_{H^+})$

正极：　$\frac{1}{2}Cl_2(p^\ominus) + e^- \longrightarrow Cl^-(a_{Cl^-})$

电池反应：　$\frac{1}{2}H_2(p^\ominus) + \frac{1}{2}Cl_2(p^\ominus) = HCl(a_{HCl})$

$$E = E^\ominus - \frac{RT}{F}\ln a(HCl,\ 10mol\cdot kg^{-1})$$

$$E = E^\ominus - \frac{RT}{F}\ln a(HCl,\ 6mol\cdot kg^{-1})$$

$$\Delta E = E_2 - E_1 = \frac{RT}{F}\ln\frac{a(HCl,\ 10mol\cdot kg^{-1})}{a(HCl,\ 6mol\cdot kg^{-1})}$$

$$= \frac{RT}{F}\ln\frac{p(HCl,\ 10mol\cdot kg^{-1})}{p(HCl,\ 6mol\cdot kg^{-1})}$$

$$= \frac{8.314\times 298}{96500}\ln\frac{560}{18.7} = 0.0873V$$

22. 电池反应：$Pb(s) + PbO_2(s) + 2H_2SO_4(aq) = 2PbSO_4(s) + 2H_2O(l)$

已知 $\varphi^\ominus_{PbO_2,\ PbSO_4} = 1.68V$，$\varphi^\ominus_{PbSO_4,\ Pb} = -0.41V$，求 298 K 时上述反应的 $\Delta_r G^\ominus_m$ 及当 pH=4 时的 $\Delta_r G_m$。

解：电池的标准吉布斯自由能为：

$$\Delta_r G^\ominus_m = -zE^\ominus F = -zF(\varphi^\ominus_{PbO_2,\ PbSO_4} - \varphi^\ominus_{PbSO_4,\ Pb})$$

$$= -2\times 96500[1.68 - (-0.41)] = -403.4kJ\cdot mol^{-1}$$

$$E = E^\ominus + \frac{RT}{F}\ln a_{H_2SO_4}$$

$$= [1.68 - (-0.41)] - \frac{8.314\times 298}{96500}\ln\frac{1}{a_{H_2SO_4}}$$

$$= 2.09 - \frac{8.314\times 298}{96500}\times 2.303\times 4 = 1.85V$$

$$\Delta_r G_m = -zEF = -2\times 1.85\times 96500 = -357.1kJ\cdot mol^{-1}$$

23. 在 298 K 时，试从标准生成吉布斯自由能计算下述电池的电动势：

$$Ag(s) + AgCl(s)\,|\,NaCl(a=1)\,|\,Hg_2Cl_2(s) + Hg(l)$$

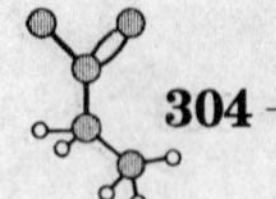

已知 AgCl(s) Hg_2Cl_2(s) 的标准生成吉布斯自由能分别为 -109.57 和 -210.35 $kJ \cdot mol^{-1}$。

解：负极：　$Ag(s) + Cl^-(a_{Cl^-}) - e^- \longrightarrow AgCl(s)$

正极：　$\frac{1}{2}Hg_2Cl_2(s) + e^- \longrightarrow Hg(l) + Cl^-(a_{Cl^-})$

电池反应：　$Ag(s) + \frac{1}{2}Hg_2Cl_2(s) \longrightarrow AgCl(s) + Hg(l)$

$$\Delta_r G_m^{\ominus} = \Delta_f G_m^{\ominus}[AgCl(s)] - \frac{1}{2}\Delta_f G_m^{\ominus}[Hg_2Cl_2(s)]$$

$$= -109.57 + \frac{1}{2} \times 210.35 = -4.395 kJ \cdot mol^{-1}$$

$$E = E^{\ominus} = -\frac{\Delta_r G_m^{\ominus}}{zF} = \frac{4395}{96500} = 0.04554V$$

24. 根据下列在 298 K 和 $p^{\ominus}$ 下的数据，计算 HgO(s) 在该温度时的离解压。

(1) 下述电池的 $E^{\ominus} = 0.9265V$

$$Pt, H_2(p^{\ominus}) | NaOH(a=1) | HgO(s) + Hg(l)$$

(2) $H_2(p^{\ominus}) + \frac{1}{2}O_2(p^{\ominus}) = H_2O(l)$　　$\Delta_r H_m^{\ominus} = -285.85 kJ \cdot mol^{-1}$

(3) 298K 时下列各物质的摩尔熵值

化合物	HgO(s)	$O_2(g)$	$H_2O(l)$	Hg(l)	$H_2(g)$
$S_m^{\ominus}/J \cdot K^{-1} \cdot mol^{-1}$	73.22	205.1	70.08	77.4	130.7

解：负极：　$H_2(p^{\ominus}) + 2OH^-(aq) - 2e^- \longrightarrow 2H_2O(l)$

正极：　$HgO(s) + H_2O(l) + 2e^- \longrightarrow Hg(l) + 2OH^-(aq)$

电池反应：　$H_2(p^{\ominus}) + HgO(s) = Hg(l) + H_2O(l)$　　(1)

已知：　$H_2(p^{\ominus}) + \frac{1}{2}O_2(p^{\ominus}) = H_2O(l)$　　(2)

(1)—(2)　　$HgO(s) = Hg(l) + \frac{1}{2}O_2(p^{\ominus})$　　(3)

$$\Delta_r G_m^{\ominus}(3) = \Delta_r G_m^{\ominus}(1) - \Delta_r G_m^{\ominus}(2)$$

$$\Delta_r G_m^{\ominus}(1) = -zEF = -2 \times 96500 \times 0.9265 = -178.81 kJ \cdot mol^{-1}$$

$$\Delta_r G_m^{\ominus}(2) = \Delta_r H_m^{\ominus}(2) - T\Delta_r S_m^{\ominus}(2)$$

$$= -285.85 - 298 \times \left(70.08 - 130.7 - \frac{205.1}{2}\right) \times 10^{-3} = -237.22 kJ \cdot mol^{-1}$$

$$\Delta_r G_m^{\ominus}(3) = -178.81 + 237.22 = 58.42\text{kJ} \cdot \text{mol}^{-1}$$

$$\ln K^{\ominus} = -\frac{\Delta_r G_m^{\ominus}(3)}{RT} = \frac{-58420}{8.314 \times 298} = -23.5795$$

$$K^{\ominus} = 5.748 \times 10^{-11}$$

$$K^{\ominus} = (p_{O_2}/p^{\ominus})^{\frac{1}{2}}$$

$$p_{O_2} = (5.748 \times 10^{-11})^2 \times 101.325 = 3.348 \times 10^{-19}\text{kPa}$$

25. (a)298 K 时，NaCl 浓度为0.100 mol·dm^{-3}的水溶液中，Na^+与Cl^-的电迁移率 $U_{Na^+} = 42.6 \times 10^{-9}\text{m}^2 \cdot \text{V}^{-1} \cdot \text{s}^{-1}$，$U_{Cl^-} = 68.0 \times 10^{-9}\text{m}^2 \cdot \text{V}^{-1} \cdot \text{s}^{-1}$，求该溶液的摩尔电导率和电导率。

(b)298 K 时，电池 $\text{Pt}|H_2(p^{\ominus})|\text{HBr}(0.100\text{mol} \cdot \text{kg}^{-1})|\text{AgBr(s)}|\text{Ag(s)}$ 的电动势 $E = 0.200$ V。AgBr 电极的标准电极电势 $\varphi^{\ominus}_{\text{Ag, AgBr, Br}^-} = 0.071\text{V}$，请写出电极反应及电池反应，并求所指浓度下，HBr 的平均离子活度系数。

解：(a) $\Lambda_m = (U_{Na^+} + U_{Cl^-})F$

$$= (42.6 \times 10^{-9} + 68.0 \times 10^{-9}) \times 96500 = 0.01067\text{s} \cdot \text{m}^2 \cdot \text{mol}^{-1}$$

$$\kappa = \Lambda_m c = 0.01067 \times 0.100 \times 10^3 = 1.067\text{s} \cdot \text{m}^{-1}$$

(b)负极：　$\frac{1}{2}H_2(p^{\ominus}) - e^- \longrightarrow H^+\ (0.100\text{mol} \cdot \text{kg}^{-1})$

正极：　$\text{AgBr(s)} - e^- \longrightarrow \text{Ag(s)} + Br^-\ (0.100\text{mol} \cdot \text{kg}^{-1})$

电池反应：　$\text{AgBr(s)} + \frac{1}{2}H_2(p^{\ominus}) \longrightarrow \text{Ag(s)} + \text{HBr}(0.100\text{mol} \cdot \text{kg}^{-1})$

$$E = E^{\ominus} - \frac{RT}{zF}\ln a_{\pm}^2(\text{HBr})$$

$$0.200\text{V} = 0.071\text{V} - \frac{RT}{zF}\ln a_{\pm}^2(\text{HBr})$$

$$a_{\pm} = 0.0812 \qquad \gamma_{\pm} = a_{\pm}/(m/m^{\ominus}) = 0.0812$$

26. 写出下列浓差电池的电池反应，并计算在298 K 的电动势：

(1) Pt，$H_2(2p^{\ominus})|H^+(a_{H^+} = 1)|H_2(p^{\ominus})$，Pt

(2) Pt，$Cl_2(p^{\ominus})|H^+(a_{H^+} = 0.01) \| H^+(a_{H^+} = 0.1)|H_2(p^{\ominus})$，Pt

(3) Pt，$Cl_2(p^{\ominus})|Cl^-(a_{Cl^-} = 1)|Cl_2(2p^{\ominus})$，Pt

(4) Pt，$Cl_2(p^{\ominus})|Cl^-(a_{Cl^-} = 0.1) \| Cl^-(a_{Cl^-} = 0.01)|Cl_2(p^{\ominus})$，Pt

(5) $\text{Zn(s)}|Zn^{2+}(a_{Zn^{2+}} = 0.004) \| Zn^{2+}(a_{Zn^{2+}} = 0.02)|\text{Zn(s)}$

(6) $\text{Pb(s)} + PbSO_4\text{(s)}|SO_4^{2-}(a = 0.01) \| SO_4^{2-}(a' = 0.001)|PbSO_4\text{(s)} + \text{Pb(s)}$

解：浓差电池的 $E^{\ominus} = 0$，要先写出电池反应，再计算电池的电动势就不会

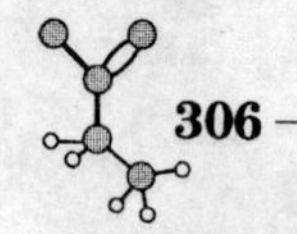

弄错。

(1)电池反应：$H_2(2p^\ominus) \longrightarrow H_2(p^\ominus)$

$$E = -\frac{RT}{2F}\ln\frac{1}{2} = 0.00890\text{V}$$

(2)电池反应：$H^+(a_{H^+} = 0.1) \longrightarrow H^+(a_{H^+} = 0.01)$

$$E = -\frac{RT}{F}\ln\frac{0.01}{0.1} = 0.0591\text{V}$$

(3)电池反应：$\frac{1}{2}Cl_2(2p^\ominus) \longrightarrow \frac{1}{2}Cl_2(p^\ominus)$

$$E = -\frac{RT}{F}\ln\left(\frac{1}{2}\right)^{\frac{1}{2}} = 0.0089\text{V}$$

(4)电池反应：$Cl^-(a_{Cl^-} = 0.1) \longrightarrow Cl^-(a_{Cl^-} = 0.01)$

$$E = -\frac{RT}{F}\ln\frac{0.01}{0.1} = 0.0591\text{V}$$

(5)电池反应：$Zn^{2+}(a_{Zn^{2+}} = 0.02) \longrightarrow Zn^{2+}(a_{Zn^{2+}} = 0.004)$

$$E = -\frac{RT}{2F}\ln\frac{0.004}{0.02} = 0.0207\text{V}$$

(6)电池反应：$SO_4^{2-}(a = 0.01) \longrightarrow SO_4^{2-}(a = 0.001)$

$$E = -\frac{RT}{2F}\ln\frac{0.001}{0.01} = 0.0296\text{V}$$

27. 已知 298 K 时，下述电池的实测电动势为 0.0536 V：

$Ag + AgCl(s)\,|\,KCl(0.5\text{mol}\cdot\text{kg}^{-1})\,\|\,KCl(0.05\text{mol}\cdot\text{kg}^{-1})\,|\,AgCl + Ag(s)$ 在 0.5 和 0.05 $\text{mol}\cdot\text{kg}^{-1}$ 的 KCl 溶液中 $\gamma_\pm$ 值分别为 0.649 和 0.812，计算 Cl^- 离子的迁移数。

解：负极：　$Ag(s) + Cl^-(0.5\text{mol}\cdot\text{kg}^{-1}) - e^- \longrightarrow AgCl(s)$

正极：　$AgCl(s) + e^- \longrightarrow Ag(s) + Cl^-(0.05\text{mol}\cdot\text{kg}^{-1})$

电池反应：　$Cl^-(0.5\text{mol}\cdot\text{kg}^{-1}) \longrightarrow Cl^-(0.05\text{mol}\cdot\text{kg}^{-1})$

浓差电池的电动势计算值 E_c 为：

$$E_c = -\frac{RT}{F}\ln\frac{0.05\times0.812}{0.5\times0.649} = 0.0534\text{V}$$

实验测出电动势 E 是浓差电势 E_c 和液接电势 E_j 之和，即 $E = E_c + E_j$，故

$$E_j = E - E_c = 0.0536 - 0.0534 = 0.002\text{V}$$

$$E_j = (1 - 2t_-)\frac{RT}{F}\ln\frac{0.5\times0.649}{0.05\times0.812}$$

解得：$t_- = 0.498$。

28. 已知 298 K 时，$2H_2O(g) \rightleftharpoons 2H_2(g) + O_2(g)$ 反应的平衡常数为 9.7×10^{-81}，

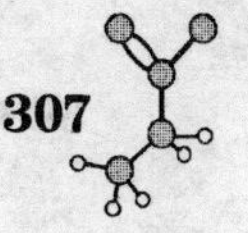

此温度下 H_2O 的饱和蒸气压为 3200 Pa，试求 298 K 时，下述电池的电动势 E。

$$\mathrm{Pt},\ H_2(p^\ominus)\,|\,H_2SO_4(0.01\mathrm{mol\cdot kg^{-1}})\,|\,O_2(p^\ominus),\ \mathrm{Pt}$$

解：298 K 时的平衡常数是根据高温下的数据间接求出的，由于氧电极上的电极反应不易达到平衡，不能测出 E 的精确值，所以可通过下法来计算 E 值。

负极：　　$2H_2(p^\ominus) - 4e^- \longrightarrow 4H^+(a_{H^+})$

正极：　　$O_2(p^\ominus) + 4H^+(a_{H^+}) + 4e^- \longrightarrow 2H_2O(l)$

电池反应：　$2H_2(p^\ominus) + O_2(p^\ominus) \longrightarrow 2H_2O(l)$

因为电池反应恰好与已知的水汽的分解反应相反，所以根据化学反应等温式有如下关系：

$$\Delta_r G_m(\text{电池}) = -\Delta_r G_m(\text{分解}) = RT\ln K_a - RT\ln Q_a$$

$$= RT\ln(9.7\times10^{-81}) - RT\ln\left[\frac{1}{(3.2\times101.325)^2}\right] = -473.6\mathrm{kJ\cdot mol^{-1}}$$

$$E = -\frac{\Delta_r G_m(\text{电池})}{zF} = \frac{473600}{4\times96500} = 1.227\mathrm{V}$$

29. 试设计合适的电池用电动势法测定下列各热力学函数值（设温度均为 298 K），要求写出电池的表示式和列出所求函数的计算式。

(1) $Ag(s)+Fe^{3+}=Ag+Fe^{2+}$ 的平衡常数 $K^\ominus$；

(2) $HBr(0.1\ \mathrm{mol\cdot kg^{-1}})$ 溶液的离子平均活度系数 $\gamma_\pm$；

(3) $Hg_2Cl_2(s)$ 的溶度积 K_{sp}；

(4) $Ag_2O(s)$ 的分解温度；

(5) $H_2O(l)$ 的标准生成吉布斯自由能；

(6) 弱酸 HA 的离解常数。

解：(1) 设计电池为：$Ag(s)\,|\,Ag^+(a_{Ag^+})\parallel Fe^{3+}(a_{Fe^{3+}}) \rightarrow Fe^{2+}(a_{Fe^{2+}})\,|\,Pt$

$$E^\ominus = \varphi^\ominus_{Fe^{3+},\,Fe^{2+}} - \varphi^\ominus_{Ag^+,\,Ag} = \frac{RT}{ZF}\ln K^\ominus$$

(2) 设计的电池为：　$\mathrm{Pt},\ H_2(p^\ominus)\,|\,HBr(m)\,|\,AgBr(s)+Ag(s)$

电池反应为：$\frac{1}{2}H_2(p^\ominus) + AgBr(s) = H^+(a_{H^+}) + Br^-(a_{Br^-}) + Ag(s)$

$$E = E^\ominus - \frac{RT}{F}\ln\frac{a_{H^+}a_{Br^-}}{a_{H_2}^{\frac{1}{2}}} = E^\ominus - \frac{RT}{F}\ln\gamma_\pm^2\left(\frac{m}{m^\ominus}\right)^2$$

(3) 设计的电池为：$Hg(l)\,|\,Hg_2^{2+}(a_1)\parallel Cl^-(a_2)\,|\,Hg_2Cl_2(s)+Hg(l)$

$$E^\ominus = \varphi^\ominus_{Hg_2Cl_2,\,Hg,\,Cl^-} - \varphi^\ominus_{Hg_2^{2+},\,Hg} = \frac{RT}{zF}\ln K_{sp}$$

(4) 设计的电池为：$\mathrm{Pt},\ O_2(p_{O_2})\,|\,OH^-(aq)\,|\,Ag_2O(s)+Ag(s)$

负极：　　$2\,OH^-(aq) - 2e^- \longrightarrow H_2O + \frac{1}{2}O_2(p_{O_2})$

正极：　　$Ag_2O(s) + H_2O + 2e^- \longrightarrow 2Ag(s) + OH^-(aq)$

电池反应：　$Ag_2O(s) = 2Ag(s) + \frac{1}{2}O_2(p_{O_2})$

$$E^{\ominus} = \varphi^{\ominus}_{Ag_2O,\ Hg,\ Cl^-} - \varphi^{\ominus}_{O_2,\ OH^-}$$

$$\Delta_r G_m^{\ominus} = -zE^{\ominus}F$$

根据电池的温度系数 $\left(\frac{\partial E}{\partial T}\right)_p$ 值可以计算得到在 298 K 时的 $\Delta_r S_m^{\ominus}$ 和 $\Delta_r H_m^{\ominus}$，运用化学平衡一章中的近似计算公式。

$$\Delta_r G_m^{\ominus}(T) = \Delta_r H_m^{\ominus}(298\text{K}) - T\Delta_r S_m^{\ominus}(298\text{K})$$

$$= RT\ln K_p = -RT\ln\left(\frac{p_{O_2}}{p^{\ominus}}\right)^{\frac{1}{2}}$$

测出的 O_2压力和假设 $\Delta_r H_m^{\ominus}$ 和 $\Delta_r S_m^{\ominus}$ 的值不随温度而变化，可近似计算出 Ag_2O 的分解温度。

(5)所设计的电池为：Pt，$H_2(p^{\ominus})\,|\,H^+\ (\text{or}\ OH^-)(aq)\,|\,O_2(p^{\ominus})$，Pt

电池反应为：$H_2(p^{\ominus}) + \frac{1}{2}O_2(p^{\ominus}) = H_2O(l)$

$$\Delta_f G_m^{\ominus}(H_2O) = \Delta_r G_m^{\ominus} = -zE^{\ominus}F$$

(6)所设计的电池为：Pt，$H_2(p^{\ominus})\,|\,HA(m_{HA})$，$A^-(m_{A^-})$，$Cl^-(a_{Cl^-})\,|\,AgCl + Ag(s)$

负极：　　$\frac{1}{2}H_2(p^{\ominus}) - e^- \longrightarrow H^+(a_{H^+})$

正极：　　$AgCl(s) + e^- \longrightarrow Ag(s) + Cl^-(a_{Cl^-})$

电池反应：　$AgCl(s) + \frac{1}{2}H_2(p^{\ominus}) = Ag(s) + H^+(a_{H^+}) + Cl^-(a_{Cl^-})$

$$E = E^{\ominus} - \frac{RT}{F}\ln\frac{a_{H^+}a_{Cl^-}}{a_{H_2}^{\frac{1}{2}}}$$

由于 a_{H_2}，a_{Cl^-} 及 $E^{\ominus}$ 均为已知，测出电动势 E 的值就可计算出 a_{H^+}，设活度系数为 1，$a_{H^+} = \frac{m_{H^+}}{m^{\ominus}}$。弱酸 HA 的电离平衡为：

$$HA \rightleftharpoons H^+ + A^-$$

	HA	H^+	A^-
$t=0$	m_{HA}	0	m_{A^-}
$t=t_e$	$m_{HA} - m_{H^+}$	m_{H^+}	$m_{A^-} + m_{H^+}$

设活度系数均为 1，则

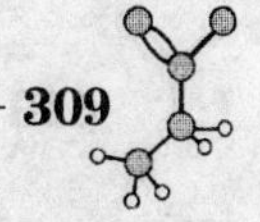

$$K_{a_{HA}}=\frac{a_{H^+}a_{A^-}}{a_{HA}}=\frac{\frac{m_{H^+}}{m^{\ominus}}\times\frac{m_{A^-}+m_{H^+}}{m^{\ominus}}}{\frac{m_{HA}-m_{H^+}}{m^{\ominus}}}$$

30. 计算以下电池在25℃时的电动势和温度系数

$$Ag|AgCl(s)|NaCl(aq)|Hg_2Cl_2(s)|Hg$$

已知标准生成焓和标准熵如下：

	Ag(s)	Hg(l)	AgCl(s)	$Hg_2Cl_2(s)$
$\Delta_f H_m^{\ominus}/kJ\cdot mol^{-1}$	0	0	-127.03	-264.93
$S_m^{\ominus}/J\cdot K^{-1}\cdot mol^{-1}$	42.70	77.40	96.11	195.8

解：电池反应：

$$Ag(s)+\frac{1}{2}Hg_2Cl_2(s)\longrightarrow AgCl(s)+Hg(l)$$

$$\Delta_r H_m^{\ominus}=\Delta_f H_m^{\ominus}[AgCl(s)]+\Delta_f H_m^{\ominus}[Hg(l)]-\Delta_f H_m^{\ominus}[Ag(s)]-\frac{1}{2}\Delta_f H_m^{\ominus}[Hg_2Cl_2(s)]$$

$$=-127.03+0-0-\frac{1}{2}(-264.93)=5.44kJ\cdot mol^{-1}$$

$$\Delta_r S_m^{\ominus}=S_m^{\ominus}[AgCl(s)]+S_m^{\ominus}[Hg(l)]-S_m^{\ominus}[Ag(s)]-\frac{1}{2}S_m^{\ominus}[Hg_2Cl_2(s)]$$

$$=96.11+77.40-42.70-\frac{1}{2}\times195.8=32.9J\cdot K^{-1}\cdot mol^{-1}$$

$$\Delta_r G_m^{\ominus}=\Delta_r H_m^{\ominus}-T\Delta_r S_m^{\ominus}=5.44\times10^3-298\times32.9=-4.36kJ\cdot mol^{-1}$$

$$E^{\ominus}=-\frac{\Delta_r G_m^{\ominus}}{zF}=\frac{4.36}{96500}=0.045V$$

$$\left(\frac{\partial E^{\ominus}}{\partial T}\right)_p=\frac{\Delta_r S_m^{\ominus}}{zF}=3.41\times10^{-4}V\cdot K^{-1}$$

31. 对电池 Pt，$H_2(p_1)|HCl(m)|H_2(p_2)$，Pt，设 H_2遵从的状态方程为 $pV_m=RT+ap$，式中 $a=1.48\times10^{-5}\ m^3\cdot mol^{-1}$，且与温度、压力无关，当 H_2的压力 $p_1=20p^{\ominus}$，$p_2=1\ p^{\ominus}$时，

(1)写出电极反应和电池反应。

(2)计算电池在298 K时的电动势。

(3)电池放电时是吸热还是放热？为什么？

(4)若 a 是温度的函数，$a=b-\frac{a}{RT}$（a，b 是常数），当电池输出2 mol电子的电

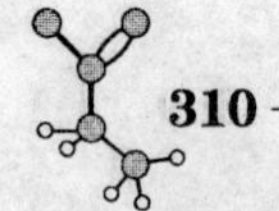

量时，试列出下列函数值的计算公式：$\Delta_r S_m$，$\Delta_r H_m$和最大功 W_{max}。

解：(1)负极：　$H_2(p_1) - 2e^- \longrightarrow 2H^+(a_{H^+})$

正极：　$2H^+(a_{H^+}) + 2e^- \longrightarrow H_2(p_2)$

电池反应：　$H_2(p_1) \longrightarrow H_2(p_2)$

(2)因为气体是非理想气体，应先求出这变化过程中的$\Delta_r G_m$值，再计算 E 值。

$$\Delta_r G_m = \int_{p_1}^{p_2} V\mathrm{d}p = \int_{p_1}^{p_2} \left(\frac{RT}{p} + a\right)\mathrm{d}p = RT\ln\frac{p_2}{p_1} + a(p_2 - p_1)$$

$$E = -\frac{\Delta_r G_m}{zF} = \frac{RT}{zF}\ln\frac{p_1}{p_2} + \frac{a}{zF}(p_1 - p_2)$$

$$= \frac{8.314\times 298}{2\times 96500}\ln\frac{20p^\ominus}{p^\ominus} + \frac{1.481\times 10^{-5}}{2\times 96500}\times(20p^\ominus - p^\ominus)$$

$$= 0.0378 + 0.000147 = 0.03795\text{V}$$

(3)
$$\left(\frac{\partial E}{\partial T}\right)_p = \frac{R}{zF}\ln\frac{p_1}{p_2}$$

$$\Delta_r S_m = zF\left(\frac{\partial E}{\partial T}\right)_p = R\ln\frac{p_1}{p_2} = 24.9\text{J}\cdot\text{K}^{-1}\cdot\text{mol}^{-1}$$

$$Q_R = T\Delta_r S = 293\times 24.9 = 7.30\text{kJ}\cdot\text{mol}^{-1}$$

$Q_R > 0$，则电池放电时吸热。

(4)
$$\Delta_r S_m = -\left(\frac{\partial \Delta_r G_m}{\partial T}\right)_p = R\ln\frac{p_1}{p_2} - (p_2 - p_1)\frac{\partial a}{\partial T} = R\ln\frac{p_1}{p_2} - (p_2 - p_1)\frac{a}{RT^2}$$

$$\Delta_r H_m = \Delta_r S_m + T\Delta_r S_m$$

$$= RT\ln\frac{p_2}{p_1} + a(p_2 - p_1) + RT\ln\frac{p_1}{p_2} - \frac{a}{RT}(p_2 - p_1)$$

$$= \left(b - \frac{a}{RT}\right)(p_2 - p_1) - (p_2 - p_1)\frac{a}{RT}$$

$$= \left(b - \frac{2a}{RT}\right)(p_2 - p_1)$$

$$W_{max} = -\Delta_r F_m = \int_{V_1}^{V_2} p\mathrm{d}V$$

$$= \int_{V_1}^{V_2} \frac{RT}{(V - a)}\mathrm{d}V = RT\ln\frac{V_2 - a}{V_1 - a} = RT\ln\frac{p_1}{p_2}$$

32. 298K 时测定下述电池的电动势：玻璃电极｜缓冲电极｜饱和甘汞电极。当所用缓冲溶液的 pH = 4.00 时，测得电池的电动势为 0.1120 V；若换用另一缓冲溶液重测电动势，得 E = 0.3865 V。试求该缓冲溶液的 pH 值。当电池中换用 pH

=2.50 的缓冲液时，电池的 E 将为若干？

解：
$$\varphi_{玻} = \varphi_{玻}^{\ominus} - 0.05915\text{V} \times \text{pH}$$

$$E_1 = \varphi_{甘汞} - \varphi_{玻} = \varphi_{甘汞} - \varphi_{玻}^{\ominus} + 0.05915\text{V} \times \text{pH}(1)$$

$$E_2 = \varphi_{甘汞} - \varphi_{玻}^{\ominus} + 0.05915\text{V} \times \text{pH}(2)$$

$$E_2 - E_1 = 0.05915\text{V} \times (\text{pH}(2) - \text{pH}(1))$$

$$\text{pH}(2) = \frac{E_2 - E_1}{0.05915V} + \text{pH}(1) = \frac{(0.3865 - 0.1120)\text{V}}{0.05915\text{V}} + 4.00 = 8.64$$

$$E_x = E_1 + 0.05915\text{V} \times (\text{pH}(2) - \text{pH}(1))$$

$$= 0.1120\text{V} + 0.05915\text{V} \times (2.50 - 4.00) = 0.0233\text{V}$$

33. 已知水的离子积常数 K_w 在 298 K 和 303 K 时分别为 0.67×10^{-14} 和 1.48×10^{-14}，试求：

(1)在 298 K，$p^{\ominus}$ 压力时，下述中和反应的 $\Delta_r H_m^{\ominus}$ 和 $\Delta_r S_m^{\ominus}$ 的值(设 $\Delta_r H_m^{\ominus}$ 与温度关系可忽略)。

$$H^+(aq) + OH^-(aq) = H_2O(l)$$

(2)298 K 时 OH^- 离子的标准摩尔生成吉布斯自由能 $\Delta_f G_m^{\ominus}$ 的值。已知下述电池的电动势 $E^{\ominus} = 0.927\text{V}$。

$$\text{Pt},\ H_2(p^{\ominus})\,|\,KOH(aq)\,|\,HgO(s) + Hg(l)$$

并已知反应 $Hg(l) + \frac{1}{2}O_2(g,\ 1p^{\ominus}) = HgO(s)$ 的 $\Delta_r G_m^{\ominus}(298.15\text{K}) = -58.5\text{kJ}\cdot\text{mol}^{-1}$

解：(1)反应为：

$$H_2O(l) \rightleftharpoons H^+(a_{H^+}) + OH^-(a_{OH^-})$$

$$K_w = a_{H^+}a_{OH^-}$$

$$\ln\frac{K_w(T_2)}{K_w(T_1)} = \frac{\Delta_r H_m}{R}\left(\frac{1}{T_1} - \frac{1}{T_2}\right)$$

$$\ln\frac{1.45\times10^{-14}}{0.67\times10^{-14}} = \frac{\Delta_r H_m}{8.314}\left(\frac{1}{293} - \frac{1}{303}\right)$$

$$\Delta_r H_m = 56.985\text{kJ}\cdot\text{mol}^{-1}$$

$$\Delta_r H_m^{\ominus} = -\Delta_r H_m = -56.985\text{kJ}\cdot\text{mol}^{-1}$$

$$\Delta_r G_m^{\ominus}(293\text{K}) = -RT_1\ln\frac{1}{K_w(T_1)}$$

$$= -8.314\times293\ln\frac{1}{0.67\times10^{-14}} = -79.62\text{kJ}\cdot\text{mol}^{-1}$$

$$\Delta_r G_m^{\ominus}(303\text{K}) = -8.314\times303\ln\frac{1}{1.45\times10^{-14}} = -80.27\text{kJ}\cdot\text{mol}^{-1}$$

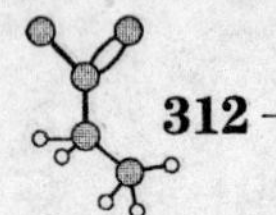

$$\Delta_r G_m^\ominus(298\text{K}) = \frac{1}{2}[\Delta_r G_m^\ominus(293\text{K}) + \Delta_r G_m^\ominus(303\text{K})] = \frac{1}{2}(-79.62 - 80.27)$$

$$= -79.95\text{kJ}\cdot\text{mol}^{-1}$$

$$\Delta_r S_m^\ominus = \frac{\Delta_r H_m^\ominus - \Delta_r G_m^\ominus}{T} = \frac{-56.985 + 79.95}{298} = 77.06\text{J}\cdot\text{K}^{-1}\cdot\text{mol}^{-1}$$

(2)所给电池的电池反应为:

$$\text{HgO(s)} + \text{H}_2(p^\ominus) = \text{Hg(l)} + \text{H}_2\text{O(l)} \qquad ①\ \Delta_r G_m(1)$$

已知: $\text{Hg(l)} + \frac{1}{2}\text{O}_2(p^\ominus) = \text{HgO(s)} \qquad ②\ \Delta_r G_m(2)$

$$\text{H}_2\text{O(l)} \rightleftharpoons \text{H}^+(aq) + \text{OH}^-(aq) \qquad ③\ \Delta_r G_m(3)$$

①+②+③得:

$$\text{H}_2(p^\ominus) + \frac{1}{2}\text{O}_2(p^\ominus) \rightleftharpoons \text{H}^+(aq) + \text{OH}^-(aq) \quad ④\ \Delta_r G_m(4)$$

因为 $\Delta_f G_m^\ominus(\text{H}^+) = 0$, 所以 $\Delta_f G_m^\ominus(\text{OH}^-) = \Delta_r G_m(4)$

$$\Delta_f G_m^\ominus(\text{OH}^-) = \Delta_r G_m(1) + \Delta_r G_m(2) + \Delta_r G_m(3)$$

$$= -2\times 0.927\times 96500\times 10^{-3} + (-58.5) + 79.95$$

$$= -157.46\ \text{kJ}\cdot\text{mol}^{-1}$$

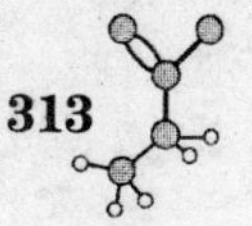

第 15 章　电化学动力学

一、基 本 内 容

电解是把电能转化成化学能的过程。使某种电解质开始进行电解反应时所必须施加的最少电压称为分解电压。可逆分解电压等于可逆电池的电动势。在实际电解过程中，对电解池所加的实际分解电压，总是要大于把电解池作为原电池时所具有的可逆电动势，这增加的电压一部分用来克服电路中的电阻，另一部分用来克服由于通电所引起的各种极化作用。

$$E_{分解} = E_{可逆} + \Delta E_{不可逆} + IR$$

$$\Delta E_{不可逆} = \eta_{阳} + \eta_{阴}$$

极化主要有浓差极化和电化学极化等。为克服极化作用而额外增加的电压称为超电势。

$$\eta_{阴} = (\varphi_{可逆} - \varphi_{不可逆})_{阴}$$

$$\eta_{阳} = (\varphi_{不可逆} - \varphi_{可逆})_{阳}$$

在阴极上由于超电势的存在，使实际析出电势变小；在阳极上由于超电势的存在，使实际析出电势变大。

$$\varphi_{阳,析出} = \varphi_{阳,可逆} + \eta_{阳}$$

$$\varphi_{阴,析出} = \varphi_{阴,可逆} - \eta_{阴}$$

当电极上的化学反应成为电极过程的控制步骤时，超电势(η)和电流密度(j)的如下关系式叫塔菲尔方程。

$$\eta = a + b\lg j$$

由于超电势的存在，对电解池，总是使外加电压增加而多消耗电能；对原电池，使电池电动势变小而降低了对外做功的能力，所以人们往往设法降低超电势，以节约能耗。

金属的电化学腐蚀是一种阳极过程，即

$$M \longrightarrow M^{n+} + ne^-$$

这意味着金属被氧化并以离子的形式转入溶液中。电化学腐蚀是由于金属的表面形成局部微电池而引起的。这类电池的特点是：①原则上和原电池相同，按电化学反

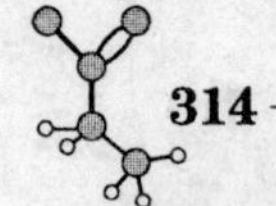

应机理进行着一对共轭并存的阴、阳极反应；②不同之处是这电池自身短路，故无外电流，只有内部电流。可以从热力学的观点判断金属在指定条件下是否被腐蚀。

化学电源是实用的原电池，在电化学领域具有实际意义。按其使用的特点大体可分为：①燃料电池；②蓄电池；③一次电池。化学电池的性能通常用电池容量、电池能量密度（比能量）和电池功率密度（比功率）等几个参数来衡量。

二、习题解答

1. 计算下列电解池在 298 K 时的可逆分解电压：

(1)
$$\mathrm{Pt(s)}\left|\mathrm{HBr}\begin{bmatrix}0.05\mathrm{mol\cdot kg^{-1}}\\ \gamma_{\pm}=0.860\end{bmatrix}\right|\mathrm{Pt(s)}$$

(2)
$$\mathrm{Ag(s)}\left|\mathrm{AgNO_3}\begin{bmatrix}0.50\mathrm{mol\cdot kg^{-1}}\\ \gamma_{\pm}=0.526\end{bmatrix}\right|\left|\mathrm{AgNO_3}\begin{bmatrix}0.01\mathrm{mol\cdot kg^{-1}}\\ \gamma_{\pm}=0.902\end{bmatrix}\right|\mathrm{Ag(s)}$$

解：(1)该电解池在 298 K 时的可逆分解电压为

$$\mathrm{Pt},\ \mathrm{H_2}(p^{\ominus})\left|\mathrm{HBr}\begin{bmatrix}0.05\mathrm{mol\cdot kg^{-1}}\\ \gamma_{\pm}=0.860\end{bmatrix}\right|\mathrm{Br_2}(p^{\ominus}),\ \mathrm{Pt}$$

原电池之电动势 $E_{可逆}$：

$$(-)\ \frac{1}{2}\mathrm{H_2}(p^{\ominus})\longrightarrow \mathrm{H^+}\begin{bmatrix}0.05\mathrm{mol\cdot kg^{-1}}\\ \gamma_{\pm}=0.860\end{bmatrix}+\mathrm{e^-}$$

$$(+)\ \frac{1}{2}\mathrm{Br_2}(p^{\ominus})+\mathrm{e^-}\longrightarrow \mathrm{Br^-}\begin{bmatrix}0.05\mathrm{mol\cdot kg^{-1}}\\ \gamma_{\pm}=0.860\end{bmatrix}$$

电池反应为：

$$\frac{1}{2}\mathrm{H_2}(p^{\ominus})+\frac{1}{2}\mathrm{Br_2}(p^{\ominus})\longrightarrow \mathrm{HBr}\begin{bmatrix}0.05\mathrm{mol\cdot kg^{-1}}\\ \gamma_{\pm}=0.860\end{bmatrix}$$

$$E_{可逆}=E^{\ominus}-\frac{RT}{F}\ln(a_{\mathrm{H^+}}\cdot a_{\mathrm{Br^-}})$$

$$=\varphi^{\ominus}_{\mathrm{Br_2,\ Br^-}}-\varphi^{\ominus}_{\mathrm{H^+,\ Br_2}}-\frac{RT}{F}\ln\left(\gamma_{\pm}\frac{m}{m^{\ominus}}\right)^2$$

$$=1.065-0.05915\lg(0.05\times0.860)^2=1.227\mathrm{V}$$

(2)同理，可求此原电池的可逆电动势 $E_{可逆}$：

$$(-)\ \mathrm{Ag(s)}\longrightarrow \mathrm{Ag^+}\begin{bmatrix}0.50\mathrm{mol\cdot kg^{-1}}\\ \gamma_{\pm}=0.526\end{bmatrix}+\mathrm{e^-}$$

$$(+)\ \mathrm{Ag^+}\begin{bmatrix}0.01\mathrm{mol\cdot kg^{-1}}\\ \gamma_{\pm}=0.902\end{bmatrix}+\mathrm{e^-}\longrightarrow \mathrm{Ag(s)}$$

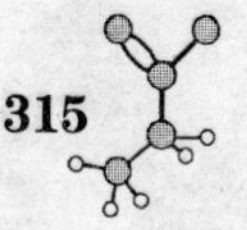

电池反应：

$$Ag^+\begin{bmatrix}0.01\text{mol}\cdot\text{kg}^{-1}\\ \gamma_{\pm}=0.902\end{bmatrix}\longrightarrow Ag^+\begin{bmatrix}0.50\text{mol}\cdot\text{kg}^{-1}\\ \gamma_{\pm}=0.526\end{bmatrix}$$

$$E_{可逆}=-\frac{RT}{F}\ln\frac{0.526\times0.50}{0.01\times0.902}=-0.0866\text{V}$$

即上述两个电解池的可逆分解电压分别为 1.227 V 和 0.0966 V。

$E_{可逆}$为负值，说明原来电池的表示法为非自发电池，$E_{分解}$应是正值。计算电池的分解电压时，只要不考虑超电势，则分解电压(即理论值)应在数值上与可逆电池的电动势相等。

2. 在25℃时，用 Pb 电极电解 0.5 mol·dm^{-3}的 H_2SO_4

(1)计算理论上所需外加电压；

(2)若两极的面积为 1 cm^2，电介质溶液电阻为 100 Ω，H_2和 O_2的超电势与电流密度 j 的关系分别表示为：

$$\eta(H_2)=0.472\text{V}+0.118\text{V}\lg[j/(\text{A}\cdot\text{cm}^{-2})]$$

$$\eta(O_2)=1.062\text{V}+0.118\text{V}\lg[j/(\text{A}\cdot\text{cm}^{-2})]$$

当通过 1 mA 电流时，外加的电压应为多少？

解：(1)电解液为酸性，其

阴极反应：$2H^++2e\longrightarrow H_2$

阳极反应：$H_2O-2e\longrightarrow\frac{1}{2}O_2+2H^+$

电池反应：$H_2O\longrightarrow H_2+\frac{1}{2}O_2$

理论上所需外加电压等于电池电动势 E

$$E=E^{\ominus}-\frac{RT}{2F}\ln\frac{(p_{H_2}/p^{\ominus})(p_{O_2}/p^{\ominus})}{a_{H_2O}}$$

因　　$a(H_2O)=1$　　$p_{H_2}=p_{O_2}=p^{\ominus}$

故　　$E=E^{\ominus}=\varphi^{\ominus}_{O_2,\ H_2O}-\varphi^{\ominus}_{H^+,\ H_2}=1.229\text{V}$

(2)实际外加电压等于有电流通过时，阳极与阴极电极电势差和电解质溶液电阻产生的压降之和。

电流密度 $j=\dfrac{1\times10^{-3}\text{A}}{1\text{ cm}^2}=10^{-3}\text{A}\cdot\text{cm}^{-2}$

$$\varphi_{阳}=\varphi_{阳,平}+\eta_{阳}$$

$$=\varphi^{\ominus}_{(O_2,\ H_2O)}+\eta(O_2)=1.229+1.062+0.118\lg10^{-3}=1.937\text{V}$$

$$\varphi_{阴}=\varphi_{阴,平}+\eta_{阴}$$

$$=\varphi^{\ominus}_{(H^+,\ H_2)}-\eta(H_2)=0-(0.472+0.118\lg10^{-3})=-0.118\text{V}$$

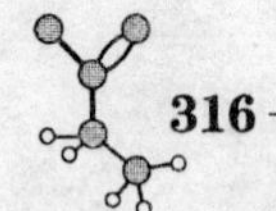

$$\varphi_{阳} - \varphi_{阴} = 1.937 - (-0.118) = 2.055\text{V}$$

电介质溶液产生压降为：$V = IR = 10^{-3} \times 100 = 0.1\text{V}$

故外加电压为：$2.055 + 0.1 = 2.155\text{V}$

3. 在 298 K 时，用 Pb(s) 电极来电解 H_2SO_4 溶液（$0.10\ \text{mol}\cdot\text{kg}^{-1}$，$\gamma_{\pm} = 0.265$），若在电解过程中，把 Pb 阴极与另一摩尔甘汞电极相连组成原电池，测得其电动势 $E = 1.0685$ V。已知 $\varphi_{甘汞} = 0.2802$ V，若只考虑 H_2SO_4的一级电离，试求 $H_2(g)$在 Pb 阴极上的超电势。

解：只考虑 H_2SO_4的一级电离时，

$$H_2SO_4 \rightleftharpoons H^+ + HSO_4^-$$

$$E = \varphi_{甘} - \varphi_{ir} = \varphi_{甘} - \varphi_{r} + \eta_{H_2}$$

$$= \varphi_{甘} - \frac{RT}{F}\ln a_{H^+} + \eta_{H_2}$$

$$\eta_{H_2} = E - \varphi_{甘} + \frac{RT}{F}\ln a_{H^+}$$

$$= 1.0685 - 0.2802 - \frac{RT}{F}\ln 0.1 \times 0.265 = 0.695\text{V}$$

4. 在锌电极上析出 H_2的塔菲尔公式为：$\eta = 0.72 + 0.116\lg j$。在 298 K 时，用 Zn(s) 作阴极，惰性物质作阳极，电解浓度为 $0.1\ \text{mol}\cdot\text{kg}^{-1}$的 $ZnSO_4$溶液，设溶液 pH 值为 7.0，若要使 H_2不和锌同时析出应控制什么条件？

解：首先要计算 Zn^{2+}和 H^+在电极上的析出电势。

$$\varphi_{阴,析} = \varphi_{阴,可逆} - \eta_{阴}$$

设 Zn 析出过电势为 0，则

$$\varphi_{Zn,析} = \varphi_{Zn^{2+},Zn(平)}$$

$$= \varphi_{Zn^{2+},Zn} - \frac{RT}{2F}\ln\frac{1}{0.1} = -0.7628 - 0.02958 = -0.7924\text{V}$$

$$\varphi_{H_2,平} = (\varphi^{\ominus}_{H_2})_{平} - 0.05915\lg\frac{1}{10^{-7}} = -0.414\text{V}$$

$$\varphi_{H_2,析} = \varphi_{H_2,平} - \eta_{H_2}$$

$$= -0.414 - (0.72 + 0.116\lg j)$$

若要使 H_2，Zn 不同时析出，则要使 $\varphi_{H_2,析}$ 略小于 $\varphi_{Zn,析}$，即

$$\varphi_{Zn,析} > \varphi_{H_2,析}$$

$$-0.7924 > [-0.414 - (0.72 + 0.116\lg j)]$$

$$\lg j > \frac{-0.414 - 0.72 + 0.7924}{0.116}$$

$$j > 1.135 \times 10^{-3}\ \text{A}\cdot\text{cm}^{-2}$$

也就是应控制电流密度大于 $1.135\times10^{-3}\ \text{A}\cdot\text{cm}^{-2}$，$H_2$才不会同时析出。

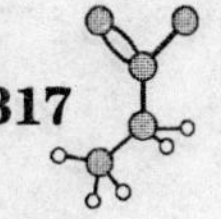

5. 把面积为 2 cm^2 的 Pt 电极插入 Fe^{2+} 和 Fe^{3+} 的溶液中，25℃下通以电流，测得极化电位 η 和电流 I 的数据如下：

η/mV	50	100	150	200	250
I/mA	8.8	25.0	58.0	131	298

求此电极过程的交换电流 j_0 和传递系数 a。

解：根据塔菲尔方程

$$\eta = a + b\lg j$$

以 η 对 $\lg j$ 作图得一直线，求得斜率为 b，随即可计算得 a。数据如下：（图略）

η/mV	50	100	150	200	250
$j/\text{mA}\cdot\text{cm}^{-2}$	4.4·	12.5	29.0	65.5	149
$\lg j$	0.644	1.097	1.462	1.816	2.713

得斜率 $$b = \frac{100}{0.72} = 139\text{mV}$$

由 $$b = \frac{2.3RT}{aF}$$

故 $$a = \frac{2.3RT}{b} = \frac{59}{139} = 0.42$$

取 $\eta = 200\text{mV}$，$\lg j = 1.816$，代入 $\eta = a + b\lg j$，得

$$a = \eta - b\lg j = 200 - 139 \times 1.816 = -52.4\text{mV}$$

$$\lg j_0 = \frac{aF}{2.3RT}a = \frac{0.42}{59} \times 52.4 = 0.373$$

$$j_0 = 2.36\text{mA}\cdot\text{cm}^{-2}$$

6. 在 298 K 时，当电流密度为 0.1 $\text{A}\cdot\text{cm}^{-2}$ 时，H_2 和 O_2 在 Ag 电极上的超电势分别为 0.87 V 和 0.89 V，今用 Ag(s) 电极插入 0.01 $\text{mol}\cdot\text{kg}^{-1}$ 的 NaOH 溶液中进行电解，问该条件下在两个银电极上首先发生什么反应？此时外加电压为多少（设活度系数为 1）？

解：电解时阳极上可能发生的反应：

$$2\,OH^-(a) \longrightarrow H_2O(l) + \frac{1}{2}O_2(p^{\ominus}) + 2e^-$$

$$\mathrm{Ag(s)} + \mathrm{OH^-}(a) \longrightarrow \frac{1}{2}\mathrm{Ag_2O(s)} + \frac{1}{2}\mathrm{H_2O(l)} + \mathrm{e^-}$$

$$\varphi_{\mathrm{O_2,\ OH^-}} = \left(\varphi^{\ominus}_{\mathrm{O_2,\ OH^-}} - \frac{RT}{2F}\ln a^2_{\mathrm{OH^-}}\right)_{平} + \eta_{\mathrm{O_2}}$$

$$= 0.401 - 0.05915 \times 2 + 0.98 = 1.50\mathrm{V}$$

$$\varphi_{\mathrm{Ag_2O,\ Ag}} = \varphi^{\ominus}_{\mathrm{Ag_2O,\ Ag}} - \frac{RT}{F}\ln a_{\mathrm{OH^-}}$$

$$= 0.344 + 0.1183 = 0.4622\mathrm{V}$$

因为在阳极上还原电势越负者，越容易发生氧化作用而析出，

所以阳极上 Ag 电极本身氧化成 Ag_2O。

阴极上发生的可能反应为：

$$\mathrm{H^+} + \mathrm{e^-} \longrightarrow \frac{1}{2}\mathrm{H_2}(p^{\ominus})$$

$$\varphi_{\mathrm{H^+,\ H_2}} = \varphi^{\ominus}_{\mathrm{H^+,\ H_2}} - \frac{RT}{F}\ln\frac{1}{a_{\mathrm{H^+}}} - \eta_{\mathrm{H_2}}$$

$$= 0 + 0.05915\lg(10^{-14-(-2)}) - 0.87 = -1.58\mathrm{V}$$

$$\mathrm{Na^+} + \mathrm{e^-} \longrightarrow \mathrm{Na(s)}$$

$$\varphi_{\mathrm{Na^+,\ Na}} = \varphi^{\ominus}_{\mathrm{Na^+,\ Na}} - \frac{RT}{F}\ln\frac{1}{a_{\mathrm{Na^+}}}$$

$$= -2.713 + (-0.1183) = -2.831\mathrm{V}$$

在阴极上还原电势愈正愈容易发生还原作用而析出；

因为 $\varphi_{\mathrm{H^+,\ H_2}} > \varphi_{\mathrm{Na^+,\ Na}}$

所以阴极上发生 H_2的还原反应，放出 H_2。

$$E_{外} = \varphi - \varphi = 0.4662 - (-1.58) = 2.042\mathrm{V}$$

由于生成的 Ag_2O 膜包在银电极外面，会阻止反应的进一步进行。

7. 在 298 K，$p^{\ominus}$压力时，用 Fe(s) 为阴极，C(石墨) 为阳极，电解 6.0 mol · kg^{-1}的 NaCl 水溶液，若 H_2(g) 在铁阴极上的超电势为 0.20 V，O_2(g) 在石墨阳极上的超电势为 0.60 V，Cl_2(g) 的超电势可忽略不计，试说明两极上首先发生的反应；计算至少需加多少外加电压，电解才能进行(设活度系数均为 1)。

解：由题中可知，H_2O 溶液里

$$[\mathrm{H^+}] = [\mathrm{OH^-}] = 10^{-7}\mathrm{mol \cdot kg^{-1}}$$

$$[\mathrm{Na^+}] = [\mathrm{Cl^-}] = 6.0\mathrm{mol \cdot kg^{-1}}$$

阴极上：

$$(\varphi_{\mathrm{H^+,\ H_2}})_{\mathrm{ir}} = (\varphi_{\mathrm{H^+,\ H_2}})_{\mathrm{r}} - \eta_{\mathrm{H_2}}$$

$$= \varphi^{\ominus}_{\mathrm{H^+,\ H_2}} - \frac{RT}{F}\ln[\mathrm{H^+}] - 0.2$$

$$= 0.05915\lg 10^{-7} - 0.2 = -0.614\text{V}$$

$$(\varphi_{Na^+, Na})_{ir} = (\varphi_{Na^+, Na})_r$$
$$= \varphi^{\ominus}_{Na^+, Na} - 0.05915\lg[Na^+]$$
$$= -2.714 - 0.05915\lg 6 = -2.668\text{V}$$

因 $(\varphi_{H^+, H_2})_{ir} > (\varphi_{Na^+, Na})_{ir}$

故阴极上析出 $H_2(g)$。

阳极上：$(\varphi_{OH^-, O_2})_{ir} = (\varphi_{OH^-, O_2})_r - \eta_{O_2}$

$$= \varphi^{\ominus}_{OH^-, O_2} - 0.05915\lg[OH^-] + 0.6$$
$$= 0.401 - 0.05915\lg 10^{-7} + 0.6 = 1.414\text{V}$$

$$(\varphi_{Cl_2, Cl^-})_{ir} = (\varphi_{Cl_2, Cl^-})_r = \varphi^{\ominus}_{Cl_2, Cl^-} - 0.05915\lg 6$$
$$= 1.36 - 0.05915\lg 6 = 1.314\text{V}$$

因 $(\varphi_{Cl_2, Cl^-})_{ir} < (\varphi_{O_2, OH^-})_{ir}$

故阳极上析出 $Cl_2(g)$。

$$E_{外} = (\varphi_{Cl_2, Cl^-})_{ir} - (\varphi_{H^+, H_2})_{ir}$$
$$= 1.314 - (-0.614) = 1.928\text{V}$$

8. 某溶液含有 $Ag^+(a=0.05)$、$Fe^{2+}(a=0.01)$、$Cd^{2+}(a=0.001)$、$Ni^+(a=0.1)$ 和 $H^+(a=0.001)$。又知 H_2 在 Ag、Ni、Fe 和 Cd 上的超电势分别为 0.20、0.24、0.18 和 0.30 V。当外电压从零开始逐渐增加时，在阴极上发生什么变化？

解：上述各离子在此溶液中的析出可逆电势如下：

$$Ag^+(a=0.05) + e^- \longrightarrow Ag$$

$$\varphi_{Ag^+, Ag} = \varphi^{\ominus}_{Ag^+, Ag} - \frac{RT}{F}\ln\frac{1}{a_{Ag^+}} = 0.799 + 0.05915\lg 0.05 = 0.722\text{V}$$

$$Fe^{2+}(a=0.01) + 2e^- \rightarrow Fe$$

$$\varphi_{Fe^+, Fe} = \varphi^{\ominus}_{Fe^+, Fe} + \frac{RT}{2F}\ln a_{Fe^{2+}} = -0.440 + \frac{0.05915}{2}\lg 0.01 = -0.499\text{V}$$

$$Cd^{2+}(a=0.001) + 2e^- \rightarrow Cd$$

$$\varphi_{Cd^{2+}, Cd} = \varphi^{\ominus}_{Cd^{2+}, Cd} + \frac{RT}{2F}\ln a_{Cd^{2+}} = -0.403 + \frac{0.05915}{2}\lg 0.1 = -0.492\text{V}$$

$$Ni^+(a=0.1) + 2e^- \longrightarrow Ni$$

$$\varphi_{Ni^+, Ni} = \varphi^{\ominus}_{Ni^+, Ni} + \frac{RT}{F}\ln a_{Ni^+} = -0.250 + \frac{0.05915}{2}\lg 0.1 = -0.281\text{V}$$

$$H^+(a=0.001) + e^- \rightarrow \frac{1}{2}H_2$$

$$\varphi_{H^+, H_2} = \varphi^{\ominus}_{H^+, H_2} + \frac{RT}{F}\ln a_{H^+} = 0.05915\lg 0.001 = -0.177\text{V}$$

已知 H_2 在 Ag、Fe、Cd 和 Ni 上的析出电势分别为 0.20V、0.18V、0.30V 和

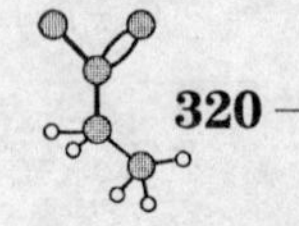

0.24V

所以 H_2在 Ag 上的析出电势：

$$\varphi_{Ag} = \varphi_{平} - \eta_{Ag} = -0.177 - 0.20 = -0.377V$$

H_2在 Fe 上的析出电势：

$$\varphi_{Fe} = \varphi_{平} - \eta_{Fe} = -0.177 - 0.18 = -0.357V$$

H_2在 Cd 上的析出电势：

$$\varphi_{Cd} = \varphi_{平} - \eta_{Cd} = -0.177 - 0.30 = -0.4777V$$

H_2在 Ni 上的析出电势：

$$\varphi_{Ni} = \varphi_{平} - \eta_{Ni} = -0.177 - 0.24 = -0.417V$$

因为在阴极上还原电势越正越容易析出，当外加电压由零开始逐渐增加时，在阴极上先析出 Ag，然后析出 Ni，接着析出 H_2；因为 Cd 和 Fe 的析出电势几乎相等，最后它们几乎同时析出。

9. 在 298 K，原始浓度 Ag^+为 0.1 $mol \cdot kg^{-1}$和 CN^-为 0.25 $mol \cdot kg^{-1}$的溶液中形成了配离子 $Ag(CN)_2^-$，其离解常数 $K_a = 3.8 \times 10^{-19}$，试计算该溶液中 Ag^+的浓度和 Ag(s)的析出电势(设活度系数均为1)。

解： $Ag^+ + 2\,CN^- \longrightarrow Ag(CN)_2^-$

原始 0.1 0.25

平衡 x $0.25-2(0.1-x)$ $0.1-x$

$$K_a = \frac{[Ag^+][CN^-]^2}{[Ag(CN)_2^-]} = \frac{x\,(0.05+2x)^2}{0.1-x} = 3.8 \times 10^{-19}$$

解得：$[Ag^+] = x = 1.52 \times 10^{-17} mol \cdot kg^{-1}$

$$\varphi_{Ag^+,\,Ag} = \varphi^{\ominus}_{Ag^+,\,Ag} + \frac{RT}{F}\ln[Ag^+]$$

$$= 0.7994 + 0.05915\lg(1.52 \times 10^{-17}) = -0.196V$$

10. 欲从镀银废液中回收金属银，废液中 $AgNO_3$的浓度为 1×10^{-6} $mol \cdot kg^{-1}$，还含有少量的 Cu^{2+}。今以银为阴极用电解法回收银，要求银的回收率达 99%。试问阴极电位应控制在什么范围之内？Cu^{2+}浓度应低于多少才不致使 Cu(s)和 Ag(s)同时析出(设活度系数均为1)？

解： 当 Ag^+的回收率达 99%时，残余的 Ag^+浓度为：

$$[Ag^+] = 1 \times 10^{-6} mol \cdot kg^{-1} \times (1 - 99\%)$$

这时 Ag^+的析出电势为：

$$\varphi_{Ag^+,\,Ag} = \varphi^{\ominus}_{Ag^+,\,Ag} + \frac{RT}{F}\ln[Ag^+]$$

$$= 0.7994 + 0.05915\lg[(1-0.99) \times 10^{-6}] = 0.3262V$$

即阴极电位应控制在 $\varphi < 0.3262V$；

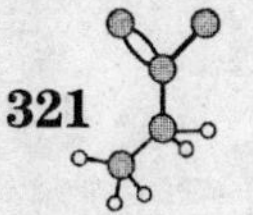

当 Cu(s) 和 Ag(s) 同时析出时，有：

$$\varphi_{Ag^+,\ Ag} = \varphi_{Cu^{2+},\ Cu}$$

即：$0.3262 = \varphi^{\ominus}_{Cu^{2+},\ Cu} + \frac{RT}{2F}\ln[Cu^{2+}] = 0.337 + \frac{0.05915}{2}\lg[Cu^{2+}]$

$$[Cu^{2+}] = 0.4313\text{mol} \cdot \text{kg}^{-1}$$

即 $[Cu^{2+}] < 0.4313\text{mol} \cdot \text{kg}^{-1}$ 才不致使 Cu(s) 与 Ag(s) 一起析出。

11. 工业上目前电解食盐水制造 NaOH 的反应为

$$2NaCl + 2H_2O \xrightarrow{\text{电解}} 2NaOH + H_2(g) + Cl_2(g) \qquad (1)$$

有人改造电解池的结构，使电解食盐水的总反应为

$$2NaCl + H_2O + \frac{1}{2}O_2(\text{空气}) \xrightarrow{\text{电解}} 2NaOH + Cl_2(g) \qquad (2)$$

(1)分别写出两种电池总反应的阴极和阳极反应；

(2)计算在 298 K 时，两种反应的理论分解电压各为多少？设活度均为 1，pH = 14；

(3)计算改进方案在理论上可节约多少电能(用百分数表示)？

解：(1)电池总反应方向与电解总反应方向相反，对于第一种方案，其电池结构可写成：

$$Pt,\ H_2(g,\ p^{\ominus})\ |\ NaOH\ |\ Cl_2(g,\ p^{\ominus}),\ Pt$$

阳极(-) $H_2(g) + 2\,OH^- \rightarrow 2H_2O(l) + 2e^-$

阴极(+) $Cl_2(g) + 2e^- \rightarrow 2\,Cl^-$

电池总反应：$H_2(g) + Cl_2(g) + 2\,OH^- \rightarrow 2H_2O(l) + 2\,Cl^-$

对于第二种方案，电池结构为：

$$Pt,\ O_2(g,\ p^{\ominus})\ |\ NaOH\ |\ Cl_2(g,\ p^{\ominus}),\ Pt$$

阳极(-) $OH^- \rightarrow H_2O + \frac{1}{2}O_2(g) + 2e^-$

阴极(+) $Cl_2(g) + 2e^- \rightarrow 2\,Cl^-$

电池总反应：$2\,OH^- + Cl_2(g) \rightarrow H_2O + \frac{1}{2}O_2(g) + 2\,Cl^-$

(2)　$(E_{外})_1 = (E_{可})_1 = \varphi^{\ominus}_{Cl_2,\ Cl^-} - \varphi^{\ominus}_{OH^-,\ H_2}$

$$= 1.3596 + 0.8281 = 2.188\text{V}$$

$$(E_{外})_2 = (E_{可})_2 = \varphi^{\ominus}_{Cl_2,\ Cl^-} - \varphi^{\ominus}_{O_2,\ OH^-}$$

$$= 1.3596 - 0.401 = 0.959\text{V}$$

(3)改进方案在理论上可节约电能为：

$$\frac{2.188 - 0.959}{2.188} \times 100\% = 56.2\%$$

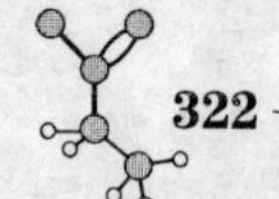

12. 某一溶液中含 KBr 和 KI 浓度均为 0.1 $mol \cdot kg^{-1}$，今将溶液放于带有 Pt 电极的多孔磁杯内，将杯放在一个较大的器皿中，器皿内有一 Zn 电极和大量的 0.1 $mol \cdot kg^{-1}$ $ZnCl_2$溶液。设 H_2在 Zn 上析出的超电势是 0.70 V，O_2在 Pt 电极上析出的超电势是 0.45 V(不考虑液接电势，Zn、I_2和 Br_2的析出电势很小，可忽略)。问：

(1)析出 99% 的碘时所需的外加电压是多少？

(2)析出 99% 的溴时所需的外加电压是多少？

(3)当开始析出 O_2时溶液中 Br^-离子浓度为多少？

解：在阴极上 Zn、H_2的析出电势分别为

$$\varphi_{Zn^{2+},\ Zn} = \varphi^{\ominus}_{Zn^{2+},\ Zn} + \frac{RT}{2F}\ln a_{Zn^{2+}}$$

$$= -0.763 + \frac{1}{2} \times 0.05915\lg 0.1 = -0.793V$$

$$\varphi_{H^+,\ H_2} = \varphi_{平} - \eta_{H_2} = \frac{RT}{F}\ln a_{H^+} - 0.70$$

$$= 0.05915\lg 10^{-7} - 0.70$$

$$= -0.05915 \times 7 - 0.70 = -1.114V$$

所以在阴极上发生还原反的应为 Zn^{2+}，在电极上析出 Zn。而在阳极上 I_2、Br_2和 O_2的析出电势分别是：

$$\varphi_{I_2,\ I^-} = \varphi^{\ominus}_{I_2,\ I^-} - \frac{RT}{2F}\ln a^2_{I^-} = 0.536 - 0.05915\lg 0.1 = 0.536 + 0.05915 = 0.595V$$

$$\varphi_{Br_2,\ Br^-} = \varphi^{\ominus}_{Br_2,\ Br^-} - \frac{RT}{2F}\ln a^2_{Br^-} = 1.066 + 0.05915 = 1.125V$$

$$\varphi_{O_2,\ OH^-} = \varphi_{平} + \eta_{阳} = \varphi^{\ominus}_{O_2,\ OH^-} - \frac{RT}{4F}\ln a^4_{OH^-} + 0.45$$

$$= 0.401 + 0.05915 \times 7 + 0.45 = 1.261V$$

所以在阳极上 I_2先析出，然后析出 Br_2，最后析出 O_2。

(1)当已析出 99% I_2时，阳极电势是：

$$\varphi_{I_2,\ I^-} = \varphi^{\ominus}_{I_2,\ I^-} - \frac{RT}{2F}\ln a^2_{I^-}$$

$$= 0.536 - 0.05915\lg(0.1 \times 0.01) = 0.536 + 0.177 = 0.713V$$

因为 $\varphi_{Zn^{2+},\ Zn} = -0.793$

所以 $E = \varphi_{I_2,\ I^-} - \varphi_{Zn^{2+},\ Zn} = 0.713 - (-0.793) = 1.506V$

(2)当已析出 99% Br_2时，阳极电势是：

$$\varphi_{Br_2,\ Br^-} = \varphi^{\ominus}_{Br_2,\ Br^-} - \frac{RT}{2F}\ln a^2_{Br^-}$$

$$= 1.065 - 0.05915\lg(0.1 \times 0.01) = 1.242V$$

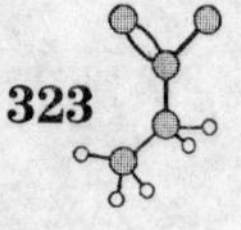

所以　　$E = \varphi_{Br_2, Br^-} - \varphi_{Zn^{2+}, Zn} = 1.242 - (-0.793) = 2.035V$

(3) 当 O_2 析出时电极电势

$$\varphi_{O_2, OH^-} = 1.261V$$

此时 Br^- 的剩余浓度如下：

$$1.261 = \varphi^{\ominus}_{Br_2, Br^-} - \frac{RT}{2F}\ln a^2_{Br^-}$$

$$1.261 = 1.065 - 0.05915\lg a_{Br^-}$$

所以　　$$\lg a_{Br^-} = \frac{1.065 - 1.261}{0.05915} = -3.314$$

所以　　$$a_{Br^-} \approx c_{Br^-} = 4.85 \times 10^4 mol \cdot kg^{-1}$$

13. 有一电极反应 $M^+ + e^- \longrightarrow M$，$c_0 = 10^{-3}$ mol·ml^{-1}，交换电流 $j_0 = 10^{-3}$ A·cm^{-2}，传递系数 $\alpha = 0.5$，$n = 1$，$\delta_{有效} = 10^{-2}$ cm，$D_{M^+} = 10^{-5}$ cm^2·s^{-1}。已知在阴极电流密度 $j_k = 0.05$ A·cm^{-2}时，阴极超电位 $\eta_k = 0.236$ V，试求：(1)相应于此反应粒子浓度时的 j_d；(2)分析此电极过程处于什么控制。

解：(1) $$j_d = \frac{nFD_{M^+}c_0}{\delta} = \frac{96500 \times 10^{-5} \times 10^{-3}}{10^{-2}} = 0.965 \times 10^{-1} A \cdot cm^{-2}$$

(2) 若上述过程只受电化学极化所控制，则

$$\eta = \eta_k = 0.236V$$

而 $$\eta = -\frac{2.303RT}{\alpha nF}\lg j_0 + \frac{2.303RT}{\alpha nF}\lg j_k$$

$$= -\frac{0.059}{0.50}\lg 10^{-3} + \frac{0.059}{0.50}\lg 0.05 = 0.354 - 0.154 = 0.200V$$

$\eta \neq \eta_k$ 说明此过程不只受电化学控制，还受浓差极化控制。此时：

$$\eta_k = \eta + \eta_{差} = \frac{2.303RT}{\alpha nF}\lg\frac{j_k}{j_0} + \frac{2.303RT}{\alpha nF}\lg\frac{j_d}{j_d - j_k}$$

$$= \frac{0.059}{0.50}\lg\frac{0.05}{0.001} + \frac{0.059}{0.50}\lg\frac{0.965 \times 10^{-1}}{0.465 \times 10^{-1}} = 0.200 + 0.037$$

$$= 0.237V$$

这和实验数据相符，说明此过程由电化学极化和浓差极化共同控制。

14. 某溶液含有 0.01 mol·kg^{-1} $CdSO_4$、0.01 mol·kg^{-1} $ZnSO_4$ 和 0.5mol·kg^{-1} H_2SO_4，把该溶液放在两个 Pt 电极之间，在 25℃，100 kPa 下用低电流密度进行电解，同时均匀搅拌，假设超电势可忽略不计，且 $\gamma_{Cd^{2+}} = \gamma_{Zn^{2+}}$。已知 25°C 时 $\varphi_{Cd^{2+}, Cd} = -0.40V$，$\varphi_{Zn^{2+}, Zn} = -0.76V$。

(1) 何种金属先析出？

(2) 第二种金属开始析出时，第一种金属离子在溶液中的浓度为多少？

解：(1)
$$\varphi_{Cd^{2+},Cd}=\varphi^{\ominus}_{Cd^{2+},Cd}+\frac{0.05916}{2}\lg a_{Cd^{2+}}$$
$$=-0.40+0.02958\lg[\gamma_{Cd^{2+}}.m_{Cd^{2+}}/m^{\ominus}]$$
$$\varphi_{Zn^{2+},Zn}=\varphi^{\ominus}_{Zn^{2+},Zn}+\frac{0.05916}{2}\lg a_{Zn^{2+}}$$
$$=-0.76+0.02958\lg[\gamma_{Zn^{2+}}.m_{Zn^{2+}}/m^{\ominus}]$$

因为 $\gamma_{Cd^{2+}}=\gamma_{Zn^{2+}}$

所以 $\varphi_{Cd^{2+},Cd}>\varphi_{Zn^{2+},Zn}$

故 Cd 先在阴极上析出。

(2)当 Zn 开始析出时，溶液中 Cd^{2+}浓度应满足：
$$\varphi_{Cd^{2+},Cd}=\varphi_{Zn^{2+},Zn}$$

即：
$$-0.40+0.02958\lg[\gamma_{Cd^{2+}}.m_{Cd^{2+}}/m^{\ominus}]=-0.76+0.02958\lg[\gamma_{Zn^{2+}}.m_{Zn^{2+}}/m^{\ominus}]$$

故 $$0.76-0.40=0.02958\lg\frac{\gamma_{Zn^{2+}}.m_{Zn^{2+}}/m^{\ominus}}{\gamma_{Cd^{2+}}.m_{Cd^{2+}}/m^{\ominus}}$$

即：$\lg\dfrac{0.01}{m_{Cd^{2+}}/m^{\ominus}}=\dfrac{0.36}{0.02958}=12.17$
$$\frac{0.01}{m_{Cd^{2+}}/m^{\ominus}}=1.48\times10^{12}$$

所以 $$m_{Cd^{2+}}=\frac{0.01}{1.48\times10^{12}}\times1=6.76\times10^{-15}\text{mol}\cdot\text{kg}^{-1}$$

15. 在锌电极上 H_2的超电势为 0.75 V，电解一含 Zn^{2+}的浓度为 1×10^{-5} mol · kg^{-1}的溶液，为了不使 H_2析出，问溶液的 pH 值应控制在多少才好？

解：若 $\varphi_{Zn^{2+},Zn}>\varphi_{H^+,H_2}$，则 Zn 析出而 H_2不析出，

即：$-0.763+\dfrac{0.05916}{2}\lg10^{-5}>-0.05916\text{pH}-0.75$
$$\text{pH}>2.72$$

故溶液的 pH 值应控制在 2.72 以上才好。

16. 25℃时有溶液(1) $a_{Sn^{2+}}=1.0$，$a_{Pb^{2+}}=1.0$；(2) $a_{Pb^{2+}}=1.0$，$a_{Pb^{2+}}=0.1$。当把金属 Pb 放入溶液中时，能否从溶液中置换出金属 Sn？

解：设计电池：Pb|Pb^{2+}||Sn^{2+}|Sn

电池电动势：$E=E^{\ominus}-\dfrac{RT}{2F}\ln\dfrac{a_{Pb^{2+}}}{a_{Sn^{2+}}}$

查表得：
$$\varphi^{\ominus}_{Sn^{2+},Sn}=-0.3162\text{V}$$
$$\varphi^{\ominus}_{Pb^{2+},Pb}=-0.1261\text{V}$$

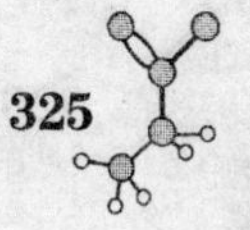

故 $E^{\ominus}=\varphi^{\ominus}_{Sn^{2+},Sn}-\varphi^{\ominus}_{Pb^{2+},Pb}=-0.3162-(-0.1261)=-0.0101V$

$$E=-0.0101-0.02958\lg\frac{a_{Pb^{2+}}}{a_{Sn^{2+}}}$$

若 $E>0$，则 Pb 可置换出 Sn；若 $E<0$，则 Pb 不能置换出 Sn。

(1) $E=-0.0101-0.02958\lg\frac{1.0}{1.0}=-0.0101V<0$

Pb 不能置换出 Sn

(2) $E=-0.0101-0.02958\lg\frac{0.1}{1.0}=0.01946V>0$

此时 Pb 能置换出 Sn。

17. 在25℃，用锌电极作为阴极电解 $a_{\pm}=1$ 的 $ZnSO_4$ 水溶液，若在某一电流密度下 H_2 在锌极上的超电势为0.7 V，问常压下电解时，阴极上析出的物质是氢气还是金属锌？

解：锌在阴极上的超电势可以忽略，查表得：

$$\varphi^{\ominus}_{Zn^{2+},Zn}=-0.7630V$$

因 $a_{Zn^{2+}}=1$，故

$$\varphi_{Zn^{2+},Zn}=\varphi^{\ominus}_{Zn^{2+},Zn}-\frac{0.05916}{2}\lg\frac{1}{a_{Zn^{2+}}}=-0.7630V$$

氢气在阴极上析出的平衡电势为：

$$\varphi_{H^+,H_2(平)}=\varphi^{\ominus}_{H^+,H_2}-\frac{0.05916}{2}\lg\frac{a^2_{H^+}}{p_{H_2}/p^{\ominus}}$$

电解在常压下进行氢气析出时应有 $p_{H_2}=101.325kPa$，水溶液近似认为中性，并假定 $a_{H^+}=10^{-7}$，于是

$$\varphi_{H^+,H_2(平)}=\varphi^{\ominus}_{H^+,H_2}-\frac{0.05916}{2}\lg\frac{(10^{-7})^2}{101.325/100}=-0.4140V$$

考虑到 H_2 在锌极上的超电势 $\eta_-=0.7$ V，故 H_2 析出时的极化电极电势

$$\varphi_{H^+,H_2}=\varphi_{H^+,H_2(平)}-\eta_-=-1.114V$$

可见若不存在 H 的超电势，因 $\varphi_{H^+,H_2(平)}>\varphi_{Zn^{2+},Zn}$，阴极上应当析出 H_2；由于氢的超电势的存在，$\varphi_{Zn^{2+},Zn}>\varphi_{H^+,H_2}$，故在阴极上析出 Zn。

18. 某普通钢铁容器，内盛 pH = 3.0 的溶液，问在此情况下容器是否会被腐蚀？

解：容器内盛的为酸性溶液

H^+ 的还原电位

$$\varphi_{H^+,H_2}=\varphi^{\ominus}_{H^+,H_2}-\frac{RT}{F}\ln a_{H^+}=-0.059pH=-0.059\times3.0=-0.177V$$

而 Fe^{2+} 的还原电位

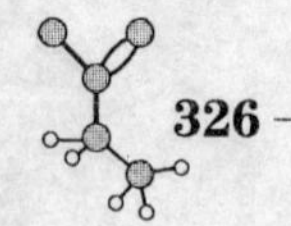

$$\varphi_{Fe^{2+}, Fe} = \varphi^{\ominus}_{Fe^{2+}, Fe} + \frac{RT}{2F}\ln a_{Fe^{2+}} = -0.440 + \frac{1}{2} \times 0.059 \lg a_{Fe^{2+}}$$

一般以 Fe^{2+} 离子的浓度超过 10^{-6} mol · L^{-1}时，作为被腐蚀的标准。在此浓度下

$$\varphi_{Fe^{2}, Fe} = -0.440 + \frac{1}{2} \times 0.059 \lg 10^{-6}$$

$$= -0.617\text{V}$$

即 $\varphi_{H^+, H_2} > \varphi_{Fe^{2+}, Fe}$；$H^+/H_2$ 的还原电位高，易于还原，而 Fe^{2+}/Fe 的还原电位低，易被氧化，所以此钢铁器皿将会被腐蚀。

19. 以 Ni(s) 为电极，KOH 水溶液为电解质的可逆氢、氧燃料电池在 298 K 和 1 $p^{\ominus}$ 压力下稳定地连续工作，试完成下列问题：

(1)写出电池的表示式、电极反应和电池反应；

(2)求一个 100 W(1 W=3.6 kJ/h)的电池，每分钟需要供给 298 K、1 $p^{\ominus}$ 压力的 $H_2(g)$ 多少体积？已知该电池反应的 $\Delta_r G_m^{\ominus} = -236\text{kJ} \cdot \text{mol}^{-1}$（每 mol H_2）；

(3)该电池的电动势为多少？

解：(1) Ni(s)，$H_2(p^{\ominus}, g)|KOH(aq)|O_2(p^{\ominus}, g)$，Ni(s)

阳(-)：$2OH^-(aq) + H_2(p^{\ominus}) \longrightarrow 2H_2O(l) + 2e^-$

阴(+)：$H_2O(l) + \frac{1}{2}O_2(p^{\ominus}) + 2e^- \longrightarrow 2OH^-(aq)$

电池反应：$H_2(p^{\ominus}) + \frac{1}{2}O_2(p^{\ominus}) \longrightarrow H_2O(l)$

(2) $n = \dfrac{\dfrac{100 \times 3.6 \times 10^3}{3600} \times 60}{236000} = 100\text{mol}$

$$V = \frac{nRT}{p^{\ominus}} = \frac{100 \times 8.314 \times 298}{236000 \times 101.325 \times 10^3} = 6.21 \times 10^{-4}\text{m}^3 \cdot \text{min}^{-1}$$

即每分钟需供给 298 K、1 $p^{\ominus}$ 压力的 $H_2(g)$ 6.21×10^{-4} m^3。

(3) $E = \varphi_{O_2, OH^-} - \varphi_{OH^-, H_2} = \varphi^{\ominus}_{O_2, OH^-} - \varphi^{\ominus}_{OH^-, H_2} = 0.401 - (-0.8281) = 1.229\text{V}$

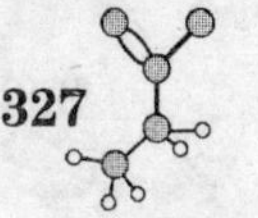

第16章 界面化学

一、基本内容

1. 界面

密切接触的两相之间的过渡区(约几个分子的厚度)称为界面，如果其中一相为气体，这种界面通常称为表面。凡物质处于凝聚状态、相界面上发生的一切物理化学现象均称为界面现象。

通常用比表面(A_0)表示多相分散体系的分散程度。比表面A_0就是单位体积或单位质量的物质所具有的表面积，其数值随着分散粒子的变小而迅速增加。高分散体系具有巨大的比表面积。

2. 表面自由能和表面张力

由于分子在界面上与在体相内部所处环境不同，所以表面组成、结构、能量和受力情况与体相都不相同。如果把一个分子从内部移到界面(或者说增大表面积)时，就必须克服体系内部分子之间的吸引力而对体系做功。在温度、压力和组成恒定时，可逆地使表面积增加 dA 所需要对体系做的功叫表面功，

$$-\delta W' = \gamma \mathrm{d}A \tag{1}$$

它是一种非体积功(W')，γ为增加液体单位表面积时，环境对系统所做的功。γ的单位为$\mathrm{J \cdot m^{-2} = N \cdot m \cdot m^{-2} = N \cdot m^{-1}}$，即作用在单位长度上的力，故$\gamma$称为表面张力。表面张力是沿着与表面(球面)相切或与表面(平面)相平行的方向垂直作用于表面上单位长度的表面收缩力。

高分散体系具有巨大的表面积，所以具有巨大的表面能。表面自由能的广义定义为：

$$\gamma = (\partial U/\partial A)_{S,V,n_B} = (\partial H/\partial A)_{S,p,n_B} = (\partial F/\partial A)_{T,V,n_B} = (\partial G/\partial A)_{T,p,n_B} \tag{2}$$

即在相应的特征变量和组成不变的情况下，每增加单位表面积时其热力学函数的增值。狭义地说是指在等温、等压和组成不变时，每增加单位表面积时体系吉布斯自由能的增值。

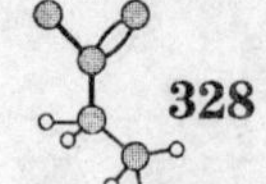

表面张力和表面自由能的物理意义不同，单位不同，但它们具有相同的数值和量纲。

在弯曲表面上由于表面张力的存在，使弯曲表面下液体受到一个附加压力 p_s，p_s作用的方向总是指向曲面的圆心。在毛细管中形成凹面的液体将使液体在管内上升，形成凸面的液体在管中下降。

$$p_s = \frac{2\gamma}{R'} = \Delta\rho g h \tag{3}$$

弯曲表面下液体的饱和蒸气压 p_r与同一液体为平面时的饱和蒸气压 p_0的关系可用 Kelvin 方程表示为：

$$\ln\frac{p_r}{p_0} = \frac{2\gamma}{r}\frac{M}{\rho RT} \tag{4}$$

按曲率半径 r 的正、负号规定，可知不同液面的饱和蒸气压关系为：

$$p_{(\text{凸液面})} > p_{(\text{平液面})} > p_{(\text{凹液面})}$$

3. 接触角

液体在固体表面上的润湿现象可用接触角来描述，即在气、液、固三相交界处，气-液界面和固-液界面之间的夹角，它的大小决定于三种界面张力的相对数值，即：

$$\cos\theta = \frac{\gamma_{s-g} - \gamma_{l-s}}{\gamma_{l-g}} \tag{5}$$

如 $\theta > 90°$，则固体不为液体所润湿；如 $0° < \theta < 90°$，则固体能被液体润湿。

在毛细管中，若液体对毛细管壁能润湿，即 $\theta < 90°$，$\cos\theta > 0$，此时液体会沿毛细管上升；若液体对毛细管壁不润湿，即 $\theta > 90°$，$\cos\theta < 0$，此时液体会沿毛细管下降。

4. 吉布斯吸附等温式

溶质(2)的表面超额是相对于溶剂的表面超额为零的相对值，是指单位面积的表面层中所含溶质的量与具有相同质量溶剂的本体溶液中所含溶质的物质的量之差值。

$$\Gamma_2 = -\frac{a_2}{RT}\frac{d\gamma}{da_2} \tag{6}$$

若 $\frac{d\gamma}{da_2} < 0$，则 $\Gamma_2 > 0$，发生正吸附，这种溶质为表面活性剂；反之，$\frac{d\gamma}{da_2} > 0$，则 $\Gamma_2 < 0$，发生负吸附，这种溶质为非表面活性物质。原则上吉布斯吸附等温式可用于任意两相界面，但由于 l-s、g-s 的界面张力不易直接测定，故通常只用于 g-l和 l-l 界面。

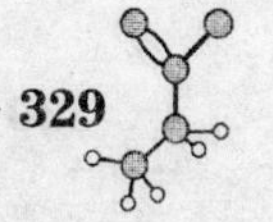

5. 固体表面吸附

固体表面分子由于受力不平衡，有剩余力场，可以吸附气体或液体分子。描述吸附行为有三个变量：T、p、q，一般固定一个变量，求出其他两个变量之间的关系，因而有吸附等温式、等压式和等量式，用得最多的是吸附等温式。

兰缪尔吸附理论假设：①固体表面对气体的吸附是单分子层的；②固体表面是均匀的；③被吸附的气体分子之间无相互作用力；④吸附平衡是动态平衡。

在一定温度下，吸附达平衡时，兰缪尔单分子层吸附等温式有：

$$\theta = \frac{ap}{1 + ap} \tag{7}$$

$$\frac{p}{V} = \frac{1}{V_m a} + \frac{p}{V_m} \tag{8}$$

BET吸附等温式接受了兰缪尔关于表面是均匀的，吸附作用是吸附和解吸附达到平衡的结果等观点，但BET吸附认为吸附是多分子层的，吸附分子层数不受限制，由此得到了二常数公式：

$$\frac{p}{V(p_s - p)} = \frac{1}{V_m c} + \frac{c-1}{V_m c}\frac{p}{p_s} \tag{9}$$

式(9)叫BET多分子层吸附等温式。BET吸附式常用来测定固体的比表面。

除了兰缪尔和BET吸附等温式外，还有弗伦德利希等温式

$$q = kp^{1/n} \tag{10}$$

和乔姆金吸附等温式

$$\theta = \frac{RT}{a}\ln(A_0 p) \tag{11}$$

固体自溶液中的吸附很复杂，不仅吸附溶质，而且还吸附溶剂，因此自溶液中的吸附，必须同时考虑溶质、溶剂和吸附剂。有极性的吸附剂易于吸附极性的吸附质，非极性的吸附剂易于吸附非极性的吸附质；使固液表面自由能降低最多的溶质吸附得最多，对于脂肪酸的吸附，随着酸分子含碳数增加而增加。

按吸附本质的不同，分为物理吸附和化学吸附，它们的主要区别在于：

	物理吸附	化学吸附
吸附力	分子间力	化学键
吸附分子层	多分子层	但分子层
吸附温度	低	高

续表

	物理吸附	化学吸附
吸附热	小	大
吸附速率	快	慢
吸附选择性	无	有

但物理吸附与化学吸附无明确的界限。

吸附过程一般是放热过程，但有的解离吸附是吸热过程，吸附热的大小常用来衡量吸附的强弱程度。由于固体表面的不均匀性，吸附热是覆盖度 θ 的函数。吸附热可用热量计直接测定，也可用克劳修斯-克拉贝龙方程从吸附等量线求出：

$$(\partial \ln p/\partial T)_q = Q/RT^2 \tag{12}$$

吸附热中，吸热为"-"，放热为"+"。

二、习题解答

1. 1×10^{-3} kg 汞分散为直径等于 7×10^{-8} m 的汞溶胶，试求其表面积及比表面积。(汞的密度为 $13.6\times10^3\ \mathrm{kg\cdot m^{-3}}$)

解：汞溶胶的表面积为

$$S = n\cdot 4\pi r^2 = \frac{m/\rho}{\frac{4}{3}\pi r^3}\cdot 4\pi r^2 = \frac{3m}{\rho r} = \frac{3\times1\times10^{-3}}{13.6\times10^3\times3.5\times10^{-8}} = 6.30\mathrm{m}^2$$

则比表面积

$$A_0 = \frac{S}{m} = \frac{6.30}{1\times10^{-3}} = 6.30\times10^3\mathrm{m}^2\cdot\mathrm{kg}^{-1}$$

2. 已知 20℃ 时水的表面张力为 $72.8\times10^{-3}\ \mathrm{N\cdot m^{-1}}$，如果把水分散成小水珠，试计算当水珠半径为 1.00×10^{-5}、1.00×10^{-6}、1.00×10^{-7} m 时，曲面下附加压力为多少？

解：当 $r=1.00\times10^{-5}$ m 时，附加压力为

$$p_s = \frac{2\gamma}{r} = \frac{2\times72.8\times10^{-3}}{1.00\times10^{-5}} = 1.46\times10^4\mathrm{Pa}$$

当 $r=1.00\times10^{-6}$ m 时，附加压力为

$$p_s = \frac{2\gamma}{r} = \frac{2\times72.8\times10^{-3}}{1.00\times10^{-6}} = 1.46\times10^5\mathrm{Pa}$$

当 $r=1.00\times10^{-7}$ m 时，附加压力为

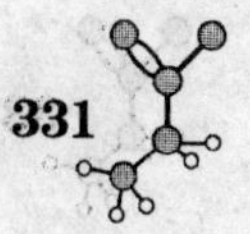

$$p_s = \frac{2\gamma}{r} = \frac{2 \times 72.8 \times 10^{-3}}{1.00 \times 10^{-7}} = 1.46 \times 10^6 \text{Pa}$$

3. 将 1×10^{-6} m^3的油分散到盛有水的烧杯内，形成半径为 1×10^{-6} m 粒子的乳状液。设油水之间界面张力为 62×10^{-3} $N \cdot m^{-1}$，求分散过程所需的功为多少？所增加的表面自由能为多少？如果加入微量的表面活性剂之后，再进行分散，这时油水界面张力下降到 42×10^{-3} $N \cdot m^{-1}$。问此分散过程所需的功比原来过程减少多少？

解：没有加表面活性剂时，分散功为

$$W = \Delta G_s = \gamma \Delta A = \gamma \times \frac{V}{\frac{4}{3}\pi r^3} \times 4\pi r^2 = \frac{3\gamma V}{r} = \frac{3 \times 62 \times 10^{-3} \times 1 \times 10^{-6}}{1 \times 10^{-6}} = 0.186\text{J}$$

加入表面活性剂后

$$W' = \frac{3\gamma' V}{r} = \frac{3 \times 42 \times 10^{-3} \times 1 \times 10^{-6}}{1 \times 10^{-6}} = 0.126\text{J}$$

所以加入表面活性剂后分散过程所需的功比原来减少 0.06 J。

4. 设纯水的表面张力与温度的关系符合下面的关系式：

$$\gamma = 0.07564\text{N} \cdot \text{m}^{-1} - (4.95 \times 10^{-6}\text{N} \cdot \text{m}^{-1} \cdot \text{K}^{-1})T$$

并假定当水的表面积改变时总体积不变。试求：

(1)在 283 K 及 1 个标准大气压下可逆地使水的表面积增加 1 cm^2时，必须对体系做功多少？

(2)计算该过程中体系的ΔU，ΔH，ΔS，ΔF，ΔG及所吸收的热量。

(3)除去外力，使体系不可逆地自动收缩到原来的表面积，并不做收缩功。试计算该过程的ΔU，ΔH，ΔS，ΔF，ΔG及 Q。

解：(1)283 K 时，$\gamma = 0.07564 - 4.95 \times 10^{-6} \times 283 = 0.07424\text{N} \cdot \text{m}^{-1}$

则 $W = \Delta G_s = \gamma \Delta A = 0.07424 \times 1 \times 10^{-4} = 7.424 \times 10^{-6}\text{J}$

(2)

$$\Delta G = 7.424 \times 10^{-6}\text{J}$$

$$\Delta S = -\left(\frac{\partial \gamma}{\partial T}\right)_p \Delta A = 4.95 \times 10^{-6} \times 1 \times 10^{-4} = 4.95 \times 10^{-10}\text{J} \cdot \text{K}^{-1}$$

$$\Delta H = \Delta G + T\Delta S = 7.424 \times 10^{-6} + 283 \times 4.95 \times 10^{-10} = 7.564 \times 10^{-6}\text{J}$$

$$Q_r = T\Delta S = 283 \times 4.95 \times 10^{-10} = 1.40 \times 10^{-7}\text{J}$$

$$\Delta F = \Delta G - \Delta(pV) = \Delta G = 7.424 \times 10^{-6}\text{J}$$

$$\Delta U = \Delta H = 7.564 \times 10^{-6}\text{J}$$

(3)该过程与(2)刚好相反，则

$$\Delta G = \Delta F = -7.424 \times 10^{-6}\text{J}$$

$$\Delta U = \Delta H = -7.564 \times 10^{-6}\text{J}$$

$$\Delta S = -4.95 \times 10^{-10}\text{J} \cdot \text{K}^{-1}$$

又 $W = 0$，所以 $Q = \Delta U = -7.564 \times 10^{-6}\text{J}$。

5. 已知20℃时水的饱和蒸气压为2.34×10^3 Pa，水的表面张力为72.8×10^{-3} N · m^{-1}。试求半径为1.00×10^{-8} m的小水滴的蒸气压为多少？

解：由 Kelvin 公式

$$\ln\frac{p*'}{p*}=\frac{2\gamma M}{RT\rho r}=\frac{2\times72.8\times10^{-3}\times18\times10^{-3}}{8.314\times293.15\times1\times10^{3}\times1.00\times10^{-8}}=0.1075$$

所以$p*'=1.114p*=2.61\times10^3$Pa

6. 汞对玻璃表面完全不润湿，若将直径为0.100 mm的玻璃毛细管插入大量汞中，试求管内汞面的相对位置。已知汞的密度为1.35×10^4 kg · m^{-3}，表面张力为0.520 N · m^{-1}，重力加速度$g=9.8$ m · s^{-2}。

解：由题意，汞与玻璃的润湿角为$\theta=180°$

$$\frac{2\gamma\cos\theta}{R}=\rho gh$$

所以 $$h=\frac{2\gamma\cos\theta}{\rho gR}=\frac{2\times0.520\times\cos180°}{1.35\times10^{4}\times9.8\times0.0500\times10^{-3}}=0.157\text{m}$$

即汞面相比水平面下降0.157 m。

7. 101.325 kPa压力中，若水中只含有直径为10^{-6} m的空气泡，要使这样的水开始沸腾，需要多少度？已知100℃时，水的表面张力为58.9×10^{-3} N · m^{-1}，摩尔汽化热为40.656 kJ ·mol^{-1}，设水面至空气泡之间液柱的静压力及气泡内蒸气压下降因素均可忽略不计。

解：此题可用第19题推导出的公式求解

$$\ln\frac{T}{T_0}=\frac{2\gamma V_{\text{m(l)}}}{\Delta_{\text{vap}}H_{\text{m}}R'}=\frac{2\times58.9\times10^{-3}\times18\times10^{-6}}{40656\times0.5\times10^{-6}}=1.0431\times10^{-4}$$

$$T=T_0e^{1.0431\times10^{-4}}=373.15\times e^{1.0431\times10^{-4}}=373.19\text{K}$$

8. 将氯化钠晶体分散于乙醇中，于298 K测得高分散的氯化钠球形粒子的比表面积为4.25×10^4 m^2 · kg^{-1}，又知在乙醇溶液中氯化钠小粒子与大晶体溶解度之比为1.067，请计算氯化钠球形粒子的半径和氯化钠在乙醇中的表面张力。已知氯化钠晶体的密度为2.17×10^3 kg · m^{-3}；氯化钠的分子量为58.44 g · mol^{-1}。

解：比表面积的计算公式如下

$$A_{\text{m}}=\frac{n\times4\pi r^2}{n\times\rho\times\dfrac{4\pi r^3}{3}}=\frac{3}{\rho r}$$

$$r=\frac{3}{\rho A_{\text{m}}}=\frac{3}{2.17\times10^{3}\times4.25\times10^{4}}=3.25\times10^{-8}\text{m}$$

根据公式微晶溶解度公式，

$$\ln\frac{c_r}{c}=\frac{2\gamma_{s-l}M}{RTr\rho}$$

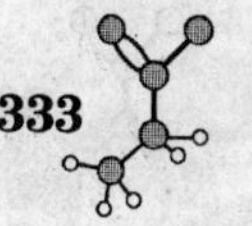

$$\gamma_{s-l}=\frac{RTr\rho\ln\frac{c_r}{c}}{2M_{\mathrm{NaCl}}}=\frac{8.314\times298\times3.25\times10^{-8}\times2.17\times10^{3}\times\ln1.067}{2\times58.44\times10^{-3}}$$

$$=9.69\times10^{-2}\mathrm{N\cdot m^{-1}}$$

9. 已知 $CaCO_3$在 500℃时的密度为 3.9×10^3 kg · m^{-3}，表面张力为 1210×10^{-3} N · m^{-1}，分解压力为 101.325 kPa。若将 $CaCO_3$研磨成半径为 30 nm（1nm = 10^{-9} m）的粉末，求其在 500℃时的分解压力。

解：$CaCO_3$研磨成粉末后，其饱和蒸气压将会上升，也即化学势上升，在 $CaCO_3$的分解平衡中，相应 CO_2产物的化学势、压力将会增加，也即分解压力增加

$$\Delta\mu_{\mathrm{CaCO_3}}=\mu_{\mathrm{CaCO_3,\ powder}}-\mu_{\mathrm{CaCO_3,\ s}}=\mu^{\ominus}+RT\ln\frac{p^{*\prime}}{p^{\ominus}}-\left(\mu^{\ominus}+RT\ln\frac{p^{*}}{p^{\ominus}}\right)=RT\ln\frac{p^{*\prime}}{p^{*}}$$

$CaCO_3$分解达平衡时，$\Delta\mu_{\mathrm{CaCO_3}}=\Delta\mu_{\mathrm{CO_2}}$

$$\ln\frac{p'_{分解}}{p_{分解}}=\frac{2\gamma M}{RT\rho r}=\frac{2\times1210\times10^{-3}\times100\times10^{-3}}{8.314\times773.15\times3.9\times10^{3}\times30\times10^{-9}}=0.3218$$

$$p'_{分解}=1.380p_{分解}=139.8\mathrm{kPa}$$

10. 已知水的表面张力 $\gamma_{水}=72.88\times10^{-3}\mathrm{N\cdot m^{-1}}$，已醇的表面张力 $\gamma_{醇}=24.8\times10^{-3}\mathrm{N\cdot m^{-1}}$，已醇与水的界面张力 $\gamma_{醇-水}=6.8\times10^{-3}\mathrm{N\cdot m^{-1}}$，已醇与水相互饱和后，则 $\gamma_{水}'=28.0\times10^{-3}\mathrm{N\cdot m^{-1}}$，$\gamma_{醇}'=\gamma_{醇}$，根据上述数据判断，已醇滴在水面上时开始与终了时的形状。相反，如果把水滴在已醇表面上，其形状如何？

解：乙醇滴在水面上，开始时

$$\gamma_{水}>\gamma_{醇}+\gamma_{醇-水}$$

所以乙醇将会铺展开。

如果不断滴加，水中饱和了乙醇以后

终了时，$\gamma_{水}<\gamma_{醇}+\gamma_{醇-水}$

所以乙醇将会收缩。

水滴在乙醇表面，开始时

$$\gamma_{醇}<\gamma_{水}+\gamma_{醇-水}$$

所以水将会缩为水珠

终了时，$\gamma_{醇}<\gamma_{水}+\gamma_{醇-水}$

所以水仍然为水珠。

11. 25℃时，乙醇的表面张力 γ 与其浓度 c 的关系符合下式：$\gamma=72\times10^{-3}-0.5\times10^{-6}c+0.2\times10^{-9}c^2$，试计算浓度为 0.5×10^3 mol · m^{-3}时乙醇溶液的表面吸附量。

解：$\Gamma = -\dfrac{c}{RT}\left(\dfrac{\partial \gamma}{\partial c}\right)_T = -\dfrac{c}{RT}(-0.5\times10^{-6}+0.4\times10^{-9}c)$

代入 $c=0.5\times10^3\ mol\cdot m^{-3}$

$$\Gamma = -\frac{0.5\times10^3}{8.314\times298.15}\times(-0.5\times10^{-6}+0.4\times10^{-9}\times0.5\times10^3)$$
$$=6.05\times10^{-8}mol\cdot m^{-2}$$

12. 292.15 K 时，丁酸水溶液的表面张力可以表示为：$\gamma=\gamma_0-a\ln(1+bc)$，式中 γ_0 为纯水的表面张力，a 和 b 皆为常数。

(1)写出丁酸溶液在浓度极稀时表面吸附量 Γ 与浓度 c 的关系。

(2)若已知 $a=13.1\times10^{-3}\ N\cdot m^{-1}$，$b=19.62\ dm^3\cdot mol^{-1}$，试计算当 $c=0.200\ mol\cdot dm^3$ 时的吸附量。

(3)求丁酸在溶液表面的饱和吸附量 Γ_∞。

(4)假定饱和吸附时溶液表面上丁酸成单分子层吸附，计算在液面上每个丁酸分子的横截面积。

解：(1) $\Gamma = -\dfrac{c}{RT}\left(\dfrac{\partial \gamma}{\partial c}\right)_T = -\dfrac{c}{RT}\left(-\dfrac{ab}{1+bc}\right)=\dfrac{abc}{RT(1+bc)}$

当 $c\to0$ 时，$1+bc\approx1$，$\Gamma=\dfrac{abc}{RT}$

(2) $\Gamma=\dfrac{abc}{RT(1+bc)}=\dfrac{13.1\times10^{-3}\times19.62\times0.200}{8.314\times292.15\times(1+19.62\times0.200)}$
$$=4.30\times10^{-6}mol\cdot m^{-2}$$

(3)当 $c\to\infty$ 时，$1+bc\approx bc$

$$\Gamma_\infty=\frac{a}{RT}=\frac{13.1\times10^{-3}}{8.314\times292.15}=5.39\times10^{-6}mol\cdot m^{-2}$$

(4) $A_m=\dfrac{1}{\Gamma_\infty L}=\dfrac{1}{5.39\times10^{-6}\times6.022\times10^{23}}=3.08\times10^{-19}m^2$

13. 有人归纳得到油酸钠水溶液的表面张力 γ 与其浓度 c 呈线性关系：$\gamma=\gamma_0-bc$，其中 γ_0 为纯水的表面张力，b 为常数。已知25℃时 $\gamma_0=0.072N\cdot m^{-1}$，测得油酸钠在溶液表面的吸附量 $\Gamma=4.33\times10^{-6}mol\cdot m^{-2}$，求此溶液的表面张力。

解：将油酸钠溶液当作稀溶液处理，可用浓度代替活度，则吉布斯吸附等温式为

$$\Gamma=-\frac{c}{RT}\left(\frac{\partial\gamma}{\partial c}\right)_T=\frac{bc}{RT}$$

所以 $bc=\Gamma RT=4.33\times10^{-6}\times8.314\times298.15=0.0107N\cdot m^{-1}$

溶液的表面张力 $\gamma=\gamma_0-bc=0.072-0.0107=0.0613N\cdot m^{-1}$

14. 298 K 时，某溶质吸附在汞-水界面上服从 Langmuir 吸附公式：

$$\theta = \frac{\chi}{\chi_m} = \frac{ba}{1 + ba}$$

式中χ为吸附量(近似看作表面超额)，χ_m为最大吸附量，b为吸附常数，a为溶质活度，当$a=0.2$时，$\chi/\chi_m=0.5$。已知汞-纯水界面张力在该温度时为$\gamma_0=0.416$ $J\cdot m^{-2}$，溶质分子截面积为2.0×10^{-19} m^2。试估计当$a=0.1$时，汞-液的界面张力。

解：当$a=0.2$时，$\chi/\chi_m=0.5$，可求出吸附常数$b=5$

根据吉布斯吸附等温式

$$\chi = \chi_m \frac{ba}{1 + ba} = -\frac{a}{RT}\left(\frac{\partial \gamma}{\partial a}\right)_T$$

有
$$\frac{d\gamma}{da} = -\frac{bRT\chi_m}{1 + ba}$$

分离变量，积分

$$\int_{\gamma_0}^{\gamma} d\gamma = -\int_0^a \frac{bRT\chi_m}{1 + ba} da$$

得$\gamma = \gamma_0 - RT\chi_m \ln(1 + ba)$

由题给条件$\chi_m = \frac{1}{LA_m} = \frac{1}{6.022 \times 10^{23} \times 2.0 \times 10^{-19}} = 8.303 \times 10^{-6} mol \cdot m^{-2}$

当$a = 0.1$时，

$\gamma = \gamma_0 - RT\chi_m \ln(1 + ba) = 0.416 - 8.314 \times 298 \times 8.303 \times 10^{-6} \times \ln(1 + 5 \times 0.1)$
$= 0.408 J \cdot m^{-2}$

15. 0℃时，用2.964×10^{-3} kg活性炭吸附CO，实验测得当CO分压分别为9731 Pa及71982 Pa时，其平衡吸附气体体积分别为7.5×10^{-6} m^3和38.1×10^{-6} m^3(已换算成标准状况)，已知活性炭吸附CO符合Langmuir吸附等温式，试求

(1)Langmuir公式中的a值。

(2)当CO分压为53320Pa时，其平衡吸附量为多少?

解：(1)根据Langmuir吸附等温式

$$\frac{V}{V_m} = \frac{ap}{1 + ap}$$

将两次实验的数据带入$\frac{V_1}{V_2} = \frac{p_1}{1 + ap_1} \frac{1 + ap_2}{p_2}$，得到

$$\frac{7.5 \times 10^{-6}}{38.1 \times 10^{-6}} = \frac{9371}{1 + 9371a} \frac{1 + 71982a}{71982}$$

求出$a = 8.86 \times 10^{-6} Pa$

再根据任一组数据可求出$V_m = 9.79 \times 10^{-5} m^3$

(2)将CO分压数据带入Langmuir吸附等温式，求出

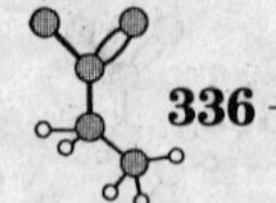

$$V=\frac{apV_m}{1+ap}=\frac{8.86\times10^{-6}\times53320\times9.79\times10^{-5}}{1+8.86\times10^{-6}\times53320}=3.14\times10^{-5}\text{m}^3$$

此条件下 CO 的平衡吸附量为 $3.14\times10^{-5}/2.964\times10^{-3}=0.0106\ \text{m}^3\cdot\text{kg}^{-1}$

16. 某活性炭吸附甲醇蒸气，在不同压力时的吸附量为

p/Pa	15.3	1070	3830	10700
$\frac{x}{m}$/kg·kg^{-1}	0.017	0.130	0.300	0.460

求适用于此实验结果的弗仑德立希公式。

解： 弗仑德立希公式的形式为

$$\frac{x}{m}=kp^{\frac{1}{n}}$$

取对数后得到

$$\ln\frac{x}{m}=\ln k+\frac{1}{n}\ln p$$

以 $\ln(x/m)$ 对 $\ln p$ 作线性拟合，从斜率和截距就可以确定弗仑德立希公式

$\ln(p/\text{Pa})$	2.728	6.975	8.251	9.278
$\ln\left(\frac{x}{m}/\text{kg}\cdot\text{kg}^{-1}\right)$	-4.075	-2.040	-1.204	-0.7765

线性拟合后得到，$n=1.97$，$k=4.16\times10^{-3}$

所以得到的弗仑德立希公式为 $\frac{x}{m}=4.16\times10^{-3}p^{\frac{1}{1.97}}$

17. 已知活性高岭土从水溶液中吸附奎宁符合 Langmuir 吸附等温式，20℃时测得不同浓度奎宁的吸附量如下：

$c\times10^2$/kg·m^{-3}	1.25	2.5	5	10	15	30
$\frac{x}{m}\times10^3$/kg·kg^{-1}	20	31	44	57	63	68

现有奎宁浸出液一批，含量为 2 kg·m^{-3}，共有 5 m^3，欲将其中 90% 奎宁提取出来，问需要加吸附剂多少？

解： 由于此吸附符合 Langmuir 吸附等温式，所以有

$$\frac{1}{\Gamma}=\frac{1}{\Gamma_m}+\frac{1}{\Gamma_m bc}$$

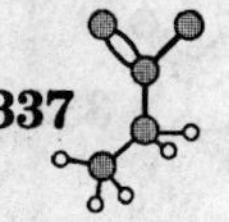

以 $1/\Gamma$ 对 $1/c$ 线性拟合，得到 $\Gamma_m = 0.0762\ kg \cdot kg^{-1}$，$b = 28.3\ m^3 \cdot kg^{-1}$

$1/c/m^3 \cdot kg^{-1}$	80	40	20	10	6.667	3.333
$1\Big/\dfrac{x}{m}$	50	32.258	22.727	17.544	15.873	14.706

即此条件下 Langmuir 吸附等温式为

$$\Gamma = 0.0762 \times \frac{28.3c}{1 + 28.3c}$$

当奎宁浸出液含量为 $2\ kg \cdot m^{-3}$时，提取90%奎宁后，浸出液中奎宁的含量为 $0.2\ kg \cdot m^{-3}$

$$\Gamma = 0.0762 \times \frac{28.3 \times 0.2}{1 + 28.3 \times 0.2} = 0.0648 kg \cdot kg^{-1}$$

所以需要加入的吸附剂为 $2 \times 5 \times 0.9/0.0648 = 139\ kg$

18. 试用本章学到的理论，对下列各题进行分析或判断：

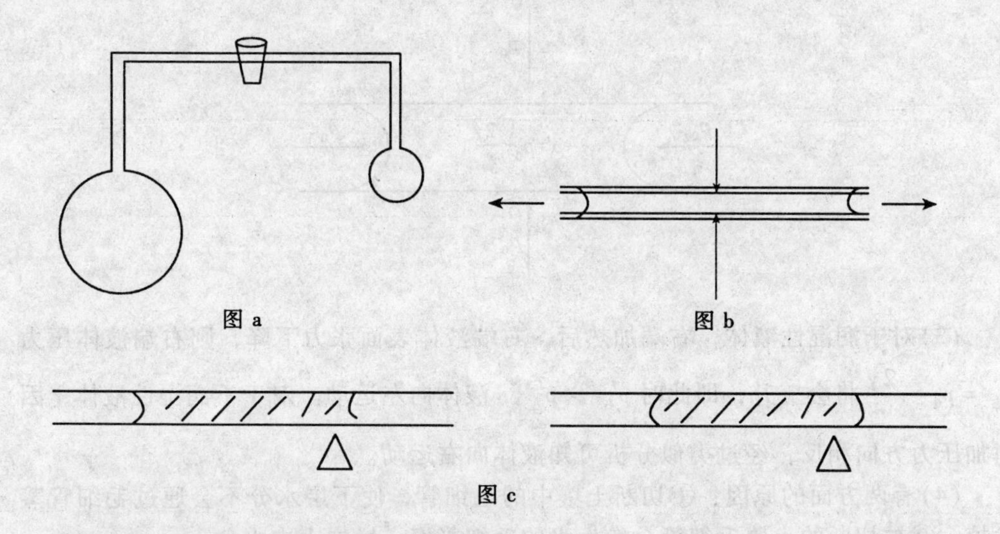

图 a　　图 b

图 c

(1)在一玻璃管两端各有一个大小不等的肥皂泡，当开启活塞使两泡相通时，两肥皂泡体积将如何变化(见图 a)?

(2)两块平板玻璃在干燥时叠在一起很容易分开，如果在其中间放些水再叠在一起，要想在垂直于玻璃平面的方向上拉开它们就很费劲，这是什么道理(图 b)?

(3)在装有部分液体的毛细管中，将其一端小心加热时(图 c)，问：润湿性液体和不润湿液体各向毛细管哪一端移动？为什么？

(4)试解释农田耕锄保墒的道理。

(5)在分析化学的重量法中，常把沉淀久置，使其"陈化"，为什么？

(6)棉布不用上胶，而改用表面活性物质处理，也能制成很好的防水雨布。试解释其道理。

(7)毛笔蘸上水，笔毛就会粘在一起，这是因为笔毛湿了，但是如果将毛笔全部浸入玻璃杯的水中、透过玻璃杯向里望，可以看见笔毛并不粘在一起，而是松散地位于水中，这是为什么？

(8)若容器内只是油与水在一起，虽然用力振荡，但静止后仍自动分层，这是为什么？

答：(1)大泡变大，小泡变小。因小泡附加压力大，最后小泡变成一个与大泡曲率半径相同的弧。

(2)由于弯曲液面附加压，由下图可见液体压力 $p^l = p_0 - \dfrac{2\gamma}{r} < p_0$，因此在垂直方向上要克服 $\Delta p = \dfrac{2\gamma}{r}$ 的压力差才能拉开玻璃板。

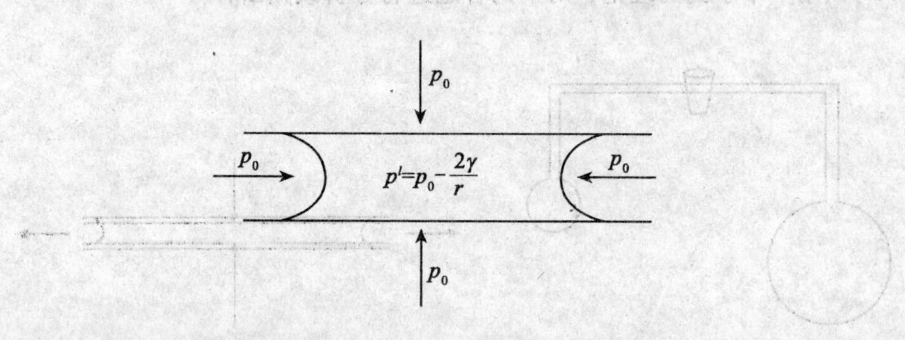

(3)对于润湿性液体，右端加热后，右端液体表面张力下降，则右端液体压力 $p^l_{右} = p_0 - \dfrac{2\gamma}{r}$ 将会上升，即此时 $p^l_{右} > p^l_{左}$，液体向左运动。对于不润湿性液体，因附加压力方向相反，经过类似分析可知液体向右运动。

(4)有两方面的原因：①切断土壤中的毛细管，使下层水分不会通过毛细管蒸发掉；②被切断的土壤毛细管会发生水的毛细凝聚，增加土中水分。

(5)把沉淀久置，是考虑到大、小颗粒溶解度不同所引起的，因小颗粒具有较大的溶解度，在同一母液中，当大颗粒已经饱和时，小颗粒还未饱和，因此大颗粒逐渐长大，小颗粒逐渐溶解，直到小颗粒完全溶解为止。沉淀陈化后，溶解度减小，沉淀完全，易于过滤。

(6)棉布主要成分为纤维素，有大量亲水—OH 在表面，用表面活性剂处理后，表面活性剂的极性端以物理或化学作用与—OH 结合，非极性端置外，则棉布表面变为憎水，从而具有良好的防水效果。

(7)毛笔蘸湿后，每一根笔毛可视为亲水性的，在空气中每一根亲水性笔毛在空气中不能稳定存在而将会自发聚集，而在水中，笔毛可以稳定，因而会自由存在。

(8)油水分层后，降低了液-液表面积，降低了表面自由能，所以会更加稳定。

19. 压力为 p_0 时，设蒸气与半径为 R' 液滴的相平衡的温度为 T，与平面液体的相平衡的温度为 T_0，试证明下述关系式成立

$$\ln\frac{T}{T_0}=\frac{2\gamma V_{m(1)}}{\Delta_{vap}H_m R'}$$

证明：设半径为 R' 液滴所受压力为 $p'=p_0+p_s$，平面液体所受压力为 p_0，则液滴所受附加压力与液体表面张力之间的关系为 $p_s=\dfrac{2\gamma}{R'}$；

当蒸气与液体达平衡时，$\Delta G_m(1)=\Delta G_m(g)$ 随压力的改变达成新的平衡时，下式也必然成立：

$$\left(\frac{\partial G_m(1)}{\partial p(1)}\right)_T dp(1)=\left(\frac{\partial G_m(g)}{\partial p(g)}\right)_T dp(g)$$

所以 $$V_m(1)dp(1)=V_m(g)dp(g)=\frac{RT}{p(g)}dp(g)$$

重排后得： $$\frac{d\ln p(g)}{dp(1)}=\frac{V_m(1)}{RT} \tag{1}$$

设压力随温度的变化可用下式表示：

$$\frac{d\ln p(g)}{dT}=\frac{\Delta_{vap}H_m}{RT^2}$$

或： $$\frac{d\ln p(g)}{d\ln T}=\frac{\Delta_{vap}H_m}{RT} \tag{2}$$

(1)/(2)得： $$d\ln T=\frac{V_m(1)}{\Delta_{vap}H_m}dp(1)$$

积分上式得： $$\int_{T_0}^{T}d\ln T=\frac{V_m(1)}{\Delta_{vap}H_m}\int_{p_0}^{p'}dp(1)$$

$$\ln\frac{T}{T_0}=\frac{V_m(1)}{\Delta_{vap}H_m}(P-P_0)=\frac{V_m(1)}{\Delta_{vap}H_m}\cdot\frac{2\gamma}{R'}$$

20. 证明 $$\left(\frac{\partial U}{\partial A}\right)_{T,p}=\gamma-T\left(\frac{\partial\gamma}{\partial T}\right)_{p,A}-p\left(\frac{\partial\gamma}{\partial p}\right)_{T,A}$$

证明： $$U=G+TS-pV$$

$$\left(\frac{\partial U}{\partial A}\right)_{T,p}=\left(\frac{\partial G}{\partial A}\right)_{T,p}+T\left(\frac{\partial S}{\partial A}\right)_{T,p}-p\left(\frac{\partial V}{\partial A}\right)_{T,p}$$

$$dG=-sdT+Vdp+\gamma dA$$

$$\left(\frac{\partial G}{\partial A}\right)_{T,\,p}=\gamma,\quad \left(\frac{\partial S}{\partial A}\right)_{T,\,p}=-\left(\frac{\partial \gamma}{\partial A}\right)_{p,\,A}$$

$$\left(\frac{\partial V}{\partial A}\right)_{T,\,p}=\left(\frac{\partial \gamma}{\partial p}\right)_{T,\,A}$$

21. 由曲率半径的正负号，比较在一定温度下，凸的弯月面、凹的弯月面的蒸气压 p 与平面液面的饱和蒸气压 p^* 的相对大小。

解：由 Kelvin 公式：$RT\ln\frac{p}{p^*}=\frac{2\gamma M}{\rho R'}$ 可知

凸面，$R'>0$，$p>p^*$

凹面，$R'<0$，$p<p^*$

22. 请判断苯在清洁的水面上能否铺展？

已知温度为 293 K 时，$\gamma_{苯-水}=3.5\times10^{-3}\text{N}\cdot\text{m}^{-1}$，$\gamma_{苯}=28.9\times10^{-3}\text{N}\cdot\text{m}^{-1}$，

$$\gamma_{水}=72.7\times10^{-3}\text{N}\cdot\text{m}^{-1}$$

苯与水互溶达到饱和后 $\gamma_{水}=62.4\times10^{-3}\text{N}\cdot\text{m}^{-1}$，$\gamma_{苯}=28.8\times10^{-3}\text{N}\cdot\text{m}^{-1}$

解：开始时铺展系数 $S=0.0088\text{N}\cdot\text{m}^{-1}>0$，能铺展。

互溶后铺展系数 $S=-0.0014\text{N}\cdot\text{m}^{-1}<0$，停止铺展。

23. 为什么氨在钨表面上的分解反应为零级反应？

解：$\theta=\frac{ap}{1+ap}$

$r=k\theta=\frac{kap}{1+ap}$，当 $ap\gg1$ 时，$r=k$，为零级反应。

24. 对于半径为 r 的肥皂泡，因泡沫有里外两个表面，泡沫内外的压力差是多少？

解：$\Delta p=4\gamma/r$

25. BET 吸附等温式中 V_m 是指什么？

解：是指铺满第一层的吸附量。

26. 在 293 K 时把半径为 1 mm 的水滴分散成半径为 1 μm 的小水滴，问此时表面增加了多少倍？完成该变化时，环境至少需做功若干？已知 293 K 时水的表面张力为 0.07288。

解：半径为 1 mm 水滴的表面积为 A_1，体积为 V_1，半径为 r_1；半径为 1 μm 水滴的表面积为 A_2，体积为 V_2，半径为 r_2。

因为 $V_1=nV_2$，所以 $\frac{4}{3}\pi r_1^3=n\frac{4}{3}\pi r_2^3$，$n$ 为小水滴个数

$$n=\left(\frac{r_2}{r_1}\right)^3=10^9$$

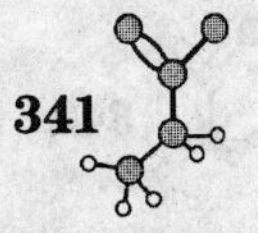

$$\frac{A_2}{A_1}=\frac{n\times 4\pi r_2^2}{4\pi r_1^2}=1000$$

$$\Delta G_A=\gamma dA=0.07288\times 4\times 3.142\times(10^9\times(1\times 10^{-6})^2-(1\times 10^{-3})^2)$$
$$=9.15\times 10^{-4}\text{J}$$

$$W_f=-\Delta G_A=-9.15\times 10^{-4}\text{J}$$

27. 液体汞的γ在288 K时为0.487 N·m^{-1}，在273 K时为0.470 N·m^{-1}，计算汞在280 K时的G^γ，H^γ和S^γ(设S^γ不随温度变化)。

解：$S^\gamma_{(280K)}=-\left(\frac{\partial\gamma}{\partial T}\right)_{A,p}=-\frac{-0.487-0.470}{288-273}=-0.00113\text{J}\cdot\text{K}^{-1}\cdot\text{m}^{-2}$

$$G^\gamma_{(280K)}=\gamma(273\text{K})+\left(\frac{\partial\gamma}{\partial T}\right)_{A,p}dT=0.470+0.00113\times 7=0.478\text{J}\cdot\text{m}^{-2}$$

$$H^\gamma_{(280K)}=G^\gamma_{(280K)}+TS^\gamma_{(280K)}=0.478-280\times 0.00113=0.162\text{J}\cdot\text{m}^{-2}$$

28. 298 K时，水-空气的表面张力$\gamma=0.07197$ N·m^{-1}，计算298 K，标准压力1 $p^\ominus$下可逆地增大2×10^{-4} m^{2}的表面积时，体系所做的功(假设只做表面功)以及体系的ΔG，ΔH，ΔS和体系吸收的热量Q_r，已知$\left(\frac{\partial\gamma}{\partial T}\right)_{p,A}=-1.57\times 10^{-4}\text{N}\cdot\text{m}^{-1}\cdot\text{K}^{-1}$。

解： $W_f=-\gamma\Delta A=-0.07197\times 2\times 10^{-4}=-1.439\times 10^{-5}\text{J}$

$$\Delta G=-W_f=1.439\times 10^{-5}\text{J}$$

$$\Delta S=-\left(\frac{\partial\gamma}{\partial T}\right)_{p,A}\Delta A=-(-1.57\times 10^{-4})\times 2\times 10^{-4}=3.14\times 10^{-8}\text{J}\cdot\text{K}^{-1}$$

$$\Delta H=\left(\gamma-T\left(\frac{\partial\gamma}{\partial T}\right)_{p,A}\right)\Delta A=(0.07197-298\times(-1.57\times 10^{-4}))\times 2\times 10^{-4}$$
$$=2.375\times 10^{-5}\text{J}$$

$$Q_r=T\Delta S=9.357\times 10^{-6}\text{J}$$

29. 在1 $p^\ominus$和不同温度下测得表面张力如下表所示：

T/K	293	295	298	301	303
γ/N·m^{-1}	0.07275	0.07244	0.07197	0.07150	0.07118

(1)计算在298 K时的表面焓。

(2)表面覆盖着均匀薄水层的固体粉末放入同温度的水中，热就会释放出来；今有10 g这样的粉末，其比表面为200 m^2·g^{-1}，当将其投入水中时有多少热量会释放出来?

解：(1)用γ对T作图，得

$$\left(\frac{\partial \gamma}{\partial T}\right)_{p,A,n_B} = -1.48 \times 10^{-4} J \cdot K^{-1} \cdot m^{-2}$$

$$\left(\frac{\partial H}{\partial T}\right)_{T,p,n_B} = \gamma - T(\partial \gamma / \partial T)_{p,A,n_B} = 0.07197 - 298 \times (-1.48 \times 10^{-4})$$

$$= 0.1161 J \cdot m^{-2}$$

(2) $Q = 10 \times 200 \times 0.1161 = 232.2 J$

30. 已知毛细管的半径 $R = 1 \times 10^{-4}$ m，水的表面张力 $\gamma = 0.072$ N·m^{-1}，水的密度 $\rho = 1000 \cdot kg \cdot m^{-3}$，接触角 $\theta = 60°$，求毛细管中水面上升的高度 h。

解：$h = \dfrac{2\gamma\cos\theta}{\rho g R} = \dfrac{2 \times 0.072 \times \cos 60°}{10^3 \times 9.8 \times 10^{-4}} = 0.0735 m$

31. 在 298 K，101.325 kPa 下，将直径为 1 μm 的毛细管插入水中，问需要在管内加多大压力才能防止水面上升？若不加额外的压力，让水面上升，达平衡后管内液面上升多高？已知该温度下水的表面张力为 0.072 N·m^{-1}，水的密度为 1000 kg·m^{-3}。设接触角为0°，重力加速度为 $g = 9.8$ m·s^{-2}。

解：$\cos\theta = \cos 0° = 1$，所以 $R = R'$

$$p_s = \frac{2\gamma}{R'} = \frac{2 \times 0.072}{\frac{1}{2} \times 1 \times 10^{-6}} = 288 kPa$$

$$h = \frac{p_s}{\rho g} = \frac{288 \times 10^3}{1000 \times 9.8} = 29.38 m$$

32. 把半径为 R 的毛细管插在某液体中，设该液体与玻璃间的接触角为 θ，毛细管中液体所成凹面的曲率半径为 R'，液面上升到 h 高度后达到平衡，试证明液体的表面张力可近似地表示为：

$$\gamma = \frac{gh\rho R}{2\cos\theta}$$

式中 g 为重力加速度，ρ 为液体的密度。

证明：$\cos\theta = R/R'$，所以 $R' = R/\cos\theta$

$$p_s = \frac{2\gamma}{R'} = (\rho_l - \rho_g)gh \approx \rho_l gh$$

$$\gamma = \frac{1}{2}R'\rho gh = \frac{gh\rho R}{2\cos\theta}$$

33. 将正丁醇($M = 74$ g·mol^{-1})蒸气骤冷至 273 K，发现其过饱和度(即 p/p_0)约达到4，方能自行凝结为液滴。若在 273 K 时，正丁醇的表面张力 $\gamma = 0.0261$ N·m^{-1}，密度 $\rho = 1000$ kg·m^{-3}，试计算：

(1)在此过饱和度下开始凝结的液滴的半径；

(2)每一液滴中所含正丁醇的分子数。

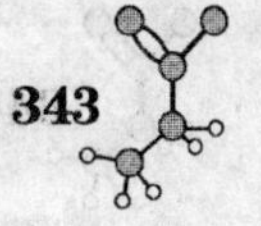

解：根据 Kelvin 公式：$RT\ln\dfrac{p}{p_0}=\dfrac{2\gamma M}{\rho R'}$，求得

$$R'=\frac{2\gamma M}{\rho RT\ln p/p_0}=\frac{2\times 0.0261\times 74\times 10^{-3}}{1000\times 8.314\times 273\ln 4}=1.23\times 10^{-9}\text{m}$$

$$N=\frac{\frac{4}{3}\pi(R')^3\rho}{M}\times 1=\frac{\frac{4}{3}\times 3.314\times(1.23\times 10^{-9})^2\times 1000}{74\times 10^{-3}}\times 6.023\times 10^{23}=63.4$$

34. 已知水在 293 K 时的表面张力 $\gamma=0.07275\ \text{N}\cdot\text{m}^{-1}$，摩尔质量 $M=0.018\ \text{kg}\cdot\text{mol}^{-1}$，密度 $\rho=10^3\ \text{kg}\cdot\text{m}^{-3}$。273 K 时，水的饱和蒸气压为 610.5 Pa，在 273 ~ 293 K 温度区间水的摩尔气化热 $\Delta_{\text{vap}}H_{\text{m}}=40.67\ \text{kJ}\cdot\text{mol}^{-1}$，求 293 K，水滴半径 $r=10^{-9}$ m 时水的饱和蒸气压。

解：

$$\ln\frac{p_2(293\text{K})}{p_1(273\text{K})}=\frac{\Delta_{\text{vap}}H_{\text{m}}}{R}\cdot\frac{T_2-T_1}{T_2T_1}$$

$$\ln\frac{p_2(293\text{K})}{610.5}=\frac{40670}{8.314}\times\frac{293-273}{293\times 273}$$

$$p_2(293\text{K})=2074\text{Pa}$$

由 Kelvin 公式，$\ln\dfrac{p}{p_2}=\dfrac{2\gamma M}{RT\rho r}$

$$\ln\frac{p}{2074}=\frac{2\times 0.07275\times 18\times 10^{-3}}{8.314\times 293\times 10^3\times 10^{-9}}，\text{解得 } p=6078\text{Pa}$$

35. 在 298 K 将少量的某表面活性物质溶解在水中，当溶液的表面吸附达平衡后，实验测得该溶液的浓度为 0.2 $\text{mol}\cdot\text{m}^{-3}$，表面层中活性剂的吸附量为 $3\times 10^{-6}\ \text{mol}\cdot\text{m}^{-2}$。已知在此稀溶液范围内，溶液的表面张力与溶液的浓度呈线性关系，$\gamma=\gamma_0-ba$，γ_0为纯水的表面张力，在 298 K 时为 $72\times 10^{-3}\ \text{N}\cdot\text{m}^{-1}$。在 298 K，1 $p^{\ominus}$下，若纯水体系的表面积和上面溶液为体系的表面积都为 $10^5\ \text{m}^2$，试分别求出这两个体系的表面自由能的值为多少？说明了什么？

解：$10^5\ \text{m}^2$纯水的表面能：

$$\Delta G=\left(\frac{\partial G}{\partial A}\right)_{T,p}\times\Delta A=72\times 10^{-3}\times 10^5=7.2\times 10^3\text{J}$$

溶液的表面张力：$\Gamma=-\dfrac{a}{RT}\left(\dfrac{\partial\gamma}{\partial a}\right)_T=\dfrac{ba}{RT}$

所以，

$$ba=\Gamma RT$$

$$\gamma=\gamma_0-ba=\gamma_0-\Gamma RT=0.072-8.314\times 298\times 3\times 10^{-6}=0.0646\text{N}\cdot\text{m}^{-1}$$

面积相同时，溶液的表面能(0.0646 J)比纯水表面能(0.072 J)低。表面能变低，说明表面活性物质降低表面能及表面张力。

36. 373 K 时，水的表面张力为 0.0589 $\text{N}\cdot\text{m}^{-1}$，密度为 958.4 $\text{kg}\cdot\text{m}^{-3}$，问直径

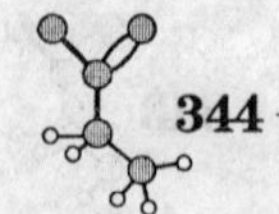

为 1×10^{-7} m 的气泡内(即球形凹面上)，在 373 K 时的水蒸气压力为多少？在 101.325 kPa 外压下，能否从 373 K 的水中蒸发出直径为 1×10^{-7} m 的蒸气泡？

解：$\ln\dfrac{p}{p_0}=\dfrac{2\gamma M}{RT\rho r}=\dfrac{2\times0.0589\times18\times10^{-3}}{8.314\times373\times958.4\times(-0.5\times10^{-7})}=-0.01427$

$p/p_0=0.9858$，$p=99.89\text{kPa}$，所以不能蒸发出这样的气泡。

37. 某棕榈酸($M=256$ g·mol^{-1})的苯溶液，1 dm^{3}溶液含酸 4.24 g。当把该溶液滴到水的表面，等苯蒸发以后，棕榈酸在水面形成固相的单分子层。如果我们希望覆盖 500 m^{2}的水面，仍以单分子层的形式，需用多少体积的溶液？设每个棕榈酸分子所占面积为 21×10^{-20} m^2。

解：每 dm^3 中含溶质分子数：$\dfrac{4.24}{256\times6.022\times10^{23}}=9.974\times10^{21}\ \text{dm}^{-3}$

覆盖 500 m^{2}水面所需分子数：$\dfrac{500}{21\times10^{-20}}=2.381\times10^{17}$

$$V=\frac{2.381\times10^{17}}{9.974\times10^{21}}=2.387\times10^{-5}\ \text{dm}^3$$

38. 298 K 时，用一机械小铲子刮去稀肥皂水溶液很薄的表面吸附层 0.03 m^2，得到 0.002 dm^{3}溶液，测得其肥皂量是 4.013×10^{-5} mol，而容器中同体积的本体溶液的肥皂量是 4.000×10^{-5} mol。假设稀肥皂水溶液的表面张力与溶液的浓度的关系为 $\gamma=\gamma_0-ba$，请计算 25℃时该溶液的表面张力。已知 25℃时，纯水的表面张力 $\gamma_0=0.072$ N·m^{-1}。

解：$\Gamma_2=\dfrac{n_2-n_1}{A}=\dfrac{(4.013-4.00)\times10^{-5}}{0.03}=4.33\times10^{-6}\text{mol}\cdot\text{m}^{-2}$

$$\Gamma_2=-\frac{a}{kT}\cdot\frac{\mathrm{d}\gamma}{\mathrm{d}a}=\frac{ba}{RT}=\frac{\gamma_0-\gamma}{RT}$$

$\gamma=\gamma_0-\Gamma_2RT=0.072-(4.33\times10^{-6}\times8.314\times298)=0.0617\text{N}\cdot\text{m}^{-1}$

39. 在 473 K 时，测定氧在某催化剂上的吸附作用，当平衡压力为 101.325 kPa 和 1013.25 kPa 时，每千克催化剂吸附氧气的量(已换算成标准状况)分别为 2.5 dm^{3}及 4.2 dm^3，设该吸附作用服从兰缪尔公式，计算当氧的吸附量为饱和值的一半时，平衡压力应为若干？

解：根据兰缪尔吸附公式

$$\frac{ap}{1+ap}=\frac{V}{V_\text{m}}$$

$$P_1=\frac{101.325\text{kPa}}{p^\ominus}=1,\quad P_2=\frac{1013.25\text{kPa}}{p^\ominus}=10$$

代入兰缪尔吸附公式

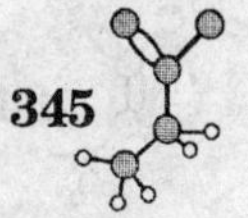

$$\frac{a\times1}{1+a\times1}=\frac{2.5\ \mathrm{dm^3}}{V_\mathrm{m}}$$

$$\frac{a\times10}{1+a\times10}=\frac{4.2\ \mathrm{dm^3}}{V_\mathrm{m}}$$

解得：$a=1.223$，当 $\frac{V}{V_\mathrm{m}}=\frac{1}{2}$ 时，

$$\frac{1.233\times p/p^{\ominus}}{1+1.233\times p/p^{\ominus}}=\frac{1}{2}，\ 解得\ \frac{p}{p^{\ominus}}=0.82$$

平衡压力 $p=0.82\times p^{\ominus}=83.087\mathrm{kPa}$

40. 298 K 时水和正辛烷的表面张力分别为 73 和 21.8 $\mathrm{mN\cdot m^{-1}}$，水和正辛烷界面的界面张力为 50.8 $\mathrm{mN\cdot m^{-1}}$。试计算：

(1)水和正辛烷间的粘附功 W_a。

(2)水和正辛烷的内聚功 W_c。

(3)正辛烷在水上的起始铺展系数 S。

解：(1) $W_a=\gamma_{(水)}+\gamma_{(正辛烷)}-\gamma_{(正辛烷-水)}=73+21.8-50.8=44\mathrm{mJ\cdot m^{-2}}$

(2) $W_{c水}=2\gamma_{(水)}=2\times73=146\mathrm{mJ\cdot m^{-2}}$

$W_{c正辛烷}=2\gamma_{(正辛烷)}=2\times21.8=43.6\mathrm{mJ\cdot m^{-2}}$

(3) $S=\gamma_{(水)}-(\gamma_{(正辛烷)}+\gamma_{(正辛烷-水)})=73-21.8+50.8=0.4\mathrm{mJ\cdot m^{-2}}$

41. 293 K 时，乙醚-水、汞-乙醚、汞-水的界面张力分别为 0.0107 $\mathrm{N\cdot m^{-1}}$、0.379 $\mathrm{N\cdot m^{-1}}$、0.375 $\mathrm{N\cdot m^{-1}}$，在乙醚与汞的界面上滴一滴水，其接触角为多少？

解：

$$\cos\theta=\frac{\gamma_{汞-乙醚}-\gamma_{汞-水}}{\gamma_{乙醚-水}}=\frac{0.379-0.375}{0.0107}=0.3738$$

$$\theta=75.6°$$

42. 氧化铝瓷件上需要涂银，当加热至 1273 K 时，试用计算接触角的方法判断液态银能否润湿氧化铝瓷件表面？已知该温度下固体 Al_2O_3 的表面张力 $\gamma_{s-g}=1.0\mathrm{N\cdot m^{-1}}$，液态银的表面张力 $\gamma_{l-g}=0.88\mathrm{N\cdot m^{-1}}$，液态银与固体 Al_2O_3 的界面张力 $\gamma_{s-l}=1.77\mathrm{N\cdot m^{-1}}$。

解：

$$\cos\theta=\frac{\gamma_{s-g}-\gamma_{s-l}}{\gamma_{l-g}}=\frac{1.0-1.77}{0.88}=-0.875$$

$\theta=151°$，所以不能润湿。

43. 在一定温度下，N_2在某催化剂上的吸附服从 Langmuir 方程，已知催化剂的比表面为 21.77 $\mathrm{m^2\cdot g^{-1}}$，N_2分子的截面积为 $16\times10^{-20}\ \mathrm{m^2}$。当平衡压力为 101325 Pa 时，每克催化剂吸附 N_2的量为 2 $\mathrm{cm^3}$(已换算成标准状态)，问要使 N_2的吸附量增加一倍，平衡压力应为多大？

解：比表面积的计算公式为 $S_0=\frac{V_\mathrm{m}}{0.0224}\times L\times A$

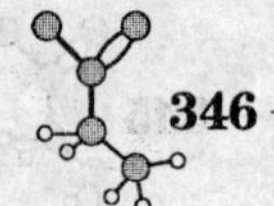

$$V_m = \frac{S_0 \times 0.0224}{L \times A} = \frac{21.77 \times 0.0224}{6.02 \times 10^{23} \times 16 \times 10^{-20}} = 5.06 \times 10^{-6} m^3 \cdot g^{-1}$$

$$\frac{V_1}{V_m} = \frac{ap_1}{1 + ap_1}, \quad \frac{V_2}{V_m} = \frac{ap_2}{1 + ap_2}$$

解得 $a = 6.45 \times 10^{-6}$，$p_2 = 589\text{kPa}$

44. N_2 在活性炭上的吸附数据如下：

194 K 时，平衡压力 p/Pa	1.5×10^5	4.6×10^5	12.5×10^5
273 K 时，平衡压力 p/Pa	5.6×10^5	34.5×10^5	150×10^5
吸附气体体积 V/m^3(标准状况)	0.145×10^{-6}	0.895×10^{-6}	3.47×10^{-6}

试计算 N_2在活性炭上的吸附热 Q。

解：由克劳修斯-克拉贝龙方程：

$$\ln \frac{p_2}{p_1} = \frac{Q}{R} \cdot \frac{T_2 - T_1}{T_2 T_1}$$

$$Q = \ln \frac{p_2}{p_1} \times \frac{RT_2 T_1}{T_2 - T_1}$$

吸附量为 0.145×10^{-6}时，$Q = 7344\text{J} \cdot \text{mol}^{-1}$

吸附量为 0.895×10^{-6}时，$Q = 11376\text{J} \cdot \text{mol}^{-1}$

吸附量为 3.47×10^{-6}时，$Q = 13852\text{J} \cdot \text{mol}^{-1}$

45. 某多相催化反应：

$$C_2H_6 + H_2 \xrightleftharpoons{Ni/SiO_2} 2\,CH_4$$

在 464 K 时测得数据如下：

p_{H_2}/kPa	10	20	40	20	20	20
$p_{C_2H_6}$/kPa	3.0	3.0	3.0	1.0	3.0	10
r/r_0	3.10	1.00	0.20	0.29	1.00	2.84

r 代表反应速率。r_0 是当 $p_{H_2} = 20\text{kPa}$ 和 $p_{C_2H_6} = 3.0\text{kPa}$ 时的反应速率。

(1)若反应速率公式可表示为 $r = kp_{H_2}^n p_{C_2H_6}^m$，根据以上数据求出 m 和 n 各为多少？

(2)证明反应历程可用下式表示：

$$C_2H_6 = (C_2)_{吸附} + 3H_2$$

$$(C_2)_{吸附} + H_2 \longrightarrow 2CH \text{(决速步)}$$

$$CH + \frac{3}{2}H_2 \longrightarrow CH_4$$

解：(1)用前三组数据，保持 $p_{C_2H_6}$ 不变，得

$$\frac{r_1}{r_2} = \frac{3.10}{0.2} = \left(\frac{10}{40}\right)^n，\ 解得\ n = -2$$

用后三组数据，保持 p_{H_2} 不变

$$\frac{r_1}{r_2} = \frac{0.29}{2.84} = \left(\frac{1.0}{40}\right)^m，\ 解得\ m = 1$$

(2)假设题中给出的历程可行，则第二步为决速步：

$$r = k_2 p_{H_2}[(C_2)_{吸附}]$$

并设第一步是快平衡，可利用平衡假设求出吸附态的浓度：

$$[(C_2)_{吸附}] = \frac{k_1}{k_{-1}} \cdot \frac{p_{C_2H_6}}{p_{H_2}^3}$$

则 $r = k_2 \frac{k_1}{k_{-1}} \cdot \frac{p_{C_2H_6}}{p_{H_2}^2} = k p_{C_2H_6} p_{H_2}^{-2}$

设第三步是快步骤，不影响速率方程，这样导出的速率表示式与(1)所计算的结果一致。

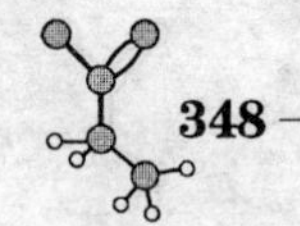

第17章　胶体分散体系

一、基本内容

1. 分散体系及其分类

一种或几种物质分散在另一物质中所构成的体系叫分散体系。被分散的物质叫分散相；起分散作用的物质叫分散介质。

分散体系要分为均相分散体系和非均相分散体系。均相分散体系的分散质叫溶质，分散介质通常叫溶剂，这样的分散体系又叫溶液，对溶质、溶剂不加区分的均相分散体系称为混合物。均相分散体系中的分散相及分散介质的质点大小在 10^{-9} m 以下，且透明、不发生光散射现象，溶质扩散速度快，是热力学稳定体系。若质点大小在 $10^{-9} \sim 10^{-7}$ m 则称为胶体分散体系；若质点大小超过 1 μm 则称为粗分散体系。粗分散体系包括乳状液、泡沫、悬浮液等，在性质和研究方法上与胶体分散体系有许多相似之处。

2. 胶体的分类

胶体是物质以一定分散程度存在的一种状态，当物质分散至粒子大小在 $10^{-9} \sim 10^{-7}$ m 范围内时，就形成胶体体系。若按分散相和分散介质的聚集状态分则有气溶胶、液溶胶、固溶胶。液溶胶按性质可分为憎液溶胶和亲液溶胶。憎液溶胶其粒子由很大数目的分子构成，具有很大的相界面，在热力学上是不稳定、不可逆体系；亲液溶胶实际上是以分子分散在介质中的真溶液，只是大分子的大小已达胶粒范围，因此具有胶体的一些特性，在热力学上亲液溶胶是稳定、可逆的体系。

3. 溶胶的性质

溶胶具有多相性、高度分散性和聚结不稳定性三个基本特征。溶胶的许多性质，如动力学性质、光学性质和电学性质等都是由这三个基本特性决定的。

由于溶胶的光学不均匀性，溶胶粒子的半径小于入射光的波长，溶胶粒子对可见光产生散射而使溶胶有特有的“丁达尔现象”，它是溶胶的重要性质。散射光的

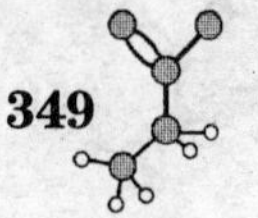

强度要用瑞利公式表示：

$$I=\frac{24\pi^2A^2\nu V^2}{\lambda^4}\left(\frac{n_1^2-n_2^2}{n_1^2+2n_2^2}\right)^2 \tag{1}$$

可见，散射光的强度与入射光的波长的4次方成反比。

溶胶中的分散相粒子的扩散遵守Fick第一定律。溶胶中分散相粒子的扩散作用是由布朗运动引起的。布朗运动及其引起的扩散作用是溶胶的重要动力学性质之一。其运动可用布朗运动公式表示：

$$\bar{x}=\sqrt{\frac{RT}{L}\frac{t}{3\pi\eta r}} \tag{2}$$

由于溶液粒子的半径在$10^{-9}\sim10^{-7}$ m，因此溶胶具有扩散慢、不能透过半透膜的特点，粒子的浓度比较低，故渗透压也低。布朗运动使溶胶在重力场中达到"沉降平衡"，使溶胶具有一定的动力稳定性。应用沉降平衡原理，可计算系统中粒子随时高度的分布：

$$RT\ln\frac{N_2}{N_1}=-\frac{4}{3}\pi R^3(\rho_{粒子}-\rho_{介质})gL(x_2-x_1) \tag{3}$$

溶胶是非均相体系，由于溶胶粒子很小，比表面积很大，所以表面能很高，胶粒处于不稳定状态，它有聚集成大粒子以降低表面能的趋势，这个过程是不可逆的，故胶粒具有聚结不稳定性。

溶胶是电中性的，但胶粒是由胶核和所吸附的离子组成，其所带电荷由被吸附的离子决定，分散介质所带电荷与胶粒相反。在外电场中，胶粒可做定向移动，叫电泳。电泳速度为：

$$u=\frac{\xi\varepsilon E}{k\pi\eta} \tag{4}$$

在外电场作用下带电的介质也可做定向移动，这就是电渗。胶粒吸附的离子一般都是溶剂化的，胶粒移动时带着溶剂化的离子一起移动，滑移界面与液相中反号离子之间的电位差称为电动电位(即ξ电位)，它使得胶粒不易聚结。

4. 溶胶和稳定性与聚沉

溶胶是一个热力学上的不稳定体系，聚沉指其自动凝聚下沉。影响溶胶的稳定性的因素很多，而电解质的影响最大。通常用聚沉值来表示电解质的聚沉能力。聚沉值是使一定量的溶胶在一定时间内完全聚沉所需电解质的最小浓度。从大量实验中总结出几条规律：

(1)起聚沉作用的主要是带有与胶粒电荷相反的离子，聚沉离子的价数越高，聚沉能力越强。聚沉值与异电性离子价数的6次方成反比，即Schulze-Hardy规则；

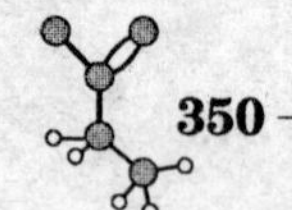

(2)同价离子的聚沉也有不同，碱金属离子对负电性溶胶的聚沉能力如下：

$$H^+ > Cs^+ > Rb^+ > NH_4^+ > K^+ > Na^+ > Li^+$$

一价负离子对正电性溶胶的聚沉能力如下：

$$F^- > IO_3^- > H_2PO_4^- > BrO_3^- > Cl^- > ClO_3^- > Br^- > I^- > CNS^-$$

(3)能与胶体成不溶物的反离子特别易被吸附，吸附导致胶粒表面上的电荷减少而聚沉；

(4)一般说来，任何价数的有机离子都有很强的聚沉能力。此外，还有溶胶的相互作用及高分子化合物对溶胶的作用。

5. 粗分散体系

一种或几种液体以液珠形式分散在另一种与其不互溶(或部分互溶)液体中所形成的分散体系为乳状液。乳状液分为油包水型(W/O)、水包油型(O/W)。乳状液必须有乳化剂存在才能稳定。常见乳化剂有：表面活性剂、一些天然物质、粉末状固体。

气体分散在液体或固体中所形成的分散体系数为泡沫，前者为液体泡沫，后者为固体泡沫。要得到比较稳定的液体泡沫必须加入起泡剂，起泡剂一般为表面活性物质。

二、习题解答

1. 某溶胶胶粒的平均直径为 4.2 nm，设介质粘度 $\eta = 1.0\times10^{-3}$ Pa·s，试计算：(1)298 K 时胶粒的扩散系数；(2)在 1 秒钟内由于布朗运动，粒子沿 x 轴方向的平均位移。

解：根据扩散系数的计算公式

$$D = \frac{RT}{L\cdot 6\pi\eta r} = \frac{8.314\times298}{6.023\times10^{23}\times6\times3.14\times1.0\times10^{-3}\times2.1\times10^{-9}}$$

$$= 1.04\times10^{-10}\,\mathrm{m^2\cdot s^{-1}}$$

根据布朗运动公式

$$\bar{x} = \sqrt{\frac{RT}{L}\cdot\frac{t}{3\pi\eta r}} = \sqrt{\frac{8.314\times298\times1}{6.023\times10^{23}\times3\times3.14\times1.0\times10^{-3}\times2.1\times10^{-9}}}$$

$$= 1.44\times10^{-5}\,\mathrm{m}$$

2. 贝林(Perrin)实验观测藤黄混悬液的布朗运动，实验测得时间 t 与平均位移 $\bar{x}$ 数据如下：

时间/s	30	60	90	120
$\bar{x}\times10^6$/m	6.9	9.3	11.8	13.9

已知藤黄粒子的半径为2.12×10^{-7}m，实验温度为290 K，混悬液的粘度$\eta=1.10\times10^{-3}$Pa·s，试计算阿伏伽德罗(Avogadro)常数L。

解：根据布朗运动公式

$$\bar{x}=\sqrt{\frac{RT}{L}\cdot\frac{t}{3\pi\eta r}}$$

变形得到计算阿伏伽德罗(Avogadro)常数的公式如下

$$L=\frac{RTt}{3\pi\eta r\,(\bar{x})^2}$$

代入以上四组实验数据，计算得到阿伏伽德罗常数分别为6.916×10^{23}、7.614×10^{23}、7.094×10^{23}、6.817×10^{23}，取平均后得到阿伏伽德罗常数为7.11×10^{23}。

3. 在内径为0.02 m的管中盛油，使直径$d=1.588$ mm的钢球从其中落下，下降0.15 m需时16.7 s。已知油和钢球的密度分别为$\rho_{油}=960\ \text{kg}\cdot\text{m}^{-3}$和$\rho_{球}=7650\ \text{kg}\cdot\text{m}^{-3}$。试计算在实验温度时油的粘度。

解：当钢球在油中达到沉降平衡时，有

沉降力=黏滞阻力

$$\frac{4}{3}\pi r^3(\rho_{球}-\rho_{油})g=6\pi\eta r\frac{\mathrm{d}x}{\mathrm{d}t}$$

$$\eta=\frac{2r^2(\rho_{球}-\rho_{油})g}{9\dfrac{\mathrm{d}x}{\mathrm{d}t}}=\frac{2\times\left(\dfrac{1.588\times10^{-3}}{2}\right)^2\times(7650-960)\times9.8}{9\times\dfrac{0.15}{16.7}}=1.023\text{Pa}\cdot\text{s}$$

4. 试计算293 K时，在地心力场中使粒子半径分别为① $r_1=10\ \mu$m；② $r_2=100$ nm；③ $r_3=1.5$ nm的金溶胶粒子下降0.01 m所需的时间。已知分散介质的密度为$\rho_{介}=1000\ \text{kg}\cdot\text{m}^{-3}$，金的密度$\rho_{金}=1.93\times10^4\ \text{kg}\cdot\text{m}^{-3}$，溶液的粘度近似等于水的粘度，为$\eta=0.001$ Pa·s。

解：当粒子在重力场中达到沉降平衡时，有

沉降力=黏滞阻力

$$\frac{4}{3}\pi r^3(\rho_{Au}-\rho_{介})g\approx6\pi\eta r\frac{\Delta x}{\Delta t}$$

故 $$\Delta t=\frac{9\eta\Delta x}{2(\rho_{Au}-\rho_{介})gr^2}=\frac{9\times0.001\times0.01}{2\times(1.93\times10^4-1000)9.8r^2}=\frac{2.51\times10^{-10}}{r^2}$$

(1) $r_1 = 10\ \mu\text{m}$ 时，$\Delta t = \dfrac{2.51 \times 10^{-10}}{(1.0 \times 10^{-5})^2} = 2.51\text{s}$

(2) $r_1 = 100\ \text{nm}$ 时，$\Delta t = \dfrac{2.51 \times 10^{-10}}{(1.0 \times 10^{-7})^2} = 2.51 \times 10^4\text{s}$

(3) $r_1 = 1.5\ \text{nm}$ 时，$\Delta t = \dfrac{2.51 \times 10^{-10}}{(1.5 \times 10^{-9})^2} = 1.12 \times 10^8\text{s}$

5. 密度为 $\rho_{粒} = 2.152 \times 10^3\ \text{kg} \cdot \text{m}^{-3}$ 的球形 $CaCl_2(s)$ 粒子，在密度为 $\rho_{介} = 1.595 \times 10^3\ \text{kg} \cdot \text{m}^{-3}$、粘度为 $\eta = 9.75 \times 10^{-4}\ \text{Pa} \cdot \text{s}$ 的 $CCl_4(l)$ 中沉降，在 100 s 的时间里下降了 0.0498 m，计算此球形 $CaCl_2(s)$ 粒子的半径。

解：当粒子在重力场中达到沉降平衡时，有

$$\frac{4}{3}\pi r^3(\rho_{粒} - \rho_{介})g = 6\pi\eta r\frac{\text{d}x}{\text{d}t}$$

故球形 $CaCl_2(s)$ 粒子的半径为

$$r = \sqrt{\frac{9\eta}{2(\rho_{粒} - \rho_{介})g}\frac{\text{d}x}{\text{d}t}} = \sqrt{\frac{9 \times 9.75 \times 10^{-4} \times 0.0498}{2 \times (2.152 - 1.595) \times 10^3 \times 9.8 \times 100}}$$

$$= 2.001 \times 10^{-5}\text{m}$$

6. 某汞水溶胶，在 293 K 时实验测得溶胶粒子分布高度差 $\Delta h = 1 \times 10^{-4}$ m 时，每升溶胶中汞粒子数由 3.86×10^5 个下降为 1.93×10^5 个。已知 $\rho_{水} = 1 \times 10^3\ \text{kg} \cdot \text{m}^{-3}$，$\rho_{汞} = 13.6 \times 10^3 \text{kg} \cdot \text{m}^{-3}$，设汞粒子为球形，试计算汞粒的平均直径。

解：由高度分布公式

$$RT\ln\frac{N_2}{N_1} = -\frac{4}{3}\pi r^3(\rho_{粒} - \rho_{介})gL(h_2 - h_1)$$

$$r = \left(-\frac{3RT\ln\dfrac{N_2}{N_1}}{4\pi(\rho_{汞} - \rho_{水})gL(h_2 - h_1)}\right)^{1/3}$$

$$= \left(-\frac{3 \times 8.314 \times 293 \times \ln\dfrac{1.93 \times 10^5}{3.86 \times 10^5}}{4 \times 3.142 \times (13.6 \times 10^3 - 1 \times 10^3) \times 9.8 \times 6.022 \times 10^{23} \times 1 \times 10^{-4}}\right)^{1/3}$$

$$= 3.78 \times 10^{-8}\text{m}$$

7. 某金溶胶在 298 K 时达沉降平衡，在某一高度粒子的密度为 $8.89 \times 10^8\ \text{m}^{-3}$，再上升 0.001 m，粒子密度为 $1.08 \times 10^8\ \text{m}^{-3}$。设粒子为球形，金的密度为 $1.93 \times 10^4\ \text{kg} \cdot \text{m}^{-3}$，水的密度为 $1.0 \times 10^3\ \text{kg} \cdot \text{m}^{-3}$，试求：(1)胶粒的平均半径及平均摩尔质量；(2)使粒子的密度下降一半，需上升多少高度？

解：(1)由高度分布公式

$$RT\ln\frac{N_2}{N_1} = -\frac{4}{3}\pi r^3(\rho_{粒} - \rho_{介})gL(h_2 - h_1)$$

$$r=\left(-\frac{3RT\ln\dfrac{N_2}{N_1}}{4\pi(\rho_{粒}-\rho_{介})gL(h_2-h_1)}\right)^{1/3}$$

$$=\left(-\frac{3\times 8.314\times 298\times\ln\dfrac{1.08\times 10^8}{8.89\times 10^8}}{4\times 3.142\times(1.93\times 10^4-1\times 10^3)\times 9.8\times 6.022\times 10^{23}\times 0.001}\right)^{1/3}$$

$$=2.26\times 10^{-8}\text{m}$$

(2)设使粒子的密度下降一半需上升的高度为 x，则

$$RT\ln\frac{(8.89/2)}{8.89}=-\frac{4}{3}\pi r^3(\rho_{Au}-\rho_{水})gLx$$

而 $RT\ln\dfrac{1.08}{8.89}=-\dfrac{4}{3}\pi r^3(\rho_{Au}-\rho_{水})gL\times 0.01$

两式相除，得

$$x=0.001\times\frac{\ln(1/2)}{\ln(1.08/8.89)}=3.29\times 10^{-4}\text{m}$$

8. 在实验室中，用相同的方法制备两份浓度不同的硫溶胶，测得两份硫溶胶的散射光强度之比为 $I_1/I_2=10$。已知第一份溶胶的浓度 $c_1=0.10\ \text{mol}\cdot\text{dm}^{-3}$，设入射光的频率和强度等实验条件都相同，试求第二份溶胶的浓度 c_2。

解：因实验条件都相同，则由 Rayleigh 公式可得

$$\frac{I_1}{I_2}=\frac{c_1}{c_2}$$

故
$$c_2=\frac{I_2c_1}{I_1}=\frac{0.1}{10}=0.01\text{mol}\cdot\text{dm}^{-3}$$

9. 将过量 H_2S 通入足够稀的 As_2O_3溶液中制备硫化砷(As_2S_3)溶胶。请写出该胶团的结构式，指明胶粒的电泳方向，比较电解质 KCl、$MgSO_4$、$MgCl_2$对该溶胶聚沉能力的大小。

解：胶团结构式为：$[(As_2S_3)_m\cdot n\,HS^-\cdot(n-x)H^+]^{x-}\cdot xH^+$

由于 As_2S_3溶胶的胶粒带负电，所以胶粒电泳向正极移动，聚沉能力受正离子价数的影响最大，聚沉能力：$MgCl_2>MgSO_4>KCl$。

10. 在热水中水解 $FeCl_3$制备 $Fe(OH)_3$溶胶。请写出该胶团的结构式，指明胶粒的电泳方向，比较电解质 Na_3PO_4、Na_2SO_4、NaCl 对该溶胶聚沉能力的大小。

解：胶团结构式为：$[(Fe(OH)_3)_m\cdot n\,FeO^+\cdot(n-x)\,Cl^-]^{x+}\cdot x\,Cl^-$

由于 $Fe(OH)_3$溶胶的胶粒带正电，所以胶粒电泳向负极移动，聚沉能力受负离子价数的影响最大，聚沉能力：$Na_3PO_4>Na_2SO_4>NaCl$。

11. 混合等体积 0.08 mol dm^{-3}的 KCl 和 0.1 mol dm^{-3}的 $AgNO_3$溶液制备 AgCl 溶胶，试比较电解质 $CaCl_2$、Na_2SO_4、$MgSO_4$的聚沉能力。

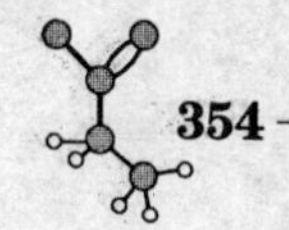

解: $KCl + AgNO_3 \longrightarrow AgCl\downarrow + KNO_3$

KCl的物质的量小于$AgNO_3$的物质的量，故过量的是$AgNO_3$，因此核胶首先吸附的是Ag^+，胶团结构式为：$[(AgCl)_m \cdot n\,Ag^+ \cdot (n-x)\,NO_3^-]^{x+} \cdot x\,NO_3^-$
由于胶粒带正电，所以聚沉能力受负离子价数的影响最大，聚沉能力：$Na_2SO_4>MgSO_4>CaCl_2$。

12. 将等体积的0.008 mol dm^{-3}的KI溶液与0.01 mol dm^{-3} $AgNO_3$溶液混合制备AgI溶胶。试比较三种电解质$MgSO_4$、$K_3[Fe(CN)_6]$、$AlCl_3$的聚沉能力。若将等体积的0.01 mol · dm^{-3} KI溶液与0.008 mol · dm^{-3} $AgNO_3$溶液混合制备AgI溶胶，上述三种电解质的聚沉能力又将如何?

解: $KI + AgNO_3 \longrightarrow AgI\downarrow + KNO_3$
等体积的0.008 mol dm^{-3}的KI溶液与0.01 mol dm^{-3} $AgNO_3$溶液混合时，KI的物质的量小于$AgNO_3$的物质的量，故过量的是$AgNO_3$，因此核胶首先吸附的是Ag^+，胶团结构式为：$[(AgI)_m \cdot n\,Ag^+ \cdot (n-x)\,NO_3^-]^{x+} \cdot x\,NO_3^-$
由于胶粒带正电，所以聚沉能力受负离子价数的影响最大，聚沉能力：$K_3[Fe(CN)_6]>MgSO_4>AlCl_3$
若将等体积的0.01 mol dm^{-3} KI溶液与0.008 mol ·dm^{-3} $AgNO_3$溶液混合时，KI的物质的量大于$AgNO_3$的物质的量，故过量的是KI，因此核胶首先吸附的是I^-，胶团结构式为：

$$[(AgI)_m \cdot nI^- \cdot (n-x)K^+]^{x-} \cdot xK^+$$

由于胶粒带负电，所以聚沉能力受正离子价数的影响最大，聚沉能力：$AlCl_3>MgSO_4>K_3[Fe(CN)_6]$。

13. 由电泳实验测知，Sb_2S_3溶胶(设为球形粒子)在210 V电压下，两极间距离为0.385 m时通电36分12秒，溶液界面向正极移动3.20×10^{-2} m。已知分散介质的介电常数$\varepsilon_r=81(\varepsilon_0=8.85\times10^{-12})$，粘度$\eta=1.03\times10^{-3}$ Pa · s，求算溶胶的ξ电势。

解: ζ电势的计算公式为(其中K为形状参数，对球形粒子为6)

$$\xi=\frac{K\eta u}{4\varepsilon_0\varepsilon_r E}$$

$$\xi=\frac{K\eta u}{4\varepsilon_0\varepsilon_r E}=\frac{6\times1.03\times10^{-3}\times3.20\times10^{-2}/2172}{4\times81\times8.85\times10^{-12}\times210/0.385}=0.0582\text{V}$$

14. 在显微电泳管内装入$BaSO_4$的水混悬液，管的两端接上二电极，设电极之间距离为6×10^{-2} m，接通直流电源，电极两端电压为40 V，在298 K时于显微镜下测得$BaSO_4$颗粒平均位移275×10^{-6} m距离所需时间为22.12 s。已知水的介电常数$\varepsilon_r=81(\varepsilon_0=8.85\times10^{-12})$，粘度$\eta=0.89\times10^{-3}$ Pa ·s，粒子形状参数$K=4$，求

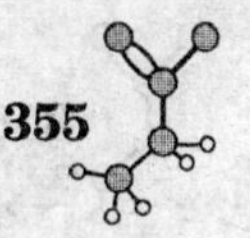

$BaSO_4$颗粒的ξ电势。

解：ξ电势的计算公式为

$$\xi = \frac{K\eta u}{4\varepsilon_0\varepsilon_r E}$$

$$\xi = \frac{K\eta u}{4\varepsilon_0\varepsilon_r E} = \frac{4 \times 0.89 \times 10^{-3} \times 275 \times 10^{-6}/22.12}{4 \times 81 \times 8.85 \times 10^{-12} \times 40/0.06} = 0.0232\text{V}$$

15. 在298 K时半透膜两边，一边放浓度为0.1 mol·dm^{-3}的大分子有机物RCl，RCl能全部电离，但R^+不能透过半透膜；另一边放浓度为0.5mol·dm^{-3}的NaCl；计算膜两边平衡后，各种离子的浓度和渗透压。

解：设达到膜平衡时，膜两边各离子浓度为$[R^+]=0.1$ mol·dm^{-3}，$[Na^+]_{左}=x$ mol·dm^{-3}，$[Cl^-]_{左}=(0.1+x)$ mol·dm^{-3}，$[Na^+]_{右}=[Cl^-]_{右}=(0.5-x)$ mol·dm^{-3}，则由膜平衡条件，得

$$[Cl^-]_{左}[Na^+]_{左}=[Cl^-]_{右}[Na^+]_{右}$$

即　$$(0.1+x)x=(0.5-x)^2$$

解得　$$x=0.227\ \text{mol}\cdot\text{dm}^{-3}$$

所以平衡时　$$[Cl^-]_{左}=0.327\ \text{mol}\cdot\text{dm}^{-3}=327\ \text{mol}\cdot\text{m}^{-3}$$

$$[Na^+]_{左}=0.227\ \text{mol}\cdot\text{dm}^{-3}=227\ \text{mol}\cdot\text{m}^{-3}$$

$$[Cl^-]_{右}=[Na^+]_{右}=0.273\ \text{mol}\cdot\text{dm}^{-3}=273\ \text{mol}\cdot\text{m}^{-3}$$

又因为渗透压是由膜两边粒子数不同（即浓度不同）引起的，所以

$$\Pi = (\Delta c)RT = (([R^+] + [Cl^-]_{左} + [Na^+]_{左} - ([Cl^-]_{右} + [Na^+]_{右}))RT$$
$$= (100 + 327 + 227 - 273 - 273) \times 8.314 \times 298 = 2.68 \times 10^5\text{Pa}$$

16. 两个等体积的0.20 mol·dm^{-3}的NaCl水溶液中间用半透膜隔开，将摩尔质量为55.0 kg·mol^{-1}的大分子化合物Na_6R置于膜的左边，其浓度为0.05 kg·dm^{-3}，试求达渗透平衡时两边Na^+和Cl^-的浓度各为多少？

解：设达到膜平衡时，膜两边各离子浓度为$[R^-]=0.05/55$ mol·dm^{-3}，$[Na^+]_{左}=(6\times0.05/55+0.20-x)$ mol·dm^{-3}，$[Cl^-]_{左}=(0.20-x)$ mol·dm^{-3}，$[Na^+]_{右}=[Cl^-]_{右}=(0.20+x)$ mol·dm^{-3}，则由膜平衡条件，得

$$[Cl^-]_{左}[Na^+]_{左}=[Cl^-]_{右}[Na^+]_{右}$$

即　$$(6\times0.05/55+0.20-x)(0.20-x)=(0.20+x)^2$$

解得　$$x=0.0014\ \text{mol}\cdot\text{dm}^{-3}$$

所以平衡时　$$[Cl^-]_{左}=0.1986\ \text{mol}\cdot\text{dm}^{-3}$$

$$[Na^+]_{左}=0.2041\ \text{mol}\cdot\text{dm}^{-3}$$

$$[Cl^-]_{右}=[Na^+]_{右}=0.2014\ \text{mol}\cdot\text{dm}^{-3}$$

17. 丁达尔效应是由光的什么作用引起的？其强度与入射光波长有什么关系？

粒子大小范围在什么区间内可观测到丁达尔效应？

解：丁达尔效应是由散射作用引起的，其强度与入射光波长的4次方成反比。粒子的半径小于入射光波长时可观察到丁达尔效应。

18. 溶胶(憎液溶胶)是热力学上的哪类体系？

(A)不稳定，可逆体系　　(B)不稳定，不可逆体系

(C)稳定，可逆体系　　(D)稳定，不可逆体系

解：B。

19. 胶体体系的主要特征是什么？

解：胶体体系的主要特征是多相性、高度分散性和热力学不稳定性。

20. 对于将$AgNO_3$溶液滴入KI溶液中形成的溶胶，下列电解质中哪种聚沉能力最大？

(A)$LiNO_3$　　(B)KNO_3　　(C)$CaCl_2$　　(D)Na_2SO_4

解：(C)$CaCl_2$聚沉能力最大。

21. 四种电解质为KCl，Na_2SO_4，$MgSO_4$，$K_3[Fe(CN)_6]$对Fe_2O_3溶胶的聚沉能力次序由强到弱的次序是怎样的？

解：$K_3[Fe(CN)_6]>Na_2SO_4>MgSO_4>KCl$

22. 290 K时在超显微镜下测得藤黄水溶胶中的胶粒每10 s沿x轴的平均位移为6×10^{-6} m，溶胶的粘度为1.1×10^{-3} Pa·s，求胶粒的半径。

解：根据公式：

$$\bar{x}=\sqrt{\frac{RT}{L}\cdot\frac{t}{3\pi\eta r}}\text{ 得：}$$

$$r=\frac{RT}{L}\cdot\frac{t}{3\pi\eta\bar{x}^2}$$

$$=\frac{8.314\times290}{6.023\times10^{23}}\times\frac{10}{3\times3.14\times1.1\times10^{-3}\times(6\times10^{-6})^2}$$

$$=1.07\times10^{-7}\text{m}$$

23. 某一球形胶体粒子，20℃时扩散系数为7×10^{-11} $m^2\cdot s^{-1}$，求胶粒的半径及摩尔胶团质量。已知胶粒密度为1334 $kg\cdot m^{-3}$，水黏度系数为0.0011 Pa·s。

解：(1)根据公式：$D=\frac{RT}{L\cdot6\pi\eta r}$得：

$$r=\frac{RT}{L\cdot6\pi\eta}$$

$$=\frac{8.314\times293}{6.023\times10^{23}\times7\times10^{-11}\times6\times3.14\times0.0011}=2.8\times10^{-9}\text{m}$$

(2) $M=\frac{4}{3}\pi r^3\rho\cdot L$

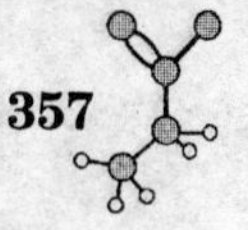

$$= \frac{4}{3} \times 3.14 \times (2.8 \times 10^{-9})^3 \times 1334 \times 6.023 \times 10^{23} = 73.8 \text{kg} \cdot \text{mol}^{-1}$$

24. 某金溶胶在298 K时达沉降平衡，在某一高度粒子的密度为$8.89\times10^8\ \text{m}^{-3}$，再上升0.001 m处粒子密度为$1.08\times10^8\ \text{kg}\cdot\text{m}^{-3}$。设粒子为球形，金的密度为$1.93\times10^4\ \text{kg}\cdot\text{m}^{-3}$，水的密度为$1.0\times10^3\ \text{kg}\cdot\text{m}^{-3}$，试求：

(1)胶粒的平均半径及平均摩尔质量。

(2)使粒子的密度下降一半，需上升多少高度？

解：(1)根据公式：

$$RT\ln\frac{N_2}{N_1} = -\frac{4}{3}\pi r^3(\rho_{粒子} - \rho_{介质})gL(x_2 - x_1)8.314 \times 298\ln\frac{1.08}{8.89}$$

$$= -\frac{4}{3} \times 3.14 \times r^3 \times (9.3 - 1.0) \times 10^3 \times 9.8 \times 6.023 \times 10^{23} \times 0.001$$

$$r^3 = 1.155 \times 10^{-23}\text{m}^3,\ r = 2.26 \times 10^{-8}\text{m}$$

$$\bar{M} = V\rho_{粒子}L = \frac{4}{3}\pi r^3\rho_{粒子}L$$

$$= \frac{4}{3} \times 3.14 \times 1.155 \times 10^{-23} \times 1.93 \times 10^4 \times 6.023 \times 10^{23}$$

$$= 5.62 \times 10^5 \text{kg} \cdot \text{mol}^{-1}.$$

(2)把上述公式改写成：

$$\ln\frac{N_2}{N_1} = -A(x_2 - x_1)$$

式中 $A = \frac{1}{RT} \times \frac{4}{3}\pi r^3(\rho_{粒} - \rho_{介})gL$

$$\ln\frac{1.08}{8.89} = -A(0.001 - 0)$$

$$\ln\frac{\frac{1}{2} \times 8.89}{8.89} = -A(x - 0)$$

得 $x = 3.29 \times 10^{-4}\text{m}$

25. 试解释：某学生在做$CaCO_3$胶体沉降分析实验时，没有加$Na_2P_2O_7$溶液时，沉降速度较慢，加适量$Na_2P_2O_7$溶液后，沉降速度快一些。

解：$CaCO_3$粒子沉降时，会吸附介质中某些离子而带电，具有一定的ξ电位，不易沉降，当加入适量的$Na_2P_2O_7$溶液后，会使ξ电位下降，沉降速度就加快了。

26. 将细胞壁看成半透膜，试解释：

(1)红血球置于蒸馏水中时会破裂

(2)拌有盐的莴苣在数小时内会变软。

解：(1)红血球膜是一种使蛋白质不能透过，而水及小分子离子能透过的半透

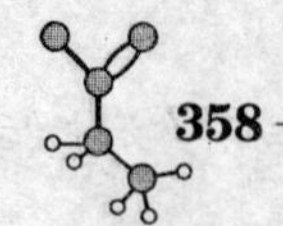

膜，当它置于蒸馏水中时，水在膜外化学势大于膜内，于是水透过膜进入红血球内直至破裂。

(2)莴苣拌了盐后，其组织细胞膜外 NaCl 浓度大大高于膜内，水在膜内化学势大于膜外，水会从膜内和膜外渗透，所以莴苣就变软了。

27. 起始浓度分别为 c_1 和 c_2 的分子电解质刚果红 NaR 与 KCl 溶液分布在半透膜两边，其膜平衡条件是什么？

解：其膜平衡条件是：

$$[K+]_{内}/[K+]_{外}=[Na]_{内}/[Na]_{外}=[Cl]_{外}/[Cl]_{内}$$

28. 对带负电的 AgI，溶液 KCl 的聚沉值为 0.14 mol · dm^{-3} 则 K_2SO_4、$MgSO_4$、$LaCl_3$ 的聚沉值分别为多少？

解：由 Schulse-Hardy 规则，不同价数离子聚沉值比约为

$$K^+:Mg^{2+}:La^{3+}=1:\frac{1}{2^6}:\frac{1}{3^6}$$

K_2SO_4、$MgSO_4$、$LaCl_3$ 的聚沉值分别为：

$$0.07,\ 0.0022,\ 0.0002\ \text{mol}\cdot\text{dm}^{-3}$$

29. 298 K，0.1 dm^{3}水溶液含 0.5 g 核糖核酸和 0.2 mol · dm^{-3} 的 NaCl，产生 983 Pa 的渗透压，该半透膜除核糖核酸外其他物质均能透过。

(1)试求该核糖核酸的摩尔质量。

(2)如果在 NaCl 的量很少的条件下进行，将会产生什么偏差，为什么？

解：(1) $M=\dfrac{cRT}{\pi}=\dfrac{5\times 8.314\times 298}{983}=12.6\text{g}\cdot\text{mol}^{-1}$

(2)如果 NaCl 的量少了，唐南平衡效应将导致小离子在膜两侧不均等分布，所得摩尔质量误差太大。NaCl 的量比核糖核酸大得多时，唐南平衡效应忽略。

30. 已知水和玻璃界面的 ξ 电位为-0.050 V，试问在 298 K 时，在直径为 1.0 mm，长为 1 m 的毛细管两端加 40 V 的电压，则介质水通过该毛细管的电渗透速度为若干？设水的粘度为 0.001 kg · m^{-1} · s^{-1}，介电常数 $\varepsilon=8.89\times10^{-6}$ C · V^{-1}m^{-1}。

解：根据公式：

$$\mu=\frac{\xi\varepsilon E}{4\pi\eta}=\frac{0.050\times 8.89\times 10^{-9}\times 40}{4\times 3.142\times 0.001}=1.415\times 10^{-6}\text{m}\cdot\text{s}^{-1}$$

量纲换算为： $\dfrac{\text{V}\cdot\text{cm}^{-1}}{\text{kg}\cdot\text{s}^{-1}}=\dfrac{\text{J}\cdot\text{m}^{-1}}{\text{kg}\cdot\text{s}^{-1}}=\dfrac{\text{kg}\cdot\text{m}^2\cdot\text{s}^{-2}\cdot\text{m}^{-1}}{\text{kg}\cdot\text{s}^{-1}}=\text{m}\cdot\text{s}^{-1}$

31. 试计算在 293 K 时，地心引力场中使粒子半径分别为(1)1.0×10^{-5} m，(2) 100 nm，(3)1.5 nm 的金溶胶粒子下降 0.01 m 需时若干？已知分散介质的密度为 1000 kg · m^{-3}，金的密度为 1.93×10^4 kg · m^{-3}，溶液的粘度近似等于水的粘度，为 0.001 kg · m^{-1} · s^{-1}。

解：根据公式：$r^2 = \frac{9}{2} \cdot \frac{\mu \mathrm{d}x/\mathrm{d}t}{(\rho_{粒} - \rho_{介质})g}$得

$$\frac{\mathrm{d}x}{\mathrm{d}t} = \frac{2}{9} \cdot \frac{r^2(\rho_{粒} - \rho_{介质})g}{\eta}$$

$$= r^2 \cdot \frac{2}{9} \cdot \frac{(1.93 - 0.1) \times 10^4 \times 9.8}{0.001}$$

$$= r^2 \times 3.985 \times 10^7 \mathrm{m}^{-1} \cdot \mathrm{s}^{-1}$$

$$t = \frac{x}{r^2 \times 3.985 \times 10^7 \mathrm{m}^{-1} \cdot \mathrm{s}^{-1}}$$

$$= \frac{0.01}{r^2 \times 3.985 \times 10^7}$$

$$r = 1.0 \times 10^{-5}\mathrm{m},\quad t = 2.5\mathrm{s}$$

$$r = 100\mathrm{nm},\quad t = 2.5 \times 10^4\mathrm{s}$$

$$r = 1.5\mathrm{nm},\quad t = 1.12 \times 10^8\mathrm{s}$$

32. 把每立方米含 $Fe(OH)_3$ 1.5 kg 的溶液稀释 10000 倍，放在显微镜下观察。在直径和深度各为 0.04 mm 的视野内数得粒子的数目平均为 4.1 个，设粒子为球形，其密度为 $5.2\times10^{-3}\ \mathrm{kg \cdot m^{-3}}$，试求粒子的直径。

解：根据下式：

$$r^3 = \frac{3}{4} \cdot \frac{cV'}{N\pi\rho}$$

$$c = 1.5\mathrm{kg \cdot m^{-3}} \times 10^{-4}$$

$$V' = \pi r^2 h = 3.142 \times (0.02 \times 10^{-3})^2 \times 0.04 \times 10^{-3} = 5.027 \times 10^{-14}\mathrm{m}^3$$

$$r^3 = \frac{3}{4} \times \frac{1.5 \times 10^{-4} \times 5.027 \times 10^{-14}}{4.1 \times 3.142 \times 5.2 \times 10^{-3}} = 8.442 \times 10^{-17}\mathrm{m}^3$$

$$r = 4.387 \times 10^{-6}\mathrm{m}$$

$$d = 2r = 8.774 \times 10^{-6}\mathrm{m}$$

33. 在三个烧瓶中分别盛 0.02 $\mathrm{dm^3}$ 的 $Fe(OH)_3$ 溶液，分别加入 NaCl、Na_2SO_4 和 Na_3PO_4 溶液使其聚沉，至少需加电解质数量为(1)1 $\mathrm{mol \cdot dm^{-3}}$ 的 NaCl 0.021 $\mathrm{dm^3}$；(2)0.005 $\mathrm{mol \cdot dm^{-3}}$ 的 Na_2SO_4 0.125 $\mathrm{dm^3}$；(3)0.0033 $\mathrm{mol \cdot dm^{-3}}$ 的 Na_3PO_4 $7.4\times10^{-3}\ \mathrm{dm^3}$。试计算电解质的聚沉值和它们的聚沉能力之比，从而判断胶粒带什么电荷。

解：聚沉值是使一定量的溶胶在一定时间内完全聚沉所需要电解质的最小浓度。

$$c(\mathrm{NaCl}) = \frac{1 \times 0.021}{0.02 + 0.021} = 0.512\mathrm{mol \cdot dm^{-3}}$$

$$c(\mathrm{Na_2SO_4}) = \frac{0.005 \times 0.125}{0.02 + 0.125} = 4.31 \times 10^{-3}\mathrm{mol \cdot dm^{-3}}$$

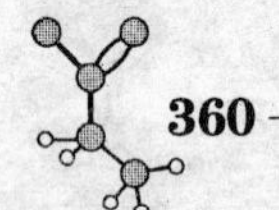

$$c(Na_3PO_4)=\frac{0.0033\times 7.4\times 10^{-3}}{0.02+7.4\times 10^{-3}}=8.91\times 10^{-4}\text{mol}\cdot\text{dm}^{-3}$$

34. 蛋白质的平均摩尔质量约为 40 kg · mol^{-1}，试求在 298 K 时，含量为 0.01 kg · dm^{-3}的蛋白质水溶液的冰点降低、蒸气压降低和渗透压各为多少？已知 298 K 时，水的饱和蒸气压为 3167.7 Pa，$K_f=1.86\text{K}\cdot\text{mol}\cdot\text{dm}^3$，$\rho_{H_2O}=1.0\text{kg}\cdot\text{dm}^{-3}$。

解：设溶液的密度等于纯水的密度，约为 1 kg · dm^{-3}，则该溶液的质量摩尔浓度为：

$$m=\frac{0.01\text{kg}}{40\text{kg}\cdot\text{mol}^{-1}}\times\frac{1}{1\ \text{dm}^3\times 1.0\text{kg}\cdot\text{dm}^{-3}}=2.5\times 10^{-4}\text{mol}\cdot\text{kg}^{-1}$$

$$\Delta T_f=K_f m=1.86\times 2.5\times 10^{-4}=4.65\times 10^{-4}\text{K}$$

$$\Delta p=p_A^*-p_A=p_A^*-p_A^*x_A=p_A^*x_B$$

$$x_B=\frac{0.01/40}{0.01-40+0.99/(18\times 10^{-3})}=4.545\times 10^{-6}$$

$$\Delta p=3167.7\times 4.545\times 10^{-6}=0.0144\text{Pa}$$

$$\pi=cRT=\frac{0.01}{40}\times 8.314\times 298=619.7\text{Pa}$$

35. 有某一元大分子有机酸 HR 在水中能完全电离，现将 1.3×10^{-3} kg 该酸溶在 0.3 dm^{3}很稀的 HCl 水溶液中，将其装入火棉胶口袋，将口袋浸入 0.1 dm^{3}的纯水中，在 298 K 时达成平衡，测得膜外水的 pH 值为 3.26，膜电势为 34.9 mV，假定溶液为理想溶液，试求：(1)膜内溶液的 pH 值；(2)该有机酸的相对分子质量。

解：设达渗透平衡时，各物的浓度表示如下(单位都是 mol · dm^{-3})：

$$[R^-]=x$$

$$[H^+]_{in}=x+y-z \qquad [H^+]_{out}=z$$

$$[Cl^-]_{in}=y-z \qquad [Cl^-]_{out}=z$$

已知 $-\lg[H^+]_{out}=3.26$

$$[H^+]_{out}=z=5.5\times 10^{-4}\text{mol}\cdot\text{dm}^{-3}$$

$$\begin{aligned}E_m&=34.9\times 10^{-3}\text{V}\\&=2.303\frac{RT}{F}\ln\frac{[H^+]_{in}}{[H^+]_{out}}\\&=0.0592\times[(\text{pH})_{out}-(\text{pH})_{in}]\text{V}\\&=0.0592\times[3.26-(\text{pH})_{in}]\text{V}\end{aligned}$$

解得 $\text{pH}_{in}=2.67$；

已知达渗透平衡时 $(x+y-z)(y-z)=z^2$

等式两边取负对数：

$$-\lg[(x+y-z)/c^{\ominus}]-\lg[(y-z)/c^{\ominus}]=-z\lg[z/c^{\ominus}]$$

$$-\lg[(x+y-z)/c^{\ominus}]=-\lg([H^+]_{in}/c^{\ominus})=(pH)_{in}=2.67$$

$$(x+y-z)=2.138\times10^{-3}mol\cdot dm^{-3}$$

$$-\lg[z/c^{\ominus}]=-\lg([H^+]_{out}/c^{\ominus})=(pH)_{out}=3.26/c^{\ominus}$$

$$2.67-\lg[(y-z)/c^{\ominus}]=2\times3.26$$

$$y-z=1.414\times10^{-4}mol\cdot dm^{-3}$$

$$x+y-z=2.138\times10^{-3}mol\cdot dm^{-3}$$

解得 $x=1.997\times10^{-3}mol\cdot dm^{-3}$

开始溶入 HR 的量为： $13\times10^{-3}\ kg\cdot dm^{-3}$

所以 $M(HR)=\dfrac{13\times10^{-3}}{1.997\times10^{-3}}=6.510kg\cdot mol^{-1}$

则 $M_r=6510$。

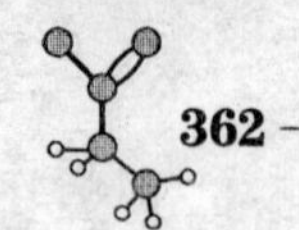

武汉大学 1995 年化学学院硕士生入学物理化学试题

一、概念题(20 题共 30 分)

1. 对于孤立体系中发生的实际过程，下列关系中不正确的是(　　)。

A. $W=0$　　B. $Q=0$　　C. $\Delta U=0$　　D. $\Delta H=0$

2. 一定量的 H_2 和 O_2 在绝热刚性容器中反应生成 H_2O，此过程的 $Q=$______，$W=$______，$\Delta U=$______，$\Delta H=$______，$\Delta S=$______。(填入 >0，<0，或]0)

3. 1mol 纯理想气体，当其(　)确定之后，其他的状态函数才有定值。

A. T　　B. V　　C. T，U　　D. T，p

4. 某实际气体体系，经历一不可逆循环，该过程的 $W=400$J，则该过程的 Q 为(　　)。

A. $Q=0$　　B. $Q=400$J　　C. $Q=-400$J　　D. 不能确定

5. 某平衡体系内存在以下化学平衡：

(1) $C(s) + O_2(g) = CO_2(g)$

(2) $CO(g) + 0.5O_2(g) = CO_2(g)$

(3) $C(s) + 0.5O_2(g) = CO(g)$

此体系的独立组分数 $K=$______，相数 $\Phi=$______，自由度 $f=$______。

6. 一个 2 组分体系，最多可以有(　)共存。

A. 3 相　　B. 4 相　　C. 5 相　　D. 6 相

7. 若 A 与 B 混合形成理想溶液，则此过程的 $\Delta_{mix}V=$(　　)，$\Delta_{mix}H=$(　　)，$\Delta_{mix}S=$(　　)，$\Delta_{mix}G=$(　　)。

8. 有反应 $AB(g)=A(g)+B(g)$，　$\Delta_r H_m = Q_p > 0$

平衡将随下列哪一组条件向右移动？(　　)

A. 温度和压力均下降　　B. 温度和压力均上升

C. 温度上升，压力下降　　D. 温度下降，压力上升

9. 在分子的各个运动配分函数中，与体系压力有关的配分函数是__________，与压力无关的配分函数是______________。

10. 在 298.15K 和 $1p^{\ominus}$ 下，摩尔平动熵最大的气体为(　　)。

A. H_2　　B. O_2　　C. CO_2　　D. SO_3

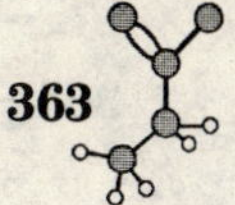

11. 电池反应中，当反应达到化学平衡时，其电池电动势为________[填入 > 0、< 0 或 = 0]，若计算得某电池电动势为负值时，则表示此反应向(　　)移动。

12. NaCl 溶液(0.005mol · kg^{-1}) 的离子平均活度系数 $\gamma_{\pm}$ = ______，K_2SO_4 溶液(0.005mol · kg^{-1}) 的离子平均活度系数 $\gamma_{\pm}$ = ______。

13. 电解金属盐的水溶液时，其现象为(　　)。

A. 还原电势愈正的金属离子愈容易析出

B. 还原电势与超电势之和愈正的金属离子愈容易析出

C. 还原电势愈负的金属离子愈容易析出

D. 还原电势与超电势之和愈负的金属离子愈容易析出

14. 已知某反应的级数为二级，则可确定该反应是(　　)。

A. 简单反应　　B. 双分反应

C. 复杂反应　　D. 上述都有可能

15. 有反应 A → B，反应消耗 3/4A 所需时间是其半衰期的 5 倍，此反应为(　　)。

A. 零级　　B. 一级　　C. 二级　　D. 三级

16. 某一反应的活化能 E_a = 33kJ · mol^{-1}，当 T = 300K 时，温度增加一度，反应速率 k 增加的百分数为(　　)。

17. 理想气体反应 A + BC $\rightleftharpoons$ $[ABC]^{\neq}$ → 产物，此类反应的活化能 E_a 与 $\Delta^{\neq}H_m$ 的关系为(　　　)。

18. 某化学反应使用催化剂之后，反应在恒压($1p^{\ominus}$) 下的热效应较未使用催化剂之前______，(填入"升高"，"降低"或"不变") 催化剂能加速反应速率的主要原因是______________。

19. 液体在固体表面的润湿程度用____________衡量，当________时，称为不润湿。

20. 溶胶(憎液溶胶) 是热力学上的________________体系。

二、1mol 单原子分子理想气体(300K，$5p^{\ominus}$)，经历以下三条途径：(1) 等温可逆膨胀至 $1p^{\ominus}$，求 Q，W，ΔU，ΔH，ΔS，ΔF，ΔG；(2) 向真空膨胀至 $1p^{\ominus}$，求 Q，W，ΔU，ΔH，ΔS，ΔF，ΔG；(3) 绝热可逆膨胀至 $1p^{\ominus}$，求末态的 T，及过程的 Q，W，ΔU，ΔH，ΔS 是多少？

解：(1)　因为等温过程　所以 $\Delta U = 0$，$\Delta H = 0$

$$Q = W = \int p\mathrm{d}V = RT\ln V_2/V_1 = RT\ln p_1/p_2$$

$$= 8.314 \times 300 \times \ln 5/1 = 4014.3\mathrm{J}$$

$$\Delta S = Q_r/T$$

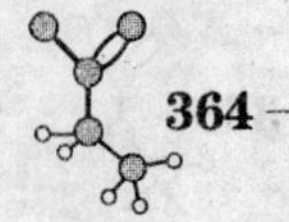

$= R\ln p_1/p_2 = 13.38\text{J}\cdot\text{K}^{-1}$

$\Delta F = \Delta G = -W_R = RT\ln(p_2/p_1) = 8.314 \times 300 \times \ln(1/5) = -4014.3\text{J}$

（2）因为始末态与（1）相同

所以 $\Delta U = 0$，$\Delta H = 0$，$\Delta S = 13.38\text{J}$，

$\Delta F = \Delta G = -4014.3\ \text{J}$

因为　向真空膨胀

所以　$W = 0$，$Q = \Delta U + W = 0$

（3）$r = C_p/C_V = 1.6667$

由绝热方程式：$T_1{}^r p_1{}^{1-r} = T_2 p_2{}^{1-r}$

所以　　$T_2 = 157.6\text{K}$

$Q = 0$，　　$\Delta U = Q - W = -W = C_V(T_2 - T_1)$

$= 1.5R(157.6 - 300) = -1776\text{J}$

$\Delta S = \int \delta Q_R/T = 0$

$W = 1776\text{J}$

$\Delta H = C_p(T_2 - T_1)$

$= 2.5R(157.6 - 300) = -2960\text{J}$

三、二元合金相图如下，（1）标明图中各区域的相的组成和自由度 f；（2）绘出 p_1 和 p_2 两点的步冷曲线。

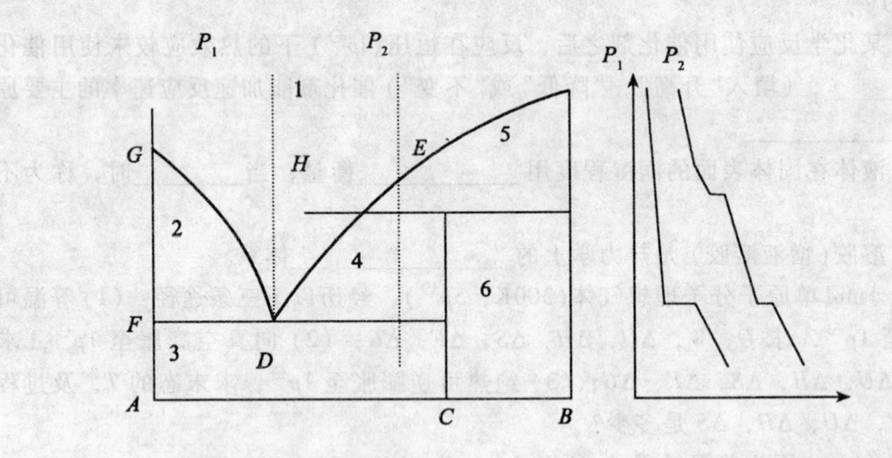

解：（1）各区域相的组成和 f 为：

区域 1. 熔液，单相　　　　$f = 2$

2. 两相，A(s) + 1，　　$f = 1$

3. 两相，A(s) + C(s)，　$f = 1$

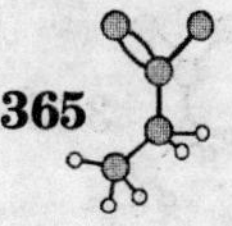

4. 两相， C(s) + 1， $f = 1$

5. 两相， B(s) + 1， $f = 1$

6. 两相， B(s) = C(s)， $f = 1$

(2) 步冷曲线见右图。

四、已知反应： A(g) = B(g) + C(g) 的 $\Delta_r C_p = 16.72\ \mathrm{J \cdot K^{-1} \cdot mol^{-1}}$，457.6K 时的 $K_p^{\ominus} = 0.36$，298.15K 时的 $\Delta H_m^{\ominus} = 61.5\ \mathrm{kJ \cdot mol^{-1}}$。(1) 推导出 $K_p^{\ominus}$ 与 T 的函数关系；(2) 求 510K 时反应 $K_p^{\ominus}$ 的值?

解：(1) 由基尔霍夫定律：

$$\Delta_r H_m^{\ominus} = \int \Delta_r C_p \mathrm{d}T = \Delta_r C_p T + I$$

带入 298.15K 的数值，可得

$$I = 56515\ \mathrm{J \cdot mol^{-1}}$$

有
$$\Delta H_m^{\ominus} = 16.72T + 56515\ \mathrm{J \cdot mol^{-1}}$$

由 G-H 公式，有：

$$\ln K_p^{\ominus} = \int \Delta H / RT^2 \mathrm{d}T$$

$$= -(56515/RT) + 16.72/R \ln T + I$$

代入 $T = 457.5\mathrm{K}$， $K_p = 0.36$ 的值：

$I = 1.517$， 得平衡常数的表达式：

$$\ln K_p^{\ominus} = 2.011 \ln T - 6798/T + 1.517$$

(2) 510K 时：

$$\ln K_p^{\ominus}(510\mathrm{K}) = 0.725$$

$$K_p^{\ominus}(510\mathrm{K}) = 2.065$$

五、有某化合物分解反应：A → B + C，已知在557K时，A分解50% 时需21.0秒，A分解75% 时需42.0秒，此反应的活化能为 $14.43 \times 10^4\ \mathrm{J \cdot mol^{-1}}$。试求：(1) 该反应为几级反应；(2)557K时反应的速率常数为多少；(3) 想控制此反应在10分钟内 A 分解 90%，反应温度应控制在多少度?

解：(1) 由题给条件可知，反应 50% 的时间与再反应余下的 50% 的时间相同，故此反应为一级反应。

(2) $k = \ln 2 / t_{1/2} = 0.033\mathrm{s^{-1}}$

(3) 由题意

$$k_t = \ln(1/(1-y))$$

$$k = 1/(10 \times 60) \ln(1/(1-0.9)) = 3.838 \times 10^{-3}\mathrm{s^{-1}}$$

$$\ln(k(T_2)/k(T_1)) = E_a/R(1/T_1 - 1/T_2)$$

解得
$$T_2 = 521\mathrm{K}$$

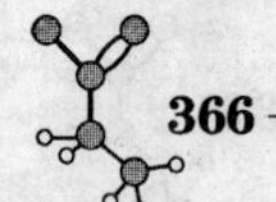

六、已知 298.15K 时，下列电池的电动势 $E = 0.372\text{V}$，$Cu(s) \mid Cu(Ac)_2 (0.1\text{mol}\cdot\text{kg}^{-1}) \mid AgAc(s), Ag(s)$ 在310K时，$E = 0.3744\text{V}$，又已知298.15K时，$\varphi^{\ominus}_{Ag^+, Ag} = 0.7991\text{V}$，$\varphi^{\ominus}_{Cu^{2+}, Cu} = 0.337\text{V}$，求：

(1) 写出电池反应和电极反应。

(2) 求 298.15K 时，电池反应的 $\Delta_r G_m$、$\Delta_r H_m$、$\Delta_r S_m$。

(3) 求 298.15K 时，AgAc(s) 的溶度积 K_{sp}，设活度系数均为 1。

解：(1) 反应式为：

电极反应：

$$(-)\ Cu(s) - 2e \rightarrow Cu^{2+}(aq)$$

$$(+)\ 2AgAc(s) + 2e \rightarrow 2Ag(s) + 2Ac^-(aq)$$

电池反应：

$$Cu(s) + 2AgAc(s) \rightarrow 2Ag(s) + Cu(Ac)_2(0.1\text{mol}\cdot\text{kg}^{-1})$$

(2)298.15K 时：

$$\Delta_r G_m = -nFE = -2 \times 96\,500 \times 0.372 = -71\,796\text{J}\cdot\text{mol}^{-1}$$

$$\Delta_r H_m = -nFE + nFT(\text{d}E/\text{d}T)_p = -60\,293\text{J}\cdot\text{mol}^{-1}$$

$$(\text{d}E/\text{d}T) = 2 \times 10^{-4}\text{V}\cdot\text{K}^{-1}$$

$$\Delta_r S_m = nF(\text{d}E/\text{d}T)_p = 2 \times 96\,500 \times 2 \times 10^{-4} = 38.6\text{J}\cdot\text{K}^{-1}\cdot\text{mol}^{-1}$$

(3) 设计如下电池：

$$Ag(s) \mid Ag^+(a=1) \parallel Ac^-(a=1) \mid AgAc(s), Ag(s)$$

电极反应为：

$$(-)Ag(s) - e \rightarrow Ag^+(a=1)$$

$$(+)\ AgAc(s) + e \rightarrow Ag(s) + Ac^-(a=1)$$

电池反应：

$$AgAc(s) \rightarrow Ag^+(a=1) + Ac(a=1)$$

$$E^{\ominus} = \varphi^{\ominus}_{AgAc, Ag} - \varphi^{\ominus}_{Ag^+, Ag}$$

$$E_1 = \varphi^{\ominus}_{AgAc, Ag} - \varphi^{\ominus}_{Cu^{2+}, Cu} - RT/2F(\ln(a_{Cu^{2+}} a_{Ac^-}^{\ 2}))$$

故

$$\varphi^{\ominus}_{AgAc, Ag} = 0.6381\text{V}$$

$$E^{\ominus} = \varphi^{\ominus}_{AgAc, Ag} - \varphi^{\ominus}_{Ag^+, Ag} = 0.6381 - 0.7991 = -0.161\text{V}$$

因

$$\Delta_r G^{\ominus}_m = -RT\ln K_{sp}$$

$$K_{sp} = 1.892 \times 10^{-3}$$

概念题答案

1. (D)　2. $Q = 0$，$W = 0$，$\Delta U = 0$，$\Delta H > 0$，$\Delta S > 0$。

3. (D)　4. (B)　5. $K = 2$，$\Phi = 2$，$f = 2$。

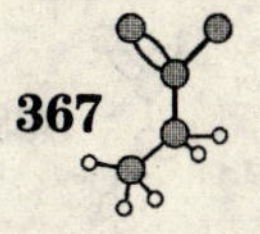

6.（B）　7. $\Delta_{mix}V=0$，$\Delta_{mix}H=0$，

$\Delta_{mix}S=-R(n_A\ln x_A+n_B\ln x_B)$，$\Delta_{mix}G=RT(n_A\ln x_A+n_B\ln x_B)$。

8.（C）　9. q_t，$q_V\,q_r\,q_N\,q_e$。　10.（D）

11. 0，（逆向）移动。　12. $\gamma_\pm=0.926$，$\gamma_\pm=0.776$。

13.（B）　14.（D）　15.（D）　16.（4.5%）

17.（$E_a=\Delta^{\neq}H_m+2RT$）。

18. 不变，催化剂的加入改变了原反应的历程，开辟了另一条活化能较低的新途径。

19. 用接触角 θ 衡量，当 $\theta>90°$ 时，称为不润湿。

20. 不稳定不可逆体系。

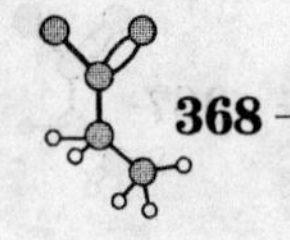

武汉大学1996年化学学院硕士生入学物理化学试题

一、概念题

1. 一定量理想气体绝热下向真空膨胀，有：（填入 > 0，< 0 或 = 0）ΔS______，ΔU______，ΔH______，Q______，W______。

2. 一化学反应在300K、$1p^{\ominus}$下在烧杯中进行，放热$60\text{kJ}\cdot\text{mol}^{-1}$，若在相同条件下安排成可逆电池进行，吸热$6\text{kJ}\cdot\text{mol}^{-1}$。此反应的$\Delta_r H_m$ = ________；$\Delta_r S_m$ = ______。

3. 对于孤立体系中发生的实际过程，有Q________，W________，ΔS________，ΔU________。（填入 > 0，< 0 或 = 0）

4. 对于封闭体系，在指定的始态与末态之间，绝热可逆途径可以有(　　)。

   A. 一条　　B. 两条　　C. 三条　　D. 三条以上

5. 在过饱和溶液中，溶质的化学势比同温同压下纯溶质的化学势(　　)。

   A. 高　　B. 低　　C. 相等　　D. 不可比较

6. 1mol甲苯在$1p^{\ominus}$、110℃(正常沸点)下与同温热源接触，使其向真空蒸发完全变成$1p^{\ominus}$、110℃下的苯蒸气，该过程的ΔG = ______，该过程是一个________过程。

7. 定温下，水、苯、苯甲酸平衡体系中可以同时共存的最大相数为：(　　)。

   A. 3相　　B. 4相　　C. 5相　　D. 6相

8. NaCl的水溶液与纯水达到渗透平衡时，有：K = _______，Φ = _______，f = ______。

9. 在298.15K下，某溶液的蒸气压为11732.37Pa，当0.2mol的非挥发性溶质溶于0.8mol的该液体中时，溶液的蒸气压为5332.89Pa。设蒸气为理想气体，则溶液中溶剂的活度系数为(　　)。

   A. 2.27　　B. 0.568　　C. 1.80　　D. 0.23

10. CH_4分子的平动自由度为______，转动自由度为______，振动自由度为______。

11. 分子配分函数q是对(　　　)的(　　　)进行加合。当体系温度趋于

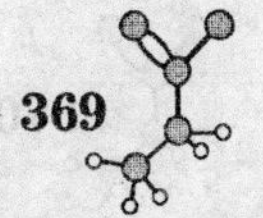

绝对零度时，体系的 N 个分子处于(　　　)状态，当体系的温度趋于无穷大时，N 个分子的分配为(　　　)。

12. 某双原子分子，令其振动基态能级能量为零时，求得 T 时分子振动配分函数 $q_V = 2$，则分子分布在基态上的分布数 N_0/N 为(　　)

A. 1.0　　B. 1.5　　C. 0.2　　D. 0.5

13. 某反应 $aA + bB \to mM + nN$ 的反应分子数为(　　)。

14. 阿仑尼乌斯活化能是：(　　　　　　　　)。

15. 气相有效分子碰撞理论的基本观点是：(　　　　　　　　)。

16. 光化学反应的初级反应速率一般只与(　　　)有关，与(　　　)无关，所以光化学反应是(　　)级反应。

17. 德拜 - 休克尔离子氛模型可用来论证(　　　　　　　　)。

18. 当电池的电压小于它的开路电动势时，则表示电池在(　　)，电池反应达平衡时，电动势等于(　　　)。

19. 已知 $\varphi^{\ominus}_{Fe^{2+}, Fe} = -0.440V$，$\varphi^{\ominus}_{Cu^{2+}, Cu} = 0.337V$，在 298.15K，一个标准压力下，以 Pt 为阴极，石墨为阳极，电解含有 $FeCl_2(0.01mol \cdot kg^{-1})$ 和 $CuCl_2(0.02mol \cdot kg^{-1})$ 的水溶液，忽略超电势，则最先析出的金属为(　　)。

20. 憎液溶胶是热力学上的(　　　　)体系。

21. 液体在固体表面的润湿程度以(　　)衡量，当(　　)时称为不润湿。

22. 在电泳实验中，观察到分散相向阳极移动，表明胶粒(　　)。

二、1mol 单原子分子理想气体的始态为 300K、$5p^{\ominus}$。(1) 在等温条件下向真空膨胀至 $1p^{\ominus}$，求此过程的 Q，W，ΔU、ΔH、ΔS、ΔF、ΔG；(2) 在等压条件下体积增至原来的 2 倍($V_2 = 2V_1$)，求过程的 Q，W，ΔU、ΔH、ΔS?

解：(1) 因为向真空膨胀，等温，故：

$$Q = 0, \quad W = 0, \quad \Delta U = 0, \quad \Delta H = 0,$$

$$\Delta F = \Delta G = RT\ln p_2/p_1 = -4014J \cdot mol^{-1}$$

$$\Delta S = R\ln p_1/p_2 = 13.38J \cdot K^{-1} \cdot mol^{-1}$$

(2) 因为

$$p_1 = p_2 \qquad V_2 = 2V_1$$

$$p_1V_1 = nRT_1,\ p_2V_2 = nRT_2 = 2nRT_1$$

所以

$$T_2 = 2T_1 = 600K$$

$$\Delta H = Q_p = C_p(T_2 - T_1) = 6235.5J$$

$$\Delta U = C_V(T_2 - T_1) = 3741.3J$$

$$W = Q - \Delta U = 2494.2J$$

$$\Delta S = \int C_p/T dT = 2.5R\ln(600/300) = 14.4J \cdot K^{-1}$$

三、已知反应　$NiO(s) + CO(g) = Ni(s) + CO_2(g)$

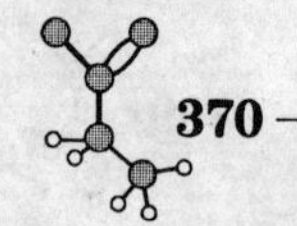

T：	900K	1050K
K_p：	5.946×10^3	2.186×10^3

若反应的$\Delta C_p=0$。试求：(1) 反应的$\Delta_r S_m^\ominus$和反应的$\Delta_r H_m^\ominus$；(2)1000K时反应的K_p?

解：(1) 因为$\Delta_r C_p=0$，故反应的$\Delta_r H_m^\ominus$和$\Delta_r S_m^\ominus$均为常数

$$\Delta_r G_m^\ominus(900\text{K})=-RT\ln K_{p1}=-65\,027\text{J}\cdot\text{mol}^{-1}$$

$$\Delta_r G_m^\ominus(1\,050\text{K})=-RT\ln K_{p2}=-67\,130\text{J}\cdot\text{mol}^{-1}$$

有方程：

$$\Delta_r G_m^\ominus(T_1)=\Delta_r H_m^\ominus(T_1)-T_1\Delta_r S_m^\ominus$$

$$\Delta_r G_m^\ominus(T_2)=\Delta_r H_m^\ominus(T_2)-T_2\Delta_r S_m^\ominus$$

解得

$$\Delta_r H_m^\ominus=-52\,409\text{J}\cdot\text{mol}^{-1}$$

$$\Delta_r S_m^\ominus=14.02\text{J}\cdot\text{K}^{-1}\cdot\text{mol}^{-1}$$

(2) 1000K时

$$\Delta_r G_m^\ominus=-52\,409-1\,000\times14.02$$

$$=-66\,429\text{J}\cdot\text{mol}^{-1}$$

$$K_p=2.951\times10^3$$

四、有二元凝聚系相图如下，请标明图中各区域相的组成和自由度，绘出p_1、p_2、p_3的步冷曲线？

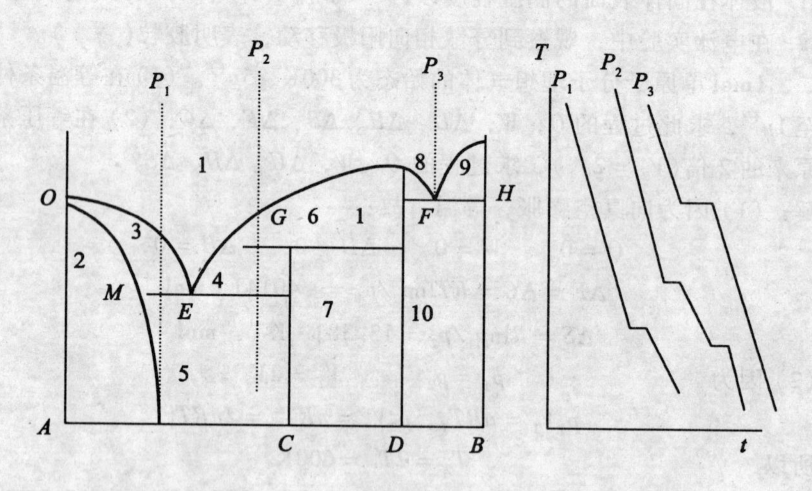

解：

区域1：	熔液 L	单相	$f=2$
2：	固熔体 I	单相	$f=2$
3：	L + I	两相	$f=1$
4：	L + C	两相	$f=1$
5：	C + I	两相	$f=1$

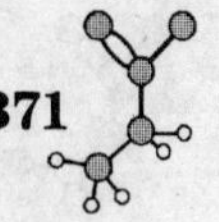

6:	L + D	两相	$f = 1$
7:	C + D	两相	$f = 1$
8:	L + D	两相	$f = 1$
9:	L + B	两相	$f = 1$
10:	B + D	两相	$f = 1$

五、已知反应 A → B 在一定温度范围内其速率常数与温度的关系为 $\lg k = -4\,000/T + 7.0$（k的单位为$\min^{-1}$）。(1) 求该反应的活化能和指前因子；(2) 若反应控制在30秒时反应50%，反应应控制在多少度？

解：(1) 由题给条件：$\lg k = -4\,000/T + 7.0$

$E_a = -2.303R \times (-4\,000) = 76.589\text{kJ} \cdot \text{mol}^{-1}$

$\lg A = 7.0$　　故 $A = 1 \times 10^7$

(2) 从 k 的单位可知该反应为一级反应，由一级反应速率方程式：

$k = 1/t\ln(1/(1-x)) = 1.386\min^{-1}$

$T = -4\,000/(\lg 1.386 - 7) = 583.2\text{K}$

六、(1) 298K时，NaCl浓度为$0.100\text{mol} \cdot \text{dm}^3$的水溶液中，$Na^+$与$Cl^-$的电迁移率$U_{Na^+} = 42.6 \times 10^{-9}\text{m}^2 \cdot \text{V}^{-1}\text{s}^{-1}$，$U_{Cl^-} = 68.0 \times 10^{-9}\text{m}^2 \cdot \text{V}^{-1} \cdot \text{s}^{-1}$，求该溶液的摩尔电导率。

(2)298K时，下列电池的电动势 $E = 0.200\text{V}$

$$\text{Pt} \mid H_2(1p^\ominus) \mid \text{HBr}(0.1\text{mol} \cdot \text{kg}^{-1}) \mid \text{AgBr(s)}, \text{Ag(s)}$$

AgBr电极的标准电极电势$\varphi^\ominus_{\text{Ag, AgBr}} = 0.071\text{V}$，请写出电极反应、电池反应以及HBr的平均离子活度系数。

解：(1)　$\Lambda_m = [U_{Na^+} + U_{Cl^-}]F = 0.1067\text{s} \cdot \text{m}^2 \cdot \text{mol}^{-1}$

$$\kappa = \Lambda_m c = 1.07\text{m}^{-1}$$

(2) 电极反应：

$$(-)\ 0.5H_2(P^\ominus) - e^- \rightarrow H^+\ (0.100\text{mol} \cdot \text{kg}^{-1})$$

$$(+)\text{AgBr(s)} + e^- \rightarrow \text{Ag(s)} + Br^-\ (0.100\text{mol} \cdot \text{kg}^{-1})$$

电池反应：　$\text{AgBr(s)} + 0.5H_2(1p^\ominus) \rightarrow \text{Ag(s)} + \text{HBr}(0.100\text{mol} \cdot \text{kg}^{-1})$

$$E = E^\ominus - RT/ZF\ln(a_\pm)^2$$

$$a_\pm = 0.08119 \qquad r_\pm = 0.8119$$

概念题答案

1. $\underline{\Delta S > 0}$，$\underline{\Delta v = 0}$，$\underline{\Delta H = 0}$，$\underline{Q = 0}$，$\underline{W = 0}$。
2. $\Delta_r H_m = \underline{-60\text{kJ} \cdot \text{mol}^{-1}}$；　$\Delta_r S = \underline{20\text{kJ}^{-1} \cdot \text{mol}^{-1}}$。
3. $Q \underline{= 0}$，$W \underline{= 0}$，$\Delta S \underline{> 0}$，$\Delta U \underline{= 0}$。

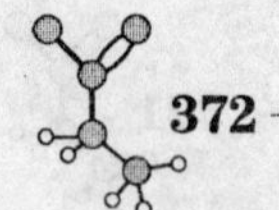

4.(A)　5.(A)

6. $\Delta G = \underline{0}$，该过程是一个<u>不可逆</u>过程。

7.(B)　8. $K = \underline{2}$，$\Phi = \underline{2}$，$f = \underline{3}$。

9.(B)　10. $\underline{3}$，$\underline{3}$，$\underline{9}$。

11.(分子所有量子态)的(Boltzmann 因子)(基态能级)状态，(均匀分布于各个量子态)。

12.(D)

13.(基元反应的反应分子数 $= a + b$；对于非基元反应，反应分子数无意义)。

14.(活化分子的平均能量与反应物分子的平均能量之差)。

15.(分子间的碰撞是化学反应的必要条件，反应速率取决于活化分子的有效碰撞)。

16.(入射光强度)有关，与(反应物的浓度)无关，所以光化学反应是(0)级反应。

17.(1. 强电解质稀溶液的摩尔电导率与浓度之间的关系为 $\Lambda_m = \Lambda_m^\infty(1 - \beta\sqrt{c})$；2. 有关系 $\lg\gamma_\pm = -A/Z_+Z_- / \sqrt{I}$)

18.(工作)，(0)。

19.(Cu)　20.(不稳定，不可逆)

21.(接触角 θ)，($\theta < 90^\circ$)　22.(带负电)

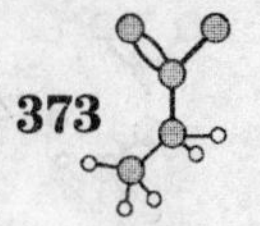

武汉大学1997年化学学院
硕士生入学物理化学试题

一、概念题(40题共40分)

1. 以下叙述中不正确的是(　　)

A. 体系的同一状态具有相同的体积；

B. 体系的不同状态可具有相同的体积；

C. 状态改变，体系的所有状态函数都改变；

D. 体系的某状态函数改变了，其状态一定改变。

2. 在恒容下，一定量理想气体，当温度升高时，其内能将(　　)。

3. 孤立体系中发生的实际过程，下列关系中不正确的为(　　)。

A. $W=0$；$Q=0$　　B. $\Delta U=0$；$W=0$

C. $\Delta S=0$；$\Delta U=0$　　D. $\Delta S>0$；$\Delta U=0$

4. 有一高压绝热钢瓶，打开活塞使气体喷出瓶外，当瓶内外压力刚好相等时关闭活塞，此时瓶内温度与原来的温度相比为(　　　)。

A. 不变　　B. 降低　　C. 升高　　D. 不能确定

5. 1mol单原子理想气体(298.15K，$2p^{\ominus}$)，经历(1)等温；(2)绝热；(3)等压三条途径可逆膨胀至体积为原来的两倍为止，所做功为W_1，W_2，W_3。三者的顺序为(　　)。

6. 某化学反应在恒压、绝热和只做体积功的条件下，体系温度由T_1升为T_2，此过程的焓变为(　　　)。

A. $\Delta H<0$　　B. $\Delta H=0$　　C. $\Delta H>0$　　D. 不能确定

7. 石墨和金刚石在298.15K和$1p^{\ominus}$下的标准燃烧热分别为$-393.4\text{kJ}\cdot\text{mol}^{-1}$和$-395.3\text{kJ}\cdot\text{mol}^{-1}$，则金刚石的标准生成焓为(　　　)。

8. 下列关系式中哪一个不需要理想气体的假设？(　　)。

A. $C_p-C_V=nR$　　B. $\text{d}\ln p/\text{d}T=\Delta H/RT^2$

C. $\Delta H=\Delta U+p\Delta V$；(恒压过程) D. 绝热可逆过程，$pV^{\gamma}=$常数

9. 在273.15K，$2p^{\ominus}$下，水的化学势比冰的化学势(　　　)。

A. 高　　B. 低　　C. 相等　　D. 不可比较

10. 2mol理想气体经恒温过程由V_1变到V_2，则体系的$\Delta S=$(　　)；$\Delta G=$

(　　)；ΔU = (　　)；ΔH = (　　)。

11. 从热力学基本关系式可导出$(\partial U/\partial S)_V$等于(　　)。

A. $(\partial H/\partial S)_P$　　B. $(\partial F/\partial V)_T$

C. $(\partial G/\partial T)_P$　　D. $(\partial U/\partial V)_S$

12. 在恒温恒压下，某化学反应在电池中可逆进行时吸热，判断下列热力学量何者一定大于零(　　)。

A. ΔU　　B. ΔH　　C. ΔS　　D. ΔG

13. 在298.15K下，向甲苯摩尔分数为0.6的苯-甲苯理想溶液(大量)中加入1mol苯，此过程的ΔH = (　)；ΔS = (　)；ΔG = (　)。

14. 从微观上看，A，B两组分形成理想溶液的条件为：(　　)。

15. 在400K时，A的蒸气压为40000Pa，B的蒸气压为60000Pa，两者形成理想溶液，当达气液平衡时，溶液中A的摩尔分数为0.6，气相中B的摩尔分数应为(　　)。

A. 0.31　　B. 0.40　　C. 0.50　　D. 0.60

16. 向$N_2(g)$，$O_2(g)$体系中加入一种固体催化剂，可生成几种气态氮的氧化物，则体系的自由度f = (　　)。

17. H_2SO_4与水可形成$H_2SO_4 \cdot H_2O(s)$・$H_2SO_4 \cdot 2H_2O(s)$，$H_2SO_4 \cdot 4H_2O(s)$三种水合物，在$1p^{\ominus}$下，能与硫酸水溶液和冰达平衡的硫酸水合物最多可有多少种？(　　)。

A. 3种　　B. 2种　　C. 1种　　D. 0种

18. 非理想气体是(　　)。

A. 独立的不可别粒子体系　　B. 相依的粒子体系

C. 独立的可别粒子体系　　D. 定域的可别粒子体系

19. 某体系有1mol NO分子，每个分子有两种可能的排列方式，即NO和ON，也可将体系视为NO和ON的混合物。在0K下，该体系的熵值为(　　)。

A. $S_0 = 0$　　B. $S_0 = k\ln2$

C. $S_0 = R\ln2$　　D. $S_0 = 2k\ln2$

20. 在298.15K，$1p^{\ominus}$下，摩尔平动熵最大的气体为(　)。

A. H_2　　B. CH_4　　C. NO　　D. CO_2

21. 对于宏观热力学体系，能级愈高，此能级量子态所具有的分子数(　)；体系温度愈高，高能级所具有的分子数(　)。

22. 有一放热反应：$2A(g) + B(g) = C(g) + D(g)$，下列条件中哪一种可使反应向正向移动？(　)

A. 升高温度，降低压力　　B. 降低温度，降低压力

C. 升高温度，升高压力　　D. 降低温度，升高压力

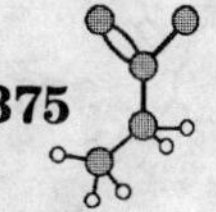

23. 某一反应物的初始浓度为 $0.04mol/dm^3$ 时，反应的半衰期为 360s，初始浓度为 $0.024mol/dm^3$ 时，半衰期为 600s，此反应为(　　)。

A. 0 级反应　　B. 1.5 级反应

C. 2 级反应　　D. 1 级反应

24. 某物质的反应级数为负值时，其反应速率随物质浓度(　　)。

A. 升高而增大　　B. 升高而减小

C. 升高而不变　　D. 关系不定

25. 根据碰撞理论，温度增加反应速率提高的主要原因为(　　)。

A. 活化分子所占的比例增加　　B. 碰撞数增加

C. 活化能降低　　D. 碰撞频率增加

26. 某反应的表观活化能为 50kJ/mol，在 300K 下，测其速率常数，若要求 k 的测量误差在 1.5% 以内，则恒温槽的控温精度要求(　　)；其计算式为 $dT=$ (　　)。

27. 提出米氏常数的优点在于(　　)。

28. 某反应速率常数 $k=1\times10^{-5}mol/(dm^3\cdot s)$，反应物的起始浓度为 $0.1mol\cdot dm^{-3}$，此反应进行完全所需要的时间为(　　)。

29. 根据过渡态理论，写出两个单原子分子化合成线性分子的 $K_C^{\neq}$ 的表达式。(　　)

30. 下列物质的水溶液，在一定浓度下，其正离子的迁移数(t_B)如下所列，选用哪一种物质做盐桥，可使水系双液电池的液体接界电势减至最小？(　　)

A. $BaCl_2(t(Ba^{++})=0.4253)$

B. $NaCl(t(Na^+)=0.3854)$

C. $KNO_3(t(K^+)=0.5103)$

D. $AgNO_3(t(Ag^+)=0.4682)$

31. 298.15K，当 H_2SO_4 溶液的浓度从 0.01mol/kg 增至 0.1mol/kg 时，其电导率 κ 和摩尔电导率 Λ_m 将(　　)。

A. κ 减小，Λ_m 增加　　B. κ 增加，Λ_m 增加

C. κ 减小，Λ_m 减小　　D. κ 增加，Λ_m 减小

32. 德拜-休克尔极限公式为(　　)；其适用条件是(　　)。

33. 电池：$Pt \mid H_2(p^{\ominus}) \parallel HCl(\gamma_{\pm}, m) \mid Hg_2Cl_2 \mid Hg, Pt$

根据能斯特公式其电动势 $E=$ (　　)，得到 $\lg r_{\pm}=$ (　　)。

34. 电解过程中极化作用使消耗的电能(　　)；在金属的电化学腐蚀过程中，极化作用使腐蚀速度(　　)。

35. 在相同温度和压力下，凹面液体的饱和蒸气压 P_r 与水平面同种液体的饱和蒸气压 P_0 相比，有(　　)。

A. $P_r = P_0$　　B. $P_r < P_0$

C. $p_r > p_0$　　D. 不能确定

36. 在恒温下加入表面活性剂后，溶液的表面张力 γ 和活度 a 将(　　)。

A. $d\gamma/da > 0$　　B. $d\gamma/da < 0$

C. $d\gamma/da = 0$　　D. $d\gamma/da \geq 0$

37. 界面吉布斯自由能和界面张力的相同点为(　　)，不同点为(　　)。

38. 化学吸附热一般(　　)物理吸附热。

39. 丁达尔效应是由(　　)作用引起的。

40. 唐南平衡是由于大分子或大离子不能通过半透膜，而小分子、小离子能通过半透膜，为了保持电中性，达到渗透平衡时膜的两边的电解质浓度(　　)引起的。

二、(每题5分，共10分)(1)证明对于只做体积功的单相封闭体系，有：$dS = (C_p/T)dT - (\partial V/\partial T)_p dp$；(2)设双原子分子AB为理想气体，计算在1000K时，处在 $v=2$，$J=5$ 和 $v=1$，$J=2$ 能级的分子数的比？已知 $\Theta_V = 3700K$，$\Theta_r = 12.1K$。

解：(1) 令 $S = S(T, p)$

因为 $dS = (\partial S/\partial T)_p dT + (\partial S/\partial p)_T dp$

$= (\partial S/\partial H)_p (\partial H/\partial T)_p dT + (\partial S/\partial p)_T dp$

有 $(\partial H/\partial T)_p = C_p \quad (\partial H/\partial S)_p = T$

$(\partial S/\partial p)_T = -(\partial V/\partial T)_p$

所以 $dS = (Cp/T)dT - (\partial V/\partial T)_p dp$

(2) 振动能级公式：

$\varepsilon_V = (v + 1/2)h\nu; \quad g_V = 1$

$\varepsilon_r = J(J+1)(h^2/8\pi^2 I); \quad g_r = 2J+1$

$\Theta_V = h\nu/k \quad \Theta_r = h^2/8\pi^2 I$

$$N(V=2, J=5)/N(V=1, J=2)$$

$$= \{\exp(-2.5\Theta_V/T) \times (2\times5+1) \times \exp(-5\times6\times\Theta_r/T)\}/$$
$$\{\exp(-1.5\Theta_V/T) \times (2\times2+1) \times \exp(-2\times3\times\Theta_r/T)\}$$
$$= 0.0407$$

三、(10分)在298.15K，$1p^{\ominus}$下，反应 $CO(g) + H_2O(g) = CO_2(g) + H_2(g)$ 的数据如下：

	CO	H_2O	CO_2	H_2
$\Delta_f H_m^{\ominus}/kJ \cdot mol^{-1}$	-110.52	-241.83	-393.51	

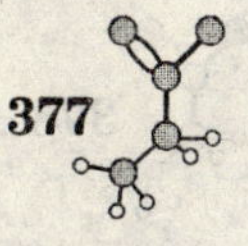

$S_m^{\ominus}$/J·K^{-1}·mol^{-1}	197.90	188.70	213.60	130.60
$C_{p,m}$/J·K^{-1}·mol^{-1}	29.10	33.60	37.10	28.80

试求：(1)298.15K 时，反应的热力学平衡常数$K_p^{\ominus}$。

(2)596K，$5p^{\ominus}$下，反应的 $\Delta_r H_m$ 和 $\Delta_r S_m$。

(3)596K 时反应的$K_p^{\ominus}$。

解：(1) 由题给数据，298.15K 时，可求得：

$$\Delta_r H_m^{\ominus} = -393.51 + 110.52 + 241.83$$
$$= -41.16 \text{ kJ} \cdot \text{mol}^{-1}$$

$$\Delta_r S_m^{\ominus} = -42.4 \text{ J} \cdot \text{K}^{-1} \cdot \text{mol}^{-1}$$

有：$\Delta_r G_m^{\ominus} = \Delta_r H_m^{\ominus} - T\Delta_r S_m^{\ominus} = -28518 \text{ J} \cdot \text{mol}^{-1}$

$$K_p^{\ominus}(298.15\text{K}) = 1.0 \times 10^5$$

(2) $\Delta_r C_{p,m} = 3.2 \text{ J} \cdot \text{K}^{-1} \cdot \text{mol}^{-1}$ 对于理想气体，$\Delta_r H_m$ 只是温度的函数，与压力无关

$$\Delta_r H_m(596\text{K}, 5p^{\ominus}) = \Delta_r H_m^{\ominus}(596\text{K})$$
$$= \Delta_r H_m^{\ominus}(296\text{K}) + \int \Delta_r C_{p,m} \text{d}T$$
$$= -40.207 \text{ kJ} \cdot \text{mol}^{-1}$$

同理：

$$\Delta_r S_m(596\text{K}, 5p^{\ominus}) = \Delta_r S_m^{\ominus}(298.15\text{K}) + \int \Delta C_{p,m}/T\text{d}T$$
$$= -40.18 \text{ J} \cdot \text{K}^{-1} \cdot \text{mol}^{-1}$$

(3) 在 596K 时

$$\Delta_r G_m^{\ominus}(596\text{K}) = -40\,207 + 596 \times 40.18$$
$$= -16\,260 \text{ J} \cdot \text{mol}^{-1}$$

$$K_p^{\ominus}(596\text{K}) = 26.6$$

四、(10 分)A，B 两金属的步冷曲线如下图，被测体系中 $x_B = 0.0$，0.1，0.25，0.4，0.5，0.6，0.75，0.9，1.0 共 9 条，已知两金属可形成分子比为 1∶1 的稳定化合物，且两者不形成固溶体。(1) 请根据此曲线绘出 A，B 两合金的相图。(2) 写出各区域相的组成和自由度。(3) 绘出 $x_B = 0.3$ 的步冷曲线。

解：(1) A，B 的相图如下：

(2) 各区域相的组成和自由度为：

区域 1：	熔融液；	$f = 2$

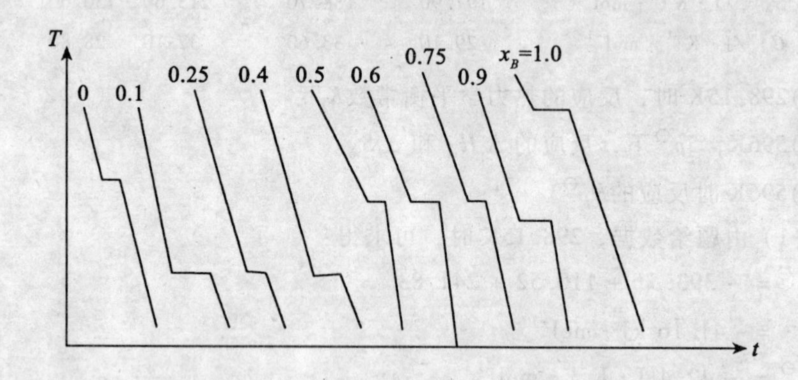

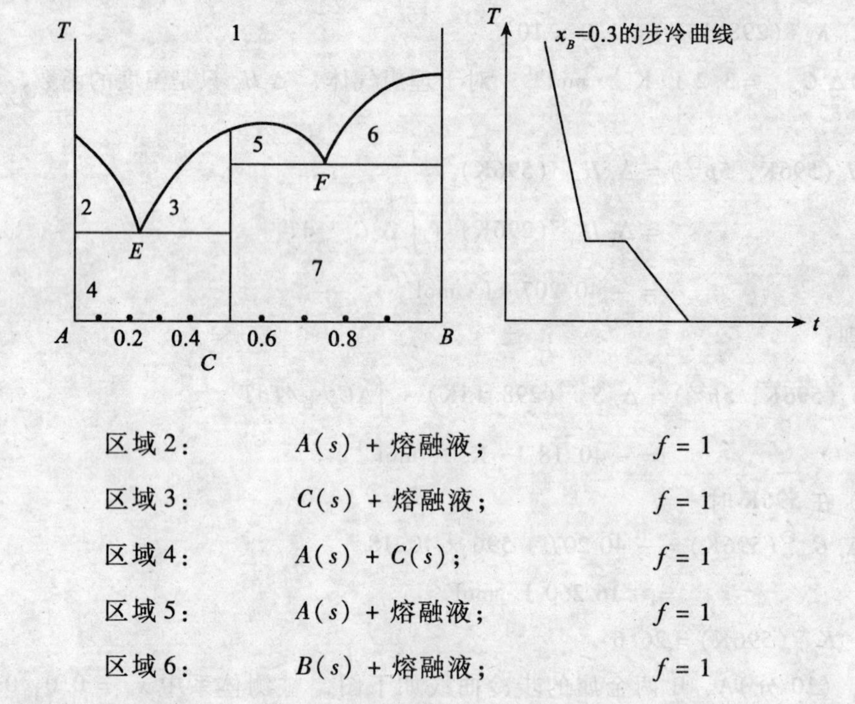

区域2:	$A(s)$ + 熔融液;	$f=1$
区域3:	$C(s)$ + 熔融液;	$f=1$
区域4:	$A(s)+C(s)$;	$f=1$
区域5:	$A(s)$ + 熔融液;	$f=1$
区域6:	$B(s)$ + 熔融液;	$f=1$
区域7:	$C(s)+B(s)$;	$f=1$

(3) B 的摩尔分数为0.3的步冷曲线如上图所示。

五、(15分) 双环[2, 1] 戊烯在50℃的异构化是一个单分子反应，已知 $\lg k(\mathrm{s}^{-1})=14.21-112.40\theta^{-1}(\theta=2.303RT\mathrm{kJ}^{-1}\cdot\mathrm{mol})$。试计算阿仑尼乌斯活化能、活化熵和指前因子($A$)，讨论得到的活化熵。($k_B=1.3806\times10^{-23}\mathrm{J}\cdot\mathrm{K}^{-1}$，$h=6.6262\times10^{-34}\mathrm{J}\cdot\mathrm{s}$)

解：因为 $\lg k(s^{-1}) = 14.21 - 112.40\theta^{-1}$

$= 14.21 - 112.4/2.303RT$

所以 $\ln k = 14.21 \times 2.303 - 112.4/RT$

有 $A = 1.63 \times 10^{14s^{-1}}$

$E_a = 112.4\text{kJ} \cdot \text{mol}^{-1}$

$$A = k_B T/h \times e \times \exp \frac{\Delta^{\neq} S_m^{\ominus}}{R}$$

解得 $\Delta^{\neq} S_m^{\ominus} = 18.20\text{J} \cdot \text{K}^{-1} \cdot \text{mol}^{-1}$

$\Delta^{\neq} S_m^{\ominus}$ 的数值较小，说明活化络合物在构型上和反应物相差小。

六、（10分）有电池 Cu(s) | $Cu(Ac)_2$($0.1\text{mol} \cdot \text{kg}^{-1}$) | AgAc(s) | Ag(s) 在298K时电动势 $E = 0.372\text{V}$，在308K时 $E = 0.374\text{V}$。已知298K时 $\varphi^{\ominus}(Ag^+/Ag) = 0.8\text{V}$，$\varphi^{\ominus}(Cu^{++}/Cu) = 0.340\text{V}$，试求：(1) 写出电极反应和电池反应；(2)298K，当电池有2F的电量通过时，求 $\Delta_r G_m$、$\Delta_r S_m$ 和 $\Delta_r H_m$ 的值？（设电动势随温度的变化是均匀的）；(3) 求 AgAc(s) 的溶度积 K_{sp}（设活度系数均为1）。

解：(1) $Cu(s) \rightarrow Cu^{++}(0.1\text{mol} \cdot \text{kg}^{-1}) + 2e^-$

$2AgAc(s) + 2e^- \rightarrow 2Ag(s) + 2Ac^-\ (0.2\text{mol} \cdot \text{kg}^{-1})$

电池反应： $Cu(s) + 2AgAc(s) \rightarrow Cu^{++}(0.1\text{mol} \cdot \text{kg}^{-1}) + 2Ac(0.2\text{mol} \cdot \text{kg}^{-1}) + 2Ag(s)$

(2) $(\partial E/\partial T)_p = \Delta E/\Delta T = 0.0002\text{V/K}$

$\Delta_r G_m = -ZEF = -71.80\text{kJ} \cdot \text{mol}^{-1}$

$\Delta_r S_m = ZE(\partial E/\partial T)_p = 38.6\text{J} \cdot \text{k}^{-1} \cdot \text{mol}^{-1}$

$\Delta_r H_m = \Delta_r G_m + T\Delta_r S_m = -60.29\text{kJ} \cdot \text{mol}^{-1}$

(3) 设计电池 $Ag | Ag^+ \| Ac(a_{Ac^-}) | AgAc | Ag$

$(-)\quad Ag(s) \rightarrow Ag^+ (a(Ag^+)) + e^-$

$(+)\quad AgAc(s) \rightarrow Ag(s) + Ac^-(\alpha(Ac^-))$

电池反应： $AgAc(s) \rightarrow Ag^+(\alpha(Ag^+))Ac^-(\alpha(Ac^-))$

$$E^{\ominus} = \varphi\Phi^{\ominus}_{(Ac^-,\ AgAc/Ag)} - \varphi^{\ominus}_{(Ag^+/Ag)}$$

$$= \frac{RT}{F}\ln(a_{Ag^+}a_{Ac^-}) = RT/F \cdot \ln K_{sp}$$

题给反应的 E 为：

$$E = \varphi^{\ominus}_{(Ac^-,\ AgAc/Ag)} - \varphi^{\ominus}_{(Cu^{++}/Cu)} - \frac{RT}{2F}\ln(a_{Cu^{++}}a^2_{Ac^-})$$

故有 $\varphi^{\ominus}_{(Ac^-,\ AgAc/Ag)} = 0.372 + 0.340 - 0.0709 = 0.6410\text{V}$

$$E^{\ominus} = \varphi^{\ominus}_{(Ac^-,\ AgAc/Ag)} - \varphi^{\ominus}_{(Ag^+/Ag)} = RT/F\ln K_{sp} = 0.6410 - 0.8$$

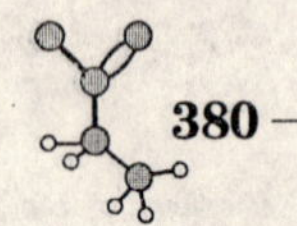

有：$$K_{sp} = 2.05 \times 10^{-3}$$

七、(5分)将正丁醇($M = 0.074\text{kg} \cdot \text{mol}^{-1}$)蒸气骤冷至273K，发现其过饱和度($p/p^{\ominus}$)约为4时方能自行凝结为液滴，若273K时正丁醇的表面张力$\gamma = 0.0261\text{N} \cdot \text{m}^{-1}$，密度$\rho = 1000\text{kg} \cdot \text{m}^{-3}$，试计算：

(1) 在此饱和度下所凝结成液滴的半径 r。

(2) 每一液滴中所含正丁醇的分子数。

解：(1) 根据 Kelvin 公式，有：

$$RT\ln(p/p^{\ominus}) = 2\gamma M/\rho r$$

$$r = 2 \times 0.0261 \times 0.074/(1000 \times 8.314 \times 273 \times \ln 4)$$
$$= 1.23 \times 10^{-9}\text{m}$$

(2) $$N = V\rho L/M = 63 \qquad L = 6.023 \times 10^{23}$$

概念题答案

1. (C)　2. (增加)　3. (C)　4. (B)

5. ($W_3 > W_1 > W_2$)

6. (B)　7. ($1.9\text{kJ} \cdot \text{mol}^{-1}$)　8. (C)　9. (B)

10. $\Delta S = 2R\ln\dfrac{V_2}{V_1}$；$\Delta G = -2RT\ln\dfrac{V_2}{V_1}$；$\Delta U = 0$；$\Delta H = 0$。

11. (A)　12. (C)

13. $\Delta H = 0$；$\Delta S = 7.618\text{J} \cdot \text{K}^{-1}$；$\Delta G = -2270\text{J}$。

14. ((1)A，B 分子的大小，形状相同；(2)A—A，A—B，B—B 分子对之间的作用势能相等)

15. (C)　16. $f = 3$　17. (C)

18. (B)　19. (C)　20. (D)

21. (愈少)；(愈多)　22. (D)　23. (C)

24. (B)　25. (A)

26. ($\leqslant 0.2\text{K}$)；$\text{d}T = (RT^2\text{d}k/E_a = 0.2\text{K})0.015 \times 8.314 \times 300^2/50000 = 0.2\text{K})$

27. (容易从反应最大速率时的底物浓度求出 $K_M = (k_1 + k_2)/k^{-1}$，进一步求出各基元反应的反应速率常数)

28. (10000秒)　29. [$= (f_r^2/f_t^3)\exp(-E_0/RT)$]

30. (C)　31. (D)　32. ($\lg\gamma_i = -AZ_i^2\sqrt{I}$)，(强电解质极稀溶液)

33. $E = E^{\ominus} - \dfrac{RT}{F}\ln(a_{\text{H}^+}a_{\text{Cl}^-})$，

$$\lg\gamma_{\pm}=\left[E^{\ominus}-E-0.1183\lg\frac{m}{m^{\ominus}}\right]/0.1183$$

34.（增加），（减小）。　35.（ B ）　36.（ B ）

37.（量纲和数值相同），（物理意义和单位不同）。

38.（大于）　39.（光的散射）　40.（不等）

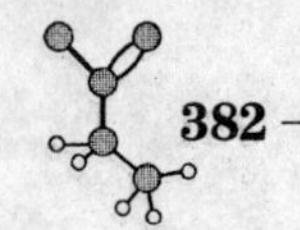

武汉大学1998年化学学院硕士生入学物理化学试题

一、概念题(20小题，每题2分，共40分)

1. 在绝热盛水容器中，浸有电阻丝，通电一段时间。以电阻丝、水及绝热容器为体系，则该过程的 Q、W 和体系的 ΔU 的符号为(　　)。

A. $W=0$；$Q<0$；$\Delta U<0$　B. $W<0$；$Q=0$；$\Delta U>0$

C. $W<0$；$Q>0$；$\Delta U>0$　D. $W>0$；$Q=0$；$\Delta U<0$

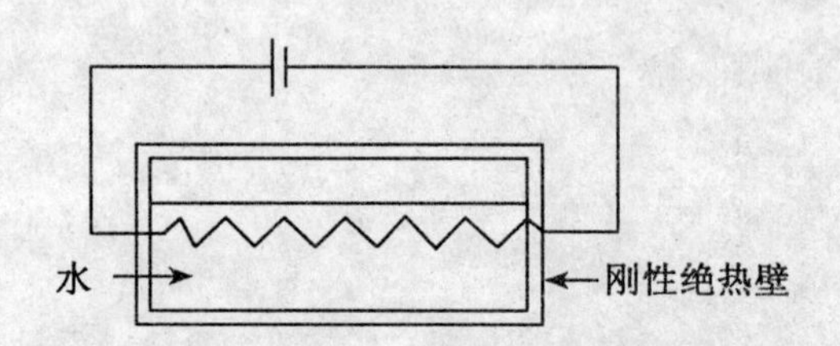

2. 苯与氧在一刚性绝热容器中燃烧：

$$C_6H_6(l) + 7.5O_2(g) = 6CO_2(g) + 3H_2O(g)$$

此过程的 Q______，W______，ΔU______，ΔH______，ΔS______。(填入 >0、<0或=0)

3. 对一理想气体体系进行绝热可逆压缩，此过程的 ΔU______，ΔS______，ΔH______，W______，Q______。(填入 >0、<0或=0)

4. 1mol理想气体在300K下，等温由 $5p^{\ominus}$ 变化到 $1p^{\ominus}$，此过程的 $\Delta U=$______，$\Delta H=$______，$\Delta S=$______，$\Delta F=$______，$\Delta G=$______。

5. 当体系的温度趋于绝对零度时，反应的 ΔG 和 ΔH 趋于相等，两者的图形应如(　)。

6. 在300K下，1mol的A与1mol的B形成理想溶液，此过程的 $\Delta_{mix}V=$______，$\Delta_{mix}H=$______，$\Delta_{mix}S=$______，$\Delta_{mix}G=$______。

7. 598.15K时，$x_{Hg}=0.497$ 的汞齐与气相达成平衡，气相中汞的蒸气压为纯汞在相同温度下饱和蒸气压的43.3%，该汞齐中汞的活度系数 γ_{Hg} 为(　　)。

A. 1.15　　B. 0.87　　C. 0.50　　D. 0.43

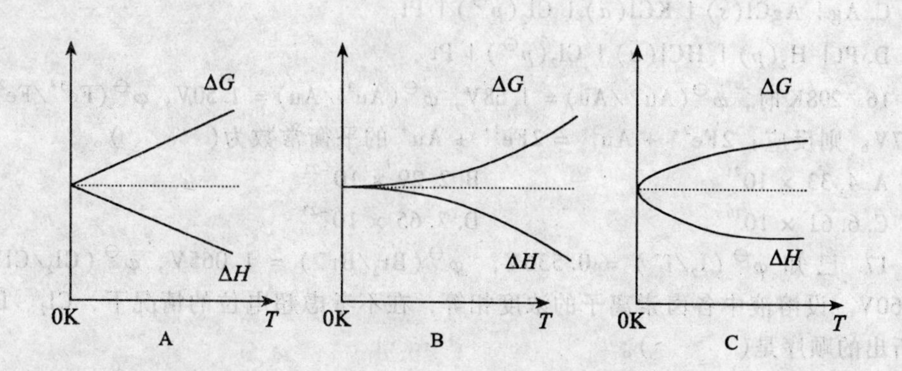

8. 某反应体系中有 C(s)、H_2O(g)、CO(g)、CO_2(g)、H_2(g)5 种物质，在 1200K 下建立了如下三个平衡：

$H_2O(g) + C(s) = H_2(g) + CO(g)$

$CO_2(g) + H_2(g) = H_2O(g) + CO(g)$

$CO_2(g) + C(s) = 2CO(g)$

则此体系的独立组分数 C = (　　)、自由度 f = (　　)、相数 Φ = (　　)。

9. 关于配分函数，下面哪一点是不正确的？(　　)

A. q 是一个粒子所有可能量子态的玻尔兹曼因子之和

B. 并不是所有的配分函数都无量纲

C. 粒子的配分函数只有在独立子体系中才有意义

D. 只有平动配分函数与体系有关

10. 忽略 CO 和 N_2 的振动运动对熵的贡献，N_2 和 CO 的摩尔熵的大小为(　　)。

A. $S_m(CO) > S_m(N_2)$　　B. $S_m(CO) < S_m(N_2)$

C. $S_m(CO) = S_m(N_2)$　　D. 不确定

11. 任何化学反应的半衰期都和(　　)有关。

12. 通过分子束实验所求出的阈能与温度(　　)有关。

13. 要控制光化学反应的速率，应该控制的条件是(　　)。

14. 电解质溶液中离子迁移数 t_i 与离子淌度 U_i 成正比。当溶液的温度与浓度一定时，离子淌度是一定的。在 298.15K 下，0.1 mol · dm^{-3} NaOH 溶液中的 Na^+ 的迁移数 t_1 与 0.1mol · dm^{-3} NaCl 溶液中 Na^+ 的迁移数 t_2 两者的关系为(　　)。

A. 相等　　B. $t_1 > t_2$　　C. $t_1 < t_2$　　D. 无法比较

15. 下列电池中，电动势与氯离子活度无关的是(　　)。

A. Zn | $ZnCl_2(a)$ | $Cl_2(p^\ominus)$ | Pt

B. Zn | $ZnCl_2(a_1)$ ‖ $KCl(a_2)$ | AgCl(s) | Ag(s)

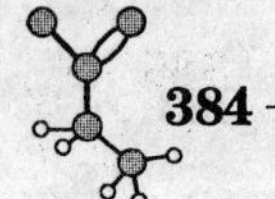

C. Ag | AgCl(*s*) | KCl(*a*) | $Cl_2(p^\ominus)$ | Pt

D. Pt | $H_2(p)$ | HCl(*a*) | $Cl_2(p^\ominus)$ | Pt

16. 298K 时，$\varphi^\ominus(Au^+/Au) = 1.68V$，$\varphi^\ominus(Au^{3+}/Au) = 1.50V$，$\varphi^\ominus(Fe^{3+}/Fe^{2+}) = 0.77V$。则反应：$2Fe^{2+} + Au^{3+} = 2Fe^{3+} + Au^+$ 的平衡常数为(　　)。

A. 4.33×10^{21}　　B. 2.29×10^{-22}

C. 6.61×10^{10}　　D. 7.65×10^{-23}

17. 已知 $\varphi^\ominus(I_2/I^-) = 0.536V$，$\varphi^\ominus(Br_2/Br^-) = 1.065V$，$\varphi^\ominus(Cl_2/Cl^-) = 1.360V$。设溶液中各卤素离子的浓度相等，在不考虑超电位的情况下，Cl_2、Br_2、I_2 析出的顺序是(　　)。

18. 从表面热力学的角度描述表面吉布斯自由能，其表达式为(　　)，其量纲为(　　)；从力学的角度描述表面张力是(　　)，其量纲为(　　)。

19. 憎液溶胶具有(　　　　)的特征。

20. 向 $Al(OH)_3$ 溶胶中加入 KCl，当 KCl 浓度为 $0.08mol \cdot dm^{-3}$ 时恰好完全聚沉，若加入 $K_2C_2O_4$，其浓度为 $0.004mol \cdot dm^{-3}$ 时恰好完全聚沉，$Al(OH)_3$ 溶胶所带电荷符号为(　　)。

二、(15 分) 设 2mol 单原子分子理想气体，始态为 300K，$10p^\ominus$，经历以下三个相连的过程：(1) 在 300K 下等温可逆膨胀至 $2p^\ominus$；(2) 在 $1p^\ominus$ 外压下，等温等外压膨胀至 $1p^\ominus$；(3) 在等压条件下，体系由 300K 升温至 500K，求以上三个过程的 Q、W、ΔU、ΔH、ΔS、ΔF 和 ΔG。

已知 $S_m^\ominus(300K) = 154.8J \cdot K^{-1} \cdot mol^{-1}$

解：(1) $dT = 0$，　故 $\Delta U = 0$，$\Delta H = 0$

$$Q = W = nRT\ln p_1/p_2 = 8028J$$

$$\Delta S = nR\ln p_1/p_2 = 26.76J \cdot K^{-1}$$

$$\Delta F = \Delta G = nRT\ln p_2/p_1 = -8028J$$

(2) $dT = 0$，　故 $\Delta U = 0$，$\Delta H = 0$

$$Q = W = p_{外}(V_2 - V_1) = p_2V_2 - p_2V_1$$

$$= p_2V_2 - p_1V_1 \times (p_2/p_1)$$

$$= nRT - nRT \times 0.5 = 0.5nRT = 2492.2J$$

$$\Delta S = nR\ln p_1/p_2 = 11.53J \cdot K^{-1}$$

$$\Delta F = \Delta G = nRT\ln p_1/p_2 = -3457.7J$$

(3)

$$\Delta U = nC_{V,m}\Delta T = 4988.4J$$

$$\Delta H = nC_{p,m}\Delta T = 8314J$$

$$Q_p = \Delta H = 8314J$$

$$W = Q_p - \Delta U = 3325.6J$$

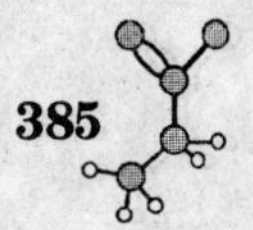

$$\Delta S = nC_{p,\,m}\ln(T_2/T_1) = 21.24\text{J}\cdot\text{K}^{-1}$$

$$\Delta S_m = 10.618\text{J}\cdot\text{K}^{-1}\cdot\text{mol}^{-1}$$

$$S^{\ominus}_{m}(300\text{K}) = 154.8\text{J}\cdot\text{K}^{-1}\cdot\text{mol}^{-1}$$

$$S^{\ominus}_{m}(500\text{K}) = 165.42\text{J}\cdot\text{K}^{-1}\cdot\text{mol}^{-1}$$

$$\Delta F = \Delta(U - TS) = \Delta U - (T_2S_2 - T_1S_1) = -67552\text{J}$$

$$\Delta G = \Delta(H - TS) = \Delta H - (T_2S_2 - T_1S_1) = -64226\text{J}$$

三、(10分)有可生成化合物的 A、B 两组分体系相图如下。(1)请写出图中各区域相的组成和自由度 f;(2)找出此相图中的三相线，并写出每条三相线上共存的三个相的组成；(3)绘出体系沿垂直虚线变化的步冷曲线；(4)当体系沿图中水平虚线变化时，其相的组成的变化情况如何？

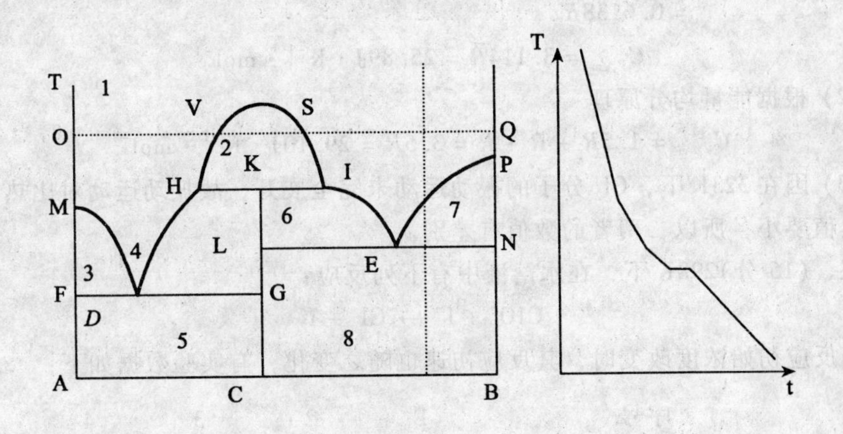

解：(1) 区域 1：单相区：为熔融液体： $f=2$

区域 2：2 相区： 1(1) + 1(2)； $f=1$

区域 3：2 相区： A(s) + 1； $f=1$

区域 4：2 相区： C(s) + 1； $f=1$

区域 5：2 相区： A(s) + C(s)； $f=1$

区域 6：2 相区： C(s) + 1； $f=1$

区域 7：2 相区： B(s) + 1； $f=1$

区域 8：2 相区： B(s) + C(s)； $f=1$

(2) 此相图中共有三条三相线：

FDG： A(s)，C(s)，和熔液三相共存；

LEN： C(s)，B(s)，和熔液三相共存；

HKI： 1(1)，1(2)，和 C(s) 三相共存。

(3) 步冷曲线见右图。

(4) 在 O 点。体系为纯 A 液体；当体系的组成由左向右变化时，在 OV 段，体

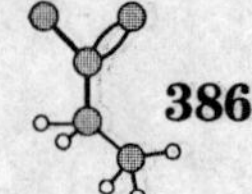

系为单相，为熔液相；当达到 V 点时，体系开始分层，在 VS 段，体系为两相区，由共轭的两液相组成；当体系点进入 VQ 段时，共轭层消失，体系又呈单相熔液，达到 S 点时，体系为纯的液相 B，BQ 段体系为单相熔液，达 Q 点为纯 B 固体。

四、(8 分) 双原子分子 Cl_2 的振动特征温度 $\Theta_V = 801.3\text{K}$，不考虑电子运动及核运动的贡献，(1) 求 Cl_2 在 323K 时的 $C_{V,m}$；(2) 当 Cl_2 分子的平动、转动和振动运动全部展开时，其 $C_{V,m}$ 为何值？(3) 说明以上两值产生差别的原因。

解：(1) $C_{V,m}^t = 0.5R \times 3 = 1.5R$

$$C_{V,m}^r = 0.5R \times 2 = R$$

$$C_{V,m}^V = Rx^2 \frac{e^x}{(e^x - 1)^2} \qquad X = \Theta_V/T = 2.480$$

$$= 0.6138R$$

$$C_{V,m} = 3.114R = 25.89\text{J} \cdot \text{K}^{-1} \cdot \text{mol}^{-1}$$

(2) 根据能量均分原理

$$C_{V,m} = 1.5R + R + R = 3.5R = 29.10\text{J} \cdot \text{K}^{-1} \cdot \text{mol}^{-1}$$

(3) 因在 323K 下，Cl_2 分子的振动运动未完全展开，故振动运动对比热的贡献比经典值要小，所以，两者的数值有差别。

五、(15 分) 298K 下，在水溶液中有下列反应：

$$ClO^- + I^- \rightarrow Cl^- + I_2$$

当反应初始浓度改变时，其反应初速也随之变化，有实验数据如下：

序号	1	2	3	4
$10^3[ClO^-]_0/\text{mol} \cdot \text{dm}^{-3}$	4.00	2.00	2.00	2.00
$10^3[I^-]_0/\text{mol} \cdot \text{dm}^{-3}$	2.00	4.00	2.00	2.00
$10^3[OH^-]_0/\text{mol} \cdot \text{dm}^{-3}$	1000	1000	1000	250
$10^3 \quad r_0/\text{mol} \cdot \text{dm}^{-3}\text{s}^{-1}$	0.48	0.50	0.24	0.94

下标“0”表示为 $t = 0$ 时的实验数据。根据以上数据求出此反应的速率方程式和反应速率常数；并推测此反应的历程，使其与所求速率方程式一致。

解：设反应的速率方程式为 $r = k[ClO^-]^a[I^-]^b[OH^-]^c$

由 3，4 组数据，可知反应速率与 OH^- 的浓度成反比，故 $c = -1$。

由 2，3 组数据，可知反应速率与 I^- 的浓度成正比，故 $b = 1$。

由 1，2 组数据，可知反应速率与 ClO^- 的浓度成正比，故 $a = 1$。

此反应的速率方程式为 $r = k[ClO^-][I^-][OH^-]^{-1}$。

代入各组数据，得反应速率常数为：

	1	2	3	4	平均
k/s^{-1}	60	62.5	60	58.8	60.3

推测反应机理如下：

$$I^- + H_2O \rightleftharpoons HI + OH^-$$

$$HI + ClO^- \rightarrow IO^- + H^+ + Cl^-$$

应用平衡假设法，可得：

$$r = Kk_2[ClO^-][I^-][OH^-]^{-1} = k[ClO^-][I^-][OH^-]^{-1}$$

六、(12分)298K时，AgCl在其饱和溶液中的浓度为$1.27\times10^{-5}mol\cdot kg^{-1}$，根据德拜-休克尔公式计算反应 $AgCl(s) = Ag^+(ag) + Cl^-(ag)$ 的$\Delta G_m^\ominus$；并计算AgCl在$0.01mol\cdot kg^{-1}$ KNO_3溶液中的饱和溶液的浓度。已知$A=(0.509^{-1}mol\cdot kg)^{0.5}$。

解：

$$I = 0.5(1.27\times10^{-5} + 1.27\times10^{-5})$$
$$= 1.27\times10^{-5}mol\cdot kg^{-1}$$

$$\lg\gamma_\pm(AgCl) = -0.509\,|1\times1|\times\sqrt{1.27\times10^{-5}}$$

$$\gamma_\pm(AgCl) = 0.996$$

$$\Delta G_m^\ominus = -RT\ln K_{sp} = 55.88kJ\cdot mol^{-1}$$

在$0.01mol\cdot kg^{-1}KNO_3$溶液中，离子强度近似等于$0.01\ mol\cdot kg^{-1}$，计算得：

$$\gamma_\pm(AgCl) = 0.8894$$

$$K_{sp} = (\gamma_\pm m/m^\ominus)^2$$

$$m = 1.42\times10^{-5}mol\cdot kg^{-1}$$

概念题答案

1. (B)
2. $Q=0$，$W=0$，$\Delta U=0$，$\Delta H>0$，$\Delta S>0$。
3. $\Delta U>0$，$\Delta S=0$，$\Delta H>0$，$W<0$，$Q=0$。
4. $\Delta U=0$，$\Delta H=0$，$\Delta S=13.38J\cdot K^{-1}$，$\Delta F=-4014J$，
$\Delta G=-4014J$。
5. (B)
6. $\Delta_{mix}V=0$，$\Delta_{mix}H=0$，$\Delta_{mix}S=11.53J\cdot K^{-1}$，$\Delta_{mix}G=-3458J$。
7. (B)
8. $c=3$，$f=2$，$\Phi=2$。

9. (B)　10. (A)　11. (速率常数 k)

12. (无)　13. (入射光的频率和入射光的强度)

14. (C)　15. (C)　16. (A)

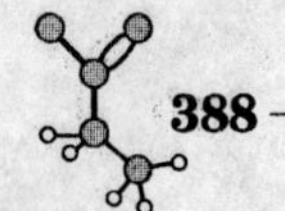

17. (I_2，Br_2，Cl_2)

18. ($(\partial G/\partial A)_{T,p}$)；($J \cdot m^{-2}$)；(作用在单位边界指向液体内部与表面相切的力)，(N)。

19. (多相性，高度分散性，热力学不稳定性)

20. (正)

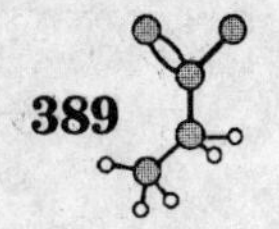

武汉大学1999年化学学院硕士生入学物理化学试题

一、**概念题**(20小题，每题2分，共40分)

1. 理想气体经过节流过程，气体的ΔT ______，ΔU ______，ΔH ______，ΔS ______，ΔF ______，ΔG ______。(填入>0，<0或$=0$)

2. 一定量的理想气体从相同始态分别经等温可逆膨胀，绝热可逆膨胀达到具有相同压力的终态，终态体积分别为V_1，V_2，则有(　　)

A. $V_1 > V_2$　　B. $V_1 < V_2$　　C. $V_1 = V_2$　　D. 无法确定

3. 反应　$CO(g) + 1/2O_2(g) = CO_2(g)$ 在2000K时的$K_p^\ominus = 6.44$，在相同温度条件下，

反应　$2CO(g) + O_2(g) = 2CO_2(g)$　的$K_p^\ominus =$ ______，

反应　$2CO_2(g) = 2CO(g) + O_2(g)$　的$K_p^\ominus =$ ______。

4. $\Delta_r G_m = \Delta_r G_m^\ominus + RT\ln Q_a$，当选用不同的标准状态时，反应的$\Delta_r G_m^\ominus$改变，该反应的$\Delta_r G_m$和$Q_a$将(　　)。

A. 都变　　B. 都不变

C. Q_a变，$\Delta_r G_m$不变　　D. Q_a不变，$\Delta_r G_m$变

5. 300K下，1mol理想气体从$6p^\ominus$向真空膨胀到$1p^\ominus$，则此过程的$\Delta U =$ ______，$\Delta H =$ ______，$\Delta S =$ ______，$\Delta F =$ ______，$\Delta G =$ ______，$W =$ ______，$Q =$ ______。

6. 对于理想溶液，其形成过程的体系热力学函数的变化为(　　)。

A. $\Delta H = 0$，$\Delta S = 0$，$\Delta G < 0$　B. $\Delta H = 0$，$\Delta G = 0$，$\Delta S > 0$

C. $\Delta V = 0$，$\Delta H = 0$，$\Delta S > 0$　D. $\Delta V = 0$，$\Delta S = 0$，$\Delta H = 0$

7. 自然界中，有的树木可高达100m，能提供营养和水分到树冠的主要动力为(　　)。

A. 因外界大气压引起树干内导管的空吸作用

B. 树干中微导管的毛细作用

C. 树内体液含盐浓度高，其渗透压大

D. 水分与营养自雨水直接落到树冠上

8. 硫酸与水可形成含一水，二水及含4水的三种水合物，在$1p^\ominus$下，能与硫酸

水溶液和冰共存的硫酸水合物最多有几种？(　　　)

A. 没有　　B. 1 种　　C. 2 种　　D. 3 种

9. 某纯物质的相图如下，在图中标出物质各态所占的区间，并判断随压力的上升，此物质的凝固点是上升还是下降，并解释其原因：________。

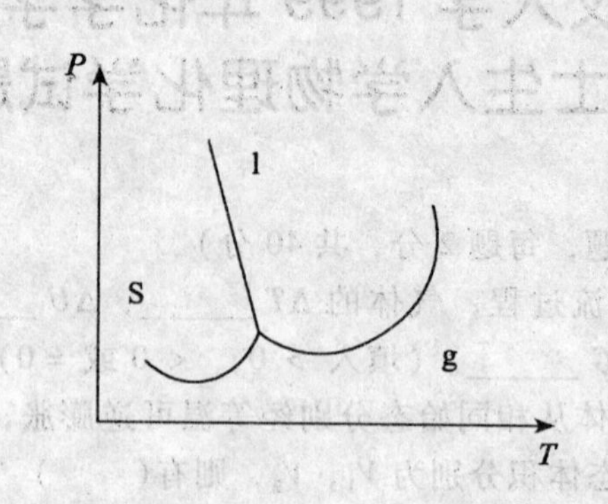

10. 由统计热力学，单原子分子理想气体的平动内能 U_m = ______，$C_{V,m}$ = ______，双原子分子理想气体在较低温度下，其等容热容 $C_{V,m}$ = ______，在极高温度下，双原子分子理想气体的等容热容 $C_{V,m}$ = ______。

11. 某反应的初始浓度为 $0.04\text{mol}\cdot\text{dm}^{-3}$ 时，反应的半衰期为 360 秒，当反应的初始浓度为 $0.24\text{mol}\cdot\text{dm}^{-3}$ 时，反应的半衰期为 60 秒，则此反应是(　　)。

A. 零级反应　B. 1.5 级反应　C. 2 级反应　D. 1 级反应

12. 在简单碰撞理论中，有效碰撞的定义为(　　　　)。

13. 对于光化学反应，提高反应选择性的办法是(　　　)。

14. 理想气体反应 $A + B \rightleftharpoons [AB]^{\neq} \longrightarrow$ 产物，则反应活化能和反应活化焓之间的关系为(　　)。

15. 电化学中，电极反应的速率以(　　　)表示，电化学极化是指(　　　)的现象，极化可分为(　　　　　)，超电势是指(　　　　)。

16. 将反应 $Ag^+ + Cl^- \longrightarrow AgCl(s)$ 设计成电池(　　　　)，已知 298.15K 时，电池的 $E^{\ominus} = 0.576\text{V}$，则电池反应的 $\Delta_r G_m^{\ominus}$ = (　　)，电池反应达平衡时，电池电动势为(　　)。

17. 化学反应中的催化剂可加速反应速率的主要原因为(　　　)；催化剂对反应平衡的影响为(　　　)。

18. 表面活性剂物质由(　　　　　)组成，在达到(　　)浓度时，溶液的某些物理性质发生转折。

19. 一定体积的水，当聚成一个大球，或分散成许多小水滴时，在相同温度下，这两种状态的性质保持不变的是(　　　)。

A. 表面能　　B. 表面张力

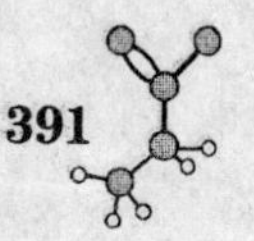

C. 比表面积　　　　D. 液面下的附加压力

20. 当达到唐南平衡时，体系中的任一电解质(如 NaCl)，其组成离子在膜内的浓度积与膜外的浓度积的关系为(　　　)。

二、(8分) 判断下列说法是否正确，并说明原因：

1. 夏天将室内电冰箱的门打开，接通电源，并紧闭门窗(设门窗均不传热)，这可降低室内温度。

2. 因为可逆热机的效率最高，用可逆热机拖动火车，可加快火车的速度。

3. 一封闭体系的绝热循环过程必为一可逆循环过程。

4. 凡是无摩擦力的准静过程必为可逆过程。

解：1. 错。　整个房间可视为一孤立体系，因为体系得功，体系的内能会增加，房间内的温度会升高。

2. 错。　可逆热机的速率虽然最高，但可逆过程是体系时时处于平衡态的极其缓慢的过程，故可逆热机的功率最小，所以，可逆热机不但不会加速，反而速率变慢。

3. 对。　绝热体系的熵能还原，则过程的 $\Delta S = 0$，故必为一可逆过程。

4. 错。　有的准静过程虽无摩擦力，但仍为不可逆过程。

三、(12分) 乙烯与水的反应是：$C_2H_4(g) + H_2O(g) = C_2H_5OH(g)$ 其吉布斯自由能改变值的表达式为：

$$\Delta_r G^{\ominus}_m = -34585 + 26.4T\ln T + 45.19T \quad \mathrm{J \cdot mol^{-1}}$$

(1) 求 $\Delta_r H^{\ominus}_m$ 的表达式。

(2) 求 573K 时的反应平衡常数 $K^{\ominus}_p$。

(3) 求 573K 时的 $\Delta_r S_m^{\ominus}$?

解：(1)

$$\Delta_r G^{\ominus}_m = -34585 + 26.4T\ln T + 45.19T$$

$$\Delta_r G^{\ominus}_m/T = -34585/T + 26.4\ln T + 45.19$$

$$\left[\frac{\partial \frac{\Delta_r G_m^{\ominus}}{T}}{\partial T}\right]_p = \frac{34585}{T^2} + \frac{26.4}{T} = -\frac{\Delta_r H_m^{\ominus}}{T^2}$$

$$\Delta_r H_m^{\ominus} = -34585 - 26.4T$$

(2) 在 573K 时

$$\Delta_r G^{\ominus}_m = -34585 + 26.4 \times 573 \times \ln 573 + 45.19 \times 573$$
$$= 87380\mathrm{J}$$

$$\Delta_r H^{\ominus}_m = -49712\mathrm{J}$$

$$\ln K_p^{\ominus} = -(1/RT)\Delta_r G_m^{\ominus} = -18.342$$

$$K^{\ominus}_p = 1.08 \times 10^{-8}$$

(3) 在 573K 时

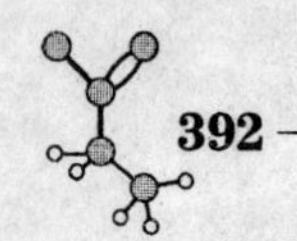

$$\Delta_r S^{\ominus}{}_m = (\Delta_r H^{\ominus}{}_m - \Delta_r G^{\ominus}{}_m)/T = -239.25\text{J} \cdot \text{K}^{-1}$$

四、(6 分) 在 15℃ 下，将 1 mol NaOH 溶入 4.559 mol 水，此溶液的蒸气压为 596.5Pa，已知在此温度下，纯水的饱和蒸气压为 1705Pa。试求：

(1) 此溶液中水的活度系数为多少？

(2) 溶液中的水和纯水的化学势相差多少？

解：(1) 水的活度为： $a = p/p^*{}_{水} = 596.5/1705 = 0.350$

$x_{水} = 4.559/5.559 = 0.82 \qquad \gamma_{水} = 0.35/0.82 = 0.427$

(2) $\Delta\mu = RT\ln a_{水} = -2515\text{J}$

五、(7 分) 试证明玻尔兹曼关系式： $S = k\ln W$

$W = \prod_i \frac{g_i^{N_i}}{N_i!}$ W：最可几分布的微观运动状态数目，g_i 为能级的简并度。

证明： $S = (U - F)/T$

$$k\ln W = k\ln\left(\prod_i \frac{g_i^{N_i}}{N_i!}\right)$$

$$= \sum_i N_i k\ln\left(\frac{e}{N_i}g_i\right)$$

$$= \sum_i kN_i\left(1 + \ln g_i - \ln\left(\frac{N}{q}gi e^{-\varepsilon_i/kT}\right)\right)$$

$$= \sum_i kN_i\left(1 + \ln g_i - \ln\frac{N}{q} - \ln g_i + \frac{\varepsilon_i}{kT}\right)$$

$$= Nk\ln(eq/N) + E/T$$

$$= (E - F)/T = S$$ 证毕。

六、(12 分) 有酸催化反应 $Co(NH_3)_5F^{2+} + H_2O \xrightarrow{H^+} Co(NH_3)_5(H_2O)^{3+} + F^-$ 若反应的速率方程式可表达为：

$$r = k[Co(NH_3)_5F^{2+}]^{\alpha}[H^+]^{\beta}$$

有实验数据如下：

T/K	298	298	308
$[Co(NH_3)_5F^{2+}]/\text{mol} \cdot \text{L}^{-1}$	0.1	0.2	0.1
$[H^+]/\text{mol} \cdot \text{L}^{-1}$	0.01	0.02	0.01
$t_{1/2}$/s	3600	1800	1800
$t_{1/4}$/s	7200	3600	3600

请计算：(1) 反应级数 α 和 β 的值。

(2) 不同温度下，反应速率常数 k 的值。

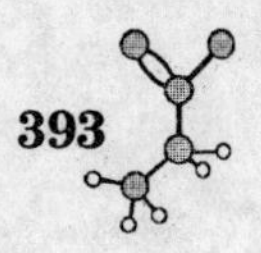

(3) 反应活化能 E_a 的值。

解：(1) 因为 H^+ 是催化剂，在反应过程中浓度保持不变，可视为常数而并入速率常数项，故反应的速率方程可表达为：

$$r = k[Co(NH_3)_5F^{2+}]^\alpha$$

从第一组和第二组数据看出，在 298K 时，反应物 $Co(NH_3)_5F^{2+}$ 的浓度虽然不同，但 $t_{1/2} : t_{1/4}$ 均为 1：2，说明对 $Co(NH_3)_5F^{2+}$ 而言，其反应级数为 1，$\alpha = 1$。

$$k' = k[H^+]^\beta$$

$$k' = 0.693/t_{1/2}$$

由 1，2 组数据 $k_1' = 0.693/3600 \qquad k_2' = 0.693/1800$

$$k_1' = k \times 0.01^\beta \qquad k_2' = k \times 0.02^\beta$$

$$k_1'/k_2' = 1800/3600 = (0.01/0.02)^\beta = 0.5$$

可得： $\beta = 1$

(2) $k(298K) = \ln 2/(t_{1/2}[H^+])$

$$= 0.693/3600/0.01 = 0.01925 mol \cdot dm^{-3} \cdot s^{-1}$$

$k(308K) = \ln 2/(t_{1/2}[H^+])$

$$= 0.693/1800/0.01$$

$$= 0.0385 \cdot mol \cdot dm^{-3} \cdot s^{-1}$$

(3) 反应活化能为：

$$E_a = R\ln(k(308K)/k(298K)) \times T_2 T_1/(T_2 - T_1)$$

$$= 52.89 kJ \cdot mol^{-1}$$

七、(10 分) 电池：$Zn(s) | ZnCl_2(m = 0.555) | AgCl(s) + Ag$，测得 298K 时电池的电动势 $E = 1.015V$，电池电动势的温度系数 $\left(\frac{\partial E}{\partial T}\right)_p = -4.02 \times 10^{-4} V \cdot K^{-1}$；

已知：$\varphi^\ominus_{Zn^{2+}, Zn} = -0.763V$，$\varphi^\ominus_{AgCl, Ag} = 0.222V$。

(1) 写出电池反应式(得失电子数为 2)。

(2) 计算电池反应的平衡常数。

(3) 计算电池中电解质溶液 $ZnCl_2$ 的离子平均活度系数。

(4) 求此化学反应在 298K 下于反应器中进行时的热效应。

(5) 当反应在电池中于相同环境条件下可逆进行时的热效应为多少？

解：(1) 电池反应式为：

(－) 极 $Zn(s) - 2e^- \rightarrow Zn^{2+}(m = 0.555)$

(＋) 极 $2AgCl(s) + 2e^- \rightarrow 2Ag(s) + 2Cl^-(m = 2 \times 0.555)$

电池反应 $Zn(s) + 2AgCl(s) = 2Ag(s) + Zn^{2+}(m = 0.555) + 2Cl^-(m = 2 \times 0.555)$

(2) $E^{\ominus} = \varphi^{\ominus}_{AgCl, Ag} - \varphi^{\ominus}_{Zn^{2+}, Zn} = 0.222 + 0.763 = 0.985V$

$$\Delta_r G^{\ominus}_m = -nEF = -2 \times 0.985 \times 96500$$

$$= -190.1kJ \cdot mol^{-1}$$

$$\ln K = nEF/RT = 76.73 \quad K = 2.1 \times 10^{33}$$

(3) $$E = E^{\ominus} - \frac{RT}{ZF}\ln(a_{Zn}{}^{2+} a_{Cl^-}{}^{2})$$

$$= E^{\ominus} - \frac{RT}{ZF}\ln(r_{\pm}{}^{3} m_{\pm}{}^{3})$$

$$m_{\pm}{}^{3} = m_{Zn}{}^{2+} m_{Ce}{}^{-3} = 0.555 \times (2 \times 0.555)^2 = 0.6838$$

代入 E 的表达式，可得：

$$1.015 = 0.985 - 8.314 \times 298/2 \times \ln(r_{\pm}{}^{3} \times 0.6838)$$

解得： $r_{\pm} = 0.521$

(4) $$\Delta_r S_m = ZF\left(\frac{\partial E}{\partial T}\right)_p = 2 \times 96500 \times (-4.02 \times 10^{-4})$$

$$= -77.586J \cdot K^{-1} \cdot mol^{-1}$$

$$\Delta_r H_m = \Delta_r G_m + T\Delta_r S_m$$

$$= -2 \times 1.015 \times 96500 - 298 \times 77.586$$

$$= 219.0kJ \cdot mol^{-1}$$

(5) 电池在可逆条件下进行时，其热效应为：

$$Q_r = T\Delta_r S_m = -23121J$$

八、(5分) 在一定温度下，测定气体A在某催化剂上的吸附作用，当平衡压力为 $1p^{\ominus}$ 时，每千克催化剂吸附 A 的量为 $2.5dm^3$(标准状态)，当平衡压力为 $10p^{\ominus}$ 时，吸附量为 $4.2dm^3$。设该吸附作用服从兰缪尔公式，试计算当 A 的吸附量为饱和值的一半时，平衡压力为多少？

解：根据兰缪尔公式：

$$\frac{ap}{1+ap} = \frac{V}{V_m}$$

有： $$\frac{a \times 1}{1 + a \times 1} = \frac{2.5}{V_m} \qquad \frac{a \times 10}{1 + a \times 10} = \frac{4.2}{V_m}$$

解得： $$a = 1.223$$

当吸附量为饱和值的一半时，$V/V_m = 0.5$，由此可得：$p = 0.82p^{\ominus}$

概念题答案

1. $\Delta T = 0$，$\Delta V = 0$，$\Delta H = 0$，$\Delta S > 0$，$\Delta F < 0$，$\Delta G < 0$。

2. (A) 3. $K^{\ominus}_p = \underline{41.5}$，$K^{\ominus}_p = \underline{0.024}$。 4. (C)

5. $\Delta V = 0$，$\Delta H = 0$，$\Delta S = 14.9 \cdot J \cdot K^{-1}$，$\Delta F = -4469J$，$\Delta G = -4469J$，$W = 0$，

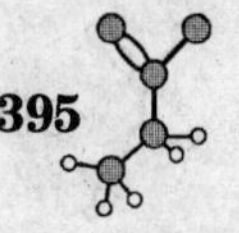

$Q = 0$。

6. (C)　7. (C)　8. (B)

9. 因为相图中固液平衡曲线的斜率为负，故此物质的凝固点，随压力的上升而下降。

10. $V_m = \frac{3}{2}RT$，$C_{V,m} = \frac{3}{2}R$，$C_{V,m} = \frac{5}{2}R$，$C_{V,m} = \frac{7}{2}R$。

11. (C)

12. (碰撞分子在质心连线上的相对平动能必须超过 E_c)

13. (选择入射光的频率与需断化学键的振动频率相匹配)

14. ($E_a = \Delta_r^{\neq} H_m^{\ominus} + 2RT$)

15. (电流密度)；(电极电位偏离平衡电位)；(欧姆极化，浓差极化，电化学极化)；(有电流通过时，电极电位对平衡电位的偏离)。

16. ($Ag(s) + AgCl(s) | KCl(aq) \| Ag^+(aq) | Ag(s)$)；$\Delta_r G_m^{\ominus} = -55580 J \cdot mol^{-1}$；(零)。

17. (催化剂可改变化学反应进行的历程，降低反应活化能，从而使反应速率增加)；(不能影响化学反应平衡)。

18. (亲水基和亲油基或憎水基)；(临界胶束)

19. (B)　20. (相等)

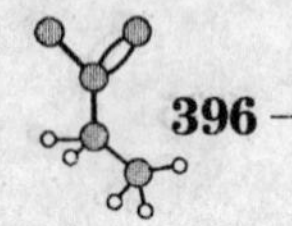

武汉大学 2003 年化学学院硕士生入学物理化学试题

1. 设一化学反应的 ΔH 与温度无关，当在烧杯中进行时，放热 $-40000\ \mathrm{J\cdot mol^{-1}}$；若反应在可逆条件下进行，吸热 $4000\ \mathrm{J\cdot mol^{-1}}$。试问：

(1)反应在 1000K 下进行，有一冷源温度为 300K，设有一可逆热机在 1000K 热源和 300K 冷源间工作，热机的效率为多少；每消耗 1mol 反应物质热机对外做功多少？

(2)若将此反应安排在 300K 下的可逆电池中进行，电池的效率又为多少；消耗 1mol 反应物质将做多少功？

效率 = 消耗 1mol 反应物质所对外做的功/等压下完全反应 1mol 物质所释放的热量

解：(1)可逆热机的效率：

$$\eta = \frac{T_2 - T_1}{T_2} = \frac{1000 - 300}{1000} = 0.7 = 70\%$$

$$W = |Q_2\eta| = 40000 \times 0.7 = 28000\ \mathrm{J\cdot mol^{-1}}$$

(2)
$$\Delta H = Q_p = -40000\ \mathrm{J\cdot mol^{-1}}$$

$$\Delta S = Q_R/T = 4000/300 = 13.33\ \mathrm{J\cdot K\cdot mol^{-1}}$$

$$\Delta G = \Delta H - T\Delta S = -40000 - 300 \times 13.33 = -44000\ \mathrm{J\cdot mol^{-1}}$$

$$W_\mathrm{R} = -\Delta G = 44000\ \mathrm{J\cdot mol^{-1}}$$

$$\eta = |W_\mathrm{R}/\Delta H| = 44000/40000 = 1.1 = 110\%$$

2. 有理想气体反应：A+B=2C 的平衡常数为 K_p，A、B、C 在溶液中的亨利常数分别为 $k_{\mathrm{x,A}}$、$k_{\mathrm{x,B}}$、$k_{\mathrm{x,C}}$，当此反应在稀溶液中进行时，求反应的平衡常数 K_x？

解：溶液中的反应为：　　A+B=2C

设达到反应平衡时反应物在气相中的平衡分压分别为 p_A、p_B、p_C，有：

$$p_\mathrm{A} = k_\mathrm{A}x_\mathrm{A} \qquad p_\mathrm{B} = k_\mathrm{B}x_\mathrm{B} \qquad p_\mathrm{C} = k_\mathrm{C}x_\mathrm{C}$$

因为
$$K_p = \frac{p_C^2}{p_Ap_B} = \frac{(k_Cx_C)^2}{k_Ax_A\cdot k_Bx_B} = \frac{k_C^2}{k_Ak_B}\frac{x_C^2}{x_Ax_B} = \frac{k_C^2}{k_Ak_B}K_x$$

所以
$$K_x = K_p\frac{k_Ak_B}{k_C^2}$$

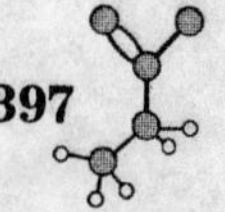

3.(1)体系含有 NiO(s)，Ni(s)，H_2O(g)，H_2(g)，CO_2(g)，CO(g)，并达平衡，指出体系的独立组分数和自由度？

解：体系达平衡时，有下列化学反应：

$$\mathrm{Ni(s)+H_2O(g)=NiO(s)+H_2(g)}$$

$$\mathrm{NiO(s)+CO(g)=Ni(s)+CO_2(g)}$$

$$\mathrm{H_2O(g)+CO(g)=H_2(g)+CO_2(g)}$$

但是，上述反应中只有两个是独立反应，故 R=2，物种数 $s=6$，组分数为：

$$C=6-2=4$$

$$f=C-\Phi+2=4-3+2=3$$

(2)有二元体系的蒸气压曲线如图所示，请绘出此二元体系的 p-x 和 T-x 相图示意图？

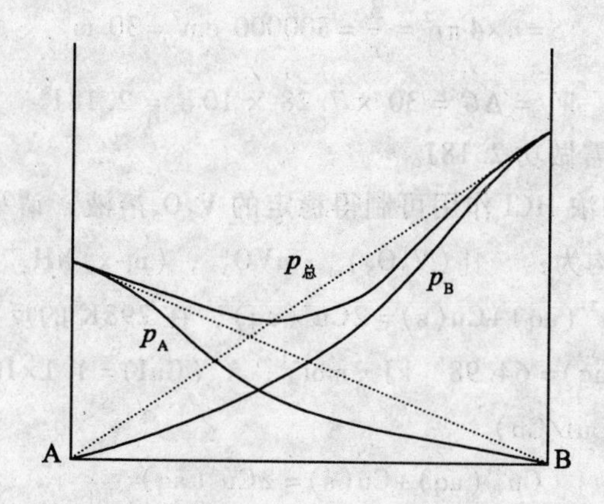

解：此二元体系的 p-x 和 T-x 相图如下图：

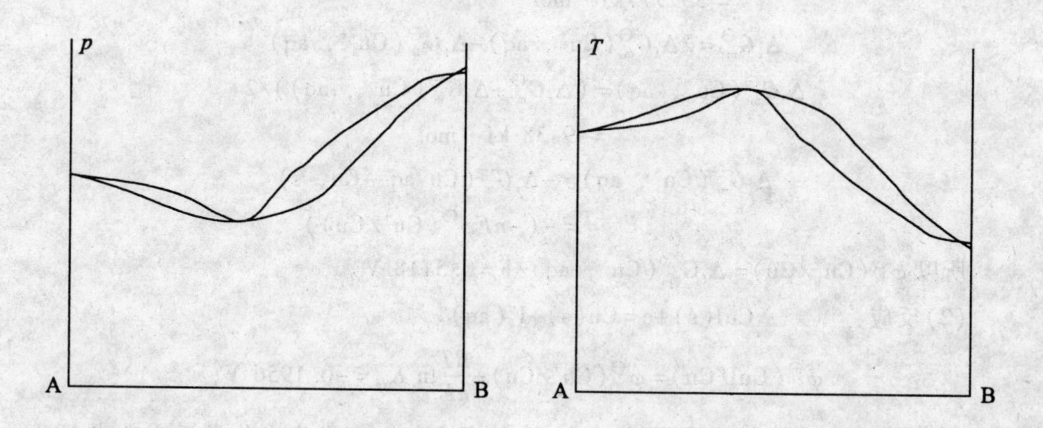

(3)由 A，B 组成的溶液在 T 温度下与气相达平衡，溶液中 A 的摩尔分数 x_A =

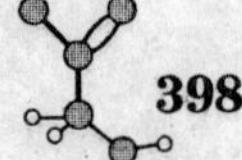

0.6，气相中 A 的分压为 $0.6p^{\ominus}$，已知在 T 温度下，纯 A 的饱和蒸气压 $p_A^*=0.8p^{\ominus}$，求溶液中 A 的活度与活度系数？

解：　因为 $p=p^* a$，所以 $a_A=p_A/p_A^*=0.6/0.8=0.75$

$$a_A=x_A\gamma_A \qquad \gamma_A=0.75/0.6=1.25$$

(4) 在 298K 下，将 1ml 水分散成半径为 10^{-5} cm 的水珠，若水的表面张力为 7.28×10^{-2} N. m^{-1}，计算环境最少需对水珠做多大功？水的比重为 1g. cm^{-3}。

解：1ml 水分散为半径为 r 的水珠的数目是

$$n=V/V_{水珠}=\frac{m}{m_{水珠}}=\frac{1\text{cm}^3\times\rho}{m\frac{4}{3}\pi r^3\times\rho}=\frac{3}{4\pi r^3}$$

水珠的总表面积为：

$$S=n\times4\pi r^2=\frac{3}{r}=300000\ \text{cm}^2=30\ \text{m}^2$$

$$W_r=\Delta G=30\times7.28\times10^{-2}=2.18\text{J}$$

环境对水珠至少需做功 2.18J。

(5) 用 NH_4VO_3 和浓 HCl 作用可制得稳定的 V_2O_5 溶液，请写出其胶团结构？

解：此胶团的结构为：　$[(V_2O_5)_m\cdot nVO_3^-,\ (n-x)NH_4^+]^{x-}\cdot xNH_4^+$

4. 已知反应：$Cu^{2+}(aq)+Cu(s)=2Cu^+(aq)$，在 298K 的反应平衡常数 $K_a=1.2\times10^{-6}$，$\Delta_f G_m^{\ominus}(Cu^{2+},\ aq)=64.98$　kJ · mol^{-1}，$K_{sp}(CuI)=1.1\times10^{-12}$。试求：(1) $\varphi^{\ominus}(Cu^+/Cu)$；(2) $\varphi^{\ominus}(CuI/Cu)$

解：(1) 反应：　$Cu^{2+}(aq)+Cu(s)=2Cu^+(aq)$

$$\Delta_r G_m^{\ominus}=-RT\ln K_a=-8.314\times298\times\ln(1.2\times10^{-6})$$
$$=33.777\text{kJ}\cdot\text{mol}^{-1}$$

$$\Delta_r G_m^{\ominus}=2\Delta_f G_m^{\ominus}(Cu^+,\ aq)-\Delta_f G_m^{\ominus}(Cu^{2+},\ aq)$$

$$\Delta_f G_m^{\ominus}(Cu^+,\ aq)=(\Delta_r G_m^{\ominus}+\Delta_f G_m^{\ominus}(Cu^{2+},\ aq))/2$$
$$=49.38\ \text{kJ}\cdot\text{mol}^{-1}$$

$$\Delta_f G_m^{\ominus}(Cu^+,\ aq)=-\Delta_r G_m^{\ominus}(Cu^+aq\to Cu,\ s)$$
$$=-(-nF\varphi^{\ominus}(Cu^+/Cu))$$

所以 $\varphi^{\ominus}(Cu^+/Cu)=\Delta_f G_m^0(Cu^+,\ aq)/F=0.5118$ V

(2) 反应：　$CuI(s)+e=Cu(s)+I^-(aq)$

$$\varphi^{\ominus}(CuI/Cu)=\varphi^{\ominus}(Cu^+/Cu)+\frac{RT}{nF}\ln K_{sp}=-0.1956\ \text{V}$$

5. 将强度为 I_0 的紫外线照射 H_2 和 Cl_2 的混合气，会发生光化学反应生成 HCl，设反应的机理如下：

$$Cl_2+h\nu \xrightarrow{k_1} 2Cl\cdot$$

$$Cl\cdot+H_2 \xrightarrow{k_2} HCl+H\cdot$$

$$H\cdot+Cl_2 \xrightarrow{k_3} HCl+Cl\cdot$$

$$Cl\cdot+M \xrightarrow{k_4} \frac{1}{2}Cl_2$$

请用稳态法导出 HCl 生成的速率方程式；并指明反应的级数？

解：由稳态法，反应中生成的不稳定产物 H· 和 Cl· 的浓度达到稳态，有：

$$\frac{d[H\cdot]}{dt}=k_2[Cl\cdot][H_2]-k_3[H_2][Cl_2]=0$$

$$\frac{d[Cl\cdot]}{dt}=k_1I_0[Cl_2]-k_2[Cl\cdot][H_2]+k_3[H\cdot][Cl_2]-k_4[Cl\cdot]=0$$

由上两式可得：

$$k_2[Cl\cdot][H_2]=k_3[H\cdot][Cl_2]$$

$$k_1I_0[Cl_2]-k_4[Cl\cdot]=0$$

$$[Cl\cdot]=\frac{k_1}{k_4}I_0[Cl_2]=k'I_0[Cl_2]$$

HCl 的生成速率为：

$$\text{rate}=\frac{d[HCl]}{dt}=k_2[Cl\cdot][H_2]+k_3[H\cdot][Cl_2]=2k_2[Cl\cdot][H_2]$$

$$\text{rate}=2k_2k'I_0[Cl_2][H_2]=kI_0[Cl_2][H_2]$$

此反应的总级数等于 2，对 H_2 和 Cl_2 均为一级反应。

6. F_2 的转动特征温度 $\Theta_r=1.24K$，振动特征温度 $\Theta_V=1284K$，$q_e=1$。试求 F_2 在 298K 和 $1p^{\ominus}$ 下的 $S_m^{\ominus}$？

解：因为 $q_e=1$，所以电子运动对熵的贡献可以不计。

$$S_m^{\ominus}=S_{t,m}+S_{r,m}+S_{v,m}$$

$$S_{t,m}=R(1.5\ln M+2.5\ln T-\ln p-1.165)=154.13 \quad J\cdot K^{-1}\cdot mol^{-1}$$

$$S_{r,m}=R(1+\ln(T/\sigma\Theta_r))=48.13\ J\cdot K^{-1}\cdot mol^{-1}$$

$$S_{V,m}=\frac{Rx}{e^x-1}-R\ln(1-e^{-x})$$

将 $x=\Theta_V/T=4.31$ 代入，求得

$$S_{V,m}=0.6\ J\cdot K^{-1}\cdot mol^{-1}$$

$$S_m^{\ominus}=154.13+48.13+0.6=202.9\ J\cdot K^{-1}\cdot mol^{-1}$$

7. 某活性炭样品的表面上吸附 0.895ml（已换算为标准状态）N_2 时的平衡分压

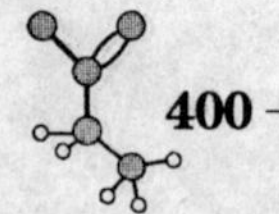

和温度的关系为：

	225K	273K
$p/p^{\ominus}$	11.5	35.4

求在此温度范围内 N_2 在活性炭上的吸附热？

解：有方程：

$$\left(\frac{\partial \ln p}{\partial T}\right)_{\theta} = \frac{Q}{RT^2}$$

$$Q = \frac{RT_1T_2}{T_2 - T_1}\ln\frac{p_2}{p_1}$$

在 225K 至 273K 温度范围内，N_2 在活性炭上的吸附热为：

$$Q = \frac{8.314\times225\times273}{273-225}\times\ln\frac{35.4}{11.5} = 11.69\ \text{kJ}$$

8. 溴乙烷的分解反应为一级反应，反应速率常数 $k = 3.8\times10^{14}\exp\left(-\frac{E_a}{RT}\right)\ \text{s}^{-1}$，$E_a = 229\ \text{kJ}\cdot\text{mol}^{-1}$。

(1)若每秒钟分解 1%，体系的温度是多少？

(2)求 773K 下的 $\Delta_r^{\neq}H_m^{\ominus}$、$\Delta_r^{\neq}S_m^{\ominus}$ 和 $\Delta_r^{\neq}G_m^{\ominus}$？

解：(1)对于一级反应，有：$kt = \ln(c_0/c)$

所以 $$k = \frac{\ln(c_0/c)}{t} = \frac{\ln(100/99)}{1} = 0.01005\ \text{s}^{-1}$$

$$\exp\left(\frac{-E_a}{RT}\right) = \frac{k}{3.8\times10^{14}}$$，代入数据，求出 $-E_a/RT = -38.171$

$$T = \frac{229000}{8.314\times38.171} = 721.6\ \text{K}$$

(2)因为此反应为一级反应

所以 $$\Delta_r^{\neq}H_m^{\ominus} = E_a - RT = 222.6\ \text{kJ}\cdot\text{mol}^{-1}$$

$$A = \frac{k_BT}{h}ee^{\Delta_r^{\neq}S_m^{\ominus}/R},\ A = 3.8\times10^{14}$$

$$\frac{\Delta_r^{\neq}S_m^{\ominus}}{R} = \ln\left(\frac{3.8\times10^{14}\times6.626\times10^{-34}}{1.3806\times10^{-23}\times773\times2.71828}\right) = 2.161$$

$$\Delta_r^{\neq}S_m^{\ominus} = 17.97\ \text{J}\cdot\text{K}^{-1}\cdot\text{mol}^{-1}$$

$$\Delta_r^{\neq}G_m^{\ominus} = \Delta_r^{\neq}H_m^{\ominus} - T\Delta_r^{\neq}S_m^{\ominus} = 222600 - 773\times17.97 = 208709\ \text{J}\cdot\text{mol}^{-1}$$

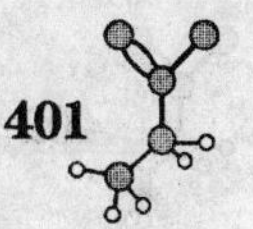

武汉大学2007年化学学院硕士生入学物理化学试题

1. 已知某实际气体状态方程为 $pV_m = RT + bp$（$b=2.67\times10^{-5}\ m^3\cdot mol^{-1}$）

(1)计算1 mol该气体在298 K，10 $p^{\ominus}$下，反抗恒外压 $p^{\ominus}$ 恒温膨胀过程所做的功，以及这一过程的 ΔU，ΔH，ΔS，ΔF，ΔG；

(2)选择合适判据判断过程的可逆性；

(3)若该气体为理想气体，经历上述过程，ΔU 为多少？与(1)中结果比较并讨论。

解：(1) $\because p_e = p_2 = p^{\ominus}$

$$\therefore W = \int p_e \mathrm{d}V = p^{\ominus}(V_2 - V_1) = p^{\ominus}\left(\frac{RT}{p_2} + b - \frac{RT}{p_1} - b\right) = 0.9RT = 2229.8\text{J}$$

$$\mathrm{d}U = \left(\frac{\partial U}{\partial T}\right)_V \mathrm{d}T + \left(\frac{\partial U}{\partial V}\right)_T \mathrm{d}V$$

由状态方程 $\left(\frac{\partial U}{\partial V}\right)_T = T\left(\frac{\partial p}{\partial T}\right)_V - p = T\frac{R}{V_m - b} - p = 0$

(1)为恒温过程

$$\therefore \qquad \Delta U = \int_{V_1}^{V_2}\left(\frac{\partial U}{\partial V}\right)_T dV = 0\text{J}$$

$$\Delta H = \Delta U + \Delta(pV) = p_2V_2 - p_1V_1 = b(p_2 - p_1) = 2.67\times10^{-5}\times(p^{\ominus} - 10p^{\ominus}) = -24.3\text{J}$$

$$\mathrm{d}S = \left(\frac{\partial S}{\partial p}\right)_T \mathrm{d}p + \left(\frac{\partial S}{\partial T}\right)_T \mathrm{d}T = -\left(\frac{\partial V}{\partial T}\right)_p \mathrm{d}p + \frac{C_p}{T}\mathrm{d}T \quad \text{恒温过程}$$

$$\Delta S = \int -\left(\frac{\partial V}{\partial T}\right)_p \mathrm{d}p = -\int_{p_1}^{p_2}\frac{R}{p}\mathrm{d}p = -R\ln\frac{p_2}{p_1} = R\ln10 = 19.14\text{J}\cdot\text{K}^{-1}$$

$$\Delta G = \Delta H - T\Delta S = -5727.9\text{J}$$

$$\Delta F = \Delta U - T\Delta S = -5703.7\text{J}$$

(2)选用熵判据来判断过程方向性

对过程(1) $\Delta U=0 \quad Q_{实}=W=2229.8\ \text{J}$

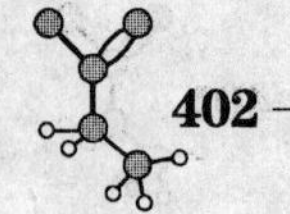

$$\Delta S_{环境} = -\frac{Q_{实}}{T} = \frac{-2229.8}{298} = -7.48 J \cdot K^{-1}$$

$$\Delta S_{孤立} = \Delta S_{体系} + \Delta S_{环境} = 19.14 - 7.48 = 11.66 J \cdot K^{-1} > 0$$

该过程为不可逆过程。

(3)对于理想气体，因为温度不变，所以 $\Delta U=0$，与(1)中结果相同。说明对于具有 $pV_m = RT + bp$ 状态方程的实际气体，其内能与体积无关。该状态方程仅仅是考虑了气体分子的体积，没有考虑分子间的相互作用力。

2. 已知 Ag-Sn 两组分体系相图(如下图所示)：

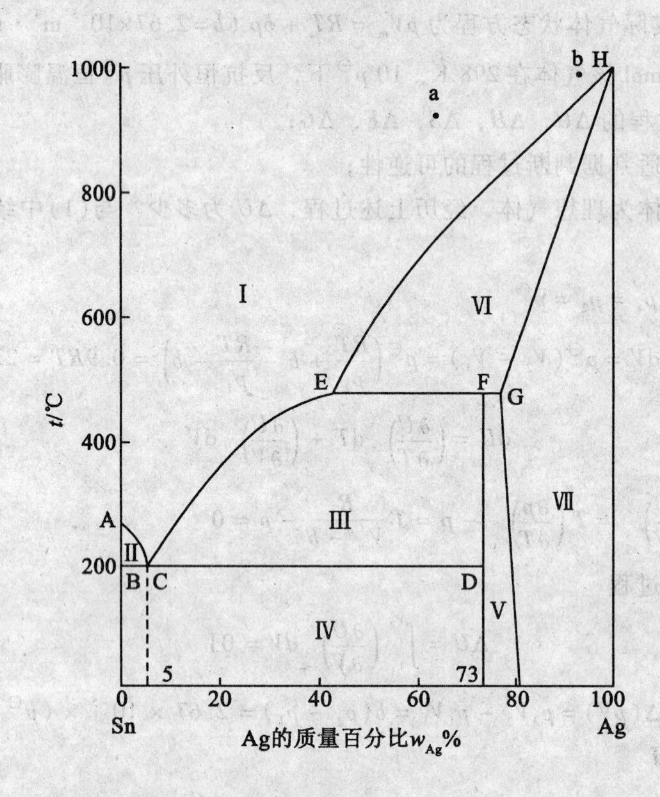

(1)从图中读出 Ag，Sn 大致的熔点。

(2)Ag，Sn 是否组成中间化合物？若有，写出其化学式。

(3)指出相图中的三相线及相应的相组成。

(4)Ag 和 Sn 在 200℃时，在怎样的组成下可以形成固溶体？

(5)Ag-Sn 混合熔液在什么组成下具有最低凝固点？

(6)绘制 a，b 表示的两个体系冷却时的步冷曲线，并在相应位置标明相态的变化；

(7)现有 1 kg Ag-Sn 混合熔液，其中 Ag 的质量百分比为 40%，则当混合物刚

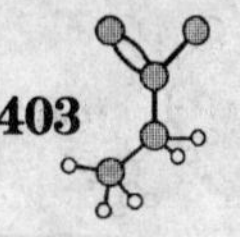

降温到最低共熔点时，求析出的中间化合物的质量。

（Ag的原子量107.9，Sn的原子量118.7）

解：(1) Ag的熔点约为1000℃，Sn的熔点约为270℃。

(2) 中间化合物，化学式为Ag_3Sn。

(3) 三相线有BCD：组成为C的熔融物L+Sn(s)+Ag_3Sn(s)；

EFG：组成为E的熔融物L+Ag_3Sn(s)+固溶体α(s)。

(4) 如图，当Ag的质量百分比在80%～100%之间时，Ag和Sn可以固相互溶。

(5) Ag的质量百分比约为5%时混合物凝固点最低，为200℃。

(6) 如图所示。

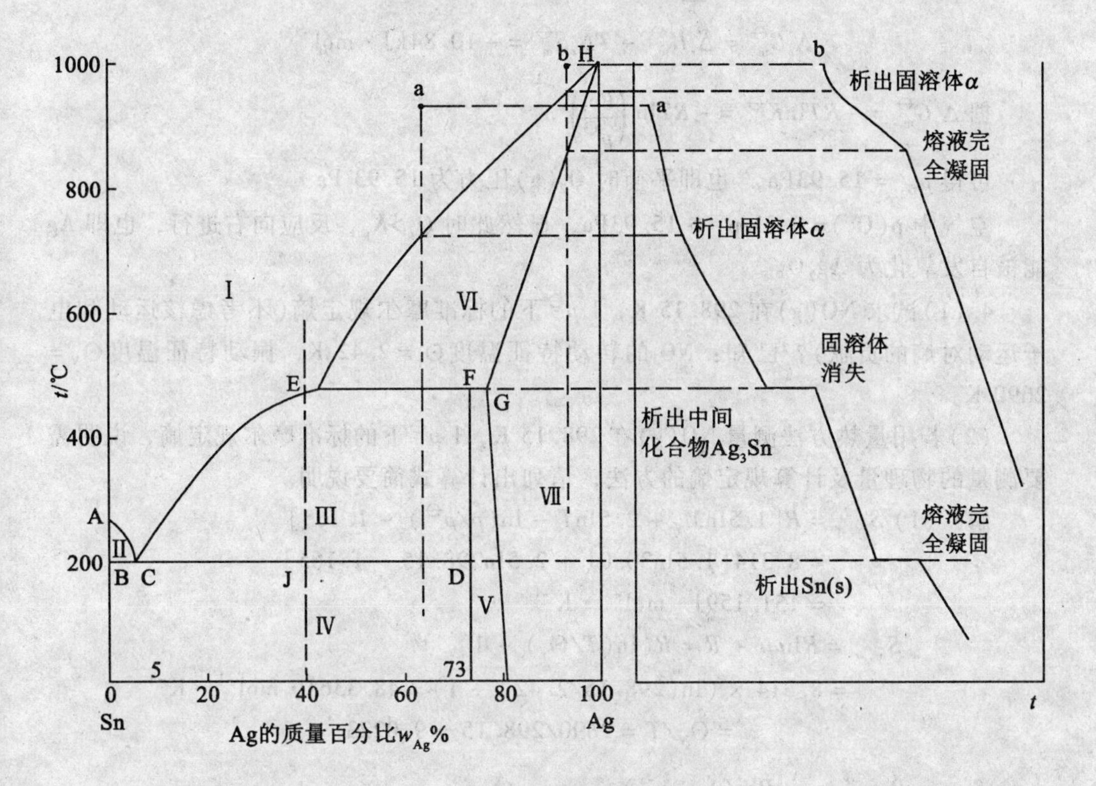

(7) 由杠杆规则，$m_{Ag_3Sn}\cdot JD=m_L\cdot JC$ $m_{Ag_3Sn}\times(0.73-0.40)=m_L\times(0.4-0.05)$

又$m_{Ag_3Sn}+m_L=1$，所以当混合物刚降温到最低共熔点时，析出中间化合物的质量为0.515 kg。

3. 已知$T=298$ K时下列热力学数据

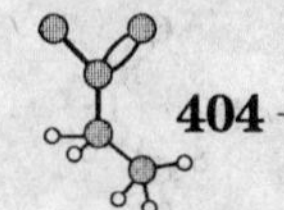

	$Ag_2O(s)$	$Ag(s)$	$O_2(g)$
$\Delta_f H_m^{\ominus}/kJ\cdot mol^{-1}$	-30.57	0	0
$S_m^{\ominus}/J\cdot K^{-1}\cdot mol^{-1}$	121.71	42.702	205.029

请问298K在空气中，$2Ag(s)+0.5O_2(g)=Ag_2O(s)$的反应向哪个方向进行？平衡时$O_2(g)$压力为多大？

解：对于反应$2Ag(s)+0.5O_2(g)=Ag_2O(s)$可利用标准热力学数据求得：

$$\Delta_r S_m^{\ominus}=\sum_B \nu_B S_m^{\ominus}(B)=-66.21J\cdot mol^{-1}\cdot K^{-1}$$

$$\Delta_r H_m^{\ominus}=\sum_B \nu_B \Delta_f H_m^{\ominus}(B)=-30.57kJ\cdot mol^{-1}$$

$$\Delta_r G_m^{\ominus}=\Delta_r H_m^{\ominus}-T\Delta_r S_m^{\ominus}=-10.84kJ\cdot mol^{-1}$$

据 $\Delta_r G_m^{\ominus}=-RT\ln K_p^{\ominus}=-RT\ln\left(\frac{p_{O_2}}{p^{\ominus}}\right)^{-\frac{1}{2}}$

可得 $p_{O_2}=15.93Pa$，也即平衡时$O_2(g)$压力为15.93 Pa

空气中$p(O_2)=0.21p^{\ominus}>15.93Pa$，显然此时$Q_p>K_p$，反应向右进行，也即Ag能被自发氧化为$Ag_2O$。

4.(1)试求NO(g)在298.15 K，1 $p^{\ominus}$下的标准摩尔规定熵(不考虑核运动和电子运动对熵的贡献)？已知：NO的转动特征温度$\Theta_r=2.42$ K，振动特征温度$\Theta_V=2690$ K。

(2)若用量热方法测量NO(g)在298.15 K，1 $p^{\ominus}$下的标准摩尔规定熵，说明需要测量的物理量及计算规定熵的方法，请列出计算式简要说明。

解：(1)
$$S_{m,t}=R[1.5\ln M_r+2.5\ln T-\ln(p/p^{\ominus})-1.165]$$
$$=8.314[1.5\ln 30.01+2.5\ln 298.15-1.165]$$
$$=151.159J\cdot mol^{-1}\cdot K^{-1}$$

$$S_{m,r}=R\ln qr+R=R(\ln(T/\Theta_r)+1)$$
$$=8.314\times(\ln(298.15/2.42)+1)=48.336J\cdot mol^{-1}\cdot K^{-1}$$

$$x=\Theta_V/T=2690/298.15=9.0223$$

$$S_{m,V}=R\frac{x}{e^x-1}-R\ln(1-e^{-x})$$

$$=8.314\times\frac{9.0223}{e^{9.0223}-1}-8.314\times\ln(1-e^{-9.0223})=0.010J\cdot mol^{-1}\cdot K^{-1}$$

$$S_m=151.159+48.366+0.010=199.505J\cdot mol^{-1}\cdot K^{-1}$$

(2)由热力学第三定律$S(0K)=0$，测量出NO在各温度范围下的热容，以及相变焓，然后加上残余熵即可得到量热熵

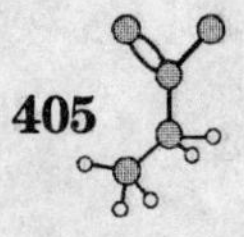

$$S(T)=S(0)+\int_0^{T_f}\frac{C_p(\text{固})}{T}\mathrm{d}T+\frac{\Delta_{\text{melt}}H}{T_f}+\int_{T_f}^{T_b}\frac{C_p(\text{液})}{T}\mathrm{d}T+\frac{\Delta_{\text{vap}}H}{T_b}+\int_{T_b}^{T}\frac{C_p(\text{气})}{T}\mathrm{d}T$$

5. 电池 $Pt|H_2(100kPa)|H_2SO_4(0.5mol\cdot kg^{-1})|Hg_2SO_4(s)+Hg(l)|Pt$ 在 298 K 时的电动势为 0.6960 V，已知该电池的标准电动势为 $E^{\ominus}=0.615$ V。

(1)写出正极、负极和电池的反应式。

(2)计算 298 K 时该电池反应的平衡常数 $K^{\ominus}$ 以及摩尔反应吉布斯自由能 $\Delta_r G_m$。

(3)计算 298 K 时，$H_2SO_4(0.5\ mol\cdot kg^{-1})$ 水溶液离子平均活度系数 $\gamma_\pm$。

(4)试根据德拜-休克尔极限公式计算上述 $H_2SO_4(0.5\ mol\cdot kg^{-1})$ 水溶液的离子平均活度系数 $\gamma\pm$，并与(3)问中结果比较并讨论。(德拜公式中 $A=0.509(mol\cdot kg^{-1})^{-1/2}$)

解：(1)正极(阴极)反应：$Hg_2SO_4(s)+2e^-\rightarrow 2Hg(l)+SO_4^{2-}(aq)$

负极(阳极)反应：$H_2(g)-2e^-\rightarrow 2H^+(aq)$

电池反应为：$H_2(g)+Hg_2SO_4(s)\rightarrow 2Hg(l)+H_2SO_4(aq)$

(2) $\Delta_r G_m=-zEF=-2\times 0.6960\times 96484=-134.31kJ\cdot mol^{-1}$

$$K^{\ominus}=\exp(zE^{\ominus}F/RT)=6.35\times 10^{20}$$

(3)由 Nernst 方程 $\quad E=E^{\ominus}-\frac{RT}{2F}\ln\frac{a_{H_2SO_4}}{f_{H_2}}$

$f_{H_2}=1$，代入相关数据，可求得 $a_{H_2SO_4}=1.820\times 10^{-3}$

$$a_\pm=\sqrt[3]{a_{H_2SO_4}}=\sqrt[3]{1.82\times 10^{-3}}=0.122$$

$$m_\pm=\sqrt[v]{m_+^{\nu_+}m_-^{\nu_-}}=\sqrt[3]{1^2\times 0.5}=0.794mol\cdot kg^{-1}$$

$$\gamma_\pm=\frac{a_\pm}{m_\pm/m^{\ominus}}=\frac{0.122}{0.794}=0.154$$

(4) $I=\frac{1}{2}\sum_i m_i z_i^2=\frac{1}{2}(0.5\times 2^2+1\times 1^2)=1.5\ mol\cdot kg^{-1}$

根据德拜-休克尔极限公式 $\quad \lg\gamma_\pm=Az_+z_-\sqrt{I}$

不难求得 0.5 $mol\cdot kg^{-1}$ H_2SO_4溶液中平均活度系数 $\gamma_\pm=0.0567$

与(3)中得到的实验值相比有相当误差，主要是因为德拜极限公式只能在 $I<0.01mol\cdot kg^{-1}$ 的稀溶液中应用，在题给条件下有较大误差。

6. 荧光猝灭：荧光的产生可用如下动力学过程表示

$$S+h\nu_i\xrightarrow{I_i}S^* \qquad ①$$

$$S^*\xrightarrow{k_f}S+h\nu_f \qquad ②$$

式中，ν_i和 ν_f分别为吸收光的频率和发射荧光的频率。①为光化学初级过程，光吸收速率为 I_i；②为荧光产生步骤，显然荧光强度 I_f与②的反应速率成正比。荧光强

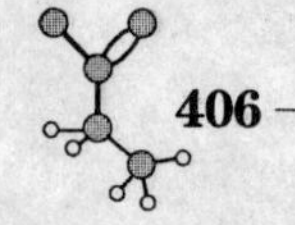

度往往还受到猝灭剂的影响，例如猝灭剂 Q 可与活化分子 S^* 发生如下反应：

$$S^* + Q \xrightarrow{k_Q} S + Q \qquad ③$$

由以上反应步骤，请完成：

(1)利用稳态近似方法推导荧光强度与猝灭剂浓度的关系式。

(2)由上面的结果简单分析荧光光谱相比吸收光谱的特点及可能应用。

(3)在荧光分析中，若将入射光撤掉，则荧光会逐渐减弱直至消失。分析这一过程中，活化分子 S^* 随时间的变化关系，由此推出荧光强度随时间的变化。这一变化可看作一弛豫过程，则弛豫时间为多少？

解：(1)由题意，荧光强度 $I_f = k \cdot r_2 = kk_f[S^*]$

认为活化分子 S^* 处于稳态，由稳态近似，有如下方程：

$$\frac{d[S^*]}{dt} = I_i - k_f[S^*] - k_Q[S^*][Q] = 0$$

$$\therefore [S^*] = \frac{I_i}{k_f + k_Q[Q]}$$

则荧光强度

$$I_f = \frac{k \cdot k_f I_i}{k_f + k_Q[Q]}$$

(2)上式说明，猝灭剂的浓度对荧光强度的影响很大，则有一点与吸收光谱不同，吸收光谱的吸光度只与吸光分子浓度有关。它提示我们，可以用荧光的方法研究其他分子与荧光分子或荧光基团的相互作用。

(3)将入射光撤掉后，活化分子不再处于稳态。

$$\frac{d[S^*]}{dt} = -(k_f + k_Q[Q])[S^*]$$ 分离变量积分得：

$$[S^*] = [S^*]_0 \exp(-t/\tau) \qquad \tau = \frac{1}{k_f + k_Q[Q]}$$

$$I_f = I_{f,0} \exp(-t/\tau) \qquad \tau = \frac{1}{k_f + k_Q[Q]}$$

7. 如图 1 为最大泡压法测定液体表面张力的实验装置，实验时要求毛细管顶端与待测液面相切。实验时，滴液漏斗工作，体系压力下降，压力计两臂液柱的高度差增大，同时毛细管顶端液面逐步向外凸出，如图 2。但是高度差增大到一最大值后会突然下降，然后再上升，下降，重复以上过程。在最大值出现的同时，会在毛细管顶端产生一个气泡。请根据表面化学的知识：

(1)解释这一实验现象；

(2)说明这一实验装置测量表面张力的原理。

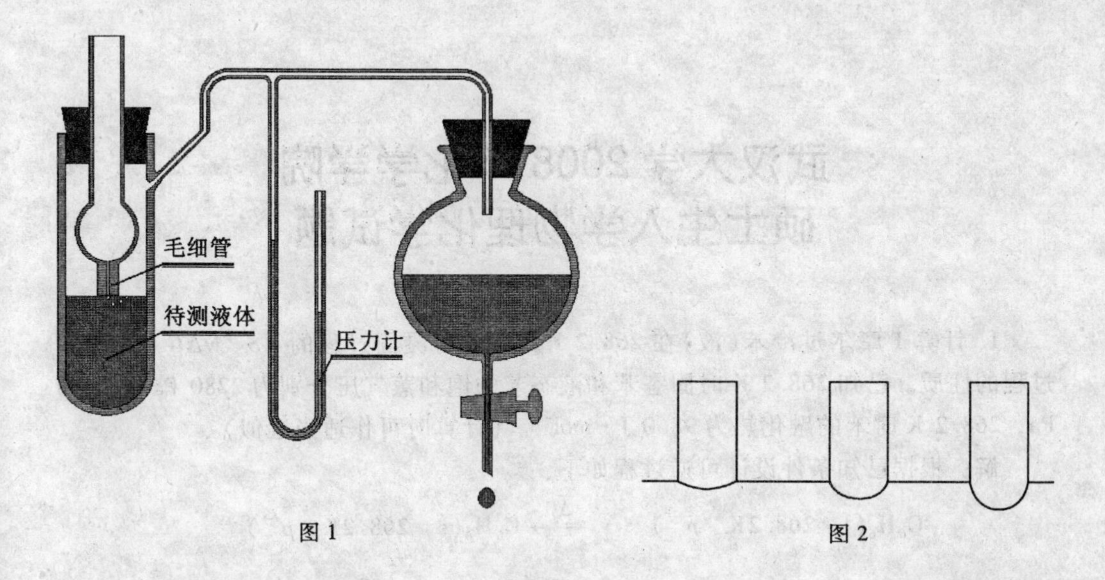

图1　　图2

解：(1)当滴液漏斗工作时，体系压力下降，体系压力低于大气压。毛细管顶端液面两边压力不平衡，该液面发生弯曲，弯曲液面的附加压 P_s 与体系压力方向一致，可以使得液面两边受力平衡，根据 Young-Laplace 公式，此时下式成立：

$$\frac{2\gamma}{R}=\Delta p$$

当压力差增大时，毛细管顶端液面逐步向外凸出，曲率半径下降。但是当液面向外凸出形成半球时，曲率半径达到最小值，此时滴液漏斗继续工作，弯曲液面将破裂，形成气泡，同时压力差达到最大值。

(2)由以上分析可知，本装置测量依赖如下公式 $\frac{2\gamma}{R}=\Delta p_{\max}$

最大压力差与表面张力成正比，比例系数为仪器常数，这样通过对一个已知表面张力的标准样品测量后确定仪器常数，对任一未知样品即可由测量最大压力差确定表面张力。

武汉大学2008年化学学院硕士生入学物理化学试题

1. 计算1摩尔过冷苯(液)在268.2 K，1 $p^{\ominus}$时凝固过程的ΔS与ΔG，并判断过程的性质。已知268.2 K时固态苯和液态苯的饱和蒸气压分别为2280 Pa和2675 Pa，268.2 K时苯的融化热为9860 $J \cdot mol^{-1}$。(计算时可作适当近似)

解：根据已知条件设计可逆过程如下：

$$\begin{array}{ccc} C_6H_6(l,\ 268.2K,\ p^{\ominus}) & \xrightarrow{\Delta G} & C_6H_6(s,\ 268.2K,\ p^{\ominus}) \\ \downarrow \Delta G_1 & & \uparrow \Delta G_5 \\ C_6H_6(l,\ 268.2K,\ 2675Pa) & & C_6H_6(s,\ 268.2K,\ 2280Pa) \\ \downarrow \Delta G_2 & & \uparrow \Delta G_4 \\ C_6H_6(g,\ 268.2K,\ 2675Pa) & \xrightarrow{\Delta G_3} & C_6H_6(g,\ 268.2K,\ 2280Pa) \end{array}$$

$$\Delta G = \Delta G_1 + \Delta G_2 + \Delta G_3 + \Delta G_4 + \Delta G_5$$

$$\Delta G_1 = \int_{p_1}^{p_2} V_l \mathrm{d}p = V_l(p_2 - p_1) = V_l(2675\mathrm{Pa} - p^{\ominus})$$

$$\Delta G_5 = \int_{p_1}^{p_2} V_s \mathrm{d}p = V_s(p_2 - p_1) = V_s(p^{\ominus} - 2280\mathrm{Pa})$$

忽略液态苯的体积和固态苯的体积差别，忽略Δp_1和Δp_2，即

$$(2675\mathrm{Pa} - p^{\ominus}) \approx -(p^{\ominus} - 2280\mathrm{Pa})$$

则$\Delta G_1 \approx -\Delta G_5$

$$\Delta G_2 = 0 \qquad \Delta G_4 = 0$$

$$\Delta G_3 = nRT\ln\frac{p_2}{p_1} = 1 \times 8.314 \times 268.2 \times \ln\frac{2280}{2675} = -356.4\mathrm{J}$$

$$\Delta G = \Delta G_1 + \Delta G_2 + \Delta G_3 + \Delta G_4 + \Delta G_5 = \Delta G_3 = -356.4\mathrm{J}$$

$$\Delta S = \frac{\Delta H - \Delta G}{T} = \frac{(1\mathrm{mol})(-9860\mathrm{J \cdot mol^{-1}}) - (-356.4\mathrm{J})}{268.2\mathrm{K}} = -35.44\mathrm{J \cdot K^{-1}}$$

这是一个恒温恒压，无有用功的过程，可用ΔG判据判断过程性质，因为$\Delta G < 0$，过冷苯的凝固为不可逆过程

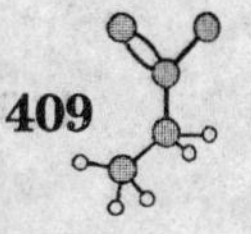

2. 对 FeO-MnO 二组分体系，已知 FeO，MnO 的熔点分别为 1643 K 和 2058 K；在 1703 K 含有 30% 和 60% MnO(质量百分数)的二固熔体间发生转熔变化，与其平衡的液相组成为 15% MnO，在 1473 K，二固熔体的组成为：26% 和 64% MnO。试依据上述数据：(1)绘制此二组分体系的相图；(2)指出各区的相态；(3)当一含 28% MnO 的二组分体系，由 1873 K 缓缓冷至 1473 K 时，相态如何变化？

解：(1)绘制 FeO-MnO 体系相图。

(2)各相区的相态，已标在图中。

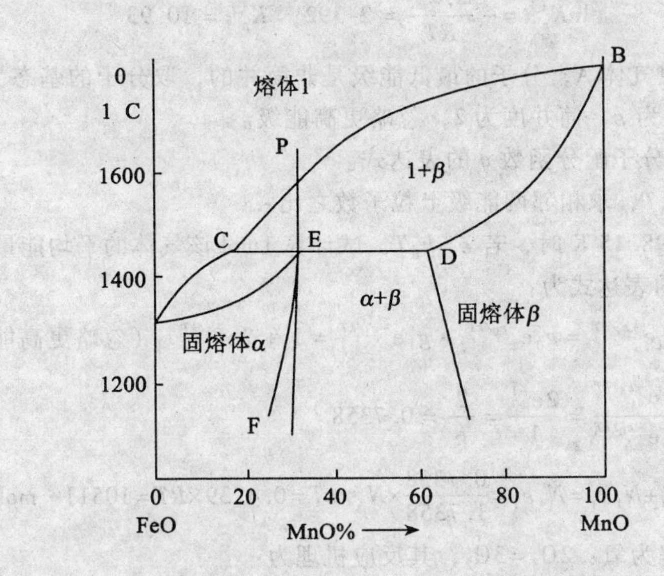

(3)当含有 28% MnO 的 FeO-MnO

二组分体系，自 1873 K 缓缓冷至 1473 K 时，途径变化为：熔化物(l)→l+固熔 β →l+β+固熔 α →l+固熔 α →固熔 α →α+β →温度到达 1473 K。

3. 在高温下，水蒸气通过灼热煤层，按下式生成水煤气：

$$C(s)+H_2O(g)=H_2(g)+CO(g)$$

已知在 1200 K 和 1000 K 时，反应的 $K_p^{\ominus}$ 分别为 37.58 及 2.472。试求：

(1)求 1200 K 与 1000 K 时反应的 $\Delta_r G_m^{\ominus}$，及该反应在此温度范围内的 $\Delta_r H_m^{\ominus}$；

(2)在 1100K 时反应的 $K_p^{\ominus}$ 值

(在 1000 ~ 1200 K 范围内，可认为反应的 $\Delta_r H_m^{\ominus}$ 为一定值)。

解：(1)1000 K 下，反应的 $\Delta_r G_m^{\ominus}$ 为：

$\Delta_r G_m^{\ominus}(1000K) = -RT\ln K_p^{\ominus} = -8.314 \times 1000 \times \ln 2.472 = -7524.4 J \cdot mol^{-1}$

同理：$\Delta_r G_m^{\ominus}(1200K) = -8.314 \times 1200 \times \ln 37.58 = -36181 J \cdot mol^{-1}$

当 $\Delta_r H_m^{\ominus}$ 为定值时，$\Delta_r S_m^{\ominus}$ 也应为定值，有方程组：

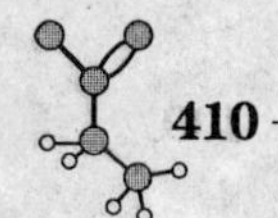

$$\begin{cases} -7524.4 = \Delta_r H_m^{\ominus} - 1000 \times \Delta_r S_m^{\ominus} \\ -36181 = \Delta_r H_m^{\ominus} - 1200 \times \Delta_r S_m^{\ominus} \end{cases}$$

解得：

$$\Delta_r H_m^{\ominus} = 1.358 \times 10^5 \text{J} \cdot \text{mol}^{-1}, \quad \Delta_r S_m^{\ominus} = 143.3 \text{J} \cdot \text{K}^{-1} \cdot \text{mol}^{-1}$$

(2)在 1100 K 下，反应的 $\Delta_r G_m^{\ominus}$ 为：

$$\Delta_r G_m^{\ominus} = 1.358 \times 10^5 - 1100 \times 143.3 = -21871 \text{J} \cdot \text{mol}^{-1}$$

$$\ln K_p^{\ominus} = -\frac{\Delta_r G_m^{\ominus}}{RT} = 2.392, \quad K_p^{\ominus} = 10.93$$

4. 设某理想气体 A，分子的最低能级是非简并的，取分子的基态为能量零点，第一激发态能量为 ε，简并度为 2，忽略更高能级。

(1)写出 A 分子配分函数 q 的表达式。

(2)设 $\varepsilon = k_B T$，求相邻两能级上粒子数之比。

(3)当 $T = 298.15$ K 时，若 $\varepsilon = k_B T$，试计算 1mol 该气体的平均能量是多少？

解：(1) q 的表达式为：

$$q = \sum_i g_i e^{-\varepsilon_i/kT} = g_0 e^{-\varepsilon_0/kT} + g_1 e^{-\varepsilon_1/kT} = 1 + 2e^{-\varepsilon/kT} \quad \text{（忽略更高能级）}$$

(2) $\dfrac{N_1}{N_0} = \dfrac{g_1 e^{-\varepsilon_1/kT}}{g_0 e^{-\varepsilon_0/kT}} = \dfrac{2e^{-1}}{1} = \dfrac{2}{e} = 0.7358$

(3) $U = N_0\varepsilon_0 + N_1\varepsilon_1 = N_1\varepsilon_1 = \dfrac{0.7358}{1.7358} \times N_A \times kT = 0.4239 \times RT = 1051 \text{J} \cdot \text{mol}^{-1}$

5. 臭氧分解为氧：$2O_3 = 3O_2$，其反应机理为：

$$O_3 \xrightarrow{k_1} O_2 + O \qquad E_1 = 103 \text{ kJ} \cdot \text{mol}^{-1}$$

$$O_2 + O \xrightarrow{k_2} O_3 \qquad E_2 = 0$$

$$O + O_3 \xrightarrow{k_3} 2O_2 \qquad E_3 = 21 \text{ kJ} \cdot \text{mol}^{-1}$$

(1)试用稳态近似法导出以 $-\text{d}[O_3]/\text{d}t$ 表示的臭氧分解速率方程、总包反应速率方程。

(2)基于所给的活化能值，简化速率方程，并说明简化原因。

(3)计算总反应的表观活化能值。

解：臭氧分解速率为：$-\dfrac{\text{d}[O_3]}{\text{d}t} = k_1[O_3] - k_2[O][O_2] + k_3[O][O_3]$

由稳态近似：$\dfrac{\text{d}[O]}{\text{d}t} = k_1[O_3] - k_2[O][O_2] - k_3[O][O_3] = 0$

则 $[O]_{ss} = \dfrac{k_1[O_3]}{k_2[O_2] + k_3[O_3]}$

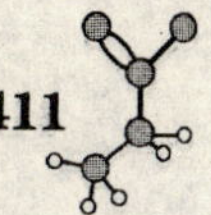

所以总包反应速率方程为：$-\dfrac{d[O_3]}{dt}=k_1[O_3]+k_1[O_3]\dfrac{k_3[O_3]-k_2[O_2]}{k_2[O_2]+k_3[O_3]}=\dfrac{2k_1k_3[O_3]^2}{k_2[O_2]+k_3[O_3]}$

由题给活化能可知 $k_2>>k_3$，又$[O_2]>[O_3]$，则上式可简化为：

$$-\frac{d[O_3]}{dt}=\frac{2k_1k_3[O_3]^2}{k_2[O_2]},\quad k=\frac{2k_1k_3}{k_2}$$

则表观活化能 E_a(表观)$=E_1+E_3-E_2=124\text{kJ}\cdot\text{mol}^{-1}$

6. 计算以下电池在 298 K 时的电动势以及温度系数。

$$Ag(s)\,|\,AgCl(s)\,|\,NaCl(aq)\,|\,Hg_2Cl_2(s)\,|\,Hg(l)$$

已知标准生成焓与标准熵如下表：（法拉第常数取 $F=96500\ \text{C}\cdot\text{mol}^{-1}$）

	Ag(s)	Hg(l)	AgCl(s)	$Hg_2Cl_2(s)$
$\Delta_f H_m^{\ominus}/\text{kJ}\cdot\text{mol}^{-1}$			−127.03	−264.93
$S_m^{\ominus}/\text{J}\cdot\text{K}^{-1}\cdot\text{mol}^{-1}$	42.70	77.40	96.11	195.8

解：该电池反应为 $Ag(s)+\frac{1}{2}Hg_2Cl_2(s)=Hg(l)+AgCl(s)$

$$\Delta_r H_m^{\ominus}=\Delta_f H_m^{\ominus}(Hg)+\Delta_f H_m^{\ominus}(AgCl)-\Delta_f H_m^{\ominus}(Ag)-1/2\Delta_f H_m^{\ominus}(Hg_2Cl_2)=5.44\text{kJ}\cdot\text{mol}^{-1}$$

$$\Delta_r S_m^{\ominus}=S_m^{\ominus}(Hg)+S_m^{\ominus}(AgCl)-S_m^{\ominus}(Ag)-1/2S_m^{\ominus}(Hg_2Cl_2)=32.9\text{J}\cdot\text{K}^{-1}\cdot\text{mol}^{-1}$$

$$\Delta_r G_m^{\ominus}=\Delta_r H_m^{\ominus}-T\Delta_r S_m^{\ominus}=-4.37\text{kJ}\cdot\text{mol}^{-1}$$

$$E=E^{\ominus}=-\Delta_r G_m^{\ominus}/zF=0.045\ \text{V}$$

$$\left(\frac{\partial E}{\partial T}\right)_p=\frac{\Delta_r S_m^{\ominus}}{zF}=3.41\times10^{-4}\ \text{V}\cdot\text{K}^{-1}$$

7. 下表为在0℃时，不同压力下，每 kg 活性炭吸附的氮气 $V(\text{dm}^3)$（0℃，$p^{\ominus}$下的值）

p/Pa	524	1731	3058	4534	7497
$V/\text{dm}^3\cdot\text{kg}^{-1}$	0.987	3.04	5.08	7.04	10.31

（1）将上述数据根据 Langmuir 吸附等温式计算，确定最大吸附体积 V_m（可根据

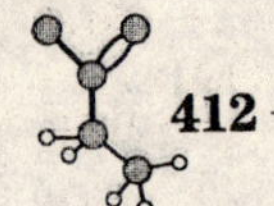

需要，适当选取若干组数据用于计算）。

(2) 根据上面计算得到的 V_m 计算此活性炭的质量比表面积（N_2 分子的截面积为 $16\times10^{-20}\ m^2$，阿伏伽德罗常数 $L=6.022\times10^{23}\ mol^{-1}$）。

(3) 由 Langmuir 吸附等温式计算出来的吸附剂表面积与实际结果有较大偏差，推测原因。

解：(1) 算出各点 p/V，如下：

p/Pa	$p\cdot V^{-1}$/Pa·dm^{-3}·kg
524	530.9
1731	569.4
3058	602.0
4534	644.0
7497	727.2

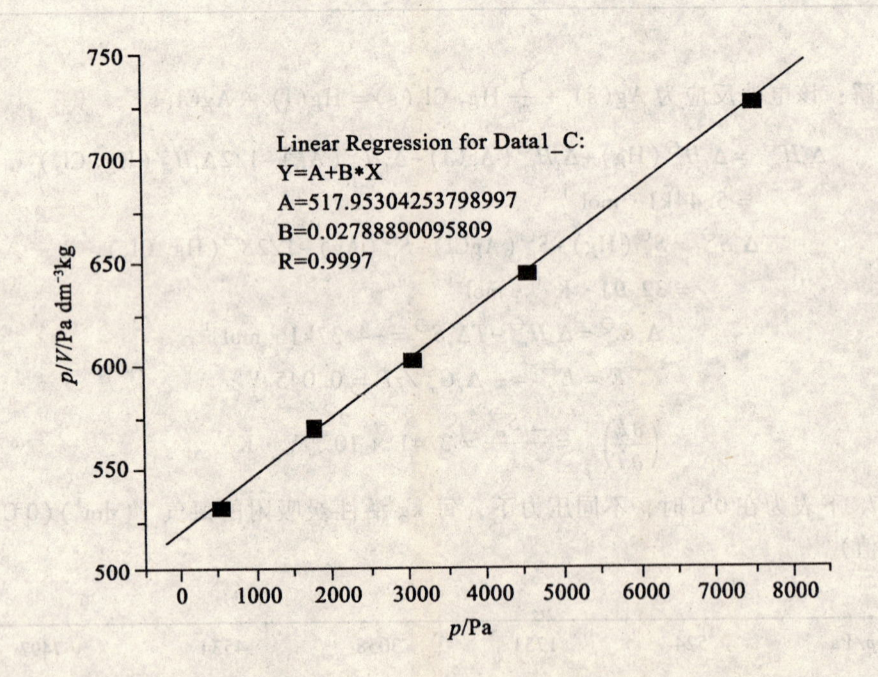

根据 Langmuir 方程 $\dfrac{V}{V_m}=\dfrac{bp}{1+bp}$

有 $\frac{p}{V}=\frac{1}{V_m b}+\frac{p}{V_m}$，以 p/V 对 p 作直线即可求得

$$V_m = 1/0.0278889 = 35.857\ \mathrm{dm^3 \cdot kg^{-1}}$$

(2) $A_m = S \times V_m/22.4 = 16 \times 10^{-20} \times 6.022 \times 10^{23} \times 35.857/22.4 = 1.542 \times 10^5\ \mathrm{m^2 \cdot kg^{-1}}$

(3) Langmuir 等温吸附式只适用于单分子层吸附，实际吸附为多分子层。

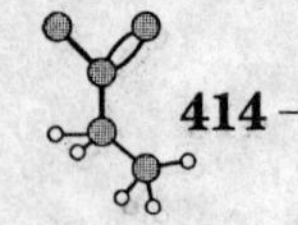

武汉大学 2009 年化学学院 硕士生入学物理化学试题

1. 在 298 K 和 1 $p^{\ominus}$下，金刚石和石墨的一些热力学数据如下：

	金刚石	石墨
标准摩尔燃烧焓 $\Delta_c H_m^{\ominus}$/kJ · mol^{-1}	−395. 3	−393. 4
标准摩尔熵 $S_m^{\ominus}$/J · K^{-1} · mol^{-1}	2. 439	5. 694
密度 ρ/g · cm^{-3}	3. 513	2. 260

(1)计算 298K 和 1 $p^{\ominus}$下，1 mol 石墨转变为金刚石的 ΔG，判断在常温常压下，哪一种晶型更稳定。

(2)由石墨制造金刚石，必须采取加热和加压来实现。请用热力学原理说明，只采取加热方法得不到金刚石，而必须加压的理由。假定密度和熵不随温度和压力改变。

(3)在 298 K，要使石墨转变为金刚石，最小需要多大的压力？

解：(1)石墨(298 K，1 $p^{\ominus}$)→金刚石(298 K，1 $p^{\ominus}$)

$$\Delta_r H_m^{\ominus} = \Delta_c H_m^{\ominus}(\text{石墨}) - \Delta_c H_m^{\ominus}(\text{金刚石}) = 1.91\ \text{kJ}\cdot\text{mol}^{-1}$$

$$\Delta_r S_m^{\ominus} = S_m^{\ominus}(\text{金刚石}) - S_m^{\ominus}(\text{石墨}) = -3.255\ \text{J}\cdot\text{K}^{-1}\cdot\text{mol}^{-1}$$

$$\Delta_r G_m^{\ominus} = \Delta_r H_m^{\ominus} - T\Delta_r S_m^{\ominus} = 2.87\ \text{kJ}\cdot\text{mol}^{-1} > 0$$

所以石墨晶型更稳定

(2)由于 $\Delta_r S_m^{\ominus}$ 为负值，温度增加不能使 $\Delta_r G_m^{\ominus}$ 变负，单纯升温不能得到金刚石

(3)要使石墨变成金刚石，可以通过加压使得 $\Delta_r G_m$ 变为负值

$$\begin{array}{ccc} \text{石墨}(298\ \text{K},\ p) & \xrightarrow{\Delta_r G_m} & \text{金刚石}(298\ \text{K},\ p) \\ \downarrow \Delta G_1 & & \downarrow \Delta G_2 \\ \text{石墨}(298\text{K},\ 1p^{\ominus}) & \xrightarrow{\Delta_r G_m^{\ominus}} & \text{金刚石}(298\ \text{K},\ 1p^{\ominus}) \end{array}$$

$$\Delta_r G_m = \Delta_r G_m^{\ominus} + \Delta G_1 + \Delta G_2$$

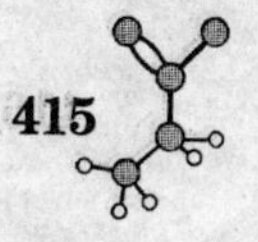

$$\Delta G_1 = V_m(\text{石墨})(p^{\ominus} - p) \qquad \Delta G_2 = V_m(\text{金刚石})(p - p^{\ominus})$$

要使 $\Delta_r G_m \leqslant 0$，即：$\Delta_r G_m^{\ominus} + [V_m(\text{金刚石}) - V_m(\text{石墨})](p - p^{\ominus}) \leqslant 0$

$$2870 + 12 \times 10^{-3} \times \left(\frac{1}{3.513 \times 10^3} - \frac{1}{2.260 \times 10^3}\right)(p - 101325) \leqslant 0$$

$$p \geqslant 1.516 \times 10^9\ \text{Pa}$$

2. CO_2的固态和液态的蒸气压分别由以下两个方程给出：

$$\lg(p/\text{Pa}) = 11.986 - 1360\ \text{K}/T \qquad \lg(p/\text{Pa}) = 9.729 - 874\ \text{K}/T$$

计算：(1) CO_2的三相点的温度和压力。

(2) CO_2在三相点的升华焓与蒸发焓。

(3) CO_2在三相点的熔化焓和熔化熵。

(4)在常压下，干冰会升华，要使得干冰发生熔化过程，对压力有什么要求。

解：(1)在三相点时，$p_s = p_l$

即：$11.986 - 1360\text{K}/T = 9.729 - 874\text{K}/T$

解得三相点 $T = 215.3$ K

代入上述任意方程，解出 CO_2三相点的压力 $p = 4.7 \times 10^5$ Pa

(2)由蒸气压方程 $\lg(p/\text{Pa}) = -\dfrac{\Delta H_m}{2.303RT} + \text{常数}$

题给蒸气压的公式为 $\lg(p_s/\text{Pa}) = -\dfrac{1360\text{K}}{T} + 11.986$

比较上二式，得 $\dfrac{\Delta_{sub}H_m}{2.303RT} = \dfrac{1360\text{K}}{T}$，所以

$$\Delta_{sub}H_m = 1360 \times 2.303 \times 8.314 = 26040\ \text{J} \cdot \text{mol}^{-1}$$

同理 $\qquad \Delta_{vap}H_m = 874 \times 2.303 \times 8.314 = 16740\text{J} \cdot \text{mol}^{-1}$

(3)熔化热 $\Delta_{fus}H_m = \Delta_{sub}H_m - \Delta_{vap}H_m = 9300\text{J} \cdot \text{mol}^{-1}$

熔化熵 $\qquad \Delta_{fus}H_m = \dfrac{\Delta_{fus}H_m}{T} = \dfrac{9300}{215.3} = 43.2\text{J} \cdot \text{K}^{-1} \cdot \text{mol}^{-1}$

(4)只有当压力大于三相点压力，即 $p > 4.7 \times 10^5$ Pa 时，干冰才发生熔化过程。

3. 某同学绘制了一个单组分相图(图 A)，一个两组分相图(图 B)，指出其中的错误。

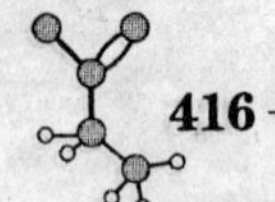

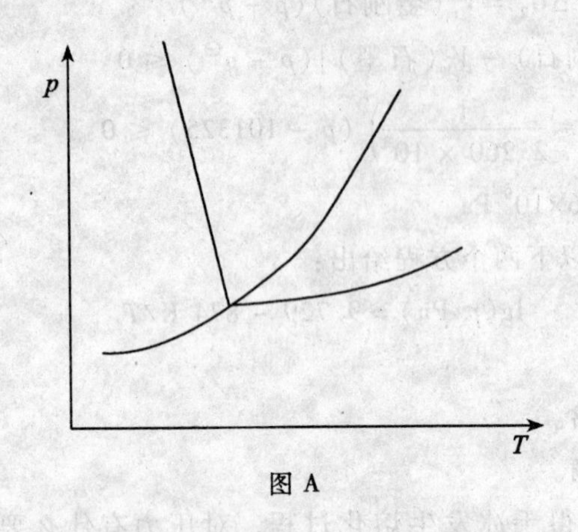

图 A

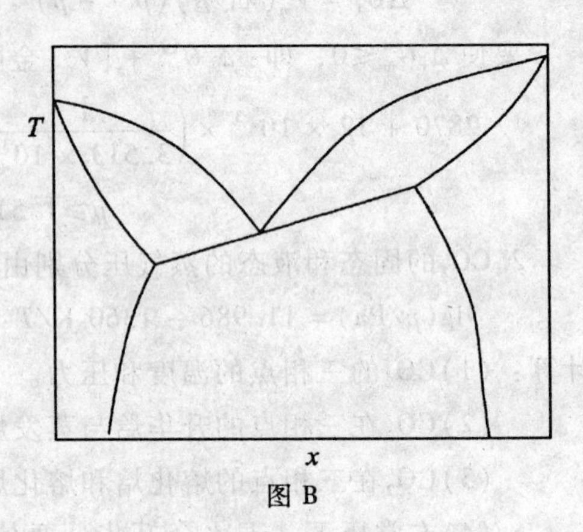

图 B

解：图 A 的错误在于出现了四相共存，这在单组分相图中不可能。

图 B 的错误在于三相线不是水平线，两组分相图中，三相共存时，条件自由度为 0，也即三相线温度不能变化，必为水平线。

4. 有反应 $CO_2(g)+H_2S(g)=COS(g)+H_2O(g)$，在 610 K，加入 4.4 g CO_2 到体积为 2.5 dm^3 的容器中，再充入 H_2S 使总压为 10 $p^{\ominus}$，平衡后分析体系中水蒸气摩尔分数 $x_{H_2O}=0.02$，将温度升至 620 K，待平衡后，分析测得 $x_{H_2O}=0.03$，试问：

(1) 该反应在 610 K 时的 $K_p^{\ominus}$，$\Delta_r G_m^{\ominus}$；

(2) 反应的 $\Delta_r H_m^{\ominus}$，$\Delta_r S_m^{\ominus}$；

(3) 在 610 K 下，向容器中充入惰性气体使压力加倍，COS 的产量是否增加？若保持总压不变，充入惰性气体使体积加倍，COS 的产量是否增加？

解：在此温度范围内，可将 $\Delta_r H_m^{\ominus}$ 视为常数，因而在此区间 $\Delta_r S_m^{\ominus}$ 也可视为常数。初始时 CO_2 的量为：4.4/44=0.1mol，H_2S 的初始量为：

$$n_{H_2O}=\frac{pV}{RT}-0.1=\frac{101325\times 10\times 2.5\times 10^{-3}}{8.314\times 610}-0.1=0.5-0.1=0.4\text{mol}$$

(1) 设反应达平衡时，CO_2 反应的物质的量为 x，于是有：

$$CO_2+H_2S=COS+H_2O$$

平衡时物质的量：	$0.1-x$	$0.4-x$	x	x	$\sum_i n_i=0.5\text{mol}$
平衡时分压：	$\frac{0.1-x}{0.5}p$	$\frac{0.4-x}{0.5}p$	$\frac{x}{0.5}p$	$\frac{x}{0.5}p$	

$$\because \sum_i \nu_i=0 \therefore K_p^{\ominus}=K_p=K_x=\frac{x^2}{(0.1-x)(0.4-x)}$$

在 610 K 时：$x_{H_2O}=0.02=\dfrac{x}{0.5}\ \therefore x=0.01\text{mol}$

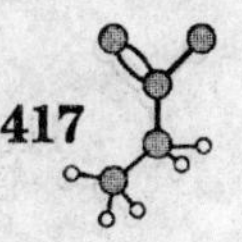

$$K^{\ominus}(610\text{K}) = \frac{0.01^2}{(0.1-0.01)(0.4-0.01)} = 2.849\times10^{-3}\ \Delta_r G_m^{\ominus}(610\text{K})$$

$$= -RT\ln K_p^{\ominus} = 29.723\ \text{kJ}\cdot\text{mol}^{-1}$$

(2)在 620 K 时：

$$x_{H_2O} = 0.03 = \frac{x}{0.5} \quad \therefore x = 0.015\text{mol}$$

$$K_p^{\ominus}(620\text{K}) = \frac{0.015^2}{(0.1-0.015)(0.4-0.015)} = 6.875\times10^{-3}$$

$$\Delta_r G_m^{\ominus}(620\text{K}) = -RT\ln K_p^{\ominus} = 25669\text{J}\cdot\text{mol}^{-1}$$

因此在此温度区间，反应的 $\Delta_r H_m^{\ominus}$ 与 $\Delta_r S_m^{\ominus}$ 为常数，故有方程组：

$$\begin{cases} 29723 = \Delta_r H_m^{\ominus} - 610\times\Delta_r S_m^{\ominus} \\ 25669 = \Delta_r H_m^{\ominus} - 620\times\Delta_r S_m^{\ominus} \end{cases}$$

解得：$\Delta_r H_m^{\ominus} = 277.0\text{kJ}\cdot\text{mol}^{-1}$，$\Delta_r S_m^{\ominus} = 405.4\text{J}\cdot\text{K}^{-1}\cdot\text{mol}^{-1}$

(3)因此为等分子反应，产量与反应体系总压无关，因而充入惰性气体，不论使体系的压力改变或使体积改变，COS 的产量均不变。

5. 玻耳兹曼分布律应用非常广泛，可以描述在各种势场中粒子数的平衡分布，气体在重力场中的分布就是一个典型的例子：在不同的高度，气体分子具有相应的重力势能 $E=mgh$，则粒子数密度及压强会随分布的高度而变化，由此分析根据玻耳兹曼分布律，写出大气压强随高度的变化关系式。

解：$p = p_0\exp\left(-\dfrac{\bar{M}_{空气}gh}{RT}\right)$

6. 在常温常压下，比较 N_2、CO、Ne 三种气体的摩尔统计熵的相对大小，并简要说明原因。

答：摩尔统计熵：CO>N_2>Ne。因为 Ne 气是单原子分子气体，只有平动熵的贡献，且其摩尔质量也较 N_2小，平动熵也小于前两种气体。CO 与 N_2的摩尔质量相同，平动熵相同，但是，由于对称因子的原因，N_2的转动熵较 CO 小。

7. (1)根据描述，写出下列化学反应(具有简单级数)的级数：

a. 某反应速率常数为 0.52 $\text{mol}\cdot\text{dm}^{-3}\cdot\text{s}^{-1}$，该反应为(零)级反应。

b. 某反应以反应物浓度的对数对时间作图，可得一直线，该反应为(一)级反应。

c. 某反应消耗 3/4 所需的时间是其半衰期的 5 倍，此反应为(二)级反应。

(2)在恒温下，许多金属的氧化过程满足下列抛物线方程 $y^2=k_1t+k_2$，其中 k_1，k_2只是温度的函数，当温度一定时都为常数。y 为时刻 t 时的氧化膜厚度，请写出金属氧化的速率方程 $\text{d}y/\text{d}t=(1/2k_1y^{-1})$，反应级数 $n=(-1)$，此结果说明(氧化膜的形成可以减慢金属的进一步氧化，有防腐作用)。

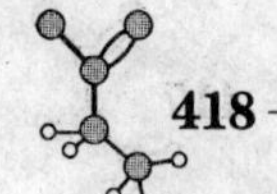

8. 血红蛋白热变性作用是一级反应，测得不同温度下，半衰期为：$T_1=333.2$ K 时，$t_{1/2}=3460$ s；$T_2=338.2$ K 时，$t_{1/2}=530$ s，试求算 333.2 K 时该反应的活化能 E_a 以及 $\Delta_r^{\neq}H_m^{\ominus}$、$\Delta_r^{\neq}S_m^{\ominus}$，请根据活化焓与活化熵的数值对血红蛋白热变性的动力学历程进行简单讨论。

解：对于一级反应，容易求得两个温度下的速率常数为：

$$k_1=\frac{\ln 2}{3460}=2.003\times10^{-4}\text{s} \qquad k_2=\frac{\ln 2}{530}=1.308\times10^{-3}\text{s}$$

代入 Arrhenius 公式 $\ln\frac{k_2}{k_1}=\frac{E_a}{R}\left(\frac{1}{T_1}-\frac{1}{T_2}\right)$，可得活化能 $E_a=351.4\ \text{kJ}\cdot\text{mol}^{-1}$

则活化焓 $\Delta_r^{\neq}H_m^{\ominus}=E_a-RT=348.6\ \text{kJ}\cdot\text{mol}^{-1}$

由公式 $k=\frac{k_BT}{h}\cdot\exp\left(\frac{\Delta_r^{\neq}S_m^{\ominus}(c^{\ominus})}{R}\right)\exp\left(-\frac{\Delta_r^{\neq}H_m^{\ominus}(c^{\ominus})}{RT}\right)$

可以求出 $\Delta_r^{\neq}S_m^{\ominus}=730\text{J}\cdot\text{K}^{-1}\cdot\text{mol}^{-1}$

活化焓与活化熵的结果表明，在血红蛋白的变性过程中，可能原有的紧密结构被打开，变成疏松结构，有很多次级键被破坏，需要吸收很多能量，有很大活化焓。同时更加疏松的结构使蛋白质各段有更大的运动自由度，因而活化熵有很大的正值。

9. 按要求设计合适的电池，写出电池表达式：

(1)测量 Ag_2O 的标准生成焓：(Ag(s)，Ag_2O(s) | OH^- (aq) | O_2(g)，Pt)；

(2)氢氧燃料电池：(Pt，H_2 | H^+ (或OH^-) | O_2，Pt)；

10. 298 K 时，以 Pt 为阳极，Fe 为阴极，电解浓度为 1.00 mol · kg^{-1}的 NaCl 水溶液，其活度系数为 $\gamma_{\pm}=0.658$。设电解池电极面积为 1.00 cm^2，极间距离为 2.00 cm，溶液电导率 $\kappa=0.10\ \text{S}\cdot\text{cm}^{-1}$。电极表面氢气析出时电流密度为 0.10 A · cm^{-2}，Pt 电极上 Cl_2 的超电势可忽略不计，且 $\varphi^{\ominus}(\text{Cl}^-\mid\text{Cl}_2(\text{g}),\ \text{Pt})=1.36\text{V}$。已知在 Fe 电极上，氢超电势的 Tafel 方程系数为 $a=0.73$ V，$b=0.11$ V(Tafel 方程为 $\eta=a+b\lg(j/\text{A}\cdot\text{cm}^{-2})$)，试求：

(1)由于电解质溶液内阻而引起的电位降。

(2)该电解池实际分解电压。

解：(1)由于电解质溶液内阻而引起的电位降 $U=IR$

$$U=jA\frac{l}{\kappa A}=\frac{0.10\times2}{0.10}=2\text{V}$$

(2)氢超电势 $\eta=a+b\lg(j/\text{A}\cdot\text{cm}^{-2})=0.73+0.11\lg0.1=0.62\text{V}$

电解时阳极析出 Cl_2，阴极析出 H_2，则阴阳极平衡电势分别为

$$\varphi_a=\varphi^{\ominus}_{H^+\mid H_2}+\frac{RT}{F}\ln a_{H^+}=\frac{8.314\times298}{96484}\ln10^{-7}=-0.4139\text{V}$$

$$\varphi_c = \varphi^{\ominus}_{Cl^- | Cl_2} + \frac{RT}{F}\ln a_{Cl^-} = 1.36 + \frac{8.314 \times 298}{96484}\ln(0.658 \times 1) = 1.3493V$$

该电解池实际分解电压

$$E = \varphi_c - \varphi_a + \eta_a + \eta_c + U = 1.3493 + 0.4139 + 0.62 + 2 = 4.38V$$

11. 已知某溶质溶于水后，溶液表面张力 γ 与活度 a 的关系为

$$\gamma = \gamma_0 - A\ln(1 + Ba)$$

其中 γ_0为纯水表面张力，A、B 为常数，则

(1)求此溶液中溶质的表面过剩量 Γ_2与活度 a 的关系；

(2)求该溶质分子的截面积。

解：(1)由 Gibbs 吸附等温式 $\Gamma_2 = -\frac{a}{RT}\left(\frac{\partial \gamma}{\partial a}\right)_T$

首先求得 $\left(\frac{\partial \gamma}{\partial a}\right)_T = \frac{-AB}{1 + Ba}$，代入 Gibbs 吸附等温式，有

$$\Gamma_2 = \frac{ABa}{RT(1 + Ba)}$$

当 $a \to \infty$ 时，可得 $\Gamma_\infty = A/RT$

(2)溶质分子的截面积 $S = \frac{1}{L\Gamma_\infty} = \frac{RT}{LA}$

12. 气固相反应 $CaCO_3(s) \rightleftharpoons CaO(s) + CO_2(g)$ 已达平衡。在其他条件不变的情况下，若把 $CaCO_3(s)$ 的颗粒变得极小，则平衡将：(B)

(A)向左移动　(B)向右移动　(C)不移动　(D)来回不定移动

13. 在胶体制备实验中，Fe^{3+}水解后得到 $Fe(OH)_3$溶胶，得到溶胶后，必须进行净化步骤处理，也即将溶胶置于半透膜袋中，然后将袋浸在水中很长时间，最后方可制得符合要求的溶胶体系。净化步骤的目的是滤去过多的电解质杂质，防止电解质使溶胶发生聚沉作用，使溶胶体系稳定。

武汉大学 2010 年化学学院硕士生入学物理化学试题

1. 乙醇的正常沸点为 351 K，摩尔气化焓 $\Delta_{vap}H_m = 39.53\ kJ \cdot mol^{-1}$，液体密度 $\rho = 0.7600\ g \cdot cm^{-3}$，若将 1 mol 乙醇液体由 351 K，1 $p^{\ominus}$ 的始态在恒温下对抗 0.5 $p^{\ominus}$ 的恒外压蒸发成 351 K，0.5 $p^{\ominus}$ 的蒸气（设为理想气体）。已知乙醇分子量为 $46.069\ g \cdot mol^{-1}$。

(1) 求该过程的 ΔU_m，ΔH_m，ΔS_m，ΔG_m；

(2) 计算该过程中热量 Q 和做的功 W；

(3) 求环境的熵变；

(4) 使用适当判据判断上述过程的性质。

解：

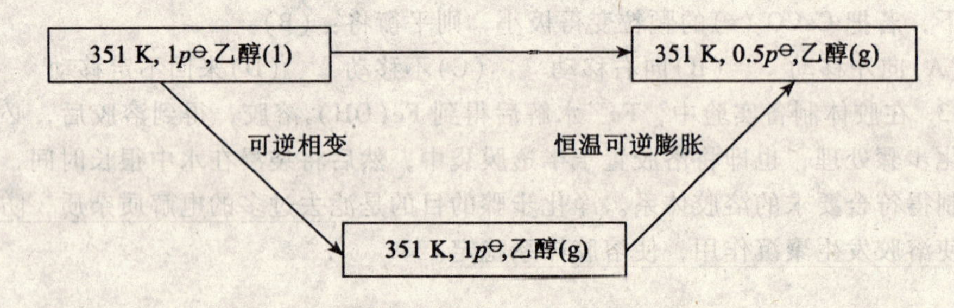

如图，设计两步过程到达同一末态。

$$\Delta H_m = \Delta_{vap}H_m + \Delta H_2 = 39.53 + 0 = 39.53 kJ \cdot mol^{-1}$$

$$\Delta U_m = \Delta H_m - \Delta(pV_m)$$

$$= 39.53 \times 10^3 - (8.314 \times 351 - 101325 \times 46.069/0.7600 \times 10^6)$$

$$= 36.618 kJ \cdot mol^{-1}$$

$$W = -\int p_e dV = -p_e(V_g - V_l) = -RT + 0.5p^{\ominus} M/\rho(l)$$

$$= -8.314 \times 351 + 0.5 \times 101325 \times 46.069/0.7600 \times 10^6 = -2915 J \cdot mol^{-1}$$

$$Q = \Delta U_m - W = 39.533 kJ \cdot mol^{-1}$$

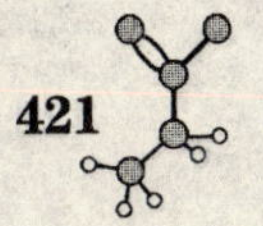

$$\Delta S_m = \Delta S_{vap} + \Delta S_2 = \frac{\Delta_{vap}H_m}{T} + R\ln\frac{p_1}{p_2} = \frac{39530}{351} + 8.314\ln 2 = 118.38\text{J}\cdot\text{K}^{-1}\cdot\text{mol}^{-1}$$

$$\Delta G_m = \Delta H_m - T\Delta S_m = 39530 - 351\times 118.38 = -2021.38\ \text{J}\cdot\text{mol}^{-1}$$

$$\Delta S_{环} = \frac{-Q}{T} = \frac{-39533}{351} = -112.63\text{J}\cdot\text{K}^{-1}\cdot\text{mol}^{-1}$$

$\Delta S_{孤立} = \Delta S_{环} + \Delta S_m = 5.75\text{J}\cdot\text{K}^{-1}\cdot\text{mol}^{-1} > 0$，所以反应可以自发进行

2. 下图是 CO_2 的相图，根据该图回答问题。已知：CO_2 的临界点 $p_c = 73.75\ p^{\ominus}$，$T_c = 304.14$ K，三相点 $p_3 = 5.1850\ p^{\ominus}$，$T_3 = 216.58$ K。设室温为 25 ℃。

(1) CO_2 灭火器为压力高于 1 个大气压的 CO_2 的金属罐。由相图解释为什么钢瓶中不存在 CO_2 的固液共存状态。

(2) 把钢瓶中的液体 CO_2 在空气中喷出，大部分成为气体，一部分成固体（干冰），最终也成为气体，无液体，试解释此现象。

(3) 解释为何固液平衡线在水的相图中向左倾斜，在 CO_2 的相图中向右倾斜。

(4) 计算 CO_2 的摩尔蒸发焓。

(5) 计算室温下，CO_2 气液平衡时的压力。

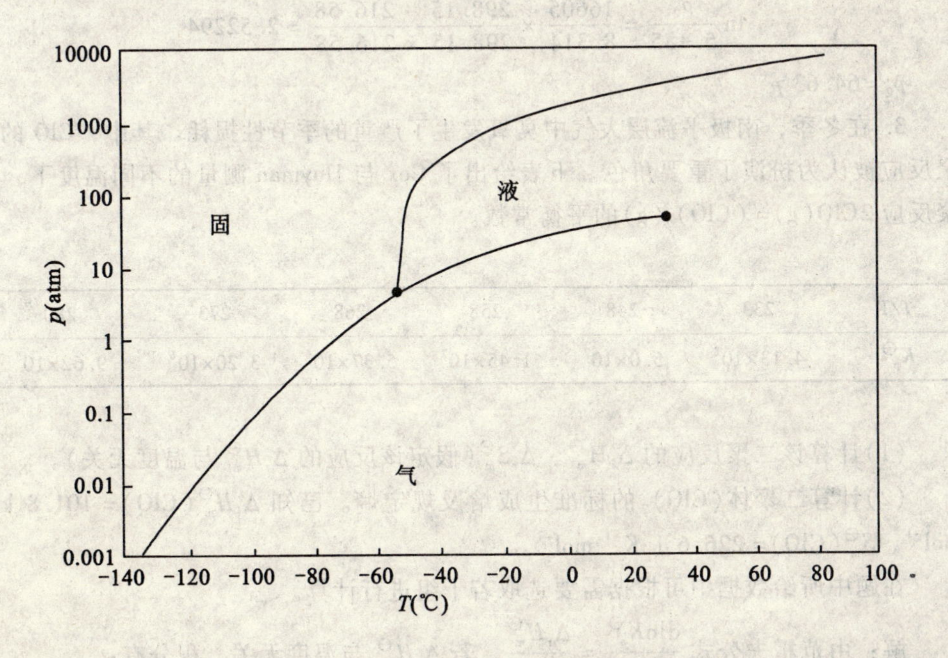

解：(1) 由相图可知，当 CO_2 出现液态时，最低压力为 5.18 atm，且温度增加时，固液平衡压力迅速上升，例如在室温下，二氧化碳的液固两相的平衡压力约为数千大气压。实际上，实用钢瓶的耐压性决定了一般二氧化碳钢瓶内不可能出现

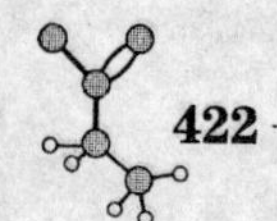

液-固态平衡的状态。

(2)空气压力为 101325 Pa，低于三相点时的压力(三相点的压力为 518000 Pa)，因而由钢瓶喷出的CO_2不可能有液体存在。

(3)由克拉贝龙方程 $\frac{dp}{dT}=\frac{\Delta_s^l H_m}{T\Delta_s^l V_m}$，$CO_2$与水的熔化变化的焓变均为正值，关键在于熔化时，$CO_2$的体积变化大于0，而水则小于0，导致$CO_2$的相图中固液平衡线斜率为正，而水的则为负。

(4)三相点：　$T=216.58\ K$　　$p=5.1850\ p^{\ominus}$

临界点：　$T=304.14K$　　$p=73.75\ p^{\ominus}$

由克-克方程：$\ln\frac{p_2}{p_1}=\frac{\Delta H(T_2-T_1)}{RT_1T_2}$

$$\Delta H=R\frac{T_1T_2}{T_2-T_1}\ln\frac{p_2}{p_1}=8.314\times\frac{216.58\times304.14}{304.14-216.58}\times\ln\frac{73.75}{5.185}=16605\text{J}\cdot\text{mol}^{-1}$$

(5)设 $T_1=216.58\ K$，$T_2=298.15\ K$

$p_1=5.185\ p^{\ominus}$　$\Delta H=16605\ J/mol$

$$\ln\frac{p_2}{5.185}=\frac{16605}{8.314}\times\frac{298.15-216.58}{298.15\times216.58}=2.52294$$

$p_2=64.63\ p^{\ominus}$

3. 在冬季，南极平流层大气中臭氧发生了严重的季节性损耗。其中，ClO 的二聚反应被认为扮演了重要角色。下表给出了 Cox 与 Hayman 测量的不同温度下，二聚反应 $2ClO(g)=(ClO)_2(g)$的平衡常数。

T/K	233	248	258	268	273	280
$K_p^{\ominus}$	4.13×10^8	5.0×10^7	1.45×10^7	5.37×10^6	3.20×10^6	9.62×10^5

(1)计算该二聚反应的 $\Delta_r H_m^{\ominus}$、$\Delta_r S_m^{\ominus}$(假定该反应的 $\Delta_r H_m^{\ominus}$ 与温度无关)。

(2)计算二聚体$(ClO)_2$的标准生成焓及规定熵。已知 $\Delta_f H_m^{\ominus}(ClO)=101.8\ kJ\cdot mol^{-1}$，$S_m^{\ominus}(ClO)=226.6\ J\cdot K^{-1}\cdot mol^{-1}$。

*在题中所给数据中可根据需要选取若干组进行计算。

解：由范霍夫公式 $\frac{d\ln K_p^{\ominus}}{dT}=\frac{\Delta_r H_m^{\ominus}}{RT^2}$，若 $\Delta_r H_m^{\ominus}$ 与温度无关，积分有：

$$\ln K_p^{\ominus}=-\frac{\Delta_r H_m^{\ominus}}{R}\cdot\frac{1}{T}+C$$

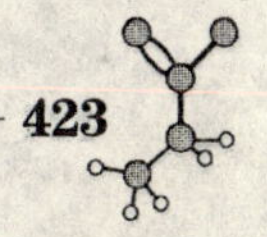

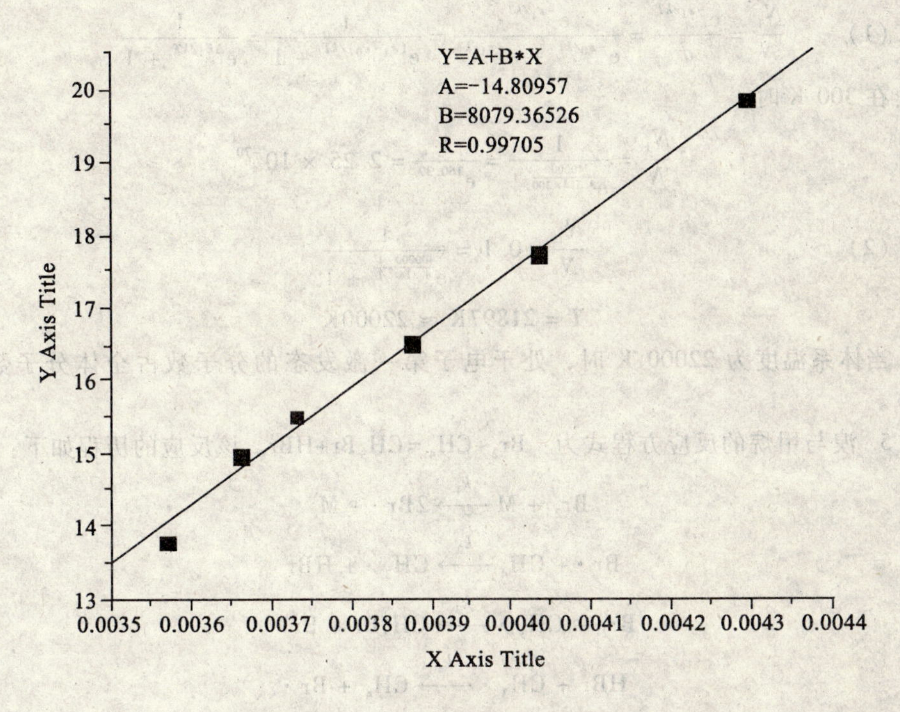

T/K	233	248	258	268	273	280
$K_p^\ominus$	4.13×10^8	5.0×10^7	1.45×10^7	5.37×10^6	3.20×10^6	9.62×10^5
$1/T$	0.00429	0.00403	0.00388	0.00373	0.00366	0.00357
$\ln K$	19.83896	17.72753	16.48966	15.49634	14.97866	13.77677

可以将题给数据处理后作图，由直线斜率可以求得 $\Delta_r H_m^\ominus = -67.2\text{kJ}\cdot\text{mol}^{-1}$

又
$$\Delta_r G_m^\ominus = -RT\ln K_p^\ominus = -38.4\ \text{kJ}\cdot\text{mol}^{-1}$$

$$\Delta_r S_m^\ominus = (\Delta_r H_m^\ominus - \Delta_r G_m^\ominus)/T = -123.6\ \text{J}\cdot\text{K}^{-1}\cdot\text{mol}^{-1}$$

(2) $\Delta_f H_m^\ominus[(\text{ClO})_2] = \Delta_r H_m^\ominus + 2\Delta_f H_m^\ominus(\text{ClO}) = 136.4\ \text{kJ}\cdot\text{mol}^{-1}$

$S_m^\ominus[(\text{ClO})_2] = \Delta_r S_m^\ominus + 2S_m^\ominus(\text{ClO}) = 329.6\ \text{J}\cdot\text{K}^{-1}\cdot\text{mol}^{-1}$

4. 某分子的电子第一激发态比基态的能量高 400 $\text{kJ}\cdot\text{mol}^{-1}$，试问：

(1)300 K 时，第一激发态的分子占全体分子的百分数。

(2)若要使第一激发态的分子数占全体分子数的 10%，体系需多高温度(设更高激发态可忽略，且基态与第一激发态能级的简并度均为 1)?

解：因可忽略更高能级，故分子的电子配分函数只需对基态及第一激发态的玻尔兹曼因子求和。

(1) $$\frac{N_1}{N}=\frac{e^{-\varepsilon_1/kT}}{q}=\frac{e^{-\varepsilon_1/kT}}{e^{-\varepsilon_0/kT}+e^{-\varepsilon_1/kT}}=\frac{1}{e^{(\varepsilon_1-\varepsilon_0)/kT}+1}=\frac{1}{e^{\Delta E_1/kT}+1}$$

在 300 K 时：

$$\frac{N_1}{N}=\frac{1}{e^{\frac{400000}{8.314\times300}+1}}=\frac{1}{e^{160.37}}=2.25\times10^{-70}$$

(2) $$\frac{N_1}{N}=0.1=\frac{1}{e^{\frac{400000}{8.314}\cdot\frac{1}{T}}+1}$$

$$T=21897\text{K}\approx22000\text{K}$$

当体系温度为 22000 K 时，处于电子第一激发态的分子数占全体分子数的 10%。

5. 溴与甲烷的反应方程式为：$Br_2+CH_4=CH_3Br+HBr$。该反应的历程如下：

$$Br_2+M\xrightarrow{k_1}2Br\cdot+M$$

$$Br\cdot+CH_4\xrightarrow{k_2}CH_3\cdot+HBr$$

$$Br_2+CH_3\cdot\xrightarrow{k_3}CH_3Br+Br\cdot$$

$$HBr+CH_3\cdot\xrightarrow{k_4}CH_4+Br\cdot$$

$$2Br\cdot+M\xrightarrow{k_5}Br_2+M$$

M 是惰性分子，k_3，k_4具有相同的数量级。

(1)请根据稳态近似方法给出以 CH_3Br 生成速率表示的总包反应速率方程。

(2)该反应的速率方程可考虑反应的进程而简化。请给出对应于反应起始、和反应将结束时的简化速率方程式形式：

解：求此反应的速率方程式，用稳态法：

$$\frac{d[Br]}{dt}=2k_1[Br_2][M]+k_3[Br_2][CH_3]+k_4[HBr][CH_3]-k_2[Br][CH_4]-2k_5[Br]^2[M]=0 \quad ①$$

$$\frac{d[CH_3]}{dt}=k_2[Br][CH_4]-k_3[Br_2][CH_3]-k_4[HBr][CH_3]=0 \quad ②$$

由②式得： $$[CH_3]=\frac{k_2[Br][CH_4]}{k_3[Br_2]+k_4[HBr]} \quad ③$$

将②式代入①式可得： $$[Br]=\frac{k_1^{1/2}[Br_2]^{1/2}}{k_5^{1/2}}$$

代入③式，得： $$[CH_3]=\frac{k_2[Br][CH_4]}{k_3[Br_2]+k_4[HBr]}=\frac{k_2\frac{k_1^{1/2}[Br_2]^{1/2}}{k_5^{1/2}}[CH_4]}{k_3[Br_2]+k_4[HBr]}$$

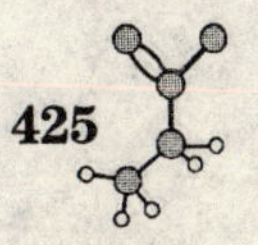

此反应的速率方程式为：$r = k_3[Br_2][CH_3]$，代入 CH_3 的稳态浓度，可得：

$$r = k_3[Br_2][CH_3] = \frac{k_3 k_2 \dfrac{k_1^{1/2}[Br_2]^{3/2}}{k_5^{1/2}}[CH_4]}{k_3[Br_2] + k_4[HBr]} = \frac{k_1^{1/2}k_2}{k_5^{1/2}} \cdot \frac{[Br_2]^{1/2}[CH_4]}{1 + \dfrac{k_4[HBr]}{k_3[Br_2]}}$$

在反应的初期，反应物的浓度远大大于产物的浓度，故有：$[Br_2] \gg [HBr]$

所以 $k_4[HBr]/k_3[Br_2] \approx 0$

故反应的速率方程式可以简化为：$r \approx \dfrac{k_1^{1/2}k_2}{k_5^{1/2}}[Br_2]^{1/2}[CH_4]$

在反应的末期，产物的浓度远大于反应物的浓度，且 k_3，k_4 的数值在同一数量级，故：

$$k_4[HBr] \gg k_3[Br_2], \quad k_4[HBr]/k_3[Br_2] \gg 1$$

速率方程可以简化为：$r = \dfrac{k_1^{1/2}k_2}{k_5^{1/2}} \dfrac{[Br_2]^{1/2}[CH_4]}{\dfrac{k_4[HBr]}{k_3[Br_2]}} = \dfrac{k_1^{1/2}k_2 k_3}{k_5^{1/2}k_4} \cdot \dfrac{[Br_2]^{3/2}[CH_4]}{k_4[HBr]}$

6. 已知 $Ag^+|Ag(s)$ 和 $Cl^-|Ag(s)$，$AgCl(s)$ 电极的标准电极电势分别为 0.7991 V 和 0.2224 V，请计算 298 K 下，

(1) $AgCl(s)$ 在水中的活度积。

(2) 用德拜-休克尔极限公式计算 $AgCl(s)$ 在 0.01 $mol \cdot dm^{-3}$ KNO_3 溶液中的溶解度，已知 $A = 0.509(mol \cdot kg^{-1})^{-1/2}$

解：(1) 将 $Ag^+|Ag(s)$，$Cl^-|Ag(s)$，$AgCl(s)$ 电极组成如下电池：

$$-)\ Ag(s)|Ag^+(aq)|Cl^-(aq)|AgCl(s), Ag(s)\ (+$$

电池反应为：$AgCl(s) \rightarrow Ag^+(aq) + Cl^-(aq)$

且标准电极电势为：$E^{\ominus} = \varphi_+^{\ominus} - \varphi_-^{\ominus} = 0.2224 - 0.7991 = -0.5767V$

又 $\Delta_r G_m^{\ominus} = -zE^{\ominus}F = -RT\ln K_{ap}^{\ominus}$

$$\therefore K_{ap}^{\ominus} = \exp\left(\frac{zE^{\ominus}F}{RT}\right) = \exp\left(\frac{-1 \times 0.5776 \times 96484}{8.314 \times 298}\right) = 1.703 \times 10^{-10}$$

(2) 溶液离子强度

$$I = \sum \frac{1}{2} \cdot m_i \cdot z_i^2 = \frac{1}{2} \cdot (0.01 + 0.01 + m_{Ag^+} + m_{Cl^-})$$

$$= 0.01 + m \approx 0.01\ mol \cdot kg^{-1}$$

由德拜-休克尔公式：

$$\lg\gamma_{\pm} = A \cdot |z_+ \cdot z_-| \cdot \sqrt{I} = -0.509 \times 1 \times \sqrt{0.01} = -0.0509$$

故 $\gamma_{\pm} = 0.889$

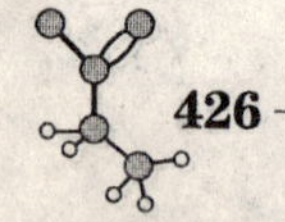

$$K_{ap}^{\ominus}=a_{Ag^+}\cdot a_{Cl^-}=\gamma_{\pm}^2\cdot\left(\frac{m}{m^{\ominus}}\right)^2$$

故
$$m=1.47\times10^{-5}\ \mathrm{mol\cdot kg^{-1}}$$

AgCl(s)在 0.01mol · dm^{-3} KNO_3溶液中的溶解度为 $1.47\times10^{-5}\times143.5\times0.1=$ 0.211 mg

7. 在 298 K，101.325 kPa 下，将直径为 1 μm 的毛细管插入到水中，问需要在管内加多大压力才能防止水面上升？若不加额外的压力而让水面上升，达到平衡后水面能升多高？已知该温度下水的表面张力为 0.072 N·m^{-1}，水的密度为 1000 kg·m^{-3}。设接触角为 0°，重力加速度为 9.8 m·s^{-2}。

解：因为 $\cos\theta=\cos0°=1$，所以 $R=R'$

$$p_s=\frac{2\gamma}{R'}=\frac{2\times0.072}{1\times10^{-6}/2}=288\mathrm{kPa}$$

$$h=\frac{p_s}{\rho g}=\frac{288\times10^3}{1000\times9.8}=29.38\mathrm{m}$$

8. 利用胶体化学的知识简单解释如下现象：

(1)制备碳素墨水时常加入一些阿拉伯胶(一种大分子)：碳素墨水是一种溶胶体系，加入的阿拉伯胶可以吸附在胶粒表面，对溶胶起保护作用，防止溶胶聚沉。

(2)用渗透压方法测量蛋白质分子量时，需在半透膜另一边加入大量电解质：蛋白质由于电离作用在溶液中产生小分子离子，影响其渗透压，影响其分子量测量，此即唐南效应，在半透膜另一边加入电解质，根据唐南平衡，可以克服这一效应。

(3)天空是蓝色的：波长较短的光散射较强，故太阳光通过大气时主要是蓝色光发生散射。